JN293868

F. S. ガラッソー著

図解 ファインセラミックスの結晶化学
―― 無機固体化合物の構造と性質 ――

加藤誠軌
植松敬三 訳

アグネ技術センター

International Series of Monographs in Solid State Physics
Volume 7

STRUCTURE AND PROPERTIES OF INORGANIC SOLIDS

BY

FRANCIS S. GALASSO

United Aircraft Research Laboratories

ILLUSTRATED BY

W. DARBY

Authorized translation from the first English language edition, copyrighted in England by Pergamon Press Ltd., Oxford.

Copyright © 1970

Pergamon Press Inc.

本書は原著の日本語版であり，日本における出版および販売を
パーガモンプレス社より許可されたものである．
翻訳権所有者 株式会社アグネ技術センター 東京都港区南青山5-1-25

目　　次

原著者序文 　　　　　　　　　　　　　　　　　　　　　…i
日本語版への序文 　　　　　　　　　　　　　　　　　　…iii
訳者のことば 　　　　　　　　　　　　　　　　　　　　…v
第1章　緒　　　論 　　　　　　　　　　　　　　　　　…1
　　1.1　結晶学 　　　　　　　　　　　　　　　　　　…1
　　1.2　性質 　　　　　　　　　　　　　　　　　　　…14
第2章　元素の構造 　　　　　　　　　　　　　　　　　…29
　　2.1　体心立方構造，BCC構造 　　　　　　　　　　…30
　　2.2　面心立方構造，FCC構造，立方最密充塡構造 　…32
　　2.3　六方最密充塡構造，HCP構造 　　　　　　　　…32
　　2.4　その他の元素の構造 　　　　　　　　　　　　…36
　　2.5　合金における固溶と規則化 　　　　　　　　　…40
　　2.6　考察 　　　　　　　　　　　　　　　　　　　…40
第3章　CsClタイプと関連の構造 　　　　　　　　　　…45
　　3.1　CsCl構造 　　　　　　　　　　　　　　　　　…45
　　3.2　Cu_2O構造 　　　　　　　　　　　　　　　　…49
　　3.3a　TiO_2構造，ルチル構造 　　　　　　　　　…50
　　3.3b　三重ルチル構造 　　　　　　　　　　　　　…52
　　3.4　CaB_6構造 　　　　　　　　　　　　　　　　…55
　　3.5　BiF_3構造 　　　　　　　　　　　　　　　　…58
　　3.6　考察 　　　　　　　　　　　　　　　　　　　…60

第4章　NaClタイプと関連の構造　　…67

4.1　NaCl構造，岩塩構造　　…67
4.2　FeS$_2$構造　　…77
4.3　CaC$_2$構造　　…80
4.4　Cu$_2$AlMn構造　　…82
4.5　考察　　…85

第5章　ZnSタイプと関連の構造　　…93

5.1　ダイヤモンド構造　　…94
5.2　閃亜鉛鉱構造，ZnS構造　　…96
5.3　SiO$_2$構造，高温型クリスバル石構造　　…100
5.4　CaF$_2$構造，ホタル石構造　　…104
5.5　MgAgAs構造　　…110
5.6　K$_2$PtCl$_6$構造　　…112
5.7　C-希土構造，Y$_2$O$_3$構造　　…115
5.8　パイロクロア構造　　…119
5.9　CaWO$_4$構造，シーライト構造　　…124
5.10　考察　　…128

第6章　NiAsタイプと関連の構造　　…137

6.1　WC構造　　…138
6.2　ウルツ鉱構造，ZnO構造　　…140
6.3　Y(OH)$_3$構造　　…143
6.4　MoS$_2$構造　　…144
6.5　Na$_3$As構造　　…146
6.6　CdI$_2$構造　　…148
6.7　菱面体ホウ素構造　　…151
6.8　AlB$_2$構造　　…154
6.9　A-希土構造，La$_2$O$_3$構造　　…157
6.10　NiAs構造　　…159
6.11　Ni$_2$In構造　　…163
6.12　CuS構造　　…164

6.13　$MgZn_2$ 構造　　　　　　　　　　　　　　　…166
　6.14　W_2B_5 構造　　　　　　　　　　　　　　　…167
　6.15　MoC 構造　　　　　　　　　　　　　　　　…170
　6.16　考察　　　　　　　　　　　　　　　　　　…172

第7章　ペロブスカイトタイプと関連の構造　　…185

　7.1　$α$-PbO 構造，赤色酸化鉛構造　　　　　　　…186
　7.2　Cu_3Au 構造　　　　　　　　　　　　　　　…187
　7.3　ReO_3 構造　　　　　　　　　　　　　　　…191
　7.4　ペロブスカイト構造　　　　　　　　　　　…192
　7.5　K_2NiF_4 構造　　　　　　　　　　　　　　…212
　7.6　$Sr_3Ti_2O_7$ 構造と $Sr_4Ti_3O_{10}$ 構造　　　　　　…215
　7.7　$Bi_4Ti_3O_{12}$ 構造　　　　　　　　　　　　　…216
　7.8　タングステンブロンズ構造　　　　　　　　…220
　7.9　ペロブスカイト関連の層構造，AO_3 構造　　…224
　7.10　考察　　　　　　　　　　　　　　　　　　…229

第8章　スピネルと関連の構造　　　　　　　　…239

　8.1　Cu_2Mg 構造　　　　　　　　　　　　　　　…239
　8.2　スピネル構造，$MgAl_2O_4$ 構造　　　　　　…246
　8.3　$BaFe_{12}O_{19}$ 構造と $KFe_{11}O_{17}$ 構造　　　　…255
　8.4　考察　　　　　　　　　　　　　　　　　　…260

第9章　コランダムと関連の構造　　　　　　　…267

　9.1　$α$-Al_2O_3 構造，コランダム構造　　　　　　…267
　9.2　$FeTiO_3$ 構造，イルメナイト構造　　　　　…270
　9.3　考察　　　　　　　　　　　　　　　　　　…270

第10章　$β$-タングステンタイプと関連の構造　…273

　10.1　$β$-タングステン構造，Nb_3Sn 構造　　　　…273
　10.2　ガーネット構造　　　　　　　　　　　　　…277
　10.3　考察　　　　　　　　　　　　　　　　　　…282

第11章　グラファイトと関連の構造　　　　　　　　　　…285
 11.1　グラファイト構造　　　　　　　　　　　　　　…285
 11.2　BN 構造　　　　　　　　　　　　　　　　　…287
 11.3　$CuAl_2$ 構造　　　　　　　　　　　　　　　…288
 11.4　考察　　　　　　　　　　　　　　　　　　　…290

第12章　化合物の構造の総括　　　　　　　　　　　　…293
 12.1　金属間化合物，硫化物，セレン化物およびテルル化物　…293
 12.2　ホウ化物　　　　　　　　　　　　　　　　　…295
 12.3　炭化物　　　　　　　　　　　　　　　　　　…295
 12.4　ハロゲン化物　　　　　　　　　　　　　　　…296
 12.5　水素化物　　　　　　　　　　　　　　　　　…298
 12.6　窒化物　　　　　　　　　　　　　　　　　　…300
 12.7　酸化物　　　　　　　　　　　　　　　　　　…300
 12.8　炭化物，窒化物および酸化物の生成自由エネルギー　…303

補章 1　窒化珪素の構造と結晶模型　　　　　　　　　…307

補章 2　Ba-Y-Cu-O 系超伝導体の構造　　　　　　　…313

附　録　　　　　　　　　　　　　　　　　　　　　　…316

附　表　　　　　　　　　　　　　　　　　　　　　　…318

索　引　　　　　　　　　　　　　　　　　　　　　　…322

日本語索引　　　　　　　　　　　　　　　　　　　　…345

原著者序文

　この本は大学の学部高学年から大学院レベルの講義の担当者ならびに材料科学の分野に関係のある様々な方面の研究者の要求にこたえるために書いた最新の参考書である。本書では，金属，金属間化合物，ハロゲン化物，水素化物，炭化物およびホウ化物など各種の無機質固相について，結晶構造と現在注目されている種々の物性について説明してある。本書の意図するところは，結晶構造についての優れた著書，たとえば Alexander Wells の *Structural Inorganic Chemistry* や，Ralph G. Wycoff 教授の *Crystal Structures*, Vols. I, II and III のようにすべての構造を網羅することではなく，むしろ現在関心の集っている各種の性質をもつ固体についてそれらの構造を総括することである。こうした範疇に入る構造と性質には，強磁性をもつ Cu_2AlMn 構造，スピネル構造，マグネトプランバイト構造およびガーネット構造，レーザー用材料としての性質をもつホタル石構造とシーライト構造，強誘電性をもつペロブスカイト構造，超伝導性をもつ β-タングステン構造および半導性をもつ閃亜鉛鉱構造などがある。

　本書では，結晶構造を説明する際に構造を関連したグループに分けて，まず簡単な構造について説明したのちこれを基礎にして複雑な構造を説明した。類似した構造をまとめてみると，多くの構造をある共通した構造の類型として示すことができる。各々の構造について，緒論で述べた約束にしたがって描いた数枚の図を本文の説明と共に示した。

　本書は，機械工学，電気工学，化学，金属学，物理学，セラミックス学および鉱物学など様々な分野の読者を対象としているので，第1章では結晶学および物性の基礎について説明して以後の章で取扱うデータや項目を理解し易いように配慮した。第2章以下の各章では，まず関連した構造について簡単に述べ

たのち，それぞれの構造について名称，代表的な化合物，構造のタイプ，空間群および対称を示した。つぎに数枚の図で構造を簡潔に説明し，結晶学の知識のある読者のために原子座標を記載し，その構造をとる固相の単位格子のデータを示し，いくつかの重要な物質について性質を論じた。若干の構造については化合物の物理定数を表で示した。固体元素の性質はよく知られているので簡単に説明したが，化合物については詳しく解説した。金属間化合物，ホウ化物，炭化物，ハロゲン化物，水素化物，および酸化物の構造と性質はそれぞれ該当した章で説明し，最後の章で総括した。

本書を執筆する動機をつくって下さった方々と，これに含める内容について相談にのって下さった方々に心から感謝する。筆者はこれらの方々を通して，現在使用中ないしは注目されている材料についての結晶構造と性質を強調した本が非常に重要であるとの確信を得た。すなわち，Martin Buerger 教授の助言によってそれらの構造を系統的に説明することを決め，Roman Smoluchowski 教授の助言で性質について強調することとした。

緒論で様々の性質の基礎を書く際に大変お世話になったユナイテッドエアクラフト研究所の George Yentama 博士と Fred Otter, Jr.博士（超伝導），Frank Douglas 氏（誘電的性質），Alexander Shuskus 博士（磁気的性質），Michael Brienza 博士（光学的性質），そして Earl Thompson 博士，Robert Sierakowski 博士および Kenneth Kreider 博士（機械的性質）に感謝する。本書の考察のすべてを再検討して下さった Gerry Peterson 博士の好意に特に感謝するとともに，コネチカット大学の Lewis Kats 教授と，スペリーランド研究所の Michael Kestigian 博士，そしてリンカーン研究所の John Longo 博士には，それぞれ数章について再検討して下さったことを感謝する。

私の娘の Cynthina と Wilda Darby にはデータの収集で，ユナイテッドエアクラフト研究所の Kathy Donahue, Joyce Hurlburt および Bonnie True, そして私の妻 Lois には原稿の準備で世話になった。また，Nancy Letendre, Carol Begansky および Willie Jenkins には Wilda Darby が図を描く際に世話になった。これらの方々にお礼申し上げる。

日本語版への序文

　本書はもともとは大学院の教科書用に書いた本である。しかしながら残念なことには米国の大学では本書を理解するために必要な教育はほとんど行われていないので，編集者との協議で参考書として出版することになったという事情がある。筆者は将来は科学系のすべての教育で結晶構造についての講義が取り入れられることを切望している。加藤教授から本書を日本語に翻訳するという話を聞いたときには非常に興奮を覚えた。それというのも，筆者は日頃から固体化学の分野での日本の研究発表が急速に増加しており，日本の科学者が物質の結晶構造と性質との関係の重要性をよく認識していると感じていたからである。

　本書の第一の目的は種々の分野で取り扱われている結晶構造の表現を統一することである。金属や固体化学ではそれぞれの分野毎に多数の本が出版されており，同じ構造をもつ多くの物質がそれぞれの分野で違った名称や意味を与えている。本書では，金属，金属間化合物，ハロゲン化物，炭化物およびホウ化物について，それぞれの結晶構造ごとに表にまとめた。また，重要な物質については結晶学データとともに性質についても記載した。

　第1章は基礎についての説明で，以下の章で述べる様々な問題やデータを容易に理解できるように配慮した。続く章では同じ結晶構造をとる物質をまとめて，これによってある同じ構造をもつ物質がしばしば同じ特別の性質をもつことを示した。このことは，酸化物のように同じ系統の物質たとえば強誘電体，強磁性体およびレーザーのホスト材料で特に顕著である。問題を一般化することによって物質とそれらの性質についての多くの知識が得られる。このような方針に沿って，結晶構造を容易に頭に思い浮かべまた記憶できるように表現方法を工夫した。すなわち，はじめに単純な構造を示したのちより複雑な構造が

それからどのようにして導かれるかを説明した。本書が出版されて以来多数の読者から複雑な結晶構造を容易に理解することができるというお誉めの言葉をいただいている。

　本書の意図するところはすべての結晶構造を網羅することではなく，興味ある性質を備えた材料を選んで説明することである。したがって，本書は材料科学者にとって非常に役に立つ参考書である。本書では，結晶構造に不慣れな化学，金属学，物理学，セラミックス学および鉱物学関係の科学技術者でも，原子の配列を容易に理解できるように数枚のわかり易い図を使って結晶構造を説明した。複雑な結晶構造の図は結晶学者にとっても役に立つことであろう。

　筆者は以前の序文で，執筆の際に下書き，修正，製図および清書でお世話になった方々とユナイテッドテクノロジー社からの援助に感謝したが，ここではそれに加えて米国版の出版についてパーガモンプレス社に感謝する。さらに，Dr. Roland Ward（故人）に対して厚くお礼申し上げる。彼から結晶構造を一般化することによって構造や他の化学的知識の記憶が容易になって体系付けられることを教えられ，これが本書を書く動機となったからである。

1983年3月24日

訳者のことば

　本書は Francis S. Galasso の *Structure and Properties of Inorganic Solids* (1970) の全訳である。訳者らは Pergamon Press 社と原著者の許可を得て 5 年前にこれを訳了したが，当時はまだ無機材料に対する社会の認識が低くて訳書の刊行を引受ける出版社がなかった。昨今のようにセラミックスがマスコミの紙上を飾る時代を迎えて本書がやっと日の目をみたことは訳者として大変嬉しいことである。

　無機材料の性質のかなりの部分はこれを構成している元素の種類と結晶構造によって支配されている。したがって，これらの材料を取り扱う各分野の研究者にとっては結晶構造を理解することは周期表を利用することに次いで重要なことである。しかしながら，原子が三次元的に配列している結晶の構造を二次元の紙上から理解することは，門外漢にとってはもちろん結晶化学を専攻する学生にとってもかなり困難である。三次元の結晶構造を理解するのにもっとも良い方法は立体的な結晶模型を利用することである。簡単な構造は市販されているキットを使つて組立てることができるが，複雑な構造は無理である。訳者は二十数年前に任意の立体角で球体に穿孔できる専用機を試作して，それ以来本書で取上げられているほとんどの構造を含む多数の模型を製作して教育と研究に利用している。というわけで本書では特に補章を設けて，エンジニヤリングセラミックスとして将来が期待されている窒化珪素の結晶構造（原著ではとりあげていない）を模型の写真を使って説明したので参照されたい。

　本書は実用的に重要な性質を示す代表的な無機材料の結晶構造を類似した構造ごとにまとめて整理し，彼の娘の筆になる大変わかり易い単位格子の透視図を使って模型的に説明しており，専門外の読者にも直観的に容易に理解できるように工夫している点が特に優れている。訳者としては，読者がサインペンで

これらの図を元素別に着色して構造を一層よく理解されることを希望する。そして基本的な結晶構造が時代とともに変化することはあり得ないことであるから，その意味で本書は将来も永くその価値を維持することができると考えられる。それでも最近はコンピューターが発達して結晶構造の図をかなり自由に描くことができるようになったので，数年後にはさまざまな結晶構造について本書の透視図に色がついたようなカラーの動画を楽しむことが可能になると思われる。

ところで，この世の中には非常に多くの化合物があって，それらの構造を詳細に検討すると無数ともいえる程に細かく分類することが可能である．また，現実の材料では結晶中における電子密度分布は球で近似した本書の図のように簡単なものではないし，多結晶から成るセラミックス材料の性質は粒界の影響を受けて単結晶の性質とは著しく違うこともわかっている。それにも拘らず，主要な結晶構造についての基本的な原子の配置を知ることは材料の諸物性を理解するのに必要なことであり，現実の材料の示す複雑な性質は結晶の基本的な構造からのずれや歪が原因となって生ずると考えれば理解することが可能である。

原著者は1953年にマサチューセッツ大学の化学科を卒業し，1960年コネチカット大学で Ph. D.の学位を得て，ユナイテッドテクノロジーズリサーチセンターに入社し，現在は同社の首席材料研究員の地位にある。彼には約60編の研究報文があり，また24件の特許をもっている。著書としては本書の他に，*High Modulus Fibers and Composites*, Gordon and Breach, New York (1969) と，*Structure, Properties and Preparation of Perovskite-Type Compounds. International Series of Monograph on Solid State Physics*, Pergamon Press, New York (1969) とがある。

原著は出版後十数年を経過しているので，収録されている物質のデータやその単位，用途，文献などが古くなっているのは止む得ないことである。訳書では，結晶構造については読者の理解を助けるため訳注や補章などでかなりの説明を追加したが，性質や用途，物性値および単位についてはほとんど原著のま

まとした．記号や数字が多いこの種の図書では完全無欠ということはまず無理である．本書では原著のミスプリントについてはできるだけ訂正したつもりであるが，間違いやご意見をご連絡いただければ幸いである．

　訳書を通読して有益な助言をいただいた水谷惟恭助教授と，訳文を原文と対照して詳しく検討して下さった石沢伸夫助手と木枝暢夫助手に感謝します．

　昭和59年4月9日

加藤　誠軌

再版にあたって

　原著が出版されてから17年を経て，訳書が刊行されてからでも3年を経て，第2版を世に送ることになった．訳者としてはこのように寿命の長い学術書に関係したことに満足している．20年前には，無機材料は高分子材料や金属材料に比べると古色蒼然とした存在であった．しかしながら現在では，超伝導セラミックスの過熱ぶりにみられるように，セラミック材料が再び時代の先端に躍り出て，本書の価値も再認識されることになったわけである．第2版では初版のミスプリントを訂正し，表現の不適当と思われるものを修正した．それに加えて，昨今話題の$Ba_3Y_2CuO_{7-x}$系超伝導体の構造についての簡単な紹介を追加した．図14.1の模型を作成し，図14.2を作図して下さった石沢伸夫助手に感謝します．

　昭和62年8月15日

加藤　誠軌

第3版の刊行にあたって

　近頃ではパソコンが発達して，結晶構造を図示しそれを自在に動かして検討できるソフトがいくつも市販されています．それにもかかわらず本書の役割は終わっていません．

　なにしろ原著の刊行1970年で，訳書の初版は1984年のことです．第2版6刷を増刷したのが1998年です．訳者としてはこのように寿命の長い学術書に関係したことに満足しています．

　第3版では，読者から疑問の指摘があったC-希土構造について，東京工業大学応用セラミックス研究所の石澤伸夫助教授に検討していただきました．その結果は巻末に追加しました．

　　平成14年4月10日

加藤　誠軌

第3版第3刷の刊行にあたって

　初版から二十数年を経て，今もなお増刷を重ねています．原著の刊行は1970年で，翻訳したのは1978年のことでした．しかし出版社が見つからなくて初版は1984年でした．訳書の原稿はもちろん手書きでした．植松敬三さんも石澤伸夫さんも当時は助手でした．

　現在は植松敬三先生は長岡技術科学大学，石澤伸夫先生は名古屋工業大学の教授として活躍されています．

　　平成19年3月10日

加藤　誠軌

第1章 緒 論

本章では結晶学や材料物性に不慣れな読者を対象として，以後の章におけるデータの記述や説明を簡単にするための基礎となる入門的な取扱いを行う。

1.1 結晶学

1.1.1 空間格子と単位格子

この本で取扱う材料は結晶質であり，それぞれの結晶の中では原子が三次元的な周期性をもって空間に並んでいる。結晶中の任意の点から出発して任意の方向へ移動するとはじめの点と同一の環境の点が見付かる。これらの点はそれぞれ特定の方向に沿って等間隔に並んでおり，ある点を頂点とする同一平面上にない三方向からなるそれらの三次元的な点の組をブラベ格子（Bravais lattice）と呼ぶ。すべての結晶は図1.1aに示した14個のブラベ格子の何れかを基礎としている。三つの方向とそれぞれの方向での繰り返しの距離が一つの平行六面体を定め，これが無限に繰り返されて空間を満している。それぞれの方向は結晶軸と呼ばれ，普通は対称性の高い軸と一致するように選ばれるが，単斜晶系の二方向と三斜晶系とではこのように選ぶことは不可能である。このように定義された最小の平行六面体は単位格子(unit cell)と呼ばれる。面心立方，体心立方および菱面体晶系では最小のブラベ格子よりも大きい単位格子が使われているが，これは視覚化と使用が容易だからである。単位格子は稜 a, b および c と，b と c，c と a そして a と b との間の角 α, β および γ をもつ。種々のタイプの単位格子をあらわすのに用いられるデータを表1.1aに示す(訳注1.1)。

単純立方

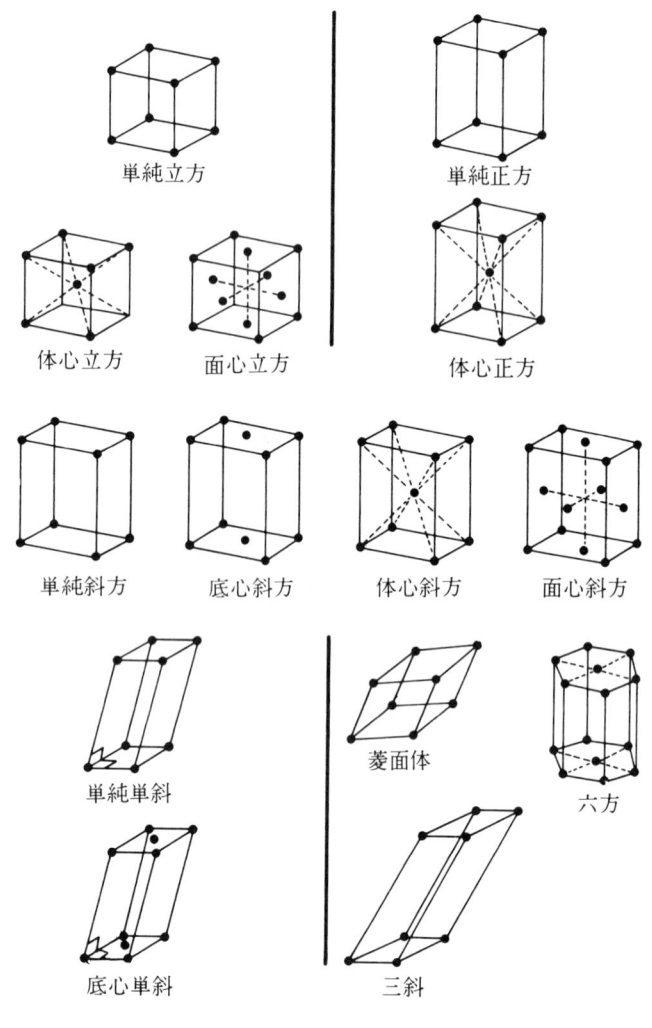

体心立方　面心立方

単純正方

体心正方

単純斜方　底心斜方　体心斜方　面心斜方

単純単斜

菱面体

六方

底心単斜

三斜

図1.1a　ブラベ格子

訳注 1.1　orthorhombic は通常斜方と訳されており，本書でもこれに従ったが，結晶軸が直交していないような印象を与えるので直方と呼ぶ方が適当であろう．

1.1.2 対　称

対称操作(symmetry operation)は結晶構造を記述する基本である。たとえばある構造をあらわすのにその半分だけで十分な場合が多いが，これは他の半分が鏡像の関係にあるためで，この場合それらの間には鏡映面があるという。単位格子がある軸のまわりを $360/n$ 度回転することによって同一の位置にくる場合に n 回回転軸をもつという。正方単位格子には1組の面に垂直に4回回転軸があり，六方単位格子には1本の6回回転軸がある。これら対称操作のいくつかを図1.1bに，また各晶系における最少限の対称を表1.1aに示した。この本では対称操作を用いることはほとんどないのでこれ以上の説明は行わない。

1.1.3 面と方向

ミラー指数(Miller index)は面の向きを与えるもので，各結晶軸がその面と交わる点における切片の逆数の組であると定義される。この場合，切片は三つ

表1.1a　結晶系

晶　系	格子定数	格子のタイプ	最少限の対称
立方(Cubic)	$a=b=c; \alpha=\beta=\gamma=90°$	P, I, F	4本の3回回転(回反)軸(3または$\bar{3}$)
正方(Tetragonal)	$a=b\neq c; \alpha=\beta=\gamma=90°$	P, I	1本の4回回転(回反)軸(4または$\bar{4}$)
斜方(Orthorhombic)	$a\neq b\neq c; \alpha=\beta=\gamma=90°$	P, I, F, C	3本の互に垂直な2回回転(回反)軸(222または$\bar{22}\bar{2}$)
単斜(Monoclinic)	$a\neq b\neq c; \alpha=\gamma=90°\neq\beta$	P, C	1本の2回回転(回反)軸(2または$\bar{2}$)
三斜(Triclinic)	$a\neq b\neq c; \alpha\neq\beta\neq\gamma$	P	なし
六方(Hexagonal)	$a=b\neq c; \alpha=\beta=90°, \gamma=120°$	P	1本の6回回転(回反)軸(6または$\bar{6}$)
菱面体(Rhombohedral)	$a=b=c; \alpha=\beta=\gamma\neq90°$	P	1本の3回回転(回反)軸(3または$\bar{3}$)

の軸に沿った単位の長さ a, b および c に対する比率であらわす必要がある。立方晶系では晶帯軸 $[hkl]$ は (hkl) 面に垂直である。いくつかの面とその方向の例を図1.1cに示した。

1.1.4 結晶構造

構造中の各原子はブラベ格子点もしくはそれらの点とある特定な関係のある空間上に位置する。原子の位置は単位格子の稜 a, b および c に平行な方向にそれらに対する比率 x, y および z で与えられる。この本では単位格子の原点を，立方，正方および斜方格子では底面の左後隅に，六方格子では底面の後隅に選び，x, y および z の値は原点からとった。

特定の単位格子中の原子数を考える際には，いくつかの原子が周囲の単位格子と共有されていることを忘れてはならない。たとえば原子が原点 $0, 0, 0$ にあ

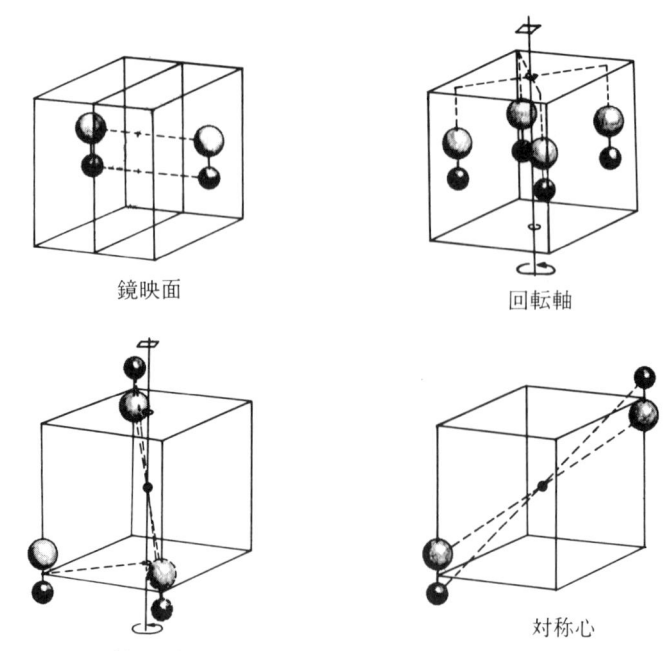

鏡映面　　　　　　　　　回転軸

4回回反軸の最初の操作　　　　対称心

図1.1b　対称の要素

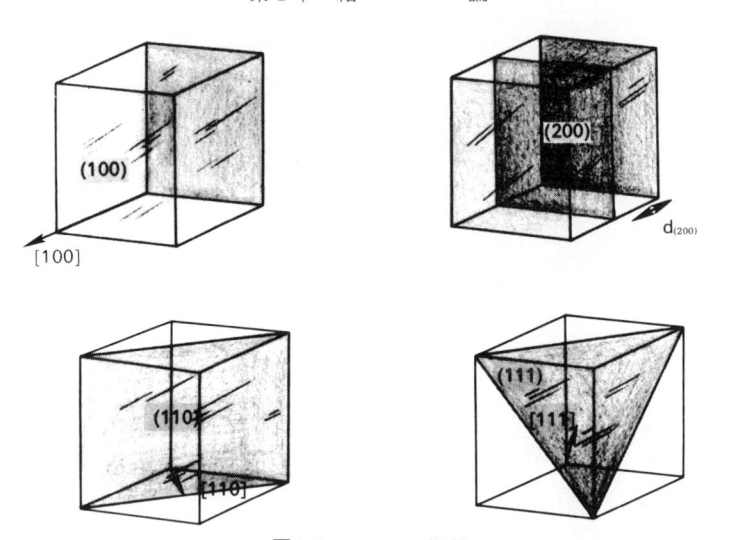

図1.1c　ミラー指数

る場合，この原子は8個の単位格子に共有されていて一つの単位格子には1/8だけが所属する。同様に単位格子の面上にある原子はそれに接するもう一つの単位格子と共有しており，稜の上にある原子は他の3個の単位格子と共有している（図1.1d）。

この本では単位格子中の原子数が非常に多い場合を除いて各原子についてx, y, zの値を示した。複雑な構造や他の本で与えられたデータから視覚的に構造を把握するには種々の因子を考慮する必要がある。単位格子に対称中心がある場合には，しばしば原子位置の半分だけが与えられているが，この場合には他の半分の原子の位置はx, yおよびzの値の符号をかえて求められる。たとえば$\bar{x}, y, \bar{z}$に原子があれば他の原子は$x, \bar{y}, z$にあり，これら二つの位置は$\pm(x, \bar{y}, z)$とあらわすことができる。

ときにはx, yおよびzの値が与えられて，それらの値をその後に書かれたx', y'およびz'の値に加える場合がある。たとえば，$\frac{1}{4}, \frac{1}{4}, \frac{1}{4}$の前に$0,0,0$と$\frac{1}{2}, \frac{1}{2}, \frac{1}{2}$と書いてあれば，二つの原子が$\frac{1}{4}, \frac{1}{4}, \frac{1}{4}$と$\frac{3}{4}, \frac{3}{4}, \frac{3}{4}$にあることを意味している。

単位格子の向き

($0, 0, 0$) にある原子

($\frac{1}{2}, 0, \frac{1}{2}$) にある原子

($0, \frac{1}{2}, 0$) にある原子

($\frac{1}{4}, \frac{3}{4}, \frac{1}{4}$) または
($\frac{1}{4}, \frac{3}{4}, \frac{3}{4}$) にある原子

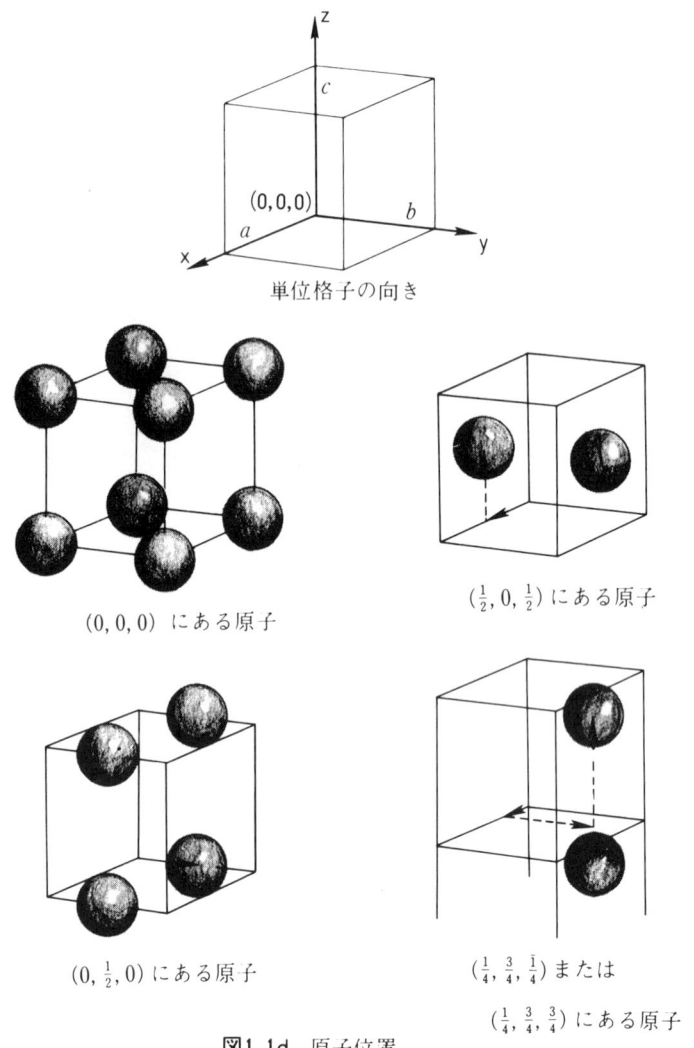

図1.1d 原子位置

体心格子(body-centered lattice)の位置にある ($0, 0, 0$; $\frac{1}{2}, \frac{1}{2}, \frac{1}{2}$) の代りに記号 B.C. が，また面心格子(face-centered lattice)の位置にある ($0, 0, 0$; $0, \frac{1}{2}, \frac{1}{2}$; $\frac{1}{2}, 0, \frac{1}{2}$; $\frac{1}{2}, \frac{1}{2}, 0$) の代りに記号 F.C. がしばしば用いられる．

原子位置をあらわす他の方法としては，空間群の記号もしくは番号と，等価位置のそれぞれの組に文字を与える場合がある．この文字および位置は *International Tables for X-ray Crystallography*, Vol.1, The Kynock Press, Birmingham, England（1952）に記載されている[訳注1.1a]．

1.1.5 基本的配置

多くの構造において原子の集団は独特の配置をとっている．原子団の配置すなわち配位原子の多面体として最も普通なものは四面体と八面体である．

原子の四面体配置は3個の原子をぴったりとつけて三角形とし，その上に別の原子を1個置いてつくられる（図1.1e）．これらの原子が大きければ中央の穴は小さな原子によって占められる．面心立方格子の隅の附近にはこのような四面体の穴があり，それらは面心立方を8等分した立方体すなわちオクタント（octant）の中央に位置している．

原子の八面体配置は4個の原子を四角に並べ，その上下に原子を1個ずつ置いてつくられる（図1.1f）．この配置では四面体配置にくらべて穴が大きく，したがってその穴はより大きな原子によって占められる必要がある[訳注1.1b]．

配位多面体の中心にある原子の配位数，すなわちこれに最も近接する原子の数は，四面体では4，八面体では6，立方体では8である[訳注1.1c]．

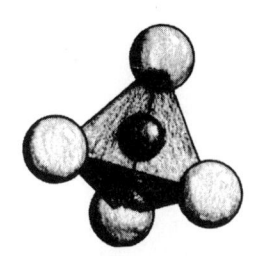

図1.1e 異種の原子が四面体配位（4配位）している原子

訳注 1.1a 新版が刊行された．*International Tables for Crystallography Vol. A : Space-Group Symmetry* Ed. by TH. HAHN, D. REIDEL Pub. Co., Netherland (1983).

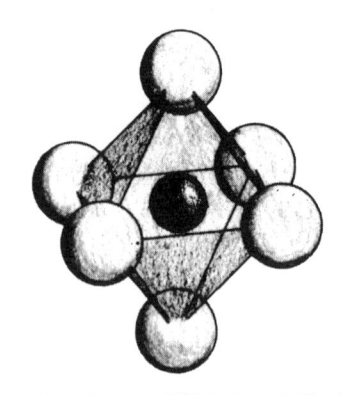

図1.1f 異種の原子が八面体配位(6配位)している原子

1.1.6 原子およびイオンの半径と周期表

多くの化合物の構造は原子やイオンの半径およびそれらの半径比で決まる。残念ながらそれらの半径は測定はもちろん定義すら厳密に行う方法がないので種々の体系が併用されている。それらの半径値を表1.1bに示した。

周期表(図1.1g)は便宜的に A_1 のアルカリ元素およびアルカリ土類元素, A_2 の遷移元素および B_1 と B_2 の後遷移元素(post transition metals)とに分類され, 周期表を調べることによって半径にある種の傾向のあることが認められる。一般に元素の半径は表の左から右へ向って減少するが, 長周期周期表では A_2 元素の終りで半径が若干増加する。半径の減少は原子核の電荷が増加して電子をより近くへ引きつけることに原因があり, また A_2 金属の終りで

訳注 1.1b 面心立方格子の中心と稜の中央にはこのような八面体の穴がある。8個の原子が立方体に配置した構造にはさらに大きい穴があり, この穴はCsClの場合のように一層大きい原子によって占められる必要がある。一般に陽イオンは陰イオンに比べて小さいので, イオン結晶では陰イオンが密に充填した隙間を陽イオンが埋めている構造となっている。半径 r の陰イオンから成る四面体の中心には半径が $0.225\,r$ の陽イオンを入れることのできる穴があいており, 八面体の中心には $0.414\,r$ の穴が, 立方体の中心には $0.732\,r$ の穴があいている。

訳注 1.1c ガーネット構造には4配位, 6配位および8配位している3種類の陽イオンがある(10.2参照)。ペロブスカイト構造は6配位および12配位している2種類の陽イオンを含んでいる (7.4参照)。

第1章 緒論

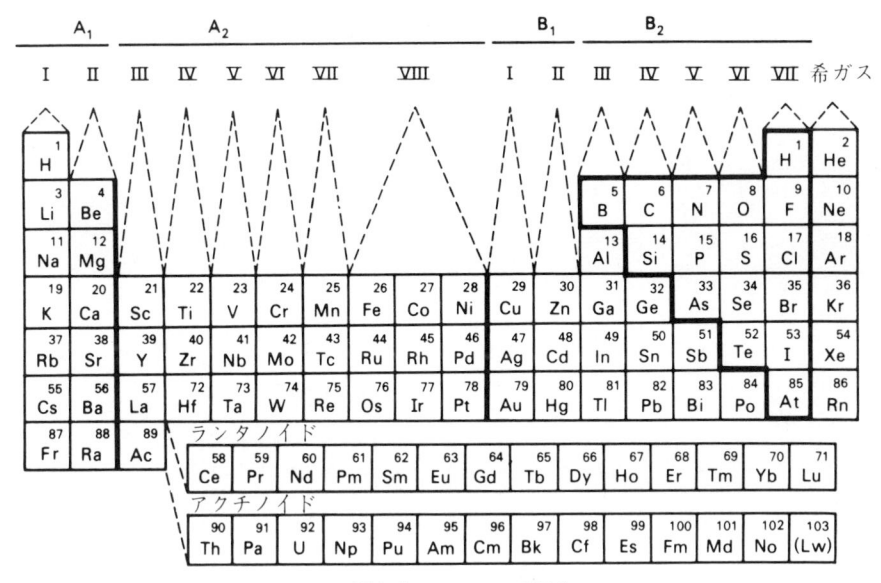

	A_1		A_2						B_1		B_2					
	I	II	III	IV	V	VI	VII	VIII	I	II	III	IV	V	VI	VII	希ガス

1 H															1 H	2 He
3 Li	4 Be										5 B	6 C	7 N	8 O	9 F	10 Ne
11 Na	12 Mg										13 Al	14 Si	15 P	16 S	17 Cl	18 Ar
19 K	20 Ca	21 Sc	22 Ti	23 V	24 Cr	25 Mn	26 Fe	27 Co	28 Ni	29 Cu	30 Zn	31 Ga	32 Ge	33 As	34 Se	35 Br	36 Kr
37 Rb	38 Sr	39 Y	40 Zr	41 Nb	42 Mo	43 Tc	44 Ru	45 Rh	46 Pd	47 Ag	48 Cd	49 In	50 Sn	51 Sb	52 Te	53 I	54 Xe
55 Cs	56 Ba	57 La	72 Hf	73 Ta	74 W	75 Re	76 Os	77 Ir	78 Pt	79 Au	80 Hg	81 Tl	82 Pb	83 Bi	84 Po	85 At	86 Rn
87 Fr	88 Ra	89 Ac															

ランタノイド

58 Ce	59 Pr	60 Nd	61 Pm	62 Sm	63 Eu	64 Gd	65 Tb	66 Dy	67 Ho	68 Er	69 Tm	70 Yb	71 Lu

アクチノイド

90 Th	91 Pa	92 U	93 Np	94 Pu	95 Am	96 Cm	97 Bk	98 Cf	99 Es	100 Fm	101 Md	102 No	103 (Lw)

図1.1g 元素の周期表

の僅かな半径の増加は d 電子による核電荷の遮蔽によると説明することができる。同じ族の中では原子半径は上から下の元素に向って増加する。

　それぞれの中性原子にくらべて陽イオンは小さく，陰イオンは大きい。A_1 元素では，それぞれの族の原子価が決まっているからイオン半径の比較は容易である。他方，遷移金属の系列では多くの原子価状態が可能であり，B_1 系列では大部分の元素に二つ以上の原子価状態がある。しかしながら電子殻構造が等しいイオンの半径は原子半径で認められたものと同じ傾向に従う。

　ランタンに続く元素の半径の減少（ランタノイド収縮）によって Zr^{4+} と Hf^{4+} はほぼ同じ大きさであり，Nb^{5+} と Ta^{5+} も同様である。周期表で，元素のイオン半径は通常左から右に向って，同じ族では下から上に向って減少するので，周期表の対角線方向に大きさの以たイオンがある。これらの傾向は物質の構造や性質を理解するのに有用である。

表 1.1b 原子とイオンの半径（Å）

元 素	原子半径[1]	金属半径[2]	荷 電	イオン半径			その他
				Goldschmidt[3]	Pauling[4]	Ahrens[5]	
Ac	1.95		+3			1.18	
Ag	1.60	1.44	+1	1.13	1.26	1.26	
			+2			0.89	
Al	1.25	1.43	+3	0.57	0.50	0.51	
Am	1.75		+3			1.07	
			+4			0.92	
Ar							
As	1.15	1.25–1.57	−3		2.22		
			+3			0.58	
			+5		0.47	0.46	
At			+7			0.62	
Au	1.35	1.44	+1		1.37	1.37	
			+3			0.85	
B	0.85	∼1.0	+1			0.23	
			+3		0.20		
Ba	2.15	2.17	+2	1.43	1.35	1.34	
Be	1.05	1.1–1.14	+2	0.34	0.31	0.35	
Bi	1.60	1.55–1.74	+1		0.74		
			+3			0.96	
			+5			0.74	
Br	1.15		−1	1.96	1.95		1.80[6,10]
			+5			0.47	
			+7		0.39	0.39	
C	0.70	0.71–0.77	−4		2.60		
			+4	0.20	0.15	0.16	
Ca	1.80	1.97	+2	1.06	0.99	0.99	
Cd	1.55	1.49–1.64	+2	1.03	0.97	0.97	
Ce	1.85	1.8248[8]	+1		1.01		
			+3	1.18		1.07	1.034[7]
			+4	1.02		0.94	
Cl	1.00		−1	1.81	1.81		1.64,[6]
							1.65[10]
			+5			0.34	
			+7		0.26	0.27	
Co	1.35	1.25	+2	0.82		0.72	
			+3			0.63	
Cr	1.40	1.25	+3	0.65		0.63	
			+6	0.34–0.4	0.52	0.52	
Cs	2.60	2.63	+1	1.65	1.69	1.67	1.86,[6]
							[1.80[10]]
Cu	1.35	1.28	+1		0.96	0.96	
			+2			0.72	

表1.1b (続き)

元素	原子半径[1]	金属半径[2]	荷電	イオン半径			
				Goldschmidt[3]	Pauling[4]	Ahrens[5]	その他
Dy	1.75	1.7952[8]	+3			0.92	0.908[7]
Er	1.75	1.7794[8]	+3	1.04		0.89	0.881[7]
Eu	1.85	1.994[8]	+2				1.09[9]
			+3			0.98	0.950[7]
F	0.50		−1	1.33	1.36		1.16,[6]
							1.19[10]
			+7		0.07	0.08	
Fe	1.40	1.24	+2	0.83		0.74	
			+3	0.67		0.64	
Fr			+1			1.80	
Ga	1.30	1.22–1.40	+3	0.62	0.62	0.62	
Gd	1.80	1.810[8]	+3	1.11		0.97	0.938[7]
Ge	1.25	1.22	−4		2.72		
			+2			0.73	
			+4	0.53		0.53	
H	0.25		−1		2.08		
Hf	1.55	1.57–1.60	+4			0.78	
Hg	1.50	1.50	+2	1.12	1.10	1.10	
Ho	1.75	1.7887[8]	+3			0.91	0.894[7]
I	1.40		−1	2.20	2.16		2.05,[6]
							2.01[10]
			+5			0.62	
			+7		0.50	0.50	
In	1.55	1.62–1.69	+3	0.92	0.81	0.81	
Ir	1.35	1.35	+4	0.66		0.68	
K	2.20	2.31	+1	1.33	1.33	1.33	1.49,[6]
							1.51[10]
La	1.95	1.36–1.87, 1.8852[8]	+3	1.22	1.15	1.14	1.061[7]
Li	1.45	1.52	+1	0.78	0.60	0.68	0.94,[6]
							0.90[10]
Lu	1.75	1.7516[8]	+3	0.99		0.85	0.848[7]
Mg	1.50	1.60	+2	0.78	0.65	0.66	
Mn	1.40	1.23–1.48	+2	0.91		0.80	
			+3	0.52		0.66	
			+4			0.60	
			+7		0.46	0.46	
Mo	1.45	1.36	+4	0.68		0.70	
			+6		0.62	0.62	
N	0.65		−3		1.71		
			+3			0.16	
			+5	0.1–0.2	0.11		

表1.1b （続き）

元 素	原子半径[1]	金属半径[2]	荷 電	イオン半径			
				Goldschmidt[3]	Pauling[4]	Ahrens[5]	その他
Na	1.80	1.85	+1	0.98	0.95	0.97	1.17,[6] 1.21[10]
Nb	1.45	1.43	+4			0.74	
			+5		0.70	0.69	
Nd	1.85	1.8290[8]	+3			1.04	0.995[7]
Ne							
Ni	1.35	1.24	+2	0.78		0.69	
Np	1.75		+3			1.10	
			+4			0.95	
			+7			0.71	
O	0.60		−2	1.32	1.40		
			+6		0.09	0.10	
Os	1.30	1.34–1.36	+4	0.67			
			+6			0.69	
P	1.00	1.09	−3		2.12		
			+3			0.44	
			+5	0.3–0.4	0.34	0.35	
Pa	1.80	1.60–1.62	+3			1.13	
			+4			0.98	
			+5			0.89	
Pb	1.80	1.75	+2	1.32		1.20	
			+4	0.84	0.84	0.84	
Pd	1.40	1.37	+2			0.80	
			+4			0.65	
Pm	1.85		+3			1.06	0.979[7]
Po	1.90	1.64–1.67	+6			0.67	
Pr	1.85	1.8363[8]	+3	1.16		1.06	1.03[7]
			+4	1.00		0.92	
Pt	1.35	1.38	+2			0.80	
			+4			0.65	
Pu	1.75		+3			1.08	
			+4			0.93	
Ra	2.15		+2			1.43	
Rb	2.35	2.46	+1	1.49	1.48	1.47	1.63,[6] 1.65[10]
Re	1.35	1.37–1.38	+4			0.72	
			+7			0.56	
Rh	1.35	1.34	+3	0.69		0.68	
Rn							
Ru	1.30	1.32–1.35	+4	0.65		0.67	
S	1.00		−2	1.74	1.84		
			+4			0.37	
			+6	0.34	0.29	0.30	

第1章 緒　　論

表1.1b （続き）

元　素	原子半径[1]	金属半径[2]	荷電	イオン半径			
				Goldschmidt[3]	Pauling[4]	Ahrens[5]	その他
Sb	1.45	1.45–1.68	−3		2.45		
			+3			0.76	
			+5		0.62	0.62	
Sc	1.60	1.60–1.65	+3	0.83	0.81	0.81	
Se	1.15	1.16–1.73	−2	1.91	1.98		
			+4			0.50	
			+6	0.3–0.4	0.42	0.42	
Si	1.10	1.17	−4		2.71		
			+4	0.39	0.41	0.42	
Sm	1.85	1.8105[8]	+3			1.00	0.964[7]
Sn	1.55	1.40–1.59	−4		2.94		
			+2			0.93	
			+4	0.74	0.71	0.71	
Sr	2.00	2.15	+2	1.27	1.13	1.12	
Ta	1.45	1.43	+5			0.68	
Tb	1.75	1.8005[8]	+3			0.93	0.923[7]
			+4			0.81	
Tc	1.35	1.35–1.36	+7			0.56	
Te	1.40	1.43–1.73	−2	2.11	2.21		
			+4	0.89		0.70	
			+6		0.56	0.56	
Th	1.80	1.80	+4	1.10		1.02	
Ti	1.40	1.44–1.47	+3			0.76	
			+4	0.64	0.68	0.68	
Tl	1.90	1.70–1.73	+1	1.49		1.47	
			+3	1.05	0.95	0.95	
Tm	1.75	1.7688[8]	+3	1.04		0.87	0.869[7]
U	1.75	1.50	+4	1.05		0.97	
			+6			1.80	
V	1.35	1.31	+2			0.88	
			+3			0.74	
			+4	0.61		0.63	
			+5	0.4	0.59	0.59	
W	1.35	1.37	+4	0.68		0.7	
			+6			0.62	
Xe							
Y	1.80	1.80–1.83	+3	1.06	0.93	0.92	
Yb	1.75	1.9397[8]	+2				0.93[9]
			+3	1.00		0.86	0.858[7]
Zn	1.35	1.33–1.45	+2	0.83	0.74	0.74	
Zr	1.55	1.58–1.61	+4	0.87	0.80	0.79	

1.2 性質

本節では，熱的，電気的，磁気的，誘電的，光学的および機械的な性質について，超伝導性，強誘電性，強磁性およびレーザー性能など最近関心が集まっている諸性質に重点を置いて入門的な取扱いを行う。

1.2.1 熱的性質

熱伝導度（thermal conductivity）

温度勾配 dT/dx によって生じる単位時間および単位面積あたりの熱流束 Q は次式で与えられる。

$$Q = -K\frac{dT}{dx}$$

ここで，K は熱伝導度で K が大きい物質ほど良い熱伝導体である。室温では金属は絶縁体に比べて1～2桁熱をよく伝えるが，合金は純金属ほどは熱を伝えない。例えば Cu の熱伝導率は 0.94 cal/cm-sec-°C，NaCl では 0.017 cal/cm-sec-°C，そして Fe-2％Ni では約 0.1 cal/cm-sec-°C である。

気体の運動論によれば，K は熱キャリヤーの数とそれらの速度および平均自由行程ならびに比熱に比例する。キャリヤーは電子あるいはフオノン（量子化された格子振動）である。純粋な金属では熱流は大部分が電子によって運ばれるが，絶縁体ではフオノンによって運ばれ，合金では両方の寄与がある。

絶縁体のフオノンの平均自由行程は低温（$T \ll \theta_D$，デバイ(Debye)温度）では結晶の欠陥や試料の境界によって制限されるが，高温では格子振動の非直線性（非調和性）がより重要になる。$T \sim \theta_D/2$ 以上では Umklapp 過程が支配的な抵抗機構であり，2個のフオノンが結合して全く別の方向に伝播する1個のフオノンを生成する。

金属では電子の平均自由行程は主に格子振動によって制限される。熱流と電流は同種のキャリヤーによって運ばれるので，熱伝導度と電気伝導度との間には次に示す一定の比例関係が存在する（Wiedemann-Franz 則）。

$$K = L\sigma T$$

ここで，σ は電気伝導度，L はローレンツ(Lorenz)数で 2.5×10^{-8} watt・ohm/deg^2 である．合金ではしばしば不規則に基く散乱が電子およびフオノンの平均自由行程を決める．

1.2.2 電気的性質

電気伝導度（electrical conductivity）

物質は導体，半導体および絶縁体に分類できる．金属の比抵抗は室温ではおよそ 10^{-6} ohm-cm ないしはそれ以上の値であるが，半導体ではさらに高く，絶縁体では 10^{18} ohm-cm ほどの高い比抵抗をもちうる．導体の比抵抗は温度が上るにしたがって増加するが，半導体や絶縁体では減少する．固体の抵抗値の範囲が非常に広いことはエネルギー準位図によって最もよく理解できる．図1.2a に示すように，金属では伝導電子が自由に動ける部分的に満されたエネルギー帯(band)がある．部分的に満されたエネルギー帯は満された帯と空の帯とが重なることによっても生じ，これはアルカリ土類金属で認められている．絶対零度ではエネルギーがフェルミ(Fermi)エネルギー E_f より高い準位はすべて空であり，低い準位はすべて満されている．E_f は占有の確率が $1/2$ の準位であると定義される．

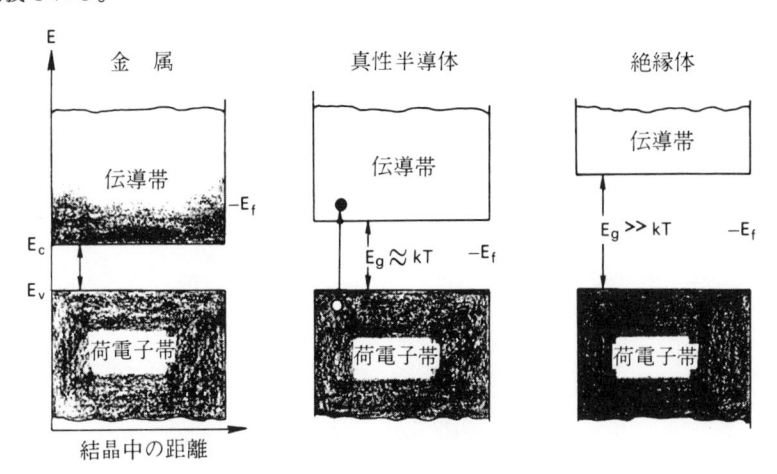

図1.2a　金属，真性半導体および絶縁体のエネルギー準位図

真性半導体は絶対零度ではすべての電子が荷電子帯（valence band）にあって絶縁体であるが，高温では少数の電子が kT 程度の大きさのエネルギーギャップ E_g を越えて伝導帯（conduction band）へ励起されて，伝導帯に自由電子を生じ荷電子帯に正孔を残す．この励起によって次式に示す固有伝導度が生じる．

$$\sigma = e(N_e\mu_e + N_h\mu_h)$$

ここで N_e は伝導帯にある電子の平衡濃度で荷電子帯にある正孔の濃度 N_h に等しく，μ_e および μ_h は電子と正孔の移動度である．

不純物半導体では電流を運ぶ電子あるいは正孔は主として不純物原子や他の欠陥（空孔や非化学量論性など）によって生じる．第3章では Cu_2O など酸素を過剰に含む酸化物の伝導性について説明する．これらの物質ではエネルギーギャップ内に局在化したアクセプター準位（acceptor levels）があり，荷電子帯から励起された電子によって占有することができ（図1.2 b），荷電子帯に残された正孔は電流を伝えることができる．これらの物質は p 型半導体と呼ばれる．

第6章では ZnO など過剰な金属イオンを含む酸化物について説明する．これらの物質ではエネルギーギャップ内の伝導帯の近傍にドナー準位（donor

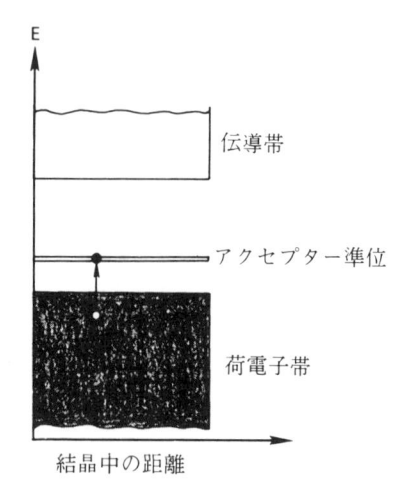

図1.2b　p 型不純物半導体（過剰酸素を含む Cu_2O など）のエネルギー準位図

levels) があり，それらの電子が伝導帯へ励起されると伝導に寄与する（図1.2 c)。これらの半導体は n 型と呼ばれる。IV族，III-V族およびII-VI族の最も重要な半導体については第5章で説明する。

絶縁体は半導体と本質的にはエネルギーギャップ E_g の大きさが異なるだけで，その大きさは数 eV 程度である。絶縁体における小さな電気伝導度は不純物あるいは格子欠陥で生じる。絶縁体の多くは高温でイオン伝導性を示し，電流はイオン自体によって格子中を運ばれる。

熱起電力（thermoelectricity）

熱エネルギーを効率よく電気エネルギーに変換することのできる物質についての関心は非常に高い。これらの物質は熱起電材料と呼ばれ，これに温度勾配が加えられるとかなり大きい電圧を発生する。このような材料の効率は次式によって与えられる。

$$Z = \frac{\alpha^2}{\rho K}$$

ここで，α はゼーベック係数（Seebeck coefficient），ρ は電気抵抗，K は熱伝導度である。この式から熱伝導度が小さく，電気抵抗が低く，ゼーベック係数

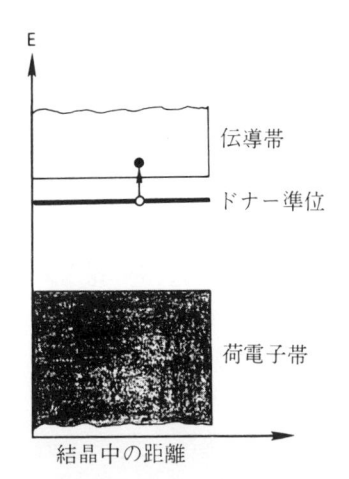

図1.2c n 型不純物半導体（過剰亜鉛を含む ZnO など）のエネルギー準位図

が大きい物質が望ましいことがわかる。

多くの物質についてのゼーベック係数，電気伝導度および熱伝導度の値がこの本に集録されている。Bi_2Te_3 は最も高い効率をもつ熱起電材料の一つで，ゼーベック係数が $190〜210 \mu V/°C$ 程度，比抵抗が約 10^{-3} ohm-cm，熱伝導率が $0.015〜0.017$ watts/cm/°Cで，したがって $Z=2.4×10^{-3}(°K)^{-1}$ である。ゼーベック係数がもっと高い誘電体はあるがそれらは電気抵抗が高く，また電気伝導度が大きい金属間化合物ではゼーベック係数が低い。

1.2.3 超伝導性 (superconductivity)

超伝導体はある遷移温度以下で電気抵抗が消滅する物質である。この温度は臨界温度 T_c と呼ばれ，1°K 以下から $Nb_3(Al_{0.8}Ga_{0.2})$ での約 20.5°K に及んでいる。超伝導体はバルク試料内部への部分的ないしは完全な磁気遮断を示す。この遮蔽が完全な場合 ($B=0$) にこの現象をマイスナー効果 (Meissner effect) と呼ぶ。

超伝導体は磁場内での挙動によってI型とII型とに分類される（図1.2d）。I型では印加磁場が"熱力学的臨界磁場" H_c を超えると超伝導は消滅する。H_c の値は $T=T_c$ では 0 であり，温度が変るとほぼ $H_c=H_0[1-(T/T_c)^2]$ に従って変化する。ここで H_0 は物質によって決り，代表的なものは数百エルステッドである。II型材料の超伝導は H_c より強い磁場でも存在し，上部臨界磁場 H_{c2} で消滅する。比 H_c/H_{c2} は温度にはほとんど関係せず，その値はほぼ 1 から 50 の範囲である。報告されている H_{c2} の最高値は 200 キロエルステッドである。II型超伝導体では熱力学的臨界温度以上でも超伝導が存在するが，これは混合状態の生成によるもので，すなわち渦動 (vortices) と呼ばれる量子化された磁束線によって磁場が部分的に試料のバルク中に侵入する。

冷間加工あるいは他の手段で欠陥を導入したII型超伝導体は硬い材料で，高磁場において大電流を通し，不可逆的挙動を示す。渦動の運動はエネルギー消費を伴うがこれら材料の格子欠陥がその運動を妨げる作用をする。ニオブを除くすべての単元素超伝導体はI型であり，ほとんどの超伝導性の合金および化合物はII型である。製造時に特別の注意を払う場合を除いて大部分のII型材料

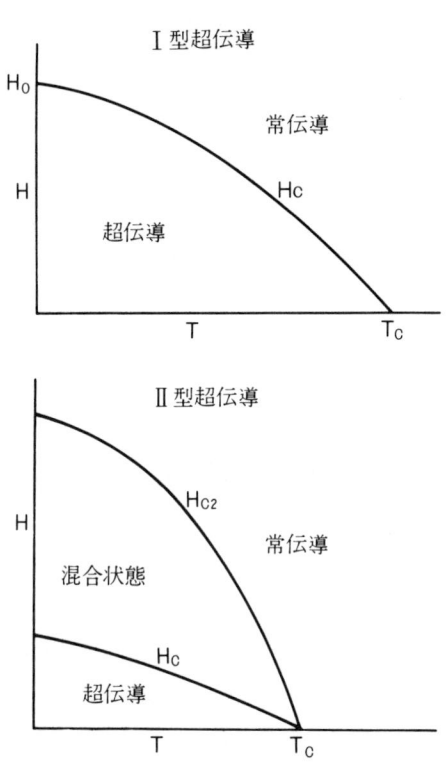

図1.2d 超伝導体の臨界磁場と温度との関係

は硬い材料である。現在では超伝導に関する大部分の現象を満足に説明する微視的理論がある。これは Bardeen-Cooper-Schrieffer 理論で, 超伝導は格子とのフオノン相互作用による二つの電子間の吸引的結合の結果生ずるという仮定に基礎を置いている。この結合で電子の協力状態が生じ, 個々のキャリヤーの散乱が防止される。

 BCS 理論に加えて超伝導に関する知識には多くの知見が加えられた。例えば, 1価の金属, 電気の良導体および強磁性金属は, 到達可能な最低温度でも超伝導体にならない。超伝導体となる元素のなかでは, 外殻電子が3.5あるいは7個の遷移金属の T_c が最も高い。化合物超伝導体では, 1原子あたりの平均

電子数以外に，結晶構造も重要で，最高の臨界温度をもつ超伝導体の多くは岩塩構造，Cu_2Mg 構造あるいは β-タングステン構造をもつことなどが知られている。これらの関係の原因についてはまだよく理解されていないが，それらの関係から臨界温度の高い新しい超伝導材料が多数発見されている。

1.2.4 磁気的性質

磁場 H を受けるすべての物質は単位体積あたりの磁気モーメント M を得る。ここで M は磁化（magnetization）と呼ばれる。磁化が磁場の強さに比例する物質では磁化率（magnetic susceptibility）χ は次式で定義される。

$$M = \chi H$$

直線的な磁化特性を示す物質の磁化率は一般に $10^{-5} > \chi > -10^{-5}$ の範囲にある。磁化率が負の物質は反磁性で，正の物質は常磁性である。

反磁性（diamagnetism）

すべての原子とイオンは全磁化率に対して反磁性的寄与によって覆いかくされる場合もある。この反磁性は磁場の印加による電子軌道の摂動によって生ずる。電子の運動は抵抗のない電流のループと見なせる。外部磁場 H を加えると電流を生ずるが，その電流の方向は印加した磁場に反抗する磁場を生ずる向きである（レンツ（Lenz）の法則）。誘導電流は外部磁場が存在する間続く。反磁性的寄与は温度には依存しない。金属では伝導帯の中にある電子による反磁性的寄与もある。

常磁性（Paramagnetism）

常磁性には磁気モーメントの存在が必要で，このモーメントは奇数個の電子をもつイオンまたは分子の相殺されていないスピンおよび角運動量で生ずる。外部磁場が加らない場合は磁気双極子の軸は不規則な方向を向いているが，磁場が加るとスピンは最低のエネルギー配置すなわち磁場に平行になる。しかしながらこれは熱擾乱によって妨害されるため，配向が完全になるのは磁場の強度が無限大もしくは絶対零度の場合だけである。常磁性磁化率は金属の場合を除くと温度に依存する量であるが，金属でのいわゆるパウリ（Pauli）常磁性は温度に依存しない。

強磁性 (Ferromagnetism)

　加えた磁場による磁化に大きな非直線的依存性がある磁性材料はある臨界温度以下で自発磁化 (spontaneous magnetization) を示す。これは固体中の隣りあう原子あるいはイオンの相殺されていない電子スピン相互間の交換作用で生ずる。自発磁化は熱エネルギーが交換エネルギーよりも大きい場合，すなわち臨界温度を越えると失われて，通常の常磁性的挙動があらわれる。

　正の交換エネルギーによって隣りあうスピンが平行に並び材料は強磁性となる。スピンの規則的配列は磁区 (domain) と呼ばれる小さな範囲に及ぶ。外部磁場がない場合には異なる磁区の磁化の方向は同一である必要はない。強磁性材料における臨界温度は強磁性キュリー点 (Curie point) と呼ばれる。

　強磁性材料では磁束密度 (flux density) B を加えた磁場 (magnetic field) H の関数としてプロットするとヒステリシスループが得られる。図1.2eに示したループの頂点ではすべての磁区は同一の方向に磁化しており，そのときの B の値は飽和磁化 (saturation magnetization) B_s と呼ばれる。加えた磁場を除くと磁区が再配列し，その最終の B_r が残留磁化 (residual magnetization) である。磁場を逆向きにすると，保磁力 (coercive force) H_c で定義した磁場において B

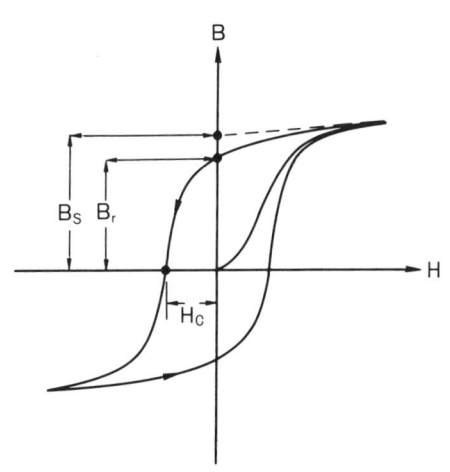

図1.2e　強磁性体のヒステリシス曲線

は零になる。材料の H_c が大きいと磁気の除去 (demagnetization) は困難で永久磁石用材料 (permanent magnetic material) とみなされる。これら材料の多くを第6章に挙げる。

交換エネルギーが負の場合，隣りあう原子あるいはイオンの電子スピンは反対方向を向く。隣接原子の磁気モーメントが同じであれば，モーメントが局所的に相殺して観測可能な磁化はあらわれない。この状態を反強磁性 (antiferromagnetism) と呼ぶ。隣接したモーメントが同程度でない場合には，正味の磁化があり，その状態をフェリ磁性 (ferrimagnetism) と呼ぶ。強磁性およびフェリ磁性材料における交換力が熱的擾乱によって圧倒される転移温度はキュリー温度，反強磁性材料におけるそれはネール (Néel) 温度と呼ばれる。

ほとんどのフェリ磁性体（たとえばフェライト）はイオン性の化合物で，非磁性のイオンが媒体として重要な役割を果たし二つの隣接した磁性イオンのスピンを配向させる。このカップリングを超交換 (super-exchange) と呼ぶ。フェリ磁性材料については本書のガーネット，スピネル，マグネトプランバイトおよびペロブスカイト構造に関する項でさらに説明する。

1.2.5 誘電的性質

2枚の平行な板の間に誘電体 (dielectrics) を置くと，このコンデンサーの容量は各々の板の電荷 q と加えた電圧 v との比であらわされる。

$$C = q/v$$

ここで，誘電率 (dielectric constant) はこの容量と真空におけるコンデンサーの容量との比である。

強誘電性 (ferroelectricity)

磁場内での磁化と同様に電場 E によって固体の電気分極 (electric polarization) P が起こり，材料は正味の電気モーメントを得る。P が E に対して直線的でなく，強磁性の挙動と類似のヒステリシスを示す場合には物質は強誘電性 (ferroelectric) である。強誘電体は分域をもち，分域内では自発分極の方向は同一である。すべての分域が配向すると分極は図1.2fの点 P_s で示される飽和値となる。電場を除くと材料は緩和し分極は残留分極 (remanent polarization)

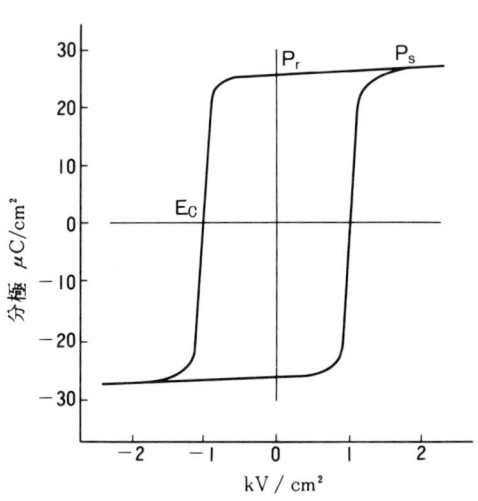

図1.2f 強誘電体のヒステリシス曲線

P_r へと減少する。分極をさらに減らすには印加電圧を逆向きにしなければならない。分極を零にするのに必要な電場の強度 E_c を抗電界（coercive field）と呼ぶ。

　この本で説明する強誘電材料のほとんどは僅かに歪んだペロブスカイト構造あるいはペロブスカイトに関連する構造をもっている。固体が強誘電体であるための最小限必要な条件は反転対称の中心（center of inversion symmetry）が存在しないことである。対称心のない 21 の晶族（点群対称に基く）のうちの 20 は圧電性（piezoelectric）を示し，それらの結晶は外部応力を加えて分極させることができる。圧電的性質は結晶構造に基いて予想できる。圧電性を示す 20 晶族のうち 10 晶族は焦電気（pyroelectricity）を示す。これらの材料では自発分極が存在するが通常は表面の補償電荷によって隠されている。しかしながら，温度が変って分極が変化すると分極はもはや補償されずこの電荷は測定可能となる。強誘電材料は焦電材料に属し，それに加えて自発分極が印加した電場によって反転できる性質をもっている。この反転は結晶構造だけからでは予想することはできない。

強誘電キュリー点と呼ばれる臨界温度 T_c 以上では物質の強誘電性は消失する。この温度以下では，電気的双極子の自発的な配向によって非常に高い見かけの誘電率が得られる。キュリー温度以上では自発分極が失われて誘電率は低下し，印加した電場と分極との間に直線的関係が認められる。$BaTiO_3$ ではキュリー温度は 120°C である。以下の章で，他の多くの強誘電物質のキュリー温度を示した。誘電率対温度曲線に特異性を示す反強誘電性 (antiferroelectric) 結晶もある。これらの物質の構造では自発分極したイオンの並ぶ方向が相反し，強電場によって強誘電状態が誘起される場合を除くと強誘電材料に特有なヒステリシスループを示さない。典型的な反強誘電材料は $PbZrO_3$ と $NaNbO_3$ である。

1.2.6 光学的性質

種々の材料について電磁波の透過率を波長の関数として以下の章に示した。データの大部分はハロゲン化物についてのもので，それらは広い波長域で透過性を示す。これらの材料を比較する際には，透過光の強度が光路の長さと共に指数関数的に減少することを覚えておくことが重要である。この知識は種々の波長における屈折率と共に，プリズムや窓などの光学的機器を設計する際に有用である。

螢光，レーザー

活性イオン (activator ion) と呼ばれるある種のイオンがホスト (host) と呼ばれる光学材料のイオンのいくつかを置換すると，光を吸収して可視あるいは近可視光として放射することができる。励起後放射の起こる過程が 10^{-8} 秒以内であるものを螢光 (fluorescence) と呼び，ずっと長時間のものを燐光 (phosphorescence) という。燐光を示す結晶の多くがレーザーとして用いられる。

レーザー (laser) すなわち誘導放射による光の発振増幅 (light amplification from the stimulated emission of radiation) は光学的振動子である。レーザーは増幅媒体を入れた共振空洞から成り，利得が損失を上廻る振動数において発振が起こる。代表的なものは 2 枚の相対する鏡から成り，Fabry-Perot 共振

子を形成する。固体レーザーでは活性化イオンを含む結晶が増幅媒体である。ホスト結晶中の活性化イオンはある振動数の光学的エネルギーを吸収して、それを低い振動数において自発的（螢光）に、あるいは誘導された反励起（誘導放射）によって再放射することができる。

ルビー結晶を使用したレーザーシステムは特に有用である。ルビー棒は Al^{3+} イオンのいくつかを Cr^{3+} イオンで置換した Al_2O_3 の単結晶である。この系の3準位エネルギー図を図1.2gに示す。光学的"ポンプ"エネルギーが基底状態からレーザー準位の上にある幅の広い帯への電子の遷移によって吸収される。ついで非放射型遷移で電子が上部レーザー準位へ落ちる。この準位での寿命は長く（～10^{-3}秒）電子が蓄積する。ポンピングが十分激しいと上部レーザー準位の電子占有率が下部レーザー準位（この場合は基底状態）のそれを超える。このような状況のときに占有率が反転しているといい、上部レーザー準位から基底状態への電子の誘導遷移によって位相のそろったレーザー波長の光が増強されて空洞の軸に沿う方向の光がその光路を何回も往復して増幅される。

基底状態が下部レーザー準位である必要はない。いわゆる4準位レーザー系の多くでは、下部レーザー準位は基底状態のすぐ上に位置する低い準位である。この下部レーザーと上部レーザー準位との間で占有率の反転を保つには、この準位から基底状態への緩和が迅速である必要がある。一般に下部レーザー準位と基底状態とのエネルギーの分離が十分小さいことが、要求される占有の反転を作るのに必要である。この分離のため若干のレーザーシステムではしばしば低温での操作が必要である。

ほとんどの結晶レーザーは4準位系で、3価の希土類イオンを活性化イオン

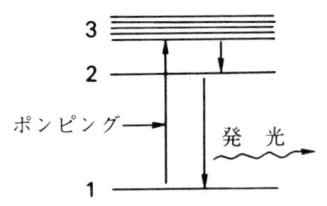

図1.2g　レーザーの3準位エネルギー図

に用いる。Nd^{3+} はレーザーの活性化イオンとして特に有用で，他の希土類イオンと同様に基底状態の上にスピン-軌道成分がありレーザー終了準位として作用する。その他の3価イオンは結晶場によるイオンの基底状態の分裂で下部レーザー準位を生成する。

ポンピング準位が鋭すぎたり，ポンピング光の強い輝線と合致しない場合には，第2の活性化イオンをホストに加える。ホストに対するこの"複ドーピング"(double doping)はポンプ照射に対して系を鋭敏にする方法の一つである。Cr^{3+} と Nd^{3+} とを含む $Y_3Al_5O_{12}$ 結晶はこうした系の一例で，Cr^{3+} イオンが広い帯で"ポンプ照射"を吸収し，励起した電子がその帯から準安定準位へ緩和する。ついで励起が Nd^{3+} の励起準位へ遷移して Nd^{3+} の反転した占有を生じその結果としてレーザー作用を起こす。

レーザー結晶のほとんどは少量の希土類イオンを含むアルカリ土類元素のタングステン酸塩，モリブデン酸塩もしくはフッ化物である。これらの系のデータは第5章に，他の酸化物やフッ化物の系のデータはこの本の所々に示した。

半導体レーザーでは光の放射は $p-n$ 接合の附近で生ずるが，これは注入された電子と空孔が伝導帯の低エネルギー準位と荷電子帯の最高準位との間を遷移するからである。伝導帯端のすぐ下に位置するドナー準位および浅いアクセプター準位もこれら遷移に関与できる。放射される光の波長は近似的に準位間エネルギーに相当する。これらレーザーの効率は光学的にポンプするレーザーのそれに比べてずっと高い。

1.2.7 機械的性質

以下の章では，しばしば材料の硬度（hardness），最大引張強度（ultimate tensile strength）および弾性率（modulus elasticity）について述べる。あとの二つの値は工学的な目的のためのもので，棒（引張り試料）の両端を引張った際の荷重とそれによって生じる長さの変化を測定して得られる。元の断面積に対する荷重の割合を応力（stress）といい，歪（strain）は長さの変化の割合として定義される。

応力対歪曲線（図1.2h）の最初の部分は直線で，その傾斜は材料のヤング率

第1章 緒　　論

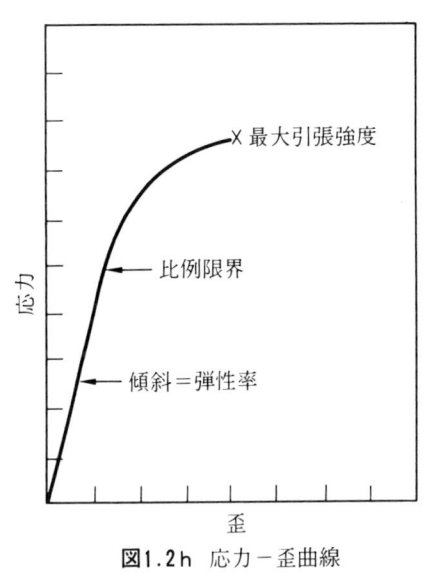

[図: 応力-歪曲線。X印が最大引張強度、矢印で「比例限界」と「傾斜＝弾性率」を示す]

図1.2h　応力−歪曲線

(Young's modulus) すなわち弾性率 (modulus of elasticity) である。その曲線は比例限界までは直線のまま続く。荷重あるいは歪が過度に大きくなければ荷重を除くと試料は元の長さに戻る。しかしながら弾性限界以上では材料は塑性的に振舞い，荷重を除いた後でも変形が残る。応力を増すと材料はついには破壊するが，その最大応力を材料の最大引張り強度と呼ぶ。この本で与えられた数値はほとんどが脆性材料 (brittle material) に関するもので，これらの材料は大体弾性限界以下で破壊するのでヤング率は応力―歪曲線の全体の傾斜と近似的に等しい。延性材料 (ductile material) では真の弾性限界は比例限界よりも僅かに高い。

　弾性率は材料の剛さ (stiffness) を測るものである。それは原子間の結合力によって決まるので，材料の構造に依存ししたがって結晶の方向で異なるが，他方合金の生成，冷間加工，熱処理などにはあまり敏感ではない。したがって，結晶粒が不規則に方位した純粋もしくはほぼ純粋な多結晶試料で得られた値には再現性がある。最大引張り強度の値はこれとは異なり試料毎に大きく変化す

る。

　硬度は測定することは容易であるが非常に複雑な機械的性質であるので，任意的に定義されている。実際には，それは貫入（indentation）に対する材料の抵抗であり，荷重を加えて小さなピラミッド，球あるいは円錐を材料に喰い込ませてその大きさで硬度を示す。微小硬度試験は材料の微小部分での測定が可能である。以下の章では硬度の値を kg/cm^2 で与える。

　この本では，ホウ素，炭素，ホウ化物，炭化物，窒化物および酸化物などの高温高強度材料については別に取扱うが，その理由は航空工学における複合材料としての利用にこれらの繊維についての関心が持たれているからである。

表 1.1b 文献

1. J. C. SLATER, *Quantum Theory of Molecules and Solids,* Vol. 2, p. 55, *Symmetry and Energy Bands in Crystals,* McGraw-Hill, N.Y. (1965).
2. L. V. AZAROFF, *Introduction to Solids,* p. 441(McGraw-Hill, N.Y., (1960).
3. V. M. GOLDSCHMIDT, *Skrifter Jet Norske. Videnskaps-Akad. Oslo,* 1. *Mat.-Naturik* **1926**, 7 (1927).
4. L. PAULING, *The Nature of the Chemical Bond,* 3rd ed., p. 514, Cornell Univ. Press, Ithaca, N.Y. (1960).
5. L. H. AHRENS, *Geochim. et Cosmochim. Acta* **2**, 155 (1952).
6. B. S. GOURARY and F. J. ADRIAN, *Adv. Solid State Phys.* **10**, 127 (1960).
7. D. H. TEMPLETON and C. H. DAUBEN in F. I. SPEDDING and A. H. DAANE (eds.), *The Rare Earths,* p. 20, John Wiley, N.Y. (1961).
8. K. W. HERRMANN, A. H. DAANE and F. H. SPEDDING, in F. I. SPEDDING and A. H. DAANE (eds.), *The Rare Earths,* p. 20, John Wiley, N.Y. (1961).
9. W. H. ZACHARIASEN, *Structure Reports* **13**, 435 (1950).
10. M. P. TOSI and F. G. FUMI, *J. Phys. Chem. Solids* **25**, 45 (1964).

第2章　元素の構造

　固体元素の諸性質は非常によく知られているので，この章ではそれらについては要約するに止め，構造的な関係に重点を置くこととする．

　ポロニウムは単純立方構造（simple cubic structure）として結晶する唯一の元素で，この構造は1個の元素が格子の隅 $(0,0,0)$ を占める立方単位格子であらわされる（図2.0参照）．他の元素の多くは三つの簡単な結晶構造，すなわち体心立方，面心立方および六方最密充填構造のいずれかをとる．体心立方および面心立方という術語は本来は格子の形に関するものであるが，それぞれの格子点に1個の原子を置いてつくられるそれらの結晶の構造をあらわすのにも用いられている．実際これらの術語は非常によく使われており，これをもって構造を定義するのが最も良いであろう[訳注2.0]．

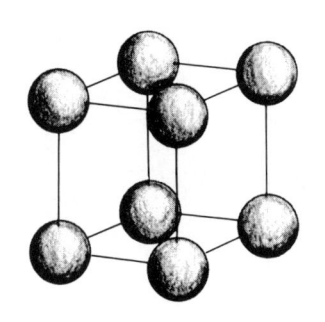

図2.0　単純立方構造

[訳注2.0]　原子を球と仮定すると，それぞれの構造における原子の充填率は，面心立方構造と六方最密充填構造では0.740，体心立方構造では0.680，単純立方構造では0.524であり，2.4で述べるダイヤモンド立方構造では0.340である．

2.1 体心立方構造,BCC 構造; A2, *Im3m*

体心立方構造(body-centered cubic structure)は単純立方構造のそれぞれの立方の中心に同じ元素を加えた構造で,単位格子は 2 個の原子 $(0,0,0$ および $\frac{1}{2},\frac{1}{2},\frac{1}{2})$ から成る(図 2.1 a)(訳注2.1a)。

体心立方構造の各原子は等距離にある 8 個の最近接原子によって囲まれているが,これとあまり違わない(15 % 遠い)距離にある 6 個の第 2 近接原子によっても囲まれている(図 2・1 b)(訳注2.1b)。

単純立方構造 (a)   (a) 体心立方構造

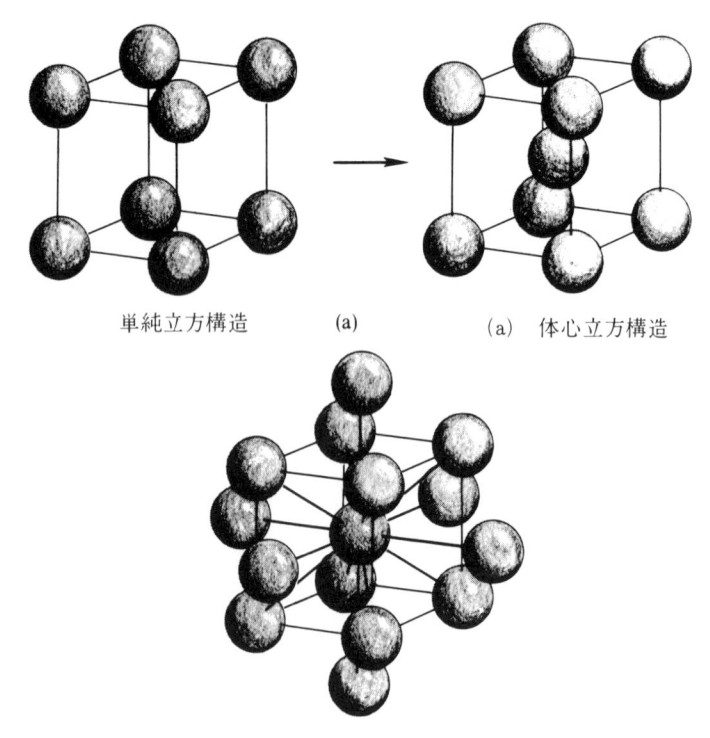

(b) 各原子の配位状況(8 個の最近接原子で囲まれている)
図2.1 体心立方構造

訳注 2.1a 体心立方構造はまた,原点が $(0,0,0)$ にある単純立方構造と,原点が $(\frac{1}{2},\frac{1}{2},\frac{1}{2})$ にある単純立方構造とを組み合わせた構造と考えることもできる。

他の元素，たとえば Ca, Sr, Ti, Zr および Hf もある条件下では体心立方構造をとる．非常に高い圧力下では水素も体心立方金属であることが理論的に予想されている(訳注2.1c)．

W などこの構造をとる元素とそれぞれの単位格子の大きさを表2.1 に示す．

表2.1 体心立方構造をとる元素

元 素	格子定数 a_0 (Å)	融点 (°C)	密度 (g/cm³)
Ba	5.025	704	3.59
γ-Ca (～500°C)	4.38	850	1.55
δ-Ce (730° to m.p.)	4.12	795	6.67
α-Cr	2.884	1550	7.19
Cs (78°K)	6.067	28.5	1.87
Eu	4.578	826	5.259
α-Fe	2.8606	1535	7.89
β-Fe (800°C)	2.91		
δ-Fe (1425°C)	2.44		
β-Hf		1700	11.4
K (78°K)	5.247	62.3	0.86
γ-La (868° to m.p.)	4.26	920	5.98
Li	3.5093	186	0.53
Mo	3.147	2625	10.2
Na	4.291	97.5	0.97
Nb	3.300	2415	8.57
β-Nd (868° to m.p.)	4.13	1024	6.80
γ-Np (～600°C)	3.52		
β-Pr (798° to m.p.)	4.13	935	6.64
ε-Pu (500°C)	3.638		
Rb (75°K)	5.605	38.5	1.53
β-Sm (917° to m.p.)	4.07	1072	7.40
γ-Sr (614°C)	4.85	757	2.6
Ta	3.306	2996	16.6
β-Th (1450°C)	4.11	1800	11.5
β-Ti (900°C)	3.307	1820	4.43
β-Tl	3.882	300	11.85
γ-U	3.474		
V	3.024	1735	6.0
W	3.165	3410	19.26
β-Y (1490° to m.p.)	4.11	1509	
β-Yb (798° to m.p.)	4.44	824	6.54
β-Zr (850°C)	3.62	1750	6.49

2.2 面心立方構造，FCC構造，立方最密充填構造；A1, $Fm3m$

面心立方構造（face-centered cubic structure）では，名前が示すように原子は立方体の隅の他に面の中心にも位置しており，単位格子は4個の原子を $0,0,0 ; \frac{1}{2}, \frac{1}{2}, 0 ; \frac{1}{2}, 0, \frac{1}{2} ; 0, \frac{1}{2}, \frac{1}{2}$ にもっている（図2.2a）(訳注2.2a)。

この構造では，各原子は12個の等距離の最近接原子に囲まれている。図2.2bでは，12配位している原子の配位多面体を示すため隣接する単位格子の原子も含めてある(訳注2.2b)。

面心立方構造は立方最密充填構造（cubic close-packed structure）とも呼ばれ，単位格子を⟨111⟩方向に沿って眺めると立方の最密充填層がはっきり認められる（図2.2c）。各原子はそれぞれの層内にある他の6個の原子と接触しており（図2.2d，図2.2e），つぎの層ははじめの層と同等であるが原子が位置Bの上にくるように移動している。3番目の同等層では原子が位置Cの上に置かれ，そのつぎの層では原子は層Aの原子の上にある。したがって繰り返しの順序は…ABCABC…である。

Au, Ag, Cu, Niなどこの構造をとる元素を表2.2に挙げる。

訳注 2.1b　したがって，体心立方構造における配位は実質的には立方最密充填構造や六方最密充填構造の12配位とそれほどの差はない。この構造では原子は最密充填しておらず，球と仮定した原子の半径 r と格子定数 a との間には $r=(\sqrt{3}/4)a$ の関係があるから，原子の充填率は0.680である。

訳注 2.1c　すべてのアルカリ金属元素と多くの遷移元素もこの構造をとる。

訳注 2.2a　面心立方格子の格子定数 a と球と，仮定した原子の半径 r との間には，$r=(\sqrt{2}/4)a$ の関係があるから，原子の充填率は0.740である。

訳注 2.2b　面心立方構造はまた，原点がそれぞれ $(0,0,0)$, $(\frac{1}{2}, \frac{1}{2}, 0)$, $(\frac{1}{2}, 0, \frac{1}{2})$ および $(0, \frac{1}{2}, \frac{1}{2})$ にある同じ格子定数をもつ四つの単純立方構造を組み合わせた構造であると考えることもできる。

第2章　元素の構造

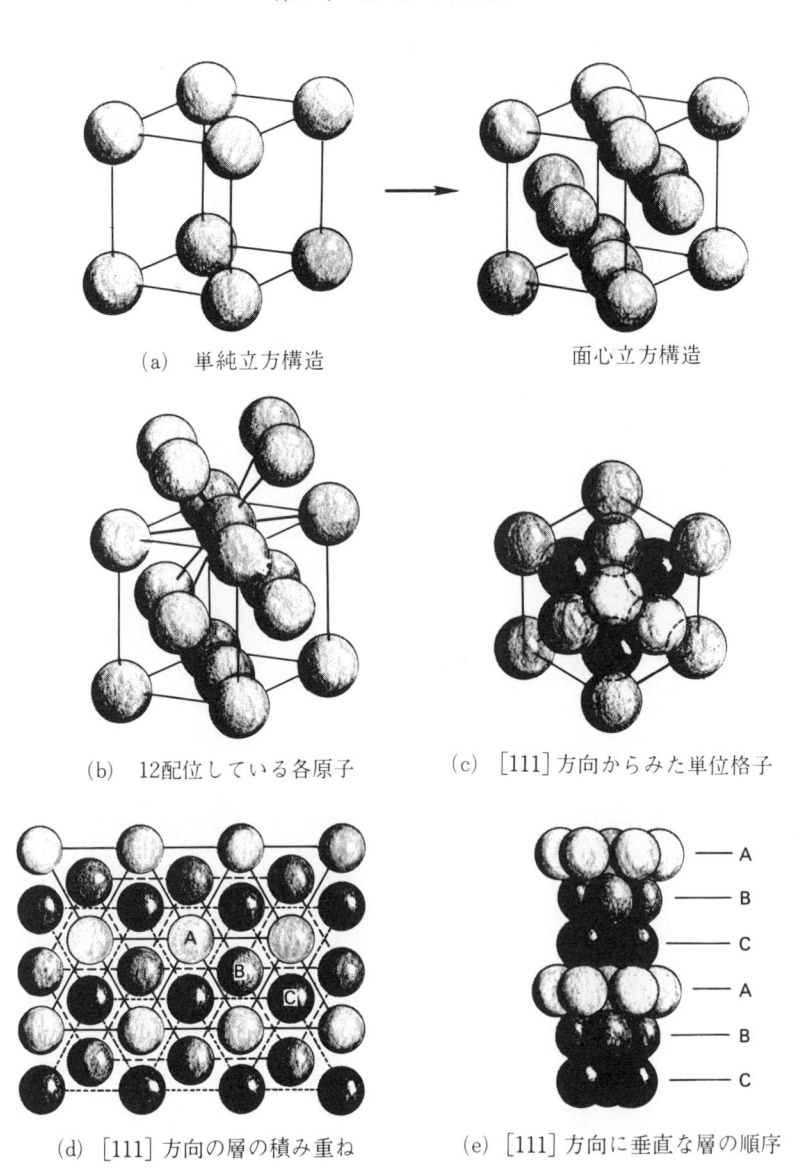

(a)　単純立方構造　　　　　面心立方構造

(b)　12配位している各原子　　(c)　[111]方向からみた単位格子

(d)　[111]方向の層の積み重ね　(e)　[111]方向に垂直な層の順序

図2.2　面心立方構造

表2.2 面心立方構造をとる元素

元素	格子定数 a_0 (Å)	融点 (°C)	密度 (g/cm³)
Ac	5.311	1600	10.07
Ag	4.0862	960.5	10.49
Al	4.050	660	2.70
Am	4.894		
Ar (4.2°K)	5.256	−184	1.40
Au	4.078	1063	19.3
Ca	5.582	850	1.55
(< −150°)	4.85		
Ce (−10° to 730°)	5.1604	795	6.771
Co	3.548	1490	8.70
β-Cr	3.68	1550	7.20
Cu	3.615	1083	8.92
γ-Fe	3.591	1535	7.87
Ir	3.839	2454	22.5
Kr (58°K)	5.721	−157	
β-La (310° to 868°)	5.303	920	6.186
Ne (4.2°K)	4.429	−249	1.20
Ni	3.524	1455	8.90
Pb	4.951	327	11.34
Pd	3.890	1554	12.0
Pt	3.923	1774	21.45
δ-Pu (320°C)	4.637		
Rh	3.8031	1966	12.44
β-Sc (1000° to m.p.)	4.541	1539	
α-Sr	6.085	770	2.6
α-Th	5.0843	1800	11.5
Xe (58°K)	6.197	−112	2.7
α-Yb (to 798°)	5.481	824	6.977

2.3 六方最密充填構造，HCP 構造； $P6_3/mmc$

Be, Mg, Zn, Cd および多くの希土類元素が六方最密充填構造 (hexagonal close-packed structure) をとる (表 2.3)。六方単位格子の形は図 2.3 に示すように a 軸と b 軸との間の角度が $120°$，ab 面と c 軸との間の角度は $90°$ である。六方最密充填構造の単位格子では，1 個の原子が $x = \frac{1}{3}, y = \frac{2}{3}$ の線上の高さが単位格子の $\frac{1}{4}$ の位置に，他の 1 個の原子が $x = \frac{2}{3}, y = \frac{1}{3}$ の線上の高さが単位格子の $\frac{3}{4}$ の位置にある。したがって原子は単位格子内の $\frac{1}{3}, \frac{2}{3}, \frac{1}{4}$ および $\frac{2}{3}, \frac{1}{3}, \frac{3}{4}$ を占める。図 2.3 b は六方最密充填構造の原子の位置を原点にとって得られる別の単位格子の配列を示したもので，原子は $0, 0, 0$ と $\frac{1}{3}, \frac{2}{3}, \frac{1}{2}$ を占める。

六方最密充填構造では面心立方構造と同様にそれぞれの原子は 12 個の最近接原子で囲まれており，原子の充填率は 0.740 である。

六方最密充填構造における原子層は c 軸に沿って眺めた場合，立方最密充填構造の {111} 面における層と同じであるが積み重ねの順序が異なっている(訳注 2.3 a)。2 番目の層にある原子は最初の層にある原子の上に位置している。したがって，層の順序は立方最密充填構造の…ABCABC…の代りに…ABAB…となる(訳注 2.3 b) (図 2.3 c および図 2.3 d)。

訳注 2.3 a 立方晶系では (111), $(\bar{1}11)$, $(1\bar{1}1)$, $(11\bar{1})$, $(\bar{1}\bar{1}1)$, $(\bar{1}1\bar{1})$, $(1\bar{1}\bar{1})$, $(\bar{1}\bar{1}\bar{1})$ は同価な面で，これらをまとめて {111} で表す。

訳注 2.3 b 原子を球と仮定した理想的な六方最密充填構造では，a 軸と c 軸との軸比 c/a の値は 1.633 であるが，多くの元素が 1.57 から 1.64 の間の値をとり，Zn と Cd は 1.86 および 1.89 と特に大きい値をとる。

(a) 対称心をもつ単位格子   (b) 原点に原子のある単位格子

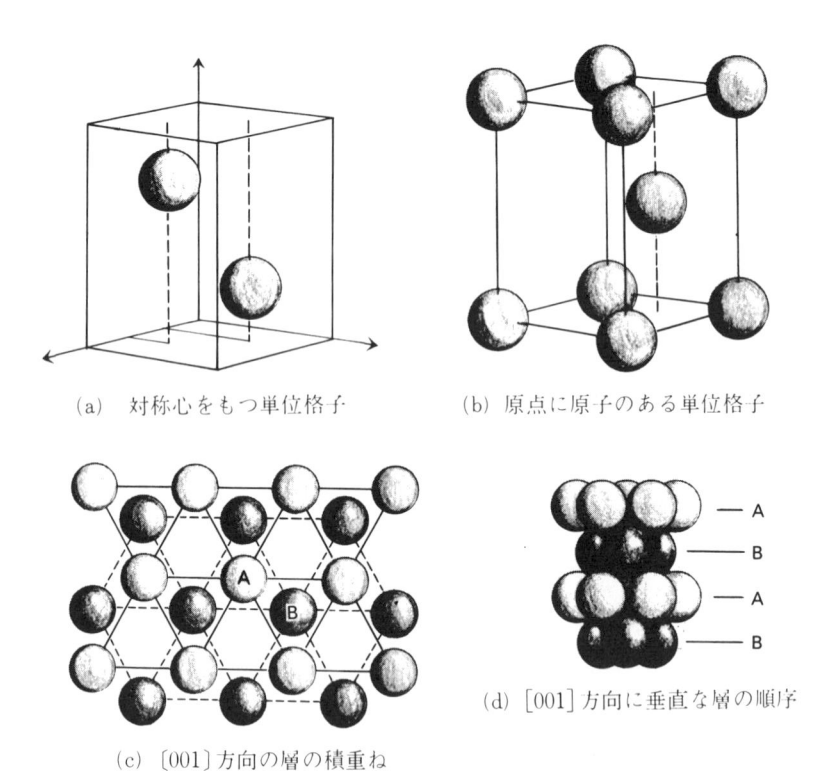

(c) 〔001〕方向の層の積重ね

(d) 〔001〕方向に垂直な層の順序

図2.3 六方最密充填構造

第2章 元素の構造

表2.3 六方最密充填構造をとる元素

元素	格子定数 (Å) a_0	c_0	融点 (°C)	密度 (g/cm³)
Be	2.287	3.583	1280	1.86
β-Ca (450°C)	3.98	6.52	842	1.55
Cd	2.979	5.618	3209	8.65
α-Co	2.507	4.069	1490	8.9
γ-Cr	2.722	4.427	1550	8.56
Dy	3.5925	5.6545	1407	8.536
Er	3.5590	5.592	1497	9.051
Gd	3.6315	5.777	1312	7.895
He	3.57	5.83	−272	0.126
α-Hf	3.197	5.058	1700	11.4
Ho	3.5761	5.6174	1461	8.803
Li (78°K)	3.111	5.093	186	0.53
Lu	3.5050	5.5486	1652	9.842
Mg	3.209	5.210	650	1.74
Na (5°K)	3.657	5.902	97.5	0.97
Ni	2.65	4.33	1455	8.90
Os	2.735	4.319	2700	22.5
Re	2.761	4.458	3170	20
Ru	2.704	4.282	2500	12.2
α-Sc (to 1000°)	3.3080	5.2653	1539	2.992
β-Sr (248°C)	4.32	7.06	757	2.6
Tb	3.5990	5.696	1356	8.272
Te	2.735	4.388	2700	
α-Ti	2.950	4.686	1820	4.54
α-Tl	3.456	5.525	300	9.35
Tm	3.5372	5.5619	1545	9.332
α-Y (to 1490°)	3.6451	5.7305	1509	4.478
Zn	2.665	4.947	419	7.13
α-Zr	3.232	5.147	1750	6.49

2.4 その他の元素の構造

周期表の元素はAタイプとBタイプに分類され，III$_A$族からI$_B$族までの元素は遷移元素と呼ばれる．これらの元素の構造を図2.4に示す．元素の多くは二つ以上の構造をもち，その構造は元素が置かれている温度あるいは圧力またはその両方で決まる(訳注2.4)．最も重要な多形の例は鉄についてのもので，鉄

訳注 2.4 立方最密充填構造と六方最密充填構造のエネルギーの差は僅かで，Ca, Sc, La, CeおよびCoは両方の構造が存在する．

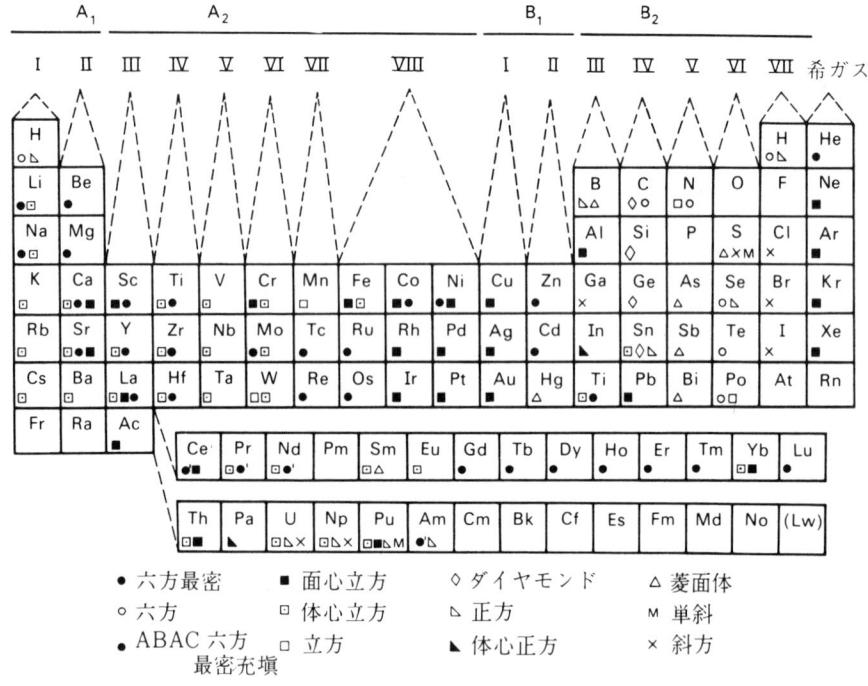

	A_1		A_2						B_1		B_2					
	I	II	III	IV	V	VI	VII	VIII	I	II	III	IV	V	VI	VII	希ガス

図2.4 元素の構造を示した周期表

凡例:
- ● 六方最密
- ■ 面心立方
- ◇ ダイヤモンド
- △ 菱面体
- ○ 六方
- □ 体心立方
- ◊ 正方
- M 単斜
- ● ABAC六方最密充填
- □ 立方
- ▲ 体心正方
- × 斜方

は906°C以下および1401°Cから融点までは体心立方構造をもつ。906°Cから1401°Cまでは面心立方構造をとり，非常に高い圧力では六方構造である。

コバルトは500°C以上では面心立方構造をとるが，冷却中に部分的に六方最密充填構造になる。固体状態ではNe，Ar，KrおよびXeは立方最密充填構造をとり，水素分子（H_2）は六方最密充填構造をつくる。長周期周表のこの領域にある他の元素は各々の原子の最近接原子の数が8-Nとなるような構造をつくる。ハロゲンは二原子分子として存在し，各々のハロゲンは1個の隣接原子をもつ。イオウとセレンは八員環として，セレンとテルル金属はジグザグの鎖状として存在し配位数は2である。燐は気体ではP_4分子で，Bi，Sbおよび Asは層状構造をつくり配位数は3である。炭素，珪素，ゲルマニウムおよび灰色錫の原子はダイヤモンド立方構造をつくり，4個の最近接原子をもつ。

その他の元素の構造のタイプと原子の位置を以下に列挙する．固体水銀は菱面体構造をもち，ホウ素は複雑な正方および菱面体構造として結晶し，Ga は複雑な構造を，そして Al, In, Tl および Pb は最密充填に近い構造をとる．マンガンには三つの多形が，Pu, Pa および U にもいくつかの多形がある．他の元素はこの本の各章のいずれかの構造に属し，それらについては後で説明する．

ダイヤモンドタイプ―A4, 5.1 参照．

白錫タイプ―A5, $I4_1/amd$, 正方, $a_0=5.8197$Å, $c_0=3.1750$Å.

 4個の Sn 原子が $0, 0, 0 ; \frac{1}{2}, \frac{1}{2}, \frac{1}{2} ; 0, \frac{1}{2}, \frac{1}{4} ; \frac{1}{2}, 0, \frac{3}{4}$ を占める．

In タイプ―A6, $F4/mmm$, 正方, $a_0=4.588$Å, $c_0=4.9377$Å.

 4個の In 原子が $0, 0, 0 ; 0, \frac{1}{2}, \frac{1}{2} ; \frac{1}{2}, 0, \frac{1}{2} ; \frac{1}{2}, \frac{1}{2}, 0$ を占める．

As タイプ―A7, $R\bar{3}m$, 菱面体, $a_0=4.123$Å, $\alpha=54°10'$.

 6個の As 原子が $0, 0, z ; \frac{1}{3}, \frac{2}{3}, \frac{2}{3}+z ; \frac{2}{3}, \frac{1}{3}, \frac{1}{3}+z ; 0, 0, \bar{z} ;$
 $\frac{1}{3}, \frac{2}{3}, \frac{2}{3}-z ; \frac{2}{3}, \frac{1}{3}, \frac{1}{3}-z ; z=0.226$ を占める．

Se タイプ―A8, $P3_121$, 三方, $a_0=4.36$Å, $c_0=4.95$Å.

 3個の Se 原子が $x, 0, \frac{1}{3} ; 0, x, \frac{2}{3} ; \bar{x}, \bar{x}, 0 ; x=0.217$ を占める．

Hg タイプ―A10, $R\bar{3}m$, 菱面体, 六方格子, $a_0=3.464$Å, $c_0=6.677$Å.

 3個の Hg 原子が $0, 0, 0 ; \frac{1}{3}, \frac{2}{3}, \frac{2}{3} ; \frac{2}{3}, \frac{1}{3}, \frac{1}{3}$ を占める．

Ga タイプ―A11, $Cmca$, 斜方, $a_0=4.523$Å, $b_0=7.661$Å, $c_0=4.524$Å.

 8個の Ga 原子が $0, y, z ; 0, \bar{y}, \bar{z} ; \frac{1}{2}, y, \frac{1}{2}-z ; \frac{1}{2}, \bar{y}, \frac{1}{2}+z ; z=0.0785.$
 $\frac{1}{2}, y+\frac{1}{2}, z ; \frac{1}{2}, \frac{1}{2}-y, \bar{z} ; 0, y+\frac{1}{2}, \frac{1}{2}-z ; 0, \frac{1}{2}-y, \frac{1}{2}+z ;$
 $y=0.0785, z=0.1525$ を占める．

Mn タイプ―A12, $I\bar{4}3m$, 立方, $a_0=8.894$Å.

 各原子は $(0, 0, 0 ; \frac{1}{2}, \frac{1}{2}, \frac{1}{2})+$

 2個の Mn 原子が $0, 0, 0$ を，

 8個の Mn 原子が $x, x, x ; x, \bar{x}, \bar{x} ; \bar{x}, x, \bar{x} ; \bar{x}, \bar{x}, x ; x=0.317$ を

 24個の Mn 原子が $x, x, z ; z, x, x ; x, z, x ; \bar{x}, x, \bar{z} ; \bar{z}, x, \bar{x} ;$
   $\bar{x}, z, \bar{x} ; x, \bar{x}, \bar{z} ; z, \bar{x}, \bar{x} ; x, \bar{z}, \bar{x} ; \bar{x}, \bar{x}, z ;$
   $\bar{z}, \bar{x}, x ; \bar{x}, \bar{z}, x ; x=0.356, z=0.042$ を占める．

同様に 24 個の Mn 原子が $x=0.089, z=0.278$ を占める。

Mn タイプ—A13, $P4_332$, 立方, $a_0=6.3018$Å.

8 個の Mn 原子が $x, x, x\,;\,x+\frac{1}{2}, \frac{1}{2}-x, \bar{x}\,;\,\bar{x}, x+\frac{1}{2}, \frac{1}{2}-x\,;\,\frac{1}{2}-x, \bar{x}, x+\frac{1}{2}\,;\,\frac{1}{4}-x, \frac{1}{4}-x, \frac{1}{4}-x\,;\,x+\frac{3}{4}, \frac{3}{4}-x, x+\frac{1}{4}\,;\,\frac{3}{4}-x, x+\frac{1}{4}, x+\frac{3}{4}\,;\,x+\frac{1}{4}, x+\frac{3}{4}, \frac{3}{4}-x$; $x=0.061$ を占める。

12 個の Mn 原子が $\frac{1}{4}-y, y, \frac{1}{8}\,;\,\frac{3}{4}-y, \frac{1}{2}-y, \frac{7}{8}\,;\,y+\frac{3}{4}, y+\frac{1}{2}, \frac{3}{8}\,;\,y+\frac{1}{4}, \bar{y}, \frac{5}{8}\,;$ $\frac{1}{8}, \frac{1}{4}-y, y\,;\,\frac{7}{8}, \frac{3}{4}-y, \frac{1}{2}-y\,;\,\frac{3}{8}, y+\frac{3}{4}, y+\frac{1}{2}\,;\,\frac{5}{8}, y+\frac{1}{4}, \bar{y}\,;$ $y, \frac{1}{8}, \frac{1}{4}-y\,;\,\frac{1}{2}-y, \frac{7}{8}, \frac{3}{4}-y\,;\,y+\frac{1}{2}, \frac{3}{8}, y+\frac{3}{4}\,;\,\bar{y}, \frac{5}{8}, y+\frac{1}{4}\,;$ $y=0.206$ を占める。

Pu には 6 種類の変態がある。

α-Pu—$P2_1/m$, 単斜, $a_0=6.1835$Å, $b_0=4.8244$Å, $c_0=10.973$Å, $\beta=101°48'$.

16 個の Pu 原子が $0.332, \frac{1}{4}, 0.155\,;\,0.774, \frac{1}{4}, 0.175\,;\,0.144, \frac{1}{4}, 0.341\,;\,0.658,$ $\frac{1}{4}, 0.457\,;\,0.016, \frac{1}{4}, 0.621\,;\,0.465, \frac{1}{4}, 0.644\,;\,0.337, \frac{1}{4},$ $0.926\,;\,0.892, \frac{1}{4}, 0.897$ を占める。

β-Pu—単斜, $a_0=9.284$Å, $b_0=10.463$Å, $c_0=7.859$Å, $\beta=92°8'$.

γ-Pu—$Fddd$, 斜方, $a_0=3.1587$Å, $b_0=5.7682$Å, $c_0=10.162$Å.

8 個の Pu 原子が $(0,0,0\,;\,\frac{1}{4}, \frac{1}{4}, \frac{1}{4})+0,0,0\,;\,\frac{1}{2}, \frac{1}{2}, 0\,;\,\frac{1}{2}, 0, \frac{1}{2}\,;\,0, \frac{1}{2}, \frac{1}{2}$ を占める。

Pu には面心立方の δ 相, 体心立方相, そして正方の δ' 相もある。

α-U タイプ—A20, $Cmcm$, 斜方, $a_0=2.858$Å, $b_0=5.877$Å, $c_0=4.955$Å.

4 個の U 原子が $0, y, \frac{1}{4}\,;\,0, \bar{y}, \frac{3}{4}\,;\,\frac{1}{2}, \frac{1}{2}+y, \frac{1}{4}\,;\,\frac{1}{2}, \frac{1}{2}-y, \frac{3}{4}\,;\,y=0.105$ を占める。

α-Np タイプ—$Pnma$, 斜方, $a_0=6.663$Å, $b_0=4.723$Å, $c_0=4.887$Å.

4 個の Np 原子が $x, \frac{1}{4}, z\,;\,\bar{x}, \frac{3}{4}, \bar{z}\,;\,\frac{1}{2}-x, \frac{3}{4}, \frac{1}{2}+x\,;\,\frac{1}{2}+x, \frac{1}{4}, \frac{1}{2}-z\,;\,x=0.036, z=0.208$ を占める。

同様に 4 個の Np 原子が $x=0.319, z=0.842$ を占める。

β-Np タイプ—$P42_12$, 正方, $a_0=4.897$Å, $c_0=3.388$Å.

2 個の Np 原子が $0,0,0\,;\,\frac{1}{2}, \frac{1}{2}, 0$ を占める。

2個のNp原子が　$0, \frac{1}{2}, z\,;\frac{1}{2}, 0, \bar{z}\,; z=-0.375$　を占める。
Smタイプ—$R\bar{3}m$, 菱面体, $a_0=8.996$Å, $\alpha=23°13'$.

1個のSm原子が　$0, 0, 0$　を占める。

2個のSm原子が　$x, x, x\,;\bar{x}, \bar{x}, \bar{x}\,; x=0.222$　を占める。

2.5　合金における固溶と規則化

2種類の金属を一緒に溶解したものを冷却する際には，一方の元素に溶け込む他方の元素の量はそれぞれの化学的類似性と原子の相対的な大きさで決まる。たとえば周期表の同じグループにある2種類の元素は，大きさの差があまり大きくなければ互に非常に良く溶け合うことが予想される。原子価が異なる2種類の金属が固溶体をつくる場合には，原子価の低い元素が原子価の高い元素の溶媒であるときの方が，溶質であるときに比べて溶解度が大きい。

この固溶体を徐冷すると，2種類の元素の原子が構造中のある選択的な位置を占めて種々の程度に規則化することがある。

2.6　考察

2.6.1　元素の性質

体心立方，面心立方および六方最密充填構造をとる元素の融点および密度を表2.1，表2.2および表2.3に示した。立方最密充填金属は六方最密充填金属にくらべて一般に延性が大きく機械的な加工が容易であるが，これは立方構造は対称性が高いので六方構造に比べて可能なすべり方向が多く，したがって多くの方向へすべることができるからである。金属の電気抵抗は半導体に比べて小さい。アルミニウム，金，銅および銀は最高の良導体で比抵抗はそれぞれ2.8，2.4，1.7および1.5×10^{-6} ohm-cmである。これらの抵抗値は他のすべての金属と同様に温度が上昇するにしたがって増加する。温度による抵抗の変化は合金化することによって安定化できるが，合金の比抵抗は純金属に比べて一般に高い。

超伝導臨界温度と呼ばれるある温度以下で種々の金属が完全な電気伝導体で

42　　　　　　　第2章　元素の構造

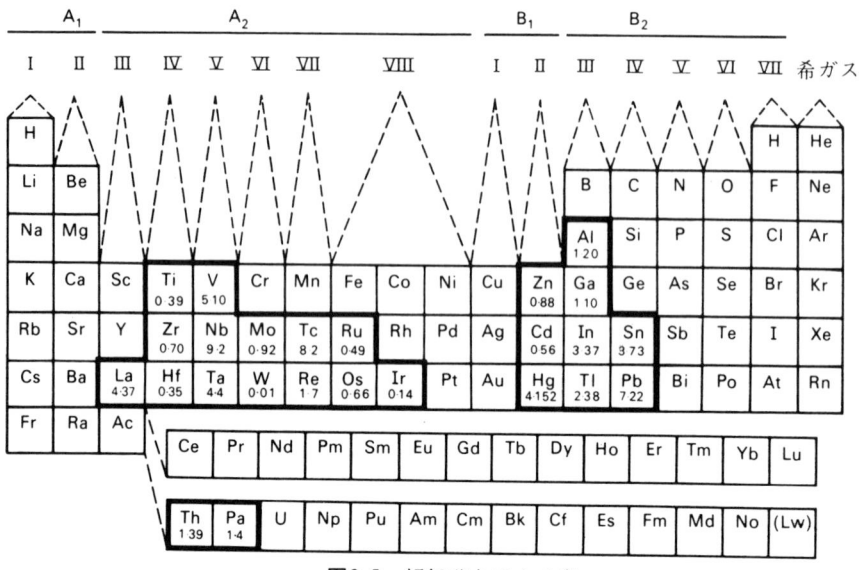

	A$_1$		A$_2$						B$_1$		B$_2$					
I	II	III	IV	V	VI	VII	VIII		I	II	III	IV	V	VI	VII	希ガス
H															H	He
Li	Be										B	C	N	O	F	Ne
Na	Mg										Al 1.20	Si	P	S	Cl	Ar
K	Ca	Sc	Ti 0.39	V 5.10	Cr	Mn	Fe	Co	Ni	Cu	Zn 0.88	Ga 1.10	Ge	As	Se	Br	Kr
Rb	Sr	Y	Zr 0.70	Nb 9.2	Mo 0.92	Tc 8.2	Ru 0.49	Rh	Pd	Ag	Cd 0.56	In 3.37	Sn 3.73	Sb	Te	I	Xe
Cs	Ba	La 4.37	Hf 0.35	Ta 4.4	W 0.01	Re 1.7	Os 0.66	Ir 0.14	Pt	Au	Hg 4.152	Tl 2.38	Pb 7.22	Bi	Po	At	Rn
Fr	Ra	Ac														

Ce	Pr	Nd	Pm	Sm	Eu	Gd	Tb	Dy	Ho	Er	Tm	Yb	Lu
Th 1.39	Pa 1.4	U	Np	Pu	Am	Cm	Bk	Cf	Es	Fm	Md	No	(Lw)

図2.5　超伝導を示す元素

あることが知られている。遷移金属の中で超伝導温度が最も高いのは3, 5および7個の最外殻荷電子をもつ金属である（図2.5）。他の金属のいくつかは純度が非常に高くないと1°K以下でも超伝導にならない。強磁性元素および伝導性の高い元素は超伝導体にならない。

　主な強磁性元素は鉄，コバルトおよびニッケルで，キュリー点は770°C，1131°Cおよび358°C，保磁力は0.05, 10および0.7エルステッド，そして飽和磁化の値は1710, 1425および550ガウスである。

　他の興味ある特性をもつ金属としては，構造材料として最も広く用いられている鉄，液体の金属水銀，耐蝕性の合金金属として最も用途の多いニッケル，高温における酸化抵抗が最も大きい白金，ロジウムおよびイリジウム，そして融点が最も高いタングステン，モリブデンおよびニオブがある。さらに，チタン，アルミニウム，ベリリウムおよびホウ素は軽い構造材料で，航空宇宙への応用が非常に重要である。ゲルマニウムと珪素は半導体元素で，金

および銀は宝飾材料として，亜鉛は電池に，クロムは他の金属の保護膜として用いられている。コバルト，クロム，バナジウムおよびモリブデンとニッケルとの合金は高温材料として利用されている。

2.6.2 合金の性質

ある元素を他の元素に加えることによって興味ある性質をもつ材料を得ることができる。銅にニッケルを加えると全領域で固溶体が生成する（図2.6a参照）。この系では，どの組成の融体を冷却する際にも固化が始まる温度は垂線が

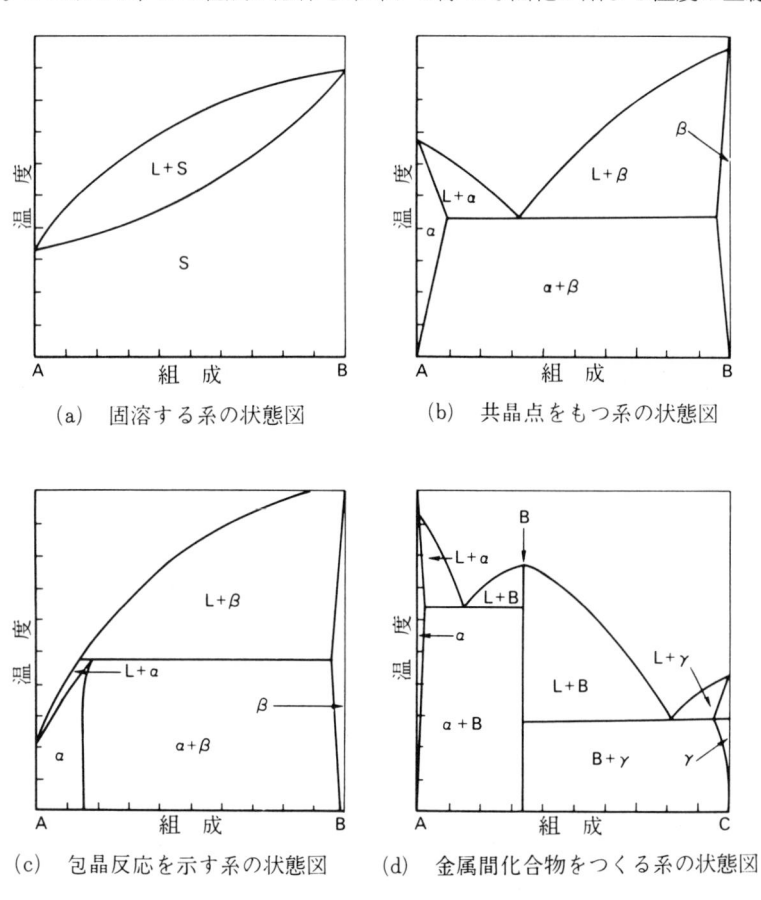

(a) 固溶する系の状態図　　(b) 共晶点をもつ系の状態図

(c) 包晶反応を示す系の状態図　(d) 金属間化合物をつくる系の状態図

図2.6　合金の状態図

液相線と交わる点で，固相線を越える温度で固化が完了しこの点では立方最密構造をもつ単一相として存在する。格子定数，熱膨張係数，比熱および比容積は組成と共に直線的に変化するが，引張り強度，硬度および電気抵抗は最大値を，延性は最小値をもつ。

共晶系（eutectic system）では，融体を冷却すると二つの固相として結晶する（図2.6b参照）。硬度，伸びおよび電気抵抗などの諸性質は組成に対して直線的に変化しない。諸性質の最大の不規則性がしばしば共晶点で認められる。共晶点では融点が低いので，これら合金のいくつかがハンダ（solder）として有用である。

最近，共晶物を方向性を持たせて固化させるという方法で，ある材料のウィスカー（whisker）を他の材料中に配向させたものが作られた。ウィスカーが硬く，マトリックス（matrix）が延性のある場合には，普通の方法で鋳込んだ場合の構造に比べて数倍の強度が得られた。ある金属を他の金属に加えて図2.6cに示すように包晶系をつくる場合には，非平衡な構造を生成して相の性質が予想できなくなる。

別の系では，狭い組成範囲の固溶域をもつ金属間化合物が生成するが（図2.6d参照）それらは本当の化合物である。別の場合には組成に幅のある中間相が生成し，これらは二次固溶体と呼ばれる。それらを加熱すると一時に融解し，もしくは2相に分解する。中間相の性質はそれらを形成する元素の性質とは全く異なることもある。

以下の章では，合金，金属間化合物，ハロゲン化物，水素化物などの構造を構造的に関連したグループ毎に説明する。以下の章の表では，合金および金属化合物（metal compound）は金属間化合物（intermetallic compound）と一緒に取扱うが，ホウ化物，炭化物，ハロゲン化物，水素化物，窒化物，酸化物と硫化物，セレン化物とテルル化物はそれとは別に取扱う。

第3章　CsCl タイプと関連の構造

結晶構造を関連したグループに分類する際に、CsCl タイプの構造は単位格子の隅をある元素の原子が占め、その中心を他の元素の原子もしくは原子群が占めている構造として示すことができる。本章では単位格子が複数の CsCl タイプの単位格子で構成されている関連の構造も含めて説明する。それら構造の相互の関係を表3.0に示す。

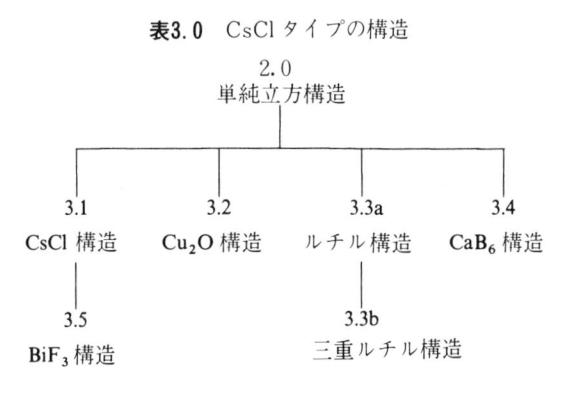

表3.0　CsCl タイプの構造

```
              2.0
           単純立方構造
    ┌─────────┬─────────┬─────────┐
   3.1       3.2      3.3a       3.4
  CsCl 構造  Cu₂O 構造  ルチル構造  CaB₆ 構造
    │                   │
   3.5                 3.3b
  BiF₃ 構造          三重ルチル構造
```

CsCl 構造、Cu$_2$O 構造、ルチル構造および CaB$_6$ 構造は単純立方構造から導かれる。BiF$_3$ の単位格子は4個の CsCl タイプの単位格子と4個の体心立方単位格子で構成され、三重ルチル構造の単位格子は3個のルチル構造の単位格子から成り、金属原子の配列が規則化している。

3.1　CsCl 構造；　B2, $Pm3m$, 立方

CsCl 構造はこのグループの中で最も簡単な構造で、立方単位格子の隅を占め

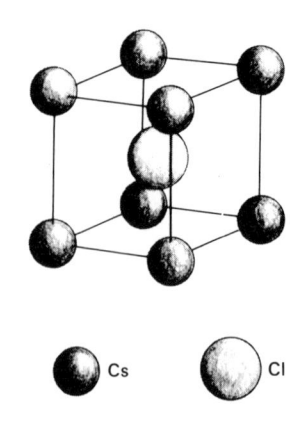

図3.1 CsCl構造

るセシウムイオン $(0,0,0)$ と，中心にある塩素イオン $(\frac{1}{2}, \frac{1}{2}, \frac{1}{2})$ とであらわすことができる（図 3.1)^(訳注3.1)。

この構造は原子の位置は体心立方構造と同じであるが単位格子の隅と中心にあるイオンの種類が異なる。たとえば β-黄銅 (brass) CuZn は原子が不規則に並んでいるときは体心立方構造であるが，原子配列が規則化したときには CsCl 構造となる。

多くの AB 型金属間化合物と若干のハロゲン化物が CsCl 構造をとる（表3.1)。一般に原子半径比 (R_A/R_B) の大きい化合物がこの構造の結晶となる傾向があるが，これは原子の配位数が多い(8)からである。ハロゲン化アルカリの中では，CsCl, CsBr および CsI だけが標準状態でこの構造をとり，他の多くは R_A/R_B の比が 0.41 と 0.73 の間にあって塩化ナトリウム構造をとる。

性質

表 3.1 に挙げたハロゲン化物のいくつかは優れた光学的性質をもっている。CsBr, CsI, TlCl および TlBr は，紫外の一部，可視光の全域および近赤外で透光性がある。これについては第 5 章でさらに説明する。

訳注 3.1 CsCl 構造はまた，原点が $(0,0,0)$ にある Cs の単純立方格子と，原点が $(\frac{1}{2}, \frac{1}{2}, \frac{1}{2})$ にある Cl の単純立方格子とを組み合わせた構造であると考えることもできる。

表3.1 CsCl構造をとる化合物

化合物	格子定数 a_0(Å)	文献
金属間化合物		
β-AgCd	3.332	1
AgCe	3.731	2
AgLa	3.760	2
β-AgLi	3.174	3
β-AgMg	3.28	4
AgNd	3.714	6
AgY	3.6196	5
AgYb	3.6787	5
β-AgZn	3.150	7, 8
β-AlCo	2.862	9
AlFe	2.903	10
AlNd	3.73	11
β-AlNi	2.881	12, 13
AlPd (高温型)	3.036	14
AlSc	3.450	15
β-AuCd	3.34 (400°C)	16
AuMg	3.259	17
β-AuMn	3.255	18
AuYb	3.5634	5
β-AuZn	3.19	19
BaCd	4.215	20
BaHg	4.133	20
BeCo	2.606	19
BeCu	2.698	21
BeNi	2.616	22
BePd	2.813	19
CaTl	3.847	3
CdCe	3.86	23
CdEu	3.960	24
CdLa	3.90	23
CdPr	3.82	23
CdSr	4.011	20
CeHg	3.815	25
CeMg	3.898	26
CeZn	3.70	23
CoFe	2.857	27
CoSc	3.16	28
CuEu	3.479	5
β-CuPd	2.988	29
CuY	3.4757	5
β-CuZn	2.945	7
ErTl	3.704	30
EuZn	3.808	24
β-GaNi	2.879	31
GaRh	3.01	32
HgLi	3.287	3
HgMg	3.44	17
HgMn	3.315	32
HgNd	3.78	25
HgPr	3.80	25

表3.1 (続き)

化合物	格子定数 a_0(Å)	文献
HgSr	3.930	20
HoIn	3.774	30
HoTl	3.720	30
InLa	3.985	5
InPd	3.53	33
InPr	3.955	5
InTm	3.739	5
InYb	3.8138	5
IrLu	3.330	34
LaMg	3.965	26
LaZn	3.75	23
β-LiPb (高温型)	3.529	35
LiTl	3.424	3
LuRh	3.334	34
MgPr	3.88	36
MgSc	3.597	15
MgSr	3.900	25
MgTl	3.628	3
β-MnPd	~3.16	37
β-MnRh	3.051	38
OsTi	3.07	39
PrZn	3.67	23
RhY	3.410	34
α-RuSi	2.90	49
RuTi	3.06	39
SbTi	3.84	41
ScRh	3.204	42
SrTl	4.024	3
TeTh	3.827	43
TlTm	3.711	44
TmRh	3.358	42
ハロゲン化物		
CsBr	4.286	45, 46, 47
CsCl	4.123	47
CsI	4.567	48, 49, 50
NH_4Br	4.0594	51
NH_4Cl	3.8756	51
NH_4I (低温型)	4.37 (−17°C)	52
RbCl (高温型)	3.74 (190°C)	53
TlBr	3.97	50
TlCl	3.8340	50
TlI	4.198	54
テルル化物		
ThTe	3.827	55
その他		
CsCN	4.25	56
$CsNH_2$ (高温型)	4.063 (50°C)	57
CsSH	4.30	58
CsSeH	4.437	58
TlCN	3.82	59

第3章 CsClタイプと関連の構造　　49

広く研究されているβ黄銅以外で最も興味ある金属相の一つにAlNiがある。これは融点が1650°Cで，1300°C以上で変形が可能であり，酸化に対して優れた抵抗性をもっている。AlCrおよびAlCoにはこれほどの耐酸化性はないが融点が高い。

3.2　Cu_2O 構造；　C3, *Pn3m*, 立方

酸化銅(I)Cu_2Oは赤銅鉱（cuprite）として天然に産出する。

Cu_2Oの構造は立方単位格子の隅を酸素イオンが占め，その中心をCu_4Oのユニットが占める構造で，図3.2に示したCu_4Oユニットの酸素イオンの上にあるCuとCuとを結ぶ直線はその下にあるCu-Cuの直線と直角をなし四面体を形成している。この構造では，酸素イオンが単位格子の$0,0,0$と$\frac{1}{2},\frac{1}{2},\frac{1}{2}$を占め，

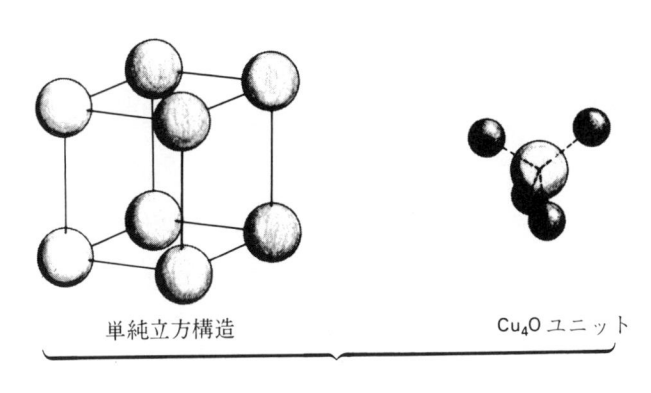

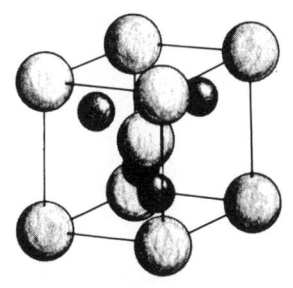

単純立方構造　　　　　　　　　Cu_4Oユニット

図3.2　Cu_2O 構造

銅イオンが $\frac{1}{4},\frac{1}{4},\frac{1}{4}$; $\frac{1}{4},\frac{3}{4},\frac{3}{4}$; $\frac{3}{4},\frac{1}{4},\frac{3}{4}$ および $\frac{3}{4},\frac{3}{4},\frac{1}{4}$ を占めている。

表 3.2 に挙げた酸化物の Ag_2O や Pb_2O そしてカドミウムや亜鉛のシアン化物もこの構造をとる。ただしシアン化物では CN イオンが銅イオンの位置に，金属イオンが酸素イオンの位置にある逆赤銅鉱（anticuprite）構造をとっている。赤銅鉱構造では銅および銀イオンの配位数は 2 で，これはイオンの大きさによって決まるものではなく，それらのイオンの共有結合をつくり易い傾向によるものである。

性質

第 1 章で述べたように Cu_2O のエネルギーギャップは約 1.5 eV で，不純物（アクセプター）準位は荷電子帯の端から 0.3〜0.6 eV にある。Cu_2O の熱起電力は室温で 700 $\mu V/°C$ である。

Cu_2O の半導性については 25 年以上も前から研究されているが，これは最初の整流器および光電池を製作するのに使われたからである。それらの整流器では p 型の Cu_2O に接して過剰な銅イオンを含む Cu_2O 層がありこれが整流の条件である。

3.3a TiO_2 構造，ルチル構造 ; C4, $P4_2/mnm$, 正方

ルチル型酸化チタン TiO_2 は金紅石（rutile）として産出する^(訳注 3.3)。これと同形の化合物である SnO_2 も錫石（cassiterite）として天然に産出する。

表3.2 Cu_2O 構造をとる化合物

化合物	格子定数 a_0(Å)	文献
酸化物		
Ag_2O	4.72	1
Cu_2O	4.2696	2
Pb_2O	5.38	3
その他		
$Cd(CN)_2$	6.32	4
$Zn(CN)_2$	5.905	5

第3章　CsClタイプと関連の構造

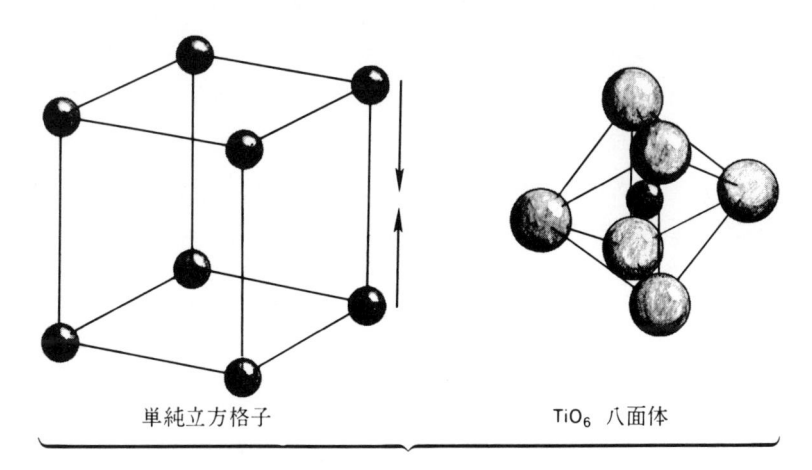

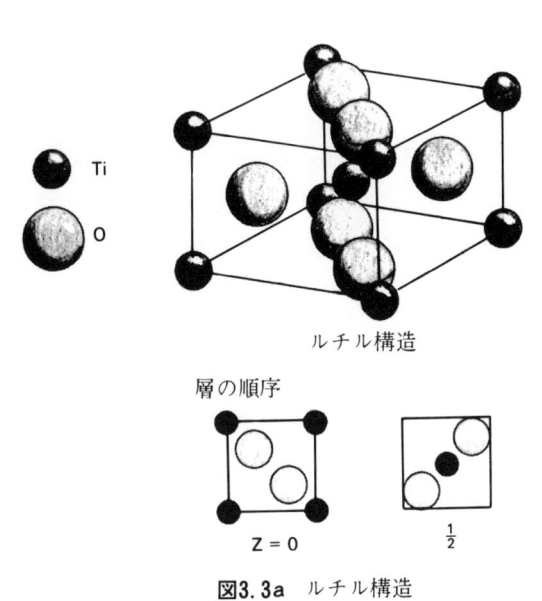

単純立方格子　　　　　TiO$_6$ 八面体

Ti
O

ルチル構造

層の順序

Z = 0　　　$\frac{1}{2}$

図3.3a　ルチル構造

訳注 3.3　TiO$_2$にはルチル構造の他に，アナターゼ（anatase）構造（正方）とブルッカイト（brookite）構造（斜方）の変態が存在する。

ルチル構造も CsCl 構造と関連しており，この構造では正方単位格子の隅をチタン原子が占め，歪んだ TiO_6 の八面体がその中心を占めている(図3.3a)。チタンイオンは4個の最近接酸素イオンと僅かに遠い距離にある2個の酸素イオンから成る歪んだ八面体で囲まれている。チタンイオンは正方単位格子の 0,0,0 および $\frac{1}{2},\frac{1}{2},\frac{1}{2}$ を占め，酸素イオンは $x,x,0; \bar{x},\bar{x},0; \frac{1}{2}+x, \frac{1}{2}-x, \frac{1}{2}; \frac{1}{2}-x, \frac{1}{2}+x, \frac{1}{2}$ に位置し，TiO_2 では $x=0.3$ である。

ルチル構造をとる二酸化物および二フッ化物を表3.3aに挙げる。

性質

鉱物のルチルは TiO_2 の化学式をもち，この構造をとる化合物の中で最もよく知られている。ルチルはチタン酸塩の中で最も簡単な化合物であるが，いずれも高い誘電率をもち，それらの値はルチルの $\varepsilon_{\parallel}=167$, $\varepsilon_{\perp}=83$ から $BaTiO_3$ の数千におよぶ。それらの化合物のすべては八面体配置の位置に金属イオンを含む構造をもっているという点で関連がある。

ルチルのエネルギーギャップは 3.05 eV，固有抵抗値は室温で $10^{13}\Omega\text{-cm}$ 以上で，融点は 1840°C，熱伝導率は 0.016 cal/sec-cm°C，熱膨張係数は $8.8\times 10^{-6}/°C$ である。CrO_2 はキュリー温度が 116°C の強磁性体で，VO_2 および MnO_2 はネール温度が 343°K および 84°K の反強磁性体である。MnF_2, FeF_2, CoF_2 および NiF_2 もネール温度が 75°K, 90°K, 45°K および 85°K の反強磁性物質である。

CrO_2 の電気抵抗は −150°C と 350°C との間では 116°C での極大値を除き温度の関数として減少する。これらの材料がネール温度で抵抗の異常を示すのは，これらの温度での電子対の解離によるものであるとされており，この現象はサーミスターへの応用が考えられている。

3.3b 三重ルチル構造； $P4_2/mnm$, 正方

$ZnSb_2O_6$ の単位格子はルチル構造に似た三つの単位格子を積み重ね，チタンの位置に亜鉛とアンチモンの原子が入った三重ルチル構造 (trirutile structure) である。単位格子の垂直の稜は底に亜鉛原子をその上に二つのアン

第3章 CsClタイプと関連の構造

表3.3a ルチル構造をとる化合物

化合物	格子定数 (Å)		文献
	a_0	c_0	
ハロゲン化物			
CoF_2	4.695	3.180	1
FeF_2	4.697	3.309	1
MgF_2	4.623	3.052	2
MnF_2	4.873	3.310	3
NiF_2	4.651	3.084	1, 3
PdF_2	4.931	3.367	4
ZnF_2	4.703	3.134	1, 3
水素化物			
$Mg(D_{0.9}H_{0.1})$	4.5025	3.0123	5
窒化物			
Ti_2N	4.9452	3.0342	6
酸化物			
CrO_2	4.41	2.91	7
GeO_2	4.395	2.859	8
IrO_2	4.49	3.14	9
$\alpha\text{-}MnO_2$	4.395	2.86	10
MoO_2†	4.86	2.79	11
NbO_2	4.77	2.96	9
OsO_2	4.51	3.19	9
PbO_2	4.946	3.379	12
RuO_2	4.51	3.11	9
SiO_2 (高圧型)			13
SnO_2	4.737	3.185	8
$\delta\text{-}TaO_2$	4.709	3.065	14
TeO_2	4.79	3.77	13
TiO_2 (ルチル)	4.5929	2.9591	15
WO_2†	4.86	2.77	11
$AlAsO_4$ (高圧型)	4.359	2.815	16
$CrVO_4$ (高圧型)	4.551	2.844	17

† 歪んだ構造

チモン原子をもち，$\frac{1}{2}, \frac{1}{2}, z$ の線上すなわち単位格子の中心を通る垂線は上下のルチル型単位格子の中心にアンチモン原子があり中央のルチル型単位格子の中心には亜鉛原子のある構造としてあらわすことができる(図3.3b)．すなわち，

2個の Zn 原子が　$0, 0, 0$ と $\frac{1}{2}, \frac{1}{2}, \frac{1}{2}$ を，

4個の Sb 原子が　$\pm(0, 0, z ; \frac{1}{2}, \frac{1}{2}, z+\frac{1}{2})$；$z=\frac{1}{3}$　を，

ルチル構造

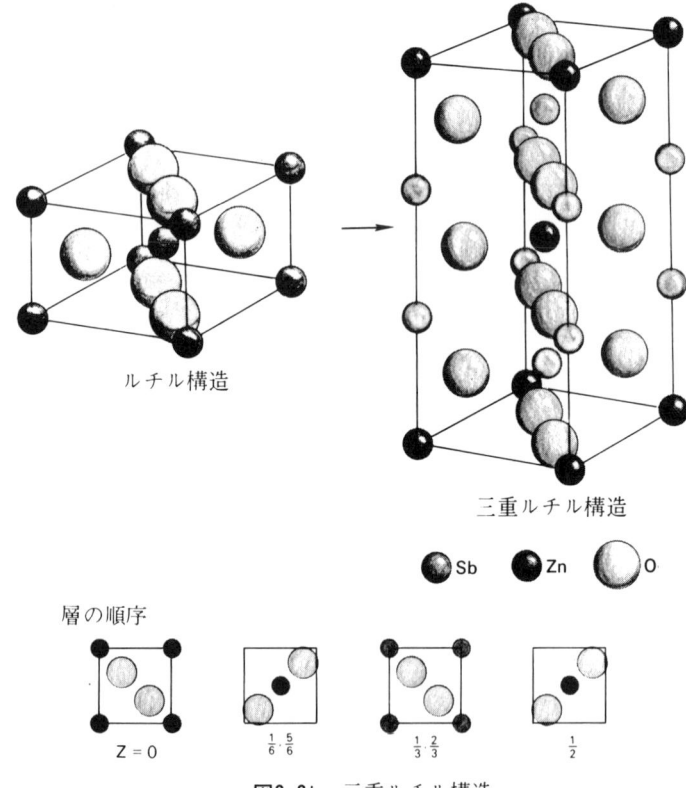

三重ルチル構造

○ Sb ● Zn ○ O

層の順序

Z = 0 $\frac{1}{6}, \frac{5}{6}$ $\frac{1}{3}, \frac{2}{3}$ $\frac{1}{2}$

図3.3b 三重ルチル構造

4個のO原子が $\pm(x, x, 0; x+\frac{1}{2}, \frac{1}{2}-x, \frac{1}{2})$ を，そして

8個のO原子が $\pm(x, x, y; \bar{x}, \bar{x}, y; x+\frac{1}{2}, \frac{1}{2}-x, y+\frac{1}{2};$
$\frac{1}{2}-x, x+\frac{1}{2}, y+\frac{1}{2}); x=0.303, y=0.328$ を占めている。

この構造をとる他の化合物を表3.3bに挙げる。

この構造をとる化合物の陽イオンが6配位を保つにはそれらの大きさが非常に似ていることが必要であり，したがってそれらイオンが規則的に配列するのは電荷の差によるものである。規則的な配列の原因となる陽イオンの大きさと電荷の差の重要性については複雑なペロブスカイト型化合物についての研究で明らかにされている（7.4参照）。

第3章 CsClタイプと関連の構造

表3.3b 三重ルチル構造をとる化合物

化合物	格子定数 (Å)		文献
	a_0	c_0	
酸化物			
$CoSb_2O_6$	4.64	9.25	1
$CoTa_2O_6$	4.73	9.16	1
$FeSb_2O_6$	4.62	9.19	1
$MgSb_2O_6$	4.63	9.21	1
$MgTa_2O_6$	4.713	9.187	1, 2
$NiSb_2O_6$	4.63	9.18	1
$NiTa_2O_6$	4.70	9.10	1
$ZnSb_2O_6$	4.66	9.24	1

3.4 CaB_6構造; $D2_1$, $Pm3m$, 立方

CaB_6構造では単位格子の隅をカルシウム原子が占め,中心をホウ素原子の八面体が占めている。八面体の各々の原子は立方体の面の中心から約$0.2a$の位置にある(図3.4)。したがって,カルシウム原子は$0,0,0$に,ホウ素イオンは $x, \frac{1}{2}, \frac{1}{2}; \frac{1}{2}, x, \frac{1}{2}; \frac{1}{2}, \frac{1}{2}, x; \bar{x}, \frac{1}{2}, \frac{1}{2}; \frac{1}{2}, \bar{x}, \frac{1}{2}; \frac{1}{2}, \frac{1}{2}, \bar{x}; x \approx 0.2$ にある。B_6のユニットを単位格子の原点に置くと立方体の中心にカルシウム原子がくることから,カルシウム原子は24個のホウ素原子に囲まれていることがわかる。

他の重要な高ホウ素化物の構造はUB_4およびUB_{12}で,B_6およびB_{12}のユニットを含んでいる。UB_4構造におけるB_6ユニットは一平面内にあってホウ素の原子対で結合されており,ウラン原子はその上下の平面にある。UB_{12}はウラン原子とB_{12}ユニットが塩化ナトリウム型に並んだ構造をもち,ウラン原子の配位数はCaB_6構造の場合と同じである。

CaB_6構造をもつホウ化物とそれらの格子定数を表3.4aに挙げる。

性質

LaB_6をはじめとするこれらの化合物は熱電子放射物質として広く研究されている高温材料で,LaB_6は俗に'ラブロク'と呼ばれている。それらの諸性質を表3.4bに挙げる。

表3.4a CaB$_6$構造をとる化合物

化合物	格子定数(Å)	x, B	文献
ホウ化物			
BaB$_6$	4.268	0.207	1
CaB$_6$	4.144	0.207	1
CeB$_6$	4.1410		1
DyB$_6$	4.0976		2
ErB$_6$	4.102	0.20	3
GdB$_6$	4.112	0.207	4
LaB$_6$	4.156	0.207	1
LuB$_6$	4.11		3
NdB$_6$	4.128	0.207	1
PrB$_6$	4.121	0.20	5
SiB$_6$	4.150		6
SmB$_6$	4.1333		4
SrB$_6$	4.1984	0.207	1
TbB$_6$	4.1020		2
ThB$_6$	4.113	0.207	1
TmB$_6$	4.110		7, 8
YB$_6$	4.113	0.207	9
YbB$_6$	4.144	0.207	1

表3.4b CaB$_6$構造をとる化合物の性質

化合物	融点 (°C)	比抵抗 (μohm-cm)	熱起電力 (μV/°C)	硬度 (kg/mm^2)	ヤング率 (10^6 psi)	熱伝導率 (cal/cm-sec-°C)	熱膨張係数 (10^{-6}/°C)
BaB$_6$	>2100[1,2,3]	77[9]	−26.2[9]	3000[13]	55.9[18]		6.47[20]
BeB$_6$	2300[4]	25 × 10^8[10]					
CaB$_6$	2100[1,2,3]	222[9]	−32[9]	2700[13]	65.5[18]	0.081[19]	6.5[21]
CeB$_6$	2190[5]	29.4[9]	2.8[9]		54.9[18]	0.055[19]	6.67[21]
EuB$_6$		85[9]	−17.7[9]			0.049[19]	6.9[20]
GdB$_6$	>2100[6]	45[9]	0.1[9]			0.114[19]	8.7[21]
LaB$_6$	>2100[1,2,3]	15[9]		2770[13]	69.4[18]	0.113[19]	5.75[20]
NdB$_6$	2540[7]	20[9]	0.4[9]	2540[7]		0.098[19]	7.3[21]
PrB$_6$		20[9]	−0.6[9]				7.5[21]
ScB$_6$			−7.7[9]				
SmB$_6$	2400[8]	207[9]	7.6[9]	2500[14]		0.033[19]	6.47[20]
SrB$_6$	>2100[1,2,3]	192[11]	30.3[9]	2920[15]		0.048[19]	6.7[21]
TbB$_6$		37[9]	−1.1[9]				7.8[21]
ThB$_6$	>2100[1]	15[9]	−0.6[9]	1740[16]			7.8[21]
YB$_6$		41[12]	−0.5[9]	3264[17]		0.060[19]	6.2[21]
YbB$_6$	1538[8]	47[9]	−25.5[9]				

第3章 CsClタイプと関連の構造

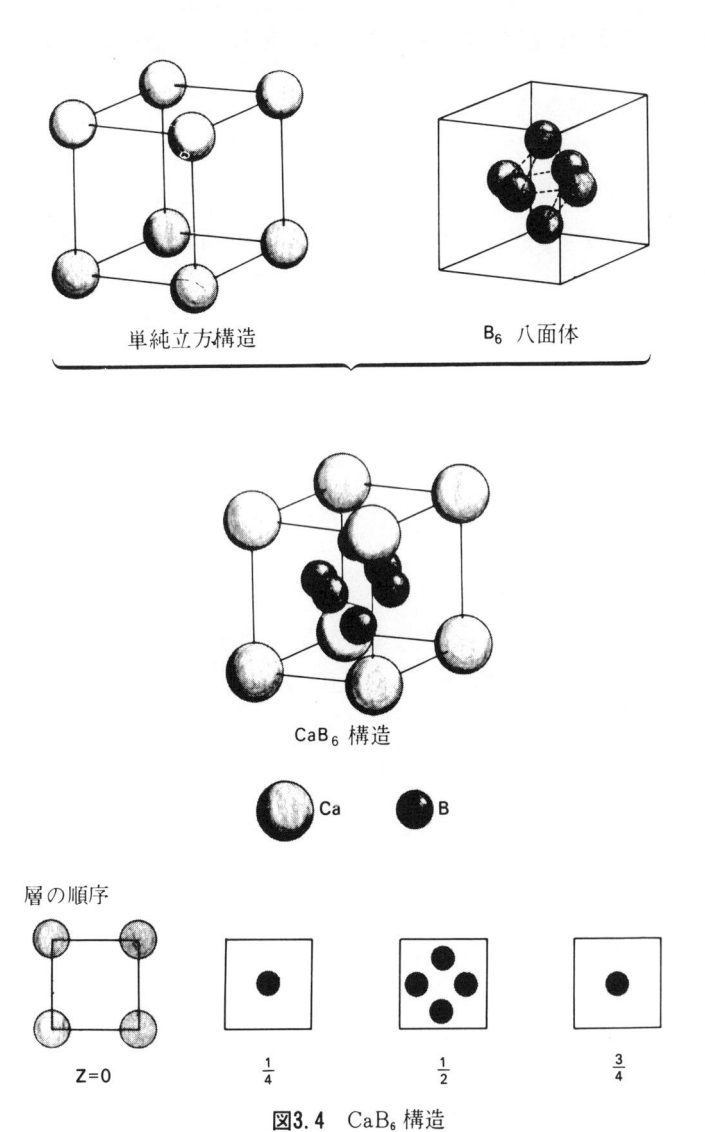

単純立方構造

B₆ 八面体

CaB₆ 構造

Ca   B

層の順序

Z=0 $\frac{1}{4}$ $\frac{1}{2}$ $\frac{3}{4}$

図3.4 CaB₆ 構造

3.5 BiF₃構造; DO₃, $P\bar{4}3m$, 立方

BiF₃構造の単位格子は，フッ素原子を隅にもつ8個の小さな立方単位格子（オクタント）を組み合わせた一辺が5.853Åの立方格子としてあらわすことができる。この構造では，4個のⅠ型オクタントの中心をビスマス原子が占め，他の4個のⅡ型オクタントの中心をフツ素原子が占めており，ビスマス原子は上下の対角に位置したオクタントの中心にある。すなわち

Bi 原子は $x,x,x;x,\bar{x},\bar{x};\bar{x},x,\bar{x};\bar{x},\bar{x},x; x \approx \frac{3}{4}$ に，

4個のF原子は $x,x,x;x,\bar{x},\bar{x};\bar{x},x,\bar{x};\bar{x},\bar{x},x; x = \frac{1}{4}$ に，

他の8個のF原子は $0,0,0;\frac{1}{2},\frac{1}{2},\frac{1}{2};0,\frac{1}{2},\frac{1}{2};\frac{1}{2},0,\frac{1}{2};\frac{1}{2},\frac{1}{2},0;\frac{1}{2},0,0;$

$0,\frac{1}{2},0;0,0,\frac{1}{2}$ を占める。

この構造をとる化合物を表3.5に挙げる。

性質

この構造で2種類の元素が不規則に配列している場合は構造を記述するのに単位格子の中の1個のオクタントで十分である。18原子パーセント以下のアルミニウムを含む鉄を加熱したのち徐冷した際にこの現象が観測される。これを放置すると合金は次第に規則化するので，このような材料は種々の性質に及ぼす規則化の影響を研究する上で有用である。Fe₃Alは強磁性を持つので特に興味のある材料でキュリー温度は500℃である。珪化物のFe₃Siもよく研究されており，融点は1300℃，熱伝導率は0.04 cal/cm-sec-℃，熱膨張係数は11×10^{-6}/℃で，比抵抗は130×10^{-6} Ω-cm である。

NaTl 構造

NaTl構造もBiF₃構造およびCu₂AlMn構造（4.4参照）と似ており，Cu₂AlMn構造のアルミニウム原子の位置にナトリウム原子が，マンガン原子の位置にタリウム原子が入っている。オクタントの中心にはBiF₃構造におけるビスマスとフッ素原子と同様にナトリウムとタリウム原子が互い違いに並んでいて，各原子に対して両種の原子がそれぞれ4配位し全体としての配位数は8である。LiGaやLiZnのように半径が非常に異なる原子から成る金属間化合物は

第3章 CsClタイプと関連の構造

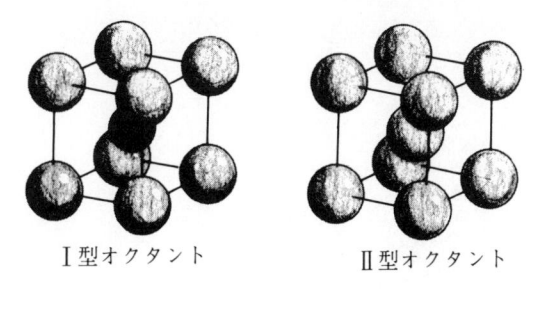

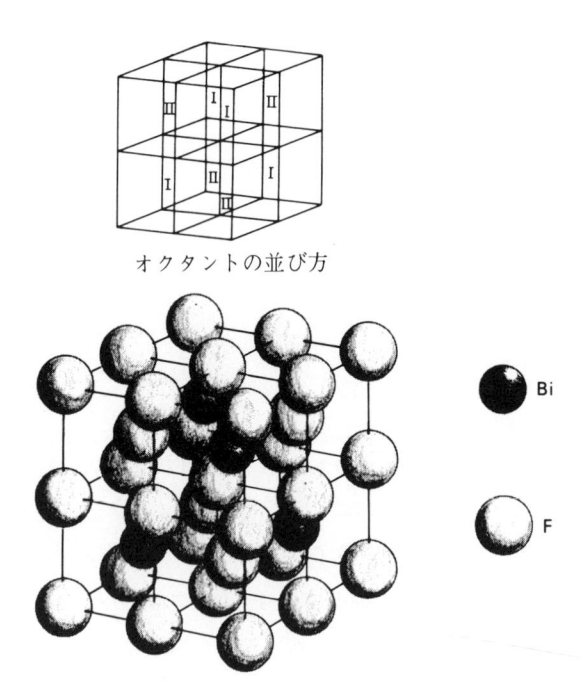

Ⅰ型オクタント　　　　Ⅱ型オクタント

オクタントの並び方

図3.5 BiF$_3$構造

配位数が6の構造よりもこの構造をとり易い。

表3.5 BiF_3 構造をとる化合物

化合物	格子定数 $a_0(\text{Å})$	文献
金属間化合物		
$AlFe_3$	5.792	1
BiK_3	8.805	2
$BiLi_3$	6.721	3
$CeMg_3$	7.436	4
$(Cu, Ni)_3Sb$	5.869	5
$(Cu, Ni)_3Sn$	5.958	5
Fe_3Si	5.655	6
$GdMg_3$	7.31	7
$HgLi_3$	6.5610	8
$LaMg_3$	7.480	4
$\beta\text{-}Li_3Sb$	6.572	9
Mg_3Nd		10
Mg_3Pr	7.388	11
Mg_3Tb		10
水素化物		
$LaH_{3.0}$	5.60	11

3.6 考察

結晶構造の関係

この章で述べた構造のうち最も簡単な CsCl 構造では，単位格子の隅をセシウムイオンが占め，中心を塩素イオンが占めている(その反対でもよい)。赤銅鉱構造の単位格子では，酸素原子が隅を占めている立方体の中心に Cu_4O の四面体が位置している。CaB_6 構造では立方格子の隅をカルシウム原子が占め，その中にホウ素の八面体が入っている。ルチル構造はチタン原子が隅を占めている偏平な単位格子の中に TiO_6 の八面体が入っている。三重ルチル構造はルチル構造の単位格子を3個積み重ねて，金属原子の配置を規則化した構造である。BiF_3 構造の単位格子は，CsCl 構造をもつ4個の BiF オクタントと体心立方構造をもつ4個の F オクタントとからできている。

金属間化合物

それぞれの構造をとる相の研究から，原子半径の比が大きい金属間化合物で

第3章 CsClタイプと関連の構造

は原子が8配位したCsCl構造あるいはNaTl構造をとる傾向のあることがわかった。前者の構造ではすべての原子が8個の異種原子で囲まれているが，後者の構造では4個の同種原子と4個の異種原子とで囲まれている原子を含んでいる。

金属間化合物CuZnが規則化するとCsCl構造となり，Fe_3Alは規則化したBiF_3構造をとる。これら金属相が規則化する過程は一般に非常におそいので，高温の鋳塊では徐冷や焼鈍もしくはその両方を必要とする。冷却速度を変えることによってさまざまな程度に規則化した合金試料が得られるから，種々の性質に及ぼす規則化の影響を研究することができる。Cu_3AuおよびFe_3Alはこの種の多くの研究の対象となっている。NaTl構造ではタリウム原子が三次元的な網目構造をつくり，ナトリウム原子がその間に入る。このような相（たとえばNaTl，LiZnおよびLiCd）では，B系列後遷移金属の原子が単位格子の大きさを決め，それらのすき間に電気的に陽性な元素が入っており，Zintl相と呼ばれている。

これ以外で特に面白いのはβ相とよばれるAgZn，AgCd，AuZn，CoAl，CuZn，FeAlおよびNiAlなどで，これらはCsCl構造をもち電子-原子比(e/a)が3/2である。ヒューム・ロザリー（Hume-Rothery）則によれば，低原子価の面心立方金属に高原子価の金属を加えると(e/a)比が3/2, 21/13および7/4となる組成で一連の中間相が生成する。すなわち，組成を変化させていくと面心立方相に続いて，(e/a)比が$\frac{3}{2}$のときに体心立方格子あるいはβ-マンガン型の相が生じ，(e/a)比が21/13のときに複雑な立方構造のγ相が，さらに(e/a)比が7/4のときに六方最密構造のε相が生じる。上で述べたβ相はヒューム・ロザリーによって示された中間相の系列で2番目の相である。もちろんそれらが規則化した場合には体心立方格子ではなくCsCl構造をとる。このような中間相を生じる典型的な系の状態図を図3.6に示す。ここで，β相領域の点線は規則化が始まる温度を示しており，またいずれの相も均一領域をもつことに注意されたい。

図3.6 Cu-Zn系の状態図

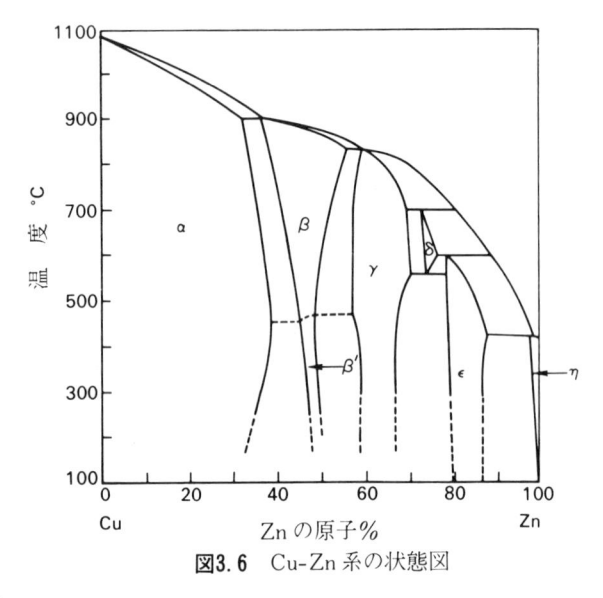

ホウ化物

この章で説明した高ホウ化物では三次元的に並んだホウ素の原子群を,すなわち UB_4 ではホウ素原子で連結した B_6 ユニットを, CaB_6 では B_6 ユニットを, UB_{12} では B_{12} ユニットを含んでいる。他のホウ化物については第6章などでさらに説明する。

ハロゲン化物

ハロゲン化アルカリの中で CsCl 構造をとるのは CsCl, CsBr および CsI だけであるが,NH_4Cl や NH_4Br, TlCl, TlBr および TlI もこの構造をもつ。他のほとんどのハロゲン化物は NaCl 構造をとる。

MF_2 の化学式をもつフッ化物は BeF_2 を除いてルチル構造もしくは CaF_2 構造をとる。金属原子が小さいとき,たとえば遷移金属のフッ化物 CoF_2, FeF_2, MnF_2 などは6配位のルチル構造をとり,金属原子が大きいときには8配位のホタル石構造をつくる。BiF_3 の構造は三ハロゲン化物にとっては異常である。

酸化物

この章にあるすべての酸化物はルチルもしくは赤銅鉱構造をとっている。二

第3章 CsClタイプと関連の構造

酸化物のほとんどは陽イオンの配位数が6のルチル構造をとるが，大きい金属イオンのいくつかは配位数が8のホタル石構造をとる。たとえば HfO_2 は立方の，ZrO_2 は歪んだホタル石構造をもっている。その他の遷移金属元素の二酸化物を次表に示す。

IV	V	VI	VII	VIII
TiO_2		CrO_2	MnO_2	
	NbO_2*	MoO_2*		RuO_2
	TaO_2	WO_2*		OsO_2, IrO_2

*歪んでいるか欠陥のある構造

予想されるように，V族およびVI族の二酸化物は空気中では不安定で，加熱すると酸化して族の番号と同じ価数の酸化物，Nb_2O_5, Ta_2O_5, Mo_2O_5 および WO_3 となる。空気中で安定なクロムの酸化物は Cr_2O_3 である。高次の酸化物を生成する傾向は遷移金属の同じ族のなかでは周期が下のものほど大きくなる。後遷移金属ではこの逆で，たとえば GeO_2, SnO_2 および PbO_2 はいずれもルチル構造をとるが，鉛は高温では PbO のほうが安定な化合物である。

TiO_2 のチタンを2種類の元素で置換する際には，イオンの平均電荷が +4 でイオンの大きさがほぼ等しい $CrNbO_4$ や $FeTaO_4$ などではルチル構造をとる。また，Sb_2ZnO_6 や Ta_2MgO_6 などの構造には陽イオンの規則的な配列が含まれており，それらの単位格子の c 軸はルチル構造の c 軸の3倍である。これらの化合物では陽イオンの大きさが似かよっているので規則化は電荷の違いによるものと考えられる。

Ag_2O, Cu_2O および Pb_2O の構造では陽イオンが2配位しており，酸化物としてはめずらしい構造である。

表3.1 文献

1. E. A. OWEN, J. ROGERS and J. C. GUTHRIE, *J. Inst. Met.* **65**, 457 (1939).
2. H. BOMMER and E. KROSE, *Z. Anorg. Allgem. Chem.* **252**, 62 (1943).
3. E. ZINTL and G. BRAUER, *Z. Physik. Chem.* **20B**, 245 (1933).

4. E. A. OWEN and G. D. PRESTON, *Phil. Mag.* **2**, 1266 (1926).
5. J. L. MORIARTY, J. E. HUMPHREYS, R. O. GORDON and W. C. BAENZIGER, *Acta Cryst.* **21**, 840 (1966).
6. R. FERRO, *Gazz. Chim. Ital.* **85**, 888 (1955).
7. A. WESTGREN and G. PHRAGMEN, *Phil. Mag.* **50**, 311 (1925).
8. A. ROUX and J. COURNOT, *Compt. Rend.* **188**, 1399 (1929).
9. A. J. BRADLEY and G. C. SEAGER, *J. Inst. Met.* **64**, 81 (1939).
10. A. J. BRADLEY and A. H. JAY, *J. Iron and Steel Inst.* **125**, 339 (1932).
11. C. W. STILLWELL and E. E. JUKKOLA, *J. Am. Chem. Soc.* **56**, 56 (1934).
12. R. W. G. WYCKOFF and A. H. ARMSTRONG, *Z. Krist.* **72**, 319 (1929).
13. J. BRADLEY and A. TAYLOR, *Proc. Roy. Soc. (London)* **159** A, 56 (1937).
14. H. PFISTERER and K. SCHUBERT, *Naturwiss.* **37**, 112 (1950).
15. E. PARTHE, D. HOHNKE, W. JEITSCHKO and O. SCHOB, *Naturwiss.* **52**, 155 (1965).
16. A. OLANDER, *Z. Krist.* **83**, 145 (1932).
17. G. BRAUER and W. HAUCKE, *Z. Physik. Chem.*, **33B**, 304 (1936).
18. E. RAUB, U. ZWICKER, and H. BAUR, *Z. Metallk.* **44**, 312 (1953).
19. L. MISCH, *Metallwirtschaft* **15**, 163 (1936).
20. R. FERRO, *Acta Cryst.* **7**, 781 (1954).
21. L. MISCH, *Z. Physik. Chem.* **29B**, 42 (1935).
22. L. LOSANA and C. GLORIEA, *Alluminio* **11**, 17 (1942).
23. A. IANDELLI and R. BOTTI, *Rend. Gazz. Chim. Ital.* **67**, 638 (1937).
24. A. IANDELLI and A. PALENZONA, *Atti. Accad. Naz. Lincei, Rend. Classe Sci. Fis.* **37**, 165 (1964).
25. A. IANDELLI and R. FERRO, *R. C. Accad. Naz. Lincei* **10**, 48 (1951).
26. H. NOWOTNY, *Z. Metallk.* **34**, 247 (1942).
27. W. C. ELLIS and E. S. GREINER, *Trans. ASM* **29**, 475 (1941).
28. P. I. KRIPYAKEVICH, V. S. PROTASOV and YU B. KUZ'MA, *Dopovidi Akad. Nauk Uhr. RSR* **2**, 212 (1964).
29. C. H. JOHANSSON and J. O. LINDE, *Ann. Physik.* **82**, 449 (1927).
30. J. L. MORIARTY, R. O. GORDON and J. E. HUMPHREYS, *Acta Cryst.* **19**, 285 (1965).
31. E. HELLNER, *Z. Metallk.* **41**, 480 (1950).
32. J. DEWET, *Angew. Chem.* **67**, 208 (1955).
33. E. HELLNER and F. LAVES, *Z. Naturforsch.* **A2**, 177 (1947).
34. T. H. GEBALLE, B. T. MATTHIAS, V. B. COMPTON, T. CORENZWIT, G. W. HULL, JR. and L. D. LONGINATTI, *Phys. Rev.* **137**, A119 (1965).
35. H. NOWOTNY, *Z. Metallk.* **33**, 388 (1941).
36. A. ROSSI and A. IANDELLI, *Rend. Accad. Lincei* **18**, 156 (1933).
37. E. RAUB and W. MAHLER, *Z. Metallk.* **45**, 430 (1954).
38. E. RAUB and W. MAHLER, *Z. Metallk.* **46**, 282 (1955).
39. C. B. JORDAN, *J. Metals* **7**, 832 (1955).
40. J. H. BUDDERY and A. J. E. WELCH, *Nature* **167**, 362 (1951).
41. E. PERSSON and A. WESTGREN, *Z. Physik. Chem. (Leipzig)* **136**, 208 (1928).
42. A. E. DWIGHT, R. A. CONNER JR. and J. W. DOWNEY, *Acta Cryst* **18**, 837 (1965).
43. R. FERRO, *R. C. Accad. Naz. Lincei* **18**, 641 (1955).
44. A. IANDELLI and A. PALENZONA, *J. Less Common Metals* **9**, 1 (1965).
45. R. W. G. WYCKOFF, *J. Wash. Acad. Sci.* **11**, 429 (1921).
46. W. P. DAVEY, *Phys. Rev.* **21**, 143 (1923).
47. V. HORI, *Ann. Univ. Turko.*, Ser. AI, **26**, 8 (1957).
48. W. P. DAVEY and F. G. WICK, *Phys. Rev.* **17**, 403 (1921).
49. T. B. RYMER and P. G. HAMBLING, *Acta Cryst.* **4**, 565 (1951).
50. A. SMAKULA and J. KALNAJS, *Phys. Rev.* **99**, 1737 (1955).
51. V. C. ANSELMO and N. O. SMITH, *J. Phys. Chem.* **63**, 1344 (1959).

第3章　CsCl タイプと関連の構造

52. A. SMITS and D. TOLLENAAR, *Z. Physik. Chem.* **52B**, 222 (1942).
53. L. F. VERESHCHAGIN and S. S. KABALKINA, *Dokl. Akad. Nauk SSSR* **113**, 797 (1957).
54. L. HELMHOLZ, *Z. Krist.* **95A**, 129 (1936).
55. R. FERRO, *Acta Cryst.* **8**, 360 (1955).
56. G. NATTA and L. PASSERINI, *Gazz. Chim. Ital.* **61**, 191 (1931).
57. R. JUZA and A. MEHNE, *Z. Anorg. Allgem. Chem.* **299**, 33 (1959).
58. W. TEICHERT and W. KLEMM, *Z. Anorg. Allgem. Chem.* **243**, 86 (1939).
59. M. STRADA, *Rend. Acad. Lincei* **19**, 809 (1934).

表3.2　文献

1. G. R. LEVI and A. QUILICO, *Gazz. Chim. Ital.* **54**, 598 (1924).
2. T. OKADA, *Proc. Phys. Soc. Japan* **4**, 140 (1949).
3. A. FERRARI, *Gazz. Chim. Ital.* **56**, 630 (1926).
4. E. A. SHUGAM and G. S. ZHDANOV, *Acta Physicochim. URSS* **20**, 247 (1945).
5. G. S. ZHDANOV, *Compt. Rend. Acad. Sci. URSS* **31**, 352 (1941).

表3.3a　文献

1. W. H. BAUR, *Acta Cryst.* **11**, 488 (1958).
2. A. DUNCANSON and R. W. H. STEVENSON, *Proc. Phys. Soc. (London)* **72**, 1001 (1958).
3. W. H. BAUR, *Naturwiss.* **44**, 349 (1957).
4. N. BARTLETT and M. A. HEPWORTH, *Chem. Ind. (London)* **1956**, 1425 (1956).
5. W. H. ZACHARIASEN, C. E. HOLLEY, JR. and J. F. STAMPER, JR., *Acta Cryst.* **16**, 352 (1963).
6. B. HOLMBERG, *Acta Chem. Scand.* **16**, 1253 (1962).
7. O. GLEMSER, U. HAUSCHILD and F. TRUPEL, *Z. Anorg. Allgem. Chem.* **277**, 113 (1954).
8. W. H. BAUR, *Acta Cryst.* **9**, 515 (1956).
9. V. M. GOLDSCHMIDT, *Skrifter Norske Videnskaps— Akad. Oslo I. Mat.— Naturv. Kl.* No. 1 **1926**, 7 (1927).
10. A. M. BYSTROM, *Acta Chem. Scand.* **3**, 163 (1949).
11. A. MAGNELI and G. ANDERSSON, *Acta Chem. Scand.* **9**, 1378 (1955).
12. T. KATZ, *Ann. Chim.* **5**, 5 (1950).
13. N. A. BENDELIANI and L. F. VERESHCHAGIN, *Dokl. Akad. Nauk SSSR* **158**, 819 (1964).
14. N. SCHÖNBERG, *Acta Chem. Scand.* **8**, 620 (1954).
15. W. H. BAUR, *Acta Cryst.* **14**, 214 (1961).
16. A. P. YOUNG, C. B. SCLAR and C. M. SCHWARTZ, *Z. Krist.* **118**, 223 (1963).
17. A. P. YOUNG and C. M. SCHWARTZ, *Acta Cryst.* **15**, 1305 (1962).
18. R. S. ROTH and J. L. WARING, *Am. Mineralogist* **48**, 1348 (1963).
19. G. BAYER, *Z. Krist.* **118**, 158 (1963).

表3.3b　文献

1. A. BYSTROM, B. HOK and B. MASON, *Arkiv. Kemi, Mineral Geol.* **15B**, No. 4 (1941).
2. Y. BASKIN and D. C. SCHELL, *J. Am. Ceram. Soc.* **46**, 174 (1963).

表3.4a　文献

1. P. BLUM and F. BERTAUT, *Acta Cryst.* **7**, 81 (1954).
2. H. A. EICK and P. W. GILLES, *J. Am. Chem. Soc.* **81**, 5030 (1959).
3. V. S. NESHPOR and G. V. SAMSONOV, *Zh. Fiz. Khim.* **32**, 1328 (1958).
4. N. N. ZHURAVLEV, A. A. STEPANOVA, Y. B. PADERNO and G. V. SAMSONOV, *Kristallografiya* **6**, 791 (1961).
5. M. V. STACKELBERG and F. NEWMANN, *Z. Physik. Chem.* **19B**, 314 (1932).
6. N. N. ZHURAVLEV, *Kristallografiya* **1**, 666 (1956).
7. Y. B. PADERNO and G. V. SAMSONOV, *Zh. Strukt. Khim.* **2**, 213 (1961).

8. G. V. SAMSONOV, V. S. FOMENKO and YU B. PADERNO, *Upr. Fiz. Zh.* **8**, 700 (1963).
9. G. ALLARD, *Bull. Soc. Chim. France* **51**, 1213 (1932).

表3.4b 文献

1. W. G. BRADSHAW and C. O. MATHEWS, *Properties of Refractory Materials*, LMSD-2466 (June 24, 1958).
2. N. K. HIESTER, F. A. FERGUSON and N. FISHMAN, *Chem. Eng.* 237 (March 1957).
3. C. E. POWELL, I. E. CAMPBELL and B. W. GONSER, *Vapor Plating*, Wiley, New York (1955).
4. A. SEARCY and A. THARP, *J. Phys. Chem.* **64**, 1939 (1960).
5. J. LAFFERTY, *J. Appl. Phys.* **22**, 299 (1951).
6. J. BINDER and R. STEINITZ, *Planseeber Pulvermet* **7**, 18 (1959).
7. G. V. SAMSONOV, YU. B. PADERNO and V. S. FOMENKO, *Izd. An. Ukr. SSR, Kiev* **8**, 66 (1960).
8. L. BREWER, *J. Am. Ceram. Soc.* **33**, 273 (1950).
9. YU. B. PADERNO and G. V. SAMSONOV, *Dokl. Akad. Nauk SSSR* **137**, 646 (1961).
10. G. S. MARKEVICH, Chemical Faculty, Lenningrad State Univ., Lenningrad (1961).
11. G. V. SAMSONOV and T. I. SEREBRYAKOVA, A. S. BOLGAR, *Zhur. Neorg. Khim.* **6**, 2243 (1961).
12. R. JOHNSON and A. DAANE, *J. Chem. Phys.* **38**, 425 (1963).
13. G. V. SAMSONOV and A. E. GRODSHTEIN, *Zhur. Fiz. Khim.* **30**, 379 (1956).
14. G. V. SAMSONOV, W. N. ZHURAVLEV, YU. B. PADERNO and V. R. MELIK ADAMYAN, *Kristallografiya* **4**, 538 (1959).
15. G. V. SAMSONOV, T. I. SEREBRYCKOVA and A. S. BOLGAR, *Zhur. Neorg. Khim.* **6**, 2243 (1961).
16. G. V. SAMSONOV and O. I. ZORINA, *Zhur. Neorg. Khim.* **1**, 2260 (1956).
17. G. A. KUDINTSEVA, M. D. POLYAKOVA, G. V. SAMSONOV and B. M. TSAREV, *Fiz. Metalli Metalloved* **6**, 272 (1958).
18. G. V. SAMSONOV, V. S. NESHPOR, Problems of Powder Metallurgy and the Strength of Materials, No. 5, *Izd. An. Ukr. SSR, Kiev* **3** (1958).
19. S. N. L'VOV, V. F. NEMCHENKO and YU. B. PADERNO, *Dokl. Akad. Nauk SSSR* **142**, 1371 (1963).
20. O. H. KRIKORIAN, *Thermal Expansion of High Temperature Materials*, UCRL-6132 (September 1960).
21. N. N. ZHURAVLEV, A. A. STEPANOVA, YU. B. PADERNO and G. V. SAMSONOV, *Kristallografiya* **6**, 791 (1961).

表3.5 文献

1. J. BRADLEY and A. H. JAY, *J. Iron and Steel Ind.*, **125**, 339 (1932).
2. D. E. SANDS, D. H. WOOD and W. J. RAMSEY, *Acta Cryst.* **16**, 316 (1963).
3. E. ZINTL and G. BRAUER, *Z. Elektrochem.* **41**, 297 (1935).
4. R. VOGEL and T. HEUMANN, *Z. Metallk.* **38**, 1 (1947).
5. RAHLFS, *Metallwirt.* **16**, 640 (1937).
6. M. C. FARQUHAR, H. LIPSON and A. R. WEILL, *J. Iron and Steel Inst.* **152**, 457 (1945).
7. P. I. KRIP'YAKEVICH, V. F. TEREKHOVA, O. S. ZARECHNYUK and J. V. BUROV, *Kristallografiya* **8**, 268 (1963).
8. E. ZINTL and A. SCHNEIDER, *Z. Elektrochem.* **41**, 771 (1935).
9. G. BRAUER and E. ZINTL, *Z. Phys. Chem.* **B37**, 323 (1937).
10. P. I. KRIPYAKEVICH and V. I. EVDOKIMENKO, *Vapr. Teorii i Primeneiya Redoze Metal. Akad. I Nauk, SSSR*, 146 (1964).
11. A. ROSSI and A. IANDELLI, *R. C. Accad. Naz. Lincei* **19**, 415 (1934).

第4章　NaClタイプと関連の構造

塩化ナトリウムタイプの構造は，一つの元素の原子が単位格子の隅およびすべての面の中心を占め，他の元素の原子もしくは原子団が立方の中心と稜の中心を占めている構造としてまとめることができる。これらの単位格子はしばしば立方の対称から歪んでいる場合がある。FeS_2 構造，CaC_2 構造および Cu_2AlMn 構造は何れも NaCl 構造から導かれる。Cu_2AlMn 構造では立方格子のオクタントはさらに別の原子で満たされている。

それらの構造相互の関係を表4.0に示す。

表4.0　NaClタイプの構造

```
              4.1
           NaCl 構造
      ┌───────┼───────┐
     4.2     4.3      4.4
   FeS₂構造  CaC₂構造  Cu₂AlMn構造
```

4.1　NaCl 構造, 岩塩構造；　B1, *Fm3m*, 立方

岩塩 (rock salt) 構造では，ナトリウムイオンが単位格子の隅および面の中心すなわち面心立方の格子点を占め，塩素イオンが立方体の中心および稜の中心を占めている(訳注4.1)。図4.1aには層の積み重ねの順序も示してある。

ナトリウムイオンは何れも6個の塩素イオンで囲まれており，それぞれの塩

訳注 4.1　塩化ナトリウム構造はまた，ナトリウムから成る面心立方格子と，原点がこれから $\frac{1}{2}, \frac{1}{2}, \frac{1}{2}$ だけ ($\frac{1}{2}, 0, 0$ でもよい) 移動した塩素イオンから成る面心立方格子とを組み合わせてできる構造であると考えることもできる。さらには単純立方構造の規則格子であると考えることも可能である。

面心立方構造　　　　　単位格子の稜にある原子

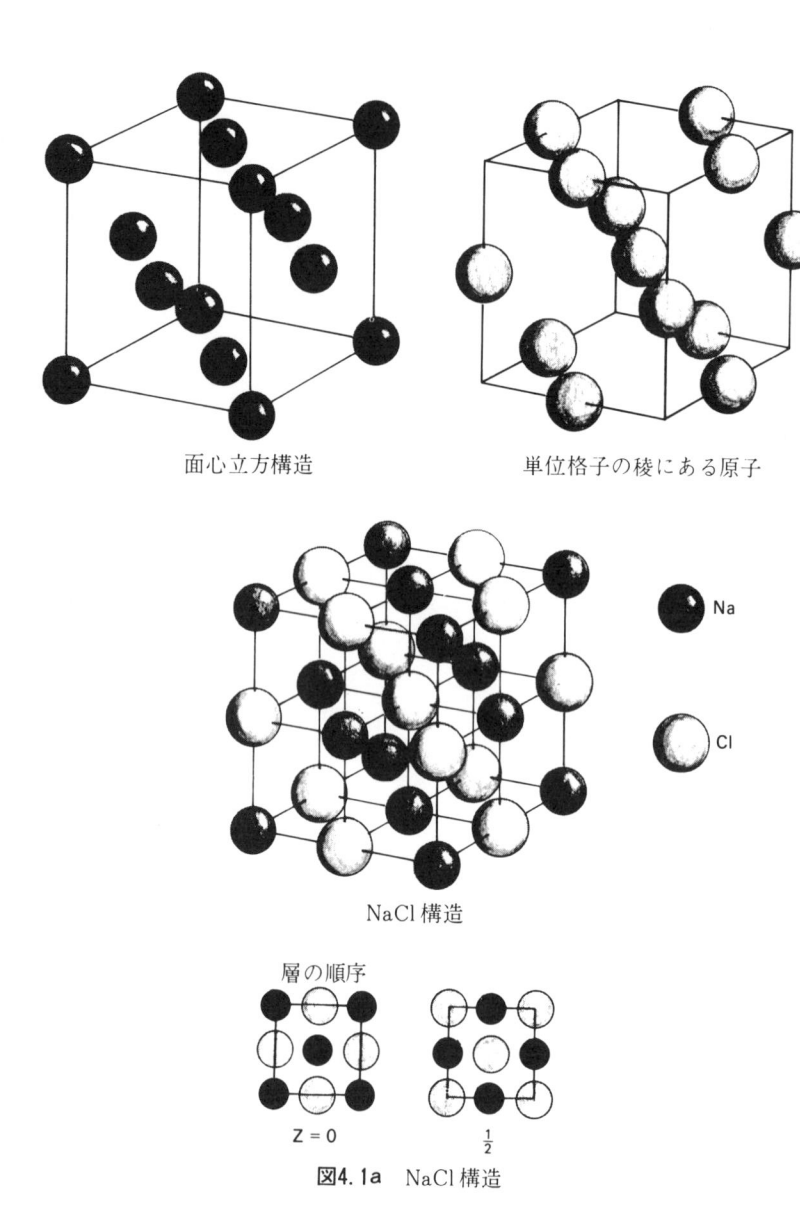

● Na

○ Cl

NaCl 構造

層の順序

$Z = 0$　　　$\frac{1}{2}$

図4.1a　NaCl 構造

素イオンも6個のナトリウムイオンで囲まれている。形式的には,

Naイオンが $0,0,0 ; 0, \frac{1}{2}, \frac{1}{2} ; \frac{1}{2}, 0, \frac{1}{2} ; \frac{1}{2}, \frac{1}{2}, 0$ を,
Clイオンが $\frac{1}{2}, \frac{1}{2}, \frac{1}{2} ; \frac{1}{2}, 0, 0 ; 0, \frac{1}{2}, 0 ; 0, 0, \frac{1}{2}$ を占める。

1:1の比で化合する半径比が $R_A/R_B=0.41～0.73$ の多くのハロゲン化物,酸化物,硫化物,セレン化物,窒化物および金属間化合物がこの構造をとる(表4.1a)。

AB型化合物で,A原子の半径がB原子のそれにくらべて大きい場合($R_A/R_B>0.73$)にはCsClあるいはNaTl構造の何れかが生成する。

性質

NbC,TaCおよびZrNなどこの構造をとる化合物のいくつかは高い超伝導臨界温度をもっていることが知られている(図4.1b)。この性質は構造に関係があると考えられているが直接的な検証は行われていない。しかしながら1原子あたりの最外殻電子の数が重要なようで,この構造をもつ最良の超伝導体ではその値が4.5である。

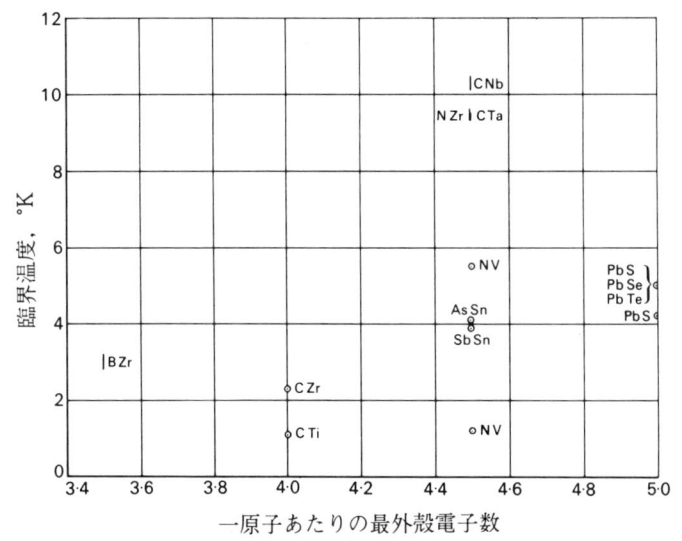

図4.1b NaCl構造をとる超伝導化合物の臨界温度と一原子あたりの最外殻電子数

表4.1a NaCl構造をとる化合物

化合物	格子定数 a_0 (Å)	文献
金属間化合物		
AsCe	6.072	1
AsDy	5.780	2
AsEr	5.732	2
AsGd	5.854	2
AsHo	5.771	2
AsLa	6.137	1, 2
AsNd	5.970	1
AsPr	6.009	1
AsPu	5.855	3
AsSc	5.487	2
AsSm	5.921	4
AsSn	5.727	5
AsTb	5.827	2
AsTh	5.972	6
AsTm	5.711	2
AsU	5.766	7
AsY	5.786	2
AsYb	5.698	2
BiCe	6.500	1
BiHo	6.228	8
BiLa	6.578	1
BiNd	6.424	1
BiPr	6.461	1
BiPu	6.350	9
BiSm	6.362	1
BiTb	6.280	8
BiU	6.364	10
CeP	5.909	11
CeSb	6.411	1
DySb	6.153	2
ErSb	6.106	2
GdSb	6.217	2
HoP	5.626	8
HoSb	6.130	7
LaP	6.025	1
LaSb	6.488	1
NdP	5.838	1
NdSb	6.322	1
PPr	5.860	11
PPu	5.664	3
PSc	5.312	12
PSm	5.760	4
PTb	5.688	2
PTh	5.818	13
PY	5.661	12
PZr	5.27	14
PrSb	6.366	1
SbSc	5.859	2
SbSm	6.271	4
SbSn	6.130	15

第4章 NaClタイプと関連の構造

表4.1a (続き)

化合物	格子定数 a_0 (Å)	文献
SbTb	6.181	1
SbTh	6.318	16
SbTm	6.083	2
SbU	6.191	10
SbYb	5.922	2
ホウ化物		
PuB	4.92	17
ZrB	4.65	18
炭化物		
HfC	4.4578	19
NbC	4.4691	20, 21
NpC	5.004	22
PuC	4.920	1
TaC	4.4540	23
ThC	5.338	24
TiC	4.3186	25, 26
UC	4.9591	24
VC	4.182	27
ZrC	4.6828	25
ハロゲン化物		
AgBr	5.7745	28
AgCl	5.547	29
AgF	4.92	30
CsF	6.008	31
KBr	6.5982	32, 33
KCl	6.29294	34
KF	5.347	35
KI	7.06555	32
LiBr	5.5013	31
LiCl	5.12954	36
LiF	4.0173	37
LiI	6.000	31
NaBr	5.97324	36
NaCl	5.64056	37
NaF	4.620	38
NaI	6.4728	31
NH_4I	7.2613	39
RbBr	6.854	31
RbCl	6.5810	40
RbF	5.64	31
RbI	7.342	40
水素化物		
KH	5.700	41
LiH	4.085	41
NaH	4.880	41
PdH	4.02	42
RbH	6.037	41

表4.1a （続き）

化合物	格子定数 a_0 (Å)	文献
窒化物		
CeN	5.011	1
CrN	4.140	43
DyN	4.905	44
ErN	4.839	44
EuN	5.014	44
GdN	4.999	44
HoN	4.874	44
LaN	5.301	44
LuN	4.766	44
NbN$_{0.98}$(高温型)	4.702	45
NdN	5.151	44
PrN	5.155	1
PuN	4.905	46
ScN	4.44	47
SmN	5.0481	48
TbN	4.933	44
ThN	5.20	49
TiN	4.235	50
Ti$_{0.9}$N	4.231	51
TmN	4.809	44
UN	4.884	10
VN	4.128	52
YN	4.877	53
YbN	4.7852	48
ZrN	4.61	54
酸化物		
AmO	5.05	55
BaO	5.523	56
CaO	4.8105	56
CdO	4.6953	57
CoO†	4.2667	58
EuO	5.141	48
FeO(高温型)†	4.28 から 4.309	60
MgO	4.2112	61
MnO†	4.445	62
NbO†	4.2101	63
NiO†	4.1684	64
NpO	5.01	46
PaO	4.961	65
PuO	4.959	46
SmO	4.9883	66
SrO	5.1602	67
TaO	4.22–4.439	68
TiO†	4.1766	69
UO	4.92	70
VO†	4.062 (800°C)	71
YbO	4.86	72
ZrO	4.62	73

第4章　NaClタイプと関連の構造

表4.1a　(続き)

化合物	格子定数 a_0 (Å)	文献
硫化物, セレン化物, テルル化物		
BaS	6.3875	74
BaSe	6.600	75
BaTe	6.986	75
BiSe	5.99	68
BiTe	6.47	68
CaS	5.6903	76
CaSe	5.91	76
CaTe	6.345	76
CdS(高圧型)	5.464	77
CdSe(高圧型)	5.49	77
CdTe(高圧型)	5.81	77
CeS	5.778	78
CeSe	5.982	78
CeTe	6.346	78
DyTe	6.092	2
ErTe	6.063	2
EuS	5.968	59
EuSe	6.197	59
EuTe	6.603	59
GdSe	5.771	79
HoS	5.465	8
HoSe	5.680	8
HoTe	6.049	2
InTe(高圧型)	6.1060	80
LaS	5.854	81
LaSe	6.066	81
LaTe	6.429	81
MgS	5.2033	74
MgSe	5.451	82
MnS	5.2236	83
MnSe	5.456	84
NdS	5.681	78
NdSe	5.907	81
NdTe	6.282	81
PbS	5.9362	85
PbSe	6.1243	86
PbTe	6.454	87
PrS	5.727	78
PrSe	5.944	81
PrTe	6.317	81
PuS	5.536	46
PuTe	6.183	3
SmS	4.970	4
SmSe	6.200	79
SmTe	6.594	4
SnSe	6.020	88
SnTe	6.313	88
SrS	6.0198	74
SrSe	6.23	89
SrTe	6.47	90

表4.1a （続き）

化合物	格子定数 a_0 (Å)	文献
TbS	5.516	8
TbSe	5.741	8
TbTe	6.102	2
ThS	5.682	46
ThSe	5.875	91
TmTe	6.042	2
US	5.484	46
USe	5.750	92
UTe	6.163	92
YTe	6.095	2
YbSe	5.867	93
YbTe	6.353	93
ZrS	5.250	94
その他		
BaNH	5.84	95
CaNH	5.006	95
KCN	6.527	96
NaCN	5.893	97
RbCN	6.82	98
RbNH$_2$	6.395 (50°C)	99
SrNH	5.45	95

† 欠陥または歪のある構造

　塩化ナトリウム構造をとる酸化物，炭化物および窒化物の多くはしばしば非化学量論性（nonstoichiometric）の化合物である。これは電気的性質に影響を及ぼし，超伝導体では臨界温度を大幅に引下げる。一酸化チタンは $Ti_{0.85}O$ から $Ti_{1.0}O$ の範囲の，一酸化鉄は $Fe_{0.90}O$ から $Fe_{0.96}O$ の範囲の組成をもつ。それらの遷移金属は空孔（vacancy）のため 2 種類の電荷状態で存在し，その結果材料に半導体の性質を生じ，電子がある金属イオンから他の金属イオンへ酸素イオンを介して伝わる。これと同じ伝導の形態は NiO の Ni^{2+} を Li^+ で置換して，加えた Li^+ と同数の Ni^{3+} を生成させた場合などにも認められる。この種の半導体の電荷担体の移動度は Cu_2O や ZnO の場合に比べてはるかに小さい。表 4.1a に挙げた化合物の多くは興味ある磁気的性質を示す。TbN, DyN, HoN, ErN, EuO, EuS および EuSe はキュリー点がそれぞれ 42°, 26°, 18°, 5°, 77°, 16°

および $6°K$ の強磁性体であり,MnS,MnSe,FeO,CoO および MnO はネール温度がそれぞれ $11°$,$165°$,$247°$,$198°$,$273°$ および $122°K$ の反強磁性体である。MnO は酸素イオンによって直線的につながったマンガンイオンの d-電子スピンが超交換 (superexchange) 作用によって反平行に配向する例として古くから知られている。

塩化ナトリウム構造をもつ炭化物は硬さと耐熱性に特徴がある。これらの炭化物は化学的に不活性で,$2475°C$ から $4000°C$ の範囲の融点をもつ。炭化チタンは融点が $3147°C$ で,硬度と弾性率が高く,$1200°C$ まで酸化に耐えるので,高温機器用のサーメット (cermet) として使用される。炭化ジルコニウムはより高い融点 ($3530°C$) をもち,金属を溶融するルツボや原子力工学で用いられている。炭化ウランも原子炉の熱放出材料として使用されている。NaCl 構造をもつ化合物の性質を表 4.1 b に挙げる。

表 4.1 a に示した硫化鉛,セレン化鉛およびテルル化鉛は赤外領域のスペクトルに光感光性をもつ層を形成する。硫化鉛は室温で 3 ミクロン,液体水素温度で 4.5 ミクロンまでの検出器に使用され,テルル化鉛はそれぞれの温度で 4.5 ミクロンおよび 7 ミクロンまで有効である。硫化鉛,セレン化鉛,およびテルル化鉛のエネルギーギャップはそれぞれ 1.04,0.83 および 0.62 eV である。

PbS および PbTe では電子の移動度 (mobility) が非常に大きく (500 および 2000 $cm^2/V\text{-sec}$),熱伝導度が非常に低いので熱電的な応用が考えられているが,それらの特性は熱電材料として一般に使われている Bi_2Te_3 にくらべると劣っている (第 1 章参照)。NaCl 構造に密接に関連した他の構造としては NbO 構造がある。NbO 構造では,単位格子の 0, 0, 0 から Nb が,$\frac{1}{2}, \frac{1}{2}, \frac{1}{2}$ から O が失われている。

規則化した岩塩構造

$LiFeO_2$ と他の多くの化合物は,塩化ナトリウム構造が規則化した結晶構造またはナトリウムの位置に Li と Fe イオンが不規則に入った構造をとる (表 4.1 c 参照)。$LiNiO_2$ と $LiInO_2$ も NaCl 構造の超構造をもつ。

表4.1b NaCl構造をとる化合物の性質

化合物	融点 (°C)	比抵抗 (μ ohm-cm)	硬度 (kg/mm²)	ヤング率 (10^6 psi)	熱伝導率 (cal/cm-sec-°C)	熱膨張係数 (10^{-6}/°C)
HfB	3060[1]					
ZrB	2922[1]	30[21]				
HfC	3890[2]	37–65[22]	2500[22]	46[22]	0.053[22]	6.6[22]
NbC	3480[3]	35–74[22]	1490[25]	49[22]	0.034[22]	6.2[22]
TaC	3880[4]	30–41[22]	1600[25]	41[22]	0.053[22]	5.5[22]
ThC	d 2625[5]					
TiC	3147[5]	60[22]	3200[22]	45[22]	0.041[22]	10.2[22]
UC	2315[6]					
VC	d 2810[7]					
ZrC	3530[8]	42–67[22]	2600[22]	69[22]	0.049[22]	9.1[22]
TiN	3205[7]	22–30[21]	1770[22]	11.4[22]	0.070[22]	9.3[22]
ThN	2630[9]					
UN	2650[9]					
VN	2360[7]					
ZrN	2980[7]					
BaO	1923[10]					
CaO	2572[11]		560[26]		0.037[26]	12.9[27]
FeO	1370[12]					
MgO	2800[13]	10^8[23]		36[26]	0.097[26]	13.6[28]
MnO	1775[14]					
NiO	1950[14]				0.029[23]	
SrO	2415[15]					13.5[28]
TiO	1760[14]					12.3[29]
CeS	2450[7]					
EuS	1667[16]					14.2[16]
EuSe	1307[16]					18.2[16]
LaS		30[24]				
LaSe		50[24]				
LaTe		50[24]				
NdS	2140[17]					
NdSe		60[24]				
NdTe		60[24]				
PrS	2230[18]	50[24]				
PrSe		50[24]				
PrTe		50[24]				
ThS	2400[19]					
US	2000[20]					
固溶体						
TaC–11M%HfC	4050[30]					
TiC–40M%HfC			4250[29]			
NbC–43M%HfC		77.5[29]				

第4章 NaClタイプと関連の構造

表4.1c LiFeO$_2$構造をとる化合物

化合物	格子定数 (Å)	文献
酸化物		
LiFeO$_2$	4.141	1, 2
LiTiO$_2$	4.140	3
γ-LiTiO$_2$	4.568	4
複酸化物		
Li(Co$_{0.5}$Mn$_{0.5}$)O$_2$	4.150	1
Li(Co$_{0.5}$Ti$_{0.5}$)O$_2$	4.166	1
Li(Fe$_{0.5}$Mn$_{0.5}$)O$_2$	4.184	1
Li(Fe$_{0.5}$Ti$_{0.5}$)O$_2$	4.137	1
Li(Mn$_{0.5}$Ti$_{0.5}$)O$_2$	4.216	1
Li(Ni$_{0.5}$Mn$_{0.5}$)O$_2$	4.137	1
Li(Ni$_{0.5}$Ti$_{0.5}$)O$_2$	4.144	1
硫化物, セレン化物, テルル化物		
AgBiS$_2$	5.648	5
AgBiTe$_2$	6.155	6
AgSbS$_2$	5.647	7
AgSbSe$_2$	5.786	5
AgSbTe$_2$	6.078	5
CuBiSe$_2$	5.69	5
KBiS$_2$	6.04	5, 8
KBiSe$_2$	5.922	5, 8
LiBiS$_2$	5.603	8, 9
NaBiS$_2$	5.775	10
NaBiSe$_2$	5.852	8
TlBiS$_2$	6.18	6

4.2 FeS$_2$構造; C2, *Pa*3, 立方

FeS$_2$は黄鉄鉱(pyrite)として天然に産出する.

FeS$_2$タイプの構造は,塩化ナトリウム構造のナトリウムイオンの位置に鉄原子が入り,塩素イオンの位置に直線的なS$_2$分子の中心がある構造である(図4.2).

4個のFe原子は $0,0,0 ; 0,\frac{1}{2},\frac{1}{2} ; \frac{1}{2},0,\frac{1}{2} ; \frac{1}{2},\frac{1}{2},0$ を占める.

8個のS原子は $x,x,x ; \frac{1}{2}+x, \frac{1}{2}-x, \bar{x} ; \bar{x}, \frac{1}{2}+x, \frac{1}{2}-x ; \frac{1}{2}-x, \bar{x}, \frac{1}{2}+x ;$
$\bar{x},\bar{x},\bar{x} ; \frac{1}{2}-x, \frac{1}{2}+x, x ; x, \frac{1}{2}-x, \frac{1}{2}+x ; \frac{1}{2}+x, x, \frac{1}{2}-x$
を占める. FeS$_2$では$x=0.386$である.

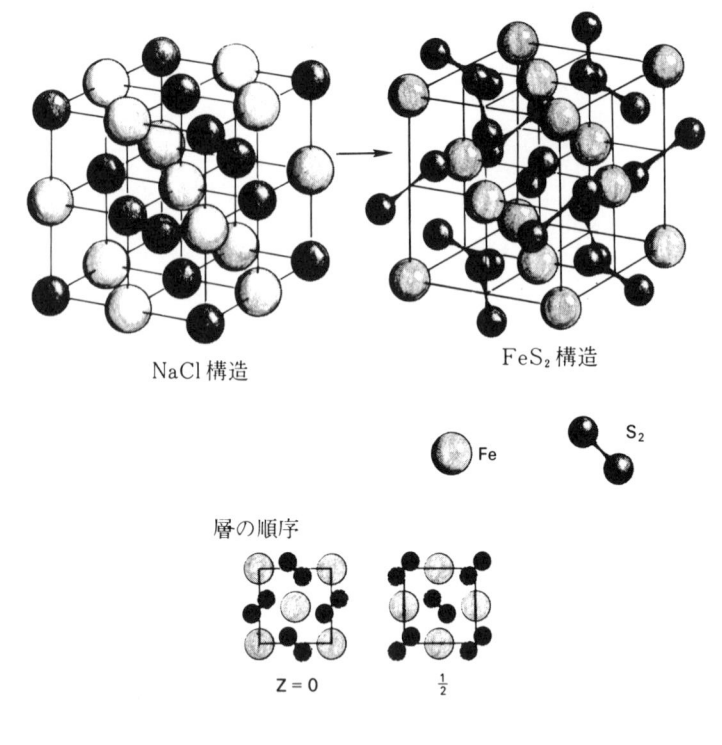

図4.2 FeS_2 構造

CdI_2 構造をもつ ZrS_2, SnS_2 および PtS_2 (6.6 参照) および MoS_2 構造 (11.2 参照) では S 原子がそれぞれの金属イオンを囲んでいるが, FeS_2 構造では S_2 が孤立した原子団として存在する。

FeS_2 構造に似た PdS_2 構造では単位格子は一方向に引き伸ばされていて Pd は4個の最近接原子に囲まれており, FeS_2 の場合の6個とはならない。この結果として PdS_2 は層状構造となる。

FeS_2 構造をもつ化合物のリストと格子定数を表4.2に挙げる。

性質

表4.2に挙げた化合物 CoS_2 と FeS_2 について測定された熱膨張係数は12.74

第4章 NaClタイプと関連の構造

表4.2 FeS_2構造をとる化合物

化合物	格子定数 a_0 (Å)	原子パラメータ, x	文献
金属化合物			
As_2Pd	5.98	0.38	1, 2
As_2Pt	5.9665	0.38	3
$AuSb_2$	6.660	0.375	4, 5
Bi_2Pd	6.68		6
Bi_2Pt	6.7022	0.38	7
P_2Pt	5.6956	0.38	3
$PdSb_2$	6.459	0.38	8
$PtSb_2$	6.4400	0.38	3
$RuSn_2$			2
酸化物			
CdO_2	5.313	0.4192	9
$\alpha\text{-}KO_2$	6.12 (300℃)		10
$\beta\text{-}NaO_2$	5.490		11
硫化物, セレン化物, テルル化物			
AsCoS (高温型)	5.61	(AsとSがランダムに分布; 0.385)	12
AsNiS	5.66	(AsとSがランダムに分布; 0.385)	13
CoS_2	5.52318	0.389	14, 15
$CoSe_2$	5.857	0.380	16
FeS_2 (黄鉄鉱)	5.4080	0.386	14, 15
$IrTe_{2+x}$	6.411		17
MnS_2 (ハウエル鉱)	6.095	0.401	18
$MnSe_2$	6.430	0.393	19
$MnTe_2$	6.951	0.386	5
NiS_2	5.676	0.395	14, 20
$NiSe_2$	5.9604	0.384	21
OsS_2	5.6188	0.375	5, 22
$OsSe_2$	5.945	0.38	2
$OsTe_2$	6.382	0.38	2
RhS_2	5.585	0.38	2
$RhSe_2$	6.002	0.38	23
$RhTe_2$ (低温型)	6.441	0.362	24
RuS_2	5.58	0.375	5
$RuSe_2$	5.933	0.38	2
$RuTe_2$	6.403	0.38	2

$\times 10^{-6}$ および $9.25\times 10^{-6}/℃$ である。CoS_2 は $-180℃$ 以下では強磁性体であることも知られている。

4.3 CaC_2 構造； C11, $I4/mmm$, 正方

CaC_2 構造は塩化ナトリウム構造のナトリウムの位置をカルシウム原子が占め，塩素イオンの位置を C_2 分子の中心が占める構造である。C-C 分子の長軸は図 4.3 に示すように一方向に配向しており，したがって単位格子は立方でなく正方である。この構造をあらわすことのできる最小の単位格子は図 4.3 の点線で示した底面をもつ正方格子である。この格子の a 軸は大きい格子の $1/\sqrt{2}$ 倍で，カルシウムイオンが $0, 0, 0$ と $\frac{1}{2}, \frac{1}{2}, \frac{1}{2}$ に，炭素原子が $0, 0, z$; $\frac{1}{2}, \frac{1}{2}, \frac{1}{2}+z$; $0, 0, \bar{z}$; $\frac{1}{2}, \frac{1}{2}, \frac{1}{2}-z$ にある。CaC_2 構造をもつ炭化物と金属過酸化物を表 4.3 a に示す。

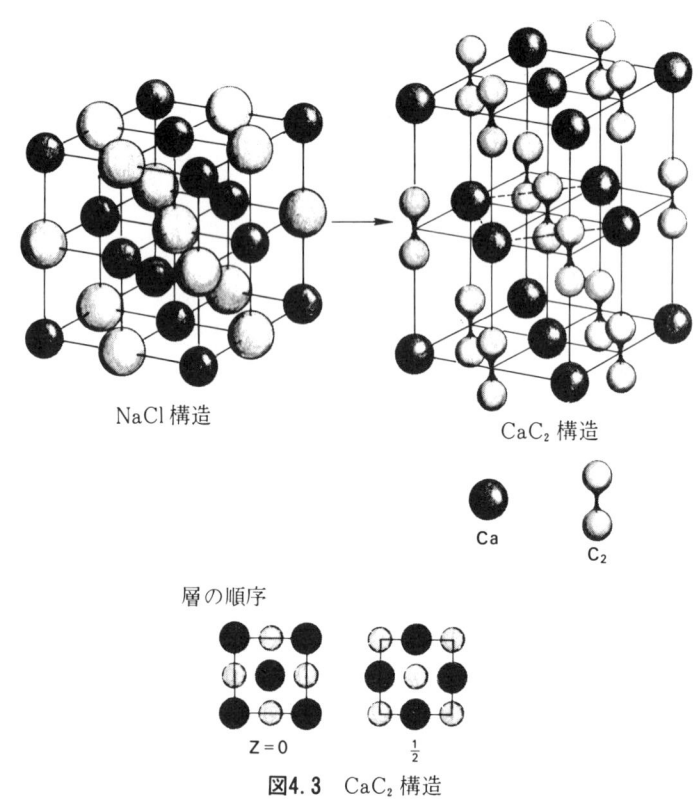

NaCl 構造

CaC_2 構造

Ca C_2

層の順序

Z = 0 $\frac{1}{2}$

図4.3 CaC_2 構造

表4.3a　CaC_2構造をとる化合物

化合物	格子定数 (Å)		原子パラメータ, z	文献
	a_0	c_0		
金属間化合物				
Ag_2Er	3.668	9.135		1
Ag_2Ho	3.682	9.172		1
Ag_2Yb	3.624	8.88		2
$AlCr_2$	3.0045	8.6477	Cr: 0.3192	3
Au_2Er	3.665	8.932		1
Au_2Ho	3.676	8.934		1
Au_2Yb	3.6274	8.889		2
$\beta\text{-}Ge_2Mo$	3.313	8.195	Ge: 0.333	4
Hg_2Mg	3.838	8.799	Hg: 0.333	5
$MoSi_2$	3.203	7.89	Si: 0.333	6
$ReSi_2$	3.129	7.764	Si: 0.333	7
Si_2W	3.211	7.868	Si: 0.333	6
炭化物				
BaC_2	4.41	7.07	C: 0.39	8
CaC_2	3.633	6.036	0.395	8, 9
CeC_2	3.814	6.485		10
DyC_2	3.669	6.176		11
ErC_2	3.620	6.094		11
GdC_2	3.718	6.275		11
HoC_2	3.643	6.139		11
LaC_2	3.93	6.56		11, 12
LuC_2	3.563	5.964		11
MgC_2	4.86	5.76		13
NdC_2	3.91	6.29		11
PrC_2	3.86	6.39		11
SmC_2	3.770	6.331		11
SrC_2	4.12	6.69	C: 0.39	8
TbC_2	3.690	6.217		11
TmC_2	3.600	6.047		11
UC_2	3.525	6.005	C: 0.4	12, 14, 10
YC_2	3.664	6.169		15
YbC_2	3.637	6.109		11
酸化物				
BaO_2	5.384	6.841	O: 0.3911	16
CaO_2	3.54	5.92		17
CsO_2	6.29	7.21	O: 0.405	18
KO_2 (低温型)	5.704	6.699	O: 0.4047	19
RbO_2	6.01	7.04	O: 0.405	20
SrO_2	5.03	6.56		21

表4.3b　CaC$_2$構造をとる化合物の融点

化合物	融点 (°C)
BaC$_2$	d 2300[1]
CaC$_2$	2300[2]
CeC$_2$	d 2540[3]
GdC$_2$	d 2200[3]
LaC$_2$	d 2440[4]
NdC$_2$	d 2000[3]
PrC$_2$	d 2535[3]
SmC$_2$	d 2200[3]
SrC$_2$	>1900[2]
UC$_2$	2260[5]
YC$_2$	2300[6]

d：分解

性質

アルカリ土類，希土類，イットリウムおよびウランの炭化物がこの構造をとる。これらは表4.3bの融点の値からわかるように高温材料である。アルカリ土類の炭化物は水と反応してアセチレンを生成する。他の炭化物は加水分解して種々の気体状の生成物を生ずる。

ケイ化物は一般に耐酸化性が良好である。MoSi$_2$はこの点に関しては非常に優れているが衝撃強度が弱いので酸化防止膜としての限られた用途にだけ用いられている。体心立方構造をもつ合金Cr$_2$Alを冷却すると規則化してCaC$_2$構造となるが，Cr原子は図4.3に示したC原子ほどには接近していない。

4.4　Cu$_2$AlMn構造；　L2$_1$，$Fm3m$，立方

Cu$_2$AlMnはさらに複雑な構造で，岩塩構造におけるナトリウムと塩素イオンの位置をマンガンとアルミニウム原子が占め，それぞれのオクタントの中心に銅原子が位置した単位格子であらわすことができる。Mn原子が立方格子の各面の中心と隅を，Al原子が立方の中心と稜を，Cu原子がオクタントの中心を占める（図4.4参照）。すなわち，

Mn原子は　　$0,0,0 ; 0, \frac{1}{2}, \frac{1}{2} ; \frac{1}{2}, 0, \frac{1}{2} ; \frac{1}{2}, \frac{1}{2}, 0$　　に，

Al原子は　　$\frac{1}{2}, \frac{1}{2}, \frac{1}{2} ; \frac{1}{2}, 0, 0 ; 0, \frac{1}{2}, 0, ; 0, 0, \frac{1}{2}$　　に，

Cu 原子は $\frac{1}{4},\frac{1}{4},\frac{1}{4}$; $\frac{1}{4},\frac{3}{4},\frac{3}{4}$; $\frac{3}{4},\frac{1}{4},\frac{3}{4}$; $\frac{3}{4},\frac{3}{4},\frac{1}{4}$;
$\frac{3}{4},\frac{3}{4},\frac{3}{4}$; $\frac{3}{4},\frac{1}{4},\frac{1}{4}$; $\frac{1}{4},\frac{3}{4},\frac{1}{4}$; $\frac{1}{4},\frac{1}{4},\frac{3}{4}$ に入る.

この構造をとる化合物を表4.4に挙げる.

性質

Cu_2AlMn 構造の化合物はホイスラー合金 (Heusler alloy) と呼ばれ, 強磁性でない元素を組合わせて強磁性の材料が得られる点に特色がある.

Mn, Fe, Co, Ni そして Gd についての研究から化合物中のマンガンの原子間距離が元素の結晶構造から大きく違っていれば強磁性を示すことがわかっている. これはホイスラー合金および NiAs 構造をもついくつかの Mn 化合物について認められている. Cu_2AlMn, Cu_2InMn, Cu_2GaMn そして Cu_2SnMn で強磁性が観測されており, はじめの二つの化合物のキュリー点は 630° および 560°K である.

NaY_3F_{10} 構造

NaY_3F_{10} の結晶構造は Cu_2AlMn と同じであるとみなすことができる. Cu_2AlMn 構造の単位格子のマンガンの位置に Na と Y が規則的に並び, Na イオンが隅を, Y イオンが面心を占めており, アルミニウムおよび銅の位置にフッ

表4.4 Cu_2AlMn 構造をとる化合物

化合物	格子定数 (Å)	文献
金属間化合物		
$AlAu_2Mn$	6.358	1
$AlCu_2Mn$ (高温型)	5.947	2
$AlNi_2Ti$	5.87	3
$CoCu_2Sn$	5.98	4
Co_2MnSn	5.989	5
$(Cr, Ni)Cu_2Sn$ (高温型)	5.98	4
Cu_2FeSn (高温型)	5.93	4
Cu_2InMn	6.186	6
Cu_2MnSn (高温型)	6.161	7
Cu_2NiSn	5.92	4
$MgNi_2Sb$	6.06	8, 9
$MgNi_2Sn$	6.109	9
$MnNi_2Sb$	6.013	10
$MnNi_2Sn$	6.048	5

NaCl 構造　　　　それぞれのオクタントの中心にある原子

- Cu
- Al
- Mn

Cu₂AlMn 構造

層の順序

Z = 0　　　　$\frac{1}{4}$　　　　$\frac{1}{2}$　　　　$\frac{3}{4}$

図4.4 Cu₂AlMn 構造

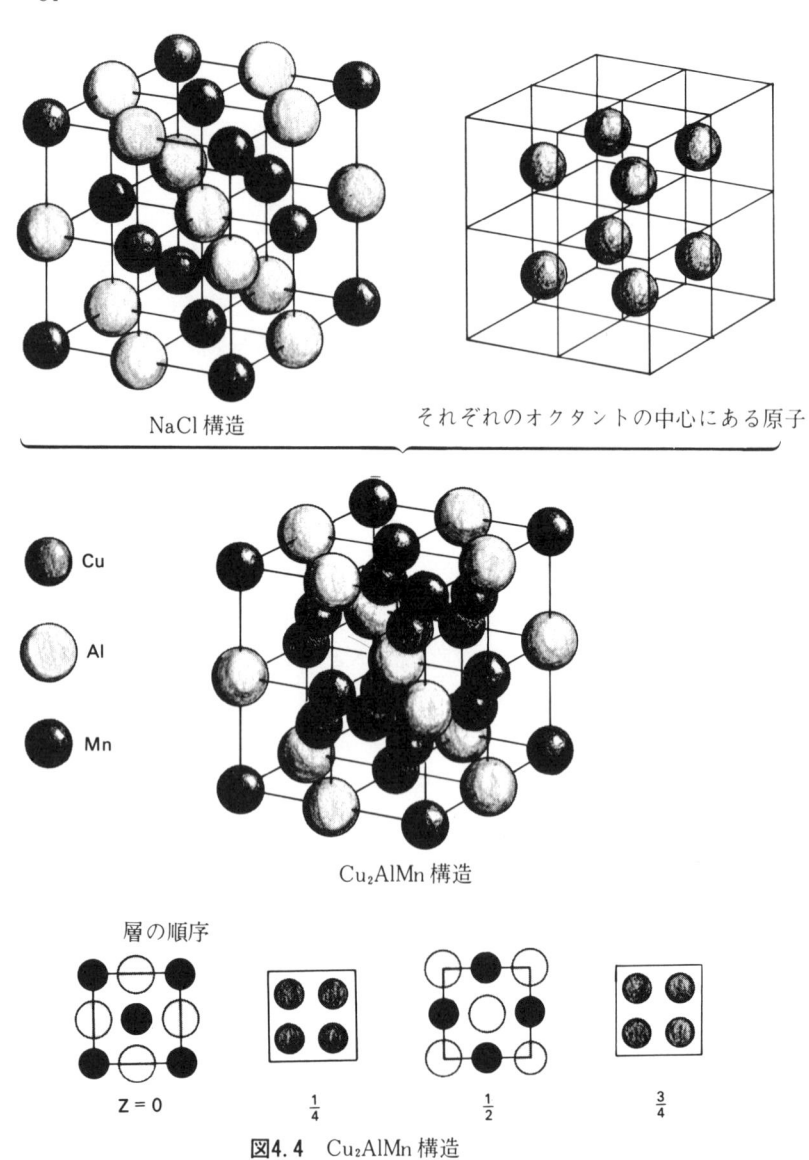

素イオンが不規則に分布して，12 の可能なサイト（site）のうちの 10 を占めている。

4.5 考察

構造の関係

塩化ナトリウム構造はナトリウムイオンおよび塩素イオンがそれぞれの格子点を占める二つの面心立方格子が互いに侵入し合った構造である．不規則な $LiFeO_2$ 構造では，NaCl 構造のナトリウムイオンのサイトを Li および Fe イオンが，塩素イオンのサイトを酸素イオンが占めており，NbO 構造は NbO が一つ不足した NaCl 構造である．FeS_2 および CaC_2 構造では，S_2 および C_2 分子が NaCl 構造のハロゲンイオンと置換しており，後者の構造では C_2 分子が配向しているため単位格子は正方である．ホイスラー合金や NaY_3F_{10} 構造では，各原子が NaCl 構造の場合と同じ位置を占めており，単位格子のそれぞれのオクタントの中心にも他の原子が入っている．

金属間化合物

半径比が $R_A/R_B=0.41\sim0.73$ の AB 型金属間化合物は硫化物，セレン化物およびテルル化物と同様に NaCl 構造をもち，半径比が大きい ($R_A/R_B>0.73$) 化合物は通常 CsCl 構造あるいは NaTl 構造をとる．半径比が NaCl 構造をつくるのに適当であっても，結合が共有的な金属間化合物は NiAs 構造をとる．Cu_2AlMn 構造は一般的ではないが，この構造をもつ Mn 化合物のいくつかは強磁性体で重要である．

ホウ化物，炭化物および窒化物

AC および AN（A は金属）の組成をもつ炭化物と窒化物のほとんどと ZrB は塩化ナトリウム構造をとり，WC や MoC は WC 構造（6.1 参照）をとる．それらは硬く，融点および伝導度が高い．一般に，金属の炭化物，窒化物およびホウ化物の比抵抗は金属のそれにくらべて高い．炭化ニオブおよび窒化ジルコニウムの超伝導温度は高い（約 $10°K$）が，炭素および窒素が不足すると臨界温度が急速に低下する．

アルカリ金属およびアルカリ土類金属の炭化物は通常透明な結晶をつくり電気伝導性がない．それらは水と非常に反応性があり良い還元剤である．炭化カ

ルシウムは $CaCN_2$ と C（工業的には CaO と C）とを反応させて得られ，水と反応してアセチレンを生ずる。アルカリ金属は A_2C_2 型の炭化物をつくり，ベリウムは Be_2C，アルミニウムは Al_4C_3，鉄，マンガンおよびニッケルは Fe_3C，Mn_3C および Ni_3C をつくる。これらはすべて水あるいは酸に侵され，Be_2C および Al_4C_3 は加水分解してメタンを生ずる。Mn_3C は水と，Fe_3C および Ni_3C は酸と反応して炭化水素の混合物を生ずる。これら以外にも複雑な構造をもつクロム，マンガン，鉄およびコバルトの炭化物が多数あるが省略する。

ハロゲン化物

CsCl，CsBr および CsI を除くすべてのハロゲン化アルカリと AgF，AgCl，AgBr および NH_4I は NaCl 構造をとる。一般に，半径比が小さい（$R_A/R_X = 0.45 \sim 0.73$）AX 型ハロゲン化物は CsCl 構造よりも NaCl 構造をとる傾向がある。ハロゲン化アルカリの融点と熱膨張のデータを以下に示す。温度は°Cで，熱膨張係数は $10^{-6}/°C$ であらわしてある。

	F	Cl	Br	I
Li	840	606	535	450
	34	44	50	59
Na	992	803	740	653
	36	40	42	47
K	846	768	748	693
	37	38	40	43
Rb	755	717	681	638
		36	38	42
Cs	684	638	627	621
	32	46	47	48

水素化物

アルカリおよびアルカリ土類金属の水素化物は塩に類似しており，水素と金属との直接反応で得られる。LiH，NaH，KH，RbH および CsH は塩化ナトリ

ウム構造を，MgH_2 はルチル構造をもつ。

Be, Zn, Cd および Al の水素化物はハロゲン化物をエーテル溶液中で $LiAlH_4$ と反応させて得られる。遷移金属の水素化物はアルカリやアルカリ土類金属の水素化物と同様に金属と水素とを直接作用させてつくられる。これらは格子間水素化物 (interstitial hydride) と呼ばれ，非化学量論組成であることが多い。

酸化物

AO 型の酸化物では，イオン性が最も強いものが塩化ナトリウム構造をとる。それらの化合物と関連の構造をもつ AO_2 型酸化物とを次表に挙げる。

I	II	IV	V	VI	VII	VIII	IIB
NaO_2	MgO	TiO^+	VO^+		MnO^+	FeO^+ CoO^+	
	CaO					NiO^+	
KO_2	CaO_2						
	SrO						
RbO_2	SrO_2		NbO^+				CdO
	BaO						
CsO_2	BaO_2	ZrO					

$^+$ 歪んでいるか欠陥のある構造

その他の AO 型酸化物は閃亜鉛鉱構造(5.2 参照)あるいはウルツ鉱構造(6.2 参照)，PtS 構造 (PdO, PtO)，PbO 構造 (7.1 参照)，および黒銅鉱構造 (CuO, AgO) をとる。K, Rb および Cs の超酸化物 (superoxide) や，Ca, Sr および Ba の過酸化物 (peroxide) は CaC_2 構造をつくる。NaO_2 は FeS_2 構造をもつ。

表 4.1a 文献
1. A. IANDELLI and R. BOTTI, *Rend. Atti R. Acad. Lincei* **67**, 638 (1937).
2. L. H. BRIXNER, *J. Inorg. Nucl. Chem.* **15**, 199 (1960).
3. A. E. GORUM, *Acta Cryst.* **10**, 144 (1957).

4. A. IANDELLI, *Z. Anorg. Allgem. Chem.* **288**, 81 (1956).
5. W. H. WILLOTT and E. J. EVANS, *Phil. Mag.* **18**, 114 (1934).
6. R. FERRO, *Acta Cryst.* **8**, 360 (1955).
7. A. IANDELLI, *R. C. Accad. Naz. Lincei* **13**, 138 (1952).
8. G. BRUZZONE, *Atti. Accad. Lincei, Classe Sci. Fis. Mat. Nat.* **30**, 208 (1961).
9. A. S. COFFINBERRY and F. H. ELLINGER, *U.S.A. Rep. A/Conf.* **8**, 826 (1955).
10. R. FERRO, *R. C. Acad. Naz. Lincei,* **13**, 401 (1952).
11. A. IANDELLI and E. BOTTI, *R. C. R. Accad. Naz. Lincei* **24**, 459 (1936).
12. E. PARTHÉ and E. PARTHÉ, *Acta, Cryst.* **16**, 91 (1963).
13. K. MEISEL, *Z. Anorg. Allgem. Chem.,* **240**, 300 (1939).
14. K. BACHMAYER, H. NOWOTNY and A. KOHL, *Monatsh. Chem.* **86**, 39 (1955).
15. G. HÄGG and A. G. HYBINETTE, *Phil. Mag.* **20**, 913 (1935).
16. R. FERRO, *Acta Cryst.* **9**, 817 (1956).
17. B. J. MCDONALD and W. I. STUART, *Acta Cryst.* **13**, 447 (1960).
18. B. POST and F. W. GLASER, *J. Chem. Phys.* **20**, 1050 (1952).
19. H. NOWOTNY, R. KIEFFER, F. BENESOVSKY and C. BRUKI, *Monatsh. Chem.* **90**, 86 (1959).
20. C. P. KEMPTER, E. K. STORMS and R. J. FRIES, *J. Chem. Phys.* **33**, 1873 (1960).
21. J. JOHNSTON, U. of Cal. Berk., Lawrence Rad. Lab, UARL-11390 (1964).
22. D. H. TEMPLETON and C. H. DAUBEN, U.S.A.E.C. Publ. AECD 3443 (1952).
23. A. L. BOWMAN, *J. Phys. Chem.* **65**, 1596 (1961).
24. E. LAUBE and H. NOWOTNY, *Monatsh. Chem.* **89**, 312 (1958).
25. R. O. ELLIOTT and C. P. KEMPTER, *J. Phys. Chem.* **62**, 630 (1958).
26. V. ZWICKER, *Z. Metallk. Deutch.* **54**, 477 (1963).
27. H. NOWOTNY and R. KIEFFER, *Metallforschung,* **2**, 257 (1947).
28. H. D. KEITH and J. W. MITCHELL, *Phil. Mag.* **42**, 1331 (1951).
29. H. WILMAN, *Proc. Phys. Soc. (London)* **52**, 323 (1940).
30. H. OTT, *Z. Krist.* **63**, 222 (1926).
31. W. P. DAVEY, *Phys. Rev.* **21**, 143 (1923).
32. E. T. TEATUM and N. O. SMITH, *J. Phys. Chem.* **61**, 697 (1957).
33. A. DECUGNAC and J. POURADIER, *Compt. Rend.* **258**, 4761 (1964).
34. R. E. GLOVER, *Z. Physik.* **138**, 222 (1954).
35. E. BROCH, I. OFTEDAL and A. PABST. *Z. Physik. Chem.* **3B**, 209 (1929).
36. A. JEVINS, M. STRAUMANIS and K. KARLONS, *Z. Physik. Chem.* **40B**, 146 (1938).
37. C. W. TUCKER, JR. and P. SENIO, U.S. At. Energy Comm. Rept. AECU-3428, 1244 (1952).
38. T. BARTH and G. LUNDE, *Central Mineral. Geol.* **1927A**, 57 (1927).
39. A. SMITS and D. TOLLENAAR, *Z. Physik. Chem.* **52B**, 222 (1942).
40. L. F. VERESHEHAGIN and S. S. KABALKINA, *Dokl. Akad. Nauk SSSR* **113**, 797 (1957).
41. E. ZINTL and A. HARDER, *Z. Physik. Chem.* **14B**, 265 (1931).
42. J. E. WORSHAM, JR., M. K. WILKINSON and C. G. SHULL, *J. Phys. Chem. Solids* **3**, 303 (1957).
43. Z. G. PINSKER and S. Y. KARERIN, *Kristallografiya* **2**, 386 (1957).
44. W. KLEMM and G. WINKELMANN, *Z. Anorg. Allgem. Chem.* **288**, 87 (1956).
45. G. BRAUER and R. ESSELBORN, *Z. Anorg. Allgem. Chem.* **309**, 151 (1961).
46. W. H. ZACHARIASEN, *Acta Cryst.* **2**, 388 (1949).
47. K. BECKER and F. EBERT, *Z. Physik.* **31**, 268 (1952).
48. H. A. EICK, N. C. BAENZIGER and L. EYRING, *J. Am. Chem. Soc.* **78**, 5987 (1956).
49. R. E. RUNDLE, *Acta Cryst.* **1**, 180 (1948).
50. A. MUNSTER and K. SAGEL, *Z. Electrochem.* **57**, 571 (1953).
51. M. E. STRAUMANIS, C. A. FAUNCE and W. J. JAMES, *Acta Met.* **15**, 65 (1967).
52. E. SANDOR and W. A. WOOSTER, *Acta Cryst.* **13**, 339 (1960).
53. C. P. KEMPTER, N. H. KRIKORIAN and J. C. MCGUIRE, *J. Phys. Chem.* **61**, 1237 (1957).
54. T. W. BAKER, *Acta Cryst.* **11**, 300 (1958).

第4章　NaClタイプと関連の構造　　89

55. F. H. Ellinger and W. H. Zachariasen, *J. Inorg. Nucl. Chem.* **15**, 185 (1960).
56. H. Huber and S. Wagener, *Z. Tech. Physik* **23**, 1 (1942).
57. R. Faivre and A. Michel, *Compt. Rend.* **207**, 156 (1938).
58. S. Greenwald, *Acta Cryst.* **6**, 396 (1953).
59. U. Enz, J. F. Fast, S. Van Houten and J. Smit, *Philips Res. Rpts.* **17**, 451 (1962).
60. W. L. Roth, *Acta Cryst.* **13**, 140 (1960).
61. E. Riano and J. L. Amoroš Portolés, *Bol. Real. Soc. Espan. Hist. Nat., Secc. Geol.* **56**, 391 (1958).
62. J. P. Borquet, W. Dornelas and P. Lacombe, *Compt. Rend.* **260**, 4771 (1965).
63. A. L. Bowman, T. C. Wallace, J. L. Yarnell and R. G. Wenzel, *Acta Cryst.* **21**, 843 (1966).
64. Y. Shimomura, *Bull. Naniwa Univ.* **A3**, 175 (1955).
65. W. H. Zachariasen, *Acta Cryst.* **5**, 19 (1952).
66. H. A. Eick, N. C. Baenziger and L. Eyring, *J. Am. Chem. Soc.* **78**, 5147 (1956).
67. W. G. Burgers, *Z. Physik* **80**, 352 (1933).
68. N. Schönberg, *Acta Chem. Scand.* **8**, 240 (1954).
69. M. E. Straumanis and H. W. Li, *Z. Anorg. Allgem. Chem.* **305**, 143 (1960).
70. R. E. Rundle, N. C. Baenziger, A. S. Wilson and R. A. McDonald, *J. Am. Chem. Soc.* **70**, 99 (1948).
71. W. Klemm and L. Grimm, *Z. Anorg. Allgem. Chem.* **250**, 42 (1942).
72. J. C. Archard and G. Tsoucaris, *Compt. Rend.* **246**, 285 (1958).
73. E. P. Sal'dav, *Zap. Vses. Mineralog. Obshchestra* **86**, 324 (1957).
74. O. J. Guntert and A. Faessler, *Z. Krist.* **107**, 357 (1956).
75. E. Miller, K. Komarek and I. Cadoff, *Trans. AIME* **218**, 978 (1960).
76. I. Oftedal, *Z. Physik. Chem. (Leipzig)* **128**, 154 (1927).
77. N. Mariano and E. F. Warekois, *Science* **142**, 1672 (1963).
78. A. Iandelli, *Gazz. Chim. Ital.* **85**, 881 (1955).
79. C. B. Sclar, L. C. Carrison and C. M. Schwartz, *Science* **143**, 1352 (1964).
80. M. Guittard and A. Benacerraf, *Compt. Rend.* **248**, 2589 (1959).
81. A. V. Golubkov, T. B. Zhukova and V. M. Sergeeva, *Inorg. Materials* **2**, 66 (1966).
82. E. Broch, *Z. Physik. Chem. (Leipzig)* **127**, 446 (1927).
83. L. M. Corliss, N. Elliott and J. M. Hastings, *Phys. Rev.* **104**, 924 (1956).
84. G. I. Makovelskii and N. N. Sirota, *Dokl. Akad. Nauk Belorussk, SSR* **8**, 289 (1964).
85. B. Wasserstein, *Am. Mineralogist* **36**, 102 (1951).
86. J. W. Earley, *Am. Mineralogist* **35**, 337 (1950).
87. A. Nishiyama and T. Okada, *Mem. Fac. Sci. Kyushu Univer.* Ser. B, **3**, 3 (1960).
88. H. Krebs, K. Grün and D. Kallen, *Z. Anorg. Allgem. Chem.* **312**, 307 (1961).
89. M. K. Slattery, *Phys. Rev.* **25**, 333 (1925).
90. V. M. Goldschmidt, *Skrifter Norske Videnskaps—Akad. Oslo I. Mat.—Naturv. Kl.* **1926**, No. 8 (1926).
91. R. W. M. D'Eye, P. G. Sellman and J. R. Murray, *J. Chem. Soc.* **1952**, 2555 (1952).
92. R. Ferro, *Z. Anorg. Allgem. Chem.* **275**, 320 (1954).
93. H. Seniff and W. Klemm, *Z. Anorg. Allgem. Chem.* **242**, 92 (1939).
94. F. K. McTaggart and A. D. Wadsley, *Australian J. Chem.* **11**, 445 (1958).
95. H. Hartmann, H. J. Fröhlich and F. Ebert, *Z. Anorg. Chem.* **218**, 181 (1934).
96. N. Elliott and J. Hastings, *Acta Cryst.* **14**, 1018 (1961).
97. L. A. Siegel, *J. Chem. Phys.* **17**, 1146 (1949).
98. G. Natta and L. Passerini, *Gazz. Chim. Ital.* **61**, 191 (1931).
99. R. Juza and A. Mehne, *Z. Anorg. Allgem. Chem.* **299**, 33 (1959).

表4.1b 文献

1. B. POST, D. MOSKOWITZ and F. GLASER, *J. Chem. Soc.* **78**, 1800 (1956).
2. P. COTTER and I. KOHN, *J. Am. Ceram. Soc.* **37**, 415 (1954).
3. M. NADLER and C. KEMPTER, *J. Phys. Chem.* **64**, 1471 (1960).
4. F. ELLINGER, *Trans. ASM* **31**, 89 (1943).
5. P. CHIOTTI, *Iowa State Coll. J. Sci.* **26**, 185 (1952).
6. D. KELLER, J. FACKELMANN, E. SPEIDEL and S. PAPROCKI, *Pulvermet. in der Atomkerntechnik*, 4, Planseesemunir, Springer-Verlag 279 (1962).
7. *Welding Engr.* No. 4 (1958).
8. L. BREWER, L. A. BROMLEY, P. W. GILLES and N. L. LOFGREN, *Chemistry and Metallurgy of Miscellaneous Materials*, Ed. L. L. QUILL, McGraw-Hill Book Co., New York (1950).
9. R. KEIFFER and P. SWARZKOPF, *Hard Alloys*, Metallurgizdat, Moscow (1957).
10. N. A. LANGE, *Handbook of Chemistry*, Handbook Pub. Co., Sandusky, O. (1946).
11. L. J. CRONIN, *Am. Ceram. Soc. Bull.* **30**, 234 (1951).
12. O. KUBASCHEWSKI and E. L. EVANS, *Metallurgical Thermochemistry*, Pergamon, London (1958).
13. O. J. WITTERMORE, JR., *J. Can. Ceram. Soc.* **28**, 43 (1959).
14. W. G. BRADSHAW and C. O. MATHEWS, *Properties of Refractory Materials*, LMSD-2466 (June 24, 1958).
15. I. E. CAMPBELL, *High Temperature Technology*, Wiley, New York (1956).
16. E. M. DUDNIK, G. V. LASHKAREV, YU. B. PADERNO and V. A. OBOLONCHIK, *Izv. Akad. Nauk SSSR, Neorg. Mat.* **7**, 980 (1966).
17. M. PICON and N. PATRIE, *Compt. Rend.* **242**, 1521 (1956).
18. M. PICON, J. FLAHAUT, M. GUITTARD and M. PATRIE, 16*th Int. Congress Pure et Appl. Chemie* (Paris, 1957).
19. G. V. SAMSONOV and N. M. POPOVA, *Zhur. Obshcei Khim.* **27**, 3 (1957).
20. K. SIBORG and D. KATZ, *Actinides*, Moscow (1955).
21. W. ARBITER, *New High Temperature Intermetallic Compounds*, WADC TR-53-190 (1953).
22. *Ceramics for Advanced Technologies*, Ed. J. E. HOVE and W. C. RILEY, Wiley, New York (1965).
23. G. R. FINLAY, *Chem. in Canada* **4**, 41 (1952).
24. A. V. GOLUBKOV, T. B. ZHUKOVA and V. M. SERGEEVA, *Inorg. Materials* **2**, 66 (1966).
25. YA S. UMANSKII and V. I. FADEEVA, *Inorg. Materials* **2**, 70 (1966).
26. W. A. PLUMMER, D. E. CAMPBELL and A. A. COMSTOCK, *J. Am. Ceram. Soc.* **45**, 310 (1962).
27. W. A. FISHER and A. HOFFMANN, *Arch. Eisenhuettenu* **35**, 27 (1964).
28. O. H. KRIKORIAN, *Thermal Expansion of High Temperature Materials*, UCRL-6132 (September 1960).
29. G. V. SAMSONOV and V. N. PADERNO, *Planseeber. Pulvermet.* **12**, 19 (1964).

表4.1c 文献

1. L. H. BRIXNER, *J. Inorg. Nucl. Chem.* **16**, 162 (1960).
2. J. L. ANDERSON and M. SCHIEBER, *J. Phys. Chem. Solids* **25**, 961 (1964).
3. A. LECERF, *Compt. Rend.* **254**, 2003 (1962).
4. F. F. HOCKINGS and J. G. WHITE, *Acta Cryst.* **14**, 328 (1961).
5. S. GELLER and S. H. WERNICK, *Acta Cryst.* **12**, 46 (1959).
6. S. A. SEMILETOV and L. L. MUN, *Kristallografiya* **4**, 414 (1959).
7. W. HOFMANN, *Ber. Preuss. Akad. Wiss.* **1938**, 111 (1938).
8. G. GATTOW and J. ZEMANN, *Z. Anorg. Allgem. Chem.* **279**, 324 (1955).
9. O. GLEMSER and M. FILCEK, *Z. Anorg. Allgem. Chem.* **279**, 321 (1955).
10. G. GATTOW and J. ZEMAN, *Z. Anorg. Allgem. Chem.* **279**, 327 (1955).

第4章　NaClタイプと関連の構造　　　　　　　　　91

表4.2　文献
1. G. S. SAIRRI, L. D. CALVERT, R. D. HEYDING and J. B. TAYLOR, *Can. J. Chem.* **42**, 620 (1964).
2. L. THOMASSEN, *Z. Phys. Chem.* **4B**, 277 (1929).
3. A. KJEKSHUS, *Acta Chem. Scand.* **14**, 1450 (1960).
4. O. NIAL, A. ALMIN and A. WESTGREN, *Z. Phys. Chem.* **B14**, 81 (1931).
5. I. OFTEDAL, *Z. Phys. Chem. (Leipzig)* **135**, 291 (1928).
6. R. FERRO, *Acta Cryst.* **10**, 476 (1957).
7. H. J. WALLBAUM, *Z. Metallik* **35**, 200 (1943).
8. B. T. MATTHIAS, T. H. GEBALLE and V. B. COMPTON, *Ref. Mod. Phys.* **35**, 1 (1963).
9. C. W. W. HOFFMAN, R. C. ROPP and R. W. MOONEY, *J. Am. Chem. Soc.* **81**, 3830 (1959).
10. S. C. ABRAHAMS and J. KALNAJS, *Acta Cryst.* **8**, 503 (1955).
11. G. F. CARTER and D. H. TEMPLETON, *J. Am. Chem. Soc.* **75**, 5247 (1953).
12. L. S. RAMSDELL, *Am. Mineralogist* **10**, 281 (1925).
13. G. B. BOKU and L. I. TSINOBER, *Tr. Inst. Kristallogr. Akad. Nauk SSSR* **9**, 239 (1954).
14. N. ELLIOTT, *J. Chem. Phys.* **33**, 903 (1960).
15. M. E. STRAUMANIS, G. C. AMSTUTZ and S. CHAN, *Am. Minerologist* **49**, 206 (1964).
16. P. RAMDOHR, *Neues Jahrb. Mineral. Monatsh. Chem.* **6**, 133 (1955).
17. E. F. HOCKINGS and J. G. WHITE, *J. Phys. Chem.* **64**, 1042 (1960).
18. F. SGARLATA, *Rend. Ist. Super. Sanita* **22**, 851 (1959).
19. N. ELLIOTT, *J. Am. Chem. Soc.* **59**, 1958 (1937).
20. D. LUNGOVIST, *Arkiv. Kemi. Min. Geol.* **24A**, 22 (1947).
21. J. W. EARLY, *Am. Mineralogist* **35**, 337 (1950).
22. K. MEISEL, *Z. Anorg. Chem.* **219**, 141 (1934).
23. S. GELLER and B. B. CETLIN, *Acta Cryst.* **8**, 272 (1955).
24. S. GELLER, *J. Am. Chem. Soc.* **77**, 2641 (1955).

表4.3a　文献
1. J. L. MORIARTY, R. O. GORDON and J. E. HUMPHREYS, *Acta Cryst.* **19**, 285 (1965).
2. J. L. MORIARTY, J. F. HUMPHREYS, R. O. GORDON and N. C. BAENZIGER, *Acta Cryst.* **21**, 840 (1966).
3. A. J. BRADLEY and S. S. LU, *J. Inst. Met.* **60**, 319 (1937).
4. A. W. SEARCY and R. J. PEAVLER, *J. Am. Chem. Soc.* **75**, 5657 (1953).
5. G. BRAUER and R. RUDOLPH, *Z. Anorg. Chem.* **248**, 405 (1941).
6. W. H. ZACHARIASEN, *Z. Physik. Chem. (Leipzig)* **128**, 39 (1927).
7. H. J. WALLBAUM, *Z. Metallk.* **33**, 378 (1941).
8. M. V. STACKELBERG, *Z. Physik. Chem.* **9B**, 437 (1930).
9. N. BREDRIG, *J. Phys. Chem.* **46**, 801 (1942).
10. P. STECHER, A. NECKEL, F. BENESOVSKY and H. NOWOTNY, *Planseeber Pulvermet.* **12**, 181 (1964).
11. F. H. SPEDDING, K. GSCHNEIDER, JR. and A. H. DAANE, *J. Am. Chem. Soc.* **80**, 4499 (1958).
12. M. A. BREDIG, *J. Am. Ceram. Soc.* **43**, 493 (1960).
13. W. H. C. RUEGGEBERG, *J. Am. Chem. Soc.* **65**, 602 (1943).
14. I. HIGASHI, *Rika Gaku Kenkyusho Hokoku* **37**, 271 (1961).
15. M. V. STACKELBERG, *Z. Elektrochem.* **37**, 542 (1931).
16. S. C. ABRAHAMS and J. KLANAJS, *Acta Cryst.* **7**, 838 (1954).
17. V. KOTOV and S. RAIKHSHTEIN, *J. Phys. Chem., USSR* **15**, 1057 (1941).
18. K. R. TSAI, P. M. HARRIS and E. N. LASSETTRE, *J. Phys. Chem.* **60**, 338 (1956).
19. S. C. ABRAHAMS and J. KALNAJS, *Acta Cryst.* **8**, 503 (1955).
20. A. HELMS and W. KLEMM, *Z. Anorg. Allgem. Chem.* **242**, 33 (1939).
21. J. D. BERNAL, E. DIATLOWA, J. KASARNOVSKY, S. REICHSTEIN and A. G. WARD, *Z. Krist.* **92A**, 344 (1935).

表4.3b 文献
1. Gmelins Handbuck der Anorg. Chem. System No. 30, Verlag Chemie, Berlin 300 (1932).
2. L. BREWER et al., Chemistry and Metallurgy of Miscellaneous Materials. Ed. L. L. QUILL, McGraw-Hill Book Co., New York (1950).
3. R. VICKERY, R. SEDLACEK and A. RUBEN, J. Chem. Soc. 2, 498 (1959).
4. F. SPEDDING, K. GSCHNEIDER and A. DAANE, Trans. AIME 215, 192 (1959).
5. L. CRONIN, Am. Ceram. Soc. Bull. 30, 234 (1951).
6. G. V. SAMSONOV, T. YA KOSOLAPOVA and G. N. MAKARENKO, Zhur. Neorg. Khim. 7, 975 (1962).

表4.4 文献
1. D. P. MORRIS, C. D. PRICE and J. L. HUGHES, Acta Cryst. 16, 839 (1963).
2. O. HEUSLER, Ann. Phys. Lpz. 19, 155 (1934).
3. A. TAYLOR and R. W. FLOYD, J. Inst. Met. 81, 25 (1952).
4. A. P. KLYUCHAREV, Z. Eksper. Theoret. Fiz. 9, 1501 (1939).
5. L. CASTELLIZ, Monatsh. Chem. 84, 765 (1953).
6. B. R. COLES, W. HUME-ROTHERY and H. P. MYERS, Proc. Roy. Soc. A 196, 125 (1949).
7. S. VALENTINER, Z. Metallk. 44, 59 (1953).
8. H. NOWOTNY and B. GLATZL, Monatsh. Chem. 83, 237 (1952).
9. P. RAHLFS, Metallwirt 16, 640 (1937).
10. L. CASTELLIZ, Monatsh. Chem. 82, 1059 (1951).

第5章 ZnSタイプと関連の構造

硫化亜鉛タイプの構造は，立方最密充塡構造の単位格子にある8個の四面体配置の穴の一部あるいは全部を原子で満した構造であるといえる。関連の構造は基本格子の整数倍の単位格子をもっている。それら相互の関係を表5.0に示す。

閃亜鉛鉱構造は規則化したダイヤモンド構造であり，高温型クリストバル石は閃亜鉛鉱に近い構造である。閃亜鉛鉱構造の単位格子に4個の原子を加えるとCaF_2構造ができる。MgAgAs構造は規則化したCaF_2構造であり，K_2PtCl_6は本質的にはCaF_2構造と同じで，C-希土構造およびパイロクロア構造の単位格子は酸素が不足した8個のCaF_2構造の単位格子の組み合わせからできている。シーライト構造の単位格子は2個のCaF_2構造の単位格子でつくられている。

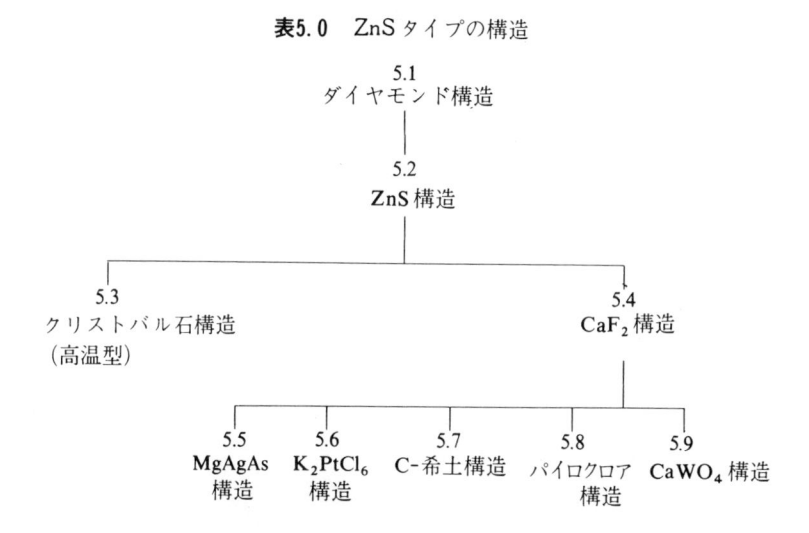

表5.0 ZnSタイプの構造

```
                5.1
           ダイヤモンド構造
                │
                5.2
             ZnS構造
         ┌──────┴──────┐
        5.3                5.4
   クリストバル石構造       CaF₂構造
      (高温型)              │
              ┌──────┬──────┼──────┬──────┐
             5.5    5.6    5.7    5.8    5.9
           MgAgAs  K₂PtCl₆  C-希土  パイロクロア  CaWO₄
            構造    構造    構造    構造       構造
```

5.1 ダイヤモンド構造； A4, $Fd3m$, 立方

硫化亜鉛タイプの最も簡単な構造はダイヤモンド立方構造である。この構造は，面心立方格子の単位構造の8個のオクタントの中心にある四面体サイトに一つおきに4個の原子を加えた構造である（図5.1）。これら4個の炭素原子は単位格子の上下それぞれ2個のオクタントの中心に対角的に配置し，直接上下

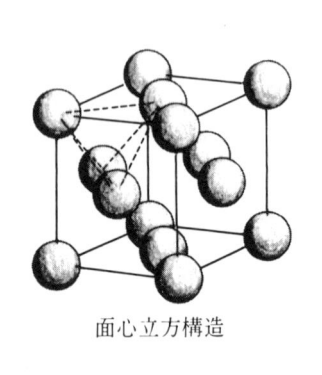

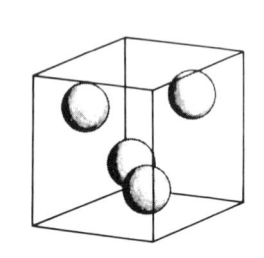

面心立方構造

一つおきのオクタントの中心にある原子

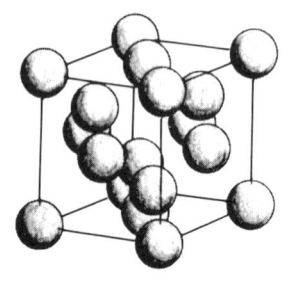

ダイヤモンド構造

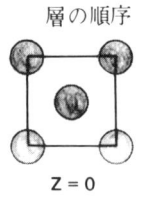

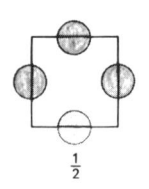

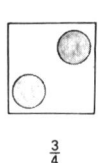

層の順序 Z = 0 $\frac{1}{4}$ $\frac{1}{2}$ $\frac{3}{4}$

図5.1 ダイヤモンド構造

第5章　ZnSタイプと関連の構造

になったオクタントの中心を占めることはない^(訳注5.1a)。

　8個の原子は　$0,0,0 ; 0,\frac{1}{2},\frac{1}{2} ; \frac{1}{2},0,\frac{1}{2} ; \frac{1}{2},\frac{1}{2},0 ; \frac{1}{4},\frac{1}{4},\frac{1}{4} ; \frac{1}{4},\frac{3}{4},\frac{3}{4} ; \frac{3}{4},\frac{1}{4},\frac{3}{4} ; \frac{3}{4},\frac{3}{4},\frac{1}{4}$
を占めている。

　ダイヤモンド (diamond) の他，珪素，ゲルマニウム，および灰色錫 α-Sn もこの構造をとる (表5.1)。

性質

　珪素およびゲルマニウムは重要な半導体材料である。これら材料の諸性質は共有結合している4配位の原子によるものである。ダイヤモンド構造をとる元素のエネルギーギャップは，単位格子の大きさが増して結合が弱くなるにつれて減少する。

　珪素中での電子の移動度は 1550 cm²/V-sec，正孔の移動度は 250 cm²/V-sec で，灰色錫 ($\mu_- = 3000$ cm²/V-sec) やゲルマニウム ($\mu_- = 4400$ cm²/V·sec, $\mu_+ = 2700$ cm²/V-sec) における値にくらべると小さいが，ダイヤモンド中での電子の移動度 ($\mu_- = 900$ cm²/V-sec) に比べると大きい^(訳注5.1b)。ゲルマニウムや珪素が電子機器で果している役割についてはよく知られている^(訳注5.1c)。

表5.1　ダイヤモンド構造をとる元素

元素	格子定数 a_0 (Å)	融点 (°C)	E_g (eV)	σ (ohm-cm)$^{-1}$	熱膨張係数 (10^{-6}/°C)	文献
$C_{(d)}$	3.56679		6	10^{-14}	1.2	1, 2
Si	5.43070	1420	1.12	5×10^{-6}	4.6	5
Ge	5.65754	937	0.665	10^{-2}	6.1	3, 4
α-Sn(13°C)	6.4912		0.08	10^3	20.9	6

訳注 5.1a　ダイヤモンド構造はまた，一つの面心立方格子 $0,0,0 ; 0,\frac{1}{2},\frac{1}{2} ; \frac{1}{2},0,\frac{1}{2} ; \frac{1}{2},\frac{1}{2},0$ と，これから $\frac{1}{4},\frac{1}{4},\frac{1}{4}$ だけ移動した面心立方格子 $\frac{1}{4},\frac{1}{4},\frac{1}{4} ; \frac{1}{4},\frac{3}{4},\frac{3}{4} ; \frac{3}{4},\frac{1}{4},\frac{3}{4} ; \frac{3}{4},\frac{3}{4},\frac{1}{4}$ とを重ね合わせた構造であると考えることもできる。

訳注 5.1.b　移動度の値は文献によってかなり差がある。

訳注 5.1c　正方晶系に属する白錫 (β-Sn, 2.4参照) は食器などに使用されているが，18°C以下では転移してダイヤモンド構造の灰色錫になって崩壊する。しかしながら転移の速度は非常に遅いので実際にはこの変化は零下数十度にならないと起こらない。

5.2 閃亜鉛鉱構造, ZnS 構造; B3, $F\bar{4}3m$, 立方

ZnS は閃亜鉛鉱 (zinc blend, sphalerite) として天然に産出する。

閃亜鉛鉱(セン亜鉛鉱)構造は,一方の元素の原子が単位格子の隅と面心の位置を占め,他方の元素の原子がダイヤモンド構造と同じ四面体配置のサイト (site) を占めている構造であるといえる(図 5.2 a)(訳注5.2a)。したがって,

4 個の Zn 原子が $\quad 0,0,0\,;\,0,\frac{1}{2},\frac{1}{2}\,;\,\frac{1}{2},0,\frac{1}{2}\,;\,\frac{1}{2},\frac{1}{2},0\quad$ を,

4 個の S 原子が $\quad \frac{1}{4},\frac{1}{4},\frac{1}{4}\,;\,\frac{1}{4},\frac{3}{4},\frac{3}{4}\,;\,\frac{3}{4},\frac{1}{4},\frac{3}{4}\,;\,\frac{3}{4},\frac{3}{4},\frac{1}{4}\quad$ を占めている。

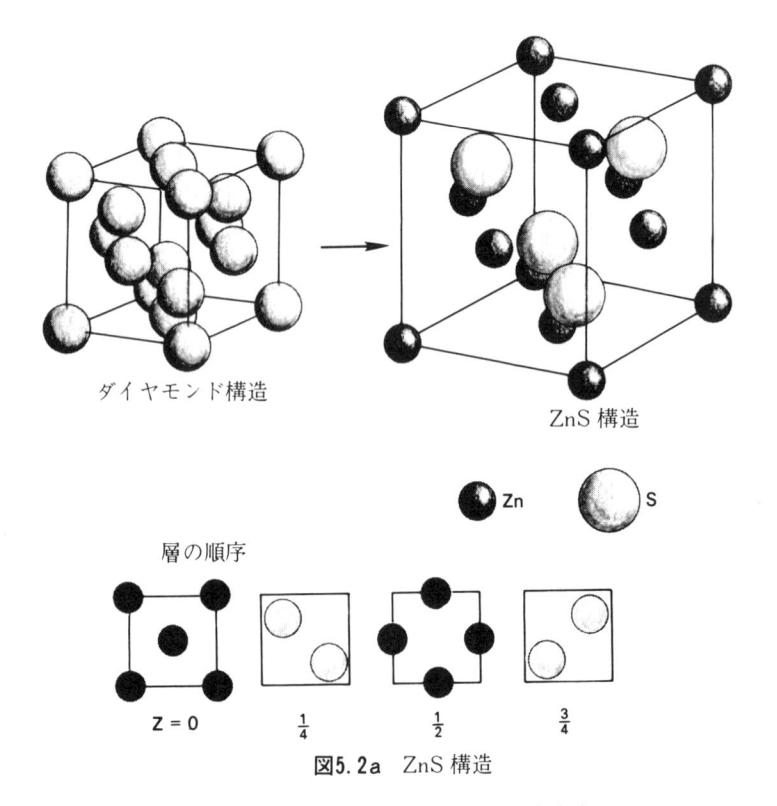

ダイヤモンド構造

ZnS 構造

● Zn   ○ S

層の順序

Z = 0 $\frac{1}{4}$ $\frac{1}{2}$ $\frac{3}{4}$

図5.2a ZnS 構造

訳注 5.2 a ZnS 構造はまた,Zn の面心立方格子と,これから $\frac{1}{4},\frac{1}{4},\frac{1}{4}$ だけ移動した S の面心立方格子とを重ね合わせた構造であると考えることもできる。

第5章 ZnSタイプと関連の構造

表5.2a ZnS構造をとる化合物

化合物	格子定数 a_0 (Å)	文献
金属間化合物		
AlAs	5.656	1
AlP	5.451	2, 3
AlSb	6.1355	4
AsGa	5.6532	4, 5
AsIn	6.0584	4
GaP	5.450	2, 3, 4
GaSb	6.09612	6
InP	5.8688	3, 4
InSb	6.4788	6
ホウ化物		
AsB	4.777	7
PB	4.538	7, 8
炭化物		
β-SiC	4.3596	9
ハロゲン化物		
AgI	6.473	10
CuBr	5.6905	11, 12
CuCl	5.4057	13
CuF	4.255	14
α-CuI	6.15	12
窒化物		
BN (高圧型)	3.615	15
酸化物		
ZnO	4.62	16
硫化物, セレン化物, テルル化物		
BeS	4.8624	17
BeSe	5.139	18
BeTe	5.626	18
CdS	5.830	19
CdTe	6.48	20
γ-Ga_2S_3 (低温型)	5.181	21, 22
Ga_2Se_3	5.429	23
Ga_2Te_3	5.901	23, 24
HgS	5.86	25
HgSe	6.074	26
HgTe	6.460, 6.429	20, 26
In_2Te_3	6.518	24
β-MnS (赤)	5.61	27
β-MnSe	5.83	28
β-ZnS	5.4109	29
ZnSe	5.667	30

共有結合性の AB 型化合物がこの構造をつくる傾向を示す。SiC などの化合物は純粋に共有的でそれらの原子は四配位をとるからこの構造をつくることは驚くにはあたらない。CdTe が閃亜鉛鉱構造をとるのは大きいテルルイオンの分極能によるものである。多くの化合物が閃亜鉛鉱構造と六方のウルツ鉱構造（6.2 参照）の両方をつくるが，CdTe は閃亜鉛鉱構造だけである。共有性が小さい AB 型化合物はウルツ鉱構造をとる傾向を示す。

性質

いくつかの最も重要な半導性化合物がこの構造をとる。それらの一つである炭化珪素のエネルギーギャップは 3.5 eV である。Ⅲ族-Ⅴ族間化合物の AlP, AlAs, AlSb, GaP, GaAs, GaSb, InP, InAs および InSb と，Ⅱ-Ⅵ族間化合物の ZnS, ZnSe, ZnTe および CdS などこの構造をとる化合物の性質を表 5.2

表5.2b ZnS 構造をとる化合物の融点，E_g および移動度 (訳注5.2b)

化合物	融点 (°C)	E_g (eV)	移動度		文献
			μ_- (cm²/V-sec)	μ_+ (cm²/V-sec)	
Ⅲ-Ⅴ化合物					
AlAs	1600	2.1			1
AlP		3		200	1, 2
AlSb	1060	1.55	200	420	8
GaAs	1280	1.35	8,500	400	8
GaP	1350	2.35	110	75	8
GaSb	728	0.70	5,000	850	8
InAs	942	0.33	33,000	460	8
InP	1055	1.30	4,600	150	8
InSb	525	0.17	80,000	1,250	8
Ⅱ-Ⅵ化合物					
CdS	1750 (100 atm)	2.38	1,460		5
CdSe	1350	1.74	800		8
CdTe	1105	1.5	1,050	100	8
HgS		2.5	> 250		5
HgTe	600	0.01	20,000		6, 7
ZnS	1850	3.6	165	5	8
ZnSe	1500	2.68			5
ZnTe	1254	2.25	100	130	8

訳注 5.2 b 原著の移動度のデータのうち古い値については，訳者が追加した新しいデータ（文献 8）と交換した。

bに示す。周期律表の下の方の元素でつくられている化合物は E_g の値が小さく移動度が大きい。CdS, CdSe, InSb および CdTe は禁制帯のエネルギーギャップが狭く赤外領域で光導電性がある。これらの材料は，PbS, PbSe および PbTe とともに赤外線の検出器，光抵抗器，光電池およびトランジスターとして用いられている。

HgTe, InAs および InSb は電子および正孔の移動度が大きく，ホール効果（Hall Effect）を利用した機器に用いられている。

GaAs, InSb, InP, InAs, AlSb および GaP が高温用整流器，ダイオードおよびマイクロ波検出器に用いられており，蛍光灯に Cu, Mn, Sn などをドープした ZnS や CdS のルミネセンス能力を利用している。

これらの材料は注入型レーザー（injection laser）にも応用されている。その作用はダイオードの接合部で生ずるが，放射される光は GaAs で 0.840μ, GaSb で 1.6μ, InAs で 3.112μ, InP で 0.9μ, そして InSb で 5.2μ である。

いくつかの ZnS 構造をもつ化合物およびIV族元素に対する光の透過範囲を図 5.2 b に示す。

β-SiC は半導性とともに興味ある機械的性質を示す。この材料は極めて硬く密度は僅かに 3.21 g/cm^3 でヤング率は $4 \times 10^6 \text{ kg/cm}^2$ 程度である。炭化珪素は 1600°Cまでの温度で良好な耐酸化性をもち耐火物や発熱体として広く利用されている。空気中では 1000°C 以下と 1150°C 以上で非常に安定であるが，これはシリカの保護膜が生成するためである。β-SiC は 1600°C 以上ではウルツ鉱構造の α 型に転移する。

高温高圧下で生成する ZnS 構造の BN はダイヤモンドと同程度の硬度をもち，優れた研削性を示しボラゾン（borazon）と呼ばれる。BP および BAs も同様の性質をもつ。

Ga_2S_3, Ga_2Se_3, Ga_2Te_3 および In_2Te_3 は四面体位置の 2/3 だけが満されている閃亜鉛鉱構造をもち，エネルギーギャップはそれぞれ 2.5, 1.9, 1.35 および 1.12 eV である。

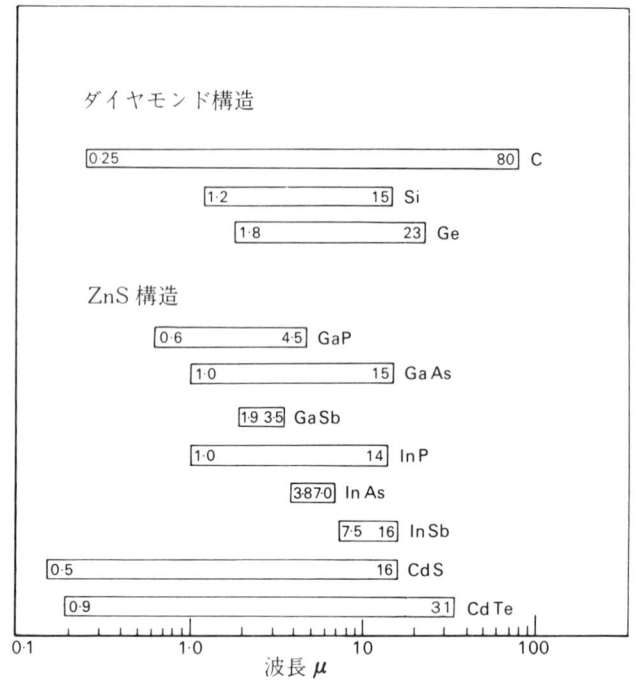

```
                  ダイヤモンド構造
                    ┌0.25─────────────────80┐ C
                         ┌1.2────15┐ Si
                          ┌1.8─────23┐ Ge
             ZnS 構造
                          ┌0.6────4.5┐ GaP
                           ┌1.0────15┐ GaAs
                          ┌1.9 3.5┐ GaSb
                           ┌1.0─────14┐ InP
                               ┌3.8 7.0┐ InAs
                               ┌7.5 16┐ InSb
                    ┌0.5────────────16┐ CdS
                     ┌0.9──────────────31┐ CdTe
             0.1        1.0       10      100
                           波長 μ
```

図5.2b 半導体材料の光透過能（2 mm 厚，10％カットオフ）

5.3 SiO_2 構造，高温型クリストバル石構造； $Fd3m$，立方

SiO_4 四面体を一つのユニットとして扱うと，高温型クリストバル石（cristobalite(high form)）の構造は硫化亜鉛構造に類似しており，Si 原子が Zn 原子の位置を，SiO_4 四面体が S 原子の位置を占めている（図5.3）。したがって，立方単位格子の隅と面心を Si 原子が占め，SiO_4 四面体は単位格子の上下でそれぞれ対角に位置したオクタントを占め，直接上下になったオクタントには入らない。それぞれのオクタントの中で，酸素原子の位置は単位格子中における四面体の配置と同じである[訳注5.3a]。

この構造では8個の Si 原子と16個の酸素原子は立方単位格子の次のそれぞれの位置を占めている。

第5章 ZnSタイプと関連の構造   101

面心立方の位置
を占める Si 原子

一つおきのオクタント
の中心にある SiO_4 四面体

クリストバル石(高温型)構造

層の順序

$Z = \frac{1}{2}$ $\frac{5}{8}$ $\frac{3}{4}$ $\frac{7}{8}$

$Z = 0$ $\frac{1}{8}$ $\frac{1}{4}$ $\frac{3}{8}$

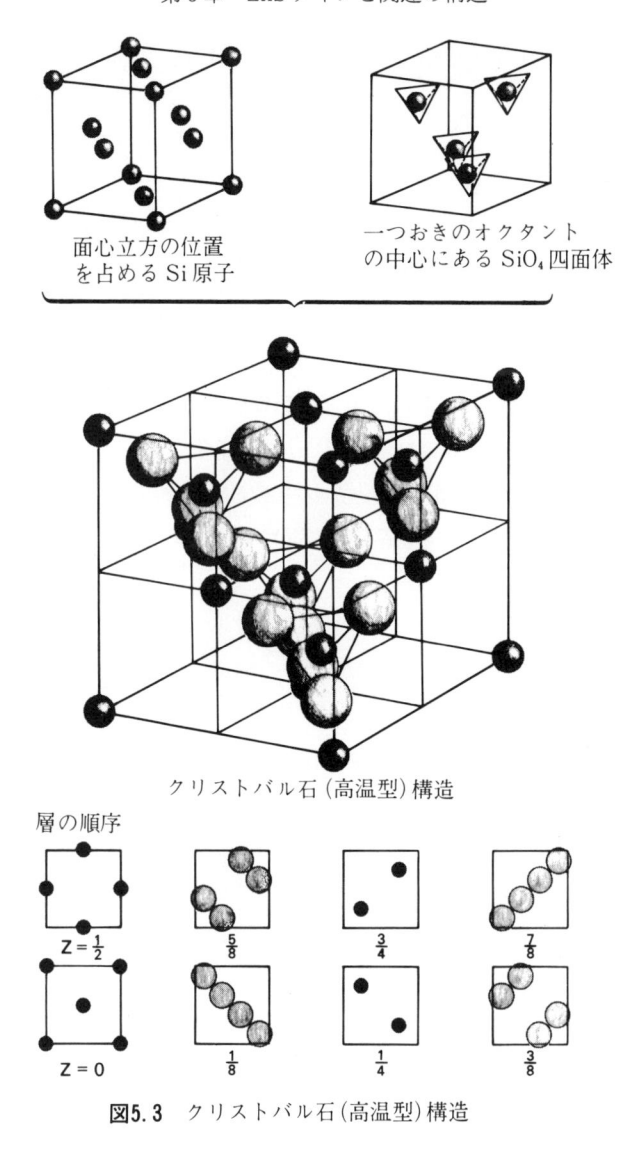

図5.3 クリストバル石(高温型)構造

訳注 5.3a 高温型クリストバル石の場合にも,Si 面心立方格子と,これから $\frac{1}{4}, \frac{1}{4}, \frac{1}{4}$ だけ移動した SiO_4 四面体から成る面心立方格子とを組み合わせた構造であると考えることもできる。

$0,0,0\,;\,\frac{1}{4},\frac{1}{4},\frac{1}{4}\,;$ $\frac{1}{8},\frac{1}{8},\frac{1}{8}\,;\,\frac{1}{8},\frac{3}{8},\frac{3}{8}\,;\,\frac{3}{8},\frac{1}{8},\frac{3}{8}\,;\,\frac{3}{8},\frac{3}{8},\frac{1}{8}\,;$

$\frac{1}{2},\frac{1}{2},0\,;\,\frac{3}{4},\frac{3}{4},\frac{1}{4}\,;$ $\frac{5}{8},\frac{5}{8},\frac{1}{8}\,;\,\frac{5}{8},\frac{7}{8},\frac{3}{8}\,;\,\frac{7}{8},\frac{5}{8},\frac{3}{8}\,;\,\frac{7}{8},\frac{7}{8},\frac{1}{8}\,;$

$\frac{1}{2},0,\frac{1}{2}\,;\,\frac{3}{4},\frac{1}{4},\frac{3}{4}\,;$ $\frac{5}{8},\frac{1}{8},\frac{5}{8}\,;\,\frac{5}{8},\frac{3}{8},\frac{7}{8}\,;\,\frac{7}{8},\frac{1}{8},\frac{7}{8}\,;\,\frac{7}{8},\frac{3}{8},\frac{5}{8}\,;$

$0,\frac{1}{2},\frac{1}{2}\,;\,\frac{1}{4},\frac{3}{4},\frac{3}{4}.$ $\frac{1}{8},\frac{5}{8},\frac{5}{8}\,;\,\frac{1}{8},\frac{7}{8},\frac{7}{8}\,;\,\frac{3}{8},\frac{5}{8},\frac{7}{8}\,;\,\frac{3}{8},\frac{7}{8},\frac{5}{8}.$

SiO_2 の変態を表 5.3 に示す。それらの変態では Si 原子は四面体に配置した O 原子で囲まれている。最近, 75〜100 kbar の高圧, 800°C 以上の温度を用いて, Si 原子が 6 個の O 原子で囲まれているルチル型の SiO_2 がつくられた。

シリカには三種類の主な変態, 石英 (quartz), トリジマイト (tridymite) およびクリストバル石があり, それらの間の転移温度は 870° と 1470°C である。それに加えてそれぞれの変態には低温型 (α-) と高温型 (β-) とがあり, それらの間の転移温度は石英では 573°C, トリジマイトでは 約 140°C, クリストバル石では 250°C である。各々の構造には SiO_4 四面体の連鎖が含まれている(訳注 5.3 b)。

最も簡単な珪酸塩には SiO_4^{4-} イオンが存在する。例えば Mg_2SiO_4 や Be_2SiO_4 の場合である。2 個の SiO_4 四面体が一つの酸素イオンを共有する場合には $Ca_2MgSi_2O_7$ のように $Si_2O_7^{6-}$ イオンが生成する。3 個の SiO_4 四面体がリングをつくる場合には $BaTiSi_3O_9$ のように $Si_3O_9^{6-}$ イオンが生成する。緑柱石は 6 個の四面体から成るリング $Si_6O_{18}^{12-}$ イオンを含む。輝石や角閃石では四面体の複鎖 $[(Si_4O_{11})_n]^{6n-}$ を含み, タルクは $[(Si_2O_5)_n]^{2n-}$ イオンを含み層構造を形

表5.3 SiO_2 の変態

構造	晶系	空間群	格子定数 (Å)	文献
α-Quartz (低温型)	trigonal	$P3_121$	$a_0 = 4.913, c_0 = 5.405$	1
β-Quartz (高温型)	hexagonal	$P6_222$	$a_0 = 5.01, c_0 = 5.47$ (600°C)	1
Tridymite (高温型)	hexagonal	$P6_3/mmc$	$a_0 = 5.03, c_0 = 8.22$ (200°C)	2
α-Cristobalite (低温型)	tetragonal	$P4_12_12$	$a_0 = 4.973, c_0 = 6.926$ (200°C)	3
β-Cristobalite (高温型)	cubic	$Fd3m$	$a_0 = 7.16$ (290°C)	3
Coesite	monoclinic	$B2/b$	$a_0 = b_0 = 7.17, c_0 = 12.38,$ $\gamma = 8.604$	4
Keatite (SiO_2)	tetragonal	$P4_12_12$	$a_0 = 7.456, c_0 = 8.604$	4
Rutile (高圧型)				5

第5章 ZnSタイプと関連の構造   103

成している。ゼオライトや長石の構造はさらに複雑でSiO_4の四面体が三次元的につながっている(訳注5.3c)。

訳注 5.3b 高温型クリストバル石は立方晶系で，Si-O-Si 結合角は 180°から僅かに歪んでいるとされている。低温型クリストバル石では Si-O-Si 結合角が変化して正方晶系となる。高温型トリジマイトの構造は六方格子で Si-O-Si 結合角は 180°であるが，低温相では結合角が変化して斜方となっている。トリジマイト(鱗珪石)とクリストバル石との関係はウルツ鉱と閃亜鉛鉱との関係に似ており頂点共有の四面体の相互の回転軸を異にしている。トリジマイト相は Na イオンの存在で安定化される準安定相といわれる。クリストバル石およびトリジマイトはかなり隙間の多い構造である。

高温型石英は SiO_4 四面体の頂点共有の結合のある点はクリストバル石やトリジマイトと同様であるが，Si-O-Si 結合角が 150°でかなり良く詰った構造であることと，六方の c 軸に沿ってラセン構造のみられる点に特徴がある。低温型石英は SiO_4 四面体の向きが若干ねじれて三方晶系となっている。右水晶と左水晶が存在することは石英のラセン構造から説明できる。

低温で安定な α-石英は 573°C で急速に β-石英に転移し 870°C まで安定である。870～1470°C の範囲では β-トリジマイトが安定型であるが，石英からトリジマイトへの転移速度は非常に遅く鉱化剤(mineralizer)を加えて長時間加熱しないと転移しない。1470°C から融点(1723°C)までの間では β-クリストバル石が安定であるが，トリジマイトからクリストバル石への転移も起こり難い。

シリカを高温に加熱して溶融したものを冷却するとガラス状態になる。石英ガラスは SiO_4 四面体が不規則につながった三次元構造から成り，熱膨張係数が小さい，紫外線や赤外線の透過度が大きい，化学抵抗性が大きい，軟化温度が高い，電気絶縁性が良いなどの特長をもち，理化学器具，光ファイバー，電子産業用器具，ランプ，レンズその他に広く使われている。

コーサイト(coesite)は比重 3.0 の SiO_2 で，35000 気圧，500～800°C の条件でつくられた。キータイト(keatite)は水熱反応によって得られる。これらの構造は何れも SiO_4 四面体の頂点共有の連なりから成っている。

ステイショバイト(stishovite)は 12 万気圧以上，1200～1400°C の条件下で得られるルチル構造の SiO_2 で，Si は 6 配位で，比重は 4.3 である。

訳注 5.3c　珪酸塩の構造

珪酸塩は地殻の大部分を構成している重要な鉱物であるが，構造は一般に複雑で球の充填を基本とする考え方があてはまらない場合が多い。珪酸塩鉱物はいずれも SiO_4 四面体が基本となっており，四面体の頂点にある O 原子を共有することによって(稜共有や面共有はみられない)骨格を形成しているが，四面体の連なり方によって以下のように分類することができる。

a．独立した四面体をもつ珪酸塩：

かんらん石族(olivine group) $R_2^{2+}SiO_4$, ざくろ石族(garnet group) $R_3^{2+}R_2^{3+}(SiO_4)_3$, 黄玉(topaz) $Al_2(F, OH)_2SiO_4$ などの鉱物には独立した SiO_4 の四面体が含まれている。

b．数個の結合した四面体をもつ珪酸塩：

オーケルマン石(akermanite) $Ca_2MgSi_2O_7$ には2個の四面体が頂点で結合した $Si_2O_7^{6-}$ が含まれている。ベニト石(benitoite) $BaTiSi_3O_9$ や緑柱石(beryl) $Be_3Al_2SiO_{18}$ では、それぞれ3個または6個の SiO_4 四面体が環状に結合した原子団を含んでいる。

c．鎖状に連なった四方面体から成る　酸塩：

頑火輝石(enstatite) $MgSiO_3$ や透輝石(diopside) $CaMg(SiO_3)_2$ などの輝石族(pyroxenes)では四面体が鎖状に連なっており、透角閃石(tremolite) $Ca_2Mg_5(Si_4O_{11})_2(OH)_2$ を代表とする角閃石族(amphiboles)では SiO_4 四面体が二重の鎖状に結合しており、何れも繊維状に劈開する。

d．層状に連なった四面体から成る珪酸塩：

六角網目状に二次元的に連なった SiO_4 四面体層と、O^{2-} や OH^- を6配位した Al, Fe, Mg などの陽イオンの八面体層とから成る構造で、それらの層の重なり方によって多種多様の構造ができる。滑石(talc) $Mg_3(Si_4O_{10})(OH)_2$、白雲母(mica)、そしてカオリナイト(kaolinite) $Al_2(Si_2O_5)(OH)_5$ をはじめとする各種の粘土鉱物がこれに属する。

e．三次元の網目状に連なった四面体から成る珪酸塩：

SiO_2 の各変態は SiO_4 四面体が三次元的に連なった構造である。沸石族(zeolites)や長石族(feldspars)ではさらに複雑に網目状に連なった構造をもっている。

これらの珪酸塩では、四面体中の Si^{4+} がしばしば Al^{3+} によって置き換えられているが、その際には別の陽イオンが構造中に導入されて電荷を補償している。

5.4　CaF_2 構造，ホタル石構造；　C1, $Fm3m$, 立方

CaF_2 はホタル石(fluorite)として天然に産出する。

ホタル石(螢石)構造は満された閃亜鉛鉱構造であると見做すことができる。すなわち、閃亜鉛鉱構造の Zn 原子のサイトを Ca イオンで、S 原子のサイトを F イオンに置換し、さらに S 原子で占有されていなかった4個所の四面体サイトに F イオンを加えた構造である(図5.4)。Ca イオンは単位格子の隅および面心を占め、F イオンは Ca の四面体の中に入っている。Ca イオンは何れも8個の F イオンで囲まれ、それぞれの F イオンには4個の Ca イオンが配位している(訳注5.4a)。

第5章 ZnS タイプと関連の構造

ZnS 構造

CaF₂ 構造

● Ca   ○ F

層の順序

$Z=0$ $\frac{1}{4}$ $\frac{1}{2}$ $\frac{3}{4}$

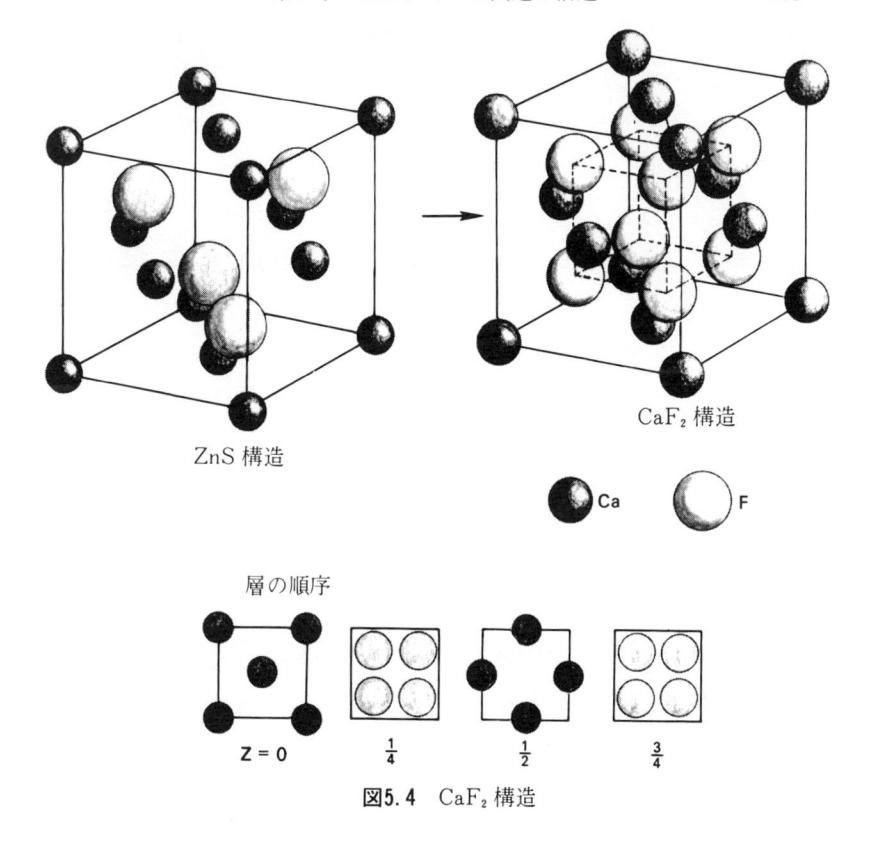

図5.4 CaF₂ 構造

4個の Ca イオンが $0,0,0;\ 0,\frac{1}{2},\frac{1}{2};\ \frac{1}{2},0,\frac{1}{2};\ \frac{1}{2},\frac{1}{2},0$ を,

8個の F イオンが $\frac{1}{4},\frac{1}{4},\frac{1}{4};\ \frac{1}{4},\frac{3}{4},\frac{3}{4};\ \frac{3}{4},\frac{1}{4},\frac{3}{4};\ \frac{3}{4},\frac{3}{4},\frac{1}{4};$

$\frac{3}{4},\frac{3}{4},\frac{3}{4};\ \frac{3}{4},\frac{1}{4},\frac{1}{4};\ \frac{1}{4},\frac{3}{4},\frac{1}{4};\ \frac{1}{4},\frac{1}{4},\frac{3}{4}$ を占める。

この構造をとる化合物を表5.5に挙げる。

訳注 5.4a ホタル石構造はまた, Ca イオンから成る面心立方格子と, これから $\frac{1}{4},\frac{1}{4},\frac{1}{4}$ および $\frac{3}{4},\frac{3}{4},\frac{3}{4}$ だけそれぞれ移動した F イオンから成る2組の面心立方格子とを組み合わせた構造であると考えることもできる。

もう一つの考え方は, 原点が $0,0,0$ にある Ca イオンから成る面心立方格子と, 原点が $\frac{1}{4},\frac{1}{4},\frac{1}{4}$ にあってこの面心立方格子の半分の格子定数をもつ F イオンから成る単純立方格子とを組み合わせることによって CaF₂ 構造ができるとするものである。

リチウム，ナトリウムおよびカリウムの酸化物，硫化物，セレン化物およびテルル化物は逆ホタル石構造（Antifluorite structure）をつくるが，これは陽イオンと陰イオンの位置が反対になっている以外はホタル石構造と同じである。

四価金属のセリウム，プラセオジム，テルビウム，およびトリウムからアメリシウムまでのアクチノイド元素はこの構造の二酸化物をつくる。遷移金属では，ジルコニウムとハフニウムだけがホタル石構造の二酸化物をつくる。純粋な ZrO_2 は室温で単斜晶系の歪んだホタル石構造であるが，CaO などを固溶させることによって立方晶系の安定化ジルコニアが得られる (訳注5.4 b)。

ホタル石構造は AX_2 型化合物の半径比 R_A/R_X の値が 0.73 よりも大きいときに生成する。その値が 0.73 と 0.41 の間にある場合にはルチル構造をとり，A イオンの配位数は 6 になる。CaF_2 構造をもつ化合物のリストを表 5.4 に示す。

性質

ThO_2 および ZrO_2 は高温材料として用いられている。トリア，ジルコニアおよびホタル石構造をもつ他の高温材料の性質を表 5.4 b にまとめた。トリアは白金，パラジウムおよびロジウムを熔融するルツボに使われている。これらの材料は非常に高い温度での耐酸化性が要求される用途に用いられる。

UO_2 は p 型半導体で，安定性および高温での電気抵抗の温度係数が優れているのでサーミスターに用いられる。

金属間化合物の中では Mg_2Si，Mg_2Ge および Mg_2Sn がもっともよく研究されており，エネルギーギャップはそれぞれ 0.77，0.74 および 0.36 eV である。

訳注 5.4 b　純粋な ZrO_2 を加熱すると，1000°C附近で正方晶系のホタル石構造となり，2730°Cでさらに立方晶系のホタル石構造に変る。それらの相転移には数％の体積変化を伴うので，実用材料としてはCaOやY_2O_3を数％〜十数％固溶した安定ジルコニアが用いられている。この材料は高温で酸素イオンによる導電性があるので熔鋼や自動車廃ガス中の酸素濃度を測定するためのセンサー材料として広く使われている。また，安定化剤の量を少なくした部分安定化ジルコニア（PSZ）は高い靱性値を示すので機械部品や構造材料として有望である。

第5章 ZnSタイプと関連の構造

表5.4a CaF_2構造をとる化合物

化合物	格子定数 a_0(Å)	文献
金属間化合物		
Al_2Au	6.01	1
Al_2Pt	5.922	2
As_3GeLi_5	6.09	3
As_3Li_5Si	6.055	3
As_3Li_5Ti	6.14	3
AsLiZn	5.924	4
$AuGa_2$	6.075	2
$AuIn_2$	6.515	2
$CoSi_2$	5.376	5
Ga_2Pt	5.923	2
$GeLi_5P_3$	5.89	3
$GeMg_2$	6.390	6
In_2Pt	6.366	2
Ir_2P	5.546	7
$IrSn_2$	6.338	8
LiMgP	6.02	4
Li_5P_3Si	5.854	3
Li_5P_3Ti	5.96	3
Mg_2Pb	6.81–6.86	6, 9, 10
$MgPu_2$	7.34	11
Mg_2Si	6.351	12
Mg_2Sn	6.7630	13
$NiSi_2$	5.406	14
PRh_2	5.516	15
$PtSn_2$	6.425	16
ホウ化物		
Be_2B	4.661	17
炭化物		
Be_2C	4.3420	18
ハロゲン化物，オキシハロゲン化物		
AcOF	5.943	19
BaF_2	6.2001	20
CaF_2	5.46295	21
CdF_2	5.3880	22
CeOF	5.66–5.73	23
EuF_2	5.796	24
HgF_2	5.54	25
HoOF	5.523	26
LaOF	5.756	18, 27
NdOF	5.595	27
$\beta\text{-}PbF_2$	5.92732	28
PrOF	5.644	27
PuOF	5.71	18
RaF_2	6.368	29
SmOF	5.519	27
$SrCl_2$	6.9767	30
SrF_2	5.7996	31
β-YOF	5.363	18

表5.4a （続き）

化合物	格子定数 a_0(Å)	文献
水素化物		
CeH_2	5.590	32
DyH_2	5.201	33
ErH_2	5.123	33
GdH_2	5.297	34
HoH_2	5.165	33
LuH_2	5.033	33
NbH_2	4.563	35
NdH_2	5.470	33
PrH_2	5.517	33
ScH_2	4.78315	36
SmH_2	5.376	33
TbH_2	5.246	33
TmH_2	5.090	33
YH_2	5.199	33
窒化物		
$GeLi_5N_3$	4.75	37
Li_5SiN_3	4.68	37
Li_5TiN_3	4.76	37
UN_2	5.32	38
酸化物		
AmO_2	5.376	39
CeO_2	5.409	40
CmO_2	5.372	39
K_2O	6.449	41
Li_2O	4.628	41
Na_2O	5.56	41
NpO_2	5.4341	39
PaO_2	5.505	42
PoO_2	5.59, 5.637	43, 44
PuO_2	5.3960	39
Rb_2O	6.742	45
TbO_2	5.220	46
ThO_2	5.586, 5.597	47, 48
UO_2	5.469	49
ZrO_2（高温型）		
硫化物，セレン化物，テルル化物		
K_2S	7.391	41, 50
K_2Se	7.676	41
K_2Te	8.152	41
Li_2S	5.708	41
Li_2Se	6.017	41
Li_2Te	6.517	41
Na_2S	6.526	41
Na_2Se	6.809	41
Na_2Te	7.314	41
Rb_2S	7.65	51

近年，ホタル石構造をもつ光学材料をレーザーへ応用することに大きな関心が寄せられているが，これはこの構造が立方対称と対称心をもっているからで，このような結晶は置換イオンのエネルギー準位に及ぼす影響が非常に小さい。BaF_2, SrF_2 そして CaF_2 は多くの希土類イオンのホストに用いられて，その多くはレーザー作用をおこす（表5.4c）。通常これらのレーザーは単結晶であるが，S. F. Hatch らの研究 *Appl. Phys. Letters* 5, 153 (1964) によると Dy^{3+} をドープしてホットプレスした透明な多結晶の CaF_2 でもレーザーをつくることができる。

表5.4b CaF_2 構造をとる化合物の性質

化合物	融点 (°C)	比抵抗 (ohm-cm)	硬度 (kg/mm²)	ヤング率 (10⁶ psi)	熱伝導率 (cal/cm-sec-°C)	熱膨張係数 (10⁻⁶/°C)
$NiSi_2$	1280[1]	0.02[7]	1019[9]		0.02	
Be_2B	1520[2]	0.02[7]				
CeO_2	2600[3]					8.9
HfO_2	2780[4]				0.002	5.9[14]
ThO_2	3205[5]		945[10]	35[11]	0.024[5]	9.4[14]
UO_2	2870[6]	10^{-4}[8]	600[10]	25[12]	0.018[13]	11.2[14]
ZrO_2	2677[6]		1200[10]	36[12]	0.004[12]	7.6[14]

表5.4c CaF_2 構造のレーザー材料

ホスト	融点(°C)	ドーパント	温度 (°K)	波長 (μ)	文献
BaF_2	1320	U^{3+}	20	2.556	1
CaF_2	1418	Dy^{2+}	77	2.3–2.6	2, 3
		Nd^{3+}	77	1.046	4
		Sm^{2+}	20	0.708	5
		Tm^{2+}	4	1.116	6
		U^{3+}	300	2.613	7
SrF_2	870	Sm^{2+}	77	0.71	8
		U^{3+}	77	2.407	9

5.5 MgAgAs 構造； C1b, $F\bar{4}3m$, 立方

MgAgAs タイプの構造は規則化した CaF_2 構造であると見做すことができる。すなわち，ZnS 構造の単位格子の Zn 原子の位置に As 原子を，S 原子の位置に Ag 原子を，Ag 原子によって占められていない残りの四面体サイトに Mg 原子を置いた構造である。Ag 原子が単位格子の隅と面心を占め，Ag 原子および Mg 原子が上下のオクタントのそれぞれ対角の位置を占めている（図 5.5）。

Mg 原子と As 原子の位置に同じ種類の元素を置くとホタル石構造になるので，MgAgAs 構造は Mg 原子と Ag 原子が規則的に並んだ CaF_2 構造であるということができる(訳注5.5)。

4 個の As 原子は $0,0,0; 0,\frac{1}{2},\frac{1}{2}; \frac{1}{2},0,\frac{1}{2}; \frac{1}{2},\frac{1}{2},0$ を，

4 個の Ag 原子は $\frac{1}{4},\frac{1}{4},\frac{1}{4}; \frac{1}{4},\frac{3}{4},\frac{3}{4}; \frac{3}{4},\frac{1}{4},\frac{3}{4}; \frac{3}{4},\frac{3}{4},\frac{1}{4}$ を，

4 個の Mg 原子は $\frac{3}{4},\frac{3}{4},\frac{3}{4}; \frac{3}{4},\frac{1}{4},\frac{1}{4}; \frac{1}{4},\frac{3}{4},\frac{1}{4}; \frac{1}{4},\frac{1}{4},\frac{3}{4}$ を占める。

この構造をとる物質を表 5.5 に挙げる。

訳注 5.5　MgAgAs 構造はまた，As 原子から成る面心立方格子と，これから $\frac{1}{4},\frac{1}{4},\frac{1}{4}$ だけ移動した Ag 原子から成る面心立方格子と，$\frac{3}{4},\frac{3}{4},\frac{1}{4}$ だけ移動した Mg 原子から成る面心立方格子とを重ね合わせた構造であると考えることもできる。

第5章　ZnSタイプと関連の構造　　　111

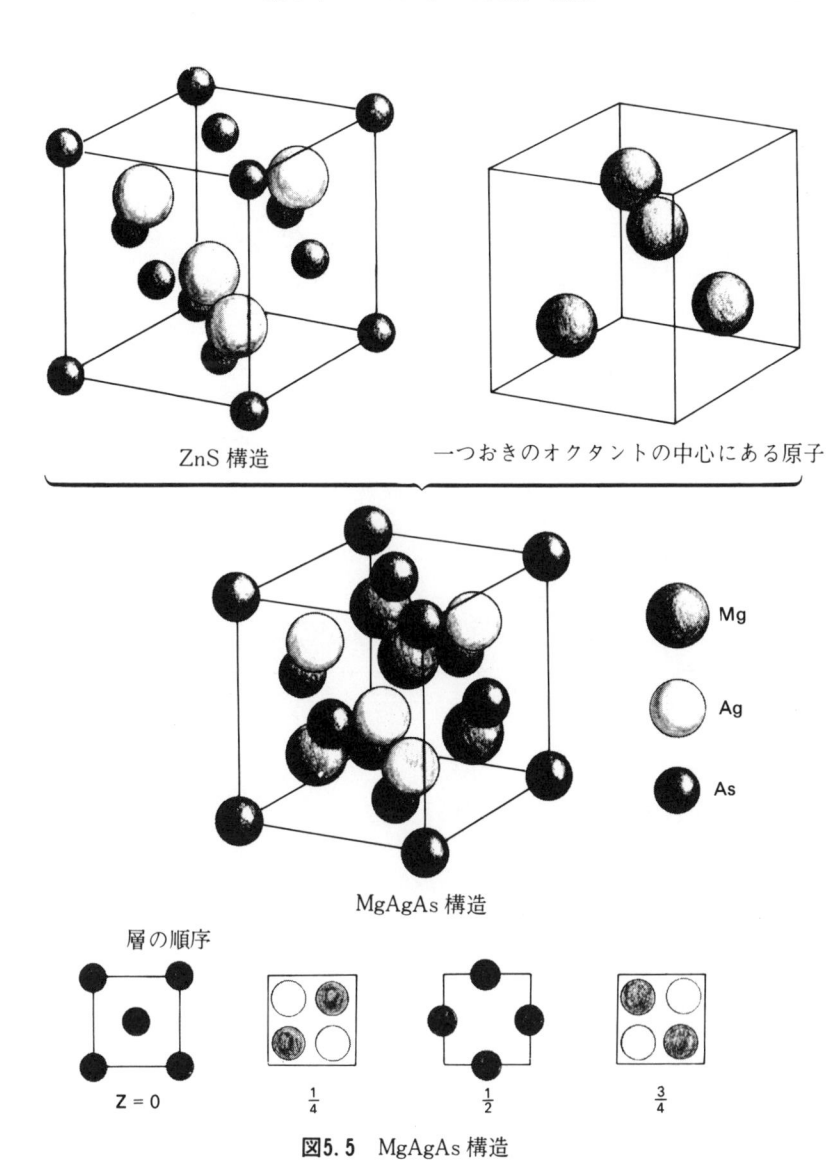

ZnS 構造　　　　　　　一つおきのオクタントの中心にある原子

MgAgAs 構造

Mg
Ag
As

層の順序

Z = 0　　　$\frac{1}{4}$　　　$\frac{1}{2}$　　　$\frac{3}{4}$

図5.5　MgAgAs 構造

表5.5 AgAsMg構造をとる化合物

化合物	格子定数 a_0 (Å)	原子位置 4a	4c	4d	文献
金属間化合物					
AgAsMg	6.240	As	Ag	Mg	1
AgAsZn	5.912	Ag	As, Zn	As, Zn	2
AsLiMg	6.22	As	Li	Mg	3
AsNaZn	5.912	As	Na, Zn	Na, Zn	2
BiCuMg	6.256	Cu	Bi	Mg	1
BiLiMg	6.76	Bi	Li	Mg	3
BiMgNi	6.162	Ni	Mg	Bi	4
CdCuSb	6.262	Cu	Cd	Sb	5
CoMnSb	5.900	Co	Mn, Sb	Mn, Sb	4
CuMgSb	6.152	Cu	Mg	Sb	1
CuMgSn	6.262	Cu	Mg	Sn	6
CuMnSb	6.066	Cu	Mn	Sb	4
LiMgSb	6.62	Sb	Li	Mg	3
LiPZn	5.780	P	Zn	Li	7
MgNiSb	6.048	Ni	Mg, Sb	Mg, Sb	4
MnNiSb	5.915				8
窒化物					
LiMgN	4.970	N	Li, Mg	Li, Mg	9
LiZnN	4.877	N	Li, Zn	Li, Zn	9

5.6 K_2PtCl_6構造; *Fm3m*, 立方

K_2PtCl_6構造は本質的にはCaF_2構造と同じで, CaF_2構造のFイオンの位置をKイオンが占め, Caイオンの位置を$PtCl_6$の八面体が占めている(図5.6 a)。したがって単位格子の面心に$PtCl_6$八面体が, 単位格子を構成する8個のオクタントの中心にKイオンが位置する。

各原子は $(0,0,0;\frac{1}{2},\frac{1}{2},0;\frac{1}{2},0,\frac{1}{2};0,\frac{1}{2},\frac{1}{2})+$

$(0,0,0)$ を4個のPtが,

$(\frac{1}{4},\frac{1}{4},\frac{1}{4};\frac{3}{4},\frac{3}{4},\frac{3}{4})$ を8個のKが, そして

$(x,0,0;0,x,0;0,0,x;\bar{x},0,0;0,\bar{x},0;0,0,\bar{x}); x=0.24$ の位置を24個のClが占める(図5.6 b)。

第5章 ZnSタイプと関連の構造

八面体の配列

オクタントの中心にあるK原子

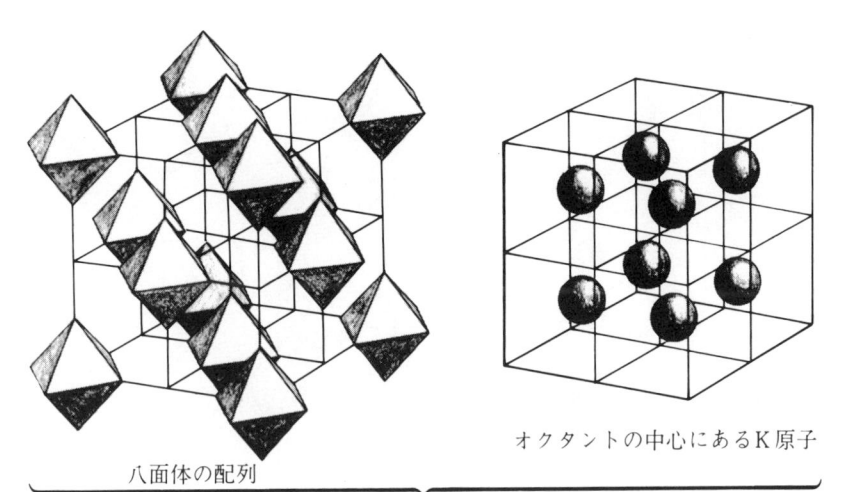

図5.6a　K_2PtCl_6 構造（八面体で示した）

114

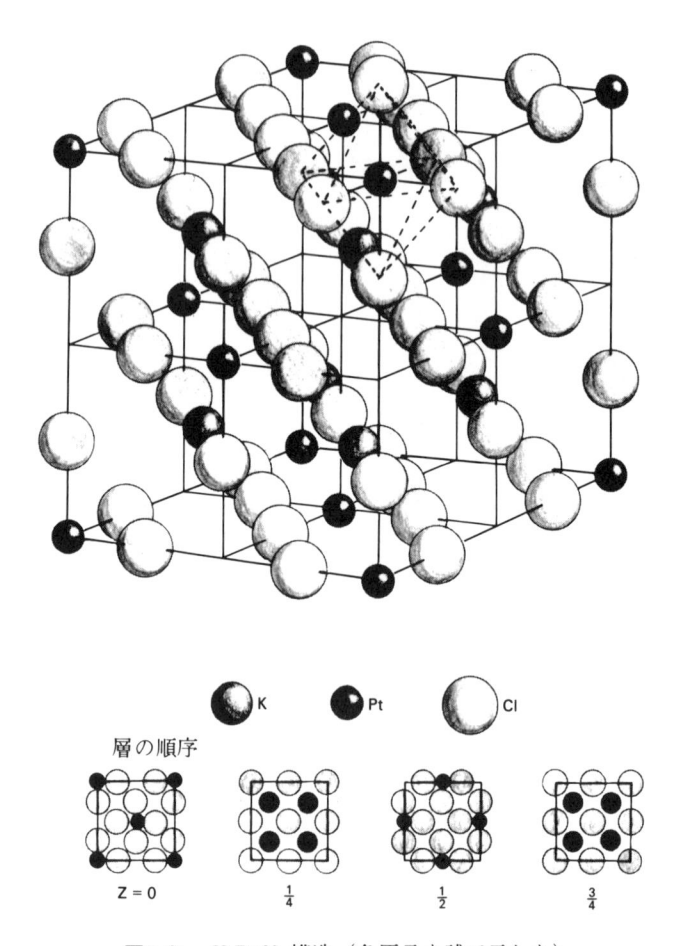

図5.6b K_2PtCl_6構造（各原子を球で示した）

　A_2BX_6の一般式をもつ非常に多くの化合物がこの構造をとる。ここで，A は NH_4^+, K^+, Rb^+, Tl^+ および Cs^+，B は Co^{4+}, Pt^{4+}, Pd^{4+} および Sn^{4+} である。これらの化合物のいくつかを表5.6に挙げる。

第5章　ZnSタイプと関連の構造

表5.6　K_2PtCl_6 構造をとる化合物

化合物	格子定数 a_0(Å)	原子パラメータ, x	文献
Cs_2CoF_6	8.91		1
Cs_2CrF_6	9.02	0.192	2
Cs_2GeCl_6	10.21	0.23	3
Cs_2MnCl_6	10.17		4
Cs_2PdBr_6	10.62		5
Cs_2SnCl_6	10.38	0.245	6
K_2MnCl_6	9.0445		4
K_2PtCl_6	9.76	0.25	6
K_2SnCl_6	10.002		6
$(NH_4)_2SbCl_6$†	10.66		7
$(NH_4)_2PtCl_6$	9.858	0.240	6
Rb_2MnCl_6	9.82		4

† 歪んだ構造

5.7　C-希土構造, Y_2O_3 構造; $D5_3$, $Ia3$, 立方

C-希土構造（C-rare earth structure）の単位格子は陰イオンが欠けた8個のホタル石構造の単位格子を組み合わせることによって得られる。この構造をとる A_2O_3 型酸化物では、これを構成するすべてのホタル石構造の単位格子から対角線上にある2個の酸素イオンが抜けている。C-希土構造を構成する8個のオクタントの単位格子はホタル石構造の単位格子の稜の中央を原点に選んでいる（図5.7a）。これらのオクタントではA原子がそれぞれの稜の中央と単位格子の中心にあり、6個の酸素原子と2個の酸素空孔とをもつ。オクタントには三つのタイプがあり、それらは対角線上に並んだ酸素空孔の位置が違っている。I型オクタントでは前右上およびその対角位置の酸素が欠けており、II型オクタントでは左下および右上の酸素原子が、III型オクタントでは右下および左上の酸素原子が抜けている。これら3種類のオクタントから成るC-希土構造の単位格子と、この構造における層の順序を図5.7bに示した。なお、それぞれのオクタントの中では、酸素空孔を埋めるように囲りの酸素原子が移動している。

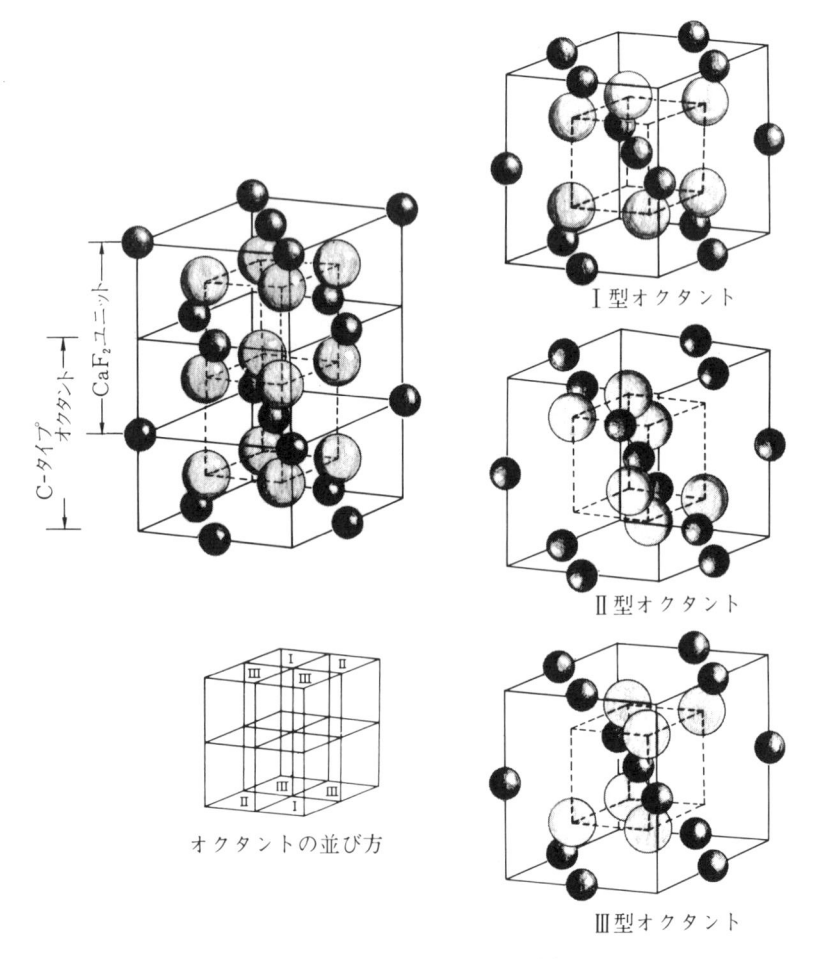

図5.7a C-希土構造におけるオクタントの配置。
各イオンの位置は CaF_2 構造の場合とほぼ対応している。

第5章　ZnSタイプと関連の構造　　117

表5.7　C-希土構造をとる化合物

化合物	格子定数 a_0(Å)	原子パラメータ	文献
金属間化合物			
As_2Mg_3	12.35	As: $x = 0.97$; Mg: $x = 0.385$, $y = 0.145, z = 0.380$	1
Be_3P_2	10.17	Be: $x = 0.385, y = 0.145$, $z = 0.380$; P: $x \cong 0$	1
Mg_3P_2	12.03	Mg: $x = 0.385, y = 0.145$, $z = 0.380$; P: $x = 0.875$	2
窒化物			
Be_3N_2	8.150		1
$\alpha\text{-}Ca_3N_2$	11.42		3
Cd_3N_2	10.79		4
Mg_3N_2	9.97		1
U_2N_3	10.670	U: $x = 0.982$; N: $x \cong 0.385$, $y \cong 0.145, z \cong -0.380$	5
Zn_3N_2	9.743		4
酸化物			
Dy_2O_3	10.665	Dy: $x \cong 0.97$; $x \cong 0.385$, $y \cong 0.145, z \cong 0.380$	6, 7
Er_2O_3	10.517	As in Dy_2O_3	6
Eu_2O_3	10.860	As in Dy_2O_3	6
Gd_2O_3†	10.812	As in Dy_2O_3	6
Ho_2O_3	10.606	As in Dy_2O_3	6
In_2O_3	10.117	As in Dy_2O_3	8
La_2O_3†	11.40	As in Dy_2O_3	9
Lu_2O_3	10.391	As in Dy_2O_3	6
$\beta\text{-}Mn_2O_3$	9.411	Mn: $x = 0.970$; O: $x = 0.385$, $y = 0.145, z = 0.380$	10
Nd_2O_3	11.076	As in Dy_2O_3	11
Pr_2O_3	11.04		12
Sc_2O_3	9.845	As in Dy_2O_3	13
Sm_2O_3	10.934	As in Dy_2O_3	6
Tb_2O_3	10.729		6
Tl_2O_3	10.543	As in Dy_2O_3	14
Tm_2O_3	10.487	As in Dy_2O_3	6, 7
Y_2O_3	10.602	As in Dy_2O_3	6
Yb_2O_3	10.433	As in Dy_2O_3	6
$Y_2O_3:Nd^{3+}$			15

† 安定型ではない

118

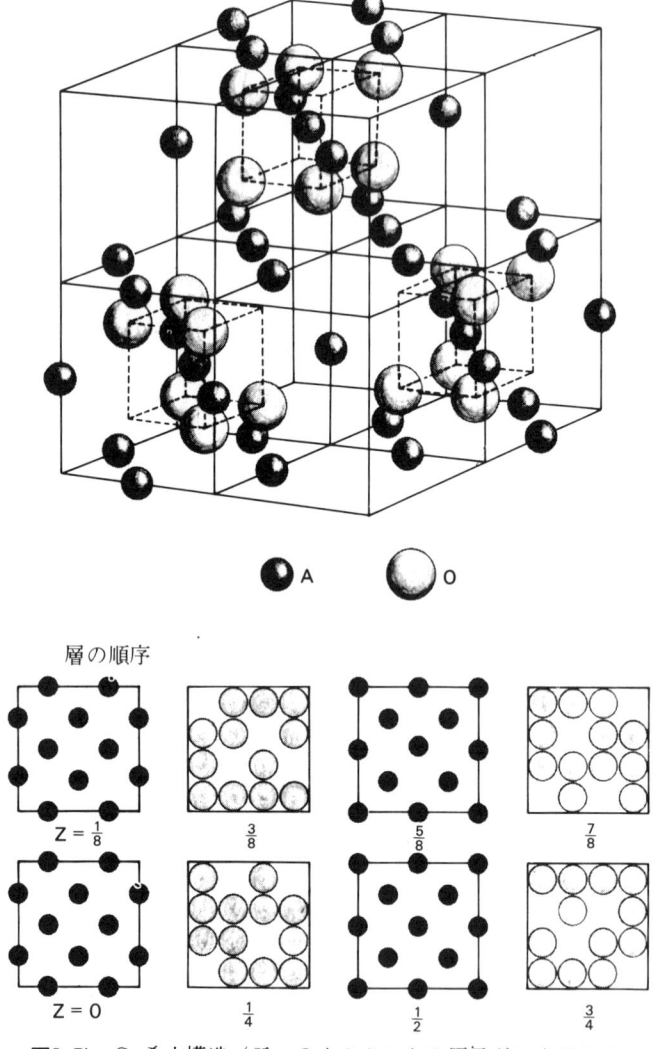

●A ○O

層の順序

Z = 1/8   3/8   5/8   7/8

Z = 0   1/4   1/2   3/4

図5.7b C-希土構造（三つのオクタントの原子だけを示した）

$(0, 0, 0 ; \frac{1}{2}, \frac{1}{2}, \frac{1}{2})$

$+ (\frac{1}{4}, \frac{1}{4}, \frac{1}{4} ; \frac{1}{4}, \frac{3}{4}, \frac{3}{4} ; \frac{3}{4}, \frac{1}{4}, \frac{3}{4} ; \frac{3}{4}, \frac{3}{4}, \frac{1}{4})$ を8個のA原子が,

$\pm (x, 0, \frac{1}{4} ; \frac{1}{4}, x, 0 ; 0, \frac{1}{4}, x ; \bar{x}, \frac{1}{2}, \frac{1}{4} ; \frac{1}{4}, \bar{x}, \frac{1}{2} ; \frac{1}{2}, \frac{1}{4}, \bar{x})$;

$x = -0.035$ を24個のAが,

$\pm (x, y, z ; x, \bar{y}, \frac{1}{2} - z ; \frac{1}{2} - x, y, \bar{z} ; \bar{x}, \frac{1}{2} - y, z ;$

$z, x, y ; z, \bar{x}, \frac{1}{2} - y ; \frac{1}{2} - z, x, \bar{y} ; \bar{z}, \frac{1}{2} - x, y ; y, z, x ;$

$\frac{1}{2} - y, z, \bar{x} ; \bar{y}, \frac{1}{2} - z, x) ; x \approx 0.38, y \approx 0.162, z \approx 0.40$

を48個の酸素原子が占める。

小さな希土類イオンが C-希土構造の酸化物をつくる(表5.7)。ランタンのように大きい希土類イオンは A-希土構造の酸化物をつくる(6.9参照)。鉄マンガン鉱 (bixbyite) $(Fe, Mn)_2O_3$ もこの構造をとる。

性質

Mg_3P_2, Be_3N_2 および Ca_3N_2 の融点はそれぞれ 1200°C, 2200°C および 1195°C である。希土類酸化物 Dy_2O_3, Pr_2O_3, Sm_2O_3, Tb_2O_3, Y_2O_3 および Yb_2O_3 の融点はそれぞれ 2340°C, 2200°C, 2350°C, 2390°C, 2410°C および 2350°C である。Y_2O_3, Gd_2O_3, Dy_2O_3, Ho_2O_3, Er_2O_3, Tm_2O_3, Yb_2O_3 および Lu_2O_3 の熱膨張係数は室温から 660°C までは約 8.1×10^{-6}/°C, 660°C から 1530°C までは 9.4×10^{-6}/°C 程度である。Eu_2O_3 および Sc_2O_3 ではその値は若干大きく,室温から 428°C までは 8.5×10^{-6}/°C, 428°C から 1200°C までは 9.7×10^{-6}/°C である。Sm_2O_3 と Y_2O_3 のヤング率は 1.9×10^5 および 1.2×10^5 kg/cm² である。

5.8 パイロクロア構造; $Fd3m$, 立方

$NaCa(Nb, Ta)_2O_6(OH, F)$ の一般式をもつ鉱物および $A_2B_2X_7$ の組成をもつ他の多くの化合物がパイロクロア(黄緑石)構造 (pyrochlore structure) をとる(表5.8)。この構造は陰イオンが不足している面心立方格子のホタル石構造であると見做すことができる。この構造では A イオンは 8 配位であるが,B イオンは 6 配位で,A イオンは B イオンよりも大きい。パイロクロア構造の単位格子は立方で単位格子の稜の長さはホタル石構造のそれの2倍である。この

構造は4個のⅠ型オクタントと4個のⅡ型オクタントとを組み合わせてあらわすことができ，それぞれのオクタントではAイオンおよびBイオンが隅および面心の位置を占め，酸素イオンが立方体内部の四面体に配位した位置に入る。Ⅰ型のオクタントでは，左下隅のAイオンを原点にとると，Aイオンが面の対角線上の位置に入り原点の反対側の酸素が抜けている。Ⅱ型のオクタントでは，右上隅のAイオンを原点にとると，Aイオンが面の対角線上の位置を占め原点の反対側の酸素が欠けている（図5.8aおよび図5.8b）。なお，それぞれのオクタントの中では，酸素空孔を埋めるように囲りの酸素原子が移動している。

これらのオクタントを同じ型のオクタントが対角的に互に反対になるように配置し，左下隅にあるAイオンを原点に選ぶと，大きい単位格子の面の対角線上の位置をAイオンが占める。層の順序を図5.8bに示す。

各イオンは次の位置を占める。

$(0,0,0\,;\,0,\frac{1}{2},\frac{1}{2}\,;\,\frac{1}{2},0,\frac{1}{2}\,;\,0,\frac{1}{2},\frac{1}{2})$

$+(\frac{1}{8},\frac{1}{8},\frac{1}{8}\,;\,\frac{1}{8},\frac{3}{8},\frac{3}{8}\,;\,\frac{3}{8},\frac{1}{8},\frac{3}{8}\,;\,\frac{3}{8},\frac{3}{8},\frac{1}{8})$ に16個のAイオンが，

$+(\frac{5}{8},\frac{5}{8},\frac{5}{8}\,;\,\frac{5}{8},\frac{7}{8},\frac{7}{8}\,;\,\frac{7}{8},\frac{5}{8},\frac{7}{8}\,;\,\frac{7}{8},\frac{7}{8},\frac{5}{8})$ に16個のBイオンが，

$+(\frac{1}{2},\frac{1}{2},\frac{1}{2}\,;\,\frac{3}{4},\frac{3}{4},\frac{3}{4})$ に8個のXイオンが，

$+(x,0,0\,;\,x+\frac{1}{4},\frac{1}{4},\frac{1}{4}\,;\,\bar{x},0,0\,;\,\frac{1}{4}-x,\frac{1}{4},\frac{1}{4}$ およびこれらx,y,z座標を順に入れ換えて得られる位置）；$x\approx 0.20$ に残りの48個のXイオンが入る。

$Cd_2Nb_2O_7$，$Cd_2Ta_2O_7$，$Ca_2Ta_2O_7$ など大きい2価の陽イオンと小さい5価の陽イオンとを含む多数の化合物および希土類元素のチタン酸塩の多くがパイロクロア構造をとる。このほか，$NbCa(Nb,Ta)_2O_6(OH,F)$ のNbおよびTaの一部を Nb^{4+}，Mo^{4+}，Ti^{4+}，Zr^{4+}，V^{4+}，Ir^{4+}，Pt^{4+}，Ru^{4+} などで置換するとパイロクロア構造をもつ多数の複雑な化合物が得られる。

1952年に $Cd_2Nb_2O_7$ の強誘電性が見出されて以来この構造をとる化合物に多くの関心が寄せられている。この構造とペロブスカイト構造（第7章）との間の主な違いは八面体の相対的な方位が異なる点である。$Cd_2Nb_2O_7$ では八面体はO-Nb-Oの結合が近似的に$\langle 110 \rangle$方向に沿うジグザグ線上にあるように並んでいる。

第5章　ZnSタイプと関連の構造　　　　　　　　　121

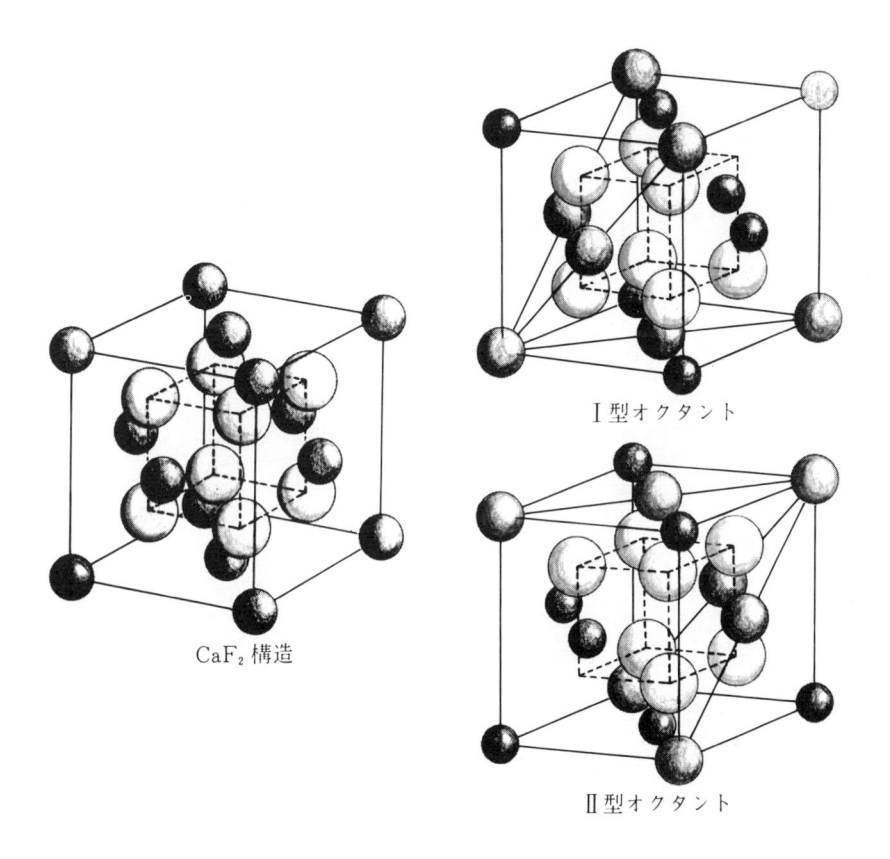

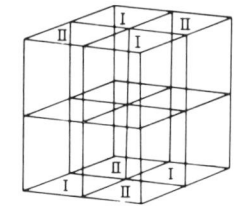

CaF₂ 構造

I型オクタント

II型オクタント

図5.8a パイロクロア構造におけるオクタント

122

○ A   ● B   ○ O

層の順序

$Z = \frac{1}{2}$ $\frac{5}{8}$ $\frac{3}{4}$ $\frac{7}{8}$

$Z = 0$ $\frac{1}{8}$ $\frac{1}{4}$ $\frac{3}{8}$

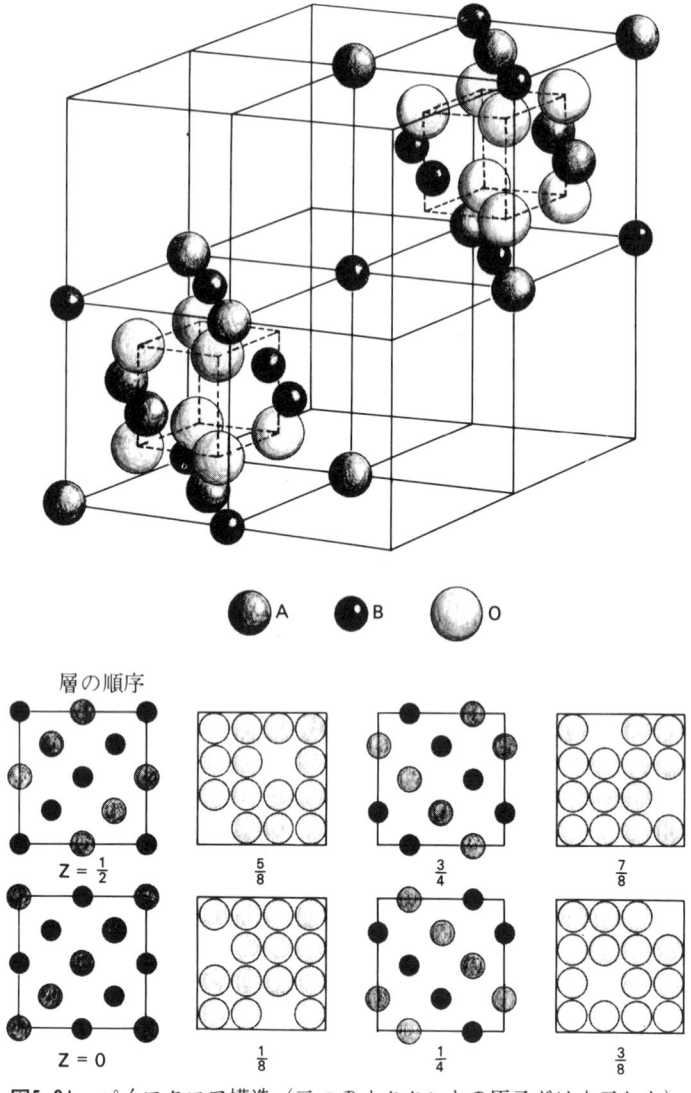

図5.8b パイロクロア構造（二つのオクタントの原子だけを示した）

第5章 ZnSタイプと関連の構造

表5.8 パイロクロア構造をとる化合物

化合物	格子定数 a_0(Å)	文献
オキシフッ化物		
$NaCaNb_2O_6F$	10.431	1
$NaLa_{0.67}Nb_2O_6F$	10.489	1
$BaSrNb_2O_6F$	10.525	1
$Ca_2Nb^{IV}Nb^VO_6F$	10.364	1
酸化物		
$Ca_2Sb_2O_7$	10.32	2
$Ca_2Ta_2O_7$	10.420	2
$Cd_2Nb_2O_7$	10.372	2
$Cd_2Sb_2O_7$	10.18	2
$Cd_2Ta_2O_7$	10.376	2
Dy_3NbO_7†	10.53	3
$Dy_2Ru_2O_7$	10.175	4
$Dy_2Sn_2O_7$	10.389	5
Dy_3TaO_7†	10.64	3
$Dy_2Tc_2O_7$	10.246	6
$Dy_2Ti_2O_7$	10.106	7
$Er_2Ru_2O_7$	10.120	4
$Er_2Sn_2O_7$	10.350	8
$Er_2Tc_2O_7$	10.194	6
$Er_2Ti_2O_7$	10.076	9
$Eu_2Ru_2O_7$	10.252	4
$Eu_2Sn_2O_7$	10.474	8
Gd_3NbO_7†	10.49	3
$Gd_2Ru_2O_7$	10.230	4
$Gd_2Sn_2O_7$	10.460	8
Gd_3TaO_7†	10.64	3
$Gd_2Ti_2O_7$	10.228	7
$Ho_2Ru_2O_7$	10.150	4
$Ho_2Sn_2O_7$	10.374	5
$La_2Hf_2O_7$	10.770	10
$La_2Sn_2O_7$	10.702	7
$La_2Zr_2O_7$	10.793	7
$Lu_2Ru_2O_7$	10.103	4
$Lu_2Sn_2O_7$	10.294	5
$Nd_2Hf_2O_7$	10.648	10
$Nd_2Ru_2O_7$	10.331	4
$Nd_2Sn_2O_7$	10.563	7
$Nd_2Zr_2O_7$	10.648	7
$Pr_2Ru_2O_7$	10.355	4
$Pr_2Sn_2O_7$	10.604	8
Sc_3NbO_7†	9.96	3
Sc_3TaO_7†	9.96	3
Sm_3NbO_7†	10.72	3
$Sm_2Ru_2O_7$	10.280	4
$Sm_2Sn_2O_7$	10.507	8
Sm_3TaO_7†	10.72	3
$Sm_2Tc_2O_7$	10.352	6
$Sn_2Ti_2O_7$	10.228	7
$Tb_2Ru_2O_7$	10.200	4

表5.8 （続き）

化合物	格子定数 $a_0(\text{Å})$	文献
$Tb_2Sn_2O_7$	10.428	5
$Tm_2Ru_2O_7$	10.096	4
$Tm_2Sn_2O_7$	10.330	5
Y_3NbO_7†	10.49	3
$Y_2Ru_2O_7$	10.144	4
$Y_2Sn_2O_7$	10.371	8
Y_3TaO_7†	10.49	3
$Y_2Ti_2O_7$	10.093	7
$Y_2Zr_2O_7$	10.402	7
$Yb_2Ru_2O_7$	10.087	4
$Yb_2Sn_2O_7$	10.304	8
$Yb_2Ti_2O_7$	10.030	7
$Zr_2Ce_2O_7$	10.699	11

† おそらく欠陥ホタル石構造

5.9 $CaWO_4$ 構造，シーライト構造； $I4_1/a$，正方

$CaWO_4$ は灰重石 (scheelite) として天然に産出する。

あまり明瞭なことではないがシーライト構造はホタル石構造と関連がある。その単位格子は，ホタル石構造の単位格子を2個積み重ねて，立方体の隅と面心にある Ca 原子の位置を Ca 原子と W 原子が鉛直方向に互い違いに占めている（図5.9a）。ホタル石構造の F 原子は O 原子で置換されており，それらは W 原子の方に移動している（図5.9b）。

Ca 原子は　$0,0,\frac{1}{2}; \frac{1}{2},0,\frac{1}{4}; \frac{1}{2},\frac{1}{2},0; 0,\frac{1}{2},\frac{3}{4}$　を，

W 原子は　$0,0,0; 0,\frac{1}{2},\frac{1}{4}; \frac{1}{2},\frac{1}{2},\frac{1}{2}; \frac{1}{2},0,\frac{3}{4}$　を，

O 原子は　$x,y,z; \bar{x},\bar{y},z; x,\frac{1}{2}+y,\frac{1}{4}-z; \bar{x},\frac{1}{2}-y,\frac{1}{4}-z;$
$\bar{y},x,\bar{z}; y,\bar{x},\bar{z}; \bar{y},\frac{1}{2}+x,\frac{1}{4}+z; y,\frac{1}{2}-x,\frac{1}{4}+z;$
$x=0.241, y=0.151, z=0.081$　を占める。

第5章　ZnSタイプと関連の構造　　125

シーライト構造をとる種々の化合物を表5.9に示す。

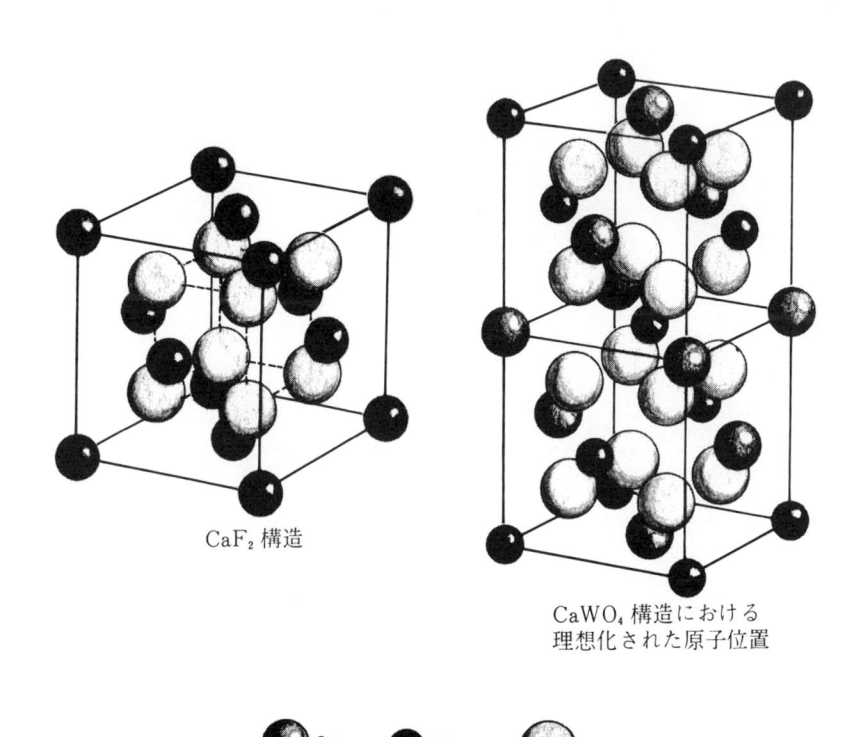

CaF₂ 構造

CaWO₄ 構造における
理想化された原子位置

● Ca　● W　○ O

図5.9a　CaWO₄ 構造（理想形）

性質

　シーライト構造はホタル石構造と似ているので，$CaWO_4$, $PbMoO_4$, $PbWO_4$, $CaMoO_4$ などの化合物が希土類イオンを入れるレーザー用ホスト材料として研究されている。これらのレーザー材料のうち最もよく研究されているのは Nd^{3+} をドープした $CaWO_4$ で，純粋もしくはドープした大きな単結晶が引上法でつくられている。この場合 Nd^{3+} と Ca^{2+} とは原子価が異なるので，Na^+ イオンなどの補償イオンを入れることが行われている。

表5.9a CaWO$_4$構造をとる化合物

化合物	格子定数 (Å)		x	y	z	文献
	a_0	c_0				
ハロゲン化物, オキシハロゲン化物						
LiDyF$_4$	5.188	10.83				1
LiErF$_4$	5.162	10.70				1
LiEuF$_4$	5.228	11.63				1
LiGdF$_4$	5.219	10.97				1
LiHoF$_4$	5.175	10.75				1
LiLuF$_4$	5.132	10.59				1
LiTbF$_4$	5.200	10.89				1
LiTmF$_4$	5.145	10.64				1
LiYF$_4$	5.175	10.74				1
LiYbF$_4$	5.132	10.59				1
CsCrO$_3$F	5.712	14.5				2
KCrO$_3$F	5.46	12.89				3
酸化物						
AgIO$_4$	5.37	12.10				4
AgReO$_4$	5.59	11.81				5
BaMoO$_4$	5.56	12.76	0.25	0.11	0.075	6
BaWO$_4$	5.64	12.70	0.25	0.11	0.075	6
BiAsO$_4$	5.08	11.70				7
CaMoO$_4$	5.226	11.430				1, 6, 8
CaWO$_4$	5.243	11.376	0.241	0.151	0.086	9
CdMoO$_4$	5.14	11.17				10
CeGeO$_4$	5.05	11.17				11
HfGeO$_4$	4.85	10.50				12
KReO$_4$	5.68	12.70				13
KRuO$_4$	5.61	12.99	0.244	0.117	0.073	10
NH$_4$IO$_4$	5.94	12.79				10
NH$_4$ReO$_4$	5.88	12.98				13
NaIO$_4$	5.32	11.93				14
NaReO$_4$	5.36	11.72	0.25	0.11	0.07	13
NaTcO$_4$	5.34	11.87				15
PbMoO$_4$	5.47	12.18	0.247	0.092	0.085	6
PbWO$_4$	5.44	12.01	0.25	0.13	0.075	6
RbIO$_4$	5.92	13.05				13
RbReO$_4$	5.805	13.17	0.25	0.11	0.07	13
SrMoO$_4$	5.36	11.94	0.25	0.14	0.075	6
SrWO$_4$	5.40	11.90	0.25	0.14	0.075	6
ThGeO$_4$	5.141	11.54				11
TlReO$_4$	5.761	13.33	0.25	0.11	0.07	13
UGeO$_4$	5.08	11.23	0.27	0.11	0.08	16
YNbO$_4$	5.16	10.91				17
ZrGeO$_4$	4.87	10.57				11
複酸化物						
A$'_{0.5}$A$''_{0.5}$BO$_4$						
K$_{0.5}$Bi$_{0.5}$MoO$_4$	5.380	11.92				18, 19, 20
K$_{0.5}$Ce$_{0.5}$WO$_4$	5.386	11.941				18, 19, 20
K$_{0.5}$La$_{0.5}$WO$_4$	5.443	12.03				18, 19, 20
Li$_{0.5}$Bi$_{0.5}$MoO$_4$	5.232	11.50				18, 19, 20
Li$_{0.5}$La$_{0.5}$MoO$_4$	5.307	11.67				18, 19, 20

第5章 ZnSタイプと関連の構造

表5.9a （続き）

化合物	格子定数 (Å)		x	y	z	文献
	a_0	c_0				
$Li_{0.5}La_{0.5}WO_4$	5.335	11.63				18, 19, 20
$Na_{0.5}Bi_{0.5}MoO_4$	5.267	11.55				18, 19, 20
$Na_{0.5}Ce_{0.5}WO_4$	5.319	11.59				18, 19, 20
$Na_{0.5}La_{0.5}MoO_4$	5.328	11.70				18, 19, 20
$Na_{0.5}La_{0.5}WO_4$	5.345	11.63				18, 19, 20
$A(B'_{0.5}B''_{0.5})O_4$						
$Ce(Ti_{0.5}Mo_{0.5})O_4$	5.238	11.585				21
$Dy(Ti_{0.5}Mo_{0.5})O_4$	5.108	11.169				21
$Dy(Ti_{0.5}W_{0.5})O_4$	5.142	11.077				21
$Er(Ti_{0.5}Mo_{0.5})O_4$	5.071	11.059				21
$Er(Ti_{0.5}W_{0.5})O_4$	5.106	10.959				21
$Eu(Ti_{0.5}Mo_{0.5})O_4$	5.145	11.288				21
$Eu(Ti_{0.5}W_{0.5})O_4$	5.178	11.199				21
$Gd(Ti_{0.5}Mo_{0.5})O_4$	5.123	11.236				21
$Gd(Ti_{0.5}W_{0.5})O_4$	5.163	11.124				21
$Ho(Ti_{0.5}Mo_{0.5})O_4$	5.085	11.094				21
$Ho(Ti_{0.5}W_{0.5})O_4$	5.121	11.001				21
$Lu(Ti_{0.5}Mo_{0.5})O_4$	5.039	10.955				21
$Nd(Ti_{0.5}Mo_{0.5})O_4$	5.201	11.457				21
$Nd(Ti_{0.5}W_{0.5})O_4$	5.235	11.375				21
$Sm(Ti_{0.5}Mo_{0.5})O_4$	5.160	11.349				21
$Sm(Ti_{0.5}W_{0.5})O_4$	5.199	11.256				21
$Pr(Ti_{0.5}Mo_{0.5})O_4$	5.220	11.513				21
$Tb(Ti_{0.5}Mo_{0.5})O_4$	5.114	11.170				21
$Tb(Ti_{0.5}W_{0.5})O_4$	5.149	11.090				21
$Tm(Ti_{0.5}Mo_{0.5})O_4$	5.060	11.011				21
$Y(Ti_{0.5}Mo_{0.5})O_4$	5.083	11.060				21
$Yb(Ti_{0.5}Mo_{0.5})O_4$	5.051	11.983				21

表5.9b $CaWO_4$ 構造のレーザー材料

ホスト	ドーパント	温度 (°K)	波長 (μ)	文献
$CaMoO_4$	Nd^{3+}	295	1.067	1
$CaWO_4$	Er^{3+}	77	1.612	2
	Ho^{3+}	77	2.046	3
	Nd^{3+}	77	1.065	4
	Pr^{3+}	77	1.047	5
	Tm^{3+}	77	1.911	6
$PbMoO_4$	Nd^{3+}	295	1.059	7
$SrMoO_4$	Nd^{3+}	295	1.064	8
	Pr^{3+}		1.04	7
$SrWO_4$	Nd^{3+}	77	1.064	7

図5.9b　CaWO₄構造

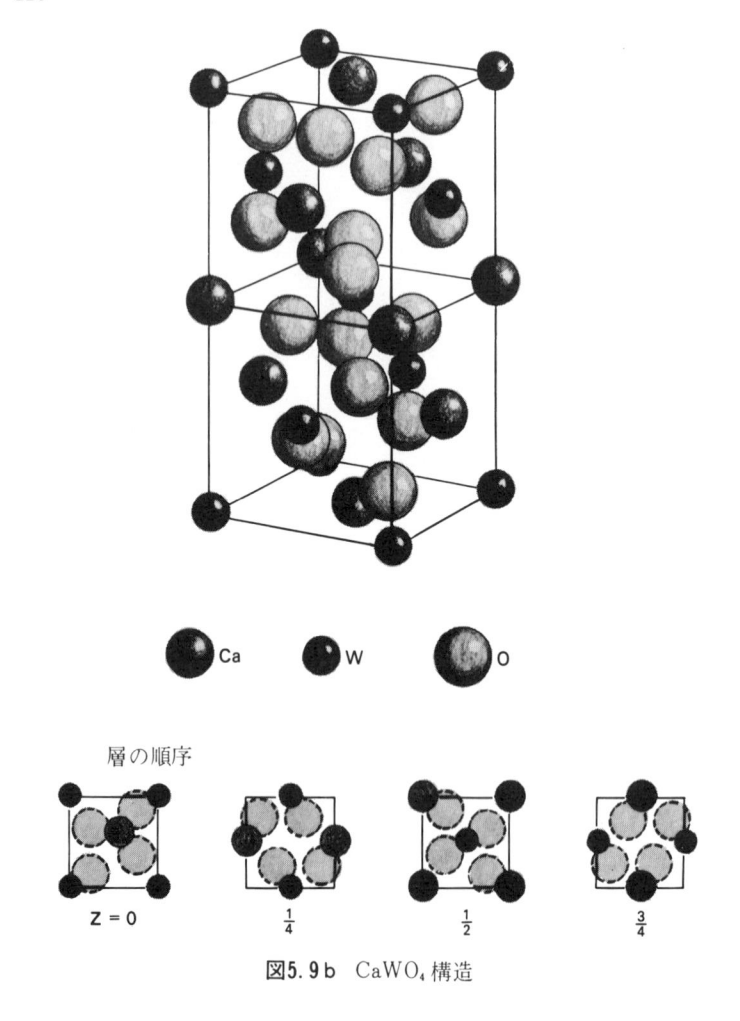

5.10　考察

構造相互の関連

　立方最密充填構造の四面体の穴が半分満されたものがダイヤモンド構造である。閃亜鉛鉱構造は規則化したダイヤモンド構造で，ある元素の原子が単位格

子の隅と面心を占め他の元素の原子が四面体の穴に位置している。高温型クリストバル石構造では SiO_4 の四面体がこれらの四面体の穴を満している。ホタル石構造では立方最密充塡構造における 8 個の四面体の穴のすべてを F イオンが占めている。これらの四面体配位の位置が規則的に並んだものが MgAgAs 構造である。

K_2PtCl_6 は逆ホタル石構造の一種で，GaF_2 構造の Ca イオンの代りに $PtCl_6$ の八面体が，F イオンの位置に K イオンが入っている。C- 希土構造の単位格子は陰イオンの欠けた 8 個のホタル石構造の単位格子を組み合わせてできる。パイロクロア構造では，互いに積み重なった 8 個のホタル石構造の単位格子のそれぞれから陰イオンが 1 個抜けており，陽イオンは規則的に並び陰イオンは理想的な位置からずれている。シーライト構造の単位格子はホタル石構造の単位格子を 2 個積み重ねて 2 種類の陽イオンを規則的に配列させたもので，陰イオンは理想的な位置からずれている。

金属間化合物

この章で説明した元素および金属間化合物は材料として非常に重要である。ゲルマニウムと珪素は半導体工業における基本的な材料である。周期律表のIII族とV族の元素が結合すると閃亜鉛鉱構造の化合物ができるが，これら材料のエネルギーギャップはIV族元素のそれが灰色錫からダイヤモンドへ向って増加するのと同様に族内の上位の元素の場合程大きくなる。光伝導素子などへの応用にはエネルギーギャップの小さい材料が用いられる。トランジスター用にはエネルギーギャップの大きい材料が適しているが，これは高温で多数の正孔電子対が生成しないためである。これらの材料では，電子の移動度に大きな差があり，InSb や InAs では非常に大きい。これ以外にも II 族とVI族の元素を結合させて閃亜鉛鉱構造の半導体をつくることができる。種々の性質をもつこれらの多くの材料についてさまざまな半導体の応用が研究されている。

AB_2 型化合物のうち R_A/R_B の比が 0.73 より大きいものは CaF_2 構造をつくる傾向を示し，Li_2S, Li_2Se, Li_2Te などの硫化物，セレン化物およびテルル化物もこの範疇に入る。

ハロゲン化物

AF 型および AF_2 型のフッ化物についての次の関係図で，実線で囲んだ化合物は NaCl 構造を，点線で囲んだ化合物はルチル構造を，その他の化合物は CaF_2 構造の結晶をつくる。

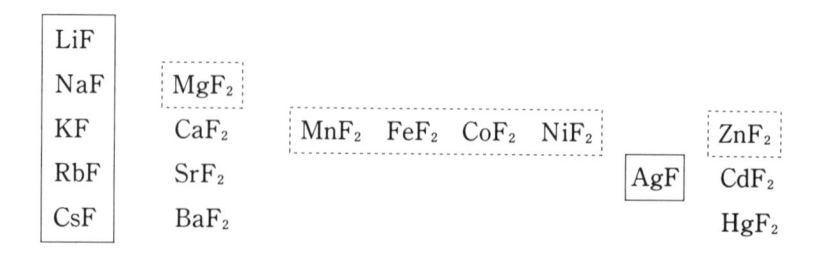

```
┌─────┐
│ LiF │
│ NaF │   ┌─────┐
│ KF  │   │ MgF₂│   ┌─────────────────────────────┐        ┌─────┐
│ RbF │   │ CaF₂│   │ MnF₂  FeF₂  CoF₂  NiF₂      │        │ ZnF₂│
│ CsF │   │ SrF₂│   └─────────────────────────────┘ ┌───┐  │ CdF₂│
└─────┘   │ BaF₂│                                   │AgF│  │ HgF₂│
```

AF_2 型のフッ化物のうち R_A/R_X の比が 0.41 と 0.73 との間にある化合物はルチル構造をとり，Ca^{2+}, Sr^{2+}, Ba^{2+}, Cd^{2+}, Hg^{2+} などの大きなイオンはホタル石構造の化合物をつくる。小さなベリリウムイオンは β-クリストバル石構造の BeF_2 をつくる。

多くのハロゲン化物が興味ある光学的性質を示す。CsCl 構造，NaCl 構造，ルチル構造およびホタル石構造をとるいくつかのハロゲン化物についての光の透過範囲を図 5.10 a に示す。図 5.10 b は CsCl 構造および NaCl 構造をもつハロゲン化物の屈折率を波長の関数としてプロットしたものである。

水素化合物

多くの AH_2 型化合物，希土類元素の水素化物，YH_2, NbH_2 および ScH_2 がホタル石構造をとる。

酸化物

AO_2 型酸化物の多くは陽イオンの配位数が 6 のルチル構造をとるが，大きい陽イオンではホタル石構造の化合物をつくる。アルカリ金属の酸化物 Li_2O, Na_2O, K_2O および Rb_2O は，Rb_2Se と Rb_2Te を除く硫化物，セレン化物およびテルル化物と同様に逆ホタル石構造をとる。ThO_2, HfO_2, 多くの希土類およびアクチノイド元素の酸化物もホタル石構造をとる。純粋な ZrO_2 は，室温では

第5章 ZnSタイプと関連の構造

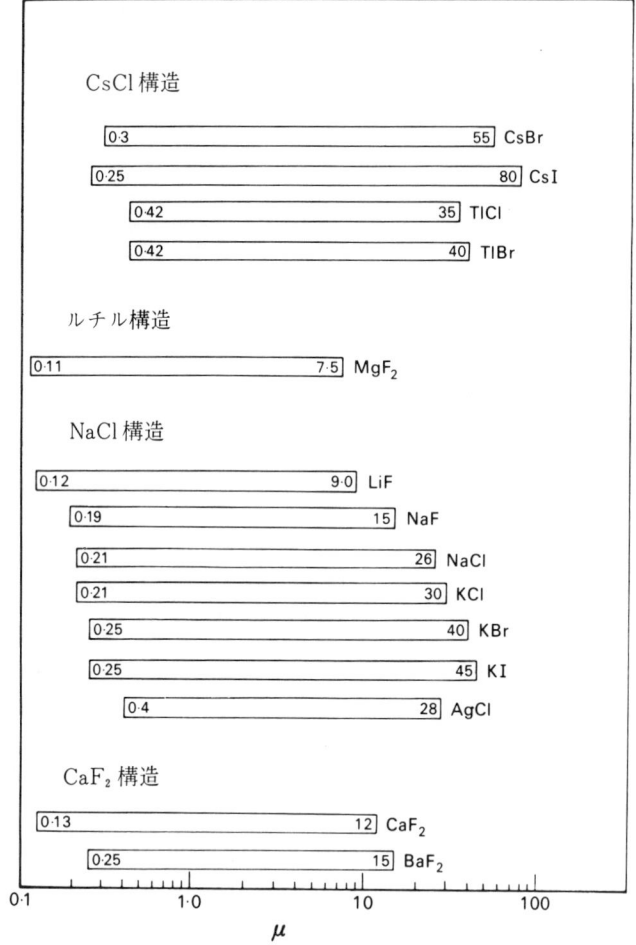

図5.10a ハロゲン化物の光透過能（2mm厚，10%カットオフ）

単斜晶系に属する歪んだホタル石構造であるが，CaOやY_2O_3を固溶した安定化ジルコニアは室温で立方晶系である。

SiO_2 は石英，トリジマイト，クリストバル石など多くの変態をもつ。β-クリストバル石は CaF_2 構造と関連があり，SiO_4 の四面体をユニットとして取扱うのが便利である。各種の珪酸塩では，SiO_4^{4-} の四面体が大きい陰イオンの役割

図5.10b ハロゲン化物の屈折率

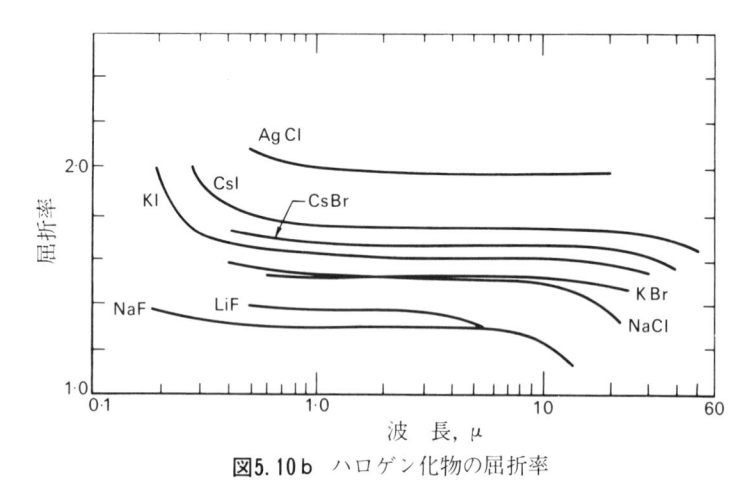

をはたしており，鎖状，環状，面状および三次元の構造を形成している。

A_2O_3 型の酸化物の多くがC-希土構造をとる。C-希土構造では，それを構成する8個の CaF_2 単位格子の各々から2個の酸素原子が取り除かれており，陽イオンの配位数は6である。Mn_2O_3, Sc_2O_3, Y_2O_3, Tl_2O_3 および小さな希土類元素の酸化物がこの構造をとるが，さらに小さなイオンの場合にはコランダム構造(9.1参照)の酸化物を，大きなイオンではA-希土構造(6.9参照)の A_2O_3 型酸化物をつくる。

2種類の陽イオンから成る複酸化物の構造として可能性のある一つに $A_2B_2O_7$ の化学式をもつパイロクロア構造がある。この構造では，これを構成している8個の CaF_2 構造の単位格子のCaイオンの位置をAイオンとBイオンが規則的に占め，それぞれから酸素が1個抜けている。AイオンとBイオンの大きさと電荷の違いによって規則化すると推定されるが，その違いはペロブスカイトなどの構造で通常認められているほどには大きくはない。

CaF_2 構造と $CaWO_4$ 構造との関係は，後者の化学式を $(Ca, W)O_4$ と書くとより明確になる。AイオンとBイオンの電荷が大きく異なることがイオンの規則化を生じる原因であり，予想されるように酸素イオンが小さいタングステン原子の方向へ変位している。この構造は CaF_2 構造の単位格子を2個積み重ね

第5章 ZnSタイプと関連の構造　　　　133

てあらわすことができる。CaF_2 構造および $CaWO_4$ 構造をもつ化合物は希土類イオンのレーザーホスト材料として広く研究されている。

表5.1 文献
1. Y. BASKIN and L. MEYER, *Phys. Rev.* **100**, 544 (1955).
2. S. GOTTLICHER and E. WOLFEL, *Z. Elektrochem.* **63**, 891 (1959).
3. R. DALVEN, *Infrared Phys.* **6**, 129 (1966).
4. P. BLUM and A. DURIF, *Acta Cryst.* **9**, 829 (1956).
5. M. E. STRAUMANIS, P. BORGEAUD and W. J. JAMES, *J. Appl. Phys.* **32**, 1382 (1961).
6. R. E. VOGEL and C. P. KEMPTER, U.S. At. Energy Comm. LA-2317 (1959).

表5.2a 文献
1. M. HOCH, *Quarterly Progress Report,* AF Contract AF 33(616)-6299 (June 15, 1960).
2. A. ADDAMIANO, *Acta Cryst.* **13**, 505 (1960).
3. A. ADDAMIANO, *J. Am. Chem. Soc.* **82**, 1537 (1960).
4. G. GIESECKE and H. PFISTER, *Acta Cryst.* **11**, 369 (1958).
5. E. D. PIERRON, D. L. PARKER and J. B. MCNEELY, *Acta Cryst.* **21**, 290 (1966).
6. G. OZOLINS, G. K. AVERKIEVA, N. A. GORYUNOVA and A. JEVINS, *Kristallografiya* **8**, 272 (1963).
7. J. A. PERRI, S. LAPLACA and B. POST, *Acta Cryst.* **11**, 310 (1958).
8. S. RUNDQVIST, *Cong. Intern. Chim. Pure Appl.* 16, Paris (1957), Mem. Sect. Chim. Minerale, 539 (1958).
9. A. TAYLOR and R. M. JONES in J. R. O'CONNOR and J. SMITTENS (Eds.) *Silicon Carbide*, p. 147, Pergamon Press, New York (1960).
10. S. HOSHINO, *J. Phys. Soc. Japan* **12**, 315 (1957).
11. S. HOSHINO, *J. Phys. Soc. Japan* **7**, 560 (1952).
12. J. KRUG and L. SIEG, *Z. Naturforsch.* **7A**, 369 (1952).
13. M. R. LORENZ and J. S. PRENER, *Acta Cryst.* **9**, 538 (1956).
14. F. EBERT and H. WOITINEK, *Z. Anorg. Chem.* **210**, 269 (1933).
15. R. H. WENTORF, JR., *J. Chem. Phys.* **26**, 956 (1957).
16. W. H. BRAGG and J. A. DARBYSHIRE, *J. Metals* **6**, 238 (1954).
17. E. STARITZKY, *Anal. Chem.* **28**, 915 (1956).
18. W. H. ZACHARIASEN, *Z. Phys. Chem.* **119**, 201 (1926).
19. W. J. MÜLLER and G. LÖFFLER, *Z. Angew. Chem.* **46**, 538 (1933).
20. W. P. LAWSON, S. NIELSEN, E. H. PUTLEY and A. S. YOUNG, *Phys. Chem. Solids* **9**, 325 (1959).
21. J. GOODYEAR, W. F. DUFFIN and G. A. STEIGMANN, *Acta Cryst.* **14**, 1168 (1961).
22. H. HAHN and G. FRANK, *Z. Anorg. Allgem. Chem.* **278**, 340 (1955).
23. H. HAHN and W. KLINGLER, *Z. Anorg. Chem.* **259**, 135 (1949).
24. J. C. WOOLLEY and B. R. PAMPLIN, *J. Electrochem. Soc.* **108**, 874 (1961).
25. W. HARTWIG, *Sitzgsber. Preuss. Akad. Wiss.* **10**, 79 (1926).
26. U. ZORLL, *Z. Physik.* **138**, 167 (1954).
27. H. SCHNAASE, *Z. Phys. Chem.* **B20**, 89 (1933).
28. A. BARONI, *Z. Krist.* **99**, 336 (1938).
29. J. T. S. VAN ASWEGEN and H. VERLEGER, *Naturwiss.* **47**, 131 (1960).
30. H. E. SWANSON, R. K. FUYAT and G. M. UGRINIC, NBS Circular 539, **111**, 23 (1954).

表5.2b 文献

1. W. Paul, *J. Appl. Phys.* **32**, 2082 (1961).
2. S. D. Gromokov, Z. M. Latypov and P. S. Kirilyuk, *Zh. Fiz. Khim.* **40**, 1262 (1966).
3. H. L. Armstrong, *Electronics Industries* **18**, 90 (1959).
4. T. F. Kharakhornin, M. R. Poluboyarinova and U. G. Vinogradova, *Inorg. Materials* **2**, 25 (1966).
5. A. J. Cornish, *J. Electrochem. Soc.* **106**, 685 (1959).
6. G. Popovich, *Rev. Phys., Acad. Rep. Populaire Romaine* **8**, 269 (1963).
7. V. P. Schastlivyi and A. V. Vanyukov, *Izv. Akad. Nauk SSSR, Neorg. Materialy* **2**, 1378 (1966).
8. S. M. Sze, *Physics of Semiconductor Devices 2nd Ed.* John Wiley & Sons (1981).

表5.3 文献

1. V. A. Frank-Kamenetskii and I. E. Kamentsev, *Rost. Kristallow, Akad. Nauk SSSR, Inst. Krist.* **3**, 468 (1961).
2. R. E. Gibbs, *Proc. Roy. Soc. (London)* A **113**, 351 (1926).
3. T. Tokuda, *Nippon Kagaku Zasshi* **79**, 1063 (1958).
4. J. Shropshire, P. P. Keat and P. A. Vaughan, *Z. Krist.* **112**, 409 (1959).
5. N. A. Bendeliani and L. F. Vershchagin, *Dokl. Akad. Nauk SSSR* **158**, 819 (1964).

表5.4a 文献

1. D. C. Hamilton, C. J. Raub, B. T. Matthias, E. Corenzwit and G. W. Hull, Jr., *J. Phys. Chem. Solids* **26**, 665 (1965).
2. E. Zintl, A. Harder and W. Haucke, *Z. Phys. Chem.* **35B**, 354 (1937).
3. R. Juza and W. Schulz, *Z. Anorg. Chem.* **275**, 65 (1954).
4. H. Nowotny and K. Bachmayer, *Monatsh. Chem.* **80**, 734 (1949).
5. F. Bertraut and P. Blum, *Compt. Rend.* **231**, 626 (1950).
6. G. Brauer and J. Tiesler, *Z. Anorg. Chem.* **262**, 319 (1950).

表5.4b 文献

1. G. V. Samsonov, *Silicides and Their Application in Technology*, AN Ukr. SSR, Kiev (1959).
2. G. S. Markevich, Dissertation Abstract, Leningrad State Univ. (1961).
3. O. Kubaschewski and E. L. Evans, *Metallurgical Thermochemistry*, Pergamon, London (1958).
4. N. K. Hister, F. A. Ferguson and N. Fishman, *Chem. Eng.* 237 (March 1957).
5. W. G. Bradshaw and C. O. Mathews, *Properties of Refractory Materials*, LMSD-2466 (June 1958).
6. I. E. Campbell, *High Temperature Technology*, Wiley, New York (1956).
7. O. Honigschmid, *Monatsh.* **28**, 1017 (1907).
8. F. A. Roigh and R. F. Dickerson, *Nucleonics* **18**, 74 (1960).
9. E. M. Savitsku, *Mechanical Properties of Intermetallic Compounds*, Ed. J. H. Westbrook, Wiley, New York (1960).
10. G. R. Finlay, *Chem. in Canada* **4**, 41 (1952).
11. S. M. Lang, *Properties of High Temperature Ceramics and Cermets*, N.B.S. Monograph No. 6 (March 1960).
12. J. M. Warde, *Refractories for Nuclear Energy*, Techn. Bull. No. 94, Refractories Institute, Pittsburgh.
13. J. R. Johnson, *J. Metals*, **85**, 662 (1956).
14. O. H. Krikorian, *Thermal Expansion of High Temperature Materials*, UCRL-6132 (September 1960).

第5章 ZnSタイプと関連の構造　　　135

表5.4c　文献

1. S. P. S. PORTO and A. YARIV, *Proc. IRE* **50**, 1542 (1962).
2. Z. J. KISS and R. C. DUNCAN, JR., *Proc. IRE* **50**, 1531 (1962).
3. E. CARNALL, JR., S. E. HATCH and W. F. PARSONS, *Mater. Sci. Res.* **3**, 165 (1966).
4. L. F. JOHNSON, *J. Appl. Phys.* **33**, 756, (1962).
5. W. KAISER, C. G. B. GARRETT and D. L. WOOD, *Phys. Rev.* **123**, 766 (1961).
6. Z. J. KISS and R. C. DUNCAN, JR., *Proc. IRE* **50**, 1532 (1962).
7. G. D. BOYD, R. J. COLLINS, S. P. S. PORTO, A. YARIV and W. A. HARGREVES, *Phys. Rev. Letters* **8**, 269 (1962).
8. D. L. WOOD and W. KAISER, *Phys. Rev.* **126**, 2079 (1962).
9. S. P. S. PORTO and A. YARIV, *Proc. IRE* **50**, 1543 (1962).

表5.5　文献

1. H. NOWOTNY and W. SIBERT, *Z. Metallk.* **33**, 391 (1941).
2. H. NOWOTNY and B. GLATZL, *Monatsh. Chem.* **82**, 720 (1951).
3. G. LAVES, J. D'ANS and E. LAX, *FIAT Rev. Ger. Sci.* (1948).
4. H. NOWOTNY and B. GLATZ *Monatsh. Chem.* **83**, 237 (1952).
5. H. NOWOTNY, *Z. Metallk.* **34**, 237 (1942).
6. P. I. KRIPIAKEVICH, E. I. GLADYSHEVSKII and E. E. CHERKASHIN, *Dokl. Akad. Nauk SSSR* **75**, 205 (1950).
7. H. NOWOTNY and K. BACHMAYER, *Monatsh. Chem.* **81**, 488 (1950).
8. L. CASTELLIZ, *Monatsh. Chem.* **82**, 1059 (1951).
9. R. JUZA and F. HUND, *Naturwiss.* **33**, 121 (1946).

表5.6　文献

1. W. KLEMM, W. BRANDT and R. HOPPE, *Z. Anorg. Allgem. Chem.* **308**, 179 (1961).
2. H. BODE and E. VOSS, *Z. Anorg. Allgem. Chem.* **286**, 136 (1956).
3. A. LAUBENGAYER, O. B. BILLINGS and A. E. NEWKIRK, *J. Am. Chem. Soc.* **62**, 546 (1940).
4. P. C. MOEWS, JR., *Inorg. Chem.* **5**, 5 (1966).
5. A. G. SHARPE, *J. Chem. Soc.* **1953**, 4177 (1953).
6. G. ENGEL, *Z. Krist.* **90A**, 341 (1935).
7. S. L. LAWTON and R. A. JACOBSON, *J. Am. Chem. Soc.* **88**, 616 (1966).

表5.7　文献

1. M. V. STACKELBERG and R. PAULUS, *Z. Phys. Chem.* **22**, 305 (1933).
2. E. ZINTL and E. HUSEMANN, *Z. Phys. Chem.* **21**, 138 (1933).
3. H. HARTMANN and H. J. FRÖHLICH, *Z. Anorg. Allgem. Chem.* **218**, 190 (1934).
4. R. JUZA and H. HAHN, *Z. Anorg. Allgem. Chem.* **244**, 111 (1940).
5. R. E. RUNDLE, N. C. BAENZINGER, A. S. WILSON and R. A. MCDONALD, *J. Am. Chem. Soc.* **70**, 99 (1948).
6. R. S. ROTH and S. J. SCHNEIDER, *J. Res. NBS* **64A**, 309 (1960).
7. W. HASE, *Phys. Status Solids* **3**, K446 (1963).
8. M. MAREZIO, *Acta Cryst.* **20**, 723 (1966).
9. K. LÖHBERG, *Z. Phys. Chem.* **B28**, 402 (1935).
10. NBS Circular 539, **9** (1959).
11. L. WOLF, H. SCHWAB and S. SIELER, *J. Prakt. Chem.* **32**, 113 (1966).
12. I. G. BRAUER and H. GRADINGER, *Z. Anorg. Allgem. Chem.* **276**, 209 (1954).
13. H. E. SWANSON, R. K. FUYAT and G. M. UGRINIC, NBS Circular 539, **3** (1953).
14. H. E. SWANSON and R. K. FUYAT, NBS Circular 539, **2** (1953).

15. R. H. HOSKINS and B. H. SOFFER, *Appl. Phys. Letters* **4**, 22 (1964).

表5.8 文献

1. R. MAZELSKY and R. WARD, *J. Inorg. Nucl. Chem.* **20**, 39 (1961).
2. A. BYSTROM, *Arkiv. Kemi, Mineral. Geol.* **18A**, 21 (1945).
3. H. P. ROOKSBY and E. A. WHITE, *J. Am. Ceram. Soc.* **47**, 94 (1964).
4. F. BERTAUT, F. FORRAT and M. C. MONTMORY, *Compt. Rend.* **249**, 829 (1959).
5. C. G. WHINFREY and A. TAUBER, *J. Am. Chem. Soc.* **83**, 755 (1961).
6. O. MÜLLER, W. B. WHITE and R. ROY, *J. Inorg. Nucl. Chem.* **26**, 2075 (1964).
7. R. S. ROTH, *J. Res. Natl. Bur. Std.* **56**, 17 (1956).
8. C. G. WHINREY, D. W. ECKART and A. TAUBER, *J. Am. Chem. Soc.* **82**, 2695 (1960).
9. O. KNOP and F. BRISSE, *Can. J. Chem.* **43**, 2812 (1965).
10. L. N. KOMISSAROVA, V. I. SPITSYN and K. S. WANG, *Dokl. Akad. Nauk SSSR* **150**, 816 (1963).
11. J. J. CASEY, L. KATZ and W. C. ORR, *J. Am. Chem. Soc.* **77**, 2187 (1955).

表5.9a 文献

1. C. KELLER and H. SCHUMTZ, *J. Inorg. Nucl. Chem.* **27**, 900 (1965).
2. A. KETELAAR and E. WEGERIF, *Rec. Trav. Chim.* **58**, 948 (1939).
3. J. A. A. KETELAAR and E. WEGERIF, *Rec. Trav. Chim.* **57**, 1269 (1938).
4. L. BIRKENBACK and F. BUSCHENDORF, *Z. Phys. Chem.* **16B**, 102 (1932).
5. F. BUSCHENDORF, *Z. Phys. Chem.* **20B**, 237 (1933).
6. L. SILLEN and A. NYLANDER, *Arkiv. Kemi. Min. Geoll.* **17A**, No. 4 (1943).
7. R. C. L. MOONEY, *Acta Cryst.* **1**, 163 (1948).
8. L. H. BRIXNER, *J. Electrochem. Soc.* **114**, 108 (1967).
9. M. I. KAY, B. C. FRAZER and I. ALMODOVAR, *J. Chem. Phys.* **40**, 504 (1964).
10. E. K. BROCK, *Skrifter Oslo I Videnkaps-- Akad. Mat.-- Naturv. Kl.* **8**, 61 (1929).Ni
11. F. BERTAUT and A. DURIF, *Compt. Rend.* **238**, 2173 (1954).
12. A. DURIF, *Acta Cryst.* **14**, 312 (1961).
13. J. BEINTEMA, *Z. Krist.* **97A**, 300 (1937).
14. E. A. HAZLEWOOD, *Z. Krist.* **98A**, 439 (1938).
15. K. SCHWOCHAN, *Z. Naturforsch.* **17a**, 630 (1962).
16. A. DURIF, *Acta Cryst.* **9**, 533 (1956).
17. A. I. KOMKOV, *Zap. Vses. Mineral Obshch.* **86**, 432 (1957).
18. L. G. VAN UITERT, *J. Chem. Phys.* **37**, 98 (1962).
19. L. G. VAN UITERT, *J. Electrochem. Soc.* **107**, 803 (1960).
20. L. G. VAN UITERT, *J. Electrochem. Soc.* **110**, 46 (1963).
21. E. H. BRIXNER, *Inorg. Chem.* **3**, 600 (1964).

表5.9b 文献

1. R. C. DUNCAN, JR., *J. Appl. Phys.* **36**, 874 (1965).
2. Z. J. KISS and R. C. DUNCAN, JR., *Proc. IRE* **50**, 1531 (1962).
3. L. F. JOHNSON and K. NASSAU, *Proc. IRE* **49**, 1704 (1961).
5. A. YARIV, S. P. S. PORTO and K. NASSAU, *J. Appl. Phys.* **33**, 2519 (1962).
6. L. F. JOHNSON, G. D. BOYD and K. NASSAU, *Proc. IRE* **50**, 86 (1962).
7. A. YARIV and J. P. GORDON, *Proc. IEEE* **51**, 4 (1963).
8. L. F. JOHNSON, G. D. BOYD, K. NASSAU and R. R. SODEN, *Phys. Rev.* **126**, 1406 (1962).

第6章　NiAs タイプと関連の構造

ニッケル砒素タイプの各構造は x, y 座標が $0, 0 ; \frac{1}{3}, \frac{2}{3}$ および $\frac{2}{3}, \frac{1}{3}$ の垂線上にすべての原子がのっている六方単位格子であらわすことができる（図6.0）。このタイプの最も簡単な構造である六方最密充塡構造の単位格子では、1個の原子が $\frac{1}{3}, \frac{2}{3}, z ; z=\frac{1}{4}$ を、他の原子が $\frac{2}{3}, \frac{1}{3}, z ; z=\frac{3}{4}$ を占める（図2.3a 参照）[訳注6.0]。

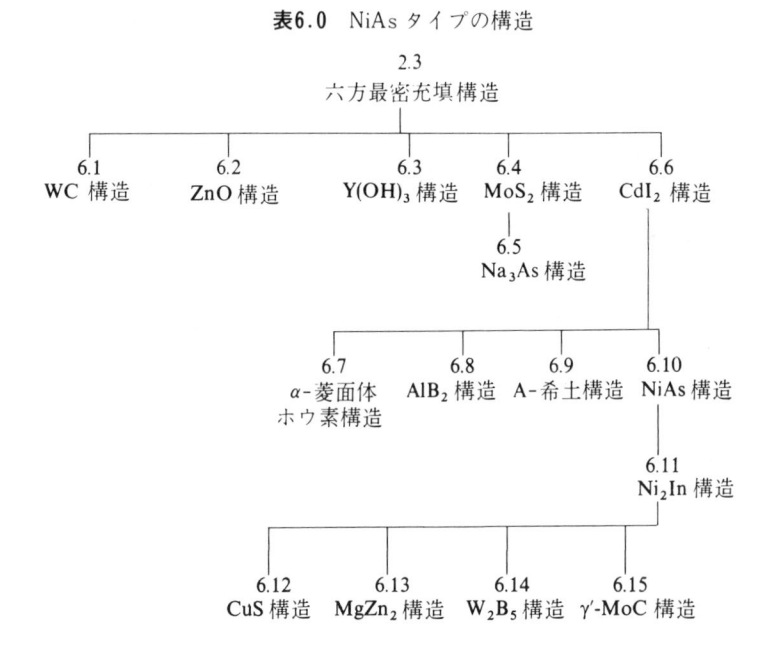

表6.0　NiAs タイプの構造

```
                2.3
           六方最密充塡構造
    ┌───────┬───────┬───────┬───────┬───────┐
   6.1     6.2     6.3     6.4             6.6
  WC 構造  ZnO 構造  Y(OH)₃ 構造  MoS₂ 構造      CdI₂ 構造
                           6.5
                        Na₃As 構造
                    ┌───────┬───────┬───────┐
                   6.7     6.8     6.9     6.10
                 α-菱面体  AlB₂ 構造  A-希土構造  NiAs 構造
                 ホウ素構造
                                           6.11
                                         Ni₂In 構造
                            ┌───────┬───────┬───────┐
                           6.12    6.13    6.14    6.15
                          CuS 構造  MgZn₂ 構造  W₂B₅ 構造  γ'-MoC 構造
```

訳注 **6.0**　この構造は、単位格子の原点の位置をかえて原子の座標を $0, 0, 0$ および $\frac{1}{3}, \frac{2}{3}, \frac{1}{2}$ とあらわすこともできる（図2.3b 参照）。

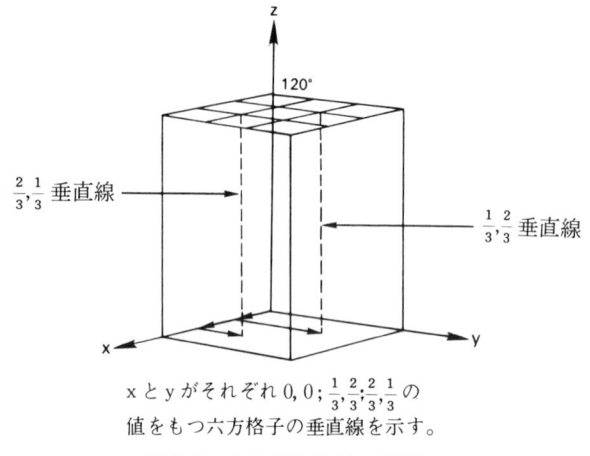

x と y がそれぞれ $0,0 ; \frac{1}{3}, \frac{2}{3} ; \frac{2}{3}, \frac{1}{3}$ の値をもつ六方格子の垂直線を示す。

図6.0 六方単位格子の配置

6.1 WC構造; Bh, $P\bar{6}m2$, 六方

六方最密充填構造の単位格子の原点にある原子をタングステン原子で，もう一つの原子を炭素原子で置き換えるとWC構造の単位格子が得られ，タングステン原子が $0, 0, 0$ を，炭素原子が $\frac{1}{3}, \frac{2}{3}, \frac{1}{2}$ を占める（図6.1）[訳注6.1]。

この構造をとる炭化物および窒化物を表6.1に挙げる。

性質

炭化タングステンは非常に硬く（硬度：1780 kg/mm²），ヤング率は 7.0×10^4 kg/mm² で，融点は 2720°C，熱伝導率は 0.47 cal/cm-sec-°C，比抵抗は 19.2×10^{-6} ohm-cm，熱膨張係数は 3.84×10^{-6}/°C である。

MoP の融点（>1700°C）は WC よりも低く，比抵抗は高い（1400×10^{-6} ohm-cm）。WC は融体を非常に速く冷却すると立方晶系のものが生成する。この材料の超伝導臨界温度は 10°K である。

訳注 6.1 すなわち，WC構造は六方最密構造の規則格子である。

第6章 NiAsタイプと関連の構造

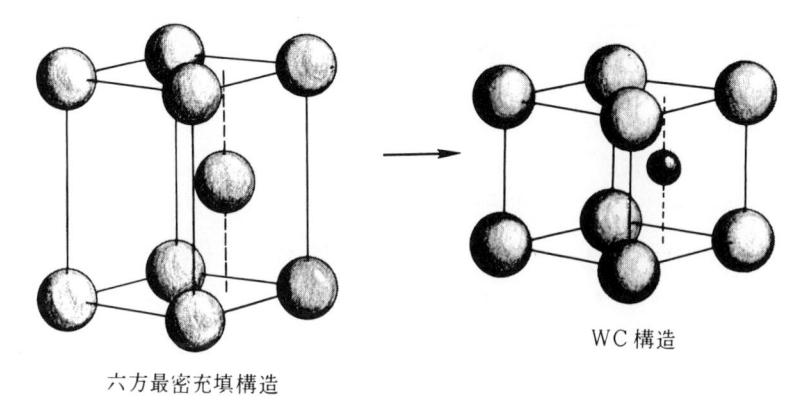

六方最密充填構造 → WC構造

W C

図6.1 WC構造

表6.1 WC構造をとる化合物

化合物	格子定数 (Å)		文献
	a_0	c_0	
金属間化合物			
MoP	3.23	3.207	1, 2
NbS$_{<1}$	3.32	3.23	3
炭化物			
RuC			4
WC	2.9065	2.8366	5, 6†
窒化物			
γ-NbN$_{(0.8-0.9)}$ (非通常型)	2.950–2.958	2.772–2.779	7
(Ni$_{0.3}$Ti$_{0.7}$) N	2.94	2.89	8
δ-TaN$_{0.9}$ (非通常型)	2.938	2.883	9

† 融体の急冷で立方型が得られる。

6.2 ウルツ鉱構造，ZnO 構造； B4, $C6mc$, 六方

ZnS は閃亜鉛鉱（5.2 参照）の他，ウルツ鉱（wurtzite）として天然に産出する。ZnO も紅亜鉛鉱（zincite）として天然に産出する。

ZnO 構造は，六方最密充填構造における単位格子の原子の位置に Zn 原子と O 原子とを重ねて置き，ついでそれらの酸素原子を垂直方向に単位格子の稜の $\frac{3}{8}$ だけ動かした構造としてあらわすことができる（図6.2）[訳注6.2a]。

この構造では Zn 原子が $0, 0, 0$ と $\frac{1}{3}, \frac{2}{3}, \frac{1}{2}$ を，O 原子が $0, 0, z$ と $\frac{1}{3}, \frac{2}{3}, z+\frac{1}{2}$；$z=0.375$ を占め，閃亜鉛鉱の場合と同様にそれぞれの原子のまわりを他の元素による四面体が囲んでいる[訳注6.2b, 6.2c]。

ZnO 構造をとる化合物の共有性は NaCl 構造をとる化合物と閃亜鉛鉱構造をとる化合物との中間である。したがって，通常は半径比が小さい（$R_A/R_B<0.41$）材料がこの構造をとる傾向を示すが，共有性が大きい化合物では半径比が同じでも閃亜鉛鉱構造をつくる。

この構造をとる化合物を表6.2a に示す。

訳注 6.2a　ZnO 構造はまた，Zn 原子の六方最密充填格子と，これから $0, 0, \frac{3}{8}$ だけ移動した O 原子の六方最密充填格子とを重ね合わせた構造であるとも考えることができる。

訳注 6.2b　閃亜鉛鉱構造の〈111〉方向とウルツ鉱構造の c 軸とを対応させてみると，層の積み重ねの順序が前者では…ABCABC…と立方型であるのに対して，後者では…ABAB…と六方型であるのが違うだけで，両者は極めて類似した構造であることがわかる。したがって，ZnS や SiC など多くの AB 型化合物では両方の構造が存在する。

訳注 6.2c　同じ化学組成でありながら結晶構造の異るものを多形という。多形のうち結晶構造の基本となる単位が同じで積み重ねの様式の異るものを多型(polytype)と呼ぶ。多型の変態相互間では物理化学的性質の差は僅かである。多型の著しい例が SiC にみられる。すなわち，…ABAB…と 2 層周期の 2H 構造（H は六方を意味する）の α 型と，…ABCABC…と 3 層周期の 3C 構造（C は立方を意味する）の β 型のほかに，4H 構造，6H 構造，…15 R 構造（R は菱面体を意味する）…75R 構造…など層の積み重ねの順序が異なる非常に多くの多型の存在することが知られている。

第6章 NiAsタイプと関連の構造

表6.2a ZnO構造をとる化合物

化合物	格子定数 (Å)		原子パラメータ, z	文献
	a_0	c_0		
炭化物				
α-SiC	3.076	5.048		1
ハロゲン化物				
AgI	4.592	7.51		2
CuBr	4.06	6.66		3
CuCl	3.91	6.42		4
CuI	4.31	7.09		3
NH_4F	4.39	7.02		5
水素化物				
CuH	2.893	4.614		6
窒化物				
AlN	3.08	4.93	0.385	7, 8
GaN	3.160	5.125	0.375	9
InN	3.537	5.70	0.375	10
NbN (非通常型)	3.017	5.580		11
TaN (非通常型)	3.05	4.94		12
酸化物				
BeO	2.698	4.379	0.375	13
ZnO	3.24961	5.20653	0.345	14
硫化物, セレン化物, テルル化物				
$AgInS_2$ (高温型)	4.129	6.687		15
Al_2Se_3	3.890	6.30	0.375	16
CdS	4.136	6.714	0.375	17
CdSe	4.309	7.021	0.39	18
β-Ga_2S_3 (高温型)	3.685	6.028	0.375	19
MgTe	4.54	7.39		20
MnS (モモ色)	3.986	6.44	0.375	21
γ-MnSe	4.13	6.73		22
MnTe	4.087	6.701		23
ZnS	3.820	6.260	0.375	24
ZnSe	4.01	6.54		25
ZnTe	4.27	6.99		26

性質

BeOはウルツ鉱構造をとる化合物の中で最も重要な酸化物の一つで，非常に大きい熱伝導度をもち電気伝導度が非常に低い。この材料はルツボ，高温用の電気絶縁体，宇宙船のノーズキャップなどに使われているが，毒性があるので使用範囲が制限されている。

酸化亜鉛は Cu_2O と同様に半導体であるが，Cu_2O の伝導が過剰酸素によっているのに対し，ZnO の伝導は過剰な亜鉛原子に依存している。

ZnO 構造をもつ材料のいくつかの性質を表 6.2 b にまとめる。

表6.2b　ZnO 構造をとる化合物の性質

化合物	融点 (°C)	比抵抗 (ohm-cm)	熱伝導率 (cal/cm-sec-°C)	熱膨張係数 (10^{-6}/°C)
AlN	>2400 [1]	10^{10} [4]	0.072 [6]	4.0 [6]
BeO	2530 [2]	18 (1000°) [5]	0.52 [7]	9.03 [8]
ZnO	1975 [3]			6.77 [8,9]

六方最密充填構造　　→　　ZnO 構造

● Zn　　〇 O

層の順序

Z = 0　　　$\frac{3}{8}$　　　$\frac{1}{2}$　　　$\frac{7}{8}$

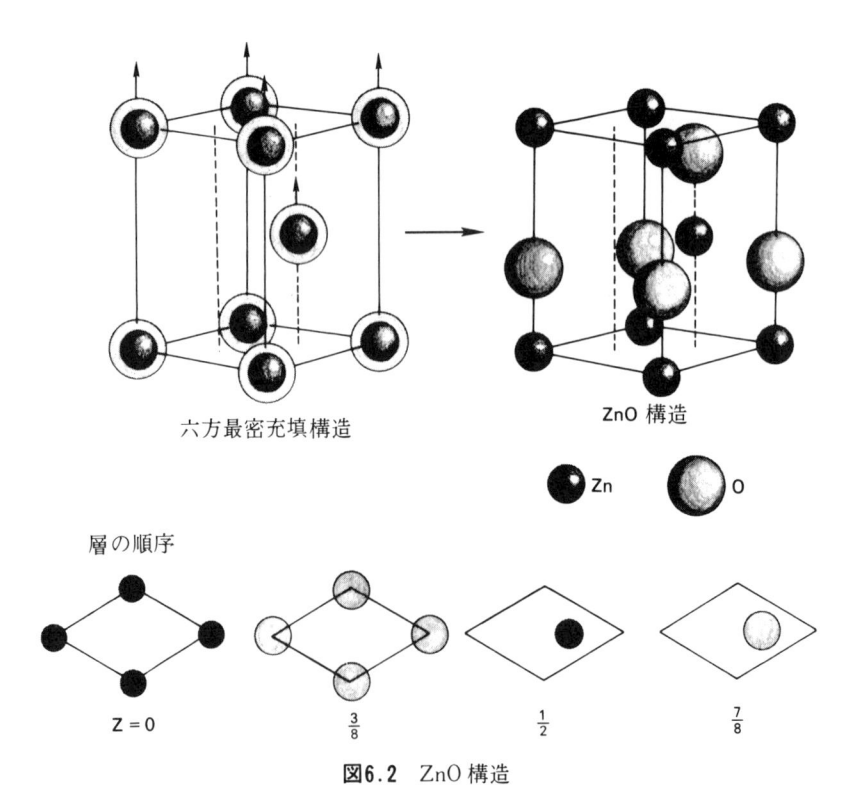

図6.2　ZnO 構造

第 6 章　NiAs タイプと関連の構造

6.3 Y(OH)$_3$ 構造； $P6_3/m$, 六方

多くのハロゲン化物および水酸化物が Y(OH)$_3$ 構造をとる。(OH)$_3$ の三角形は六方単位格子の底面に平行で，その中心が六方最密充填構造の原子と同じ位置を占めている（図 6.3）。Y 原子はこれらの三角形と向い合う位置，$\frac{2}{3}, \frac{1}{3}, \frac{1}{4}$ と $\frac{1}{3}, \frac{2}{3}, \frac{3}{4}$ を占め，OH が $\pm(x, y, \frac{1}{4}; \bar{y}, x-y, \frac{1}{4}; y-x, \bar{x}, \frac{1}{4})$；$x = 0.287$ および $y = 0.382$ の位置を占める(訳注 6.3)。

この構造をとる化合物を表 6.3 に挙げる。

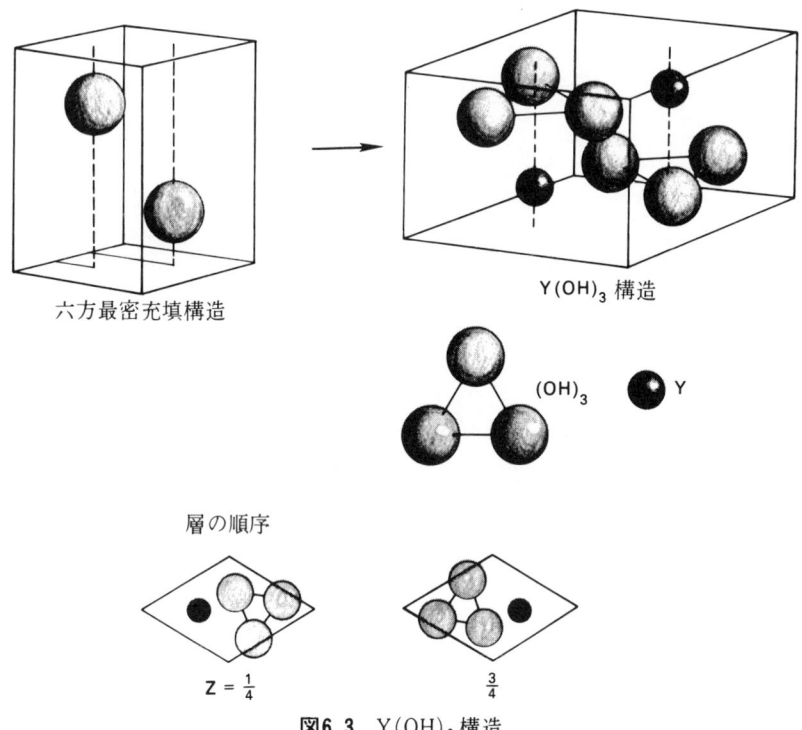

図6.3 Y(OH)$_3$ 構造

訳注 6.3 Y(OH)$_3$ 構造はまた，Y 原子の六方最密格子と，これから $\frac{\bar{1}}{3}, \frac{1}{3}, 0$ だけ移動した (OH)$_3$ の六方最密充填格子とを重ね合わせた構造であると考えることもできる。

表6.3 Y(OH)$_3$ 構造をとる化合物

化合物	格子定数 (Å)		文献
	a_0	c_0	
ハロゲン化物			
CfCl$_3$	7.393	4.090	1
CeBr$_3$	7.95	4.44	2
CeCl$_3$	7.45	4.31	3
EuCl$_3$	7.37	4.13	3
GdCl$_3$	7.36	4.11	3
LaBr$_3$	7.97	4.51	2
LaCl$_3$	7.48	4.38	2
NdCl$_3$	7.40	4.23	2
PrBr$_3$	7.93	4.39	2
PrCl$_3$	7.42	4.28	3
SmCl$_3$	7.38	4.17	3
UBr$_3$	7.94	4.44	2
UCl$_3$	7.44	4.32	2
その他			
Gd(OH)$_3$	6.27	3.54	4
La(OH)$_3$	6.52	3.86	5
Nd(OH)$_3$	6.42	3.74	5
Pr(OH)$_3$	6.48	3.77	2
Sm(OH)$_3$	6.31	3.59	5
Y(OH)$_3$	6.24	3.53	6
Yb(OH)$_3$	6.22	3.50	6

6.4 MoS$_2$ 構造; C7, $P6_3/mmc$, 六方

MoS$_2$ は輝水鉛鉱 (molybdenite) として天然に産出する。

MoS$_2$ 構造は，六方最密充填構造の単位格子の原子の位置を Mo 原子が占め，S-S ユニットの中心がこれと対応する位置を占めている。2個の Mo 原子は $\frac{1}{3}$, $\frac{2}{3}$, $\frac{1}{4}$; $\frac{2}{3}$, $\frac{1}{3}$, $\frac{3}{4}$ に，4個のS原子は $\frac{1}{3}$, $\frac{2}{3}$, z; $\frac{2}{3}$, $\frac{1}{3}$, $\bar{z}$; $\frac{2}{3}$, $\frac{1}{3}$, $\frac{1}{2}+z$; $\frac{1}{3}$, $\frac{2}{3}$, $\frac{1}{2}-z$; $z=0.629$ に位置している (図6.4)[訳注6.4]。

MoS$_2$ 構造における金属イオンの配位数はルチル構造や CdI$_2$ 構造の場合と

訳注 6.4 この構造も Y(OH)$_3$ の場合と同様に，Mo 原子の六方最密充填格子と，これから $\frac{1}{3}$, $\frac{1}{3}$, 0 だけ移動した位置にある S$_2$ ダンベルから成る六方最密充填格子とを重ね合わせた構造であると考えることもできる。

第6章　NiAsタイプと関連の構造

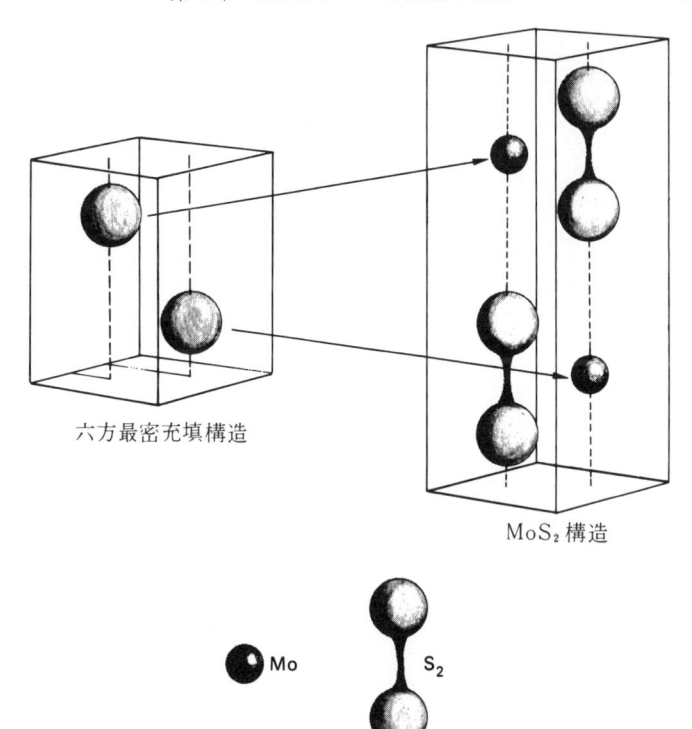

六方最密充填構造

MoS$_2$構造

Mo　S$_2$

図6.4　MoS$_2$構造

同様に6である。したがって半径比 (R_A/R_X) が0.41と0.73の間にある化合物はこれらの何れかの構造をとることが予想され，その場合イオン性が大きい化合物はルチル構造を，共有性の化合物はCdI$_2$構造を，中間的化合物はMoS$_2$構造をとる。

性質

表6.4でもっとも興味ある物質はMoS$_2$で，これは優秀な固体潤滑剤であり，融点は1820°C以上である。WSe$_2$は比抵抗が719×10^{-3} ohm-cm，ゼーベック係数が700 $\mu V/$°Cで，TaSe$_2$と組合わせて熱電材料として用いられる。

表6.4 MoS_2構造をとる化合物

化合物	格子定数 (Å)		文献
	a_0	c_0	
硫化物, セレン化物, テルル化物			
MoS_2	3.1604	12.295	1, 2
$MoSe_2$	3.288	12.931	3
$MoTe_2$	3.5182	13.974	4
WS_2	3.145	12.25	5
WSe_2	3.29	12.97	5

6.5 Na_3As構造; DO_{18}, $P6_3/mmc$, 六方

Na_3As構造は，MoS_2構造の単位格子のS-S分子をNa-Naユニットで置換し，Mo原子をAs原子で置き換え，さらに2個のNa原子をC軸上に加えた構造である（図6.5）。4個のNaイオンが$\frac{1}{3}, \frac{2}{3}, z$; $\frac{2}{3}, \frac{1}{3}, \bar{z}$; $\frac{2}{3}, \frac{1}{3}, \frac{1}{2}+z$; $\frac{1}{3}, \frac{2}{3}, \frac{1}{2}-z$; $z=0.6$を，2個のNa原子が$0, 0, \frac{1}{4}$; $0, 0, \frac{3}{4}$を，2個のAs原子が$\frac{1}{3}, \frac{2}{3}, \frac{1}{4}$と$\frac{2}{3}, \frac{1}{3}, \frac{3}{4}$を占める。

多数のリン化物および化合物がこの構造をとる。これらのリストを表6.5に示す。

これに加えて，LaF_3などの2成分系ハロゲン化物と他の希土類フッ化物，$BaUF_6$や$SrThF_6$などの複雑なフッ化物，Dy, Er, Gd, Ho, Lu, Sm, Tb, Tmなどの希土類元素の水素化物がこの構造の化合物をつくる。

チソン石（tysonite）$(Ce, La, Dy)F_3$もこの構造をとる。

性質

Na_3Sb, Na_3Bi, K_3Sb, K_3BiおよびRb_3Biの融点は856°，775°，812°，671°および640°Cである。Nd^{3+}をドープしたLaF_3は1.06μに蛍光を発し，レーザーのホスト材料として考慮されている。

第6章　NiAsタイプと関連の構造　　147

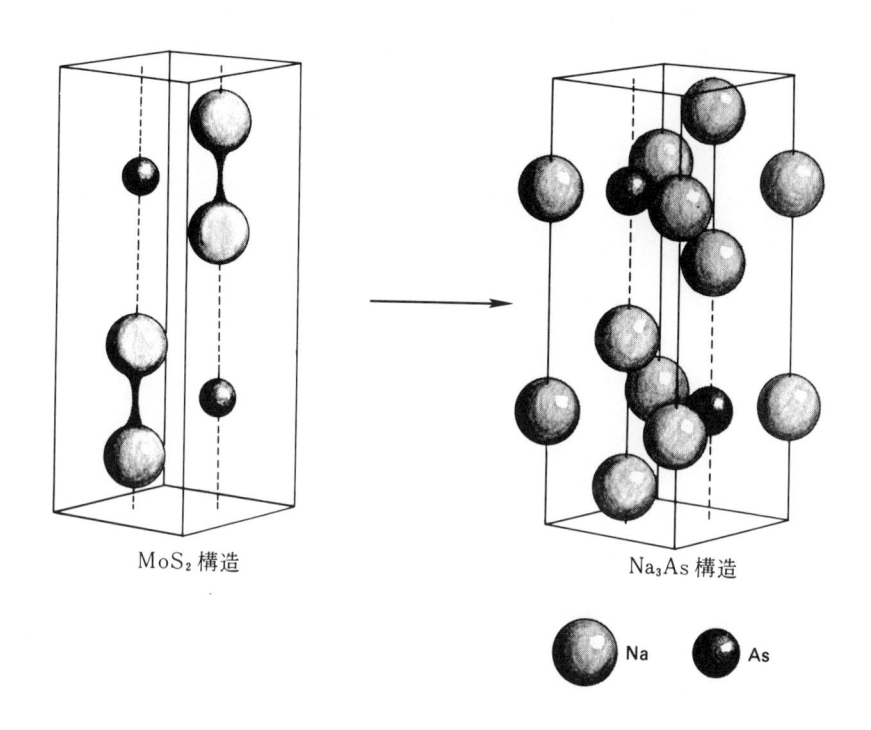

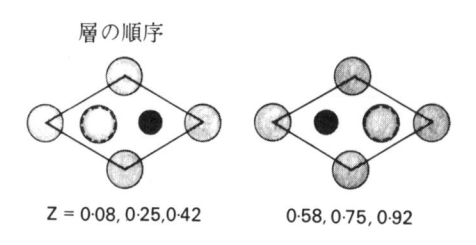

MoS₂ 構造　　　　　　　　　Na₃As 構造

Na　　As

層の順序

$Z = 0.08, 0.25, 0.42$　　　$0.58, 0.75, 0.92$

図6.5　Na₃As 構造

表6.5 Na₃As 構造をとる化合物

化合物	格子定数 (Å)		文献
	a_0	c_0	
金属間化合物			
AsK₃	5.794	10.243	1
AsLi₃	4.377	7.801	2
AsNa₃	5.098	9.000	1
AsRb₃	6.057	10.73	3
AuMg₃	4.64	8.46	4
α-BiK₃	6.191	10.955	1
BiNa₃	5.459	9.674	1
BiRb₃	6.42	11.46	5
HgMg₃	4.868	8.656	6
K₃P	5.691	10.05	3
K₃Sb	6.037	10.717	1
Li₃P	4.273	7.594	1
α-Li₃Sb	4.710	8.326	1
Na₃P	4.990	8.814	1
Na₃Sb	5.366	9.515	1
Rb₃Sb	6.28	—	3
ハロゲン化物			
LaF₃	7.190	7.367	7

6.6 CdI₂ 構造； C6, $P\bar{3}m1$, 三方, 六方

CdI₂ 構造は，六方最密充填構造の単位格子の金属原子を I 原子で置き換え，単位格子の隅に Cd 原子をつけ加えることによって得られる（図6.6）。この構造では I 原子が最密充填した層をつくり，その間に Cd 原子が入っている。Cd 原子が $0, 0, 0$ を，I 原子が $\frac{1}{3}, \frac{2}{3}, z$; $\frac{2}{3}, \frac{1}{3}, \bar{z}$; $z = \frac{1}{4}$ を占める。

共有性の強い AB₂ 型化合物が CdI₂ 構造をとる傾向を示す。したがって，分極能の大きい陽イオンが分極し易いヨウ素や臭素などと化合物をつくるときにこの構造をとる。フッ化物はルチル構造をとり易い。

第6章　NiAsタイプと関連の構造　　　　149

ヨウ化物，臭化物，塩化物，硫化物，セレン化物，テルル化物などこの構造をとる化合物を表6.6に示す。

性質

Mn_2N は反強磁性体で，ネール点は301°Kである。W_2C の融点は約2780°Cで，ZrS_2 のそれは1550°Cである。

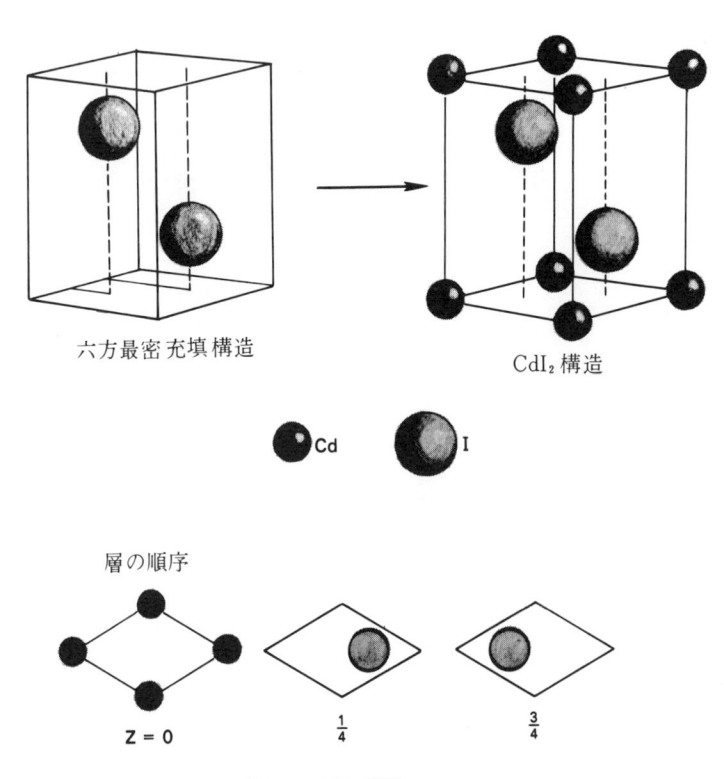

六方最密充填構造　　　　　CdI_2 構造

● Cd　　　● I

層の順序

$Z = 0$　　　$\frac{1}{4}$　　　$\frac{3}{4}$

図6.6　CdI_2 構造

表6.6 CdI_2構造をとる化合物

化合物	格子定数(Å)		原子パラメータ, z	文献
	a_0	c_0		
金属間化合物				
Cd_2Ce	5.073	3.450	Cd：0.42	1
Cd_2La	5.075	3.458		1
Cd_2Pr	5.035	3.466		1
炭化物				
W_2C	2.994	4.724		2
ハロゲン化物				
Ag_2F	2.989	5.710	0.3	3
BiTeBr	4.23	6.47		4
BiTeI	4.31	6.83		4
CaI_2	4.48	6.96	0.25	5
CdI_2	4.24	6.84		6
$CoBr_2$	3.68	6.12	0.25	7
CoI_2	3.96	6.65	0.25	7
$FeBr_2$	3.74	6.17	0.25	7
FeI_2	4.04	6.75	0.25	7
GeI_2	4.13	6.79	0.25	8
$MgBr_2$	3.81	6.26	0.25	7
MgI_2	4.14	6.88	0.25	5
$MnBr_2$	3.82	6.19	0.25	7
MnI_2	4.16	6.82	0.25	7
PbI_2	4.555	6.977	0.265	9
ThI_2	4.13	7.02		10
$TiBr_2$	3.629	6.492		11
$TiCl_2$	3.561	5.875	0.25	12
TiI_2	4.110	6.820		13
TmI_2	4.520	6.967		14
VBr_2	3.768	6.180		13
VCl_2	3.601	5.835		15
VI_2	4.000	6.670		13
YbI_2	4.503	6.972		14
ZnI_2	4.25	6.54	0.25	16
窒化物				
Mn_2N	2.834	4.514		17
硫化物,セレン化物,テルル化物				
$CoTe_2$(高温型)	3.792	5.414		18
HfS_2	3.635	5.837		19
$HfSe_2$	3.748	6.159		19
$IrTe_2$	3.930	5.393		20
$NiTe_2$	3.869	5.308	0.25	20
$PdTe_2$	4.0365	5.1262	0.25	21
PtS_2	3.5432	5.0388	0.25	22
$PtSe_2$	3.7278	5.0813	0.38	22
$PtTe_2$	4.0259	5.2209	0.25	22
$RhTe_2$ (高温型)	3.92	5.41	0.25	23
$SiTe_2$	4.28	6.71	0.265	24
SnS_2	3.646	5.880	0.25	25
$SnSe_2$	3.811	6.137		26

第6章 NiAsタイプと関連の構造

表6.6 (続き)

化合物	格子定数(Å)		原子パラメータ, z	文献
	a_0	c_0		
α-TaS$_2$	3.319	6.275	0.25	27
TiS$_2$	3.4080	5.7014	0.25	19
TiSe$_2$	3.5356	6.0041	0.25	19, 27
TiTe$_2$	3.764	6.526		29
VSe$_2$	3.355	6.134		30
ZrS$_2$	3.662	5.813	0.25	19
ZrSe$_2$	3.771	6.148	0.25	31
ZrTe$_2$	3.950	6.630		31
その他				
Ca(OH)$_2$	3.5844	4.8962	0.233	32
Cd(OH)$_2$	3.48	4.67		33
Co(OH)$_2$	3.73	4.640	0.22	34
Fe(OH)$_2$	3.258	4.605		35
Mg(OH)$_2$	3.147	4.769		33
Mn(OH)$_2$	3.34	4.68		33
Ni(OH)$_2$	3.117	4.595		36

6.7 菱面体ホウ素構造; $R\bar{3}m$, 菱面体, 六方

α-菱面体ホウ素（α-rhombohedral boron）の構造は単位格子に多くの原子が含まれているが, ホウ素の二十面体を1個の原子と見做すと CdI$_2$ 構造と似ていることがわかる（図6.6, 図6.7a）。二十面体が単位格子の隅と, $\frac{1}{3}, \frac{2}{3}, z; \frac{2}{3}, \frac{1}{3}, \bar{z}; z=\frac{1}{4}$ の位置を占めている。図6.7bに層の積み重なりを示す。

ホウ素のとるその他の構造を表6.7に示す。1300℃以下の温度では α-菱面体型あるいは非晶質のホウ素が生成し, 高温では正方型のホウ素が生成する。正方型のホウ素の構造は偏平になった Cu$_2$O 構造であると見做すことができ, Cu$_2$O 構造の酸素原子がホウ素原子で, 銅原子がホウ素の二十面体で置換されている。すなわち, 単位格子の隅と中心をホウ素原子が, 単位格子の対角に位置するオ

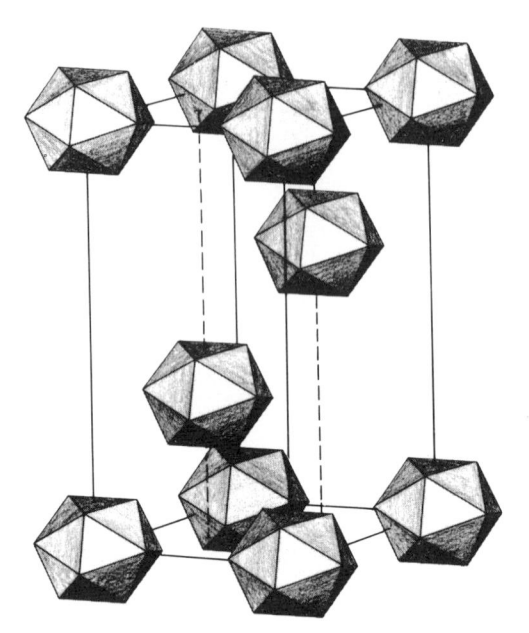

図6.7a α-菱面体ホウ素の構造

表6.7 ホウ素の構造

タイプ	空間群	比抵抗 (ohm-cm)	格子定数 (Å)	文献
α-rhomb. B	$R\bar{3}m$		R ($a_0 = 5.057$, $\alpha = 58.06°$)	1
			H ($a_0 = 4.908$, $c_0 = 12.567$)	
Tetrag. B	$P4_2/nnm$		$a_0 = 8.75$, $c_0 = 5.06$	2
β-rhomb. B	$R3m$	7×10^5 (300°K)	R ($a_0 = 10.14$, $\alpha = 65.05°$)	2, 3
		1 (750°K)	H ($a_0 = 10.94$, $c_0 = 23.8$)	4, 5†

† 無定形ないし欠陥の多いホウ素は1300℃以下で加熱したタングステン線上に析出させるか，熔融したホウ素を急冷して得られる．

第6章 NiAsタイプと関連の構造　　　153

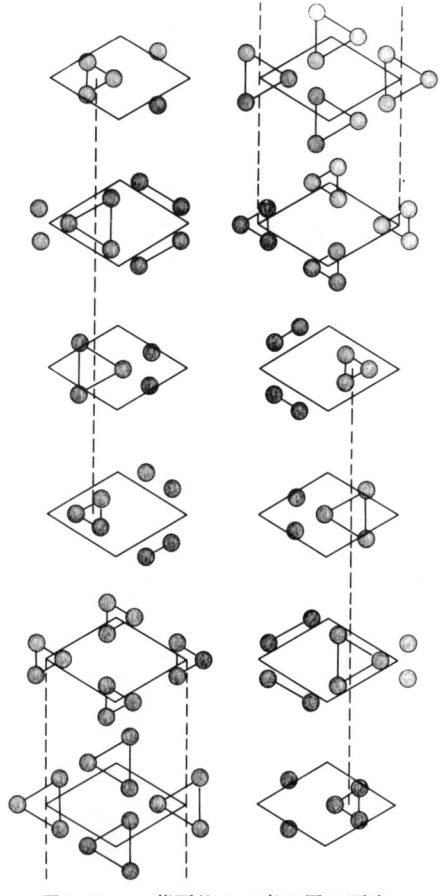

図6.7b α-菱面体ホウ素の層の順序

クタントの中心をホウ素の二十面体が占めている。β-菱面体構造はずっと複雑でホウ素の二十面体が中央の二十面体と面を共有したユニットでできている。熔融したホウ素を液体状態から冷却すると普通はβ-菱面体構造になるが，非常に速く冷却すると非晶質のホウ素が得られる。

6.8 AlB$_2$構造； C32, *P6/mmm*, 六方

AlB$_2$構造もCdI$_2$構造から導かれる。すなわち，単位格子の隅のCd原子をAl原子で，$\frac{1}{3}, \frac{2}{3}, z$ および $\frac{2}{3}, \frac{1}{3}, \bar{z}$ のI原子をB原子で置換し，ついでそれらのB原子を単位格子の高さの半分の位置へ動かすことによって得られる（図6.8）。Al原子が $0, 0, 0$ を，B原子が $\frac{1}{3}, \frac{2}{3}, \frac{1}{2}$ および $\frac{2}{3}, \frac{1}{3}, \frac{1}{2}$ の位置を占め，Al原子は12個のB原子で囲まれ，B原子には6個のAl原子が配位しており，層状に

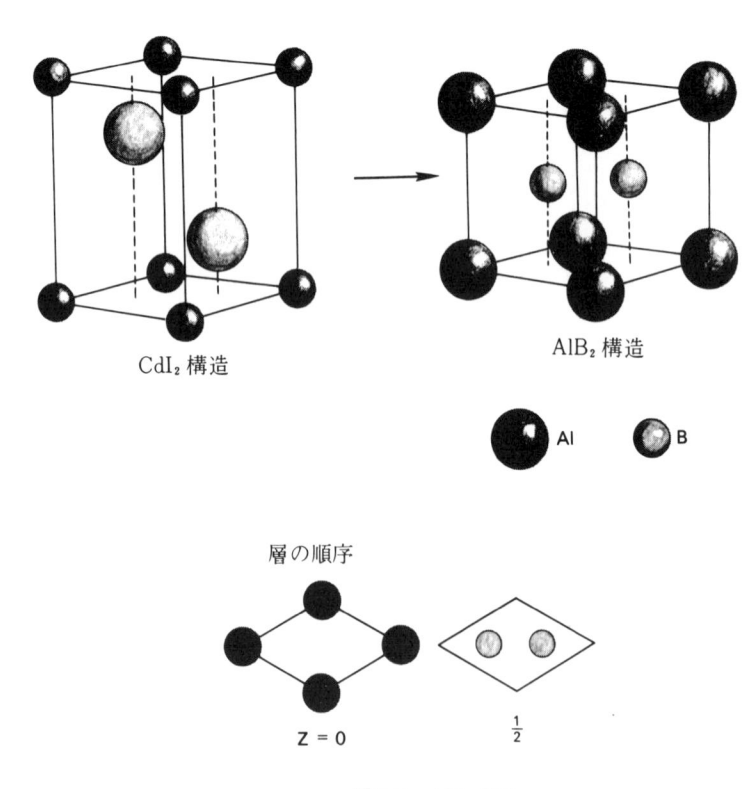

図6.8 AlB$_2$構造

第6章 NiAsタイプと関連の構造

表6.8a AlB₂構造をとる化合物

化合物	格子定数 (Å)		文献
	a_0	c_0	
Al₂Th	4.393	4.162	1
BaGa₂	4.432	5.064	2
Be₂Zr	3.82	3.24	3
CaGa₂	4.323	4.323	4
CaHg₂	4.887	3.573	6
CeGa₂	4.32	4.34	5
Cu₂Th	4.387	3.472	7
EuHg₂	4.970	3.705	6
Ga₂Eu	4.345	4.520	8
Ga₂La	4.320	4.416	5
Ga₂Pr	4.272	4.298	5
Ga₂Sr	4.344	4.732	2
Hg₂La	4.958	3.640	9
Hg₂Sr	4.929	3.869	6
Hg₂V	4.976	3.218	10
Ni₂Th	3.960	3.844	1
β-Si₂U	4.028	3.952	11
Si₂Th	4.136	4.126	12
Si₂U	4.028	3.852	12
TiV₂	4.828	2.847	13
ホウ化物			
AgB₂	3.00	3.24	14
AuB₂	3.14	3.52	14
θ-CrB₂	2.969	3.066	15
HfB₂	3.142	3.477	16
LuB₂	3.246	3.704	17
MgB₂	3.0834	3.5213	18
MnB₂	3.007	3.037	19
MoB₂ (高温型)	3.05	3.113	20
NbB₂	3.089	3.303	21　22
OsB₂	2.8761	2.8709	23
PuB₂	3.18	3.90	24
RuB₂	2.852	2.855	23
ScB₂	3.146	3.517	25
TaB₂	3.078	3.265	26
TiB₂	3.0245	3.2326	27
UB₂	3.13	3.99	28
VB₂	3.006	3.056	29
ZrB₂	3.167	3.529	30

表6.8b　AlB₂構造をとる化合物の性質

化合物	融点 (°C)	比抵抗 (μohm-cm)	熱起電力 ($\mu V/°C$) emf	硬度 (kg/mm²)	熱伝導率 (cal/cm-sec-°C)	熱膨張係数 (10^{-6}/°C)
BaSi₂	1850 [1]	38×10^4 [10]	600 [1]	930 [1]	0.0037 [1]	8.2 [25]
DySi₂	1550 [2]	3020 [11]				
USi₂	1700 [2]					
CrB₂	2200 [3]	84 [12]	−0.05 [17]	2100 [17]	0.0534 [21]	11 [13]
HfB₂	3250 [4]	9 [13]		2900 [13]		5.7 [13]
MoB₂	2100 [5]	45 [14]		1200 [14]		
NbB₂			−1.4 [12]	2600 [18]		
PuB₂					0.040 [22]	
ScB₂		7–15 [15]		1780 [15]		
TaB₂	3100 [6]	37 [12]	−3.1 [12]	2500 [19]	0.026 [23]	11.4 [27]
TiB₂	2980 [7]	14 [12]	−5.1 [12]	3370 [20]	0.010 [24]	5.5 [28]
UB₂	2385 [8]					8.5 [29]
VB₂	2400 [9]	3.5 [16]	9.2 [12]	2800 [20]		5.3 [19]
ZrB₂		17 [12]	1.2 [12]	2252 [20]	0.058 [22]	6.8 [26]

並んだB原子の間にAl原子の層がある。層内のB原子の配列は黒鉛の場合と同じである。多くのホウ化物および金属間化合物がこの構造をとる（表6.8a）。

性質

これら材料の特性のいくつかを表6.8bに示す。多くのホウ化物が高い融点と良好な伝導性をもつことに注目されたい。

6.9 A-希土構造, La_2O_3 構造; $D5_2$, $P\bar{3}m1$, 三方, 六方

A-希土構造 (A-rare earth structure) と CdI_2 構造とが類似していることは図6.9で明らかである。La_2O_3 の構造は CdI_2 構造の I 原子を La 原子で，Cd 原子を O 原子で置換し，2個の O 原子が追加されている。これらの余分な O 原子は，La 原子の真上に単位格子の垂直方向の長さの $\frac{2}{5}$ 上った位置と，他の La 原子の真下に $\frac{2}{5}$ 下った位置とを占める。したがって，2個の La 原子が $\frac{1}{3}, \frac{2}{3}, z ; \frac{2}{3}, \frac{1}{3}, \bar{z} ; z=0.25$ に，1個の酸素原子が $0, 0, 0$ に，他の2個の O 原子が $\frac{1}{3}, \frac{2}{3}, z ; \frac{2}{3}, \frac{1}{3}, \bar{z} ; z=0.63$ に位置する。

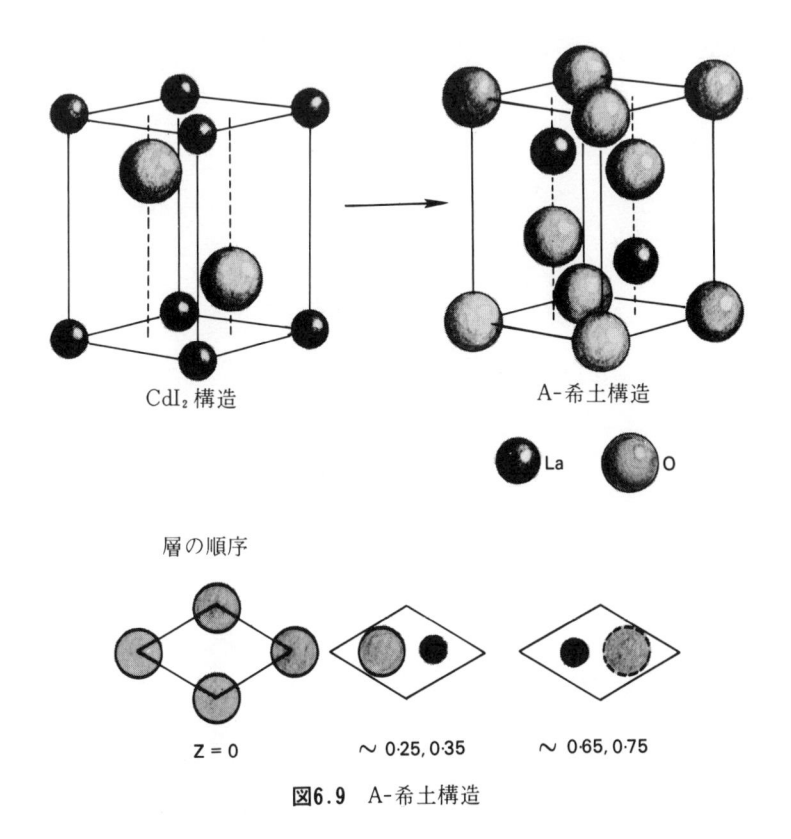

図6.9 A-希土構造

158

イオン半径が大きい希土類元素の酸化物が A-希土構造をつくる（表6.9）。この構造の特徴は，非常にめずらしい7配位の金属原子が存在することである。C-希土構造の金属原子は6配位しているので，小さな原子から成る A_2O_3 型化合物が C-希土構造をとる傾向がある。

性質

窒化物の U_2N_3 には2種類の変態が存在し，α 型の C-希土構造の方が安定である。β 型は A-希土構造で，キュリー点が 186°K の強磁性体である。Mg_3Sb_2 の伝導性が研究されている。これは熱伝導率が 0.01 cal/cm-sec-°C で，可視光には透明であるが，非化学量論組成の場合には光導電体である。

La_2O_3 と Gd_2O_3 は Nd^{3+} イオンのレーザー用ホスト材料として用いられている。La_2O_3 は融点が 2300°C で，熱膨張係数は室温から 780°C まで 11.9×10^{-6}/°C である。

表6.9 A-希土構造をとる化合物

化合物	格子定数 (Å)		原子パラメータ, z	文献
	a_0	c_0		
金属間化合物				
$\alpha\text{-}Bi_2Mg_3$(低温型)	4.675	7.416	Bi: $z = 0.235$; Mg: $z = 0.63$	1
$\alpha\text{-}Mg_3Sb_2$(低温型)	4.582	7.243	Mg: $z = 0.63$; Sb: $z = 0.235$	2
窒化物				
Th_2N_3	3.883	6.187	Th: $z = 0.235$; N: $z = 0.63$	3
U_2N_3	3.69	5.83		4
酸化物				
Ac_2O_3	4.08	6.30	Ac: $z = 0.235$; O: $z = 0.63$	3
Gd_2O_3	3.76	5.89	As Ac_2O_3	5
La_2O_3	3.937	6.130	As Ac_2O_3	6
Nd_2O_3	3.82	5.98	As Ac_2O_3	5
Pr_2O_3	3.802	5.954		6
$Gd_2O_3 : Nd^{3+}$				7
$La_2O_3 : Nd^{3+}$				8

第6章 NiAsタイプと関連の構造

6.10 NiAs 構造； B8$_1$, $P6_3/mmc$, 六方

 CdI$_2$の単位格子のI原子の位置をAs原子で置換し，Cd原子の位置をNi原子で置き換え，垂直方向の稜の中心にさらにNi原子を加えるとNiAs構造の単位格子が得られる．金属原子が単位格子の隅 0, 0, 0 と垂直方向の稜の中心 0, 0, $\frac{1}{2}$ を，As原子が $\frac{1}{3}, \frac{2}{3}, \frac{1}{4}; \frac{2}{3}, \frac{1}{3}, \frac{3}{4}$ を占め，それぞれのAs原子は6個のNi原子で囲まれており，Ni原子の周囲も6個のAs原子が囲んでいる（図6.10）．
 Cr, Mn, Pd, Co, Ni, Pt および Fe と S, Se, Te, Sb, As および Bi との間の化合物がこの構造をとる傾向をもつ（表6.10 a）．この構造の配位数は6で，半径比（R_A/R_B）が 0.73 と 0.41 の間にある AB 型化合物が NiAs 構造をとるが，イオン性が強い場合には NaCl 構造をとり易い．R_A/R_B の値が小さい化合物は ZnO 構造あるいは ZnS 構造をつくる傾向がある．

性質

 多くの興味ある磁性材料，たとえば反強磁性材料の NiS, CoS, FeS, VS, FeSe, CrSe, VSe, CoTe, FeTe, MnTe や，強磁性体の CrTe, MnAs, MnBi, MnSb などがこの構造をとる．強磁性を示す Mn 化合物では，Mn-Mn の結合距離はそれぞれ異なっている． キュリー温度（MnAs；45°C, MnSb；313°C, MnBi；360°C）と Mn-Mn の結合距離との間の関係は Mn 原子間の交換エネルギーが MnBi で最大になることを示している．この化合物は抗磁力が非常に大きいので永久磁石の材料として研究されている．永久磁石への応用が考えられている種々の構造をもつその他の材料を表6.10 b に示した．MnBi の Hc の値は非常に大きく，極端に高価な CoPt や，Co$_5$Sm などの希土類コバルト化合物（表8.1 b）に次いでいる．

CdI₂ 構造   NiAs 構造

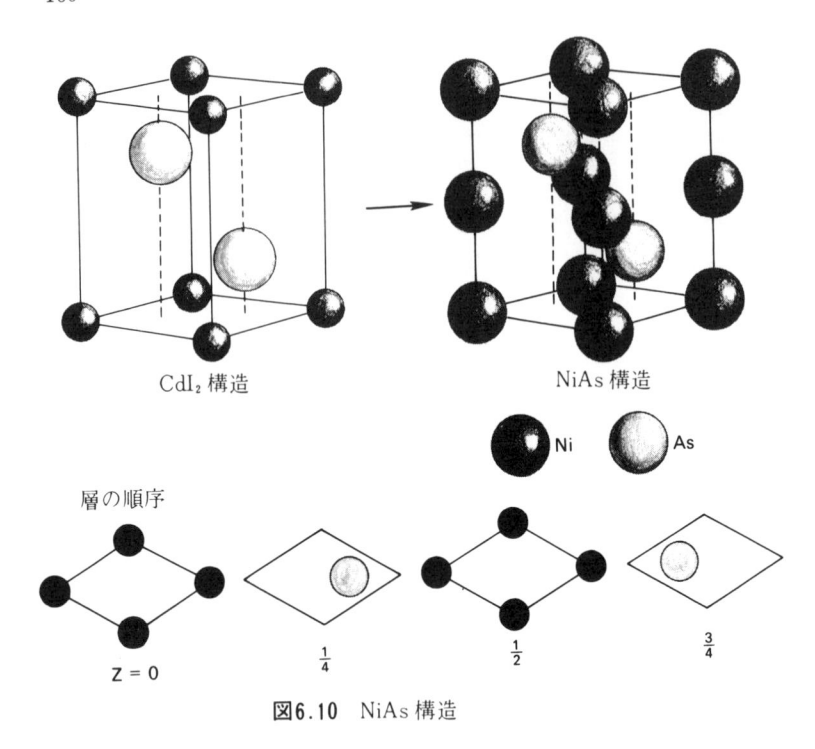

● Ni ○ As

層の順序

$Z = 0$ $\frac{1}{4}$ $\frac{1}{2}$ $\frac{3}{4}$

図6.10 NiAs 構造

表6.10a NiAs 構造をとる化合物

化合物	格子定数 (Å)		文献
	a_0	c_0	
金属間化合物			
AsMn	3.724	5.706	1
AsNi	3.619	5.034	2
β-AsTi	3.64	6.15	3
AuSn	4.323	5.523	4
BiMn	4.27	6.15	5
BiNi	4.070	5.35	6
BiPt	4.315	5.490	7
BiRh	4.075	5.669	8
CuSb	3.874	5.193	9
CrSb	4.13	5.51	10
CuSn	4.198	5.096	11
FeSb	4.072	5.140	12

第6章 NiAsタイプと関連の構造　　　　　　　　　161

表6.10a （続き）

化合物	格子定数 (Å)		文献
	a_0	c_0	
IrPb	3.993	5.566	13
IrSb	3.978	5.521	14
IrSn	3.988	5.567	15
MnSb	4.22, 4.15	5.95, 5.78	5, 10
NiSb	3.942	5.155	16
NiSn	4.048	5.123	17
PV	3.18	6.22	18
PbPt	4.258	5.467	15
PdSb	4.078	5.593	19
PdSn	4.11	5.44	4
PtSb	4.13	5.483	20
PtSn	4.111	5.439	21
RhSn	4.340	5.553	15
SbTi	4.070	6.306	22
ホウ化物			
PtB (逆NiAs型)	3.358	4.058	23
窒化物			
δ'-NbN (非通常型)	2.968	5.535	24
硫化物, セレン化物, テルル化物			
CoS	3.374	5.187	25
CoSe	3.6294	5.3006	26
	3.894	5.371	12
CrS (53.2 at. % S)	3.464	5.763	27
CrSe	3.71	6.03	10
CrTe	3.93	6.15	28
β-FeS (強磁性)	3.450	5.882	29
FeSe	3.617	5.88	30
FeTe (60 at. % Te)	3.816	5.654	31
MnTe	4.087	6.701	32
NbS	3.32	6.46	33
β-NiS (高温型)	3.4392	5.3484	34
β-NiSe	3.6613	5.3562	35
NiTe	3.98	5.38	36
PdTe	4.152	5.672	37
RhTe	3.99	5.66	38
ScTe	4.120	6.748	39
TiS	3.299	6.380	40
TiSe	3.5722	6.205	41
VS	3.33	5.82	42
VSe	3.66	5.95	42
VTe	3.942	6.126	43
ZrTe	3.953	6.647	44

表6.10b　永久磁石材料

化合物	($T°K$)	H_c(エルステッド)	文献
$Al_{0.89}Mn_{1.11}$	653	1760 (6000)†	1, 2
AlMnGe	518	(7200)†	3
CoPt	813	3925 (9000)‡	4
CrTe	334		5
FeP (加工後)	215		6
Fe_2P	273	2500	4
Fe_3P	716	107	6
FePd	738	260 (3000)†	4
FePt	743	1300	4
$Fe_{1.7}Co_{0.3}P$	423	3100	4
$Fe_{1.9}Ni_{0.1}P$	328	250	4
Co_2B	429		4
Fe_2B	1013	50	4
MnB	582	183	7
Fe_5P_3	635	367	4
Fe_2C	627	800	8
$Fe_{20}C_9$	528		9
Fe_3C	483		9
Fe_4N	761	150	4
Fe_3N	548	150	4
MnBi	633	3650	4
Alnico 8 (Al–Co–Ni)		1810	10
$BaFe_{12}O_{19}$ (配向)	725	2600	10
$SrFe_{12}O_{19}$		3200	10

† 機械的負荷状態
‡ 微粉末

第6章 NiAsタイプと関連の構造　　　163

6.11　Ni$_2$In 構造；　B8$_2$，$P6_3/mmc$，立方

Ni$_2$In 構造は満された NiAs 構造と呼ばれるが，これは余分な Ni 原子が NiAs 構造の単位格子の 2 個の穴を満しているからである。余分な Ni 原子の位置は As 原子と同じ高さである。2 個の Ni 原子が $0,0,0;0,0,\frac{1}{2}$ を，他の 2 個が $\frac{1}{3},\frac{2}{3},\frac{3}{4};\frac{2}{3},\frac{1}{3},\frac{1}{4}$ を，2 個の In 原子が $\frac{1}{3},\frac{2}{3},\frac{1}{4}$ と $\frac{2}{3},\frac{1}{3},\frac{3}{4}$ を占めている（図6.11）。

この構造をとる化合物とその単位格子の大きさを表6.11に示す。

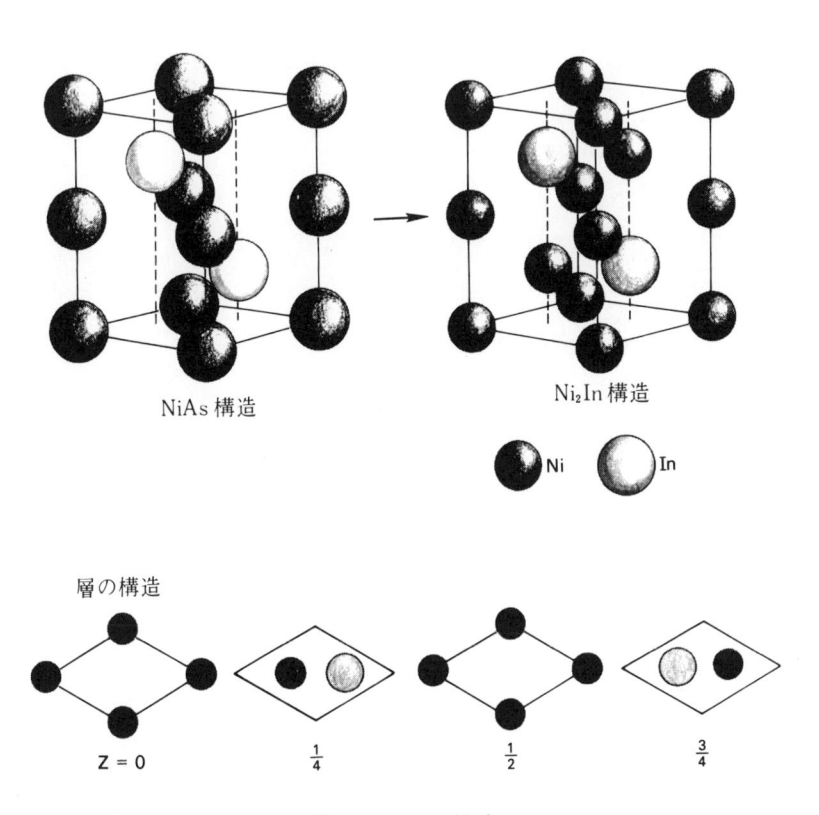

図6.11　Ni$_2$In 構造

表6.11 Ni_2In 構造をとる化合物

化合物	格子定数 (Å)		文献
	a_0	c_0	
BeSiZr	3.71	7.19	1
β-Bi_3Pd_5 (高温型)	4.51	5.82	2
CoFeGe	3.978	5.029	3
CoGeMn	4.042	5.252	3
CoNiSb	3.995	5.168	3
CoNiSn	4.095	5.208	3
Co_3Sn_2 (高温型)	4.111	5.179	4
Cu_2In	4.278	5.249	5
$Fe_{1.7}Ge$	4.017	5.005	3
FeGeMn	4.104	5.224	3
FeGeNi	4.016	5.082	3
ε-Fe–Sb	4.108	5.147	6
γ-Ga_2Ni_3 (高温型)	4.000	4.983	7
GeMnNi	4.066	5.392	3
$GeNi_{1.70}$	3.920	5.046	3
β-$InNi_2$	4.179	5.131	8
Mn_2Sn	4.379	5.486	9
θ-Ni_2Si (高温型)	3.805	4.890	10
Ni_3Sn_2	4.145	5.214	11
Pb_2Pd_3	4.4650	5.7040	12
Pd_5Sb_3 (660°C)	4.45	5.83	2
Pd_3Sn_2	4.399	5.666	13
Rh_3Sn_2	4.340	5.553	2
$SnTi_2$	4.653	5.700	14

6.12 CuS 構造； $P6_3/mmc$, 六方

CuS は銅藍（covellite）として天然に産出する。

CuS 構造は複雑にみえるが，Ni_2In 構造の単位格子の稜上の原子を S-S ユニットで置換し，$\frac{1}{3}, \frac{2}{3}, z$ および $\frac{2}{3}, \frac{1}{2}, \bar{z}$ にある 2 個の Ni 原子を Cu 原子で，In 原子を Cu-S-Cu ユニットで置き換えることによって得られる（図 6.12）。CuS 構造をとる化合物を表 6.12 に示す。

第6章 NiAsタイプと関連の構造

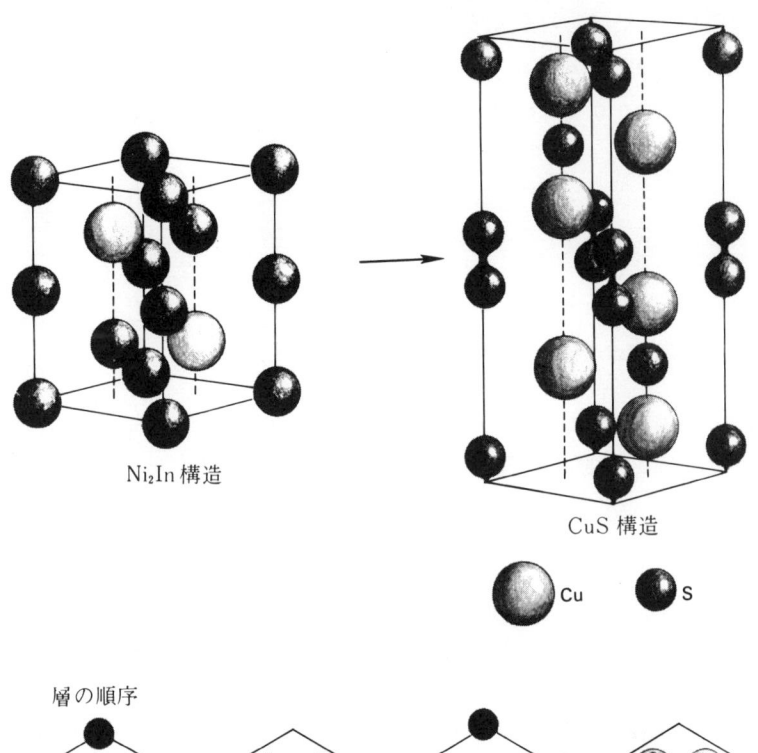

Ni₂In 構造

CuS 構造

Cu S

層の順序

Z = 0 $\frac{1}{4}$ $\frac{1}{2}$ $\frac{3}{4}$

図6.12 CuS 構造

表6.12 CuS 構造をとる化合物

化合物	格子定数(Å)		文献
	a_0	c_0	
硫化物とセレン化物			
CuS	3.794	16.332	1
CuSe	3.94	17.25	2

2個のCu原子が $\frac{1}{3}, \frac{2}{3}, \frac{3}{4}; \frac{2}{3}, \frac{1}{3}, \frac{1}{4}$ を，他の4個が $\frac{1}{3}, \frac{2}{3}, z; \frac{2}{3}, \frac{1}{3}, \bar{z}; \frac{1}{3}, \frac{2}{3}, \frac{1}{2}+z;$ $\frac{1}{3}, \frac{2}{3}, \frac{1}{2}-z; z=0.107$ を占め，2個のS原子が $\frac{1}{3}, \frac{2}{3}, \frac{1}{4}$ と $\frac{2}{3}, \frac{1}{3}, \frac{3}{4}$ を，さらに4個が $0, 0, z; 0, 0, \bar{z}; 0, 0, \frac{1}{2}+z; 0, 0, \frac{1}{2}-z; z=0.064$ を占めている。

6.13 $MgZn_2$ 構造； C14, $P6_3/mmc$, 六方

$MgZn_2$ の単位格子も多くの点で Ni_2In のそれに類似しており， Ni_2In の単位格子の稜と隅の Ni 原子を Zn 原子で置換し， $\frac{1}{3}, \frac{2}{3}, z$ と $\frac{2}{3}, \frac{1}{3}, \bar{z}$ の Ni 原子を三角形に配列した Zn 原子で，In 原子を Mg-Mg のダンベルで置き換えた構造であると見做すことができる（図6.13）。厳密には Mg-Mg ユニットの中心は In 原子の位置にはなく，Mg 原子は $\frac{1}{3}, \frac{2}{3}, z; \frac{2}{3}, \frac{1}{3}, \bar{z}; \frac{1}{3}, \frac{2}{3}, \frac{1}{2}+z; \frac{1}{3}, \frac{2}{3}, \frac{1}{2}-z; z=0.062$ を占める。2個のZn原子が $0, 0, 0$ と $0, 0, \frac{1}{2}$ を，6個のZn原子が $x, 2x, \frac{1}{4}; 2\bar{x}, \bar{x}, \frac{1}{4}; x, \bar{x}, \frac{1}{4}; \bar{x}, 2\bar{x}, \frac{3}{4}; 2x, x, \frac{3}{4}; \bar{x}, x, \frac{3}{4}; x=0.830$ を占めている。この構造をもつ材料はラーベス相（Laves Phases）と呼ばれる（表6.13）。

性質

$FeBe_2$ は強磁性体で，キュリー点が520°C，融点が1480°Cである。ベリリウム化合物の VBe_2 の融点は >1650°Cで， $MoBe_2$ の融点は>1870°Cである。金属間化合物の Fe_2Ta, Fe_2Ti, Fe_2Nb, Cr_2Ta および Mn_2Nb の融点はそれぞれ1780°, 1520°, 1630°, 1980° および 1480°C である。

第6章　NiAsタイプと関連の構造

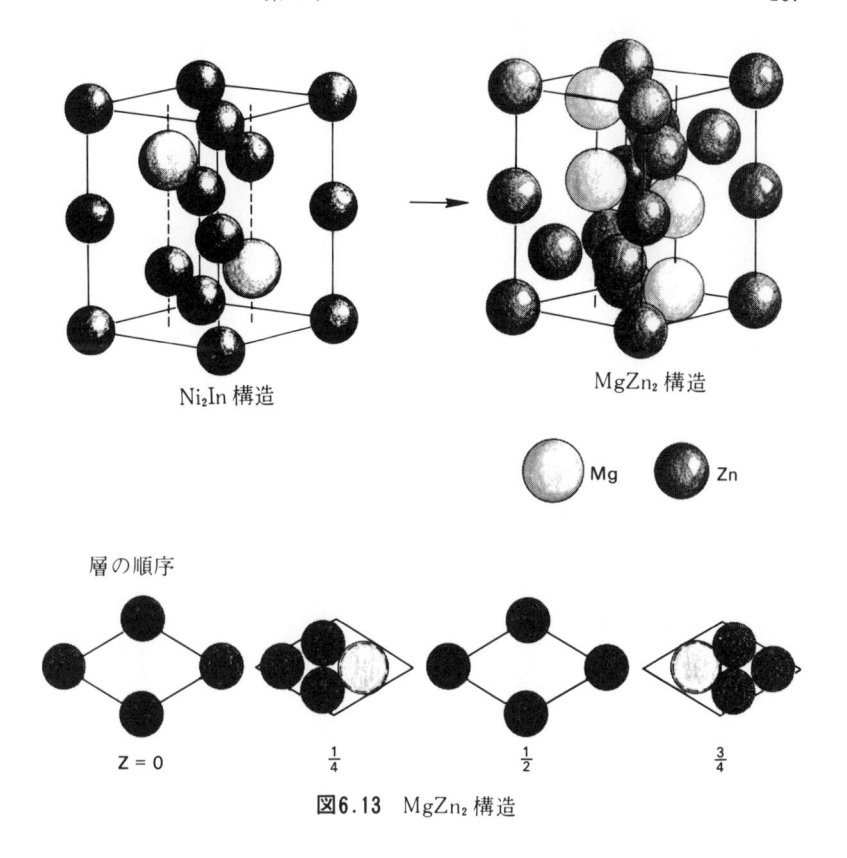

Ni₂In 構造

MgZn₂ 構造

○ Mg　● Zn

層の順序

Z = 0　　$\frac{1}{4}$　　$\frac{1}{2}$　　$\frac{3}{4}$

図6.13　MgZn₂ 構造

6.14　W₂B₅構造；D8h, $P6_3/mmc$, 六方

W₂B₅構造は複雑ではあるが Ni₂In 構造から派生したものとして取扱うことができる。W₂B₅の単位格子は，Ni₂In の単位格子の隅にある Ni 原子を B 原子で置換し，稜の Ni 原子を垂直方向に並んだ B-B-B ユニットで，$\frac{1}{3}, \frac{2}{3}, z$ と $\frac{2}{3}, \frac{1}{3}, \bar{z}$ の Ni 原子を B-B-B ユニットで置換し，さらに In 原子を W-W ユニットで置き換えた構造である（図6.14）。

表6.13 MgZn$_2$ 構造

化合物	格子定数 (Å)		文献
	a_0	c_0	
Al$_2$Zr	5.282	8.748	1
BaMg$_2$	6.663	10.557	2
Be$_2$Cr	4.27	6.92	3
β-Be$_2$Fe	4.212	6.853	4
Be$_2$Mn	4.240	6.924	5
Be$_2$Mo	4.433	7.341	6
Be$_2$Re	4.354	7.101	5
Be$_2$V	4.394	7.144	5
Be$_2$W	4.446	7.289	5
CaCd$_2$	5.993	9.654	7
CaLi$_2$	6.260	10.25	8
CaMg$_2$	6.23	10.12	9
(Co, Cr) Ta	4.856	7.952	10
CoTaTi	4.892	8.140	10
CoTaV	4.893	7.909	10
CrNiTa	4.855	7.888	10
Cr$_2$Ta (高温型)	4.925	8.062	11
Cr$_2$Ti (高温型)	4.932	7.961	12
Cr$_2$Zr (低温型)	5.102	8.230	12
Cu$_3$Mg$_2$Si (低温型)	5.014	7.889	13
Fe$_2$Nb	4.830	7.882	14
Fe$_2$Ta	4.81	7.86	14
Fe$_2$Ti (37 at.% Ti)	4.81	7.85	15, 16
Fe$_2$W	4.745	7.722	17
HfOs$_2$	5.184	8.468	18
HfRe$_2$	5.239	9.584	18
KNa$_2$	7.50	12.30	19
KPb$_2$	6.66	10.76	20
LuOs$_2$	5.254	8.661	18
LuRu$_2$	5.204	8.725	18
Mg$_2$Sr	6.439	10.494	7
MgZn$_2$	5.22	8.56	21
Mn$_2$Nb	4.891	7.969	22
Mn$_2$Sc	5.03	8.19	23
Mn$_2$Ta	4.852	7.911	24
Mn$_2$Th	5.476	8.931	25
Mn$_2$Ti	4.826	7.924	25
Mn$_2$Zr	5.039	8.279	25
NiTaV	4.848	7.909	9
Ni$_2$V	4.966	8.252	26
Os$_2$Sc	5.307	8.786	27
Os$_2$Y	5.219	8.538	28
Os$_2$Zr	5.219	8.538	29
Re$_2$Zr	5.2701	8.6349	30
Ru$_2$Zr	5.144	8.504	29
TiZn$_2$	5.064	8.210	26

第6章　NiAsタイプと関連の構造　　　169

4個のW原子が $\pm(\frac{1}{3}, \frac{2}{3}, z; \frac{2}{3}, \frac{1}{3}, z+\frac{1}{2}); z=0.139$ を占める。2個のB原子が $\pm(0, 0, \frac{1}{4})$ を，2個が $\pm(\frac{2}{3}, \frac{1}{3}, \frac{1}{4})$ を，4個が $\pm(\frac{1}{3}, \frac{2}{3}, z; \frac{2}{3}, \frac{1}{3}, z+\frac{1}{2}); z=-0.028$ を，さらに2個が $0, 0, 0$ と $0, 0, \frac{1}{2}$ を占める。

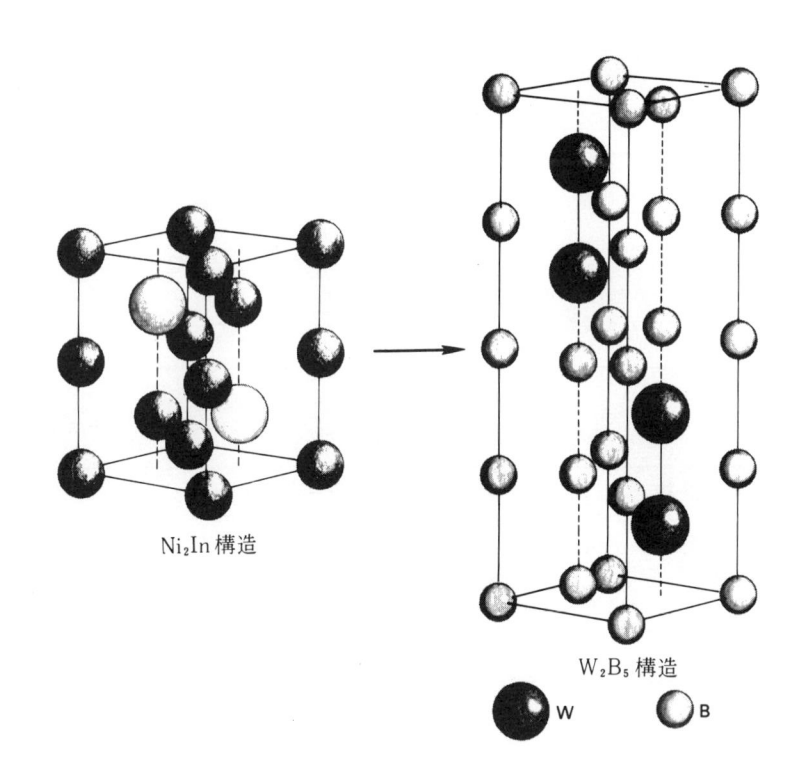

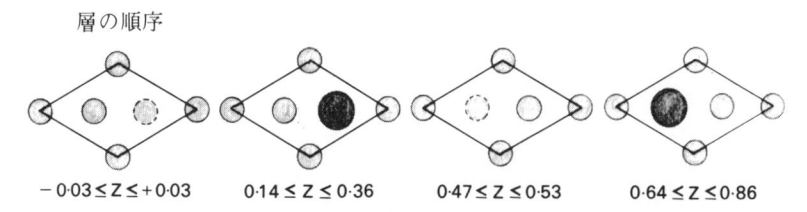

Ni₂In 構造

W₂B₅ 構造

W　　B

層の順序

$-0.03 \leq Z \leq +0.03$　　$0.14 \leq Z \leq 0.36$　　$0.47 \leq Z \leq 0.53$　　$0.64 \leq Z \leq 0.86$

図6.14　W₂B₅ 構造

これらのホウ化タングステンは近年広く研究されているが、これはタングステン線の上にホウ素の繊維をつくることに興味が持たれているからである。加熱したタングステン線を移動させながら、その上にBCl_3とH_2を流すとホウ化物の芯があるホウ素ができる。この構造をもつ他のホウ化物を表6.14aに、タングステンの他のホウ化物を表6.14bに示す。

表6.14a W_2B_5構造をとる化合物

化合物	格子定数 (Å)		文献
	a_0	c_0	
Os_2B_5	2.91	12.91	1
Ru_2B_5	2.89	12.81	1
Ti_2B_5	2.98	13.98	2
W_2B_5	2.982	13.87	3, 4

表6.14b WとBとの化合物

化合物	タイプ	格子定数 (Å)	文献
W_2B	tetr. $CuAl_2$	$a = 5.564, c = 4.740$	1
α-WB	tetr. MoB	$a = 3.115, c = 16.93$	1
WB	orthor. NiB	$a = 3.19, b = 8.40, c = 3.07$	2
W_2B_5	defect. Hex.	$a = 2.982, c = 13.87$	1
WB_2	tetr. AlB_2	$a = 3.02, c = 3.05$	3
WB_4	hex.	$a = 5.189, c = 6.332$	4

6.15 MoC構造； Bi, $P6_3/mmc$, 六方

γ'-MoC構造もNi_2In構造から導くことができる。Ni_2Inの単位格子のNi原子をC原子で置換し、In原子をMo-Moユニットがその軸を垂直方向に向けて置換している（図6.15）。4個のMo原子が$\frac{1}{3}, \frac{2}{3}, z$；$\frac{2}{3}, \frac{1}{3}, \bar{z}$；$\frac{2}{3}, \frac{1}{3}, \frac{1}{2}+z$；$\frac{1}{3}, \frac{2}{3}, \frac{1}{2}-z$を占め、2個のC原子が$0, 0, 0$と$0, 0, \frac{1}{2}$を、2個が$\frac{1}{3}, \frac{2}{3}, \frac{3}{4}$と$\frac{2}{3}, \frac{1}{3}, \frac{1}{4}$を占める。

第6章　NiAsタイプと関連の構造

この構造をとる物質を表6.15にあげる。

性質

MoCは融点が2700℃，ヤング率が2.0×10^4 kg/mm，熱膨張係数が5.67×10^{-6}/℃である。融体を非常に急速に冷却すると立方晶系のMoCが得られるが，この材料は臨界温度が13°Kの超伝導体である。

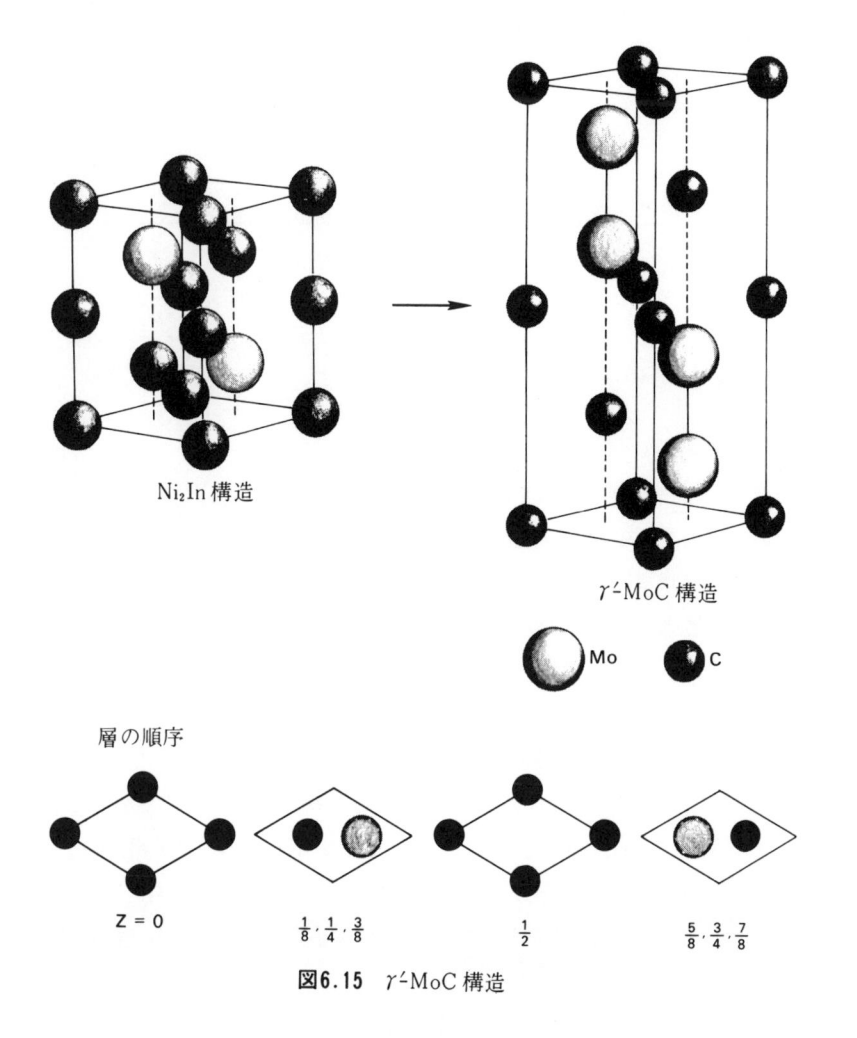

Ni$_2$In構造

γ'-MoC構造

Mo　C

層の順序

$Z=0$　　$\frac{1}{8},\frac{1}{4},\frac{3}{8}$　　$\frac{1}{2}$　　$\frac{5}{8},\frac{3}{4},\frac{7}{8}$

図6.15　γ'-MoC構造

表6.15 γ'-MoC 構造をとる化合物

化合物	格子定数 (Å)		原子パラメータ, z	文献
	a_0	c_0		
金属化合物				
α-AsTi	3.65	12.29	0.125	1
(45 at.% Ti)				
PHf	3.65	12.37		2
PTi	3.487	11.65	0.125	3
β-PZr	3.677	12.53	0.125	3
炭化物				
γ-MoC	2.932	10.97	0.125	4, 5†
窒化物				
ε-NbN$_{1.00}$	2.952	11.25	0.125	3
(非通常型)				

† 融体を急冷すると立方型を生ずる

6.16 考察

構造相互の関係

この章の化合物はその数が非常に多いので図6.0に示したフローシートでまとめるのがよい。WC構造は規則化した六方最密充塡構造であり,ウルツ鉱構造は六方最密充塡構造に配列したO原子およびZn原子が互に侵入し合った構造であるということができる。Y(OH)$_3$構造およびMoS$_2$構造は六方最密に並んだ金属原子の一部を三角形をした(OH)$_3$あるいはS$_2$のユニットで置き換えたものである。

CdI$_2$構造はI原子が六方最密配列をとり,Cd原子が単位格子の隅を占めたものと見做すことができる。Na$_3$As構造はMoS$_2$構造から導くことができる。菱面体ホウ素構造,AlB$_2$構造,A-希土構造およびNiAs構造はCdI$_2$構造から導くことができる。CdI$_2$における原子の穴を満すとNi$_2$In構造が得られ,CuS構造,MgZn$_2$構造,W$_2$B$_5$構造およびγ'-MoC構造は何れもNi$_2$In構造から導くことができる。

第6章　NiAsタイプと関連の構造　　　173

金属間化合物

アルカリ金属と B_2 元素の V 族金属とを含むイオン性の金属間化合物が Na_3As 構造をつくる。金属間化合物の他の大きなグループとしては $MgZn_2$ 構造をとるラーベス相がある（8.1参照）。AB 型金属間化合物が共有的で R_A/R_B が 0.73～0.41 の場合には NiAs 構造をとる傾向があり，金属の配位数は 6 である。この構造への関心が非常に高くなったのは磁性材料の MnAs, MnSb および MnBi に依っている。この構造の原子の穴が満されると Ni_2In 構造になる。

ホウ化物

第3章で，UB_4 構造と CaB_6 構造には B_6 ユニットが含まれており，UB_{12} 構造には B_{12} ユニットが含まれていることを指摘した。AlB_2 構造には Al の層が間に入った B 原子の層がある。表6.14 b に W のホウ化物を挙げたが，W_2B 構造は孤立した B 原子をもち，WB 構造は折れ曲った B の連鎖を，W_2B_5 構造は連続した短かい真直ぐな B 原子の連鎖を，WB_2 構造は B 原子の層を含んでいる。WB_4 構造は現在のところ確定していない。

ホウ素の構造は大きな B の構造ユニットを含んでいる。ホウ素は密度が低くヤング率が高いがもろいので構造材料として応用する際には繊維の形でマトリックスに入れて用いる必要がある。繊維として複合材料への使用が検討されている材料のいくつかを表6.16 に示す。はじめの7種類の材料は低い密度と高い融点をもつという特徴がある。

炭化物

この章で説明した炭化物で最も重要なものはウルツ鉱構造をもつ SiC と WC である。ウルツ鉱型の SiC は閃亜鉛鉱型のものほど一般的ではないが，やはり低い密度と高いヤング率をもっている。炭化タングステンは切削工具やコーティングに使用されている。この材料は非常に硬く，融点が 2867°C である。

ハロゲン化物

第5章で，BeF_2 以外の MF_2 型金属フッ化物はルチル構造あるいはホタル石構造をとることを指摘した。小さな金属イオンはルチル構造のフッ化物を，大きな金属イオンはホタル石構造のフッ化物をつくる。$CaCl_2, CaBr_2$ および $SrCl_2$

表6.16 繊維として得られる材料

物 質	形 状	ヤング率 (10^6 psi)	最大引張強度 (10^3 psi)	熱膨張係数 (10^{-6}/℃)	融 点 (℃)	密 度 (g/cm³)	文献
Al_2O_3	Whisker	60	160–2600	8.8	2000	3.98	1
B	Fiber	55	350–500	4.3 (8バルク)	2200	2.35 2.51	2
B_4C	Whisker	65	200–900	4.5	2450		3
Be	Wire	42	220	13–18	1285	1.85	4
BeO	Whisker	60	2000–2800	9	2550	3.01	5
C	Fiber	30	180		3700	1.86	6
SiC	Fiber	55	300	5.9	2700	3.22	7
Steel	Wire	29	100–500	11.76	1537	7.87	8
TiB_2	Bulk	54–77	19	9	2940	4.5	9
ZrB_2	Bulk	64	29	7.5	3060	6.1	10
ZrC	Bulk	50–60	28	9	3400	6.56	9
WC	Bulk	74–102	50	5	2600	18.7	9
SiO_2 (ガラス)	Fiber	8–10	100–900	0.5		2.54	11

は歪んだルチル構造をとる。

CaI_2 および PbI_2 は CdI_2 構造をつくり, Ca, Sr, Ba および Pb の AX_2 型ハロゲン化物は $PbCl_2$ 構造もしくは SrB_2 構造をとる。$PbCl_2$ 構造では Pb 原子は9個の Cl 原子で囲まれており $SrBr_2$ 構造と関連がある。

3価の希土類元素およびアクチノイド元素の三塩化物, 三臭化物および水酸化物は $Y(OH)_3$ 構造をつくり, それぞれの金属に9個の陰イオンが配位する。次章では, ReO_3 構造をもち金属イオンが6配位した三フッ化物について説明する。Na_3As 構造をもつ三フッ化物は5配位の金属原子を含み, 希土類およびアクチノイド元素のフッ化物の大部分がこの構造をとる。

水素化物

この章で最も興味ある水素化物は Na_3As 構造をとる希土類元素の三水素化物である。これらは一般に非化学量論的で, LiH や CaH_2 などのイオン性水素化物と金属性水素化物との間の橋渡しをするものである。希土類金属はイオン性水素化物における金属と同様電気的に陽性であるが, 水素化物の密度は金属

第6章　NiAsタイプと関連の構造　　　175

性水素化物の場合と同様に金属単体の密度よりも小さい。

窒化物

A_3N_2 の化学式をもつII族金属の窒化物のうち，Be_3N_2, Mg_3N_2 および Ca_3N_2 が C- 希土構造をとる。III族では，ホウ素が層構造をもつ BN をつくり，Al, Ga および In がウルツ鉱構造の AlN, GaN および InN をつくる。Th_2N_3 や U_2N_3 は A-希土構造をとる。

酸化物

ウルツ鉱構造をとる AO 型の酸化物は ZnO と BeO だけで，金属イオンは4個の酸素イオンで囲まれている。大きい希土類金属は A- 希土構造をもつ A_2O_3 型酸化物をつくる。この構造では陽イオンは7配位で，3価の大きい金属イオンに対しては6配位の金属イオンを含む C- 希土構造よりもこの構造が適している。

表6.1　文献

1. K. Bachmayer, H. Nowotny and A. Kohl, *Monatsh. Chem.* **86**, 39 (1955).
2. N. Schönberg, *Acta Chem. Scand.* **8**, 226 (1954).
3. G. Hagg and N. Schönberg, *Arkiv. Kemi.* **7**, 371 (1954).
4. C. P. Kempter, *J. Chem. Phys.* **41**, 1515 (1964).
5. J. Leciejewicz, *Acta Cryst.* **14**, 200 (1961).
6. R. H. Willens and E. Buchler, *Appl. Phys. Letters* **7**, 25 (1965).
7. N. Schönberg, *Acta Chem. Scand.* **8**, 208 (1954).
8. N. Schönberg, *Acta Met.* **2**, 427 (1954).
9. N. Schönberg, *Acta Chem. Scand.* **8**, 199 (1954).

表6.2a　文献

1. R. F. Adamsky and K. M. Merz, *Z. Krist.* **111**, 350 (1959).
2. *Natl. Bur. Stds. Circular* 539, **8** (1958).
3. J. Krug and L. Sieg, *Z. Naturforsch.* **7A**, 369 (1952).
4. M. R. Lorenz and J. S. Prener, *Acta Cryst.* **9**, 538 (1956).
5. W. H. Zachariasen, *Z. Phys. Chem. (Leipzig)* **127**, 218 (1927).
6. J. A. Goedkoop and A. F. Anderson, *Acta Cryst.* **8**, 118 (1955).
7. K. M. Taylor and C. Lenie, *J. Electrochem. Soc.* **107**, 308 (1960).
8. J. Pastinak and L. Roskovcova. *Phys. Status Solidi* **14**, K5 (1966).
9. J. V. Lirman and G. S. Zhdanov, *Acta Physicochim. URSS* **6**, 306 (1937).
10. R. Juza and H. Hahn, *Z. Anorg. Allgem. Chem.* **239**, 282 (1938).
11. G. Brauer and R. Esselborn, *Z. Anorg. Allgem. Chem.* **309**, 151 (1961).
12. G. Brauer and K. H. Zapp, *Z. Anorg. Allgem. Chem.* **277**, 129 (1954).
13. G. A. Jeffrey, G. S. Parry and R. L. Mozzi, *J. Chem. Phys.* **25**, 1024 (1956).

14. T. B. RYMER and G. D. ARCHARD, *Research* **5**, 292 (1952).
15. H. HAHN, G. FRANK, W. KLINGER, A. D. MEYER and G. STORGER, *Z. Anorg. Chem.* **271**, 153 (1953).
16. A. SCHNEIDER and G. GATTOW, *Z. Anorg. Chem.* **277**, 49 (1954).
17. S. IBUKI, *J. Phys. Soc. Japan* **14**, 1181 (1959).
18. N. A. GORYUNOVA, V. A. KOTOVICH and V. FRANK-KAMENETSKII, *Zh. Tekh. Fiz.* **25**, 2419 (1955).
19. H. HAHN and W. KLINGLER, *Z. Anorg. Chem.* **259**, 135 (1949).
20. W. KLEMM and K. WAHL, *Phys. Rev.* **83**, 1270 (1951).
21. H. SCHNAASE, *Z. Phys. Chem.* **B20**, 89 (1933).
22. A. BARONI, *Z. Krist.* **99A**, 336 (1938).
23. N. P. GRAZHDANKINA and D. I. GURFEL, *Sov. Phys.-JETP* **8**, 631 (1959).
24. H. E. SWANSON and R. K. FUYAT, *Natl. Bur. Stds. (U.S.) Circ.* 539, II, 14, 16 (1953).
25. A. S. PASHINKIN, G. N. TISHCHENKO, I. V. KORNEEVA and B. N. RYZHENKO, *Sov. Phys.-Cryst.* **5**, 243 (1960).
26. Y. D. CHISTYAKOV and E. CRUCEAUNU, *Rev. Phys., Acad. Rep. Populaire Roumaine* **6**, 211 (1961).

表6.2b 文献

1. I. WOLF, *Z. Anorg. Chem.* **87**, 120 (1914).
2. O. J. WHITTEMORE, JR., *J. Can. Ceram. Soc.* **28**, 43 (1949).
3. I. E. CAMBELL, *High Temperature Technology*, Wiley, New York (1956).
4. T. RENNER, *Z. Anorg. Chem.* **298**, 22 (1959).
5. G. R. FINLAY, *Chem. in Can.* **4**, 41 (1952).
6. K. TAYLOR and C. LENIE, *J. Electrochem. Soc.* **107**, 308 (1960).
7. W. G. BRADSHAW and C. O. MATHEWS, *Properties of Refractory Materials, Collected Data and References*, LMSD-2466 (June 24, 1958).
8. O. H. KRIKORIAN, *Thermal Expansion of High Temperature Materials*, UCRL-6132 (September 1960).
9. C. HEILAND and H. IBACK, *Solid State Commun.* **4**, 353 (1966).

表6.3 文献

1. J. L. GREEN, UCRL-16516, Univ. of Calif., Berkeley (1966).
2. W. H. ZACHARIASEN, *Acta Cryst.* **1**, 265 (1948).
3. D. H. TEMPLETON and C. H. DAUBEN, *J. Am. Chem. Soc.* **76**, 5237 (1954).
4. R. FRICKE and A. SEITZ, *Z. Anorg. Allgem. Chem.* **254**, 107 (1947).
5. R. ROY and H. A. MCKINSTRY, *Acta Cryst.* **6**, 365 (1953).
6. R. FRICKE and W. DÜRRWÄCHTER, *Z. Anorg. Allgem. Chem.* **259**, 305 (1949).

表6.4 文献

1. J. JELLINEK, G. BRAUER and H. MUELLER, *Nature* **185**, 376 (1960).
2. R. E. BELL and R. E. HERFERT, *J. Am. Chem. Soc.* **79**, 3351 (1957).
3. P. B. JAMES and M. T. LAVIK, *Acta Cryst.* **16**, 1183 (1963).
4. O. KNOP and R. D. MACDONALD, *Can. J. Chem.* **39**, 897 (1961).
5. S. M. SAMOILOV and A. M. RUBINSHTEIN, *Bull. Acad. Sci. USSR, Div. Chem. Sci.* **1959**, 1819 (1959).

第6章 NiAsタイプと関連の構造

表6.5 文献

1. G. Brauer and E. Zintl, *Z. Phys. Chem.* **B37**, 323 (1937).
2. R. E. Tate and F. W. Schonfeld, *Trans. AIME* **215**, 296 (1959).
3. G. Gnutzmann, F. W. Dorn and W. Klemm, *Z. Anorg. Allgem. Chem.* **309**, 210 (1961).
4. K. Schubert and K. Anderko, *Z. Metallk.* **42**, 321 (1951).
5. W. W. Zhuravlev, V. A. Smirnov and T. A. Mingazin, *Sov. Phys.-Cryst.* **5**, 134 (1960).
6. G. Brauer and R. Rudolph, *Z. Anorg. Chem.* **248**, 405 (1941).
7. M. Wansmann, *Z. Anorg. Allgem. Chem.* **331**, 98 (1964).

表6.6 文献

1. A. Iandelli and R. Ferro, *Gazz. Chim. Ital.* **84**, 463 (1954).
2. L. N. Butorina and Z. G. Pinsker, *Sov. Phys.-Cryst.* **5**, 560 (1961).
3. H. Terrey and H. Diamond, *J. Chem. Soc.* **1928**, 2820 (1928).
4. E. Donges, *Z. Anorg. Allgem. Chem.* **265**, 56 (1951).
5. H. Blum, *Z. Phys. Chem.* **22B**, 298 (1933).
6. R. S. Mitchell, *Z. Krist.* **108**, 296 (1956).
7. A. Ferrari and F. Giorgi, *Rend. Accad. Lincei* **10**, 522 (1929).
8. H. M. Powell and F. M. Brewer, *J. Chem. Soc.* **1938**, 197 (1938).
9. Z. G. Pinsker, L. I. Tatarinova and V. A. Norikova, *Acta Physicochim. USSR* **18**, 378 (1943).
10. J. S. Anderson and R. W. M. D'Eye, *J. Chem. Soc.* **1949**, S244 (1949).
11. P. Ehrlich, W. Gutsche and H. J. Seifert, *Z. Anorg. Allgem. Chem.* **312**, 80 (1961).
12. N. C. Baenziger and R. E. Rundle, *Acta Cryst.* **1**, 274 (1948).
13. W. Klemm and L. Grimm, *Z. Anorg. Allgem. Chem.* **249**, 198 (1941).
14. L. B. Asprey and F. H. Kruse, *J. Inorg. Nucl. Chem.* **13**, 32 (1960).
15. P. Ehrlich and H. J. Seifert, *Z. Anorg. Allgem. Chem.* **301**, 282 (1959).
16. H. R. Oswald, *Helv. Chim. Acta* **43**, 77 (1960).
17. A. E. Vol, *Structure and Properties of Binary Metal Systems*, Vol. I, Fizmatgiz., Moscow (1959).
18. S. Tengner, *Z. Anorg. Allgem. Chem.* **239**, 126 (1938).
19. F. K. McTaggart and A. D. Wadsley, *Australian J. Chem.* **11**, 445 (1958).
20. E. F. Hockings and J. G. White, *J. Phys. Chem.* **64**, 1042 (1960).
21. C. J. Raub, V. B. Compton, T. H. Geballe, B. T. Matthias, J. P. Maita and G. W. Hull, Jr., *J. Phys. Chem. Solids*, **26**, 2051 (1965).
22. A. Kjekshus, *Acta Chem. Scand.* **15**, 159 (1961).
23. S. Geller, *J. Am. Chem. Soc.* **77**, 2641 (1955).
24. A. Weiss and A. Weiss, *Z. Anorg. Chem.* **273**, 124 (1953).
25. I. Oftedal, *Z. Phys. Chem.* **134**, 301 (1928).
26. G. Busch, G. Frohlish, C. Hullinger and E. Steigmeier, *Helv. Phys. Acta* **34**, 359 (1961).
27. G. Hagg and N. Schönberg, *Arkiv. Kemi.* **7**, 371 (1954).
28. B. Bernusset, *Rev. Chim. Minerale* **3**, 135 (1966).
29. P. Ehrich, *Z. Anorg. Allgem. Chem.* **260**, 1 (1949).
30. E. Hoschek and W. Klemm, *Z. Anorg. Chem.* **242**, 49 (1939).
31. H. Hahn and P. Ness, *Z. Anorg. Allgem. Chem.* **302**, 37 (1959).
32. H. E. Petch, *Acta Cryst.* **14**, 950 (1961).
33. G. Natta, *Gazz. Chim. Ital.* **58**, 344 (1928).
34. W. Feitknecht, *Helv. Chim. Acta* **21**, 766 (1938).
35. A. L. MacKay, *Croat. Che. Acta* **31**, 67 (1959).
36. W. Lotmar and W. Feitknecht, *Z. Krist.* **93A**, 368 (1936).

表6.7 文献
1. B. F. DECKER and J. S. KASPER, *Acta Cryst.* **12**, 503 (1959).
2. J. L. HOARD and A. E. NEWKIRK, *J. Am. Chem. Soc.* **82**, 70 (1960).
3. R. A. BRUNGS, *Boron, Int. Symp. Paris,* 119 (1964) (pub. 1965).
4. J. L. HOARD and R. E. HUGHES, *Boron, Int. Symp. Paris* 81 (1964) (pub. 1965).
5. F. GALASSO, R. VASLET and J. PINTO, *Appl. Phys. Letters* **8**, 331 (1966).

表6.8a 文献
1. A. BROWN, *Acta Cryst.* **14**, 860 (1961).
2. A. IANDELLI, *Atti. Accad. Nazl. Lincei, Rend. Classe Sci. Fis. Mat. Nat.* **19**, 39 (1955).
3. J. W. NIELSEN and N. C. BAENZIGER, *Acta Cryst.* **7**, 132 (1954).
4. F. LAVES, *Naturwiss.* **31**, 145 (1943).
5. S. E. HASZKO, *Trans. AIME* **221**, 201 (1961).
6. A. IANDELLI and A. PALENZONA, *Atti. Accad. Nazl. Lincei, Rend. Classe Sci. Fis.* **37**, 165 (1964).
7. B. T. MATTHIAS, V. B. COMPTON and E. CORENZWIT, *Phys. Chem. Solids* **19**, 130 (1961).
8. D. E. DZYANA, V. YAMARKIV and E. I. GLADISHEVS'KII, *Dopvidi. Akad. Nauk uhr. RSR* **9**, 1177 (1964).
9. A. IANDELLI, *Atti. Accad. Nazl. Lincei, Rend. Classe Sci. Fis. Mat. Nat.* **29**, 62 (1960).
10. R. E. RUNDLE and A. S. WILSON, *Acta Cryst.* **2**, 148 (1949).
11. A. BROWN and J. J. NORREYS, *Nature* **191**, 61 (1961).
12. G. E. Co., A. BROWN, Brit. 997,077, June 30 (1965).
13. C. J. RAUB, V. B. COMPTON, T. H. GEBALLE, T. B. MATTHIAS, J. P. MAITA and G. W. HULL, JR., *J. Phys. Chem. Solids* **26**, 2051 (1965).
14. W. OBROWSKI, *Naturwiss.* **48**, 428 (1961).
15. R. KEISSLING, *Acta Chem. Scand.* **3**, 595 (1949).
16. E. RUDY and F. BENESOVSKY, *Monatsh. Chem.* **92**, 415 (1961).
17. M. PRZYBYLSKA, A. REDDOCH and G. RITTER, *J. Am. Chem. Soc.* **85**, 407 (1963).
18. M. E. JONES and R. E. MARSH, *J. Am. Chem. Soc.* **76**, 1434 (1954).
19. I. BINDER and B. POST, *Acta Cryst.* **13**, 356 (1960).
20. F. BERTAUT and P. BLUM, *Acta Cryst.* **4**, 72 (1951).
21. L. H. ANDERSSON and R. KIESSLING, *Acta Chem. Scand.* **4**, 160 (1950).
22. B. POST, R. W. GLASER and D. MOSKOWITZ, *Acta Met.* **2**, 20 (1954).
23. C. P. KEMPTER and R. J. FRIES, *J. Chem. Phys.* **34**, 1994 (1961).
24. B. J. MCDONALD and W. L. STUART, *Acta Cryst.* **13**, 447 (1960).
25. N. N. ZHURAVLER and A. A. STEPANOVA, *Sov. Phys.-Cryst.* **3**, 76 (1958).
26. R. KIESSLING, *Acta Chem. Scand.* **3**, 603 (1949).
27. I. HIGASHI and T. ATODA, *Sci. Papers Inst. Phys. Chem. Res.* **60**, 32 (1966).
28. B. W. HOWLETT, *J. Inst. Metals* **88**, 91 (1959–1960).
29. G. A. MEERSON and G. V. SAMSONOV, *Zh. Prikl. Khim.* **27**, 1115 (1954).
30. H. NOWOTNY, E. RUDY and F. BENESOVSKY, *Monatsh. Chem.* **91**, 963 (1960).

表6.8b 文献
1. V. S. NESHPOR and V. L. YUPKO, *Zhur. Priklad. Khim.* **36**, 1139 (1963).
2. I. BINDER, *J. Am. Ceram. Soc.* **43**, 287 (1960).
3. V. S. NESHPOR and P. S. KISLYI, *Agneupory* **23**, 231 (1959).
4. F. GLASER, D. MOSKOWITZ and B. POST, *J. Metals* **5**, 1119 (1953).

第6章 NiAsタイプと関連の構造   179

5. P. GILLES and B. POLOCK, *J. Metals* **5**, 1537 (1943).
6. C. AGTE and K. MOERS, *Z. Anorg. Chem.* **198**, 233 (1931).
7. A. POLTY, H. MARGOLIN and J. NILSEN, *Trans. ASM* **46**, 312 (1954).
8. B. HOWLETT, *J. Inst. Metals* **88**, 467 (1959-60).
9. H. NOWOTNY, F. BENESOVSKY and R. KIEFFER, *Z. Metallk.* **50**, 258 (1959).
10. V. S. NESHPOR and G. V. SAMSONOV, *Fiz. Tverd. Tela.* **2**, 2101 (1960).
11. J. BINDER and R. STEINITZ, *Planseeber. Pulvermet.* **7**, 18 (1959).
12. S. N. L'VOV, V. F. NEMCHENKO and G. V. SAMSONOV, *Dokl. Akad. Nauk SSSR* **135**, 577 (1960).
13. YU. B. PADERNO, T. I. SEREBRYAKOVA and G. V. SAMSONOV, *Tsvetnye Metal* **11**, 48 (1959).
14. R. STEINITZ, J. BINDER and D. MOSKOWITZ, *J. Metals* **4**, 148 (1952).
15. G. V. SAMSONOV, *Dokl Akad. Nauk SSSR* **133**, 1344 (1960).
16. K. MOERS, *Z. Anorg. Chem.* **198**, 243 (1931).
17. P. S. KISLYI, S. N. L'VOV, V. F. MEMCHENKO and G. V. SAMSONOV, *Izv. Akad. Nauk SSSR, Otdel. Tekh. Nauk, Ser. Metallurgiya i Toplivo* No. 6 (1962).
18. H. NOWOTNY, F. BENESOVSKY and R. KIEFFER, *Z. Metallk* **50**, 258 (1959).
19. G. V. SAMSONOV and V. S. NESHPOR, Problems of Powder Metallurgy and the Strength of Materials. No. 5, *Izd., An. UKr. SSR, Kiev.* **3** (1958).
20. G. V. SAMSONOV, *Dokl. Akad. Nauk SSSR* **86**, 319 (1952).
21. S. N. L'VOV, V. F. NEMCHENKO and G. V. SAMSONOV, *Poroshkovaya Metallurgiya* **1**, 68 (1961).
22. S. SINDEBAND and P. SCHWARZKOPF, *Powder Met. Bull.* **5**, 42 (1950).
23. P. SCHWARZKOPF and S. SI DEBOND, *Proc. Electrochem. Soc. Clev.* (1950).
24. *Industrial Heating* **28**, 137 (1961).
25. V. S. NESHPOR and M. I. REZNICHENKO, *Agneuproy* **3**, 134 (1963).
26. V. S. NESHPOR and G. V. SAMSONOV, *Fiz. Metal i Metalloved.* **4**, 181 (1957).
27. H. HOLLECK, F. BENESOVSKY, E. LAUBE and H. NOWOTNY, *Montsh. Chem.* **93**, 1075 (1962).
28. A. M. BELIKOV and YA S. UMANSKII, *Kristallografiya* **4**, 684 (1959).
29. G. BECKMANN and R. KIESSLING, *Nature* **178**, 1341 (1956).

表6.9 文献

1. E. ZINTL and E. HUSEMANN, *Z. Phys. Chem.* **B 21**, 138 (1933).
2. E. ZINTL and E. HUSEMANN, *Z. Phys. Chem.* **B 21**, 148 (1933).
3. W. H. ZACHARIASEN, *Acta Cryst.* **2**, 388 (1949).
4. D. A. VAUGHAN, *J. Metals* **8**, 78 (1956).
5. R. S. ROTH and S. J. SCHNEIDER, *J. Res. NBS* **64A**, 309 (1960).
6. V. B. GLUSHKOVA and E. K. KELER, *Dokl. Akad. Nauk SSSR* **152**, 611 (1963).
7. H. MUELLER-BUSCHBAUM, *Z. Anorg. Allgem. Chem.* **343**, 6 (1966).
8. B. H. SOFFER and R. H. HOSKINS, *Appl. Phys. Letters* **4**, 113 (1964).
9. R. H. HOSKINS and B. N. SOFFER, *J. Appl. Phys.* **4**, 323 (1964).

表6.10a 文献

1. Z. S. BASINSKI, R. O. KORNELSEN and W. B. PEARSON, *Trans. Indian Inst. Metals* **13**, 141 (1960).
2. R. D. HEYDING and L. D. CALVERT, *Can. J. Chem.* **35**, 1205 (1957).
3. K. BACHMAYER, H. NOWOTNY and A. KOHL, *Monatsh. Chem.* **86**, 39 (1955).
4. D. C. HAMILTON, C. J. RAUB, B. T. MATTHIAS, E. CORENZWIT and G. W. HULL, JR., *J. Phys. Chem. Solids* **26**, 665 (1965).
5. S. A. SHCHUKAREV, M. P. MOROZOVA and T. A. STOLYAROVA, *J. Gen. Chem., USSR* **31**,

1657 (1961).
6. N. N. ZHURAVLEV, N. E. ALEKSEEVSKII and G. S. ZHDONOV, *Vestniv Moskov Univ., Ser. Mat. Mekh., Astron. Fiz. i Khim.* **14**, 1117 (1959).
7. N. N. ZHURAVLEV, A. A. STEPANOVA and N. I. ZYUZIN, *Sov. Phys. JETP* **7**, 627 (1959).
8. V. P. GLAGOLENVA and G. S. ZHDANOV, *Zh. Eksperim. Teoret. Fiz.* **25**, 248 (1953).
9. M. FURST and F. HALLA, *Z. Phys. Chem.* **408**, 285 (1938).
10. F. K. LOTGERING and E. W. GORTER, *Phys. Chem. Solids* **3**, 238 (1957).
11. A. WESTGREN and G. PHRAGMEN, *Z. Anorg. Chem.* **175**, 80 (1928).
12. I. OFTEDAL, *Z. Phys. Chem. (Leipzig)* **128**, 135 (1927).
13. H. PFISTEREV and K. SCHUBERT, *Z. Metallk.* **41**, 358 (1950).
14. R. H. KUZMIN, *Sov. Phys.-Cryst.* **3**, 367 (1958).
15. H. NOWOTNY, K. SCHUBERT and U. DETTINGER, *Z. Metallk.* **37**, 137 (1946).
16. D. F. HEWITT, *Econ. Geol.* **43**, 408 (1948).
17. O. NIAL, *Svensk. Kem. Tidskr.* **59**, 172 (1947).
18. N. SCHÖNBERG, *Acta Chem. Scand.* **8**, 226 (1954).
19. L. THOMASSEN, *Z. Phys. Chem. (Leipzig)* **135**, 383 (1928).
20. L. THOMASSEN, *Z. Phys. Chem.* **4B**, 277 (1929).
21. I. OFFEDAL, *Z. Phys. Chem. (Leipzig)* **132**, 208 (1928).
22. H. NOWOTNY and J. PESI, *Monatsh. Chem.* **82**, 336 (1951).
23. B. ARONSSON, E. STENBERG and J. ASELIUS, *Acta Chem. Scand.* **14**, 733 (1960).
24. N. SCHÖNBERG, *Acta Chem. Scand.* **8**, 208 (1954).
25. D. LUNDQUIST and A. WESTGREN, *Z. Anorg. Allgem. Chem.* **239**, 85 (1938).
26. F. BOHM, F. GRONVOLD, H. HARALDSEN and H. PRYDZ, *Acta Chem. Scand.* **9**, 1510 (1955).
27. F. JELLINEK, *Acta Cryst.* **10**, 620 (1957).
28. H. A. WILHELM, A. S. NEWTON, A. H. DAANE and C. NEHER, U.S. Atomic Energy Comm. CT-3714 (1946).
29. H. HARALDSEN, *Z. Anorg. Chem.* **246**, 169 (1941).
30. K. HIRAKAWA, *J. Phys. Soc. Japan* **12**, 929 (1957).
31. F. GRONVOLD, H. HARALDSEN and J. VIHOVDE, *Acta Chem. Scand.* **8**, 1927 (1954).
32. N. P. GRAZHDANKINA and D. I. GURFEL, *Soviet Phys.-JETP* **8**, 631 (1959).
33. G. HÄGG and N. SCHÖNBERG, *Arkiv. Kemi.* **7**, 371 (1954).
34. M. LAFFITTE, *Bull. Soc. Chim. France* **1959**, 1211.
35. J. E. HELLER and W. WEGENER, *Neues. Jahrb. Mineral. Abhandl.* **94**, 1147 (1960).
36. W. KLEMM and N. FRATINI, *Z. Anorg. Allgem. Chem.* **251**, 222 (1943).
37. F. GRONVOLD and E. ROST, *Acta Chem. Scand.* **10**, 1620 (1956).
38. S. GELLER, *J. Am. Chem. Soc.* **77**, 2641 (1955).
39. A. A. MENKOV, L. N. KOMISSAROVA, YU. P. SIMANOV and V. I. SPITSYN, *Proc. Acad. Sci., USSR, Chem. Sect.* **141**, 1137 (1961).
40. S. F. BARTRAM, *Dissertation Abstr.* **19**, 1216 (1958).
41. P. BERNUSSET, *Rev. Chim. Minerale* **3**, 135 (1966).
42. I. TSUBOKAWA, *J. Phys. Soc. Japan* **14**, 196 (1959).
43. F. GRONVOLD, O. HAGBERG and H. HARALDSEN, *Acta Chem. Scand.* **12**, 971 (1958).
44. H. HAHN and P. NESS, *Z. Anorg. Allgem. Chem.* **302**, 136 (1959).

表6.10b 文献

1. A. H. ZIJLSTRA and H. B. HAANSTRA, *J. of Appl. Phys.* **37**, 2853 (1966).
2. A. J. J. KOCK, P. HOKKELING, M. G. V. D. STEEG and K. J. DE VOS, *J. Appl. Phys. Suppl.* **31**, 755 (1960).
3. J. WERNICK, S. E. HOSZKO and W. J. ROMANOW, *J. Appl. Phys.* **32**, 2495 (1961).
4. W. A. J. J. VELGE and K. J. DE VOS, *Z. Angew. Phys.* **21**, 115 (1966).

5. M. Suchet, *Compt. Rend.* **257**, 1756 (1963).
6. M. C. Cadeville and A. J. P. Meyer, *Compt. Rend.* **251**, 1621 (1960).
7. N. Miryasov and A. P. Parsanov, *Izv. Zuest. Akad. Nauk SSSR* **23**, 285 (1959).
8. W. D. Johnston, R. R. Heikes and J. Petrolo, *J. Phys. Chem.* **64**, 1720 (1960).
9. Ph. Duenner and S. Mueller, *Z. Naturforsch* **18a**, 1012 (1963).
10. J. H. Cochrane, *Machine Design*, 194 (September 15, 1966).

表6.11 文献
1. J. W. Nielsen and N. C. Boenziger, *Acta Cryst.* **7**, 132 (1954).
2. K. Schubert et al., *Naturwiss* **40**, 269 (1953).
3. L. Castelliz, *Monatsh. Chem.* **84**, 765 (1953).
4. O. Nial, *Z. Anorg. Chem.* **238**, 287 (1938).
5. F. Laves and H. J. Wallbaum, *Z. Angew. Min.* **4**, 17 (1941).
6. N. V. Ageev and E. S. Makarov, *Izv. Akad. Nauk SSSR (Khim)* 87 (1943).
7. E. Hellner, *Z. Metallk.* **41**, 480 (1950).
8. E. S. Makarov, *Izv. Akad. Nauk SSSR (Khim)* 114 (1944).
9. H. Nowotny and K. Schubert, *Z. Metallk.* **37**, 17 (1946).
10. K. Toman, *Acta Cryst.* **5**, 329 (1952).
11. O. Nial, *Svensk. Kem. Tid.* **59**, 165 (1937).
12. H. Nowotny, K. Schubert and W. Dettinger, *Z. Metallk.* **37**, 137 (1946).
13. C. J. Raub, W. H. Zachariasen, T. H. Geballe and B. T. Matthias, *J. Phys. Chem. Solids* **24**, 1093 (1963).
14. P. Pietrokowsky, *J. Metals.* **4**, 211 (1952).

表6.12 文献
1. S. Djurle, *Acta Chem. Scand.* **12**, 1415 (1958).
2. C. A. Taylor and F. A. Underwood, *Acta Cryst.* **13**, 361 (1960).

表6.13 文献
1. B. T. Matthias, T. H. Geballe and V. B. Compton, *Rev. Modern Phys.* **35**, 1 (1963).
2. W. E. Zeek, *Dissertation Abstr.* **17**, 1209 (1957).
3. A. R. Edwards and S. T. M. Johnstone, *J. Inst. Metals* **84**, 313 (1956).
4. R. J. Teitel and M. Cohen, *Trans. AIME* **185**, 285 (1949).
5. L. Misch, *Metallwirtschaft* **15**, 163 (1936).
6. S. G. Gorden, J. A. McGurty, G. E. Klein and W. J. Koshuba, *Trans. AIME* **191**, 637 (1951).
7. H. Nowotny, *Z. Metallk.* **37**, 31 (1946).
8. E. Hellner and F. Laves, *Z. Krist.* **A105**, 134 (1943).
9. H. Witte, *Naturwiss.* **25**, 795 (1937).
10. K. Kuo, *Acta Metal.* **1**, 720 (1953).
11. P. Duwez and H. Martens, *J. Metals* **4**, 72 (1952).
12. R. P. Elliott, Armour Research Foundation, Tech. Rept. 10SR Tech. Note OSR-TN-247, (Aug. 1954).
13. H. Witte, *Metallwirt.* **18**, 459 (1939).
14. H. J. Wallbaum, *Z. Krist.* **A103**, 391 (1941).

15. Y. MURAKAMI, H. KIMURA and Y. NISHIMURA, Trans. Natl. Res. Inst. Metals (Tokyo) **1**, 7 (1959).
16. H. ARNFELT, Iron Steel Inst. (London), Carnegie Schol. Mem. **17**, 1 (1928).
17. R. P. ELLIOT, TR. No. 1, Contract No. AF 18(600)-642 (1954).
18. V. B. COMPTON and B. T. MATTHIAS, Acta Cryst. **12**, 651 (1959).
19. F. LAVES and H. J. WALLBAUM, Z. Anorg. Chem. **250**, 110 (1942).
20. D. GILDE, Z. Anorg. Chem. **284**, 142 (1956).
21. W. DÖRING, Metallwirt. **14**, 918 (1935).
22. E. M. SAVITSKII and CH. V. KOPETSKII, Russ. J. Inorg. Chem. **5**, 1363 (1960).
23. P. T. KRYS'YAKEVICH, V. S. PROTASOV and YU B. KUZ'MA, Dopvidi. Abstr. Nauk uhr. RSR **2**, 212 (1964).
24. E. M. SAVITSKII and CH. V. KIPETSKII, Russ. J. Inorg. Chem. **5**, 1274 (1960).
25. A. E. DWIGHT, U.S. At. Energy Comm. ANL-6330, 156 (1960).
26. N. C. BAENZIGER, R. E. RUNDLE, A. I. SNOW and A. S. WILSON, Acta Cryst. **3**, 34 (1950).
27. B. T. MATTHIAS, J. Appl. Phys. **31**, 325 (1960).
28. B. T. MATTHIAS, V. B. COMPTON and E. CORENZWIT, J. Phys. Chem. Solids **19**, 130 (1961).
29. B. T. MATTHIAS, V. B. COMPTON and E. CORENZWIT, Phys. Chem. Solids **19**, 130 (1961).
30. N. H. KRIKORIAN, W. G. WITTEMAN and M. G. BOWMAN, J. Phys. Chem. **64**, 1517 (1960).

表6.14a 文献

1. C. P. KEMPTER and R. J. FRIES, J. Chem. Phys. **34**, 1994 (1961).
2. B. POST and F. W. GLASER, J. Chem. Phys. **20**, 1050 (1952).
3. R. KIESSLING, Acta Chem. Scand. **1**, 893 (1947).
4. YU B. KUZ'MA, V. I. LAKH, B. I. STADNYK and YU V. VORSHILOV, Poroshkovaya Met. Akad. Nauk Ukr. SSR **6**, 73 (1966).

表6.14b 文献

1. R. KEISSLING, Acta Chem. Scand. **1**, 893 (1947).
2. B. POST and F. W. GLASER, J. Chem. Phys. **20**, 1050 (1952).
3. H. P. WOODS, F. E. WAWNER, JR. and G. B. FOX, Science **151**, 75 (1966).
4. F. GALASSO and A. PATON, Trans. AIME **236**, 115 (1966).

表6.15 文献

1. K. BACHMAYER, H. NOWOTNY and A. KOHL, Monatsh. Chem. **86**, 39 (1955).
2. W. JEITSCHKO and H. NOWOTNY, Monatsh. Chem. **93**, 1197 (1962).
3. N. SCHÖNBERG, Acta Chem. Scand. **8**, 226 (1954).
4. H. NOWOTNY, E. PARTHÉ, R. KIEFFER and F. BENESOVSKY, Monatsh. Chem. **85**, 255 (1954).
5. L. E. TOTH, E. RUDY, J. JOHNSTON and E. R. PARKER, J. Phys. Chem. Solids **26**, 517 (1965).

表6.16 文献

1. S. S. BRENNER, J. Metals **14**, 809 (1962).
2. F. GALASSO, M. SALKIND, D. KUEHL and V. PATARINI, Trans. AIME **236**, 117 (1966).
3. W. H. SUTTON et al., Contract Now60-0465d, First Quarterly Report, May 1960 through 16th Quarterly Report, June 1964.

4. *Berylco, Bull.* **2125**, 8 (1964).
5. D. K. SMITH and R. W. NEWKIRK, Lawrence Radiation Laboratory, UCRL 7245, 20 (1963).
6. *Union Carbide, Tech. Info. Bull.* No. 116HD Rev. No. 4.
7. F. GALASSO, M. BASCHE and D. KUEHL, *Appl. Phys. Letters* **9**, 37 (1966).
8. J. J. GILMAN, *Am. Ceram. Soc. Educ. Symp.* (April 1962).
9. BATTELLE, *Ceramics for Aerospace, Am. Ceram. Soc.* (1964).
10. A. GATTI, R. CREE, E. FEINGOLD and R. MEHAN, G. E. Company, Contract NASW-670, Final Report (July 10, 1964).
11. T. D. CALLINAN, *Modern Material*, Vol. 1, p. 150, Academic Press Inc., New York, 150 (1958).

第7章 ペロブスカイトタイプと関連の構造

　ABX_3 タイプの化合物がペロブスカイト構造をとるが，この構造は立方最密充填したX原子層の一部をA原子で置換し，八面体のサイトにBイオンが入っている。規則化した Cu_3Au 構造ではB原子が失われており，ReO_3 構造ではA原子が失われていてX原子の最密充填層には穴が存在する。最密充填層は立方単位格子では〈111〉方向に垂直すなわち立方体の対角方向である。関連の構造は，最密充填したX原子の層もしくは立方単位格子を積み重ねてつくることができる。これらの構造相互の関係を表7.0に示す。

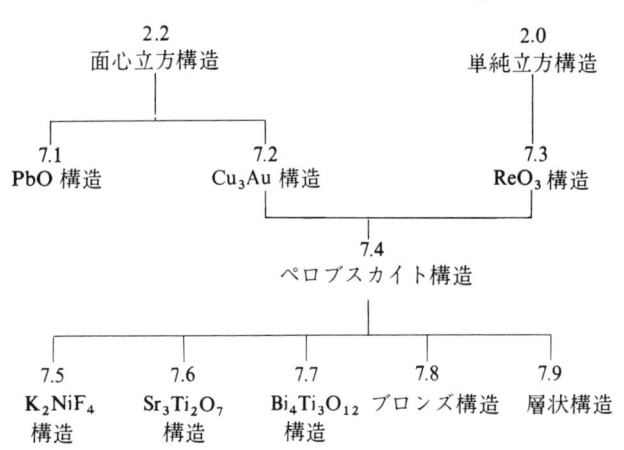

表7.0 ペロブスカイトタイプの構造

```
        2.2                                    2.0
      面心立方構造                           単純立方構造
     ┌─────┴─────┐                              │
    7.1         7.2                            7.3
  PbO 構造    Cu₃Au 構造                     ReO₃ 構造
                │                              │
                └──────────────┬───────────────┘
                              7.4
                         ペロブスカイト構造
          ┌──────┬──────┼──────┬──────┐
         7.5    7.6    7.7    7.8    7.9
       K₂NiF₄ Sr₃Ti₂O₇ Bi₄Ti₃O₁₂ ブロンズ構造 層状構造
        構造   構造    構造
```

7.1 α-PbO 構造, 赤色酸化鉛構造; B10, $P4/nmm$, 正方

赤色酸化鉛(II)(red lead oxide)の構造は規則化した立方最密充塡構造から導かれる。Pb 原子が単位格子の垂直方向の面心の位置を占め,O 原子が格子の隅と上下の面の中心を占めている。さらに,立方格子が c 軸方向に引伸ばされて,Pb 原子は手前と後側が下向きに,両側が上向きに移動している。この構造では空間群 $P4/nmm$ の次の位置にそれぞれの原子が位置している。

2 個の Pb が $(2c): 0, \frac{1}{2}, z; \frac{1}{2}, 0, \bar{z}; z = 0.2385$ を,

2 個の O が $(2a): 0, 0, 0; \frac{1}{2}, \frac{1}{2}, 0$ を占める。

この構造では,Pb 原子と O 原子は互に他の原子によって 4 配位されている。

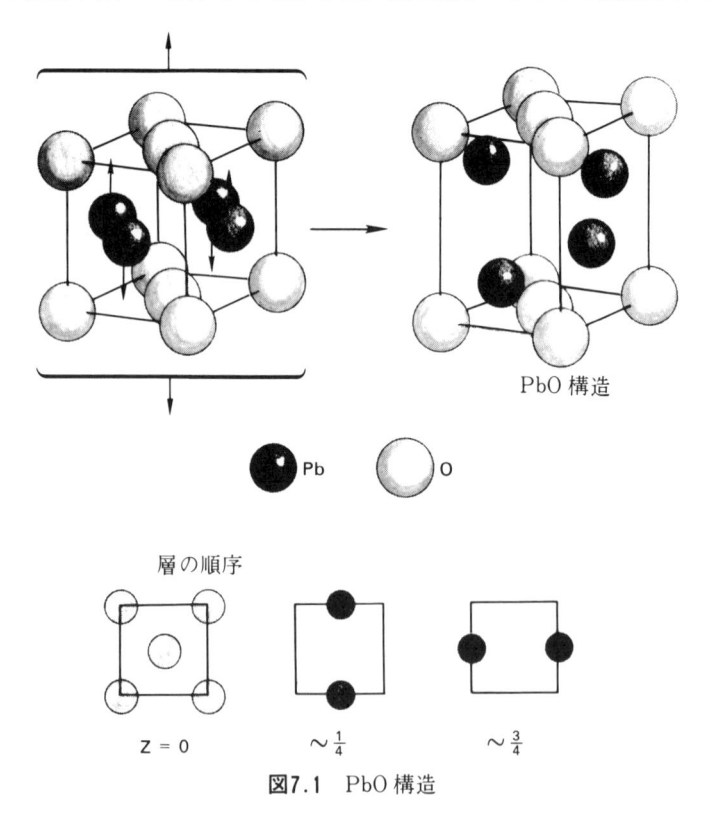

図7.1 PbO 構造

第7章 ペロブスカイトタイプと関連の構造

表7.1 PbO 構造をとる化合物

化合物	格子定数 (Å)		原子パラメータ, z	文献
	a_0	c_0		
FeSe (低温型)	3.773	5.529	Se : 0.26	1
FeTe	3.9230–3.8198	6.2767–6.2805	Te : 0.285	2
InBi (逆 PbO 型)	5.000	4.773	Bi : 0.393	3
LiOH	3.546	4.334	OH : 0.18–0.22	4
PbO	3.947	4.988	Pb : 0.2385	5, 6, 7
	3.975	5.023		
SnO	3.796	4.816	Sn : 0.2356	5, 8
	3.802	4.836		

O 原子は Pb 原子の四面体の中にあり，Pb 原子は O 原子がつくる四角形を底面とする四角錐の頂点を占める。水平方向の酸素の面では原子が平面的に四角形に配列しており，近似的に立方パッキングをとっている(訳注7.1)。

この構造を図 7.1 に，この構造をとる化合物を表 7.1 に示す。

7.2　Cu_3Au 構造；L1$_2$，$Pm3m$，立方

規則化した Cu_3Au 構造（ordered Cu_3Au structure）は面心立方格子の面心の原子と隅の原子の種類が異なる構造で，格子のタイプは単純立方である。この構造では，Au 原子が $0, 0, 0$ を，Cu 原子が $\frac{1}{2}, \frac{1}{2}, 0 ; \frac{1}{2}, 0, \frac{1}{2}$ および $0, \frac{1}{2}, \frac{1}{2}$ を占める（図 7.2）。

金属間化合物の Cu_3Au，Cu_3Pd，Cu_3Pt および Ni_3Fe は高温では原子が統計的に分布している立方最密構造をとるが，非常にゆっくり冷却すると規則的に配列した Cu_3Au 構造となる。この構造をもつ化合物のリストを表 7.2 に示す。

規則配列型 Cu_3Au 構造は規則構造の典型的な例として多くの研究で用いられており，種々の性質に及ぼす規則化の影響について調べられている。

訳注 7.1　酸化鉛(II)がとる構造としては α 型の他に高温で安定な黄色酸化鉛 (yellow lead oxide) β-PbO（斜方晶系）がある。

Auの原子の単純立方格子 → Cu₃Au構造

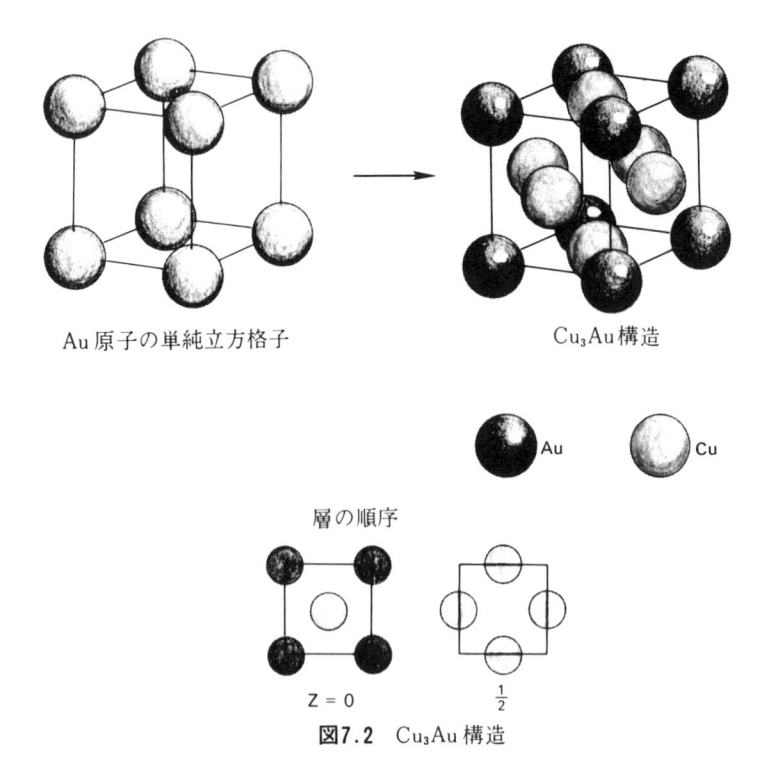

Au　Cu

層の順序

Z = 0　　1/2

図7.2　Cu₃Au構造

第7章 ペロブスカイトタイプと関連の構造

表7.2 Cu_3Au 構造をとる化合物

化合物	格子定数 a_0 (Å)	文献
金属間化合物		
α''-Ag_3Pt (低温型)	3.887	1
γ-$AgPt_3$ (85 at.% Pt)	3.885	1
α'-$AlCo_3$ (高温型)	3.658	2
Al_3Er	4.214	3
Al_3Ho	4.248	3
α'-$AlNi_3$	3.567	4
Al_3Np	4.262	5
Al_3U	4.254	6
Al_3Yb	4.2036	7
$AlZr_3$	4.372	8
$AuCu_3$	3.748	9
α'-Au_3Pt	3.926	10
$CaPb_3$	4.901	11
$CaSn_3$	4.742	11
$CaTl_3$	4.804	11
Cd_3Nb	4.215	12
α'-$CdPt_3$	3.977	13
$CeIn_3$	4.68	14
Ce_3In	5.0006	7
$CePb_3$	4.875	11
$CePt_3$	4.162	7
$CeSn_3$	4.722	11
$CoPt_3$	3.831	15
α'-$CrIr_3$	3.801	16
Cr_3Pt (62 at.% Cr)	3.775	17
α'-Cu_3Pd	3.662	18
Cu_3Pt	3.682	19
$ErIn_3$	4.563	3
$ErPt_3$	4.050	3
$ErTl_3$	4.659	3
$FeNi_3$	3.5523	20
$FePd_3$	3.851	21
$GaNi_3$	3.5823	22
Ga_3U	4.2475	23
$GeNi_3$	3.57	24
Ge_3Pu	4.223	25
Ge_3U	4.205	26
δ-$HgTi_3$ (高温型)	4.165	27
Hg_3Zr	4.365	23
$HoIn_3$	4.570	3
$HoPt_3$	4.058	3
$HoTl_3$	4.667	3

表7.2 （続き）

化合物	格子定数 a_0 (Å)	文献
InLa$_3$	5.075	7
InNd$_3$	4.9296	7
InPr$_3$	4.9636	7
In$_3$Pr	4.670	28
InPu$_3$	4.702	29
In$_3$Pu	4.607	29
In$_3$Sc	4.477	30
In$_3$Tb	4.5896	7
In$_3$Tm	4.561	7
In$_3$U	4.6013	23
In$_3$Yb	4.6164	7
γ'-IrMn$_3$	3.794	31
LaPb$_3$	4.903	32
LaPd$_3$	4.233	33
LaPt$_3$	4.0745	7
LaSn$_3$	4.782	32
MnPt$_3$	3.900	31
γ'-Mn$_3$Pt	3.834	31
γ'-Mn$_3$Rh	3.812	31
β-NaPb$_3$	4.884	34
Nb$_3$Si	4.211	35
NdPt$_3$	4.0590	7
NdSn$_3$	4.709	11
β-Ni$_3$Si	3.5040	36
PbPd$_3$	4.0216	36
Pb$_3$Pr	4.867	32
PbPu$_3$	4.053	37
Pb$_3$U	4.7834	23
Pd$_3$Sn	3.978	37
Pd$_3$Y	4.076	33
PrPt$_3$	4.0656	7
PrSn$_3$	4.725	11
Pt$_3$Sc	3.958	33
Pt$_3$Sm	4.0633	7
Pt$_3$Sn	3.993	39
Pt$_3$Tb	4.0839	7
Pt$_3$Ti	3.898	39
Pt$_3$Tm	4.0423	7
Pt$_3$Y	4.075	33
Pt$_3$Yb	4.0455	7
Pt$_3$Zn	3.893	13
PuSn$_3$	4.630	25
Rh$_3$Sc	3.898	33
Ru$_3$U	3.988	40
Si$_3$U	4.0353	23
Sn$_3$U	4.626	23
TbTl$_3$	4.679	7
TiZn$_3$	3.9322	27
Tl$_3$Tm	4.6554	7
Tl$_3$U	4.675	41

第7章 ペロブスカイトタイプと関連の構造

7.3 ReO₃ 構造; DO₉, $Pm3m$, 立方

単位格子に1個の原子を含む単純立方格子の体心に異種の原子を加えたものが CsCl 構造であり，面心に3個の異種原子を追加すると規則配列型 Cu₃Au 構造が得られる。単純立方格子の稜の中心に3個の異種原子を加えることによって ReO₃ 構造をつくることができる（図7.3）(訳注7.3)。

ReO₃ 構造では，Re 原子が $0,0,0$ を，O 原子が $0,\frac{1}{2},0;\frac{1}{2},0,0$ および $0,0,\frac{1}{2}$ を

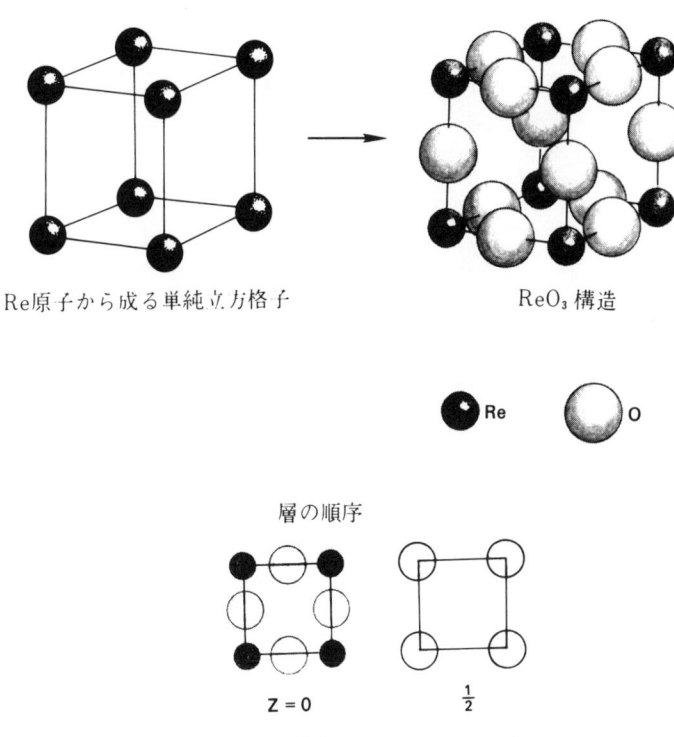

Re原子から成る単純立方格子　　　　ReO₃ 構造

● Re　　○ O

層の順序

Z = 0　　　　$\frac{1}{2}$

図7.3 ReO₃ 構造

訳注 7.3 ReO₃ 構造はまた，原点が $0,0,0$ にある単純立方格子と，これと同じ格子定数をもち原点が $\frac{1}{2},0,0$ にある面心立方格子とを組み合わせた構造であると考えることもできる。

占める。

この構造をとる化合物を表7.3に示す。

表7.3 ReO_3構造をとる化合物

化合物	格子定数 a_0 (Å)	文献
ハロゲン化物, オキシハロゲン化物		
FeF_3†	3.734	1
MoF_3	3.8985	2
NbF_3	3.903	3
$NbOF_2$	3.902	4
TaF_3	3.9012	3
TaO_2F	3.896	4
TiO_2F	3.798	5
窒化物		
Cu_3N	3.814	6
酸化物		
ReO_3	3.7510	7
UO_3 (unstable)	4.156	8
その他		
$CaSn(OH)_6$		9
$CoSn(OH)_6$		9
$CuSn(OH)_6$		9
$FeSn(OH)_6$		9
$MgSn(OH)_6$		9
$NiSn(OH)_6$		9
$ZnSn(OH)_6$		9

† 歪んだ構造

7.4 ペロブスカイト構造； $E2_1$, $Pm3m$

$CaTiO_3$は灰チタン石(perovskite)として天然に産出する。

ABX_3の組成式をもつ多くの化合物がペロブスカイト構造をつくる。この構造は,立方単位格子の中心をA原子が,隅をB原子が,稜の中心をX原子が占めた構造(A-タイプ単位格子)としてあらわすことができる。ここで,Xはほとんどの場合OまたはFである。A原子を単位格子の原点にとると,A原子が隅を占め,B原子が中心を,X原子が面心を占める立方格子としてこの構造を

第7章 ペロブスカイトタイプと関連の構造　193

あらわすこともできる(B-タイプ単位格子)。このように，ペロブスカイト構造を導く複数の方法がある。

ペロブスカイト構造の A-タイプ単位格子は，CsCl 構造に配列した AB の立方単位格子の稜の中心に X 原子を加えて得られるが，ReO_3 型に配列した

CsCl 構造

ABX_3, ペロブスカイト構造
（A-タイプ単位格子）

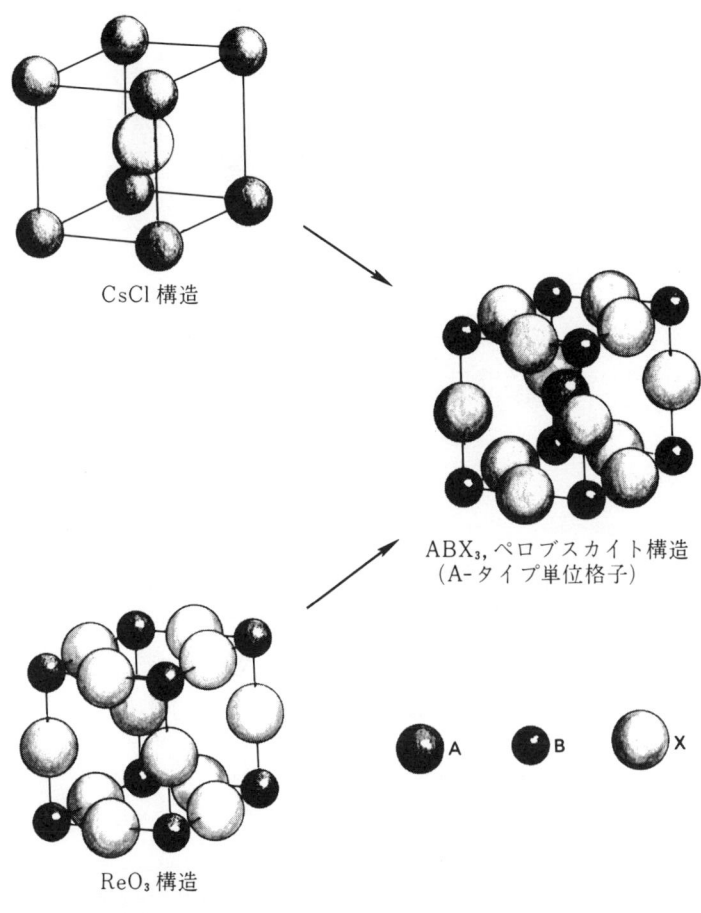

ReO_3 構造

A　B　X

図7.4a ペロブスカイト構造（A-タイプ単位格子）

BXの立方単位格子の中心にA原子を加えることによっても導かれる（図7.4 a）(訳注7.4)。

B-タイプの単位格子は規則配列型Cu_3Au構造をとるAX_3の立方単位格子の中心にB原子を加えて得られる（図7.4 b）。

Cu₃Au 構造

ABX_3, ペロブスカイト構造
（B-タイプ単位格子）

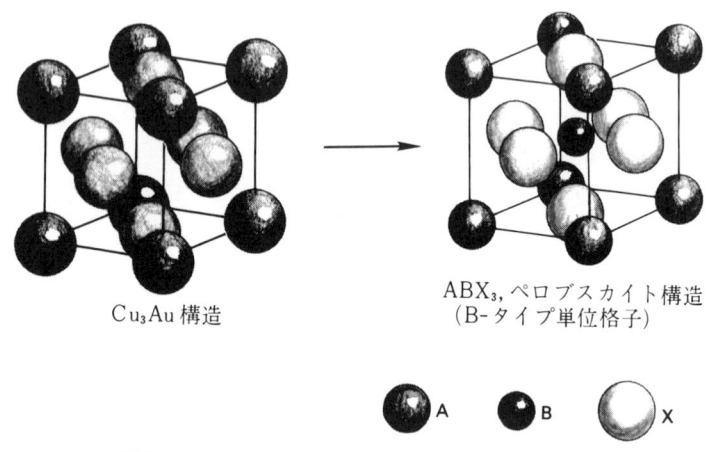

A　B　X

図7.4b　ペロブスカイト構造（B-タイプ単位格子）

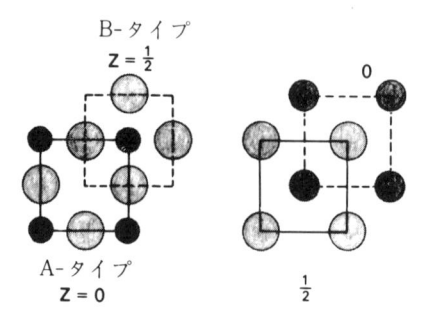

B-タイプ
$Z = \frac{1}{2}$

0

A-タイプ
$Z = 0$

$\frac{1}{2}$

図7.4c　ペロブスカイト構造における層の順序

訳注 7.4　この構造はまた，AとBから成るCsCl型格子と，これと同じ格子定数をもち原点が$\frac{1}{2}, 0, 0$にあるXの面心立方格子とを組み合わせた構造であると考えることもできる。

第7章 ペロブスカイトタイプと関連の構造   195

A-タイプおよび B-タイプの単位格子の相互の関係を図 7.4 c に示す。

B-タイプ単位格子では A 原子が $0, 0, 0$ を, B 原子が $\frac{1}{2}, \frac{1}{2}, \frac{1}{2}$ を, 3 個の X 原子が $0, \frac{1}{2}, \frac{1}{2}; \frac{1}{2}, 0, \frac{1}{2}; \frac{1}{2}, \frac{1}{2}, 0$ を占め, 12 個の X 原子が A 原子を囲み, 6 個の X 原

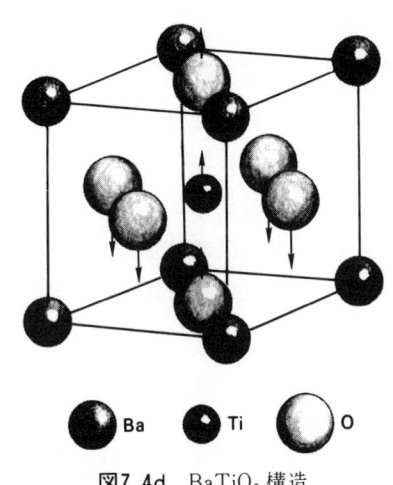

図7.4d　BaTiO$_3$ 構造

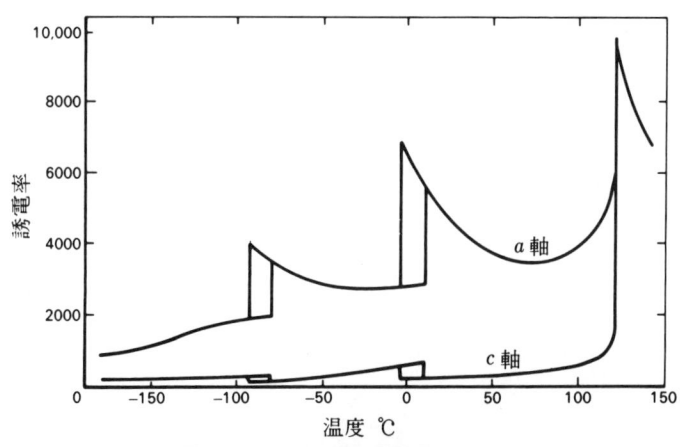

図7.4e　BaTiO$_3$ の誘電率
W. J. Merz, *Phys. Rev.* **75**, 687 (1949)

子がB原子を囲んでいる。理想的には，A原子とX原子が最密充塡しているので，それらの大きさがほぼ等しく，B原子が小さいことが望ましい。

性質

実際には理想的な立方構造のペロブスカイト型化合物は少ない。このことはある意味で幸運であり，多くのペロブスカイト型化合物が示す強誘電性は格子の歪に起因する双極子によって生ずる。

図7.4dは$BaTiO_3$格子における正方晶への僅かな歪を表わしている。チタン酸バリウムは120℃以上に加熱すると強誘電性を示さなくなる。$BaTiO_3$の誘電率が温度によってどのように変化するかを図7.4eに示した。誘電率はキュリー点附近で温度の上昇と共に急激に増加し，構造に対称中心が生じた後に降下することに注目されたい。これは強誘電材料および反強誘電材料における典型的な挙動である。

表7.4a ペロブスカイト構造の強誘電体

化合物	T (℃)	P_s (at T℃) $(10^{-6} c/cm^2)$	文献
$BaTiO_3$	120	26.0 (23)	1
$PbTiO_3$	490	750.0 (23)	2
$KNbO_3$	435	0.9 (23)	3
		30 (250)	
$KTaO_3$	−260		3
$NaNbO_3$	−200		4
$CdTiO_3$	−218		5
$Pb(Cd_{0.5}W_{0.5})O_3$			6
$Pb(Sc_{0.5}Nb_{0.5})O_3$	90	3.6 (18)	7
$Pb(Sc_{0.5}Ta_{0.5})O_3$	26		7
$Pb(Fe_{0.67}W_{0.33})O_3$	−75		8
$Pb(Fe_{0.5}Nb_{0.5})O_3$	112		9
$Pb(Fe_{0.5}Ta_{0.5})O_3$	−30		10
$Pb(Mg_{0.33}Nb_{0.67})O_3$	−12	14 (−130)	11
$Pb(Ni_{0.33}Nb_{0.67})O_3$	−120		11
$Pb(Ni_{0.33}Ta_{0.67})O_3$	−180		11
$Pb(Mg_{0.33}Ta_{0.67})O_3$	−98		11
$Pb(Co_{0.33}Nb_{0.67})O_3$	−70		11
$Pb(Co_{0.33}Ta_{0.67})O_3$	−140		11
$Pb(Zn_{0.33}Nb_{0.67})O_3$	−140		11

第7章 ペロブスカイトタイプと関連の構造

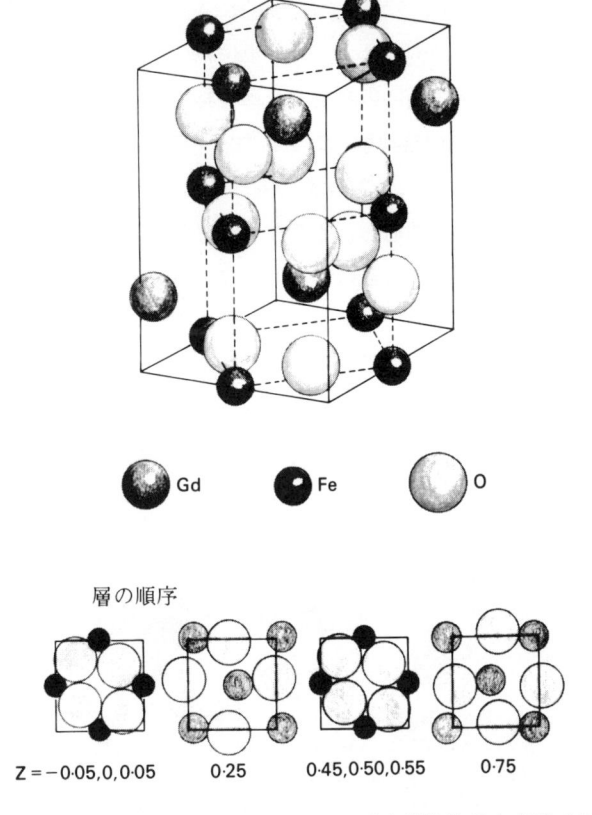

Gd　　Fe　　O

層の順序

Z = -0.05, 0, 0.05　　0.25　　0.45, 0.50, 0.55　　0.75

図7.4f GdFeO₃構造（二つの擬ペロブスカイト単位格子を点線で示した）

強誘電材料であることが認められている種々のペロブスカイト型化合物とそれらの臨界温度を表7.4aにまとめる。

かなり歪んだペロブスカイト構造

これら以外のペロブスカイト型化合物，たとえば希土類のフェライトは単斜晶系に歪んでいる。この場合には，ペロブスカイトの基本単位格子の格子定数を a とすると，a 軸および b 軸の長さが $\sqrt{2}a$ 程度，c 軸の長さが $2a$ の斜方晶系の単位格子であるとして指数付けする必要がある。それらの一例である

GdFeO$_3$ の構造を図 7.4 f に示す。点線は基本のペロブスカイト単位格子の外形をあらわしている。この図では，一つの単位格子に含まれる原子だけを示してあるが，層の順序を示す図には隣接した単位格子の原子も含めてある。

A(B$'_{0.5}$B$''_{0.5}$)X$_3$ タイプの規則型ペロブスカイト構造；$Fm3m$

Ba(Fe$_{0.5}$, Ta$_{0.5}$)O$_3$ のように荷電状態の異なる2種類のBイオンを含む種々の化合物もペロブスカイト構造をとることが知られている。

B として2種類以上の元素を含む規則型ペロブスカイト構造では，B$'$ 原子とB$''$ 原子が互い違いにその隅を占めている8個のペロブスカイト格子（A タイプ）が集って大きい立方単位格子をつくっている（図7.4 g）。B$'$ 原子とB$''$ 原子の大きさ，あるいは B$'$ イオンと B$''$ イオンの大きさと電荷の差が大きい程，

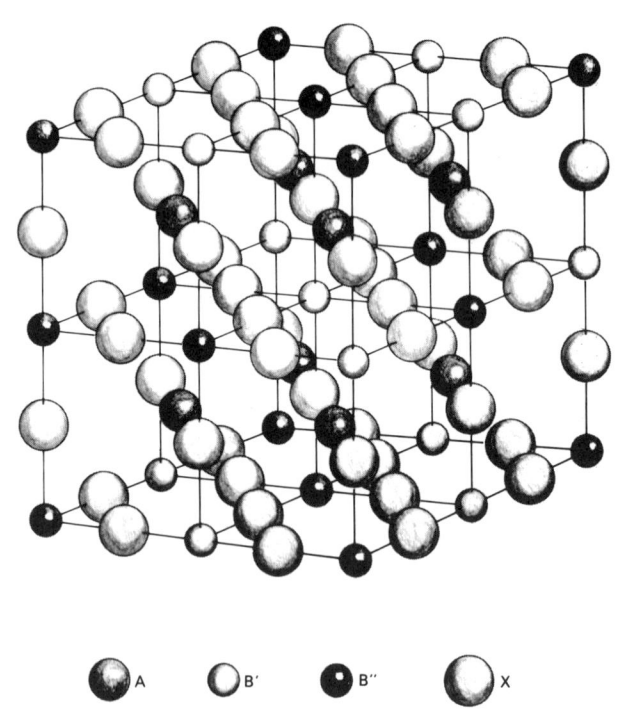

図7.4g 規則配列ペロブスカイト構造，A(B$'_{0.5}$B$''_{0.5}$)X$_3$

化合物が規則構造をつくる機会が多い。この構造をとる化合物の代表的な化学式は $A(B'_{0.5}B''_{0.5})X_3$ であるが, $A'(B'_{0.67}B''_{0.33})X_3$ 型の化合物も B' イオンと B'' イオンが部分的に規則化してこの構造をつくる。

性質

B'-O-B'' の結合は B' イオンと B'' イオンとの電子の相互作用にとって理想的で、これら化合物の多くがフェリ磁性体である。これらの化合物とペロブスカイト構造の磁性化合物を表7.4bに挙げる。

表7.4b 強磁性化合物

化合物	キュリー点 (°C)	文献
Ba_2FeMoO_6	64	1, 2
Sr_2FeMoO_6	146	1, 2
Ca_2FeMoO_6	104	1
Sr_2CrMoO_6	200	1
Ca_2CrMoO_6	−125	1
Sr_2CrWO_6	180	1
Ca_2CrWO_6	−130	1
Ba_2FeReO_6	43	3
Sr_2FeReO_6	128	3
Ca_2FeReO_6	265	3
Sr_2CrReO_6	室温	4
Ca_2CrReO_6	室温	4
$BiMnO_3$	−170	5
Fe_4N	488	6
Mn_4N	465	6
Fe_3NiN	487	6
Fe_3PtN	369	6

$Ba(Sr_{0.33}Ta_{0.67})O_3$ タイプの規則型ペロブスカイト構造; $P\bar{3}m1$

電荷の大きい B'' 元素を電荷の小さい B' 元素の2倍含む酸化物は $Ba(Sr_{0.33}Ta_{0.67})O_3$ タイプの構造をつくる可能性がある。この構造は六方晶系の単位格子であらわされ、その c 軸ははじめのペロブスカイト格子の〈111〉方向に等しい。それぞれの単位格子には2層の B'' イオン層と1層の B' イオン層とが含まれている(図7.4h)。図は、点線で示したペロブスカイト基本格子と $Ba(Sr_{0.33}Ta_{0.67})O_3$ の六方単位格子との関係を示したものである。

Ba 原子は1個が $0,0,0$ を，2個が $\frac{1}{3},\frac{2}{3},z;\frac{2}{3},\frac{1}{3},\bar{z};z=\frac{2}{3}$ を占める。

Sr 原子は1個が $0,0,\frac{1}{2}$ を，2個の Ta 原子は $\frac{1}{3},\frac{2}{3},z;\frac{2}{3},\frac{1}{3},\bar{z};z=\frac{1}{6}$ を占める。

O 原子は6個が $x,\bar{x},z;x,2x,z;2\bar{x},\bar{x},z;\bar{x},x,\bar{z};\bar{x},2\bar{x},\bar{z};2x,x,\bar{z};x=\frac{1}{6},z=\frac{1}{3}$ を，3個が $\frac{1}{2},0,0;0,\frac{1}{2},0;\frac{1}{2},\frac{1}{2},0$ を占める。

種々のペロブスカイト型化合物とそれらの格子定数を表7.4cに示す。

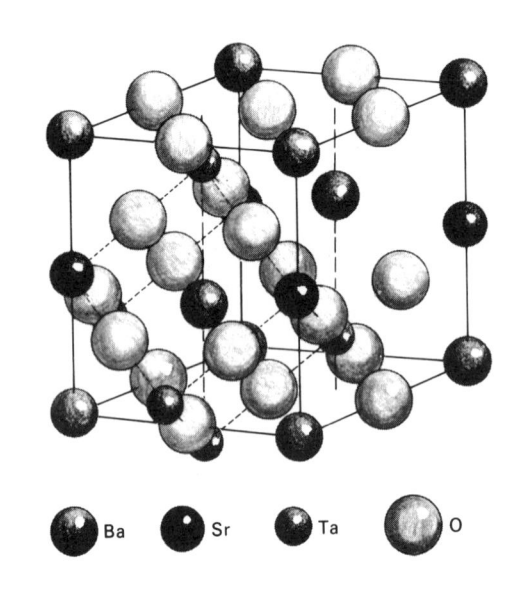

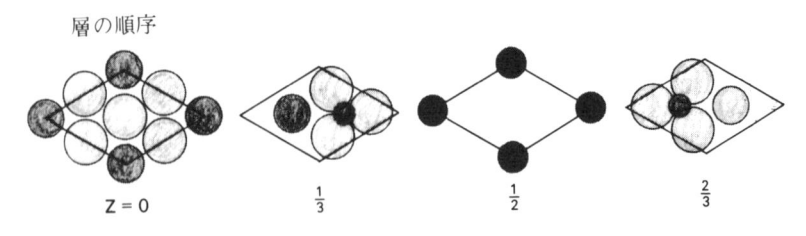

図7.4h　Ba(Sr$_{0.33}$Ta$_{0.67}$)O$_3$ 構造
（単純ペロブスカイト単位格子を点線で示した）

第7章 ペロブスカイトタイプと関連の構造

表7.4c ペロブスカイトタイプの化合物の格子定数

化合物	格子定数 (Å)		備 考	文献
	a_0	c_0		
炭化物				
$AlFe_3C$	3.719			1
$AlMn_3C$	3.869			2
Fe_3SnC	3.85			3
$GaMn_3C$	8.376			1
Mn_3ZnC	3.92			4
ハロゲン化物				
$CsCaF_3$	4.522			3
$CsCdBr_3$	10.70			5
$CsCdCl_3$	5.20			5
$CsFeF_3$	6.158	14.855	hexagonal	6
$CsGeCl_3$	5.47			5, 7
$CsHgBr_3$	5.77			5
$CsHgCl_3$	5.44	8.72	tetragonal	5
$CsMgF_3$	9.39	8.39	tetragonal	3
$CsPbBr_3$	5.874			
$CsPbCl_3$	5.590	5.630	tetragonal	
$CsZnF_3$	9.90	9.05	tetragonal	3
$KCaF_3$	8.742			3
$KCdF_3$	4.293			8
$KCoF_3$	4.071			9
$KCrF_3$	4.274	4.019	tetragonal	9
$KCuF_3$	4.140	3.926	tetragonal	9
$KFeF_3$	4.120			9
$KMgF_3$	3.973			3
$KMnF_3$	4.182			9
$KNiF_3$	4.012			9
$KZnF_3$	4.055			9
$LiBaF_3$	3.996			3
$NaZnF_3$	7.76	8.75	tetragonal	3
$RbCaF_3$	4.452			3
$RbCoF_3$	4.062			10
$RbFeF_3$	4.174			6
$RbMgF_3$	8.19		$\beta = 98°30'$ monocl.	3
$RbMnF_3$	4.250			11
$RbZnF_3$	8.71	8.01	tetragonal	3
$K(Cr_{0.5}Na_{0.5})F_3$	8.266			12
$K(Fe_{0.5}Na_{0.5})F_3$	8.323			12
$K(Ga_{0.5}Na_{0.5})F_3$	8.246			12
水素化物				
$LiBaH_3$	4.023			13
$LiEuH_3$	3.796			14
$LiSrH_3$	3.833			13
窒化物				
Fe_4N	3.795			15
Mn_4N	3.857			15
Fe_3NiN	3.790			15
Fe_3PtN	3.857			15

表7.4c （続き）

化合物	a (Å)	b (Å)	c (Å)	備考	文献
酸化物			$A^{1+}B^{5+}O_3$		
AgNbO$_3$	7.888	15.660	7.888	$\beta = 90.57°$	16
AgTaO$_3$	3.931	3.914	3.931	$\beta = 90.35°$	16
CsIO$_3$	9.324 or 4.66			cubic	17, 18
KIO$_3$	8.92 or 4.410			cubic $\alpha = 80°24'$ rhombohedral	18, 19, 20, 21, 22
KNbO$_3$	3.9714	5.6946	5.7203	orthorhombic	23
KTaO$_3$	3.9885			cubic	18, 24, 25
NaNbO$_3$	5.512	5.577	3.885	orthorhombic	23
NaTaO$_3$	3.8851	5.4778	5.5239	orthorhombic	27
RbIO$_3$	4.52 or 9.04			cubic	18, 28
TlIO$_3$	4.510			$\alpha = 89.34°$ rhombohedral	19, 29, 30
			$A^{2+}B^{4+}O_3$		
BaCeO$_3$	4.397				20, 31, 23, 32
BaFeO$_3$	3.98		4.01	tetragonal	33, 34
BaMoO$_3$	4.0404				35
BaPbO$_3$	4.273				36
BaPrO$_3$	8.708 or 4.354				18, 37
BaPuO$_3$	4.39				38
BaSnO$_3$	4.117				39, 20, 31
BaThO$_3$	4.480 or 8.985			monoclinic	20, 23, 32, 37
BaTiO$_3$	3.989		4.029	tetragonal	31
BaUO$_3$	4.387			pseudocubic	40
BaZrO$_3$	4.192			cubic	31
CaCeO$_3$	7.70			cubic	18, 41
CaHfO$_3$				orthorhombic	42
CaMnO$_3$	10.683	7.449	10.476	orthorhombic	43, 44, 45
CaMoO$_3$	7.80	7.77	7.80	$\beta = 91°23'$ monoclinic	46
CaSnO$_3$	5.518	7.884	5.664	orthorhombic	20, 47
CaThO$_3$	8.74			monoclinic, pseudocubic	18
CaTiO$_3$	5.381	7.645	5.443	orthorhombic	47
CaUO$_3$	5.78	8.29	5.97	orthorhombic	40
CaVO$_3$	5.326	7.547	5.352	orthorhombic	45
CaZrO$_3$	5.587	8.008	5.758	orthorhombic	48
CdCeO$_3$	7.65			orthorhombic or cubic	18, 41
CdSnO$_3$	5.547	5.577	7.867	orthorhombic	31
CdThO$_3$	8.74			pseudocubic	18
CdTiO$_3$	5.301	7.606	5.419	orthorhombic	31
CdZrO$_3$				orthorhombic	18
EuTiO$_3$	3.897				49
MgCeO$_3$	8.54				18
PbCeO$_3$	7.62			orthorhombic	18, 41
PbHfO$_3$				pseudotetragonal	50
PbSnO$_3$	7.86		8.13	tetragonal	18
PbTiO$_3$	3.896		4.136	tetragonal	51
PbZrO$_3$	9.28			pseudocubic, orthorhombic	39
SrCeO$_3$	5.986	8.531	6.125	orthorhombic	20, 31, 18
SrCoO$_3$	7.725				43
SrFeO$_3$	3.869				43
SrHfO$_3$	4.069 or 8.138			orthorhombic	18
SrMoO$_3$	3.9751				35

第7章 ペロブスカイトタイプと関連の構造

表7.4c (続き)

化合物	a(Å)	b(Å)	c(Å)	備考	文献
$SrPbO_3$	5.864	5.949	8.336	orthorhombic	36
$SrRuO_3$				cubic	52
$SrSnO_3$	4.0334 or 8.070			cubic	39, 15, 53
$SrThO_3$	8.84			pseudocubic	18
$SrTiO_3$	3.904			cubic	31
$SrUO_3$	6.01	8.60	6.17	orthorhombic	40
$SrZrO_3$	5.792 or 8.218	8.189	5.818	orthorhombic cubic	19, 31, 18
			$A^{3+}B^{3+}O_3$		
$BiAlO_3$	7.61		7.94	tetragonal	18
$BiCrO_3$	3.90	3.87	3.90	$\alpha = \gamma = 90°\ 35'$ triclinic $\beta = 89°\ 10'$	54
$BiMnO_3$	3.93	3.98	3.93	$\alpha = \gamma = 91°\ 25'$ triclinic $\beta = 90°\ 55'$	54
$CeAlO_3$	3.767		3.794	tetragonal	55, 56
$CeCrO_3$	3.866				56, 57, 58
$CeFeO_3$	3.900			pseudocubic, orthorhombic	56, 57
$CeGaO_3$	3.879			cubic, orthorhombic	57
$CeScO_3$				orthorhombic	57
$CeVO_3$	3.90				58, 59
$CrBiO_3$	7.77		·8.08	tetragonal	18
$DyAlO_3$	5.21	5.31	7.40	orthorhombic	60
$DyFeO_3$	5.30	5.60	7.62	orthorhombic	60
$DyMnO_3$	3.70			cubic	61
$EuAlO_3$	5.271	5.292	7.458	$GdFeO_3$ strucutre	56, 62
$EuCrO_3$	3.803				56
$EuFeO_3$	5.371	5.611	7.686	$GdFeO_3$ structure	63, 56, 62
$FeBiO_3$	7.64 or 3·965			$\alpha = 89°\ 28'$ rhombohedral	64, 65, 66
$GdAlO_3$	5.247	5.304	7.447	$GdFeO_3$ structure	56, 60, 62
$GdCoO_3$	3.732	3.807	3.676	orthorhombic	67
$GdCrO_3$	5.312	5.514	7.611	$GdFeO_3$ structure	68
$GdFeO_3$	5.346	5.616	7.668	orthorhombic	63, 69
$GdMnO_3$	3.82				44
$GdScO_3$	5.487	5.756	7.925	$GdFeO_3$ structure	68
$GdVO_3$	5.345	5.623	7.638	$GdFeO_3$ structure	68
$LaAlO_3$	3.788			$\alpha = 90°\ 4'$ rhombohedral	31
$LaCoO_3$	3.824 or 7.651			$\alpha = 90°\ 42'$ rhombohedral	43, 56, 58, 70, 71, 72
$LaCrO_3$	5 477	5 514	·7 755		68
$LaFeO_3$	5.556	5.565	7.862	$GdFeO_3$ structure	31. 63
$LaGaO_3$	5.496	5.524	7.787	$GdFeO_3$ structure	68
$LaInO_3$	5.723	8.207	5.914	orthorhombic	32, 57
$LaNiO_3$	7.676			$\alpha = 90°\ 41'$ pseudocubic	72, 73
$LaRhO_3$	3.94				70, 74
$LaScO_3$	5.678	5.787	8.098	$GdFeO_3$ structure	26, 68
$LaTiO_3$	3.92				75, 76
$LaVO_3$	3.99 or 7.842			cubic	58, 59, 77
$LaYO_3$				orthorhombic	78
$NdAlO_3$	3.752			rhombohedral	56, 60, 62
$NdCoO_3$	3.777				58, 67
$NdCrO_3$	5.412	5.494	7.695	$GdFeO_3$ structure	68
$NdFeO_3$	5.441	5.573	7.753	$GdFeO_3$ structure	63, 57

表7.4c (続き)

化合物	$a(Å)$	$b(Å)$	$c(Å)$	備考	文献
$NdGaO_3$	5.426	5.502	7.706	$GdFeO_3$ structure	68
$NdInO_3$	6.627	8.121	5.891	orthorhombic	31, 57
$NdMnO_3$	3.80				61
$NdScO_3$	5.574	5.771	7.998	$GdFeO_3$ structure	57, 68
$NdVO_3$	5.440	5.589	7.733	$GdFeO_3$ structure	68
$PrAlO_3$	3.757 or 5.31			$\alpha = 60°\ 20'$ rhombohedral	38, 56, 62
$PrCoO_3$	3.787			$\alpha = 90°\ 13'$ rhombohedral	58, 67
$PrCrO_3$	5.444	5.484	7.710	$GdFeO_3$ structure	68
$PrFeO_3$	5.495	5.578	7.810	$GdFeO_3$ structure	68
$PrGaO_3$	5.465	5.495	7.729	$GdFeO_3$ structure	68
$PrMnO_3$	3.82				61
$PrScO_3$	5.615	5.776	8.027	$GdFeO_3$ structure	68
$PrVO_3$	5.477	5.545	7.759	$GdFeO_3$ structure	68
$PuAlO_3$	5.33			$\alpha = 56°\ 4'$ rhombohedral	38
$PuCrO_3$	5.46	5.51	7.76	$GdFeO_3$ structure	38
$PuMnO_3$	3.86			pseudocubic	38
$PuVO_3$	5.48	5.61	7.78	$GdFeO_3$ structure	38
$SmAlO_3$	5.285	5.290	7.473	$GdFeO_3$ structure	57, 56, 62, 67
$SmCoO_3$	3.747	3.803	3.728	orthorhombic	58, 79
$SmCrO_3$	5.372	5.502	7.650	$GdFeO_3$ structure	68
$SmFeO_3$	5.394	5.592	7.711	$GdFeO_3$ structure	63, 26
$SmInO_3$	5.589	8.802	5.886	orthorhombic	31, 26
$SmVO_3$	3.89				58
$YAlO_3$	5.179	5.329	7.370	$GdFeO_3$ structure	,63
$YCrO_3$	5.247	5.518	7.540	$GdFeO_3$ structure	63, 79, 57, 68
$YFeO_3$	5.302	5.589	7.622	$GdFeO_3$ structure	58
$YScO_3$	5.431	5.712	7.894	$GdFeO_3$ structure	68
A_xBO_3 and ABO_{3-x}					
$Ce_{0.33}NbO_3$	3.89	3.91	7.86	orthorhombic	80
$Ce_{0.33}TaO_3$	3.90	3.91	7.86	orthorhombic	80
$Dy_{0.33}TaO_3$	3.83	3.83	7.75	$\gamma = 90.8°$ monoclinic	80
$Gd_{0.33}TaO_3$	3.87	3.89	7.73	orthorhombic	80
$La_{0.33}NbO_3$	3.91		7.90	tetragonal	80
$La_{0.33}TaO_3$	3.92		7.88	tetragonal	80
$Nd_{0.33}NbO_3$	3.90	3.91	7.76	orthorhombic	80
$Nd_{0.33}TaO_3$	3.91		7.77	tetragónal	80
$Pr_{0.33}NbO_3$	3.91	3.92	7.77	orthorhombic	80
$Pr_{0.33}TaO_3$	3.91	3.92	7.78	orthorhombic	80
$Sm_{0.33}TaO_3$	3.89		7.75	tetragonal	80
$Y_{0.33}TaO_3$	3.82	3.83	7.74	$\gamma = 90.9°$ monoclinic	80
$Yb_{0.33}TaO_3$	3.79	3.80	7.70	$\gamma = 91.6°$ monoclinic	80
$Ca_{0.5}TaO_3$	11.068	7.505	5.378	orthorhombic	81
Li_xWO_3	($x = 1$) 3.72			cubic $x = 0.35$–0.57	82
Na_xWO_3	($x = 1$) 3.8622			cubic $x = 0.7$–1.0	83, 41, 84, 85, 86, 87, 88, 89
$Sr_{0.5+x}Nb^{4+}_{2x}Nb^{5+}_{1-2x}O_3$	($x = 0.2$) 3.981 ($x = 0.45$) 4.016			cubic $x = 0.7$–0.9	90 90
$CaMnO_{3-x}$					43, 44
$SrCoO_{3-x}$					43
$SrFeO_{3-x}$					91, 92, 43
$SrTiO_{3-x}$					77
$SrVO_{3-x}$					77

第7章 ペロブスカイトタイプと関連の構造

表7.4c（続き）

化合物	a(Å)	b(Å)	c(Å)	備考	文献
			$A(B''_{0.67}B''_{0.33})O_3$		
$Ba(Al_{0.67}W_{0.33})O_3$					93
$Ba(Dy_{0.67}W_{0.33})O_3$	8.386			$(NH_4)_3FeF_6$ structure	93
$Ba(Er_{0.67}W_{0.33})O_3$	8.386			$(NH_4)_3FeF_6$ structure	93
$Ba(Eu_{0.67}W_{0.33})O_3$	8.605			$(NH_4)_3FeF_6$ structure	93
$Ba(Fe_{0.67}U_{0.33})O_3$	8.232			$(NH_4)_3FeF_6$ structure	94
$Ba(Gd_{0.67}W_{0.33})O_3$	8.411			$(NH_4)_3FeF_6$ structure	93, 95
$Ba(In_{0.67}U_{0.33})O_3$	8.512			$(NH_4)_3FeF_6$ structure	94
$Ba(In_{0.67}W_{0.33})O_3$	8.321			ordered structure	93
$Ba(La_{0.67}W_{0.33})O_3$	8.58			$(NH_4)_3FeF_6$ structure	95
$Ba(Lu_{0.67}W_{0.33})O_3$					93
$Ba(Nd_{0.67}W_{0.33})O_3$	8.513			$(NH_4)_3FeF_6$ structure	93
$Ba(Sc_{0.67}U_{0.33})O_3$	8.49			$(NH_4)_3FeF_6$ structure	94
$Ba(Sc_{0.67}W_{0.33})O_3$	8.24			$(NH_4)_3FeF_6$ structure	96, 93
$Ba(Y_{0.67}U_{0.33})O_3$	8.70			$(NH_4)_3FeF_6$ structure	94
$Ba(Y_{0.67}W_{0.33})O_3$	8.374			$(NH_4)_3FeF_6$ structure	93
$Ba(Yb_{0.67}W_{0.33})O_3$					93
$Pb(Fe_{0.67}W_{0.33})O_3$					97, 98
$Sr(Cr_{0.67}Re_{0.33})O_3$	8.01			$(NH_4)_3FeF_6$ structure	99
$Sr(Cr_{0.67}U_{0.33})O_3$	8.00			$(NH_4)_3FeF_6$ structure	94
$Sr(Fe_{0.67}Re_{0.33})O_3$	7.89			$(NH_4)_3FeF_6$ structure	99
$Sr(Fe_{0.67}W_{0.33})O_3$	3.945		3.951	tetragonal	37, 95
$Sr(In_{0.67}Re_{0.33})O_3$	8.297			$(NH_4)_3FeF_6$ structure	99
$La(Co_{0.67}Nb_{0.33})O_3$	5.58	5.58	7.89	orthorhombic	95
$La(Co_{0.67}Sb_{0.33})O_3$	5.57	5.57	7.87	orthorhombic	95
			$A(B'_{0.33}B''_{0.67})O_3$		
$Ba(Ca_{0.33}Nb_{0.67})O_3$	5.92		7.25	hexagonal ordered $Ba(Sr_{0.33}Ta_{0.67})O_3$ structure	100
$Ba(Ca_{0.33}Ta_{0.67})O_3$	5.895		7.284	hexagonal ordered $Ba(Sr_{0.33}Ta_{0.67})O_3$ structure	100, 102, 103
$Ba(Cd_{0.33}Nb_{0.67})O_3$	4.168				100
$Ba(Cd_{0.33}Ta_{0.67})O_3$	4.167				104
$Ba(Co_{0.33}Nb_{0.67})O_3$	4.09				105
$Ba(Co_{0.33}Ta_{0.67})O_3$	5.776		7.082	hexagonal ordered $Ba(Sr_{0.33}Ta_{0.67})O_3$ structure	106, 104
$Ba(Cu_{0.33}Nb_{0.67})O_3$	8.04		8.40	tetragonal	95
$Ba(Fe_{0.33}Nb_{0.67})O_3$	4.085				100
$Ba(Fe_{0.33}Ta_{0.67})O_3$	4.10				105
$Ba(Mg_{0.33}Nb_{0.67})O_3$	5.77		7.08	hexagonal ordered $Ba(Sr_{0.33}Ta_{0.67})O_3$ structure	105, 100, 95
$Ba(Mg_{0.33}Ta_{0.67})O_3$	5.782		7.067	hexagonal ordered $Ba(Sr_{0.33}Ta_{0.67})O_3$ structure	104, 96
$Ba(Mn_{0.33}Nb_{0.67})O_3$					93
$Ba(Mn_{0.33}Ta_{0.67})O_3$	5.819		7.127	hexagonal ordered $Ba(Sr_{0.33}Ta_{0.67})O_3$ structure	104
$Ba(Ni_{0.33}Nb_{0.67})O_3$	4.074				106, 100, 98
$Ba(Ni_{0.33}Ta_{0.67})O_3$	5.758		7.052	hexagonal ordered $Ba(Sr_{0.33}Ta_{0.67})O_3$ structure	106, 104, 103
$Ba(Pb_{0.33}Nb_{0.67})O_3$	4.26				100
$Ba(Pb_{0.33}Ta_{0.67})O_3$	4.25				104
$Ba(Sr_{0.33}Ta_{0.67})O_3$	5.95		7.47	hexagonal ordered $Ba(Sr_{0.33}Ta_{0.67})O_3$ structure	105, 101
$Ba(Zn_{0.33}Nb_{0.67})O_3$	4.094				105, 100, 98
$Ba(Zn_{0.33}Ta_{0.67})O_3$	5.782		7.097	hexagonal ordered $Ba(Sr_{0.33}Ta_{0.67})O_3$ structure	105, 104, 103
$Ca(Ni_{0.33}Nb_{0.67})O_3$	3.88				98
$Ca(Ni_{0.33}Ta_{0.67})O_3$	3.93				106

表7.4c (続き)

化合物	a(Å)	b(Å)	c(Å)	備考	文献
$Pb(Co_{0.33}Nb_{0.67})O_3$	4.04				98, 107
$Pb(Co_{0.33}Ta_{0.67})O_3$	4.01				107
$Pb(Mg_{0.33}Nb_{0.67})O_3$	4.041				98, 108
$Pb(Mg_{0.33}Ta_{0.67})O_3$	4.02				98, 107
$Pb(Mn_{0.33}Nb_{0.67})O_3$					98
$Pb(Ni_{0.33}Nb_{0.67})O_3$	4.025				98, 108
$Pb(Ni_{0.33}Ta_{0.67})O_3$	4.01				98, 107
$Pb(Zn_{0.33}Nb_{0.67})O_3$	4.04				107
$Sr(Ca_{0.33}Nb_{0.67})O_3$	5.76		7.16	hexagonal ordered $Ba(Sr_{0.33}Ta_{0.67})O_3$ structure	100
$Sr(Ca_{0.33}Sb_{0.67})O_3$	8.17			$(NH_4)_3FeF_6$ structure	96
$Sr(Ca_{0.33}Ta_{0.67})O_3$	5.764		7.096	hexagonal ordered $Ba(Sr_{0.33}Ta_{0.67})O_3$ structure	104
$Sr(Cd_{0.33}Nb_{0.67})O_3$	4.089				100
$Sr(Co_{0.33}Nb_{0.67})O_3$	8.01			$(NH_4)_3FeF_6$ structure	95
$Sr(Co_{0.33}Sb_{0.67})O_3$	7.99			$(NH_4)_3FeF_6$ structure	95
$Sr(Co_{0.33}Ta_{0.67})O_3$	5.630		6.937	hexagonal ordered $Ba(Sr_{0.33}Ta_{0.67})O_3$ structure	105, 104
$Sr(Cu_{0.33}Sb_{0.67})O_3$	7.84		8.19	tetragonal	95
$Sr(Fe_{0.33}Nb_{0.67})O_3$	3.997		4.018	tetragonal	100
$Sr(Mg_{0.33}Nb_{0.67})O_3$	5.66		6.98	hexagonal ordered $Ba(Sr_{0.33}Ta_{0.67})O_3$ structure	100
$Sr(Mg_{0.33}Sb_{0.67})O_3$	7.96			$(NH_4)_3FeF_6$ structure	95
$Sr(Mg_{0.33}Ta_{0.67})O_3$	5.652		6.951	hexagonal ordered $Ba(Sr_{0.33}Ta_{0.67})O_3$ structure	106, 104
$Sr(Mn_{0.33}Nb_{0.67})O_3$					93
$Sr(Mn_{0.33}Ta_{0.67})O_3$					93
$Sr(Ni_{0.33}Nb_{0.67})O_3$	5.64		6.90	hexagonal ordered	100, 98
$Sr(Ni_{0.33}Ta_{0.67})O_3$	5.607		6.923	hexagonal ordered $Ba(Sr_{0.33}Ta_{0.67})O_3$ structure	105, 104
$Sr(Pb_{0.33}Nb_{0.67})O_3$					93
$Sr(Pb_{0.33}Ta_{0.67})O_3$					93
$Sr(Zn_{0.33}Nb_{0.67})O_3$	5.66		6.95	hexagonal ordered $Ba(Sr_{0.33}Ta_{0.67})O_3$ structure	105, 100
$Sr(Zn_{0.33}Ta_{0.67})O_3$	5.664		6.951	hexagonal ordered $Ba(Sr_{0.33}Ta_{0.67})O_3$ structure	105, 104
$A^{2+}(B^{3+}_{0.5}B^{5+}_{0.5})O_3$					
$Ba(Bi_{0.5}Nb_{0.5})O_3$	8.630			$(NH_4)_3FeF_6$ structure	109
$Ba(Bi_{0.5}Ta_{0.5})O_3$	8.568			$(NH_4)_3FeF_6$ structure	109
$Ba(Ce_{0.5}Nb_{0.5})O_3$	4.293				110
$Ba(Ce_{0.5}Pa_{0.5})O_3$	8.800			$(NH_4)_3FeF_6$ structure	111
$Ba(Co_{0.5}Nb_{0.5})O_3$	4.06			$(NH_4)_3FeF_6$ structure	95
$Ba(Co_{0.5}Re_{0.5})O_3$	8.086			$(NH_4)_3FeF_6$ structure	99
$Ba(Cr_{0.5}U_{0.5})O_3$					112
$Ba(Cu_{0.5}W_{0.5})O_3$	7.88		8.61	tetragonal	95
$Ba(Dy_{0.5}Nb_{0.5})O_3$	8.437			$(NH_4)_3FeF_6$ structure	113, 110
$Ba(Dy_{0.5}Pa_{0.5})O_3$	8.740			$(NH_4)_3FeF_6$ structure	111
$Ba(Dy_{0.5}Ta_{0.5})O_3$	8.545			$(NH_4)_3FeF_6$ structure	114
$Ba(Er_{0.5}Nb_{0.5})O_3$	8.427			$(NH_4)_3FeF_6$ structure	113, 110
$Ba(Er_{0.5}Pa_{0.5})O_3$	8.716			$(NH_4)_3FeF_6$ structure	111
$Ba(Er_{0.5}Re_{0.5})O_3$	8.354			$(NH_4)_3FeF_6$ structure	99
$Ba(Er_{0.5}Ta_{0.5})O_3$	8.423			$(NH_4)_3FeF_6$ structure	114
$Ba(Er_{0.5}U_{0.5})O_3$	8.67			$(NH_4)_3FeF_6$ structure	112
$Ba(Eu_{0.5}Nb_{0.5})O_3$	8.507			$(NH_4)_3FeF_6$ structure	113, 110

第7章 ペロブスカイトタイプと関連の構造

表7.4c（続き）

化合物	$a(\text{Å})$	$b(\text{Å})$	$c(\text{Å})$	備考	文献
$Ba(Eu_{0.5}Pa_{0.5})O_3$	8.783			$(NH_4)_3FeF_6$ structure	111
$Ba(Eu_{0.5}Ta_{0.5})O_3$	8.506				114
$Ba(Fe_{0.5}Mo_{0.5})O_3$	8.08			$(NH_4)_3FeF_6$ structure	115
$Ba(Fe_{0.5}Nb_{0.5})O_3$	4.06				105, 113, 116
$Ba(Fe_{0.5}Re_{0.5})O_3$	8.05			$(NH_4)_3FeF_6$ structure	99
$Ba(Fe_{0.5}Ta_{0.5})O_3$	4.056				105, 111
$Ba(Gd_{0.5}Nb_{0.5})O_3$	8.496			$(NH_4)_3FeF_6$ structure	113, 110
$Ba(Gd_{0.5}Pa_{0.5})O_3$	8.774			$(NH_4)_3FeF_6$ structure	111
$Ba(Gd_{0.5}Re_{0.5})O_3$	8.431			$(NH_4)_3FeF_6$ structure	99
$Ba(Gd_{0.5}Sb_{0.5})O_3$	8.44			$(NH_4)_3FeF_6$ structure	95
$Ba(Gd_{0.5}Ta_{0.5})O_3$	8.487		8.513	tetragonal	114
$Ba(Ho_{0.5}Nb_{0.5})O_3$	8.434			$(NH_4)_3FeF_6$ structure	113, 110
$Ba(Ho_{0.5}Pa_{0.5})O_3$	8.730			$(NH_4)_3FeF_6$ structure	111
$Ba(Ho_{0.5}Ta_{0.5})O_3$	8.442				114
$Ba(In_{0.5}Nb_{0.5})O_3$	8.279			$(NH_4)_3FeF_6$ structure	113, 117
$Ba(In_{0.5}Os_{0.5})O_3$	8.224			$(NH_4)_3FeF_6$ structure	99
$Ba(In_{0.5}Pa_{0.5})O_3$	8.596			$(NH_4)_3FeF_6$ structure	111
$Ba(In_{0.5}Re_{0.5})O_3$	8.258			$(NH_4)_3FeF_6$ structure	99
$Ba(In_{0.5}Sb_{0.5})O_3$	8.269			$(NH_4)_3FeF_6$ structure	95, 118
$Ba(In_{0.5}Ta_{0.5})O_3$	8.280			$(NH_4)_3FeF_6$ structure	93
$Ba(In_{0.5}U_{0.5})O_3$	8.52			$(NH_4)_3FeF_6$ structure	112
$Ba(La_{0.5}Nb_{0.5})O_3$	8.607		8.690	tetragonal	113, 110, 116
$Ba(La_{0.5}Pa_{0.5})O_3$	8.885			$(NH_4)_3FeF_6$ structure	111
$Ba(La_{0.5}Re_{0.5})O_3$	8.58			$(NH_4)_3FeF_6$ structure	99
$Ba(La_{0.5}Ta_{0.5})O_3$	8.611	8.639	8.764	$(NH_4)_3FeF_6$ structure	119, 93, 116
$Ba(Lu_{0.5}Nb_{0.5})O_3$	8.364			$(NH_4)_3FeF_6$ structure	113, 110
$Ba(Lu_{0.5}Pa_{0.5})O_3$	8.666			$(NH_4)_3FeF_6$ structure	111
$Ba(Lu_{0.5}Ta_{0.5})O_3$	8.372			$(NH_4)_3FeF_6$ structure	114
$Ba(Mn_{0.5}Nb_{0.5})O_3$	5.083				116
$Ba(Mn_{0.5}Re_{0.5})O_3$	8.18			$(NH_4)_3FeF_6$ structure	99
$Ba(Mn_{0.5}Ta_{0.5})O_3$	4.076				116
$Ba(Nd_{0.5}Nb_{0.5})O_3$	8.540			$(NH_4)_3FeF_6$ structure	113, 97, 116
$Ba(Nd_{0.5}Pa_{0.5})O_3$	8.840			$(NH_4)_3FeF_6$ structure	111
$Ba(Nd_{0.5}Re_{0.5})O_3$	8.51			$(NH_4)_3FeF_6$ structure	99
$Ba(Nd_{0.5}Ta_{0.5})O_3$	8.556				114, 116
$Ba(Ni_{0.5}Nb_{0.5})O_3$	4.1				95
$Ba(Pr_{0.5}Nb_{0.5})O_3$	4.27				110, 116
$Ba(Pr_{0.5}Pa_{0.5})O_3$	8.862			$(NH_4)_3FeF_6$ structure	111
$Ba(Pr_{0.5}Ta_{0.5})O_3$	4.27				118
$Ba(Rh_{0.5}Nb_{0.5})O_3$	8.17			$(NH_4)_3FeF_6$ structure	95
$Ba(Rh_{0.5}U_{0.5})O_3$				hexagonal $BaTiO_3$	112
$Ba(Sc_{0.5}Nb_{0.5})O_3$	4.121				98, 110
$Ba(Sc_{0.5}Os_{0.5})O_3$	8.152			$(NH_4)_3FeF_6$ structure	99
$Ba(Sc_{0.5}Pa_{0.5})O_3$	8.549			$(NH_4)_3FeF_6$ structure	111
$Ba(Sc_{0.5}Re_{0.5})O_3$	8.163			$(NH_4)_3FeF_6$ structure	99
$Ba(Sc_{0.5}Sb_{0.5})O_3$	8.197			$(NH_4)_3FeF_6$ structure	118
$Ba(Sc_{0.5}Ta_{0.5})O_3$	8.222			$(NH_4)_3FeF_6$ structure	93, 98
$Ba(Sc_{0.5}U_{0.5})O_3$	8.49			$(NH_4)_3FeF_6$ structure	112
$Ba(Sm_{0.5}Nb_{0.5})O_3$	8.518			$(NH_4)_3FeF_6$ structure	113, 89, 116
$Ba(Sm_{0.5}Pa_{0.5})O_3$	8.792			$(NH_4)_3FeF_6$ structure	111
$Ba(Sm_{0.5}Ta_{0.5})O_3$	8.519				114, 116
$Ba(Tb_{0.5}Nb_{0.5})O_3$	4.229				110
$Ba(Tb_{0.5}Pa_{0.5})O_3$	8.753			$(NH_4)_3FeF_6$ structure	111
$Ba(Tl_{0.5}Ta_{0.5})O_3$	8.42			$(NH_4)_3FeF_6$ structure	118
$Ba(Tm_{0.5}Nb_{0.5})O_3$	8.408			$(NH_4)_3FeF_6$ structure	113, 110
$Ba(Tm_{0.5}Pa_{0.5})O_3$	8.692			$(NH_4)_3FeF_6$ structure	111

表7.4c (続き)

化合物	a(Å)	b(Å)	c(Å)	備　考	文献
$Ba(Tm_{0.5}Ta_{0.5})O_3$	8.406			$(NH_4)_3FeF_6$ structure	114
$Ba(Y_{0.5}Nb_{0.5})O_3$	4.200				110, 116
$Ba(Y_{0.5}Pa_{0.5})O_3$	8.718			$(NH_4)_3FeF_6$ structure	111
$Ba(Y_{0.5}Re_{0.5})O_3$	8.372			$(NH_4)_3FeF_6$ structure	99
$Ba(Y_{0.5}Ta_{0.5})O_3$	8.433			$(NH_4)_3FeF_6$ structure	114, 116
$Ba(Y_{0.5}U_{0.5})O_3$	8.69			$(NH_4)_3FeF_6$ structure	112
$Ba(Yb_{0.5}Nb_{0.5})O_3$	8.374			$(NH_4)_3FeF_6$ structure	113, 98, 110
$Ba(Yb_{0.5}Pa_{0.5})O_3$	8.678			$(NH_4)_3FeF_6$ structure	111
$Ba(Yb_{0.5}Ta_{0.5})O_3$	8.390			$(NH_4)_3FeF_6$ structure	98, 114
$Ca(Al_{0.5}Nb_{0.5})O_3$	3.81	3.80	3.81	$\beta = 90°\ 15'$ monoclinic	120
$Ca(Al_{0.5}Ta_{0.5})O_3$	3.81	3.80	3.81	$\beta = 90°\ 17'$ monoclinic	120
$Ca(Co_{0.5}W_{0.5})O_3$	5.60	5.43	7.73	orthorhombic	95
$Ca(Cr_{0.5}Mo_{0.5})O_3$	5.49	7.70	5.36	orthorhombic	115
$Ca(Cr_{0.5}Nb_{0.5})O_3$	3.85	3.85	3.85	$\beta = 90°\ 47'$ monoclinic	120
$Ca(Cr_{0.5}Os_{0.5})O_3$	5.38	7.66	5.47	orthorhombic	99
$Ca(Cr_{0.5}Re_{0.5})O_3$	5.38	7.67	5.47	orthorhombic	99
$Ca(Cr_{0.5}Ta_{0.5})O_3$	3.85	3.85	3.85	$\beta = 90°\ 45'$ monoclinic	120
$Ca(Cr_{0.5}W_{0.5})O_3$	5.47	7.70	5.35	orthorhombic	115
$Ca(Dy_{0.5}Nb_{0.5})O_3$	4.03	4.03	4.03	$\beta = 92°\ 25'$ monoclinic	120
$Ca(Dy_{0.5}Ta_{0.5})O_3$	4.03	4.03	4.03	$\beta = 92°\ 24'$ monoclinic	120
$Ca(Er_{0.5}Nb_{0.5})O_3$	4.02	4.01	4.02	$\beta = 92°\ 11'$ monoclinic	120
$Ca(Er_{0.5}Ta_{0.5})O_3$	4.02	4.01	4.02	$\beta = 92°\ 10'$ monoclinic	120
$Ca(Fe_{0.5}Mo_{0.5})O_3$	5.53	7.73	5.42	orthorhombic	115
$Ca(Fe_{0.5}Nb_{0.5})O_3$	3.89	3.88	3.89	$\beta = 91°\ 2'$ monoclinic	120
$Ca(Fe_{0.5}Sb_{0.5})O_3$	5.54	5.47	7.74	orthorhombic	95
$Ca(Fe_{0.5}Ta_{0.5})O_3$	3.89	3.88	3.89	$\beta = 91°\ 7'$ monoclinic	120
$Ca(Gd_{0.5}Nb_{0.5})O_3$	4.03	4.04	4.03	$\beta = 92°\ 42'$ monoclinic	120
$Ca(Gd_{0.5}Ta_{0.5})O_3$	4.03	4.04	4.05	$\beta = 92°\ 41'$ monoclinic	120
$Ca(Ho_{0.5}Nb_{0.5})O_3$	4.02	4.02	4.02	$\beta = 92°\ 41'$ monoclinic	120
$Ca(Ho_{0.5}Ta_{0.5})O_3$	4.03	4.02	4.03	$\beta = 92°\ 16'$ monoclinic	120
$Ca(In_{0.5}Nb_{0.5})O_3$	3.97	3.95	3.97	$\beta = 91°\ 53'$ monoclinic	120
$Ca(In_{0.5}Ta_{0.5})O_3$	3.97	3.96	3.97	$\beta = 91°\ 51'$ monoclinic	120
$Ca(La_{0.5}Nb_{0.5})O_3$	4.07	4.07	4.07	$\beta = 92°\ 8'$ monoclinic	120
$Ca(La_{0.5}Ta_{0.5})O_3$	4.07	4.07	4.07	$\beta = 92°\ 9'$ monoclinic	120
$Ca(Mn_{0.5}Ta_{0.5})O_3$	3.90	3.87	3.90	$\beta = 91°\ 9'$ monoclinic	120
$Ca(Nd_{0.5}Nb_{0.5})O_3$	4.05	4.05	4.05	$\beta = 92°\ 28'$ monoclinic	120
$Ca(Nd_{0.5}Ta_{0.5})O_3$	4.05	4.05	4.05	$\beta = 92°\ 25'$ monoclinic	120
$Ca(Ni_{0.5}W_{0.5})O_3$	5.55	5.40	7.70	orthorhombic	95
$Ca(Pr_{0.5}Nb_{0.5})O_3$	4.06	4.05	4.06	$\beta = 92°\ 25'$ monoclinic	120
$Ca(Pr_{0.5}Ta_{0.5})O_3$	4.06	4.05	4.06	$\beta = 92°\ 22'$ monoclinic	120
$Ca(Sc_{0.5}Re_{0.5})O_3$	5.49	7.86	5.63	orthorhombic	99
$Ca(Sm_{0.5}Nb_{0.5})O_3$	4.04	4.04	4.04	$\beta = 92°\ 42'$ monoclinic	120
$Ca(Sm_{0.5}Ta_{0.5})O_3$	4.05	4.04	4.05	$\beta = 92°\ 28'$ monoclinic	120
$Ca(Tb_{0.5}Nb_{0.5})O_3$	4.03	4.03	4.03	$\beta = 92°\ 35'$ monoclinic	120
$Ca(Tb_{0.5}Ta_{0.5})O_3$	4.03	4.03	4.03	$\beta = 92°\ 36'$ monoclinic	120
$Ca(Y_{0.5}Nb_{0.5})O_3$	4.03	4.02	4.03	$\beta = 92°\ 23'$ monoclinic	120
$Ca(Y_{0.5}Ta_{0.5})O_3$	4.03	4.02	4.03	$\beta = 92°\ 23'$ monoclinic	120
$Ca(Yb_{0.5}Nb_{0.5})O_3$	4.01	4.00	4.01	$\beta = 92°\ 0'$ monoclinic	120
$Ca(Yb_{0.5}Ta_{0.5})O_3$	4.01	4.00	4.01	$\beta = 92°\ 3'$ monoclinic	120
$Pb(Fe_{0.5}Nb_{0.5})O_3$	4.017				121, 122
$Pb(Fe_{0.5}Ta_{0.5})O_3$	4.011				121
$Pb(In_{0.5}Nb_{0.5})O_3$	4.11				123
$Pb(Ho_{0.5}Nb_{0.5})O_3$	4.160		4.106	monoclinic	123
$Pb(Lu_{0.5}Nb_{0.5})O_3$	4.152		4.098	monoclinic	123
$Pb(Lu_{0.5}Ta_{0.5})O_3$	4.153		4.107	monoclinic	123
$Pb(Sc_{0.5}Nb_{0.5})O_3$	4.078		4.083	tetragonal	121, 124

表7.4c (続き)

化合物	a(Å)	b(Å)	c(Å)	備考	文献
$Pb(Sc_{0.5}Ta_{0.5})O_3$	4.072				121, 124
$Pb(Yb_{0.5}Nb_{0.5})O_3$	4.15				98, 123, 124
$Pb(Yb_{0.5}Ta_{0.5})O_3$	4.13				98, 123
$Sr(Co_{0.5}Nb_{0.5})O_3$	3.93				95
$Sr(Co_{0.5}Sb_{0.5})O_3$	7.88			$(NH_4)_3FeF_6$ structure	95
$Sr(Cr_{0.5}Mo_{0.5})O_3$	7.82			$(NH_4)_3FeF_6$ structure	115
$Sr(Cr_{0.5}Nb_{0.5})O_3$	3.9421				95, 117
$Sr(Cr_{0.5}Os_{0.5})O_3$	7.84			$(NH_4)_3FeF_6$ structure	99
$Sr(Cr_{0.5}Re_{0.5})O_3$	7.82			$(NH_4)_3FeF_6$ structure	99
$Sr(Cr_{0.5}Sb_{0.5})O_3$	7.862			$(NH_4)_3FeF_6$ structure	95, 118
$Sr(Cr_{0.5}Ta_{0.5})O_3$	3.94				106
$Sr(Cr_{0.5}W_{0.5})O_3$	7.82			$(NH_4)_3FeF_6$ structure	115
$Sr(Dy_{0.5}Ta_{0.5})O_3$					93
$Sr(Er_{0.5}Ta_{0.5})O_3$					93
$Sr(Eu_{0.5}Ta_{0.5})O_3$					93
$Sr(Fe_{0.5}Mo_{0.5})O_3$	7.89			$(NH_4)_3FeF_6$ structure	115
$Sr(Fe_{0.5}Nb_{0.5})O_3$	3.97				105
$Sr(Fe_{0.5}Sb_{0.5})O_3$	7.916			$(NH_4)_3FeF_6$ structure	95, 118
$Sr(Fe_{0.5}Ta_{0.5})O_3$	3.96		3.981	tetragonal	125
$Sr(Ga_{0.5}Nb_{0.5})O_3$	3.946				106
$Sr(Ga_{0.5}Os_{0.5})O_3$	7.82			$(NH_4)_3FeF_6$ structure	99
$Sr(Ga_{0.5}Re_{0.5})O_3$	7.843			$(NH_4)_3FeF_6$ structure	99
$Sr(Ga_{0.5}Sb_{0.5})O_3$	7.84		7.91	tetragonal	118
$Sr(Gd_{0.5}Ta_{0.5})O_3$					93
$Sr(Ho_{0.5}Ta_{0.5})O_3$					93
$Sr(In_{0.5}Nb_{0.5})O_3$	4.0569				117
$Sr(In_{0.5}Os_{0.5})O_3$	8.06			$(NH_4)_3FeF_6$ structure	99
$Sr(In_{0.5}Re_{0.5})O_3$	8.071			$(NH_4)_3FeF_6$ structure	99
$Sr(In_{0.5}U_{0.5})O_3$	8.33			$(NH_4)_3FeF_6$ structure	112
$Sr(La_{0.5}Ta_{0.5})O_3$	8.27			$(NH_4)_3FeF_6$ structure	119
$Sr(Lu_{0.5}Ta_{0.5})O_3$					93
$Sr(Mn_{0.5}Mo_{0.5})O_3$	7.98			$(NH_4)_3FeF_6$ structure	115
$Sr(Mn_{0.5}Sb_{0.5})O_3$					126
$Sr(Nd_{0.5}Ta_{0.5})O_3$					93
$Sr(Ni_{0.5}Sb_{0.5})O_3$				tetragonal	95
$Sr(Rh_{0.5}Sb_{0.5})O_3$	5.77	5.55	7.99	orthorhombic	95
$Sr(Sc_{0.5}Os_{0.5})O_3$	8.02			$(NH_4)_3FeF_6$ structure	99
$Sr(Sc_{0.5}Re_{0.5})O_3$	8.02			$(NH_4)_3FeF_6$ structure	99
$Sr(Sm_{0.5}Ta_{0.5})O_3$					93
$Sr(Tm_{0.5}Ta_{0.5})O_3$					93
$Sr(Yb_{0.5}Ta_{0.5})O_3$					93
$A^{2+}(B^{2+}_{0.5}B^{6+}_{0.5})O_3$					
$Ba(Ba_{0.5}Os_{0.5})O_3$	8.66		8.34	tetragonal	99
$Ba(Ba_{0.5}Re_{0.5})O_3$	8.65		8.33	tetragonal	99
$Ba(Ba_{0.5}U_{0.5})O_3$	8.89			$(NH_4)_3FeF_6$ structure	94
$Ba(Ba_{0.5}W_{0.5})O_3$	8.6			$(NH_4)_3FeF_6$ structure	127
$Ba(Ca_{0.5}Mo_{0.5})O_3$	8.355			$(NH_4)_3FeF_6$ structure	127
$Ba(Ca_{0.5}Os_{0.5})O_3$	8.362			$(NH_4)_3FeF_6$ structure	99
$Ba(Ca_{0.5}Re_{0.5})O_3$	8.356			$(NH_4)_3FeF_6$ structure	99, 128
$Ba(Ca_{0.5}Te_{0.5})O_3$	8.393			$(NH_4)_3FeF_6$ structure	118
$Ba(Ca_{0.5}U_{0.5})O_3$	8.67			$(NH_4)_3FeF_6$ structure	94
$Ba(Ca_{0.5}W_{0.5})O_3$	8.39			$(NH_4)_3FeF_6$ structure	96, 127
$Ba(Cd_{0.5}Os_{0.5})O_3$	8.325			$(NH_4)_3FeF_6$ structure	99
$Ba(Cd_{0.5}Re_{0.5})O_3$	8.322			$(NH_4)_3FeF_6$ structure	99, 128
$Ba(Cd_{0.5}U_{0.5})O_3$	6.13	8.64	6.07	orthorhombic	94
$Ba(Co_{0.5}Mo_{0.5})O_3$	4.0429				117
$Ba(Co_{0.5}Re_{0.5})O_3$	8.086			$(NH_4)_3FeF_6$ structure	99, 128

表7.4c (続き)

化合物	a(Å)	b(Å)	c(Å)	備考	文献
$Ba(Co_{0.5}U_{0.5})O_3$	8.374			$(NH_4)_3FeF_6$ structure	94
$Ba(Co_{0.5}W_{0.5})O_3$	8.098			$(NH_4)_3FeF_6$ structure	96, 117
$Ba(Cr_{0.5}U_{0.5})O_3$	8.297			$(NH_4)_3FeF_6$ structure	94
$Ba(Cu_{0.5}U_{0.5})O_3$	8.18		8.84	tetragonal	94
$Ba(Fe_{0.5}Re_{0.5})O_3$	8.05			$(NH_4)_3FeF_6$ structure	99, 128
$Ba(Fe_{0.5}U_{0.5})O_3$	8.312			$(NH_4)_3FeF_6$ structure	94
$Ba(Fe_{0.5}W_{0.5})O_3$	8.133			$(NH_4)_3FeF_6$ structure	96
$Ba(Mg_{0.5}Os_{0.5})O_3$	8.08			$(NH_4)_3FeF_6$ structure	99
$Ba(Mg_{0.5}Re_{0.5})O_3$	8.082			$(NH_4)_3FeF_6$ structure	99, 128
$Ba(Mg_{0.5}Te_{0.5})O_3$	8.13			$(NH_4)_3FeF_6$ structure	118, 129
$Ba(Mg_{0.5}U_{0.5})O_3$	8.381			$(NH_4)_3FeF_6$ structure	94
$Ba(Mg_{0.5}W_{0.5})O_3$	8.099			$(NH_4)_3FeF_6$ structure	96, 127
$Ba(Mn_{0.5}Re_{0.5})O_3$	8.18			$(NH_4)_3FeF_6$ structure	99, 128
$Ba(Mn_{0.5}U_{0.5})O_3$	8.52			$(NH_4)_3FeF_6$ structure	94
$Ba(Ni_{0.5}Mo_{0.5})O_3$	4.0225				117
$Ba(Ni_{0.5}Re_{0.5})O_3$	8.04			$(NH_4)_3FeF_6$ structure	99, 128
$Ba(Ni_{0.5}U_{0.5})O_3$	8.336			$(NH_4)_3FeF_6$ structure	94
$Ba(Ni_{0.5}W_{0.5})O_3$	8.066			$(NH_4)_3FeF_6$ structure	96, 117
$Ba(Pb_{0.5}Mo_{0.5})O_3$					96, 117
$Ba(Sr_{0.5}Os_{0.5})O_3$	8.43		8.72	tetragonal	130
$Ba(Sr_{0.5}Re_{0.5})O_3$	8.60		8.29	tetragonal	99
$Ba(Sr_{0.5}U_{0.5})O_3$	8.84			$(NH_4)_3FeF_6$ structure	99, 128
$Ba(Sr_{0.5}W_{0.5})O_3$	8.5			$(NH_4)_3FeF_6$ structure	127
$Ba(Zn_{0.5}Os_{0.5})O_3$	8.095			$(NH_4)_3FeF_6$ structure	99
$Ba(Zn_{0.5}Re_{0.5})O_3$	8.106			$(NH_4)_3FeF_6$ structure	99, 128
$Ba(Zn_{0.5}U_{0.5})O_3$	8.397			$(NH_4)_3FeF_6$ structure	94
$Ba(Zn_{0.5}W_{0.5})O_3$	8.116			$(NH_4)_3FeF_6$ structure	96
$Ca(Ca_{0.5}Os_{0.5})O_3$	5.73	7.87	5.80	orthorhombic	99
$Ca(Ca_{0.5}Re_{0.5})O_3$	5.67	8.05	5.78	orthorhombic	99
$Ca(Ca_{0.5}W_{0.5})O_3$	8.0			$(NH_4)_3FeF_6$ structure	127
$Ca(Cd_{0.5}Re_{0.5})O_3$	5.64	7.99	5.77	orthorhombic	99
$Ca(Co_{0.5}Os_{0.5})O_3$	5.47	7.70	5.59	orthorhombic	99
$Ca(Co_{0.5}Re_{0.5})O_3$	5.46	7.71	5.58	orthorhombic	99
$Ca(Fe_{0.5}Re_{0.5})O_3$	5.41	7.69	5.53	orthorhombic	99, 128
$Ca(Mg_{0.5}Re_{0.5})O_3$	5.48	7.77	5.56	orthorhombic	99
$Ca(Mg_{0.5}W_{0.5})O_3$	7.7			$(NH_4)_3FeF_6$ structure	127
$Ca(Mn_{0.5}Re_{0.5})O_3$	5.52	7.82	5.55	orthorhombic	99
$Ca(Ni_{0.5}Re_{0.5})O_3$	5.45	7.67	5.55	orthorhombic	99
$Ca(Sr_{0.5}W_{0.5})O_3$	8.1			$(NH_4)_3FeF_6$ structure	127
$Pb(Ca_{0.5}W_{0.5})O_3$					98
$Pb(Cd_{0.5}W_{0.5})O_3$	4.150	4.101	4.150	$\beta = 90°\,57'$	131
$Pb(Co_{0.5}W_{0.5})O_3$					132
$Pb(Mg_{0.5}Te_{0.5})O_3$	7.99			$(NH_4)_3FeF_6$ structure	129
$Pb(Mg_{0.5}W_{0.5})O_3$	4.0				97, 98
$Sr(Ca_{0.5}Mo_{0.5})O_3$					130
$Sr(Ca_{0.5}Os_{0.5})O_3$	8.21			$(NH_4)_3FeF_6$ structure	99
$Sr(Ca_{0.5}Re_{0.5})O_3$	5.76	8.21	5.85	orthorhombic	99
$Sr(Ca_{0.5}U_{0.5})O_3$	6.06	8.46	5.93	orthorhombic	94
$Sr(Ca_{0.5}W_{0.5})O_3$	8.2			$(NH_4)_3FeF_6$ structure	127
$Sr(Cd_{0.5}Re_{0.5})O_3$	5.73	8.16	5.81	orthorhombic	99
$Sr(Cd_{0.5}U_{0.5})O_3$	6.03	8.42	5.91	orthorhombic	94
$Sr(Co_{0.5}Mo_{0.5})O_3$	3.9367		3.9764		99, 125
$Sr(Co_{0.5}Os_{0.5})O_3$	7.86		7.92	tetragonal	99
$Sr(Co_{0.5}Re_{0.5})O_3$	7.88		7.98	tetragonal	99
$Sr(Co_{0.5}U_{0.5})O_3$	8.19			$(NH_4)_3FeF_6$ structure	94
$Sr(Co_{0.5}W_{0.5})O_3$	7.89		7.98	tetragonal	96, 125

表7.4c (続き)

化合物	a(Å)	b(Å)	c(Å)	備考	文献
$Sr(Cr_{0.5}U_{0.5})O_3$	8.09			$(NH_4)_3FeF_6$ structure	94
$Sr(Cu_{0.5}W_{0.5})O_3$	7.66		8.40	tetragonal	95
$Sr(Fe_{0.5}Os_{0.5})O_3$	7.85			$(NH_4)_3FeF_6$ structure	99
$Sr(Fe_{0.5}Re_{0.5})O_3$	7.86		7.89	tetragonal	99, 128
$Sr(Fe_{0.5}U_{0.5})O_3$	8.11			$(NH_4)_3FeF_6$ structure	94
$Sr(Fe_{0.5}W_{0.5})O_3$	7.96			$(NH_4)_3FeF_6$ structure	95
$Sr(Mg_{0.5}Mo_{0.5})O_3$					130
$Sr(Mg_{0.5}Os_{0.5})O_3$	7.86		7.92	tetragonal	99
$Sr(Mg_{0.5}Re_{0.5})O_3$	7.88		7.94	tetragonal	99
$Sr(Mg_{0.5}Te_{0.5})O_3$	7.94			$(NH_4)_3FeF_6$ structure	129
$Sr(Mg_{0.5}U_{0.5})O_3$	8.19			$(NH_4)_3FeF_6$ structure	94
$Sr(Mg_{0.5}W_{0.5})O_3$	7.9			$(NH_4)_3FeF_6$ structure	127
$Sr(Mn_{0.5}Re_{0.5})O_3$	8.01			$(NH_4)_3FeF_6$ structure	99
$Sr(Mn_{0.5}U_{0.5})O_3$	8.28			$(NH_4)_3FeF_6$ structure	94
$Sr(Mn_{0.5}W_{0.5})O_3$	8.01			$(NH_4)_3FeF_6$ structure	95
$Sr(Ni_{0.5}Mo_{0.5})O_3$	3.9237		3.9474	tetragonal	117, 125
$Sr(Ni_{0.5}Re_{0.5})O_3$	7.85		7.92	tetragonal	99
$Sr(Ni_{0.5}U_{0.5})O_3$	8.15			$(NH_4)_3FeF_6$ structure	94
$Sr(Ni_{0.5}W_{0.5})O_3$	7.86		7.91	tetragonal	96, 117, 125
$Sr(Pb_{0.5}Mo_{0.5})O_3$					130
$Sr(Sr_{0.5}Os_{0.5})O_3$	8.32		8.12	tetragonal	99
$Sr(Sr_{0.5}Re_{0.5})O_3$	8.41		8.13	tetragonal	99
$Sr(Sr_{0.5}U_{0.5})O_3$	6.22	8.65	6.01	orthorhombic	94
$Sr(Sr_{0.5}W_{0.5})O_3$	8.2			$(NH_4)_3FeF_6$ structure	127
$Sr(Zn_{0.5}Re_{0.5})O_3$	7.89		8.01	tetragonal	99
$Sr(Zn_{0.5}W_{0.5})O_3$	7.92		8.01	tetragonal	96, 125

$A^{2+}(B^{1+}_{0.5}B^{7+}_{0.5})O_3$

化合物	a(Å)	b(Å)	c(Å)	備考	文献
$Ba(Ag_{0.5}I_{0.5})O_3$	8.46			$(NH_4)_3FeF_6$ structure	118
$Ba(Li_{0.5}Os_{0.5})O_3$	8.100			$(NH_4)_3FeF_6$ structure	99
$Ba(Li_{0.5}Re_{0.5})O_3$	8.118			$(NH_4)_3FeF_6$ structure	99
$Ba(Na_{0.5}I_{0.5})O_3$	8.33			$(NH_4)_3FeF_6$ structure	99, 118
$Ba(Na_{0.5}Os_{0.5})O_3$	8.281			$(NH_4)_3FeF_6$ structure	99
$Ba(Na_{0.5}Re_{0.5})O_3$	8.296			$(NH_4)_3FeF_6$ structure	99
$Ca(Li_{0.5}Os_{0.5})O_3$	7.83			$(NH_4)_3FeF_6$ structure	99
$Ca(Li_{0.5}Re_{0.5})O_3$	7.83			$(NH_4)_3FeF_6$ structure	99
$Sr(Li_{0.5}Os_{0.5})O_3$	7.86			$(NH_4)_3FeF_6$ structure	99
$Sr(Li_{0.5}Re_{0.5})O_3$	7.87			$(NH_4)_3FeF_6$ structure	99
$Sr(Na_{0.5}Os_{0.5})O_3$	8.13			$(NH_4)_3FeF_6$ structure	99
$Sr(Na_{0.5}Re_{0.5})O_3$	8.13			$(NH_4)_3FeF_6$ structure	99

$A^{3+}(B^{2+}_{0.5}B^{4+}_{0.5})O_3$

化合物	a(Å)	b(Å)	c(Å)	備考	文献
$La(Co_{0.5}Ir_{0.5})O_3$				orthorhombic	95
$La(Cu_{0.5}Ir_{0.5})O_3$				monoclinic	95
$La(Mg_{0.5}Ge_{0.5})O_3$	3.90				106
$La(Mg_{0.5}Ir_{0.5})O_3$	7.92				93
$La(Mg_{0.5}Nb_{0.5})O_3$					121, 95
$La(Mg_{0.5}Ru_{0.5})O_3$	7.91				121
$La(Mg_{0.5}Ti_{0.5})O_3$	3.932				106, 98
$La(Mn_{0.5}Ir_{0.5})O_3$	7.86			$(NH_4)_3FeF_6$ structure	121
$La(Mn_{0.5}Ru_{0.5})O_3$	7.84				121
$La(Ni_{0.5}Ir_{0.5})O_3$	7.90				121, 95
$La(Ni_{0.5}Ru_{0.5})O_3$	7.90				121
$La(Ni_{0.5}Ti_{0.5})O_3$	3.93				106
$La(Zn_{0.5}Ru_{0.5})O_3$	7.97				121
$Nd(Mg_{0.5}Ti_{0.5})O_3$	3.90				106

表7.4c（続き）

化合物	$a(Å)$	$b(Å)$	$c(Å)$	備考	文献
		$A^{2+}(B^{1+}_{0.25}B^{5+}_{0.75})O_3$			
$Ba(Na_{0.25}Ta_{0.75})O_3$	4.137				132
$Sr(Na_{0.25}Ta_{0.75})O_3$	4.055				132
		$A(B^{3+}_{0.5}B^{4+}_{0.5})O_{2.75}$			
$Ba(In_{0.5}U_{0.5})O_{2.75}$	8.551			$(NH_4)_3FeF_6$ structure	112
		$A(B^{2+}_{0.5}B^{5+}_{0.5})O_{2.75}$			
$Ba(Ba_{0.5}Ta_{0.5})O_{2.75}$	8.69			$(NH_4)_3FeF_6$ structure	119, 105
$Ba(Fe_{0.5}Mo_{0.5})O_{2.75}$	8.08			$(NH_4)_3FeF_6$ structure	105
$Sr(Sr_{0.5}Ta_{0.5})O_{2.75}$	8.34			$(NH_4)_3FeF_6$ structure	119, 105

7.5　K_2NiF_4構造；　$I4/mmm$，正方

　K_2NiF_4構造は，B原子が中心を占めたペロブスカイト構造の単位格子にA原子が中心を占めたペロブスカイト構造の単位格子を2個結びつけ，ついでBX_3の層を取り去ることによって得られる（図7.5）。すなわち，完全なB-タイプのペロブスカイト構造の単位格子の上と下に，切断されたA-タイプの単位格子が置かれており，aを単位格子の稜とすると$c \approx 3a$の正方晶系の単位格子が得られる。

A原子が　　$0,0,z ; \frac{1}{2},\frac{1}{2},\frac{1}{2}+z ; 0,0,\bar{z} ; \frac{1}{2},\frac{1}{2},\frac{1}{2}-z ; z=0.35$　　を，
B原子が　　$0,0,0 ; \frac{1}{2},\frac{1}{2},\frac{1}{2}$　を，
X原子は4個が　　$0,\frac{1}{2},0 ; \frac{1}{2},0,0 ; \frac{1}{2},0,\frac{1}{2} ; 0,\frac{1}{2},\frac{1}{2}$　を，
　　　　4個が　　$0,0,z ; \frac{1}{2},\frac{1}{2},\frac{1}{2}+z ; 0,0,\bar{z} ; \frac{1}{2},\frac{1}{2},\frac{1}{2}-z ; z=0.15$
　　　　を占める。

　B原子の配位数はペロブスカイトと同じで6個のX原子に囲まれているが，A原子は9個のX原子に囲まれており，ペロブスカイトのA原子の配位数12に比べて少ない。表7.5に示した多くの酸化物，フッ化物およびオキシフッ化物がこの構造をとる。

第7章 ペロブスカイトタイプと関連の構造   213

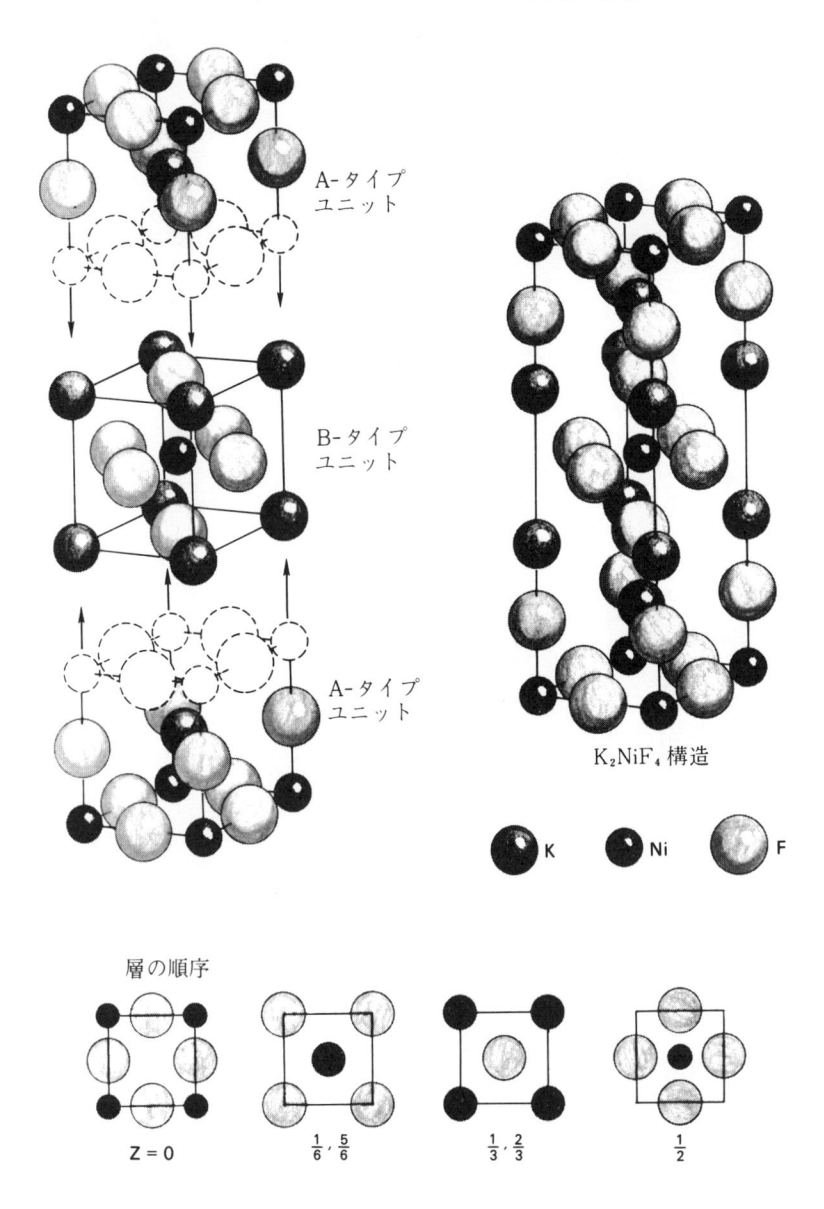

A-タイプ
ユニット

B-タイプ
ユニット

A-タイプ
ユニット

K_2NiF_4 構造

● K   ● Ni   ○ F

層の順序

$Z=0$ $\frac{1}{6}, \frac{5}{6}$ $\frac{1}{3}, \frac{2}{3}$ $\frac{1}{2}$

図7.5 K_2NiF_4 構造

表7.5 K_2NiF_4 構造をとる化合物

化合物	格子定数 (Å) a_0	格子定数 (Å) c_0	原子パラメータ z(Aカチオン)	原子パラメータ z(アニオン)	文献
ハロゲン化物, オキシハロゲン化物					
Cs_2CrCl_4	5.215	16.46			1
K_2CoF_4	4.074	13.08			2
K_2CuF_4	4.155	12.74	0.356	0.153	3
K_2MgF_4	3.977	13.16	0.35	0.15	4
K_2NiF_4	4.01	13.08	0.352	0.151	5
K_2NbO_3F	3.96	13.67			6
K_2ZnF_4	4.017	13.05			7
$(NH_4)_2NiF_4$	4.084	13.79			8
Rb_2NiF_4	4.087	13.71			8
Rb_2ZnF_4	4.104	13.28			7
Sr_2FeO_3F	3.84	12.98			9
Tl_2CoF_4	4.10	14.1			2
Tl_2NiF_4	4.051	14.22			8
酸化物					
Ba_2PbO_4	4.296	13.30	0.355	0.155	10
Ba_2SnO_4	4.130	13.27	0.355	0.155	10
Ca_2MnO_4	3.67	12.08			11
Cs_2UO_4	4.38	14.79			12
Gd_2CuO_4	3.89	11.85			13
K_2UO_4	4.34	13.10	0.36	0.145	14
La_2NiO_4	3.855	12.652	0.360	1.170	15
Nd_2CuO_4	3.94	12.15			13
Nd_2NiO_4	3.81	12.31			13
Rb_2UO_4	4.345	13.83			12
Sm_2CuO_4	3.91	11.93			13
Sr_2IrO_4	3.89	12.92	0.347	0.151	16
Sr_2MnO_4	3.79	12.43			5
Sr_2MoO_4	3.92	12.84			5
Sr_2RhO_4	3.85	12.90			17
Sr_2RuO_4	3.870	12.74			17
Sr_2SnO_4	4.037	12.53	0.353	0.153	10
Sr_2TiO_4	3.884	12.60	0.355	0.152	18
複酸化物					
$La_2(Li_{0.5}Co_{0.5})O_4$	3.77	12.58			19
$La_2(Li_{0.5}Ni_{0.5})O_4$	3.75	12.89			19
$SrLaAlO_4$	3.75	12.5			11
$SrLaCoO_4$	3.80	12.50			19
$(Sr_{1.5}La_{0.5})(Co_{0.5}Ti_{0.5})O_4$	3.85	12.62			19
$SrLaCrO_4$	3.84	12.52			19
$(Sr_{0.5}La_{1.5})(Mg_{0.5}Co_{0.5})O_4$	3.82	12.58			19
$SrLaFeO_4$	3.86	12.69			19
$SrLaGaO_4$	3.84	12.71			19
$SrLaMnO_4$	3.88	12.5			19
$SrLaNiO_4$	3.80	12.51			19
$SrLaRhO_4$	3.92	12.78			19

7.6　$Sr_3Ti_2O_7$構造と$Sr_4Ti_3O_{10}$構造；$I4/mmm$，正方

　$Sr_3Ti_2O_7$構造は，B-タイプのペロブスカイト構造の単位格子の2個を対にし，ついでA-タイプのペロブスカイト構造の単位格子の2個を対にしたもの

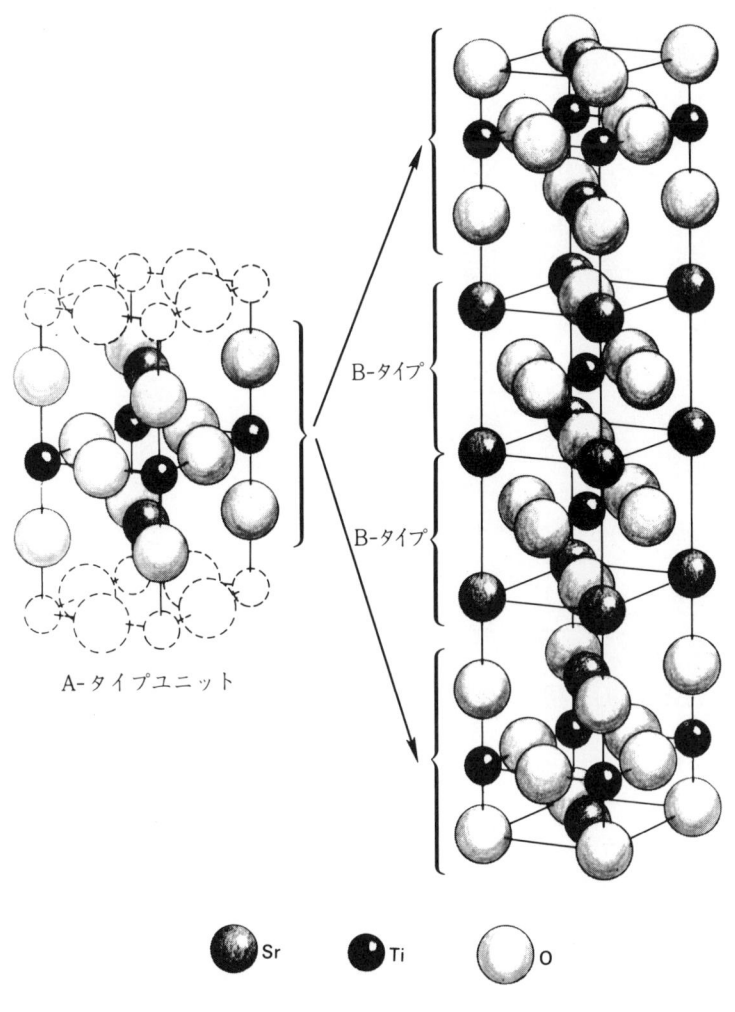

A-タイプユニット

B-タイプ

B-タイプ

● Sr　　● Ti　　○ O

図7.6　$Sr_3Ti_2O_7$構造

から BX_3 の層を取り去り，これを B-タイプの対の上下に置いて得られる（図 7.6）。$Sr_3Ti_2O_7$ 構造の詳細を以下に記す。

 Sr 原子は 2 個が　　$0, 0, \frac{1}{2} ; \frac{1}{2}, \frac{1}{2}, 0$　を，
　　　　　 2 個が　　$\pm(0, 0, z, \frac{1}{2}, \frac{1}{2}+z)$; $z=0.312$　を占める。
 4 個の Ti 原子は　　$\pm(0, 0, z ; \frac{1}{2}, \frac{1}{2}+z)$; $z=0.094$　を占める。
 O 原子は 2 個が　　$0, 0, 0, ; \frac{1}{2}, \frac{1}{2}, \frac{1}{2}$　を，
　　　　　 8 個が　　$\pm(0, \frac{1}{2}, z ; \frac{1}{2}, 0, z ; \frac{1}{2}, 0, \frac{1}{2}+z ; 0, \frac{1}{2}, \frac{1}{2}+z)$; $z=0.094$.　を，
　　　　　 4 個が　　$\pm(0, 0, z ; \frac{1}{2}, \frac{1}{2}, \frac{1}{2}+z)$; $z=0.188$　を占める。

$Sr_4Ti_3O_{10}$ の構造も似ているが，その構造をあらわすのにさらに長い c 軸が必要である。格子の大きさを表 7.6 に示す。

表7.6 Sr-Ti-O 系の化合物

化合物	格子定数 (Å)		文献
	a_0	c_0	
Sr_2TiO_4	3.884	12.60	1
$Sr_3Ti_2O_7$	3.90	20.38	2
$Sr_4Ti_3O_{10}$	3.90	28.1	2
$K_3Zn_2F_7$	4.063	21.22	3

7・7　$Bi_4Ti_3O_{12}$ 構造； *Fmmm*, 斜方

 $Bi_4Ti_3O_{12}$ は一連の強誘電性化合物の一つで，互いに積み重なったペロブスカイト構造の単位格子が Bi と O の層によってへだてられている構造であると考えることができる。Bi_2NbO_5F，$BiNiTiO_9$ および $BaBiTiO_{15}$ の構造も解析されているが，ここでは $Bi_4Ti_3O_{12}$ についてだけ説明する。図 7.7 a に示した $Bi_4Ti_3O_{12}$ の単位格子の下半分は O の層が上にのった A-タイプペロブスカイトの単位格子の 1 個半と，O の層の上にのった B-タイプペロブスカイトの単位格子の 1 個半とでつくられている。単位格子の上半分はこれの鏡像である。図

第7章 ペロブスカイトタイプと関連の構造

7.7aでは，実際の格子の内側にいま説明した単位格子を示してある。実際の格子定数 a および b はペロブスカイト構造の小さな単位格子の面の対角線に選んである。層の順序を図7.7bに，原子の位置を以下に示す。

B-タイプペロブスカイト
ユニットの一つ半

酸素の層

A-タイプペロブスカイト
ユニットの一つ半

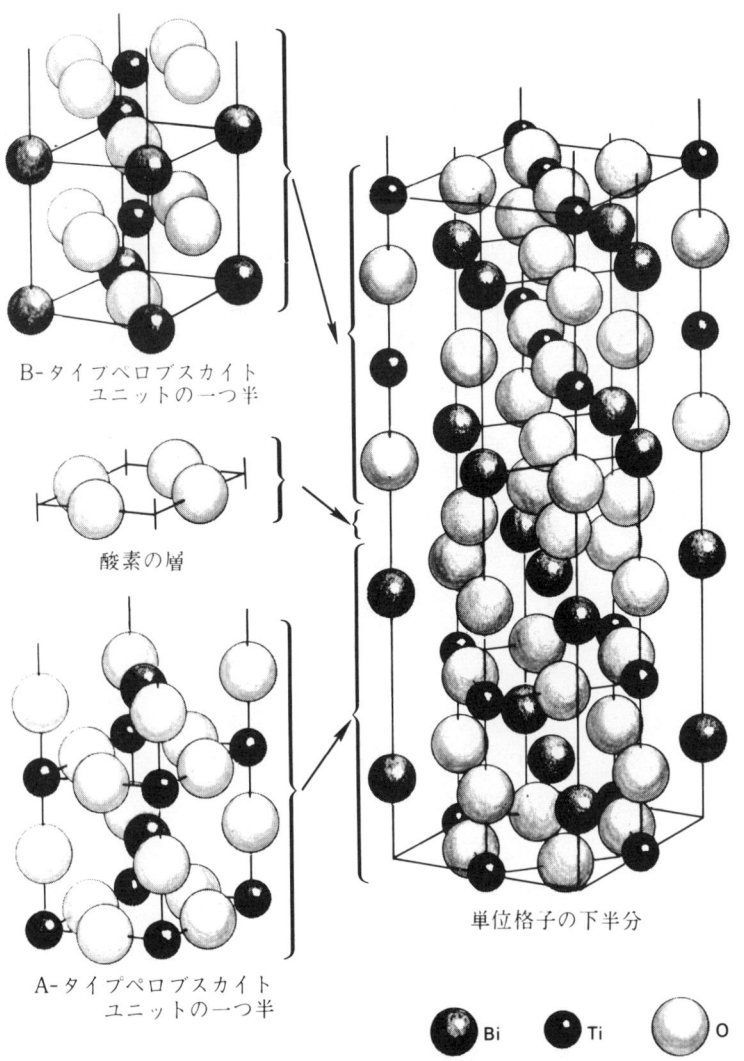

単位格子の下半分

● Bi ● Ti ○ O

図7.7a $Bi_4Ti_3O_{12}$ 構造（単位格子の半分）

218

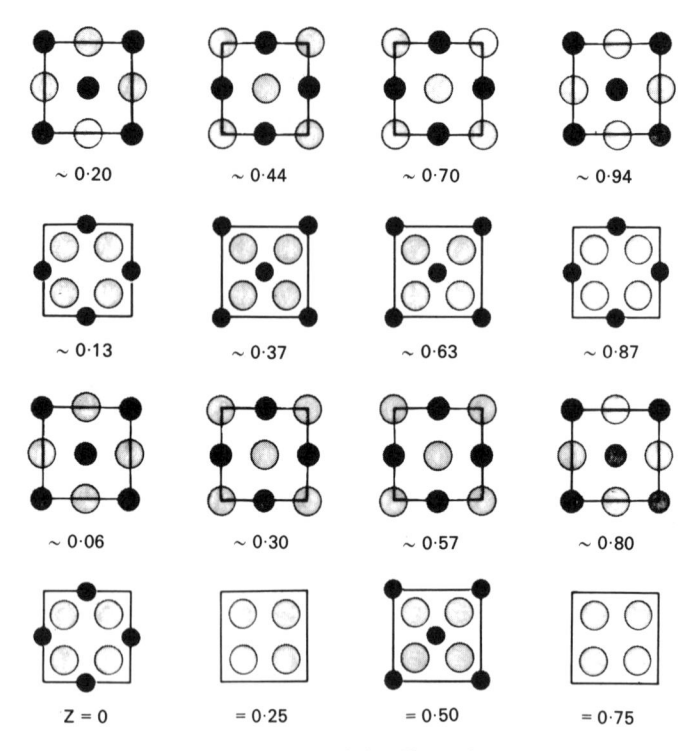

図7.7b $Bi_4Ti_3O_{12}$ 構造の層の順序

		x	y	z
Bi(1)	(8i)	0	0	0.067
(2)	(8i)	0	0	0.211
Ti(1)	(4b)	0	0	0.50
(2)	(8i)	0	0	0.372
O(1)	(8e)	0.25	0.25	0
(2)	(8f)	0.25	0.25	0.25
(3)	(8i)	0	0	0.436
(4)	(8i)	0	0	0.308
(5)	(16j)	0.25	0.25	0.128

第7章 ペロブスカイトタイプと関連の構造

(4b) $0, 0, \frac{1}{2}; \frac{1}{2}, \frac{1}{2}, \frac{1}{2}; \frac{1}{2}, 0, 0; 0, \frac{1}{2}, 0.$

(8e) $\frac{1}{4}, \frac{1}{4}, 0; \frac{1}{4}, \frac{1}{4}, \frac{1}{2};$ (8f) $\frac{1}{4}, \frac{1}{4}, \frac{1}{4}; \frac{1}{4}, \frac{1}{4}, \frac{3}{4};$

$\frac{3}{4}, \frac{3}{4}, 0; \frac{3}{4}, \frac{3}{4}, \frac{1}{2};$ $\frac{3}{4}, \frac{3}{4}, \frac{1}{4}; \frac{3}{4}, \frac{3}{4}, \frac{3}{4};$

$\frac{3}{4}, \frac{1}{4}, \frac{1}{2}; \frac{3}{4}, \frac{1}{4}, 0;$ $\frac{3}{4}, \frac{1}{4}, \frac{3}{4}; \frac{3}{4}, \frac{1}{4}, \frac{1}{4};$

$\frac{1}{4}, \frac{3}{4}, \frac{1}{2}; \frac{1}{4}, \frac{3}{4}, 0.$ $\frac{1}{4}, \frac{3}{4}, \frac{3}{4}; \frac{1}{4}, \frac{3}{4}, \frac{1}{4}.$

(8i) $0, 0, z; \frac{1}{2}, \frac{1}{2}, z; \frac{1}{2}, 0, \frac{1}{2}+z; 0, \frac{1}{2}, \frac{1}{2}+z;$

$0, 0, \bar{z}; \frac{1}{2}, \frac{1}{2}, \bar{z}; \frac{1}{2}, 0, \frac{1}{2}-z; 0, \frac{1}{2}, \frac{1}{2}-z.$

(16j) $\frac{1}{4}, \frac{1}{4}, z; \frac{1}{4}, \frac{1}{4}, \bar{z}; \frac{1}{4}, \frac{3}{4}, z; \frac{1}{4}, \frac{3}{4}, \bar{z};$

$\frac{3}{4}, \frac{3}{4}, z; \frac{3}{4}, \frac{3}{4}, \bar{z}; \frac{3}{4}, \frac{1}{4}, z; \frac{3}{4}, \frac{1}{4}, \bar{z};$

$\frac{3}{4}, \frac{1}{4}, \frac{1}{2}+z; \frac{3}{4}, \frac{1}{4}, \frac{1}{2}-z; \frac{3}{4}, \frac{3}{4}, \frac{1}{2}+z; \frac{3}{4}, \frac{3}{4}, \frac{1}{2}-z;$

$\frac{1}{4}, \frac{3}{4}, \frac{1}{2}+z; \frac{1}{4}, \frac{3}{4}, \frac{1}{2}-z; \frac{1}{4}, \frac{1}{4}, \frac{1}{2}+z; \frac{1}{4}, \frac{1}{4}, \frac{1}{2}-z.$

性質

関連の構造をもつその他の化合物を表7.7に示す.それらは $(Bi_2O_2)^{2+}$ の層と,ペロブスカイトタイプの $(Me_{x-1}R_xO_{3x+1})^{2-}$ のユニットを含む.ここでMeは1価,2価,3価のイオンあるいはその混合物で,Rは Ti^{4+}, Nb^{5+}, Ta^{5+} などをあらわす.これらの化合物は強誘電体で,それらのキュリー温度を表7.7に示した.

表7.7 $Bi_4Ti_3O_{12}$ と関連の化合物

化合物	格子定数 (Å)		強誘電キュリー温度 (°C)	文献
	a_0	c_0		
$Bi_4Ti_3O_{12}$	5.510 $b_0 = 5.4487$	32.84	675	1, 2
$PbBi_2Nb_2O_9$	3.88	25.5	550	3
$PbBi_2Ta_2O_9$	3.88	25.3	430	3
$BaBi_3Ti_2NbO_{12}$	3.87	33.7	270	3
$PbBi_3Ti_2NbO_{12}$	3.86	33.5	290	3
$BaBi_4Ti_4O_{15}$	3.84	41.6	395	3
$PbBi_4Ti_4O_{15}$	3.84	41.3	570	3

7.8 タングステンブロンズ構造； $P4/mbm$, 正方； $P6/mcm$, 六方

ナトリウムタングステンブロンズ (sodium tungsten bronzes) は Na_xWO_3 の組成式であらわされ，x は 0 と 1.0 の間の値をとり，$x=1.0$ では黄金色を，$x=0.6$ では赤色を示す．Na の含有量が 0.4 と 1.0 との間の相はペロブスカイ

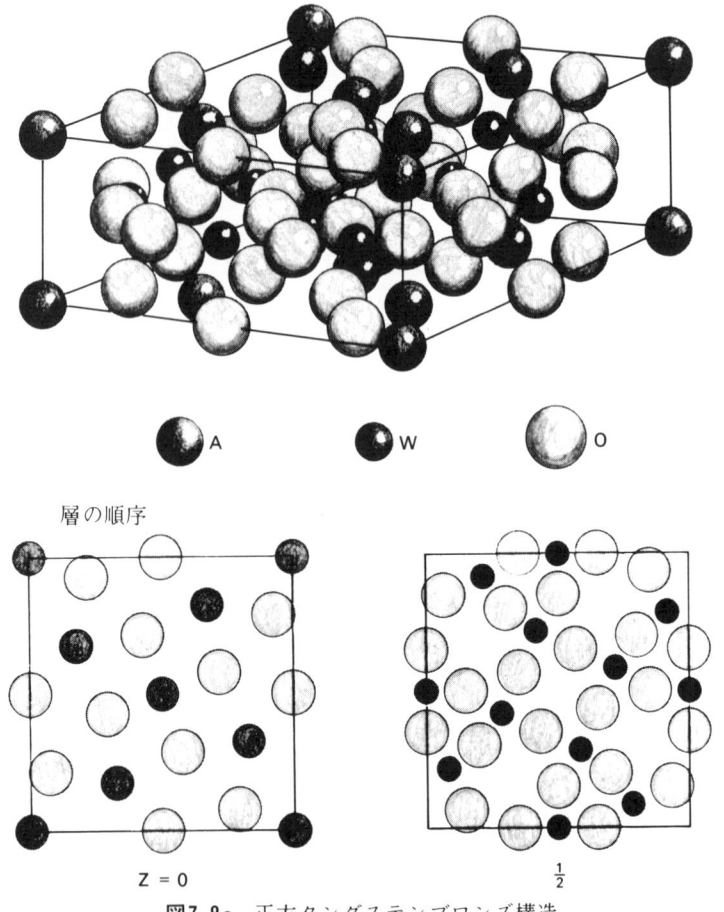

A　　W　　O

層の順序

$Z=0$　　　$\frac{1}{2}$

図7.8a 正方タングステンブロンズ構造

第7章 ペロブスカイトタイプと関連の構造 221

C軸方向への投影

A
W
O

層の順序（およその原子位置を示す）

$z = 0, \frac{1}{2}$ $\frac{1}{4}, \frac{3}{4}$

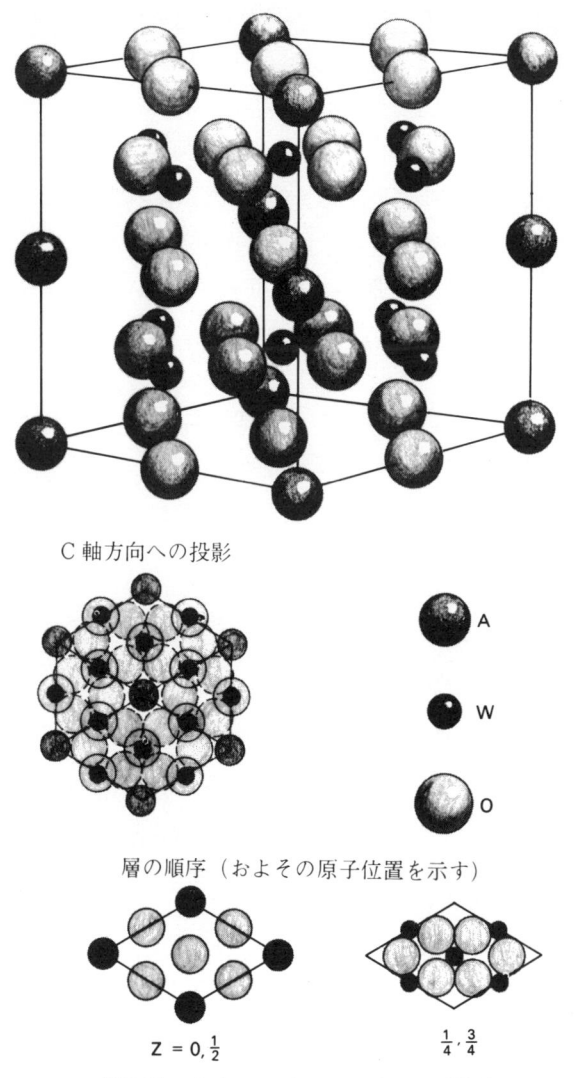

図7.8b 六方タングステンブロンズ構造

ト構造をとり，Aイオンは隅を共有した4個のWO$_6$の八面体によって囲まれている。Aイオンがカリウムでxが0.475と0.57の間にある場合には正方晶

系のブロンズ構造ができる。K_xWO_3 構造では,隅を共有した WO_6 八面体の四員環および五員環が K イオンを囲んでいる(図 7.8 a)。A_xWO_3 型化合物では,A が K,Rb および Cs で $x=0.3$ の場合には六方晶系のブロンズ構造をとり,WO_6 八面体の六員環が A イオンの周囲を囲んでいる(図 7.8 b)。正方ブロンズ構造の単位格子は八面体 1 個分の高さを,六方ブロンズ構造では 2 個分の高さをもっている。これらの構造における各原子の位置を以下に示す。

正方タングステンブロンズ構造は空間群 $P4/mbm$ に属し,つぎの原子位置を占める。

W(2e)　$0, \frac{1}{2}, \frac{1}{2}; \frac{1}{2}, 0, \frac{1}{2}$.

W(8f) $0.078, 0.209, \frac{1}{2}; 0.578, 0.291, \frac{1}{2}; 0.791, 0.078, \frac{1}{2}; 0.709, 0.578, \frac{1}{2}$;
$0.922, 0.791, \frac{1}{2}; 0.422, 0.709, \frac{1}{2}; 0.209, 0.922, \frac{1}{2}; 0.291, 0.422, \frac{1}{2}$.

K(2a) $0, 0, 0; \frac{1}{2}, \frac{1}{2}, 0$.

K(4g) $0.175, 0.675, 0; 0.675, 0.825, 0$;
$0.825, 0.325, 0; 0.325, 0.175, 0$.

O(2d) $0, \frac{1}{2}, 0, ; \frac{1}{2}, 0, 0$.

O(8i) $0.075, 0.215, 0; 0.575, 0.285, 0; 0.785, 0.075, 0; 0.715, 0.575, 0$;
$0.925, 0.785, 0; 0.425, 0.715, 0; 0.215, 0.925, 0; 0.285, 0.425, 0$.

O(4h) $0.30, 0.80, \frac{1}{2}; 0.80, 0.70, \frac{1}{2}$;
$0.70, 0.20, \frac{1}{2}; 0.20, 0.30, \frac{1}{2}$.

O(8j) $0, 0.345, \frac{1}{2}; \frac{1}{2}, 0.155, \frac{1}{2}; 0.655, 0, \frac{1}{2}; 0.845, \frac{1}{2}, \frac{1}{2}$;
$0, 0.655, \frac{1}{2}; \frac{1}{2}, 0.845, \frac{1}{2}; 0.345, 0, \frac{1}{2}; 0.155, \frac{1}{2}, \frac{1}{2}$.

O(8j) $0.15, 0.07, \frac{1}{2}; 0.75, 0.43, \frac{1}{2}; 0.93, 0.15, \frac{1}{2}; 0.57, 0.65, \frac{1}{2}$;
$0.85, 0.93, \frac{1}{2}; 0.35, 0.57, \frac{1}{2}; 0.07, 0.85, \frac{1}{2}; 0.43, 0.35, \frac{1}{2}$.

六方タングステンブロンズ構造は空間群 $P6/mcm$ に属し,各原子はつぎの位置を占める。

W(6g)　$0.48, 0, \frac{1}{4}; 0.48, \frac{1}{4}; 0.52, 0.52, \frac{1}{4}$;
$0.52, 0, \frac{3}{4}; 0, 0.52, \frac{3}{4}; 0.48, 0.48, \frac{3}{4}$.

O(6f) $\frac{1}{2},0,0;0,\frac{1}{2},0;\frac{1}{2},\frac{1}{2},0;\frac{1}{2},0,\frac{1}{2};0,\frac{1}{2},\frac{1}{2};\frac{1}{2},\frac{1}{2},\frac{1}{2}.$

O(12j) $0.42, 0.22, \frac{1}{4}; 0.78, 0.20, \frac{1}{4}; 0.80, 0.58, \frac{1}{4};$

$0.22, 0.42, \frac{1}{4}; 0.58, 0.80, \frac{1}{4}; 0.20, 0.78, \frac{1}{4};$

$0.58, 0.78, \frac{3}{4}; 0.22, 0.80, \frac{3}{4}; 0.20, 0.42, \frac{3}{4};$

$0.78, 0.58, \frac{3}{4}; 0.42, 0.20, \frac{3}{4}; 0.80, 0.22, \frac{3}{4}.$

Rb(2b); $0,0,0;0,0,\frac{1}{2}.$

表7.8 正方および六方タングステンブロンズ構造をとる化合物

正方ブロンズ	格子定数 (Å)		強誘電キュリー温度 (°C)	文献
	a_0	c_0		
$Ba_{0.5}NbO_3$†				1
$Ba_{0.5}TaO_3$	12.60	3.95		2
$K_4Nb_6O_7$	12.525	3.763		3
$K_{0.5}WO_3$	12.3	3.8		3
$K_{0.5}(W_{0.5}Ta_{0.5})O_3$	12.36	3.90		2
$Nb_2W_3O_{14}$	12.190	3.934		5
$Pb_{0.5}NbO_3$† (570°C)	12.46	3.907	570	1
$Pb_{0.5}TaO_3$†			260	1
$Sr_{0.5}TaO_3$	12.41	3.90		2

† 正方タングステンブロンズに非常に近い構造をもつ。

六方ブロンズ	格子定数 (Å)		文献
	a_0	c_0	
$K_{0.3}WO_3$	7.385	7.513	6
$K_{0.3}(Ta_{0.3}W_{0.7})O_3$	7.333	7.685	2
$Rb_{0.27}WO_3$	7.394	7.516	6
$Rb_{0.3}(Ta_{0.3}W_{0.7})O_3$	7.342	7.715	2
$Cs_{0.3}WO_3$	7.406	7.608	6
$Cs_{0.3}(Ta_{0.3}W_{0.7})O_3$	7.450	7.821	2

性質

$PbNb_2O_6$ と $PbTa_2O_6$ は強誘電体で,キュリー温度は570°および260°Cである。これらの単位格子は斜方晶系に属し,格子定数は前者が $a_0=17.51\text{Å}$, $b_0=17.81\text{Å}$, $c_0=7.62\text{Å}$, 後者が $a_0=17.68\text{Å}$, $b_0=17.72\text{Å}$, $c_0=7.95\text{Å}$ で,正方タ

ングステンブロンズの構造と関係がある。正方タングステンブロンズの格子定数を a' および c' とすると，斜方格子の格子定数は $\sqrt{2}a'$, $\sqrt{2}a'$, $2c'$ 程度である。

タングステンを含むこれらすべての材料は電気伝導度が大きく，これは W^{5+} の存在によるものである。W^{5+} を Ta^{5+} で置換したものは無色で比抵抗の大きい材料である。

表7.8の化合物を参照のこと。

7.9 ペロブスカイト関連の層構造，AO_3 層構造

これらの構造は最密充填した AO_3 層から成り，層の間の八面体配位の穴を金属イオンが占めている。それぞれの層内では図7.9に示すようにAイオンと酸素イオンが一つ置きに互い違いに並んでおり，二つのAイオンを結ぶ線を単位格子の a 軸にえらぶと軸は最密充填層と平行になる。

この本では，これらの層構造をあらわすのに図7.9bに示す方法を用いた。図には，〈111〉方向に垂直にとった3個のペロブスカイト単位格子の原子配列が

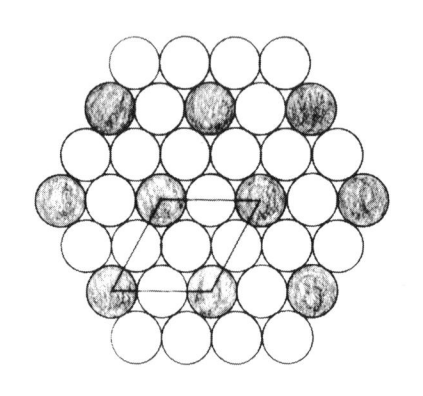

図7.9a AO_3 層

第7章 ペロブスカイトタイプと関連の構造

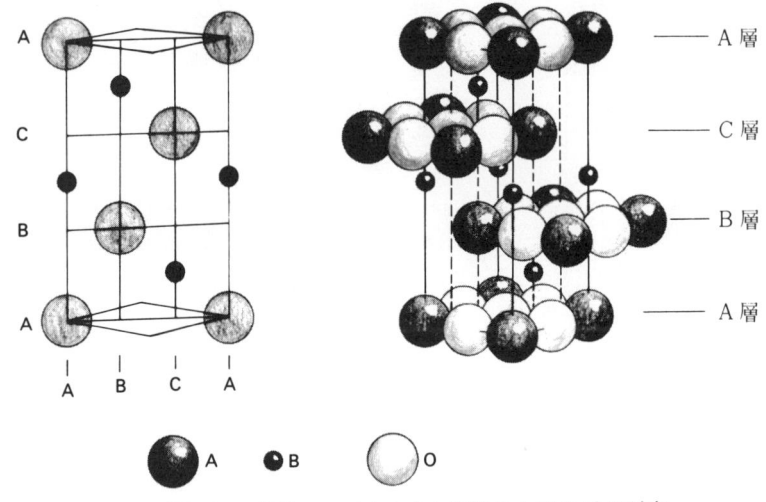

図7.9b 単純ペロブスカイト構造における層の順序
立方充填（… ABC …）している AO_3 層

示されており，AO_3 層が ABCA の順に並び，B イオンは $\frac{1}{3}, \frac{2}{3}, \frac{1}{6}; 0, 0, \frac{1}{2}; \frac{2}{3}, \frac{1}{3}, \frac{5}{6}$ の位置を占めている。これらの B イオンを 1 個の B′ イオンと 2 個の B″ イオンで置換すると $Ba(Sr_{0.33}Ta_{0.67})O_3$ 構造になる（図7.9c）。いずれの構造でも，それぞれの BO_6 八面体は他の 6 個の八面体と隅で結合している。

$BaNiO_3$ 構造は六方最密に配列した BaO_3 層を含み（図7.9d），2 個の A イオンが $\frac{1}{3}, \frac{2}{3}, \frac{1}{4}; \frac{2}{3}, \frac{1}{3}, \frac{3}{4}$ を占め，2 個の B イオンが $0, 0, 0; 0, 0, \frac{1}{2}$ を，6 個の酸素イオンは $x, \bar{x}, z; x, 2x, z; 2\bar{x}, \bar{x}, z; \bar{x}, x, z+\frac{1}{2}; \bar{x}, 2\bar{x}, z+\frac{1}{2}; 2x, x, z+\frac{1}{2}; x=\frac{1}{6}, z=\frac{3}{4}$ を占める。この 2 層から成る単位格子では BO_6 の八面体が反対側の面を共有している。この構造では B イオンが接近して金属-金属結合が存在することを示している。

$Ba_5Ta_4O_{15}$ 構造は図7.9eに示すように ABCBC の 5 層から成り，Ta 原子は 2 個が $0, 0, z; 0, 0, \bar{z}; z=0.313$ を，2 個が $\frac{1}{3}, \frac{2}{3}, z; \frac{2}{3}, \frac{1}{3}, z; z=0.104$ を占める。1 対の AO_3 層の間に Ta イオンが入っていないので TaO_6 八面体の面共有が妨げられている。Ba イオンは 1 個が $0, 0, 0$ を，2 個が $\frac{1}{3}, \frac{2}{3}, z; \frac{2}{3}, \frac{1}{3}, \bar{z}; z$

●Ba ○Sr ●Ta ○O

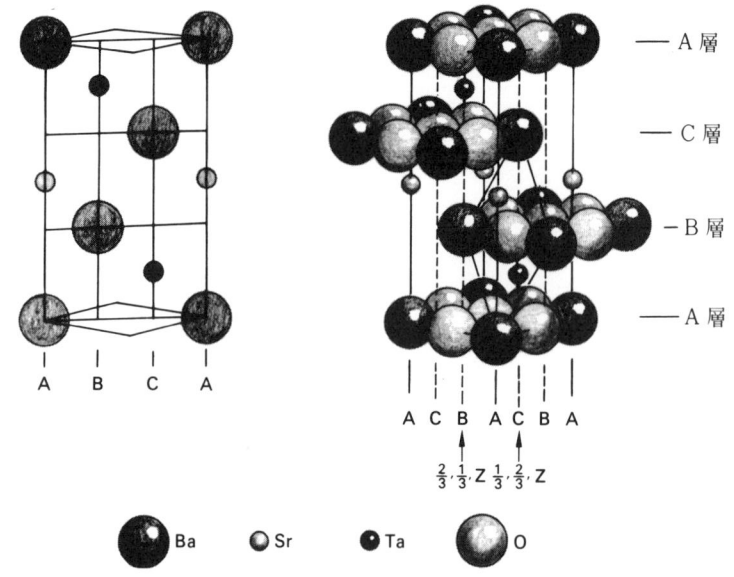

図7.9c $Ba(Sr_{0.33}Ta_{0.67})O_3$ 構造における層の順序
立方充填（…ABC…）しているAO_3層

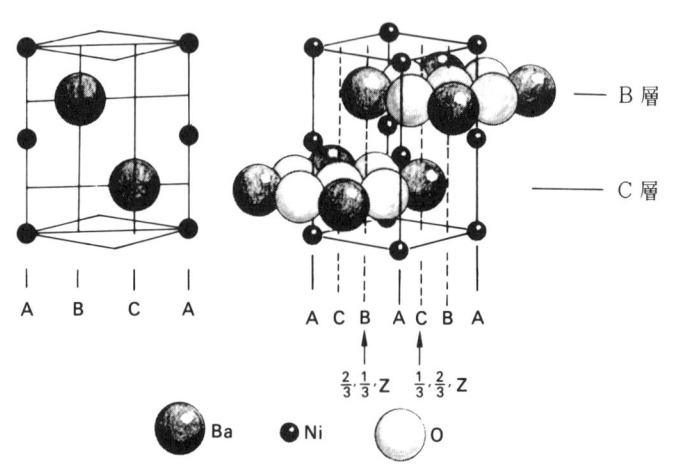

●Ba ●Ni ○O

図7.9d $BaNiO_3$ 構造における層の順序
六方充填（…BC…）しているAO_3層

第7章 ペロブスカイトタイプと関連の構造

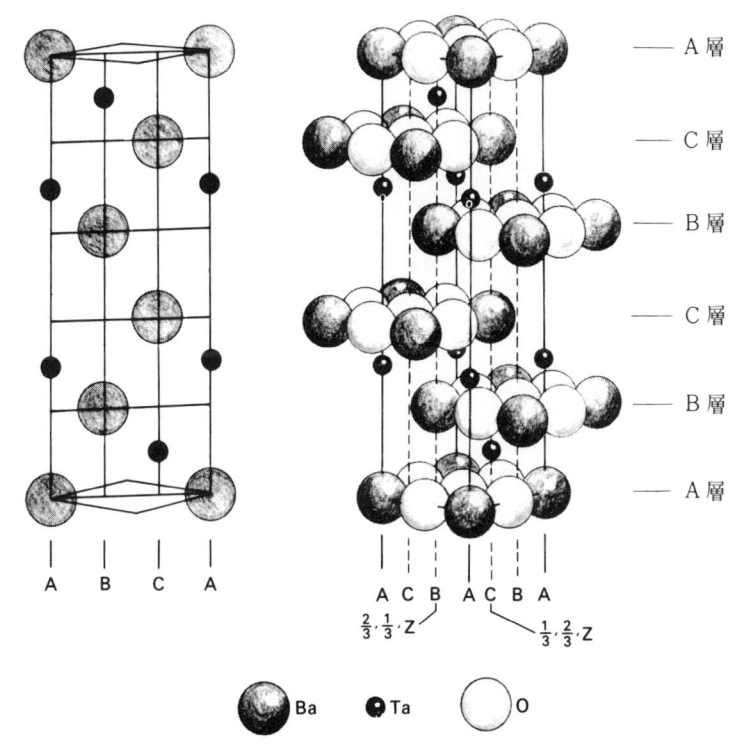

図7.9e $Ba_5Ta_4O_{15}$ 構造における層の順序
…ABCBC… 充填しているAO₃層

$=0.793$ を，さらに2個が $\frac{1}{3}, \frac{2}{3}, z ; \frac{2}{3}, \frac{1}{3}, \bar{z} ; z=0.425$ を占める。酸素イオンは3個が $\frac{1}{2}, 0, 0 ; 0, \frac{1}{2}, 0 ; \frac{1}{2}, \frac{1}{2}, 0$ を，6個が $x, \bar{x}, z ; x, 2x, z ; 2\bar{x}, \bar{x}, \bar{z} ; \bar{x}, x, \bar{z} ; \bar{x}, 2\bar{x}, \bar{z} ; 2x, x, \bar{z} ; x=0.17, z=0.20$ を，6個が同じ位置の $x=0.17, z=0.60$ を占める。

六方晶系の $BaTiO_3$ 構造は図7.9fに示すようにABCACBの6層構造である。この構造では TiO_6 八面体の一部が面を共有している。Baイオンは2個が $0, 0, \frac{1}{4} ; 0, 0, \frac{3}{4}$ を，他の4個が $\pm(\frac{1}{3}, \frac{2}{3}, z ; \frac{2}{3}, \frac{1}{3}, z+\frac{1}{2}) ; z=0.097$ を占め，Tiイオンは2個が $0, 0, 0 ; 0, 0, \frac{1}{2}$ を，他の4個が $\pm(\frac{1}{3}, \frac{2}{3}, z ; \frac{2}{3}, \frac{1}{3}, z+\frac{1}{2}) ; z=0.845$ を占める。Oイオンは6個が $\pm(x, 2x, \frac{1}{4} ; 2\bar{x}, \bar{x}, \frac{1}{4} ; x, \bar{x}, \frac{1}{4}) ; x=0.522$ を，他

の 12 個が $\pm(x, 2x, z ; 2\bar{x}, \bar{x}, z ; x, \bar{x}, z ; x, 2x, \frac{1}{2}-z ; 2\bar{x}, \bar{x}, \frac{1}{2}-z ; x, \bar{x}, \frac{1}{2}-z)$; $x=0.836, z=0.076$ を占める。

表7.9 層状ペロブスカイト構造の化合物

化合物	格子定数 (Å)		文献
	a_0	c_0	
BaNiO$_3$ タイプ			
BaCoO$_{3-x}$	5.59	4.82	1
BaMnO$_3$(低温型)	5.7	4.8	1
BaNiO$_3$	5.58	4.832	1
CsNiF$_3$	6.23	5.22	2
Ba$_5$Ta$_4$O$_{15}$ タイプ			
Ba$_5$Nb$_4$O$_{15}$	5.79	11.75	3
Ba$_5$Ta$_4$O$_{15}$	5.79	11.75	3
Sr$_5$Ta$_4$O$_{15}$	5.67	11.42	3
六方 BaTiO$_3$ タイプ			
Ba$_2$CoOsO$_6$	5.74	14.1	4
Ba$_3$CoTi$_2$O$_9$	5.74	14.1	5
Ba$_3$Cr$_2$MoO$_9$	5.72	14.0	6
Ba$_2$CrOsO$_6$			7
Ba$_3$Cr$_2$ReO$_9$	5.70	13.8	4
Ba(Cr, Ti)O$_3$	5.74	14.1	5
Ba$_2$CrTaO$_6$			7
Ba$_3$Cr$_2$UO$_9$	5.83	14.4	8
Ba$_3$Cr$_2$WO$_9$	5.75	14.3	6
Ba$_2$ErIrO$_6$	5.91	14.6	7
Ba(Fe, Ir)O$_3$			9
Ba$_2$FeOsO$_6$	5.76	14.1	4
Ba$_3$Fe$_2$ReO$_9$	5.81	14.1	4
Ba$_2$FeSbO$_6$	5.76	14.5	7
Ba$_3$FeTi$_2$O$_9$	5.74	14.1	5
Ba$_2$InIrO$_6$	5.83	14.7	7
Ba$_3$IrTi$_2$O$_9$	5.74	14.2	5
Ba$_2$MnOsO$_6$	5.82	14.2	4
Ba$_3$MnTi$_2$O$_9$	5.74	14.1	5
Ba$_2$NiOsO$_6$	5.75	14.1	4
Ba$_3$OsTi$_2$O$_9$	5.76	14.3	7
BaPt$_{0.1}$Ti$_{0.9}$O$_3$	5.74	14.1	5
Ba(Rh, Ti)O$_3$	5.74	14.1	5
Ba$_3$RuTi$_2$O$_9$	5.74	14.1	5
Ba$_2$RhUO$_6$	5.84	14.9	8
Ba$_2$ScIrO$_6$	5.79	14.6	7

第7章 ペロブスカイトタイプと関連の構造　　229

ペロブスカイト構造と $Ba(Sr_{0.33}Ta_{0.67})O_5$ 構造をもつ化合物は表7.4cに示した。上に述べた層構造をもつ化合物を表7.9に示す。

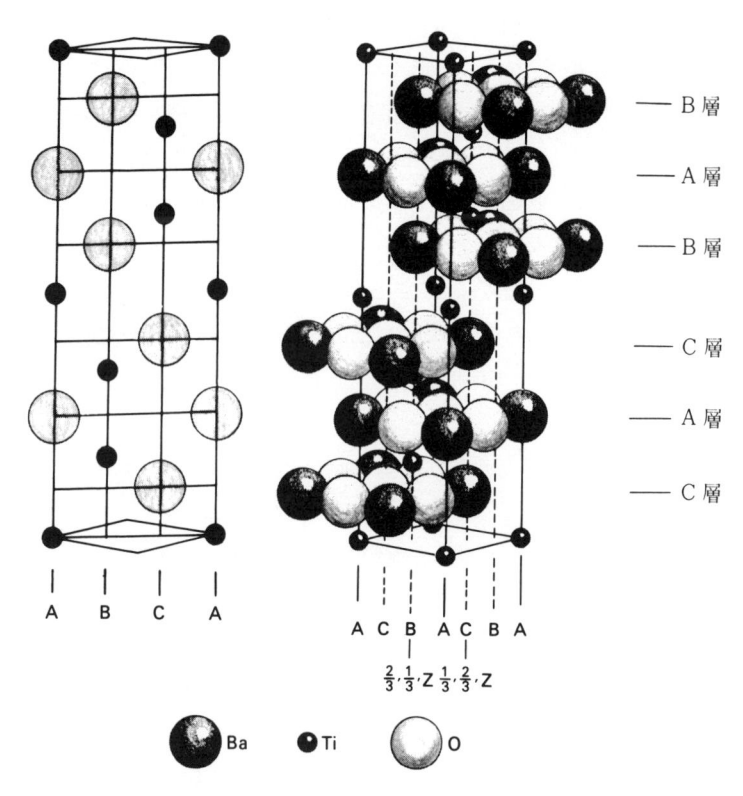

図7.9f　六方 $BaTiO_3$ 構造における層の順序
　　　　　…ABCACB…充填しているAO$_3$層

7.10　考察

構造の関係

ペロブスカイトタイプの構造は立方最密充填構造もしくは単純立方構造から導くことができる。立方最密充填構造で，原子が規則的な位置に並ぶと規則型

Cu_3Au 構造ができる。立方最密充塡構造で別の形式の規則化がおこり,単位格子の向き合った2組の面で原子が移動すると PbO 構造の単位格子ができる。

規則型 Cu_3Au 構造の単位格子の中心に小さな原子をおくと,B-タイプペロブスカイト構造の単位格子が得られる。ReO_3 構造の単位格子の中央を大きい A 原子が占めると,A-タイプペロブスカイト構造の単位格子ができる。

A-タイプと B-タイプの単位格子は同じペロブスカイト構造をあらわしているのはもちろんであるが,前者は原点を B 原子に,後者は A 原子にえらんでいる。Bi_4TiO_{12}, K_2NiF_4 および $Sr_3Ti_2O_7$ の単位格子は数個のペロブスカイト構造の単位格子を含んでいる。タングステンブロンズ構造は BO_6 八面体を含み,その間にある種々の大きさの穴に A 原子が入っている。層状の各種のペロブスカイト構造は AO_3 層から成り,ペロブスカイト構造の〈111〉方向で認められるように B 原子が層間に入っている。

酸化物

この章で説明した種々の化合物が強誘電性および関連した諸性質を示すことは非常によく知られている。チタン酸バリウムは誘電率が数千,キュリー温度が120°Cの強誘電体である。ジルコン酸鉛とチタン酸鉛との固溶体である PZT は最高のピエゾ電気材料の一つで圧電変換器として利用されている。タンタル酸カリウムとニオブ酸カリウムとの固溶体は大きな電気光学的効果を示しレーザーの光変調に用いられる。$Bi_4Ti_3O_{12}$ と関連の化合物のいくつかと正方タングステンブロンズタイプの材料も強誘電性をもっている。これらのすべての性質を生む原因は格子の僅かな歪であり,これが構造に双極子を生ずる。これらの双極子は,強磁性材料の磁区の方向が磁場内で変化するのと同様に電場を加えると再配向する。

ナトリウムタングステンブロンズは高い伝導度を示す異常な材料の代表である。Na_xWO_3 は A 位置にある Na の量が $x=0.5$ から $x=1.0$ に増加するのに対応して色が青から赤へそして黄色へと変化する。ナトリウムタングテンブロンズは金属伝導を示し,その伝導性は Na の量で決まる。

複雑なペロブスカイト化合物が数多く存在するが,ここではそれらの性質に

第7章 ペロブスカイトタイプと関連の構造

ついては簡単にふれるに止める。強誘電性を示すいくつかの材料は同時に重要な強磁性化合物である。これらの化合物には種々のイオンの組合わせがあるので,イオンの大きさや電荷の違いから化合物中の規則化を理解することができる。

ペロブスカイト関連の層状構造から,陰イオンとAイオンとが層状に最密配列してその間の穴に小さい陽イオンが入った構造がどのようにしてつくられるかがわかる。$BaNiO_3$ は2層構造の,ペロブスカイト構造は3層構造の,$Ba_5Ti_4O_{15}$ は5層構造の,六方 $BaTiO_3$ は6層構造の代表である。六方 $BaTiO_3$ 構造では金属-金属結合の八面体の面共有が許されていて非常に興味深い。これら以外にも多くの層状構造があるがこの本の範囲を超える。

表7.1 文献

1. G. HAGG and A. L. KINDSTROM, *Z. Phys. Chem.* **B22**, 453 (1933).
2. F. GRONVOLD, H. HAROLDSEN and J. VIHOVDE, *Acta Chem. Scand.* **8**, 1927 (1954).
3. W. P. BINNIE, *Acta Cryst.* **9**, 686 (1956).
4. H. DACHS, *Z. Krist.* **112**, 60 (1959).
5. W. J. MOORE and L. PAULING, *J. Am. Chem. Soc.* **63**, 1392 (1941).
6. V. A. IZVOZCHEKOV, *Zh. Prikl. Spectroskopii, Akad. Nauk Beloussk. SSR* **4**, 282 (1966).
7. J. LECIEJEWICZ, *Acta Cryst.* **14**, 1304 (1961).
  Stds. Circ. 539, **IV**, 25 (1955).
8. H. E. SWANSON, R. K. FUYAT and G. M. UGRINIC, NBS Rept. No. 2691 (1953), Natl. Bur.

表7.2 文献

1. A. SCHNEIDER and U. ESCH, *Z. Electrochem.* **49**, 72 (1943).
2. A. J. BRADLEY and G. C. SEAGER, *J. Inst. Met.* **64**, 81 (1939).
3. J. L. MORIARTY, R. O. GORDON and J. E. HUMPHREYS, *Acta Cryst.* **19**, 285 (1965).
4. A. TAYLOR and R. W. FLOYD, *J. Inst. Met.* **81**, 25 (1952).
5. O. J. C. RUNNALLS, *J. Metals* **5**, 1460 (1953).
6. M. I. IVANOV, V. A. TUMBAKOV and N. S. PODOLSKAYA, *Soviet J. At. Energy* **5**, 1007 (1959).
7. J. L. MORIARTY, J. E. HUMPHREYS, R. O. GORDON and W. C. BAENZIGER, *Acta Cryst.* **21**, 840 (1966).
8. J. H. KEELER and J. H. MALLERY, *J. Metals* **7**, 374 (1955).
9. W. BETTERIDGE, *J. Inst. Met.* **75**, 559 (1949).
10. G. GRUBE, A. SCHNEIDER and U. ESCH, *Festschrift aus Anlass des 100-jahrigen Jubilaums der Firma W. C. Heraeus GmbH* 20 (1951).
11. F. RUGGIERO and G. L. OLCESE, *Accad. Naze. Lincei Rend., Classe Sc. Fis.* **37**, 169 (1964).
12. H. HOLLECK, *Acta Cryst.* **21**, 451 (1966).
13. H. NOWOTNY, E. BAUER, A. STEMPFL and H. BITTNER, *Monatsh. Chem.* **83**, 221 (1952).
14. R. VOGEL and H. KLOSE, *Z. Metallk.* **45**, 633 (1954).
15. A. H. GEISLER and D. L. MARTIN, *J. Appl. Phys.* **23**, 375 (1952).

16. E. RAUB and W. MAHLER, *Z. Metallk.* **46**, 210 (1955).
17. P. GREENFIELD and P. A. BECK, *J. Metals* **8**, 265 (1956).
18. M. HIRABAYASHI and S. OGAWA, *J. Phys. Soc. Japan* **12**, 259 (1957).
19. A. SCHNEIDER and U. ESCH, *Z. Electrochem.* **50**, 290 (1944).
20. R. J. WAKELIN and E. L. YATES, *Proc. Phys. Soc.* B **66**, 221 (1953).
21. R. HULTGREN and C. A. ZAPFFE, *Z. Krist.* **A99**, 509 (1938).
22. W. B. PEARSON, *Nature* **173**, 364 (1954).
23. B. R. T. FROST and J. T. MASKREY, *J. Inst. Met.* **82**, 171 (1953).
24. H. PFISTERER and K. SCHUBERT, *Z. Metallk.* **41**, 358 (1950).
25. A. S. COFFINBERRY and F. H. ELLINGER, U.S.A. Rep. A/conf. 81P/826 (1955).
26. E. S. MAKAROV and V. N. BYKOV, *Soviet Phys. Cryst.* **4**, 164 (1959).
27. P. PIETROKOWSKY, *J. Metals* **6**, 219 (1954).
28. A. IANDELLI, *Congr. Intern. Chim. Pure Appl.*, 16, Paris, 1957, Mem. Sect. Chim. Minerale, 35 (1958).
29. A. A. BOCHVAR, S. T. KONOBEEVSKY, V. I. KUTAITSEV, T. S. MENSHIKOVA and N. T. CHEBOTAREV, *Proc. U.N. Intern. Conf. Peaceful Uses At. Energy,* 2d, Geneva, **6**, 184 (1958).
30. E. PARTHE, D. HOHNKE, W. JEITSCHKO and O. SCHOB, *Naturwiss.* **52**, 155 (1965).
31. E. RAUB and W. MAHLER, *Z. Metalk.* **46**, 282 (1955).
32. A. ROSSI, *Gazz. Chim. Ital..* **64**, 832 (1934).
33. T. H. GEBALLE, B. T. MATTHIAS, V. B. COMPTON, E. CORENZWIT, G. W. HULL, JR. and L. D. LONGINOTTI, *Phys. Rev.* **137**, A119 (1965).
34. E. ZINTL and A. HARDER, *J. Inst. Met.* **50**, 431 (1932).
35. F. GALASSO and J. PYLE, *Acta Cryst.* **16**, 228 (1963).
36. A. OSAWA and M. OKAMOTO, *Nippon Kink. Gakk.* **2**, 378 (1938).
37. H. NOWOTNY, K. SCHUBERT and U. DETTINGER, *Z. Metallk.* **37**, 137(1946).
38. K. SCHUBERT and K. PFISTERER, *Z. Metallk.* **40**, 405 (1949).
39. J. H. WALLBAUM, *Naturwissenschaften* **31**, 91 (1943).
40. T. J. HEAL and G. I. WILLIAMS, *Acta Cryst.* **8**, 494 (1955).
41. A. IANDELLI and R. FERRO, *Ann. Chim. (Rome)* **42**, 598 (1952).

表7.3 文献

1. R. DEPAPE, *Compt. Rend.* **260**, 4527 (1965).
2. D. E. LAVALLE, R. M. STEELE, M. K. WILKINSON and H. L. YAKEL, JR., *J. Am. Chem. Soc.* **82**, 2433 (1960).
3. E. L. MUETTERTIES and J. E. CASTLE, *J. Inorg. Nucl. Chem.* **18**, 148 (1961).
4. L. K. FREVEL and H. W. RINN, *Acta Cryst.* **9**, 626 (1956).
5. K. VORRES and J. DONOHUE, *Acta Cryst.* **8**, 25 (1955).
6. R. JUZA, *Z. Anorg. Chem.* **248**, 118 (1941).
7. A. MAGNELI, *Acta Chem. Scand.* **11**, 28 (1957).
8. E. WAIT, *J. Inorg. Nucl. Chem.* **1**, 309 (1955).
9. I. MORGENSTEIN-BORDARAU, Y. BILLIST, P. POIX and A. MICHEL, *Compt. Rend.* **260**, 3668 (1965).

表7.4a 文献

1. A. VON HIPPEL, R. G. BRECKENRIDGE, F. G. CHESLEY and L. TISZA, *Ind. Eng. Chem.* **38**, 1097 (1946).
2. G. SHIRANE, S. HOSHINO and K. SUZUKI, *Phys. Rev.* **80**, 1105 (1950).

第7章 ペロブスカイトタイプと関連の構造   233

3. B. T. MATTHIAS, *Phys. Rev.* **75**, 1771 (1949).
4. L. E. CROSS and B. J. NICHOLSON, *Phil. Mag.* Ser. 7, **46**, 453 (1955).
5. G. A. SMOLENSKII, *Dokl. Akad. Nauk, SSSR*, **70**, 405 (1950).
6. V. A. ISUPOV and L. T. ELEM'YANOVA, *Kristallografiya* **11**, 776 (1966).
7. G. A. SMOLENSKII, V. A. ISUPOV and A. I. AGRANOVSKAYA, *Sov. Phys., Solid State* **1**, 150 (1959).
8. A. I. AGRANOVSKAYA, *Bull. Acad. Sciences USSR, Phys. Series* **24**, 1271 (1960).
9. G. A. SMOLENSKII, A. I. AGRANOVSKAYA, S. N. POPOV and V. A. ISUPOV, *Sov. Phys., Tech. Phys.* **3**, 1981 (1960).
10. G. A. SMOLENSKII, A. I. AGRANOVSKAYA and V. A. ISUPOV, *Sov. Phys., Solid State* **1**, 907 (1959).
11. V. A. BOKOV and E. I. MYL'NIKOVA, *Sov. Phys., Solid State* **2**, 2428 (1961).

表7.4b 文献

1. F. K. PATTERSON, C. W. MOELLER and R. WARD, *Inorg. Chem.* **2**, 196 (1962).
2. F. GALASSO, F. C. DOUGLAS and R. KASPER, *J. Chem. Phys.* **44**, 1672 (1966).
3. J. LONGO and R. WARD, *J. Am. Chem. Soc.* **83**, 2816 (1961).
4. A. W. SLEIGHT, J. LONGO and R. WARD, *Inorg. Chem.* **1**, 245 (1962).
5. F. SUGAWARA and S. IIDA, *J. Phys. Soc. Japan* **20**, 1529 (1965).
6. G. W. WIENER and J. A. BERGER, *J. Met.* **7**, 360 (1955).

表7.4c 文献

1. H. P. MYERS, Univ. of British Columbia (1956).
2. R. G. BUTTERS and H. P. MYERS, *Phil. Mag.* **46**, 895 (1955).
3. W. L. W. LUDEKENS and A. J. E. WELCH, *Acta Cryst.* **5**, 841 (1952).
4. R. G. BUTTERS and H. P. MYERS, *Phil. Mag.* **46**, 132 (1955).
5. I. NARÁY-SZABÓ, *Mulgyet Zoylemen* **1**, 30 (1947).
6. M. KESTIGIAN, F. D. LEIPZIGER, W. J. CROFT and R. GUIDOBONI, *Inorg. Chem.* **5**, 1462 (1966).
7. A. N. CHRISTENSEN, *Act. Chem. Scand.* **19**, 42 (1965).
8. C. BRISI, *Ann. Chem.* **42**, 356 (1952).
9. K. KNOX, *Acta Cryst.* **14**, 583 (1961).
10. W. RUDORFF, J. KANDLER, G. LINCKE and D. BABEL, *Angew. Chem.* **71**, 672 (1959).
11. A. OKAZAKI and Y. SUEMUNE, *J. Phys. Soc. Japan* **17**, 204 (1962).
12. K. KNOX and D. W. MITCHELL, *J. Nucl. Chem.* **21**, 253 (1961).
13. C. E. MESSER, J. C. EASTMAN, R. G. MERS and A. J. MAELAND, *Inorg. Chem.* **3**, 776 (1964).
14. C. E. MESSER and K. HARDCASTLE, *Inorg. Chem.* **3**, 1327 (1964).
15. G. W. WIENER and J. A. BERGER, *J. Metals* **7**, 360 (1955).
16. M. H. FRANCOMBE and B. LEWIS, *Acta Cryst.* **11**, 175 (1958).
17. W. H. ZACHARIASEN, *Skrifter Norske Videnskads-- Akad. Oslo I. Mat.-- Naturv. Kl.* No. 4 (1928).
18. I. NARÁY-SZABÓ, *Muegvetemi Kozlemenyek* **1**, 30 (1947).
19. R. P. OZEROV, N. V. RANNEV, V. I. PARHOMOV, I. S. REZ and G. S. ZHDANDOV, *Kristallografiya* **7**, 620 (1962).
20. A. J. SMITH and A. J. E. WELCH, *Acta Cryst.* **13**, 653 (1960).
21. I. NARAY-SZABO and A. KALMAN, *Acta Cryst.* **14**, 791 (1961).
22. J. H. SMITH, *Nature* **115**, 334 (1925).
23. E. A. WOOD, *Acta Cryst.* **4**, 353 (1951).
24. L. L. QUILL, *Z. Anorg. Allgem. Chem.* **208**, 257 (1932).

25. P. VOUSDEN, *Acta Cryst.* **4**, 373 (1951).
27. H. F. KAY and J. L. MILES, *Acta Cryst.* **10**, 213 (1957).
28. V. M. GOLDSCHMIDT, *Skrifter Norske Videnskads-- Akad. Oslo I. Mat.-- Naturv. Kl.* No. 8 (1926).
29. D. SANTANA, *Anales Real. Soc. Espan. Fis. Quim. (Madrid)* Ser. A, **44**, 557 (1948).
30. L. RIVOIR and M. ABBAD, *Anales. Fis. Quim. (Madrid)* **43**, 1051 (1947).
31. R. S. ROTH, *J. Research NBS*, RP2736, **58** (1957).
32. A. F. WELLS, *Structural Inorganic Chemistry*, Oxford University Press, London (1950).
33. W. W. MALINOFSKY and H. KEDESDY, *J. Am. Chem. Soc.* **76**, 3090 (1954).
34. S. W. DERBYSHIRE, A. C. FRAKER and H. H. STADELMAIER, *Acta Cryst.* **14**, 1293 (1961).
35. L. H. BRIXNER, *J. Inorg. Nucl. Chem.* **14**, 225 (1960).
36. R. WEISS, *Compt. Rend.* **246**, 3073 (1958).
37. A. HOFFMAN, *Z. Physik. Chem.* **28**, 65 (1935).
38. L. E. RUSSELL, J. D. L. HARRISON and N. H. BRETT, *J. Nucl. Mater.* **2**, 310 (1960).
39. H. D. MEGAW, *Proc. Phys. Soc.* **58**, 133, 326 (1946).
40. S. M. LANG, F. P. KUNDSEN, C. L. FILLMORE, R. S. ROTH, NBS Circ. 568 (1956).
41. I. NARÁY-SZABÓ, *Naturwiss.* **31**, 466 (1943).
42. C. E. CURTIS, L. M. DONEY and J. R. JOHNSON, Oak Ridge Natl. Lab. ORNL-1681 (1954).
43. H. L. YAKEL, *Acta Cryst.* **8**, 394 (1955).
44. G. H. JONKER and J. H. VAN SANTEN, *Physica* **16**, 337 (1950).
45. R. WARD, B. GUSHEE, W. MCCARROLL and D. H. RIDGELY, Univ. of Conn. 2d Tech. Rep., NR-052-268, Contract ONR-367(00) (1953).
46. W. H. MCCARROLL, R. WARD and L. KATZ, *J. Am. Chem. Soc.* **78**, 2909 (1956).
47. L. W. COUGHANOUR, R. S. ROTH, S. MARZULLO and F. E. SENNETT, *J. Research NBS*, RP 2576, **54**, 149 (1955).
48. L. W. COUGHANOUR, R. S. ROTH, S. MARZULLO and F. E. SENNETT, *J. Research NBS*, RP 2580, **54**, 191 (1955).
49. J. BROUS, I. FANKUCHEN and E. BANKS, *Acta Cryst.* **6**, 67 (1953).
50. G. SHIRANE and R. PEPINSKY, *Phys. Rev.* **91**, 812 (1953).
51. B. JAFFEE, R. S. ROTH and S. MARZULLO, *J. Research NBS*, RP 2626, **55**, 239 (1955).
52. J. J. RANDALL and R. WARD, *J. Am. Chem. Soc.* **81**, 2629 (1959).
53. W. W. COFFEEN, *J. Am. Ceram. Soc.* **36**, 207 (1953).
54. F. SUGAWARA and SHUICHI IIDA, *J. Phys. Soc. Japan* **20**, 1529 (1965).
55. W. H. ZACHARIASEN, *Acta Cryst.* **2**, 388 (1949).
56. A. RUGGIERO and R. FERRO, *Gazz. Chim. Ital.* **85**, 892 (1955).
57. M. L. KEITH and R. ROY, *Am. Mineralogist* **39**, 1 (1954).
58. A. WOLD and R. WARD, *J. Am. Chem. Soc.* **76**, 1029 (1954).
59. W. RUDORFF and H. BECKER, *Z. Naturforsch* **96**, 613 (1954).
60. J. A. W. DALZIEL and A. J. E. WELCH, *Acta Cryst.* **13**, 956 (1960).
61. R. C. VICKERY and A. KLANN, *J. Chem. Phys.* **27**, 1161 (1957).
62. S. GELLER and V. B. BALA, *Acta Cryst.* **9**, 1019 (1956).
63. S. GELLER and A. E. WOOD, *Acta Cryst.* **9**, 563 (1956).
64. V. S. FILIDEV, N. P. SMOLYANINOV, E. G. FESENKO and I. N. BELYAEV, *Kristallografiya* **5**, 958 (1960).
65. A. I. ZASLAVSKII and A. G. TUTOV, *Dokl. Akad. Nauk SSSR* **135**, 815 (1960).
66. S. A. FEDULOV, Y. N. VENEVTSEV, G. S. ZHDANOV and E. G. SMAZHEVSKAYA, *Kristallografiya* **6**, 795 (1961).
67. A. RUGGIERO and R. FERRO, *Atti. Accad. Nazl. Lincei. Rend., Classe Sci. Fis. Mat. Nat.* **17**, 254 (1954).
68. S. GELLER, *Acta Cryst.* **10**, 243 (1957).
69. S. GELLER, *J. Chem. Phys.* **24**, 6 (1956).

第 7 章 ペロブスカイトタイプと関連の構造

70. A. WOLD, B. POST and E. BANKS, *J. Am. Chem. Soc.* **79**, 6365 (1957).
71. F. ASKHAM, I. FANKUCHEN and R. WARD, *J. Am. Chem. Soc.* **72**, 3799 (1950).
72. W. C. KOEHLER and E. O. WOLLAN, *Phys. Chem. Solids* **2**, 100 (1957).
73. M. FOEX, A. MANCHERON and M. LINE, *Compt. Rend.* **250**, 3027 (1960).
74. D. D. KHANOLKAR, *Current Sci. (India)* **30**, 52 (1961).
75. M. KESTIGIAN and R. WARD, *J. Am. Chem. Soc.* **76**, 6027 (1954).
76. W. D. JOHNSON and D. SESTRICH, *J. Inorg. Nucl. Chem.* **20**, 32 (1961).
77. M. KESTIGIAN, J. G. DICKINSON and R. WARD, *J. Am. Chem. Soc.* **79**, 5598 (1957).
78. N. N. PADUROW and C. SCHUSTERIUS, *Ber. Deut. Keram. Ges.* **32**, 292 (1955).
79. J. T. LOOBY and L. KATZ, *J. Am. Chem. Soc.* **76**, 6029 (1954).
80. H. P. ROOKSBY, E. A. D. WHITE and S. A. LANGSTON, *J. Am. Ceram. Soc.* **48** (1965).
81. L. JAHNBERG, S. ANDERSSON and A. MAGNELI, *Acta Chem. Scand.* **13**, 1248 (1959).
82. A. MAGNELI and R. NILSSON, *Acta Chem. Scand.* **4**, 398 (1950).
83. W. F. DE JOHN, *Z. Krist.* **81**, 314 (1932).
84. G. HAGG, *Z. Physik. Chem.* **29B**, 192 (1935).
85. D. VAN DUYN, *Rec. Trav. Chim.* **61**, 669 (1942).
86. A. MAGNELI, *Arkiv. Kemi.* **1**, 269 (1949).
87. E. O. BRIMM, J. C. BRANTLEY, J. H. LORENZ and M. H. JELLINEK, *J. Am. Chem. Soc.* **73**, 5427 (1951).
88. B. W. BROWN and E. BANKS, *J. Am. Chem. Soc.* **76**, 963 (1954).
89. M. ATOJI and R. E. RUNDLE, *J. Chem. Phys.* **32**, 627 (1960).
90. D. RIDGELY and R. WARD, *J. Am. Chem. Soc.* **77**, 6132 (1955).
91. C. BRISI, *Ricerca Sci.* **24**, 1858 (1954).
92. G. H. JONKER, *Physica* **20**, 1118 (1954).
93. F. GALASSO, W. DARBY and J. PINTO, prepared at the United Aircraft Corporation Research Laboratories—not reported.
94. A. W. SLEIGHT and R. WARD, *Inorg Chem.* **1**, 790 (1962).
95. G. BLASSE, *J. Inorg. Nucl. Chem.* **27**, 993 (1965).
96. E. J. FRESIA, L. KATZ and R. WARD, *J. Am. Chem. Soc.* **81**, 4783 (1959).
97. G. A. SMOLENSKII, A. I. AGRANOVSKAYA and V. A. ISUPOV, *Sov. Phys.. Solid State* **1**, 90? (1959).
98. A. I. AGRANOVSKAYA, *Bulletin of Acad. Sciences of USSR Physics Series*, **24**, 1271 (1960).
99. A. W. SLEIGHT, J. LONGO and R. WARD, *Inorg. Chem.* **1**, 245 (1962).
100. F. GALASSO and J. PYLE, *J. Phys. Chem.* **67**, 1561 (1963).
101. F. GALASSO, J. R. BARRANTE and L. KATZ, *J. Am. Chem. Soc.* **83**, 2830 (1961).
102. F. GALASSO and J. PYLE, *J. Phys. Chem.* **67**, 533 (1963).
103. F. GALASSO and J. PINTO, *Nature* **207**, 70 (1965).
104. F. GALASSO and J. PYLE, *Inorg. Chem.* **2**, 482 (1963).
105. F. GALASSO, L. KATZ and R. WARD, *J. Am. Chem. Soc.* **81**, 820 (1959).
106. R. ROY, *J. Am. Ceram. Soc.* **37**, 581 (1954).
107. V. A. BOKOV and I. E. MYLNIKOVA, *Sov. Phys., Solid State* **2**, 2428 (1961).
108. I. G. ISMAILZADE, *Sov. Phys. Cryst.* **5**, 292 (1960).
109. A. S. VISKOV, YU. N. VENEVTSEV and G. S. ZHDANOV, *Sov. Phys., Dokl.* **10**, 391 (1965).
110. L. BRIXNER, *J. Inorg. Nucl. Chem.* **15**, 352 (1960).
111. C. KELLER, *J. Inorg. Nucl. Chem.* **27**, 321 (1965).
112. A. W. SLEIGHT and R. WARD, *Inorg. Chem.* **1**, 790 (1962).
113. F. GALASSO and W. DARBY, *J. Phys. Chem.* **66**, 131 (1962).
114. F. GALASSO, G. LAYDEN and D. FLINCHBAUGH, *J. Chem. Phys.* **44**, 2703 (1966).
115. F. K. PATTERSON, C. W. MOELLER and R. WARD, *Inorg. Chem.* **2**, 196 (1963).
116. V. S. FILIPEV and E. G. FESENKO, *Sov. Phys., Cryst.* **6**, 616 (1962).

117. L. BRIXNER, *J. Phys. Chem.* **64**, 165 (1960).
118. A. W. SLEIGHT and R. WARD, *Inorg. Chem.* **3**, 292 (1964).
119. L. BRIXNER, *J. Am. Chem. Soc.* **80**, 3215 (1958).
120. V. S. FILIPEV and E. G. FESENKO, *Sov. Phys., Cryst.* **10**, 243 (1965).
121. F. GALASSO and W. DARBY, *Inorg. Chem.* **4**, 71 (1965).
122. G. A. SMOLENSKII, A. I. AGRANOVSKAYA, S. N. POPOV and V. A. ISUPOV, *Sov. Phys., Tech. Phys.* **3**, 1981 (1958).
123. M. F. KUPRIYANOV and E. G. FESENKO, *Sov. Phys., Cryst.* **10**, 189 (1965).
124. I. G. ISMAILZADE, *Sov. Phys., Cryst.* **4**, 389 (1960).
125. M. F. KUPRIYANOV and E. G. FESENKO, *Sov. Phys., Cryst.* **7**, 358 (1962).
126. G. BLASSE, *Philips Research Reports* **20**, 327 (1965).
127. E. G. STEWARD and H. P. ROOKSBY, *Acta Cryst.* **4**, 503 (1951).
128. J. LONGO and R. WARD, *J. Am. Chem. Soc.* **83**, 2816 (1961).
129. G. BAYER, *J. Am. Ceram. Soc.* **46**, 604 (1963).
130. I. N. BELYAEV, L. I. MEDVEDEVA, E. G. FESENKO and M. F. KUPRIYANOV, *Izv. Akad. Nauk SSSR, Neorg. Materialy* **1**, (6) (1965) (Russian).
131. YU. E. ROGINSKAYA and YU. N. VENEVTSEV, *Sov. Phys., Cryst.* **10**, 275 (1965).
132. F. GALASSO and J. (PYLE) PINTO, *Inorg. Chem.* **4**, 255 (1965).

表7.5 文献

1. H. J. SEIFERT and K. KLATYK, *Naturwiss.* **49**, 539 (1962).
2. W. RUEDORFF, J. KÄNDLER, G. LINIKE and D. BABEL, *Angew. Chem.* **71**, 672 (1959).
3. K. KNOX, *J. Chem. Phys.* **30**, 991 (1959).
4. B. BREHLER and H. G. F. WINKLER, *Heidelberger Beitr. zur Mineral. O. Petrog.* **4**, 6 (1954).
5. D. BALZ and K. PLIETH, *Z. Elektrochem.* **59**, 545 (1955).
6. F. GALASSO and W. DARBY, *J. Phys. Chem.* **66**, 1318 (1962).
7. O. SCHMITZ DU MONT and H. BORNEFELD, *Z. Anorg. Allgem. Chem.* **287**, 120 (1956).
8. W. RUEDORFF, J. KAENDLER and D. BABEL, *Z. Anorg. Allgem. Chem.* **317**, 261 (1962).
9. F. GALASSO and W. DARBY, *J. Phys. Chem.* **67**, 1451 (1963).
10. R. WEISS and R. FAIVRE, *Compt. Rend.* **248**, 106 (1959).
11. S. N. RUDDLESDEN and P. POPPER, *Acta Cryst.* **10**, 538 (1957).
12. L. M. KOVBA, E. A. IPPOLITOVA, YU P. SIMANOV and V. A. SPITSYN, *Dokl. Akad. Nauk, SSSR* **120**, 1042 (1958).
13. M. FOEX, *Bull. Soc. Chim. France* **1961**, 109 (1961).
14. L. M. KOVBA, E. A. IPPOLITOVA, Y. P. SIMANOV and V. A. SPITSYN, *Zh. Fiz. Khim.* **35**, 563 (1961).
15. A. RABENAU and P. ECKERLIN, *Acta Cryst.* **11**, 304 (1958).
16. J. J. RANDALL, L. KATZ and R. WARD, *J. Am. Chem. Soc.* **79**, 266 (1957).
17. J. J. RANDALL and R. WARD, *J. Am. Chem. Soc.* **81**, 2629 (1959).
18. K. LUKASZEWICA, *Roczniki Chemi* **33**, 239 (1959).
19. G. BLASSE, *J. Inorg. Nucl. Chem.* **27**, 2683 (1965).

表7.6 文献

1. S. N. RUDDLESDEN and P. POPPER, *Acta Cryst.* **10**, 538 (1957).
2. S. N. RUDDLESDEN and P. POPPER, *Acta Cryst.* **11**, 54 (1958).
3. C. BRISI and P. ROLANDO, *Ric. Sci.* **36**, 48 (1966).

第7章 プロブスカイトタイプと関連の構造

表7.7　文献
1. B. AURIVIELLIUS, *Arkiv. Kemi.* **1**, 499 (1949).
2. D. A. TAMBOVTSEV, V. M. SKORIKOV and I. S. ZHELUDEV, *Kristallografiya* **6**, 889 (1963).
3. E. C. SUBBARRO, *J. Chem. Phys.* **34**, 695 (1961).

表7.8　文献
1. F. H. FRANCOMBE, *Acta Cryst.* **13**, 131 (1960).
2. F. GALASSO, L. KATZ and R. WARD, *J. Am. Chem. Soc.* **81**, 5898 (1959).
3. C. D. WHISTON and A. J. SMITH, *Acta Cryst.* **19**, 169 (1965).
4. A. MAGNELI, *Acta Chem. Scand.* **7**, 315 (1953).
5. L. J. FREGEL, G. P. MOHANTY and J. H. HEALY, *J. Chem. Eng. Data* **9**, 365 (1964).
6. E. WERNER, P. KIERKEGAARD and A. MAGNELI, *Acta Chem. Scand.* **15**, 427 (1961).

表7.9　文献
1. B. E. GUSHEE, L. KATZ and R. WARD, *J. Am. Chem. Soc.* **79**, 5601 (1957).
2. D. BABEL, *Z. Naturforsch.* **20a**, 165 (1965).
3. F. GALASSO and L. KATZ, *Acta Cryst.* **14**, 647 (1961).
4. A. W. SLEIGHT, J. LONGO and R. WARD, *Inorg. Chem.* **1**, 245 (1963).
5. J. G. DICKINSON, L. KATZ and R. WARD, *J. Am. Chem. Soc.* **83**, 3026 (1961).
6. F. K. PATTERSON, C. W. MOELLER and R. WARD, *Inorg. Chem.* **2**, 196 (1963).
7. A. W. SLEIGHT, Ph.D. Thesis, Univ. of Conn. (1963).
8. R. WARD, *Inorg. Chem.* **1**, 723 (1962).
9. A. PATON, M.S. Thesis, Univ. of Conn. (1962).

第8章　スピネルと関連の構造

スピネル構造では酸素イオンが〈111〉方向に最密充塡し，Aイオンが四面体の穴の $\frac{1}{8}$ を，Bイオンが八面体の穴の $\frac{1}{2}$ を占めている。Cu_2Mg 構造ではスピネル構造の陽イオンと同じように原子が並んでおり，マグネトプランバイト構造はスピネル構造の最密充塡した層とその間に入った AO_3 層とでできている。これらの構造の相互関係を表8.0に示す。

表8.0　スピネルと関連の構造

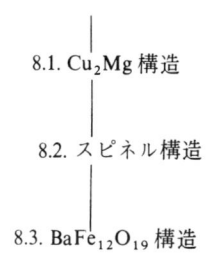

　　　　　　　　　│
　　　　　8.1. Cu_2Mg 構造
　　　　　　　　　│
　　　　　8.2. スピネル構造
　　　　　　　　　│
　　　　　8.3. $BaFe_{12}O_{19}$ 構造

8.1　Cu_2Mg 構造；　C15，$Fd3m$，立方

Cu_2Mg 構造は酸素イオンを含まないスピネル構造であると見做すことができる。立方単位格子の隅と面心，およびそれぞれ上下で対角に位置した4個のオクタントの中心をMg原子が占めてダイヤモンド型の配置をとる。他の4個のオクタントではそれぞれ4個のCu原子が四面体に配列しており，オクタント内におけるCu原子の相対的な位置は単位格子内における4個のMg原子の配置と同じである。

Mg Cu

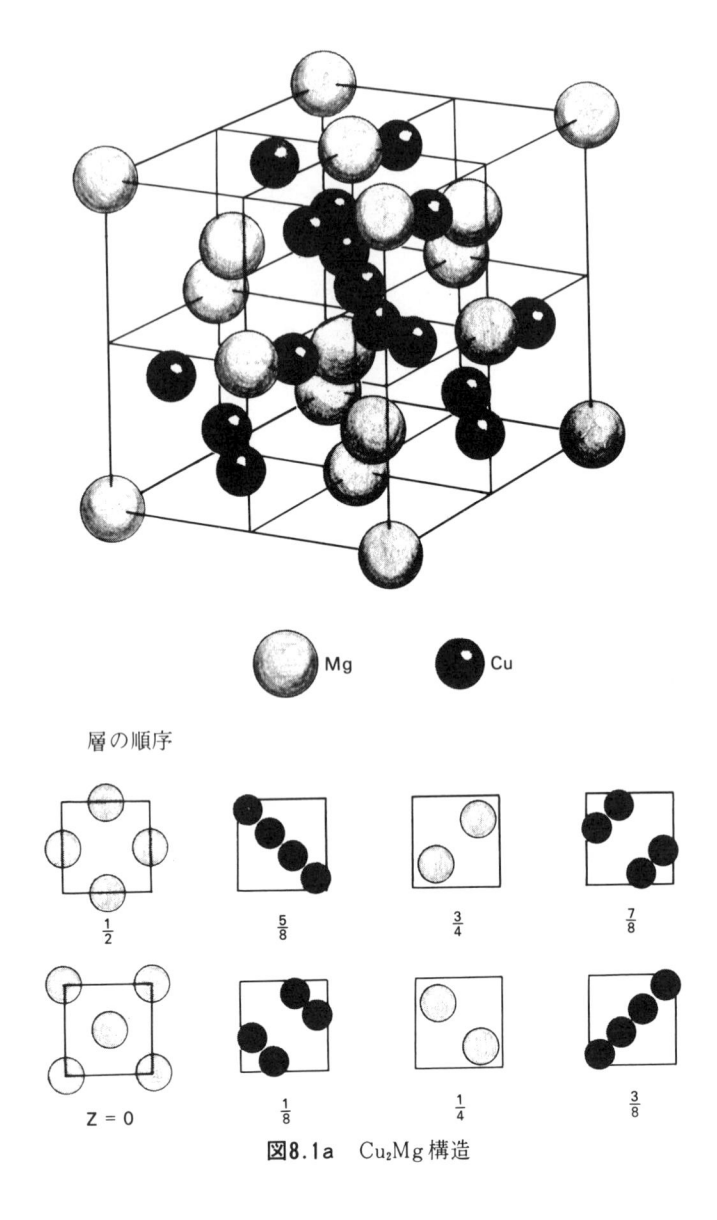

層の順序

$\frac{1}{2}$ $\frac{5}{8}$ $\frac{3}{4}$ $\frac{7}{8}$

$Z = 0$ $\frac{1}{8}$ $\frac{1}{4}$ $\frac{3}{8}$

図8.1a Cu_2Mg 構造

第8章 スピネルと関連の構造

表8.1a Cu_2Mg 構造をとる化合物

化合物	格子定数, a_0 (Å)	文献
δ-$AgBe_2$	6.2997, 6.34	1, 2
Al_2Ca	8.038	3
Al_2Ce	8.064, 8.059	4, 5
Al_2La	8.145	5
Al_2Np	7.785	6
Al_2Pu	7.836(Al rich)–7.840(Pu rich)	7
Al_2U	7.744	8
Al_2Y	7.86	9
Au_2Bi	7.958	10
Au_2Na	7.803–7.817	11, 12
Au_2Pb	7.946	13
$BaPd_2$	7.953	14
$BaPt_2$	7.920	14
$BaRh_2$	7.852	14
Be_2Cu	5.952(Cu rich)–5.899(Be rich)	15
ε-Be_2Fe	5.884	16
Be_2K		17
Be_2Ti	6.448, 6.440	18
Bi_2Cs	9.760	19
Bi_2Rb	9.601	19
$CaPd_2$	7.665	14
$CaPt_2$	7.629	14
$CeCo_2$	7.161, 7.15	5, 20
$CeFe_2$	7.303	5
$CeIr_2$	7.571	21
$CeMg_2$	8.733	22
$CeNi_2$	7.202	5
$CeOs_2$	7.593	21
$CePt_2$	7.723	23
$CeRh_2$	7.538	24
$CeRu_2$	7.535	24
Co_2Dy	7.190, 7.187	25
Co_2Er	7.144	5
Co_2Gd	7.255, 7.23	20
Co_2Hf	6.918	24
Co_2Ho	7.168	5
Co_2Lu	7.123	26
Co_2Nb	6.758	27
Co_2Nd	7.300	28
Co_2Pr	7.312	5
Co_2Pu	7.075, 7.095–7.023	29, 30
Co_2Sc	6.921	23
Co_2Sm	7.260	5
β-Co_2Ta(高温型)	6.720	31
Co_2Tb	7.206	5
Co_2Ti	6.704	32
Co_2Tm	7.121	28
Co_2U	6.9924	33
Co_2Y	7.216	34
Co_2Yb	7.060	35
Co_2Zr	6.90	23
Cr_2Hf (1200)	7.15	36

表8.1a (続き)

化合物	格子定数, a_0 (Å)	文献
Cr_2Nb	6.990	37
Cr_2Ta (L.T.)	6.961	37
Cr_2Ti (L.T.)	6.943	38
Cr_2Zr (H.T.)	7.207	39
Cu_2Mg	7.027	40
Cu_4MnSn	—	41
CuTaV	7.115	42
$DyFe_2$	7.325, 7.321	5, 25
$DyIr_2$	—	43
$DyMn_2$	7.564, 7.5731	25
$DyNi_2$	7.155, 7.142	5, 24, 25
$DyPt_2$	7.5966	25
$DyRh_2$	7.483	23
$ErFe_2$	7.273, 7.274	5, 23
$ErIr_2$	7.473	23
$ErMn_2$	7.07	44
$ErNi_2$	7.11	5
$ErRh_2$	7.444	23
$EuIr_2$	—	43
Fe_2Gd	7.36–7.53	5, 19, 25, 45, 46, 47
Fe_2Ho	7.30, 7.28	5, 20
Fe_2Lu	7.222	48
FeNiTa	6.717	42
FeNiU	7.054	33
Fe_2Pu	7.150–7.191	7, 29, 50, 50, 51
Fe_2Sm	7.415, 7.45	5, 20
Fe_2Tb	7.369	35
Fe_2Tm	7.247	28
Fe_2U	7.04–7.05	52, 53
Fe_2Y	7.355–7.357	23, 33, 54
Fe_2Zr	7.05	55
$GdIr_2$	7.550	23
$GdMn_2$	7.724–7.74	5, 25, 20, 56
$GdNi_2$	7.20–7.27	5, 25, 45, 57
$GdPt_2$	7.577	23, 24, 25, 58
$GdRh_2$	7.514	24
$HfMo_2$	7.555, 7.560	36, 59
HfV_2	7.400	36
HfW_2	7.591–7.599	36, 60, 61
$HoIr_2$	7.490	23
$HoMn_2$	7.507, 7.50	5, 20
$HoNi_2$	7.136–7.13	5, 20
$HoRh_2$	7.426	23
Ir_2La	7.686, 7.688	24, 52
Ir_2Nd	7.605	24
Ir_2Pr	7.621	24
Ir_2Sc	7.348, 7.346	58
Ir_2Sm	—	43
Ir_2Sr	7.849, 7.700	62, 63
Ir_2Tb	—	42
Ir_2Th	7.6615, 7.664	64, 65
Ir_2Tm	—	43

第8章 スピネルと関連の構造

表8.1a (続き)

化合物	格子定数, a_0 (Å)	文献
Ir_2V	7.4939	66
Ir_2Y	7.524, 7.550–7.520	23, 24
Ir_2Yb	—	43
Ir_2Zr	7.359	23, 65
$LaMg_2$	8.787	22
$LaOs_2$	7.737, 7.736	24, 58
$LaPt_2$	—	24, 58
$LaRh_2$	7.64	24, 58
$LaRu_2$	7.702	24, 58
$LuNi_2$	7.085	48
$LuRh_2$	7.412	48
$MgNiZn$	7.022	67
Mg_2Pr	8.689	22
Mg_2Th (高温型)	8.570	68
Mn_2Pu	7.290, 7.292	28, 69
Mn_2Tb	7.620	5
Mn_2U	7.147	33
Mn_2Y	7.62–7.680	20, 23, 34
Mo_2Zr	7.60, 7.596	70, 71, 72
$NaPt_2$	7.48	73
$NdNi_2$	7.270	5
$NdPt_2$	7.694	24
$NdRh_2$	7.564	24
$NdRu_2$	7.614	24
Ni_2Lu	7.083	35
Ni_2Pr	7.285	50
Ni_2Pu	7.141–7.115 (600°C)	7, 29, 74
Ni_2Sc	6.926	23
Ni_2Sm	7.226	5
Ni_2Tb	7.160	5
Ni_2Tm	6.985	35
Ni_2Y	7.12–7.184	18, 20, 30, 40, 23, 34, 54
Ni_2Yb	7.060	28
Os_2Pr	7.663	24
Os_2Th	7.7050	64
Os_2U	7.512	66
Pd_2Sr	7.800, 7.826	62, 63
$PrPt_2$	7.709	24
$PrRh_2$	7.575	24
$PrRu_2$	7.624	24
Pt_2Sr	7.742, 7.777	62, 63
Pt_2Y	7.590, 7.607	32, 57, 22
$PuRu_2$	7.476, 7.474	50, 75
$PuZn_2$	7.760–7.747	76
Rh_2Sr	7.706, 7.695	57, 63
Rh_2Y	7.459, 7.488	24, 58
Ru_2Sm	7.580	23
Ru_2Th	7.649, 7.651	58, 65
V_2Zr	7.439	65
W_2Zr	7.615, 7.63	72, 77
Zn_2Zr	7.3958	78

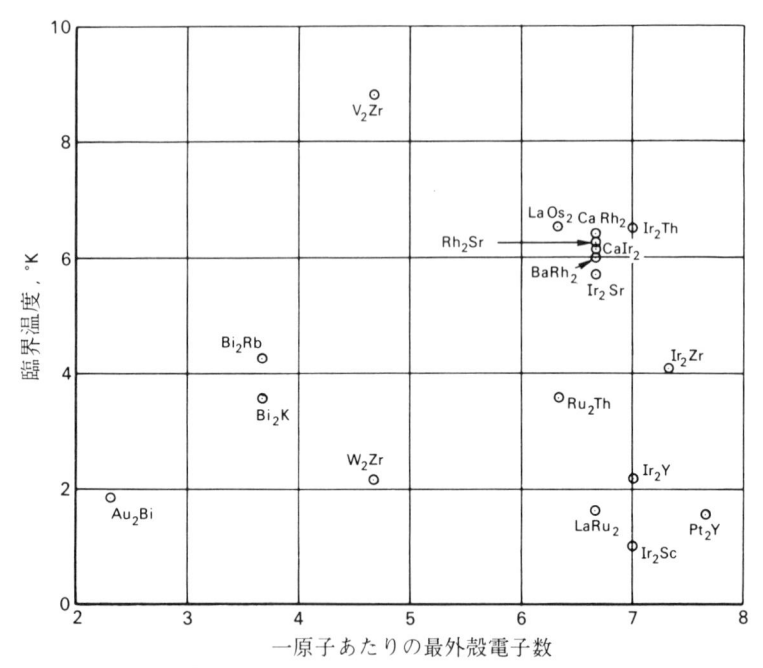

図8.1b Cu$_2$Mg構造をとる超伝導体の臨界温度

$(0, 0, 0; 0, \frac{1}{2}, \frac{1}{2}; \frac{1}{2}, 0, \frac{1}{2}; \frac{1}{2}, \frac{1}{2}, 0)+$

$(0, 0, 0; \frac{1}{4}, \frac{1}{4}, \frac{1}{4})$ を8個のMg原子が,

$(\frac{5}{8}, \frac{5}{8}, \frac{5}{8}; \frac{5}{8}, \frac{7}{8}, \frac{7}{8}; \frac{7}{8}, \frac{5}{8}, \frac{7}{8}; \frac{7}{8}, \frac{7}{8}, \frac{5}{8})$ を16個のCu原子が占めている。

この構造をもつ材料はラーベス相(Laves phase)の化合物と呼ばれ(6.13参照),これを構成している2種類の元素の半径比が似かよっている。

この構造をとる化合物のリストを表8.1aに示す。

性質

図8.1bに示すようにこれらの化合物の多くが超伝導体で,臨界温度はZrV$_2$が最も高く8.5°Kである。ZrV$_2$では原子1個あたりの最外殻電子の数が4.7で,臨界温度が高い超伝導体としては普通の値である。

第8章 スピネルと関連の構造

表8.1b 希土強磁性材料

化合物	構造	$T_c(°K)$	文献
Ce_2Co_{17}	rhomb. Th_2Zn_{17}	1063	1
Pr_2Co_{17}	↓	1153	1
Nd_2Co_{17}		1158	1
Sm_2Co_{17}		1198	1
Gd_2Co_{17}		1213	1
Tb_2Co_{17}		1198	1
Dy_2Co_{17}		1193	1
Y_2Co_{17}	hex. Th_2Ni_{17}	1198	1
Ho_2Co_{17}		1188	1
Er_2Co_{17}		1198	1
Tm_2Co_{17}		1188	1
Lu_2Co_{17}		1198	1
$CeFe_7$		100	2
$PrFe_7$		280	2
$NdFe_7$		326	2
Gd_2Fe_{17}		>420	2
Lu_2Fe_{17}		245	2
YCo_2	$MgCu_2$ structure	320	3
$PrCo_2$		50	3
$NdCo_2$		116	3
$SmCo_2$		259	3
$GdCo_2$			3
$TbCo_2$		256	3
$DyCo_2$		159	3
$HoCo_2$		95	3
$ErCo_2$		36	3
$TmCo_2$		18	3
$PrSi_2$		35	4, 5
$PrNi_2$		8	4, 5
$GdNi_2$		90	4, 5
$DyNi_2$		32	4, 5
$PrRu_2$		40	4, 5
$NdRu_2$		10.5	4, 5
$GdRu_2$		>77	4, 5
$PrRh_2$		8.6	4, 5
$NdRh_2$		8.1	4, 5
$PrOs_2$		35	4, 5
$PrIr_2$		18.5	4, 5
$NdIr_2$		11.8	4, 5
$GdIr_2$		>77	4, 5
$PrPt_2$		7.9	4, 5
$NdPt_2$		6.7	4, 5
$GdPt_2$	↓	>77	4, 5
$ErRu_2$	hex. $MgZn_2$	13	4, 5
$GdRh_2$		>77	4, 5
$SmOs_2$		34	4, 5
$GdOs_2$		>77	4, 5
YCo_5	Cu_5Ca structure	975	6
$CeCo_5$		687	6
$SmCo_5$		1015	6
$GdCo_5$		1030	6
$DyCo_5$	↓	1125	6
$HoCo_5$		1025	6

表8.1aに挙げた希土類化合物の多くは強磁性体である。これらの化合物および他の構造をもつ強磁性の希土類化合物とそれらのキュリー点を表8.1bに示す。

8.2 スピネル構造, $MgAl_2O_4$ 構造; $H1_1$, $Fd3m$

$MgAl_2O_4$ は尖晶石（spinel）として天然に産出する。

スピネル構造は，立方最密配置をとる陰イオンの四面体の穴（Aサイト）の1/8と八面体の穴（Bサイト）の1/2を陽イオンが占めた構造であるといえる。スピネル構造をとる化合物の一般式は AB_2X_4 で，単位格子はこのユニットを8個含んでいる。

各原子は，$(0,0,0; \frac{1}{2},\frac{1}{2},0; \frac{1}{2},0,\frac{1}{2}; 0,\frac{1}{2},\frac{1}{2})+$

$(0,0,0; \frac{1}{4},\frac{1}{4},\frac{1}{4})$ を8個のMg原子が,

$(\frac{5}{8},\frac{5}{8},\frac{5}{8}; \frac{5}{8},\frac{7}{8},\frac{7}{8}; \frac{7}{8},\frac{5}{8},\frac{7}{8}; \frac{7}{8},\frac{7}{8},\frac{5}{8})$ を16個のAl原子が,

$(x,x,x; \frac{1}{4}-x, \frac{1}{4}-x, \frac{1}{4}-x; x,\bar{x},\bar{x}; \frac{1}{4}-x, \frac{1}{4}+x, \frac{1}{4}+x;$
$\bar{x},\bar{x},x; \frac{1}{4}+x, \frac{1}{4}+x, \frac{1}{4}-x; \bar{x},x,\bar{x}; \frac{1}{4}+x, \frac{1}{4}-x, \frac{1}{4}+x)$

を32個のO原子が占めている。

理想的でないスピネル構造では陰イオンの位置が〈111〉方向にずれており，最近接の四面体から遠ざかっている。このずれは陰イオンのパラメータ x で示されるが，理想的な構造ではこの値が0.375である。

スピネル構造は複雑であるから順を追って説明する。A陽イオンはダイヤモンド型の配置をとり，単位格子の隅と面心およびオクタントの半分を占める（図8.1a参照）。オクタントには2種類があり（図8.2a），I型オクタントではAイオンが隅の半分と中心を占め，陰イオンが四面体に配置している。II型オクタントでは陰イオンはI型オクタントと同じ位置を占め，4個のBイオンが追加されている。図8.2bにはA陽イオンに対する陰イオンの四面体配置と，B陽イオンに対する陰イオンの八面体配置の関係を点線で示してある。陽イオンの配列は Cu_2Mg 構造と同じである。

スピネル構造では陰イオンは1個のA陽イオンと3個のB陽イオンによっ

第8章 スピネルと関連の構造 247

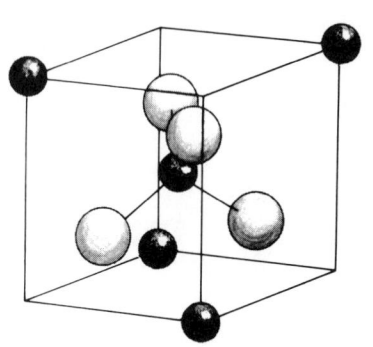

Ⅰ型オクタントではAカチオンは四面体配位している。

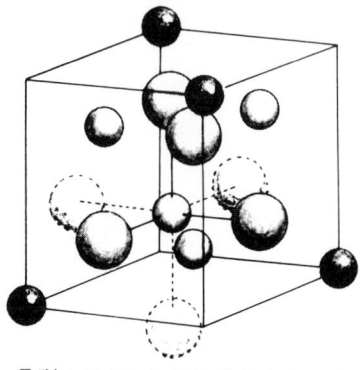

Ⅱ型オクタントではBカチオンは八面体配位している。

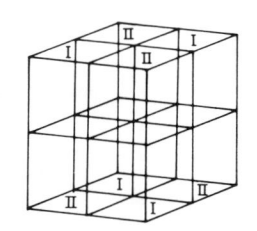

図8.2a スピネル構造におけるオクタントの並び方

て囲まれており，BXBの角度は約90°，AXBの角度は約125°Cで，AXの距離は$a(x-\frac{1}{4})\sqrt{3}$，BXの距離は$a(\frac{5}{8}-x)$である。

　これらの角度や距離はスピネルの磁気的性質を決めるうえで重要である。この構造のフェライトにおける交換相互作用は間接的すなわち超交換タイプ（superexchange type）で，最も強い交換相互作用は四面体サイトのAイオンと八面体サイトのBイオンとの間で生じるが，これはAXBの距離が比較的短かく，AXBの角度が大きいからである。したがって，磁性材料ではこれらの位置を占める陽イオンの分布も重要である。

● A ● B ○ O

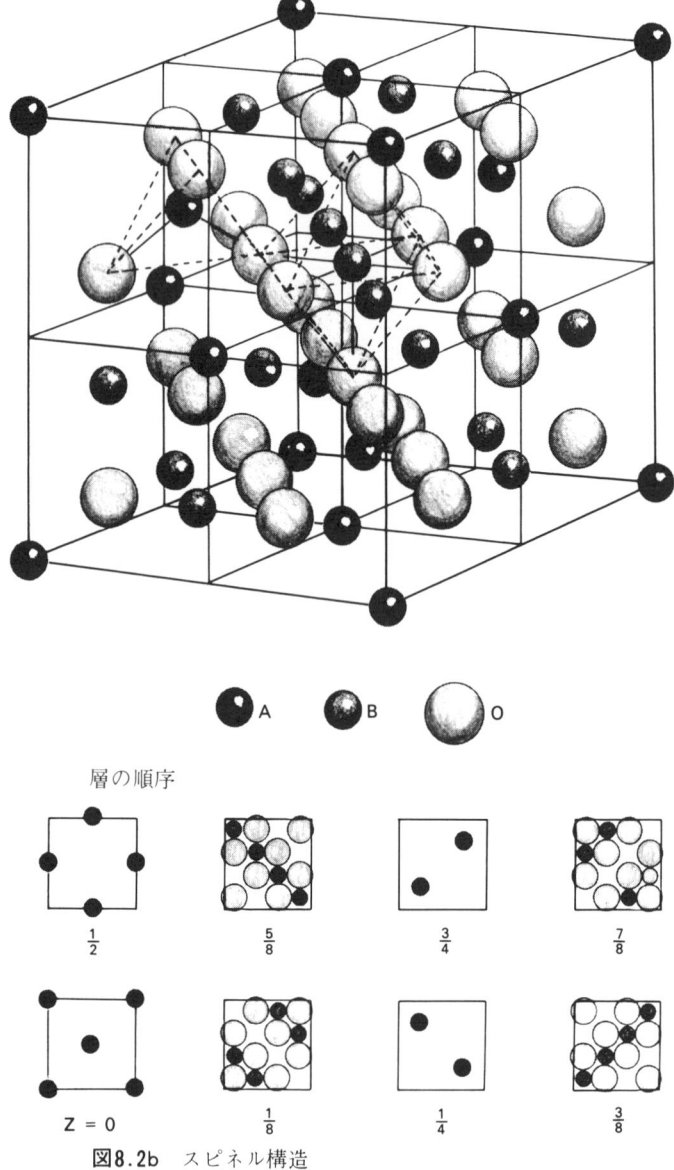

層の順序

| 1/2 | 5/8 | 3/4 | 7/8 |

| Z = 0 | 1/8 | 1/4 | 3/8 |

図8.2b スピネル構造
(四配位しているAカチオンと八配位しているBカチオンを点線で示した)。

第8章 スピネルと関連の構造

$MgAl_2O_4$ では Mg^{2+} イオンが四面体サイトを, Al^{3+} イオンが八面体サイトを占めており,正スピネル (normal spinel) の典型的な配列をとっている。逆スピネル (inverse spinel) の $NiFe_2O_4$ では陽イオンの分布が逆転していて

表8.2a(i) スピネル構造をとる化合物

化合物	格子定数 a_0(Å)	陽イオン分布	酸素パラメータ	文献
酸化物		1-3 タイプ		
$Cu_{0.5}Fe_{2.5}O_4$	8.413			1
$Li_{0.5}Al_{2.5}O_4$	7.94	$Al[Li_{0.5}Al_{1.5}]$	0.385	2
$Li_{0.5}Fe_{2.5}O_4$	8.33	$Fe[Li_{0.5}Fe_{1.5}]$	0.382	3
$Li_{0.5}Ga_{2.5}O_4$	8.21	$Ga[Li_{0.5}Ga_{1.5}]$		4
		1-4 タイプ		
$Li_{1.33}Mn_{1.67}O_4$	8.19	$Li[Li_{0.33}Mn_{1.67}]$		5
$Li_{1.33}Ti_{1.67}O_4$	8.36	$Li[_{0.33}Ti_{1.67}]$		6
		1-6 タイプ		
Ag_2MoO_4	9.26	$Mo[Ag_2]$	0.364	7
Li_2MoO_4(高温型)				8
Li_2WO_4(高温型)				8
Na_2MoO_4	8.99	$Mo[Na_2]$		9
Na_2WO_4	8.99	$W[Na_2]$		9
$BaIn_2O_4$				10
$CaIn_2O_4$				
$CdCr_2O_4$	8.567	$Cd[Cr_2]$	0.385	2
$CdFe_2O_4$	8.69	$Cd[Fe_2]$		2
$CdGa_2O_4$	8.39	$Cd[Ga_2]$		11
$CdIn_2O_4$	9.167			5
$CdMn_2O_4$	8.22	$Cd[Mn_2]$		12
		2-3 タイプ		
$CdRh_2O_4$	8.781	$Cd[Rh_2]$		13
CdV_2O_4	8.68			14
Co_3O_4	8.083	$Co^{2+}[Co_2^{3+}]$		15
$CoAl_2O_4$	8.105	$Co[Al_2]$		10
$CoCr_2O_4$	8.332	$Co[Cr_2]$		2
$CoFe_2O_4$	8.38	$Fe[CoFe]$		16
$CoGa_2O_4$	8.307	$Co_{0.1}Ga_{0.9}[Co_{0.9}Ga_{1.1}]$		15
$CoMn_2O_4$	8.1	$Co[Mn_2]$		18
$CoRh_2O_4$	8.495	$Co[Rh_2]$		13
CoV_2O_4	8.407	$Co[V_2]$		19
$CuAl_2O_4$	8.086	$Cu_{0.6}Al_{0.4}[Cu_{0.4}Al_{1.6}]$		20
$CuCo_2O_4$	8.054			21
$CuCr_2O_4$	$a = 8.532$ $b = 7.788$	$Cu[Cr_2]$		22

表8.2a(i)(続き)

化合物	格子定数 a_0(Å)	陽イオン分布	酸素パラメータ	文献
$CuFe_2O_4$	$a = 8.22$ $c = 8.71$	$Fe[CuFe]$	0.380	23
$CuGa_2O_4$	8.39	$Ga[CuGa]$		24, 25
$CuMn_2O_4$	8.33	$Cu[Mn_2]$		12
$CuRh_2O_4$	$a = 8.702$ $c = 7.914$	$Cu[Rh_2]$		13
Fe_3O_4	8.394	$Fe[Fe^{2+}Fe^{3+}]$	0.379	26
$FeAl_2O_4$	8.10			27
$FeCo_2O_4$	8.254	$Co^{2+}[Fe^{3+}Co^{3+}]$		28
$FeCr_2O_4$	8.377	$Fe[Cr_2]$		2, 22
$FeGa_2O_4$	8.360	$Ga[FeGa]$		29
$FeMn_2O_4$	$a = 8.31$ $c = 8.85$	$Fe_{0.33}Mn_{0.67}[Fe_{0.67}Mn_{1.33}]$		12
FeV_2O_4	8.454			19
$MgAl_2O_4$	8.086	$Mg[Al_2]$	0.387	30
$MgCr_2O_4$	8.333	$Mg[Cr_2]$	0.385	21, 22
$MgFe_2O_4$	8.36	$Mg_{0.1}Fe_{0.9}[Mg_{0.9}Fe_{1.1}]$	0.382	31, 32, 33
$MgGa_2O_4$	8.286	$Mg_{0.33}Ga_{0.67}[Hg_{0.67}Ga_{1.33}]$	0.379	34, 35
$MgIn_2O_4$	8.81	$In[MgIn]$	0.372	36
$MgMn_2O_4$	$a = 8.07$ $c = 9.28$	$Mg[Mn_2]$	0.385	12, 37
$MgRh_2O_4$	8.530	$Mg[Rh_2]$		13
$MgTi_2O_4$	8.474	$Mg[Ti_2]$		38
MgV_2O_4	8.413	$Mg[V_2]$	0.385	39
Mn_3O_4	$a = 8.13$ $c = 9.43$	$Mn^{2+}[Mn^{23+}]$		10, 18
$MnAl_2O_4$	8.241	$Mn_{0.7}Al_{0.3}[Mn_{0.3}Al_{1.7}]$		40
$MnCo_2O_4$	8.153			28
$MnCr_2O_4$	8.437	$Mn[Cr_2]$		22
$MnFe_2O_4$	8.507	$Mn_{0.8}Fe_{0.2}[Mn_{0.2}Fe_{1.8}]$	0.385	41, 42
$MnGa_2O_4$	8.435	$Mn_{0.8}Ga_{0.2}[Mn_{0.2}Ga_{1.8}]$		17
$MnRh_2O_4$	8.613	$Mn[Rh_2]$		13
$MnTi_2O_4$	8.600	$Mn[Ti_2]$		38
MnV_2O_4	8.675	$Mn[V_2]$	0.388	43
$NiAl_2O_4$	8.046	$Ni_{0.25}Al_{0.75}[Ni_{0.75}Al_{1.25}]$	0.381	10
$NiCo_2O_4$	8.121	$Co^{2+}[Co^{3+}Ni^{3+}]$		28
$NiCo_2O_4$	8.252			45
$NiCr_2O_4$	$a = 8.248$ $c = 8.454$	$Ni[Cr_2]$		2, 22
$NiFe_2O_4$	8.325	$Fe[NiFe]$	0.381	44
$NiGa_2O_4$	8.258	$Ga[NiGa]$	0.387	40
$NiMn_2O_4$	8.39	$(Mn^{2+}.Mn^{3+})[Ni(Mn^{3+},Mn^{4+})]$	0.383	46, 47
$NiRh_2O_4$	$a = 8.36$ $c = 8.67$	$Ni[Rh_2]$		13
$SnAl_2O_4$	8.12			48
$SrIn_2O_4$				
$ZnAl_2O_4$	8.086	$Zn[Al_2]$		16
$ZnCo_2O_4$	8.047	$Zn[Co_2]$		28
$ZnCr_2O_4$	8.327	$Zn[Cr_2]$		2, 28
$ZnFe_2O_4$	8.416	$Zn[Fe_2]$	0.380	2
$ZnGa_2O_4$	8.37	$Zn[Ga_2]$		49, 50

第8章 スピネルと関連の構造

表8.2a(i)(続き)

化合物	格子定数 a_0(Å)	陽イオン分布	酸素パラメータ	文献
$ZnMn_2O_4$	$a = 8.087$ $c = 9.254$	$Zn[Mn_2]$		10, 18
$ZnRh_2O_4$	8.54	$Zn[Rh_2]$		13
ZnV_2O_4	8.410	$Zn[V_2]$		11, 19
2-4 タイプ				
Cd_2SiO_4(高圧型)	9.75			51
Co_2GeO_4	8.317	$Ge[Co_2]$	0.375	10
Co_2MnO_4	8.153			45
Co_2SiO_4(高圧型)	8.140			52
Co_2SnO_4	8.644	$Co[CoSn]$		53
Co_2TiO_4	8.465	$Co[CoTi]$		10
Co_2VO_4	8.379	$Co[CoV]$		19
Fe_2GeO_4	8.411	$Ge[Fe_2]$	0.375	54
Fe_2SiO_4(高圧型)				55
Fe_2TiO_4	8.521	$Fe[FeTi]$	0.386	56
Fe_2VO_4	8.421			
Mg_2GeO_4(高圧型)	8.255	$Ge[Mg_2]$		57
Mg_2SnO_4	8.60	$Mg[MgSn]$		58
Mg_2TiO_4	8.445	$Mg[MgTi]$		10
Mg_2VO_4	8.39	$Mg[MgV]$	0.386	11
Mn_2SnO_4	8.865	$Mn[MnSn]$		29
Mn_2TiO_4	8.675	$Mn[MnTi]$		28, 43
Mn_2VO_4	8.575	$Mn_{0.8}V_{0.2}[Mn_{1.2}V_{0.8}]$	0.392	59
Ni_2GeO_4	8.221	$Ge[Ni_2]$	0.375	10
Ni_2SiO_4(高圧型)	8.02			60
Zn_2SnO_4	8.665	$Zn[ZnSn]$		61
Zn_2TiO_4	8.445	$Zn[ZnTi]$	0.380	10
Zn_2VO_4	8.38	$Zn[ZnV]$		11
2-5 タイプ				
$Co_{2.33}Sb_{0.67}O_4$	8.523	$Co[Co_{1.33}Sb_{0.67}]$	0.380	62
$Zn_{2.33}Nb_{0.67}O_4$	8.589			63
$Zn_{2.33}Sb_{0.67}O_4$	8.594	$Zn[Zn_{1.33}Sb_{0.67}]$	0.390	62
セレン化物				
$CdCr_2Se_4$	10.721	$Cd[Cr_2]$	0.383	64
$CuCr_2Se_4$	10.356	$Cu[Cr_2]$	0.380	15
$ZnCr_2Se_4$	10.443	$Zn[Cr_2]$	0.378	64
硫化物		1-3 タイプ		
$Ag_{0.5}Al_{2.5}S_4$	10.052	$Ag_{0.5}Al_{0.5}[Al_2]$	0.389	65
$Ag_{0.5}In_{2.5}S_4$	10.821	$Ag_{0.5}In_{0.5}[In_2]$	0.389	65
$Cu_{0.5}Al_{2.5}S_4$	9.856	$Cu_{0.5}Al_{0.5}[Al_2]$	0.387	65
$Cu_{0.5}In_{2.5}S_4$	10.698	$Cu_{0.5}In_{0.5}[In_2]$	0.390	65
$Li_{0.5}Al_{2.5}S_4$(低温型)	9.996	$Li_{0.5}Al_{0.5}[Al_2]$	0.386	65
2-3 タイプ				
$CaIn_2S_4$	10.774	$Ca[In_2]$	<0.393	66
$CdCr_2S_4$		$Cd[Cr_2]$		67
$CdIn_2S_4$	10.797	$Cd[In_2]$	0.386	66
Co_3S_4	9.416			28

表8.2a(i)(続き)

化合物	格子定数 a_0(Å)	陽イオン分布	酸素パラメータ	文献
$CoCr_2S_4$	9.934	$Co[Cr_2]$		67, 28
$CoIn_2S_4$	10.559	$In[CoIn]$		66
$CoRh_2S_4$	9.71	$Co[Rh_2]$		5
$CrAl_2S_4$	9.914	$Al[CrAl]$	0.384	28
$CrGa_2S_4$	9.95		0.387	68
$CrIn_2S_4$	10.59	$In[CrIn]$	0.386	68
$CuCo_2S_4$	9.482			28
$CuCr_2S_4$	9.629	$Cu[Cr_2]$	0.381	69
$CuRh_2S_4$	9.72	$Cu[Rh_2]$		5
$CuTi_2S_4$	9.880	$Cu[Ti_2]$	0.382	70
CuV_2S_4	9.824	$Cu[V_2]$	0.384	69
$FeCr_2S_4$	9.998	$Fe[Cr_2]$		67, 28
$FeIn_2S_4$	10.598	$In[FeIn]$	0.387	66
$HgCr_2S_4$	10.206	$Hg[Cr_2]$	0.392	67
$HgIn_2S_4$	10.812	$Hg[In_2]$	<0.403	66
$MgIn_2S_4$	10.687	$In[MgIn]$	<0.387	66
$MnCr_2S_4$	10.129	$Mn[Cr_2]$		67
$MnIn_2S_4$	10.694	$Mn_{0.33}In_{0.67}[Mn_{0.67}In_{0.33}]$	0.390	66
Ni_3S_4	9.65		0.375	71
$NiCo_2S_4$	9.392			28
$NiIn_2S_4$	10.464	$In[NiIn]$		66
$ZnAl_2S_4$(低温型)	9.988	$Zn[Al_2]$	0.384	72
$ZrCr_2S_4$	9.983	$Zn[Cr_2]$		67
テルル化物				
$CuCr_2Te_4$	11.049	$Cu[Cr_2]$	0.379	69

表8.2a(ii) 複合スピネル

化合物	格子定数 a_0(Å)	陽イオン分布	文献
		$LiB^{2+}B^{5+}O_4$	
$LiCoSbO_4$	8.56	$Li_{1-x}Co_x[Li_xCo_{1-x}Sb]$	73
$LiCoVO_4$	8.28	$V[LiCo]$	5
$LiMgVO_4$(高圧型)	8.27	$V[LiMg]$	5
$LiNiVO_4$	8.21	$V[LiNi]$	5
$LiZnNbO_4$	$a = 8.60$, $c = 8.40$	$Zn[LiNb]$	5
$LiZnSbO_4$	8.55	$Li_{1-x}Zn_x[Li_xZn_{1-x}Sb]$	73
$LiZnVO_4$(高圧型)	8.31	$V[LiZn]$	5
		$LiB^{3+}B^{4+}O_4$	
$LiCrGeO_4$	8.20	$Li[CrGe]$	
$LiRhGeO_4$	8.39	$Li[RhGe]$	
$LiMn_2O_4$	8.25	$Li[Mn^{3+}Mn^{4+}]$	5
$LiAlMnO_4$	8.12	$Li[AlMn]$	5
$LiCoMnO_4$	8.07	$Li[CoMn]$	5
$LiCrMnO_4$	8.19	$Li[CrMn]$	5
$LiFeMnO_4$	8.26	$Li_{0.6}Fe_{0.4}[Li_{0.4}Fe_{0.6}Mn]$	5
$LiGaMnO_4$	8.23	$Li_{0.5}Ga_{0.5}[Li_{0.5}Ga_{0.5}Mn]$	5

第8章　スピネルと関連の構造

表8.2a(ii)（続き）

化合物	格子定数 a_0(Å)	陽イオン分布	文献
LiRhMnO$_4$	8.30	Li[RhMn]	5
LiAlTiO$_4$	8.30	Li[AlTi]	5
LiCrTiO$_4$	8.32	Li[CrTi]	5
LiFeTiO$_4$	8.35	Li$_{0.5}$Fe$_{0.5}$[Li$_{0.5}$Fe$_{0.5}$Ti]	5
LiGaTiO$_4$	8.29	Li$_{0.3}$Ga$_{0.7}$[Li$_{0.7}$Ga$_{0.3}$Ti]	5
LiMnTiO$_4$	8.30	Li[MnTi]	5
LiRhTiO$_4$	8.39	Li[RhTi]	5
LiVTiO$_4$	8.35	Li[VTi]	5
LiV$_2$O$_4$	8.22	Li[V^{3+}V^{4+}]	5
LiB$_{0.5}^{2+}$B$_{1.5}^{4+}$O			
LiCo$_{0.5}$Ge$_{1.5}$O$_4$	8.20	Li$_{0.5}$Co$_{0.5}$[Li$_{0.5}$Ge$_{1.5}$]	5
LiNi$_{0.5}$Ge$_{1.5}$O$_4$	8.17	Li[Ni$_{0.5}$Ge$_{1.5}$]	5
LiZn$_{0.5}$Ge$_{1.5}$O$_4$	8.213	Li$_{0.5}$Zn$_{0.5}$[Li$_{0.5}$Ge$_{1.5}$]	74
LiCo$_{0.5}$Mn$_{1.5}$O$_4$	8.16	Li[Co$_{0.5}$Mn$_{1.5}$]	5
LiCu$_{0.5}$Mn$_{1.5}$O$_4$	8.23	Li[Cu$_{0.5}$Mn$_{1.5}$]	5
LiMg$_{0.5}$Mn$_{1.5}$O$_4$	8.18	Li[Mg$_{0.5}$Mn$_{1.5}$]	5
LiNi$_{0.5}$Mn$_{1.5}$O$_4$	8.17	Li[Ni$_{0.5}$Mn$_{1.5}$]	5
LiZn$_{0.5}$Mn$_{1.5}$O$_4$	8.19	Li$_{0.5}$Zn$_{0.5}$[Li$_{0.5}$Mn$_{1.5}$]	5
LiCd$_{0.5}$Ti$_{1.5}$O$_4$	8.52	Li$_{0.5}$Cd$_{0.5}$[Li$_{0.5}$Ti$_{1.5}$]	75
LiCo$_{0.5}$Ti$_{1.5}$O$_4$	8.36	Li$_{0.5}$Co$_{0.5}$[Li$_{0.5}$Ti$_{1.5}$]	75
LiCu$_{0.5}$Ti$_{1.5}$O$_4$	8.39	Li$_{0.7}$Cu$_{0.5}$[Li$_{0.3}$Ti$_{1.5}$]	5
LiMg$_{0.5}$Ti$_{1.5}$O$_4$	8.37	Li$_{0.5}$Mg$_{0.5}$[Li$_{0.5}$Ti$_{1.5}$]	5
LiMn$_{0.5}$Ti$_{1.5}$O$_4$	8.44	Li$_{0.5}$Mn$_{0.5}$[Li$_{0.5}$Ti$_{1.5}$]	5
LiZn$_{0.5}$Ti$_{1.5}$O$_4$	8.190	Li$_{0.5}$Zn$_{0.5}$[Li$_{0.5}$Ti$_{1.5}$]	74
LiCr$_{1.5}$Sb$_{0.5}$O$_4$	8.37	Li[Cr$_{1.5}$Sb$_{0.5}$]	5
LiRh$_{1.5}$Sb$_{0.5}$O$_4$	8.54	Li[Rh$_{1.5}$Sb$_{0.5}$]	5
Li$_{1.5}$TiSb$_{0.5}$O$_4$	8.35	Li[Li$_{0.5}$TiSb$_{0.5}$]	5
CuGaAlO$_4$			25
CuGaCrO$_4$			25
CuGaMnO$_4$		Cu[GaMn]	25

Fe(NiFe)O$_4$と書くことができ，Fe^{3+}イオンの半分とNi^{2+}イオンが八面体サイトを，Fe^{3+}イオンの残りの半分が四面体サイトを占めている。陽イオンの分布が正スピネルと逆スピネルの中間になることも可能で，Mn$_{0.8}$Fe$_{0.2}$[Mn$_{0.2}$Fe$_{1.8}$]O$_4$やMg$_{0.1}$Fe$_{0.9}$[Mg$_{0.9}$Fe$_{1.1}$]O$_4$などで認められている。

スピネル構造をとる化合物のリストを表8.2a(i)に示す。

複雑なスピネル化合物

LiB$_{2-x}^{u+}$B$_x^{v+}$O$_4$タイプの多数の化合物（u，vは異なるBイオンの電荷）がBlasseによって合成されている（表8.2a(ii)）。彼はこれらのリチウムスピネルの酸素パラメータ，xの値を0.375と仮定して規則化に3種類のタイプのあ

表8.2b スピネルのフェリ磁性キュリー温度

化合物	キュリー温度(°C)	文献
$CdFe_2O_4$		1
$CoFe_2O_4$	520	1
$CuFe_2O_4$	455	1
Fe_3O_4	588	1
$FeCo_2O_4$	177	2
$Fe_{0.50}Li_{0.50}Cr_2O_4$	80	1
$Fe[Li_{0.5}Fe_{1.50}]O_4$	680	1
$MgFe_2O_4$	440	1
$MnCr_2O_4$	103	2
$MnCo_2O_4$	233	1
$MnFe_2O_4$	330	1
$Mn_{1.5}FeTi_{0.5}O_4$	89	1
$NiCo_2O_4$	77	2
$NiFe_2O_4$	580	1
$Ni_{1.5}FeTi_{0.5}O_4$	293	1
$NiZn_{0.5}FeTi_{0.5}O_4$	225	1
$ZnFe_2O_4$(反強磁性体)	60	1

表8.2c スピネル構造をとる化合物の性質

化合物	融点 (°C)	熱膨張係数 ($\times 10^{-6}/°C$)
$CoAl_2O_4$	1955[1]	8.52[4]
Fe_3O_4	1594[2]	
$FeAl_2O_4$		8.62[4]
$MgAl_2O_4$	2130[1]	7.79[4]
$MnAl_2O_4$		7.18[4]
$NiAl_2O_4$	2020[1]	8.41[4]
$ZnAl_2O_4$	1950[1]	8.72[4]
$MgCr_2O_4$	2000[1]	7.90[4]
Mn_3O_4	1564[2]	
$MnCr_2O_4$		9.34[4]
$ZnCr_2O_4$		8.72[4]
$MgFe_2O_4$		12.11[4]
$ZnFe_2O_4$		9.85[4]
$LiZn_{0.5}Ge_{1.5}O_4$	d650	
$LiZn_{0.5}Ti_{1.5}O_4$	995[2]	

ることを明らかにした。すなわち，Li^+ と Nb^{5+} が1:1でBサイトに規則配列して格子が正方に歪んだものと，B^{u+} と Sb^{5+} が1:1でBサイトに規則配列したもの，およびほぼすべてのスピネル組成 $LiB^{2+}_{0.5}B^{4+}_{1.5}O_4$ でBサイトに Li^+ と

B^{4+} が規則配列したものである。

性質

種々のフェリ磁性スピネルとそれらのキュリー点を表8.2bに示す。

最も興味ある磁性材料のいくつかが混合フェライトであることに注目されたい。MnZnフェライトは初期透磁率の値が大きい。NiZnフェライトは保磁力が大きく，比抵抗とキュリー温度が高い。MgMnフェライトは四角形のB-Hループを示す。再現性のある性質を得るには，これら材料の成分とイオンの分布を注意深く制御する必要がある。

$MgAl_2O_4$ は融点が 2130°C, 熱伝導率が 0.035 cal/cm-sec-°C, 熱膨張係数が 7.79×10^{-6}/°Cである。他のスピネルの融点と熱膨張係数を表8.2cに示す。

8.3 $BaFe_{12}O_{19}$ 構造と $KFe_{11}O_{17}$ 構造； $P6_3/mmc$, 六方

マグネトプランバイト (magnetoplumbite) $PbFe_{12}O_{19}$ と同形の $BaFe_{12}O_{19}$ は実用材料として重要である。

スピネル構造を〈111〉方向にとって酸素の最密充填層で分割し，それらを多少組み換えることによってマグネトプランバイト構造が得られる（図8.3a）。

$BaFe_{12}O_{19}$ 構造は，スピネル構造をとる4層から成る最密充填層の上下にBaを含む最密充填層が重なり，さらにその上下に各2層の最密充填層が置かれた構造である（図8.3b，図8.3c）。$KFe_{11}O_{17}$ 構造では $BaFe_{12}O_{19}$ 構造におけるBaの代りにKの入った層が置かれるが，この層は最密充填していない。

以下に示す $P6_3/mmc$ の同価点を用いてこの構造をあらわすことができる。

(2a) $0, 0, 0 ; 0, 0, \frac{1}{2}$.

(2b) $0, 0, \frac{1}{4} ; 0, 0, \frac{3}{4}$.

(2d) $\frac{1}{3}, \frac{2}{3}, \frac{3}{4} ; \frac{2}{3}, \frac{1}{3}, \frac{1}{4}$.

(4e) $\pm(0, 0, z ; 0, 0, \frac{1}{2}+z)$.

(4f) $\pm(\frac{1}{3}, \frac{2}{3}, z ; \frac{2}{3}, \frac{1}{3}, \frac{1}{2}+z)$.

(6h) $\pm(x, 2x, \frac{1}{4} ; 2x, x, \frac{3}{4} ; x, \bar{x}, \frac{1}{4})$.

(12k) $\pm(x, 2x, z ; 2x, x, \bar{z} ; x, \bar{x}, z ; x, 2x, \frac{1}{2}-z ;$

$2x, x, \frac{1}{2}+z ; \bar{x}, x, \frac{1}{2}+z)$.

BaFe$_{12}$O$_{19}$ では，2個のBaが$(2d)$を，24個のFeが $(2a)$；$(2b)$；$(4f), z=0.028$；$(4f), z=0.189$ および $(12k), x=0.167, z=-0.108$ を，38個のO

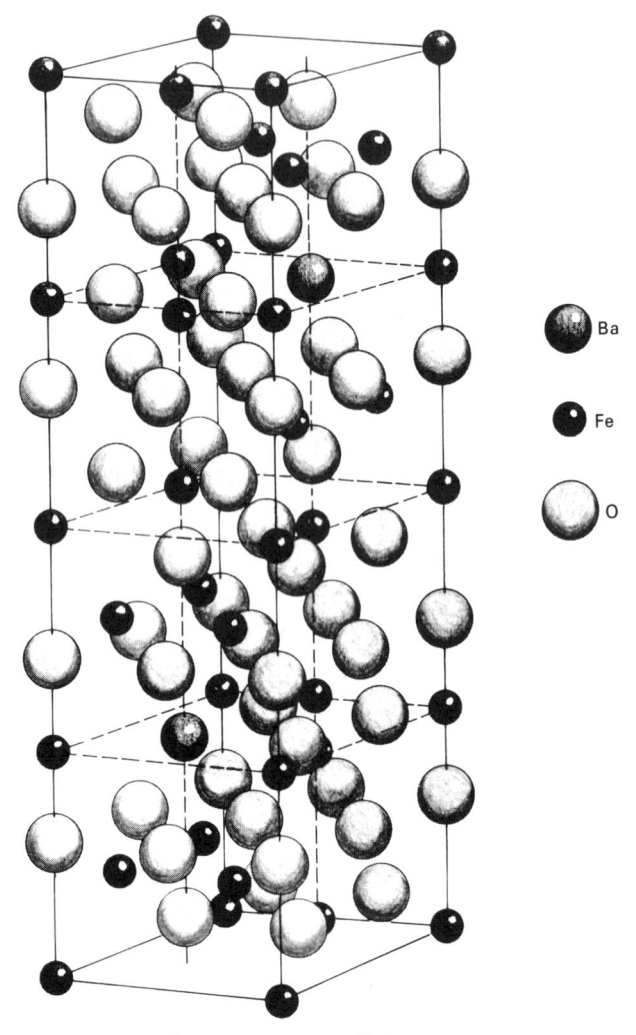

図8.3a　BaFe$_{12}$O$_{19}$構造

が $(4e)$, $z=0.150$; $(4f)$, $z=-0.050$; $(6h)$, $x=0.186$; $(12k)$, $x=0.167$, $z=0.050$ および $(12k)$, $x=0.500$, $z=0.150$ を占める。格子定数は $BaFe_{12}O_{19}$ が $a_0=5.888Å$, $c_0=23.22Å$, $KFe_{11}O_{17}$ が $a_0=5.927Å$, $c_0=23.73Å$ である。この構造をとる他の化合物の格子定数を表8.3aに示す。

常磁性の金属イオンがこのように配列するとバリウムと酸素の層をはさんで

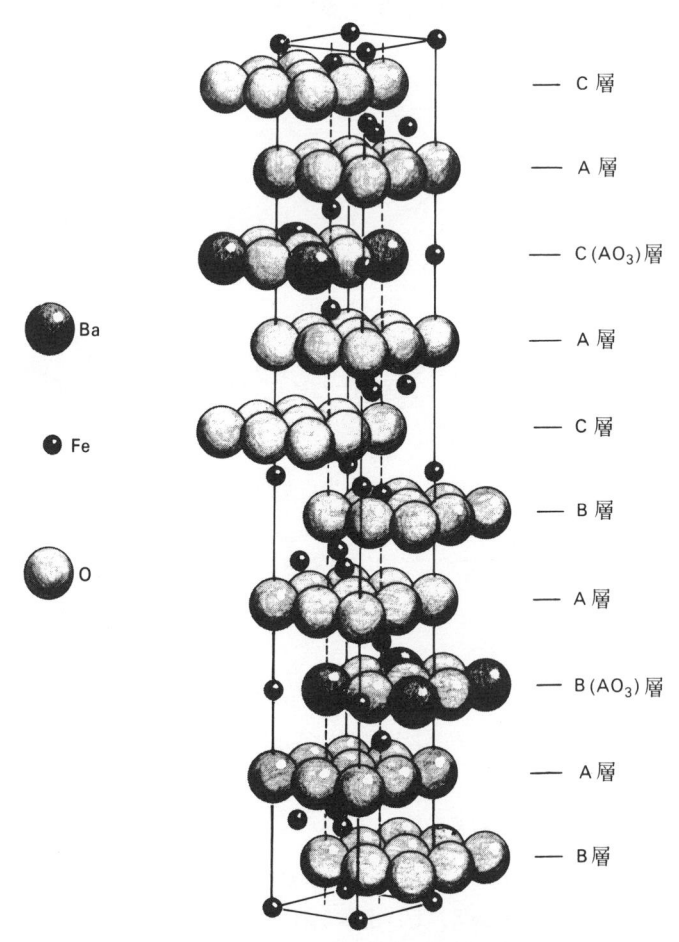

図8.3b $BaFe_{12}O_{19}$ 構造における層の順序

258

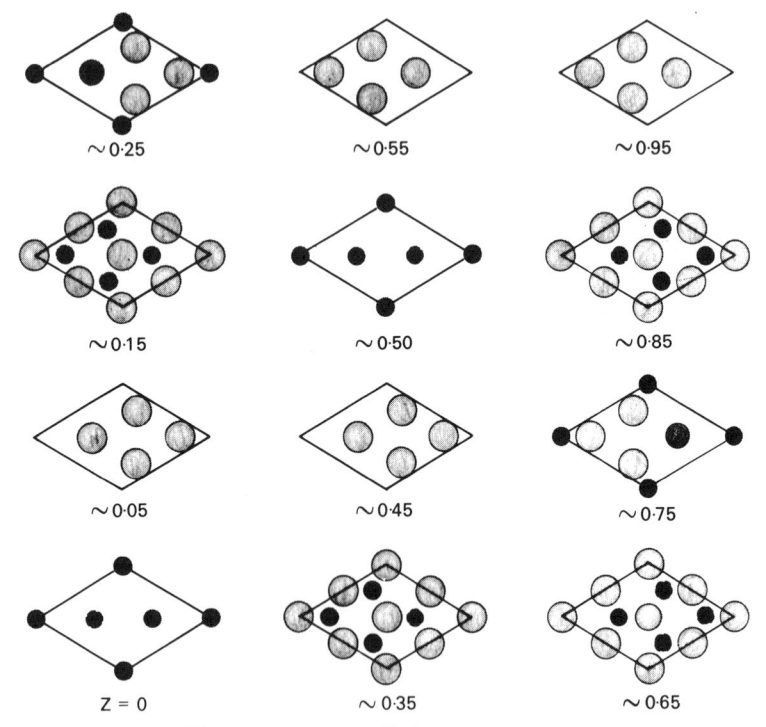

~0.25　　　　　~0.55　　　　　~0.95

~0.15　　　　　~0.50　　　　　~0.85

~0.05　　　　　~0.45　　　　　~0.75

Z = 0　　　　　~0.35　　　　　~0.65

図8.3c $BaFe_{12}O_{19}$ 構造における層の順序

正の相互作用が起こり,カリウムと酸素の層をはさんで負の相互作用が生じる。したがって $BaFe_{12}O_{19}$ はフェリ磁性体であり, $KFe_{11}O_{17}$ は反強磁性材料である。

$BaFe_2^{2+}Fe_{16}^{3+}O_{27}$, $Ba_2Fe_2^{2+}Fe_{28}^{3+}O_{46}$, $Ba_2Zn_2^{2+}Fe_{12}^{3+}O_{22}$ および $Ba_3Co_2^{2+}Fe_{24}^{3+}O_{41}$ も $BaFe_{12}^{3+}O_{19}$ と同様にスピネル構造に関連した構造をもち, a 軸の長さはいずれも 5.9Å 程度であるが, c 軸の長さはそれぞれ 32.8, 84.1, 43.6 および 52.3Å である。

$NaAl_{11}O_{17}$, $KAl_{11}O_{17}$ および $RbFe_{11}O_{17}$ も $KFe_{11}O_{17}$ と同じ構造をもち, 格子定数はそれぞれ $a_0=5.59Å$, $c_0=22.49Å$; $a_0=5,598Å$, $c_0=22.71Å$; $a_0=5.927Å$, $c_0=23.88Å$ である。$NaAl_{11}O_{17}$ では, 2個の Na が $(2d)$ を, 22個

第8章　スピネルと関連の構造

表8.3a マグネトプランバイト構造をとる化合物

化合物	格子定数 (Å)		文献
	a_0	c_0	
$BaAl_{12}O_{19}$	5.588	22.71	1
$BaCr_6Fe_6O_{19}$	5.844	22.81	1
$BaFe_{12}O_{19}$	5.888	23.22	2
$BaGa_{12}O_{19}$	5.818	23.00	1
$CaAl_{12}O_{19}$	5.547	21.87	3
$PbAl_{12}O_{19}$	5.563	22.033	4
$PbFe_{12}O_{19}$	5.889	23.07	1
$PbGa_{12}O_{19}$	5.820	23.056	4
$SrAl_{12}O_{19}$	5.568	21.99	2
$SrFe_{12}O_{19}$	5.876	23.08	1

表8.3b マグネトプランバイトと関連化合物のフェリ磁性キュリー点

化合物	キュリー点(°C)	文献
$AFe_{12}O_{19}$		
$BaFe_{12}O_{19}$	452	1
$La(Fe^{2+}Fe^{3+}_{11})O_{19}$	422	2
$PbFe_{12}O_{19}$	452	3
$BaB^{2+}_2Fe_{16}O_{27}$		
$Ba(CoFe)Fe_{16}O_{27}$	430	4
$BaFe_2Fe_{16}O_{27}$	455	4
$BaMn_2Fe_{16}O_{27}$	415	4
$Ba(NiFe)Fe_{16}O_{27}$	523	4
$Ba(Ni_{0.5}Zn_{0.5}Fe)Fe_{16}O_{27}$	450	4
$Ba(ZnFe)Fe_{16}O_{27}$	430	4
$Ba_2B^{2+}_2Fe_{12}O_{22}$		
$Ba_2Co_2Fe_{12}O_{22}$	343	5
$Ba_2Mg_2Fe_{12}O_{22}$	373	5
$Ba_2Mn_2Fe_{12}O_{22}$	287	5
$Ba_2Ni_2Fe_{12}O_{22}$	383	5
$Ba_2Zn_2Fe_{12}O_{22}$	127	5
$Ba_3B^{2+}_2Fe_{24}O_{41}$		
$Ba_3Co_2Fe_{24}O_{41}$	403	5
$Ba_3Cu_2Fe_{24}O_{41}$	437	5
$Ba_3Zn_2Fe_{24}O_{41}$	357	5

の Al が （2a）; (4f), z=0.022; (4f), z=0.178; (12k), x=0.167, z=-0.106 を，34個の O が （4e), z=0.144; (4f), z=-0.050; (4f), z=0.25 同価点の半分を，(12k), x=0.167, z=0.050 および (12k), x=0.500, z=0.144 を占めている。

性質

マグネトプランバイト構造と関連の構造をもついくつかの化合物のキュリー点を表 8.3 b に示す。

8.4 考察

構造の関係

Cu_2Mg 構造では，Mg 原子がダイヤモンド型に配列しており，Mg 原子が占めていないオクタントには四面体配置した Cu 原子が入っている。スピネル構造では陽イオンは Cu_2Mg 構造と同じ配置をとり，$MgAl_2O_4$ では Mg 原子は 4 個の O 原子によって囲まれ，Al 原子は 6 個の O 原子によって囲まれている。スピネル構造における〈111〉方向の酸素の最密充填層を多少組み換えるとマグネトプランバイト構造が得られる。

金属間化合物

Cu_2Mg 構造の化合物では $MgZn_2$ 構造をもつ化合物と同様にラーベス化合物と呼ばれ，第 6 章で述べたようにこれら化合物の生成は原子の相対的な大きさで決まる。これら化合物の多くが超伝導体で，ZrV_2 の臨界温度は約 $8°K$ である。

酸化物

スピネル構造をもつ種々の酸化物はフェリ磁性体として重要で，四面体および八面体の穴に入る種々のイオンを置換することによって化合物の性質を変えることができる。フェリ磁性のマグネトプランバイト型化合物は永久磁石用の材料として用いられている。$BaFe_{12}O_{19}$ は伝導度が低く，損失が少ないので非常に有用である。この材料は，結晶粒を配向させることによって 2500 エルステッドの抗磁力が得られている。これは永久磁石材料として最高の値の一つで，

第8章　スピネルと関連の構造　　　　261

白金-コバルト合金の 4300 エルステッド, MnBi の 3600 エルステッドおよび若干の希土類コバルト化合物に次ぐ値である。

表8.1a　文献
1. L. Misch, *Metallwirt* **15**, 163 (1936).
2. O. Hajicek, *Hutnické Listy* **3**, 265 (1948).
3. H. Nowotny and A. Mohrnheim, *Z. Krist.* **A100**, 540 (1939)
4. J. H. N. Van Vucht, *Philips Res. Rept.* **16**, 1 (1961).
5. J. H. Wernick and S. Geller, *Trans. AIME* **218**, 866 (1960).
6. D. C. Hamilton, C. S. Raub, B. T. Matthias, E. Corenzwit and G. W. Hull, Jr., *J. Phys. Chem. Solids* **26**, 665 (1965).
7. O. J. C. Runnalls, *Trans. AIME* **197**, 1460 (1953).
8. A. A. Bochvar et al., *Proc. U.N. Conf. Peaceful Uses At. Energy.* 2d, Geneva. **6**, 184 (1958).
9. M. I. Ivanov, V. A. Tumbakov and N. S. Podolskaya, *Soviet J. At. Energy* **5**, 1007 (1959).
10. F. Jurriaane, *Z. Krist.* **90**, 322 (1935).
11. H. Perlitz and E. Aruja, *Z. Krist.* **100**, 157 (1938).
12. W. Haucke, *Z. Electrochem.* **43**, 712 (1937).
13. H. J. Wallbaum, *Z. Metallk.* **35**, 218 (1943).
14. E. A. Wood and V. B. Compton, *Acta Cryst.* **11**, 429 (1958).
15. L. Losana and G. Venturello, *Aluminio* **11**, 8 (1942).
16. R. J. Teitel and M. Cohen, *Trans. AIME* **188**, 1028 (1950).
17. E. Janecke, Karl Winter Univ., Heidelberg, 1949; quoted by A. E. Vol, *Constitution and Prop. of Binary Metallic Systems*, Vol. I, 588, Gosudarst. Izdatel, Moscow (1959).
18. P. Ehrlich, *Z. Anorg. Chem.* **259**, 1 (1949).
19. G. Gnutzmann and W. Klemm, *Z. Anorg. Allgem. Chem.* **309**, 181 (1961).
20. K. Nassau, L. V. Cherry and W. E. Wallace, *Phys. Chem. Solids* **16**, 123 (1960).
21. R. M. Bozorth, B. T. Matthias, H. Suhl, E. Corenzwit and D. D. Davis, *Phys. Rev.* **115**, 1595 (1959).
22. A. Iandelli, *Natl. Phys. Lab. Gt. Brit. Proc. Symp.* No. 9, I, Paper 3F (1959).
23. A. E. Dwight, *Trans. ASM* **53**, 479 (1961).
24. V. B. Compton and B. T. Matthias, *Acta Cryst.* **12**, 651 (1959).
25. N. C. Baenziger and J. L. Moriarty, Jr., *Acta Cryst.* **14**, 948 (1961).
26. T. H. Geballe, B. T. Matthias, V. B. Compton, E. Corenzwit, G. W. Hull, Jr. and L. D. Longinotti, *Phys. Rev.* **137**, 119 (1965).
27. H. J. Wallbaum, *Arch. Eisenhüttenw.* **14**, 521 (1940–41).
28. S. E. Haszko, *Trans. AIME* **218**, 958 (1960).
29. O. J. C. Runnalls, *Can. J. Chem.* **34**, 133 (1956).
30. D. M. Poole, M. G. Bale and P. G. Mardon (Eds.), *Plutonium, 1960*, p. 267. Cleaver-Hume Press, Ltd., London (1961).
31. M. Korchynsky and R. W. Fountain, *Trans. AIME* **215**, 1033 (1959).
32. H. J. Wallbaum and H. Witte, *Z. Metallk.* **31**, 185 (1939).
33. N. C. Baenziger, R. E. Rundle, A. I. Snow and A. S. Wilson, *Acta Cryst.* **3**, 34 (1950).
34. B. J. Beaudry, J. F. Heafling and A. H. Daane, *Acta Cryst.* **13**, 743 (1960).
35. P. I. Kripyakevich, M. Yu Teslyuk and D. P. Frankevich, *Kristallografiya* **10**, 422 (1965).
36. R. P. Elliott, *Trans. ASM* **53**, 321 (1961).
37. P. Duwez and H. Martens, *Trans. AIME* **194**, 72 (1952).

38. P. Duwez and J. L. Taylor, *Trans. ASM* **44**, 495 (1952).
39. R. P. Elliott, *Constitution of Binary Alloys*, M. Hansen, McGraw-Hill, New York (1958).
40. V. G. Sederman, *Phil. Mag.* **18**, 343 (1934).
41. S. Valentiner, *Z. Metallk.* **44**, 49 (1953).
42. K. Kuo, *Acta Met.* **1**, 720 (1953).
43. R. M. Bozorth, B. T. Matthias, H. Suhl, E. Corenzwit and D. D. Davis, *Phys. Rev.* **115**, 1595 (1959).
44. W. E. Wallace, *Rare Earth Alloys*, p. 212, D. Van Nostrand Co., Inc., Princeton, N.Y. (1961).
45. M. Copeland and H. Kato, in J. F. Nachmand and C. E. Lundin (Eds.), *Rare Earth Research*, p. 133, Gordon and Breach, Science Publishers, Inc., N.Y. (1962).
46. E. M. Savitskii, V. F. Terekhova, I. V. Burov and O. D. Christyakov, *Russ. J. Inorg. Chem.* **6**, 883 (1961).
47. V. F. Novy, R. C. Vickery and E. V. Kleber, *Trans. AIME* **221**, 580 (1961).
48. A. E. Dwight, U.S. At. Energy Comm. ANL-6516, 259 (1961).
49. P. G. Mardon, H. R. Haines, J. H. Pearce and M. B. Waldron, *J. Inst. Metals* **86**, 166 (1957-8).
50. F. W. Schonfeld et al. *Metallurgy and Fuels*, Progress in Nuclear Energy Ser, V, Vol. 2, Pergamon Press, N.Y. (1959).
51. F. H. Ellinger, in A. S. Coffinberry and W. N. Miner (Eds.), *The Metal Plutonium*, p. 281, Univ. of Chicago Press, Chicago (1961).
52. P. Gordon and A. R. Kaufmann, *Trans. AIME* **188**, 182 (1950).
53. C. J. Clews, *J. Inst. Metals* **77**, 577 (1950).
54. R. F. Domagala, J. J. Rausch and D. W. Levinson, *Trans. ASM* **53**, 137 (1961).
55. E. T. Hayes, A. H. Roberson and W. L. O'Brian, *Trans. ASM* **43**, 888 (1951).
56. W. M. Hubbard, E. Adams and J. V. Gilfrich, *J. Appl. Phys.* **31**, 3685 (1960).
57. V. F. Novy, R. C. Vickery and E. V. Kleber, *Trans. AIME* **221**, 585 (1961).
58. A. E. Dwight and M. F. Nevitt, U.S. At. Energy Comm. ANL-6099, 76 (1959).
59. A. Taylor, N. J. Doyle and B. J. Kagle, *J. Less-Common Metals* **3**, 265 (1961).
60. B. C. Giessen, I. Rump and N. J. Grant, *Trans. AIME* **224**, 60 (1962).
61. H. Braun and E. Rudy, *Z. Metallk.* **51**, 360 (1960).
62. T. Heumann and M. Kniepmeyer, *Z. Anorg. Allgem. Chem.* **290**, 191 (1957).
63. A. E. Wood and V. B. Compton, *Acta Cryst.* **11**, 429 (1958).
64. A. E. Dwight, J. W. Downey and R. A. Conner, Jr., *Trans. AIME* **212**, 337 (1958).
65. B. T. Matthias, V. B. Compton and E. Corenzwit, *Phys. Chem. Solids* **19**, 130 (1961).
66. T. J. Heal and G. I. Williams, *Acta Cryst.* **8**, 494 (1955).
67. K. H. Lieser and H. White, *Z. Metallk.* **43**, 396 (1952).
68. D. T. Peterson, P. F. Diljak and C. J. Vold, *Acta Cryst.* **9**, 1036 (1956).
69. A. S. Coffinberry and F. H. Ellinger, *Proc. U.N. Intern. Conf. Peaceful Uses At. Energy Geneva*, **9**, 138 (1955).
70. R. F. Domagala, D. J. McPherson and M. Hansen, *Trans. AIME* **197**, 73 (1953).
71. P. Duwez and C. B. Jordan, *J. Am. Chem. Soc.* **73**, 5509 (1951).
72. R. P. Elliott, Armour Research Foundation, Chicago, Ill., Tech. Rept. 1, OSR Tech. Note OSR-TN-247, 38 (August 1954).
73. C. P. Nash, F. M. Boyden and L. D. Whittig, *J. Am. Chem. Soc.* **82**, 6203 (1960).
74. G. W. Wensch and D. D. Whyte, U.S. Atomic Energy Comm. LA-1304, 28 (1951).
75. E. M. Benson and M. V. Nevitt, U.S. At. Energy Comm. ANL-6099, 75 (1959).
76. F. H. Ellinger, E. M. Cramer and C. C. Land, in W. D. Wilkinson (Ed.) *Extractive and Physical Metallurgy of Plutonium and its Alloys*, Interscience Publishers, Inc., New York (1960).
77. A. Classen and W. G. Burgers, *Z. Krist.* **A86**, 100 (1933).

78: P. Pietrokowsky, *Trans. AIME* **200**, 219 (1954).

表8.1b 文献

1. K. Strnat, G. Hoffer, W. Ostertag and J. C. Olsen, *11th Ann. Conf. on Mag. & Mag. Mats, San Francisco* (November 1965).
2. K. Strnat and G. Hoffer, *Intermag. Conf. Stuttgart. Germany* (April 20–22, 1966).
3. J. Farrell and W. E. Wallace, *Inorg. Chem.* **5**, 105 (1966).
4. E. M. Savitskii, V. F. Terekhova, I. V. Brov, I. A. Markova and O. P. Naumkin, *Alloys of Rare Earth Metals*. Acad. Sci. USSR Press (1962).
5. E. A. Shrabek and W. E. Wallace, *J. Appl. Phys.* **34**, 1356 (1963).
6. K. Nassau, L. V. Cherry and W. E. Wallace, *J. Phys. Chem. Solids* **16**, 131 (1960).

表8.2a 文献

1. J. Théry and R. Collongues, *C.R. Acad. Sci. Paris* **254**, 685 (1962).
2. E. J. W. Verwey and E. L. Heilmann, *J. Chem. Phys.* **15**, 174 (1947).
3. P. B. Braun, *Nature* **170**, 1123 (1952).
4. L. M. Foster and H. C. Stumph, *J. Am. Chem. Soc.* **73**, 1590 (1951).
5. G. Blasse, *Philips Res. Rpts. Supplements* (1964).
6. G. H. Jonker, *Trabajos de la Tercera Reunion Internacional Sobre Reactividad De Los Solidos, Madrid* **1**, 413 (1957).
7. J. Donohue and W. Shand, *J. Am. Chem. Soc.* **69**, 222 (1947).
8. V. M. Goldschmidt, *Skr. Akad. Oslo* **81**, 107 (1926).
9. I. Lindqvist, *Acta Chem. Scand.* **4**, 1066 (1950).
10. G. E. Bacon and F. F. Roberts, *Acta Cryst.* **6**, 57 (1953).
11. W. Rüdorff and B. Reuter, *Z. Anorg. Chem.* **253**, 194 (1947).
12. A. P. B. Sinha, W. R. Sinjana and A. B. Biswas, *Acta Cryst.* **10**, 439 (1957).
13. F. Bertaut, F. Forrat and J. Dulae, *C.R. Acad. Sci. Paris* **249**, 726 (1959).
14. B. Reuter and G. Marx, *Naturwiss.* **47**, 539 (1960).
15. P. Cossee, Thesis, Leiden (1956).
16. E. Prince, *Phys. Rev.* **102**, 674 (1956).
17. M. Lensen, *Ann. Chim.* **4**, 891 (1960).
18. D. G. Wickham and W. J. Croft, *Phys. Chem. Solids* **7**, 351 (1958).
19. D. B. Rogers, R. J. Arnott, A. Wold and J. B. Goodenough, *Phys. Chem. Solids* **24**, 347 (1963).
20. F. Bertaut and C. Delorme, *C.R. Acad. Sci. Paris* **239**, 504 (1954).
21. S. Holgesson and A. Karlsson, *Z. Anorg. Chem.* **183**, 384 (1924).
22. E. Whipple and A. Wold, *J. Inorg. Nucl. Chem.* **24**, 23 (1962).
23. E. Prince and R. G. Treuting, *Acta Cryst.* **9**, 1025 (1956).
24. C. Delorme, *Bull. Soc. Franc. Minér.* **81**, 79 (1958).
25. M. Robbins and L. Darcy, *J. Phys. Chem. Solids* **27**, 741 (1966).
26. S. C. Abrahams and B. A. Calhoun, *Acta Cryst.* **6**, 105 (1953).
27. *Structure Reports* **11**, 498 (1947).
28. F. K. Lotgering, *Philips Res. Repts.* **11**, 190 (1956).
29. A. Oles, *Compt. Rend.* **260**, 6075 (1965).
30. G. E. Bacon, *Acta Cryst.* **5**, 684 (1952).
31. E. W. Gorter, *Nature* **165**, 798 (1950).
32. G. E. Bacon and F. F. Roberts, *Acta Cryst.* **6**, 57 (1953).
33. A. Boxer, J. F. Ollom and R. F. Rauchmiller, Technical Documentary Report No. ML-TDR-64-224 (July 1964).

34. M. HUBER, C.R. Acad. Sci. Paris **244**, 2524 (1957).
35. J. E. WEIDENBORNER, N. R. STEMPLE and Y. OKAYA, Acta Cryst. **20**, 761 (1966).
36. T. F. W. BARTH and E. POSNJAK, Z. Krist. **82**, 325 (1932).
37. K. MURAMORI and S. MIYAHARA, J. Phys. Soc. Japan **15**, 1906 (1960).
38. A. LECERF, Thesis, Bordeaux (1962).
39. R. PLUMIER and A. TARDIEU, C.R. Acad. Sci. Paris **257**, 3858 (1963).
40. S. GREENWALD, S. J. PICKART and F. H. GRANNIS, J. Chem. Phys. **22**, 1597 (1954).
41. E. W. GORTER, Philips Res. Repts. **9**, 403 (1954).
42. J. M. HASTINGS and L. M. CORLISS, Phys. Rev. **104**, 328 (1956).
43. G. VILLERS, A. LECERF and M. RAULT, Compt. Rend. **260**, 3017 (1965).
44. J. M. HASTINGS and L. M. CORLISS, Rev. Mod. Phys. **25**, 114 (1953).
45. G. BLASSE, Philips Res. Repts. **18**, 383 (1963).
46. P. K. BALTZER and J. G. WHITE, J. Appl. Phys. **29**, 445 (1958).
47. E. G. LARSON, R. J. ARNOTT and D. G. WICKHAM, Phys. Chem. Solids **23**, 1771 (1962).
48. H. SPANDAU and T. ULLRICH, Z. Anorg. Chem. **274**, 271 (1953).
49. T. MOELLER and G. L. KING, J. Amer. Chem. Soc. **75**, 6060 (1953).
50. M. HUBER, C.R. Acad. Sci., Paris **252**, 2744 (1961).
51. H. HAYASHI, W. NAKAYAMA, M. YOSIDA, T. KOZUKA, M. MIZUNO, K. YAMAMOTO, T. YAMAMOTO and T. NOGUCHI, Nagoya Kogyo Gijutsu Shikensku Hokqku **13**, 285 (1964).
52. A. E. RINGWOOD, Nature **198**, 79 (1963).
53. P. POIX and A. MICHEL, C.R. Acad. Sci. Paris **255**, 2446 (1962).
54. A. DURIF-VARAMBON, E. F. BERTAUT and R. PAUTHENET, Ann. Chim. **1**, 525 (1956).
55. A. E. RINGWOOD, Amer. Min. **44**, 659 (1959).
56. R. H. FORSTER and E. O. HALL, Acta Cryst. **18**, 859 (1965).
57. R. ROY and D. M. ROY, Amer. Min. **39**, 340 (1954).
58. D. G. WICKHAM, W. MENYUK and K. DWIGHT, Phys. Chem. Solids **20**, 316 (1961).
59. J. C. BERNIER, P. POIX and A. MICHEL, C.R. Acad. Sci. Paris **256**, 5583 (1963).
60. H. HAYASKI, N. NAKAYAMA, M. YOSIDA, T. KOZUKA, M. MIZUNO, K. YAMAMOTO, T. YAMAMOTO and T. NOGUCHI, Nagoya Kogyo Gijutsu Shikensho Hokaku **13**, 291 (1964).
61. P. POIX and A. MICHEL, C.R. Acad. Sci. Paris **255**, 2446 (1962).
62. J. DULAC and A. DURIF, C.R. Acad. Sci. Paris **251**, 747 (1960).
63. R. W. HARRISON and E. J. DELGROSSO, J. Electrochem. Soc. **110**, 205 (1963).
64. H. HAHN and K. F. SCHRODER, Z. Anorg. Chem. **269**, 135 (1952).
65. J. FLAHAUT, L. DOMANGE, M. GUITTARD, M. OURMITCHI and J. KAM. SU KAM, Bull. Soc. Chim. Fr. 2382 (1961).
66. H. HAHN and W. KLINGLER, Z. Anorg. Chem. **263**, 177 (1950).
67. H. HAHN, Z. Anorg. Chem. **264**, 184 (1951).
68. J. FLAHAUT, L. DOMANGE, M. GUITTARD and S. FAHRAT, C.R. Acad. Sci. Paris **253**, 1956 (1961).
69. H. HAHN, C. DELORENT and B. HARDER, Z. Anorg. Chem. **283**, 138 (1956).
70. H. HAHN and B. HARDER, Z. Anorg. Chem. **288**, 257 (1956).
71. W. F. DEJONG and M. W. V. WILLEMS, Z. Anorg. Chem. **161**, 311 (1927).
72. H. HAHN, G. FRANCK, W. KLINGLER, A. STÖRGER and G. STÖRGER, Z. Anorg. Chem. **279**, 241 (1955).
73. G. BLASSE, J. Inorg. Nucl. Chem. **25**, 230 (1963).
74. J. C. JOUBERT and A. DURIF, Compt. Rend. **256**, 4403 (1963).
75. J. C. JOUBERT and A. DURIF-VARAMBON, Bull. Soc. Franc. Mineral Crist. **86**, 92 (1963).

表8.2b 文献
1. E. W. GORTER, *Philips Res. Rpts.* **9**, 403 (1954).
2. G. BLASSE, *Philips Res. Rpts.* **18**, 383 (1963).

表8.2c 文献
1. I. E. CAMPBELL, *High Temperature Technology*, Wiley, New York (1959).
2. S. J. SCHNEIDER, NBS Monograph 68 (October 1963).
3. J. C. JOUBERT and A. DURIF, *Compt. Rend.* **256**, 4403 (1963).
4. O. H. KRIKORIAN, *Thermal Expansion of High Temperature Materials*, UCRL-6132, (September 1960).

表8.3a 文献
1. F. BERTAUT, A. DESCHAMPS, R. PAUTHENET and S. PICKART, *J. Phys. Radium* **20**, 404 (1959).
2. V. ADELSKOLD, *Arkiv. Kemi Mineral Geol.* **12A**, No. 29 (1938).
3. A. WITTMAN, K. SEIFERT and N. NOWOTNY, *Montash. Chem.* **89**, 225 (1958).
4. A. B. CHASE and G. M. WOLTEN, *J. Am. Ceram. Soc.* **48**, 276 (1965).

表8.3b 文献
1. V. ADELSKOLD, *Arkiv. Kemi Mineral Geol.* **12A**, No. 29 (1938).
2. A. AHARONI and M. SCHIEBER, *Phys. Rev.* **123**, 807 (1961).
3. R. PANTHENET and G. RIMET, *C.R. Acad. Sci.* **249**, 1875 (1959).
4. G. H. JONKER, H. P. J. WIJN and P. B. BRAUN, *Philips Tech. Rev.* **18**, 145 (1956/7).
5. J. SMIT and H. P. J. WIJN, *Ferrites*, John Wiley, New York (1959).

第9章 コランダムと関連の構造

この章では,コランダム構造と,規則化したコランダム構造であるイルメナイト構造を取扱う。

9.1 α-Al_2O_3構造,コランダム構造;$D5_1$, $R\bar{3}c$,菱面体,六方

α-Al_2O_3の単結晶は鋼玉(corundum)として天然に産出する。赤いものを紅玉(ruby),青いものを青玉(sapphire)と呼ぶ。

コランダム構造は,六方最密充塡した酸素原子の層があり,酸素原子の間にある八面体配位の穴の2/3を金属原子が埋めている構造であるといえる。図9.1aからわかるようにペロブスカイト関連の層構造の場合とは異なり,単位格子のa軸は底面の中心あるいはa軸の中心を酸素原子が占めるようには選ばれていない。小さな金属原子が $0,0,z$;$\frac{1}{3},\frac{2}{3},z$ および $\frac{2}{3},\frac{1}{3},z$ の垂線上に位置する。

これらの金属原子の理想的な配列と実際の α-Al_2O_3 の構造を図9.1bに示

表9.1a コランダム構造をとる化合物

化合物	格子定数 (Å)		文献
	a_0	c_0	
α-Al_2O_3	4.763	13.003	1, 2
Cr_2O_3	4.954	13.584	1
α-Fe_2O_3	5.035	13.75	3
α-Ga_2O_3	4.979	13.429	4
Rh_2O_3	5.11	13.82	5
Ti_2O_3	5.148	13.636	1, 6
V_2O_3	5.105	14.449	1

ペロブスカイト層構造　　　　　Al₂O₃構造

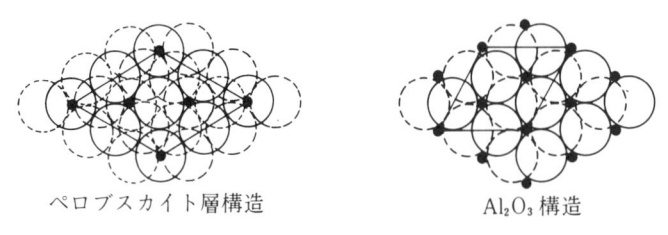

図9.1a ペロブスカイト層構造と Al₂O₃ 構造における最密充填層とそれぞれの単位格子

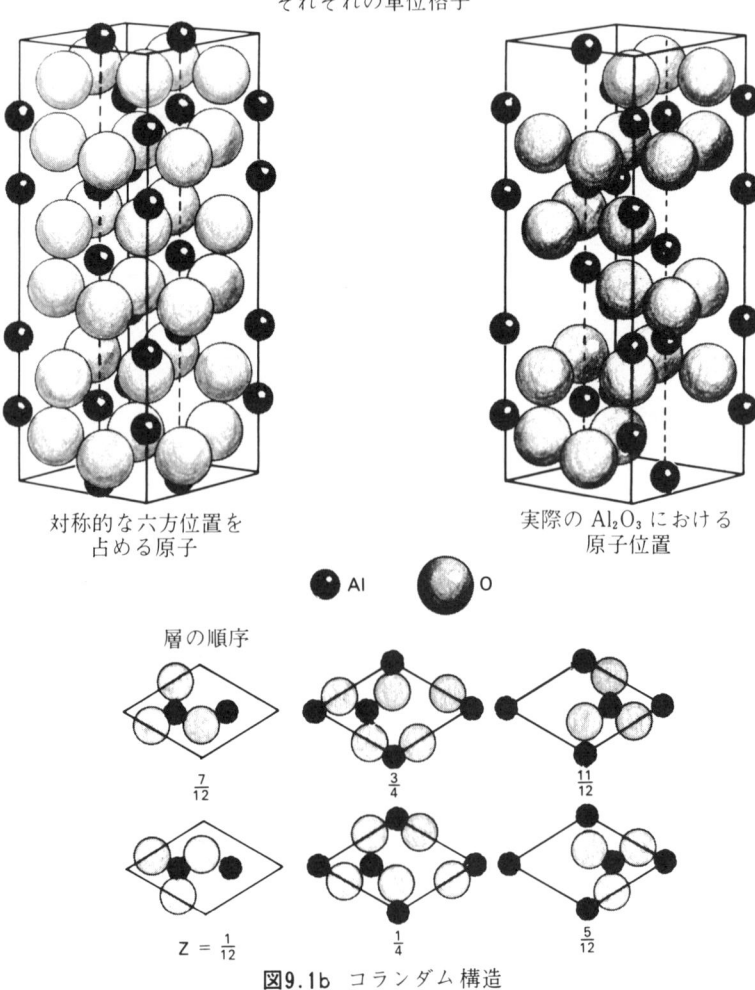

対称的な六方位置を　　　　　　実際の Al₂O₃ における
占める原子　　　　　　　　　　原子位置

● Al　　○ O

層の順序

$\frac{7}{12}$　　　$\frac{3}{4}$　　　$\frac{11}{12}$

$Z = \frac{1}{12}$　　　$\frac{1}{4}$　　　$\frac{5}{12}$

図9.1b コランダム構造

す。図には層の順序も示してある。

原子の位置は，12 個の Al 原子が $(0,0,0; \frac{1}{3}, \frac{2}{3}, \frac{2}{3}; \frac{2}{3}, \frac{1}{3}, \frac{1}{3})+(0,0,z; 0,0,\bar{z}; 0,0,\frac{1}{2}+z; 0,0,\frac{1}{2}-z); z=0.35$ を占め，18 個の O 原子が $(0,0,0; \frac{1}{3}, \frac{2}{3}, \frac{2}{3}; \frac{2}{3}, \frac{1}{3}, \frac{1}{3})+(x,0,\frac{1}{4}; 0,x,\frac{1}{4}; \bar{x},\bar{x},\frac{1}{4}; \bar{x},0,\frac{3}{4}; 0,\bar{x},\frac{3}{4}; x,x,\frac{3}{4}); x=0.31$ を占める。

コランダム構造をもつ酸化物を表 9.1 a に示す。

性質

酸化物の V_2O_3，Ti_2O_3 および α-Fe_2O_3 は反強磁性体で，ネール温度が 173°K，660°K および 950°K である。

酸化アルミニウムは表 9.1 a に示した化合物の中で最も広く使用されており，その単結晶は時計の軸受，レコード針，耐圧力窓などに用いられている(訳注9.1)。α-Al_2O_3 は Cr_2O_3 と同じ構造をもつので Cr^{3+} イオンに対する卓越したホスト材料であり，α-Al_2O_3 中の Al^{3+} を少量の Cr^{3+} で置換することによってルビーができる。ルビーは宝石として用いられる以外にレーザー材料として使用され，300°K では 0.6943μ に螢光を発する。

Al_2O_3 の粉末を焼結した材料は電気絶縁体，マイクロ波透過性の窓，レーダードーム，ランプの外壁，IC パッケージなどの電子機器に用いられている。

Al_2O_3 をシリカガラスで結合した材料は耐火レンガ，ルツボおよび点火栓の絶縁体の基礎材料である。Al_2O_3 は誘電率が 9.3，硬度が 2600 kg/mm^2，ヤング率が 4.0×10^4 kg/mm^2 である。

Al_2O_3 構造をとる他の化合物の性質を表 9.1 b に示す。

訳注 9.1 アルミナの水和物を加熱すると最終的には α-Al_2O_3 になるが，その中間過程でコランダムとは異なる X 線回折図形を示す種々の多形が生成する。γ-アルミナは欠陥スピネル構造をもち，比表面積が大きいので触媒担体として用いられる。β-アルミナは以前は Al_2O_3 の変態の一つと考えられていたが，$Na_2O\cdot11Al_2O_3$ の化学式をもちマグネトプランバイトとほぼ同じ構造をとる化合物で，ナトリウムイオン導電体としての応用が研究されている。

表9.1b　Al_2O_3構造をとる化合物の性質

化合物	融　点 (°C)	熱膨張係数 (10^{-6}/°C)
Al_2O_3	2050[1]	8.3[4]
Cr_2O_3	2440[2]	8.6[5]
Fe_2O_3		12.3[5]
Ti_2O_3	2130[3]	

9.2　$FeTiO_3$構造，イルメナイト構造；$R\bar{3}$

イルメナイト構造はコランダム構造の単位格子のc軸に沿った層をFeとTiイオンが交互に占めた構造であると見做せる．図9.2には層の順序も示してある．

9.3　考察

酸化物の構造

コランダム構造ではO原子が六方最密配列をとり，八面体の穴の$\frac{2}{3}$を金属の陽イオンが占めている．イルメナイト構造はコランダムの規則構造で，一方の元素の陽イオンが層の間を一つおきに占める．陽イオンの周囲にはO原子が八面体に配位する(配位数が6)ので，これらのサイトには小さな陽イオンが入り易い．大きな陽イオンが三二酸化物をつくる際にはA-希土構造もしくはC-希土構造をとる傾向がある．これはA-希土構造では陽イオンの配位数が7であり，C-希土構造は陽イオンの配位数が8のホタル石構造から酸素が抜けた構造であるからである．したがってLa_2O_3やNb_2O_3などの酸化物がA-希土構造を，Y_2O_3やSc_2O_3がC-希土構造を，Al_2O_3，Cr_2O_3，Fe_2O_3，Ti_2O_3などがコランダム構造をとる．

α-Al_2O_3中のAlを適当な大きさと電荷をもつ2種類の小さなイオンで置換するとイルメナイト構造ができるが，規則化が生じるのは2種類のイオンの電荷が異なるからである．ABO_3タイプの化合物で，Aイオンの大きさがBイオンに比べて大きくなるとペロブスカイト構造をとる．$CdTiO_3$は高温でだけペ

第9章 コランダムと関連の構造　　271

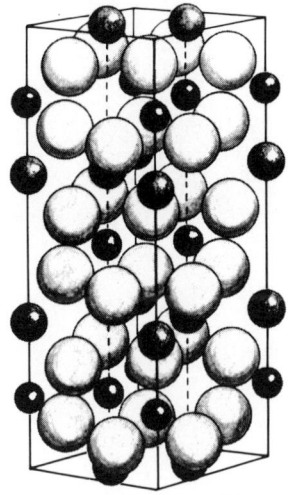

対称的な六方位置を
占める原子

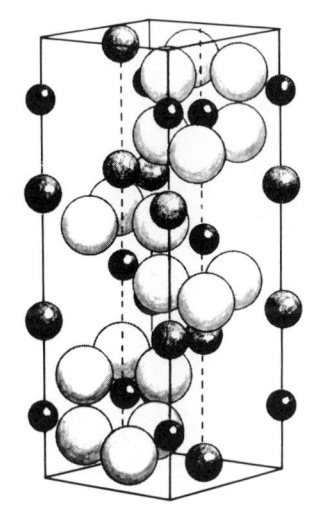

実際の $FeTiO_3$ における
原子位置

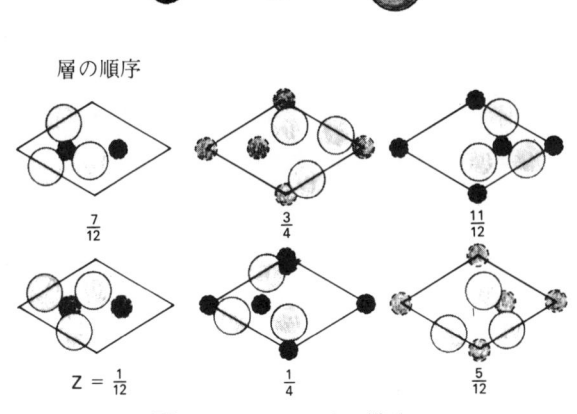

● Fe　● Ti　○ O

層の順序

$\frac{7}{12}$　　$\frac{3}{4}$　　$\frac{11}{12}$

$Z = \frac{1}{12}$　　$\frac{1}{4}$　　$\frac{5}{12}$

図9.2　イルメナイト構造

ロブスカイト構造をとるが，SrTiO$_3$の場合のようにAイオンがさらに大きくなると化合物は室温でペロブスカイト構造をとる。

酸化物のV$_2$O$_3$やTi$_2$O$_3$は室温で金属的導電性を示し興味深い材料である。これらの酸化物は空気中で高温では不安定で酸化されてV$_2$O$_5$とTiO$_2$になる。Al$_2$O$_3$は高い融点（2050°C）と高い硬度および還元に対する抵抗性をもち，もっとも有用な三二酸化物である。アルミナはルツボの材料やセラミックの構造材料として用いられ，また電気抵抗が大きいので電子部品の絶縁基板に使用されている。MgO，HfO$_2$およびZrO$_2$も同じような用途に使用される。

Cr$_2$O$_3$はAl$_2$O$_3$と同じ構造をもつので酸化アルミニウムをCr^{3+}のホストとしたルビーがつくられる。この材料は宝石として有用であると共にレーザーに使用されている。

表9.1a 文献

1. R. H. NEWNHAM and Y. M. DEHAAN, *Z. Krist.* **117**, 235 (1962).
2. H. SAALFELD, *Naturwiss.* **48**, 24 (1961).
3. R. BRILL, *Z. Krist.* **88**, 177 (1934).
4. H. E. SWANSON, R. K. FUYAT and G. M. UGRINIC, *NBS Circular 539* **4**, 25 (1955).
5. W. H. ZACHARIASEN, *Skrifter Norske Bidenskaps-- Akad. Oslo I. Mat.-- Naturv. Kl.* No. 4 (1928).
6. S. C. ABRAHAMS, *Phys. Rev.* **130**, 2230 (1963).

表9.1b 文献

1. P. B. KANTOR, E. N. FOMICHEV and V. V. KANDIJBA, *Izmeritel'n Tekhn* **5**, 27 (1966).
2. W. G. BRADSHAW and C. O. MATHEWS, *Properties of Refractory Materials, Collected Data and References,* LMSD-2466 (June 24, 1958).
3. L. J. CRONIN, *Am. Ceram. Soc. Bull.* **30**, 234 (1951).
4. J. A. KOHN, P. G. COLTER and R. A. POTTER, *Am. Min.* **41**, 355 (1956).
5. O. H. KRIKORIAN, *Thermal Expansion of High Temperature Materials,* UCRL-6132 (September 1960).

第10章 β-タングステンタイプと関連の構造

β-タングステンタイプの構造は一方の元素の原子が体心立方に配列し，他方の元素の原子が単位格子の各面に2個ずつ位置している．関連の構造は陽イオンがこの配列をとり，これに陰イオンが加わっている（表10.0）．

表10.0 β-タングステンタイプの構造
|
10.1
β-タングステン構造
|
10.2
ガーネット構造

10.1 β-タングステン構造，Nb_3Sn 構造； A15, $Pm3n$, 立方

β-タングステン（β-tungsten）は昔はタングステンの変態であると考えられていたのでこの名があるが，後に W_3O であることがわかった．この構造をとるもっともよく知られた化合物の一つに Nb_3Sn がある．Nb_3Sn の単位格子（図10.1a）は，Sn 原子が立方の隅と中心を占め，各面の中心線上に Nb 原子が2個ずつ置かれている．各面の Nb 原子を結ぶ線は隣り合わせの面で互いに垂直である．

Sn 原子は $0,0,0$ と $\frac{1}{2},\frac{1}{2},\frac{1}{2}$ にあり，Nb 原子は $\frac{1}{4},0,\frac{1}{2}$；$\frac{1}{2},\frac{1}{4},0$；$0,\frac{1}{2},\frac{1}{4}$；$\frac{3}{4},0,\frac{1}{2}$；$\frac{1}{2},\frac{3}{4},0$；$0,\frac{1}{2},\frac{3}{4}$ に位置している．この構造をとる化合物を表10.1aに挙げる．

体心立方構造

面心位置にある Nb の
ダンベル

Sn
Nb

層の順序

$Z=0$ 　 $\frac{1}{4}$ 　 $\frac{1}{2}$ 　 $\frac{3}{4}$

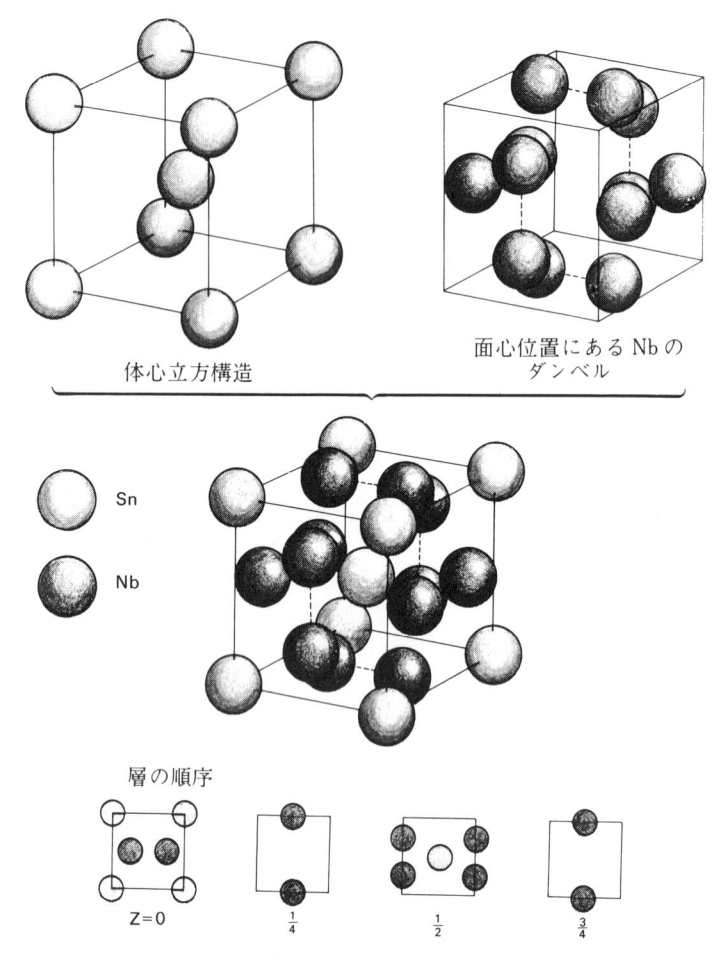

図10.1a β-タングステン構造

性質

この構造をとるいくつかの化合物は超伝導臨界温度の高いことが知られている（表10.1b，図10.1b）。近年，$Nb_3(Al, Ge)$ が 20°K で超伝導体であることが見出されたが，これは今までに測定された最高の温度で，以前は 18°K の臨界温度をもつ Nb_3Sn が永年の間その地位を維持していた。Nb_3Al，V_3Si や Nb_3Ge

第10章 β-タングステンタイプと関連の構造

表10.1a β-タングステン構造をとる化合物

化合物	格子定数, a_0(Å)	文献
$AlMo_3$	4.950	1
$AlNb_3$	5.187	2
AsV_3	4.75	3
$AuNb_3$	5.21	4
$AuTi_3$	5.094	5
AuV_3	4.88	4
$AuZr_3$	5.482	1
$BiNb_3$	5.320	6
CoV_3	4.675	7
Cr_3Ge	4.623	8
Cr_3Ir	4.668	9
Cr_3Pt	4.706	10
Cr_3Rh	4.656	10
Cr_3Ru	4.673	11
β-Cr_3Si (18 at.% Si)	4.576	12
$GaMo_3$	4.943	13
GaV_3	4.816	13
$GeMo_3$	4.933	14
$GeNb_3$	5.1743	15
GeV_3	4.769	8
γ-$HgTi_3$ (540–760°C)	5.189	16
$HgZr_3$	5.558	16
$InNb_3$ (高圧型)	5.303	6
$IrMo_3$	4.959	17
$IrNb_3$	5.139	18
$IrTi_3$	5.009	19
IrV_3	4.79	15, 19
Mo_3Os	4.973	17
Mo_3Sn	5.094	20
Nb_3Os	5.121	21
Nb_3Pt	5.147–5.166	22
Nb_3Rh	5.115	10
Nb_3Sb	5.262	13, 15
Nb_3Sn	5.289	21
NiV_3	4.71	23
PbV_3	5.76	1
$PtTi_3$	5.024	24
PtV_3	4.814	19
RhV_3	4.767	10
$SbTi_3$	5.217	19, 25
SbV_3	4.932	13
SiV_3	4.721	26
SnV_3	4.96	27

表10.1b β-タングステン構造をとる
化合物の超伝導臨界温度

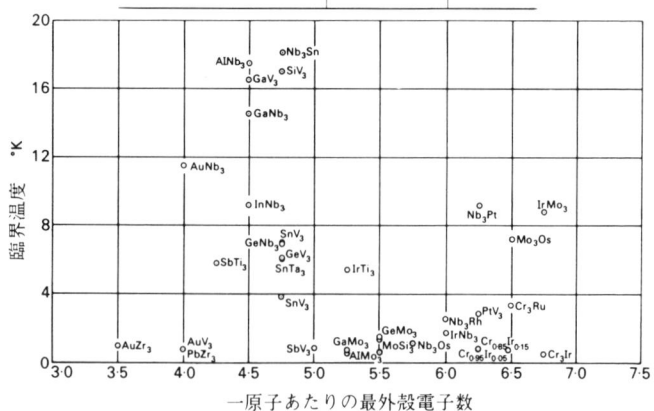

化合物	T_c (°K)	文献
$AlMo_3$	0.58	1
$AlNb_3$	17.5	2
$AuNb_3$	11.5	3
AuV_3	0.74	1
$AuZr_3$	0.92	1
$BiNb_3$ (高圧型)	2.05	4
Cr_3Ir	0.45	5
Cr_3Ru	2.15	5
$GaMo_3$	0.76	1
$GaNb_3$	14.5	6
GaV_3	16.8	7
$GeNb_3$	6	8
$GeMo_3$	1.4	9
GeV_3	6.0	9
$InNb_3$ (高圧型)	9.2	4
$IrMo_3$	8.8	1
$IrNb_3$	1.7	10
$IrTi_3$	5.4	11
Mo_3Os	7.2	10
Mo_3Si	1.3	9
Nb_3Os	1	1
Nb_3Pt	10.9	3
Nb_3Rh	2.6	3
Nb_3Sn	18	10
$PbZr_3$	0.76	1
$PtTi_3$	0.58	1
PtV_3	2.83	11
$SbTi_3$	5.8	11
SiV_3	16.8	1
$SnTa_3$	6.4	12
SnV_3	3.8	12

図10.1b β-タングステン構造をとる超伝導化合物の臨界温度

第10章 β-タングステンタイプと関連の構造　　277

など β-タングステン構造をもつ他の化合物も高い臨界温度をもっている。研究者の多くはこれらの化合物で認められる高い臨界温度はおそらくは立方単位格子の面上の原子の鎖に原因があるのではないかと考えている。

10.2　ガーネット構造；$Ia3d$，立方

ざくろ石 (garnet) の立方単位格子には $A_3B'_2B''_3O_{12}$ のユニットが8個含まれている。この構造をとる化合物のリストを表10.2aに示す。この構造では，96個の酸素イオンの間に3種類のサイトがあって金属イオンで満されている。すなわち，16個の四面体配位のサイトは B′ イオンで，24個の八面体配位のサイトは B″ イオンで，そして24個の十二面体配位のサイトは A イオンで満されている。単位格子のそれぞれのオクタントにおける金属イオンの配置は β-タングステン構造におけるそれと類似している。B″ イオンは立方の隅と中心を占め，B′ イオンと A イオンは各面の稜に平行な線上に位置している。これらの

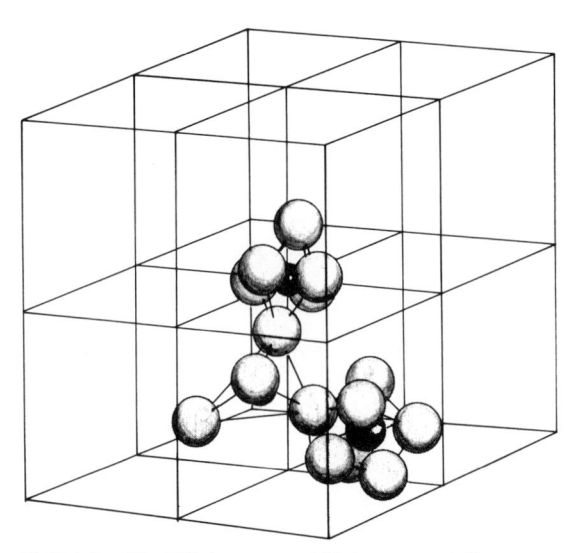

酸素イオンが4配位している B′ 陽イオン，6配位している B″ 陽イオン，および8配位している A 陽イオンを示す。

図10.2a　ガーネット構造における陽イオンの配位状況

Ⅰ型オクタント Ⅳ型オクタント

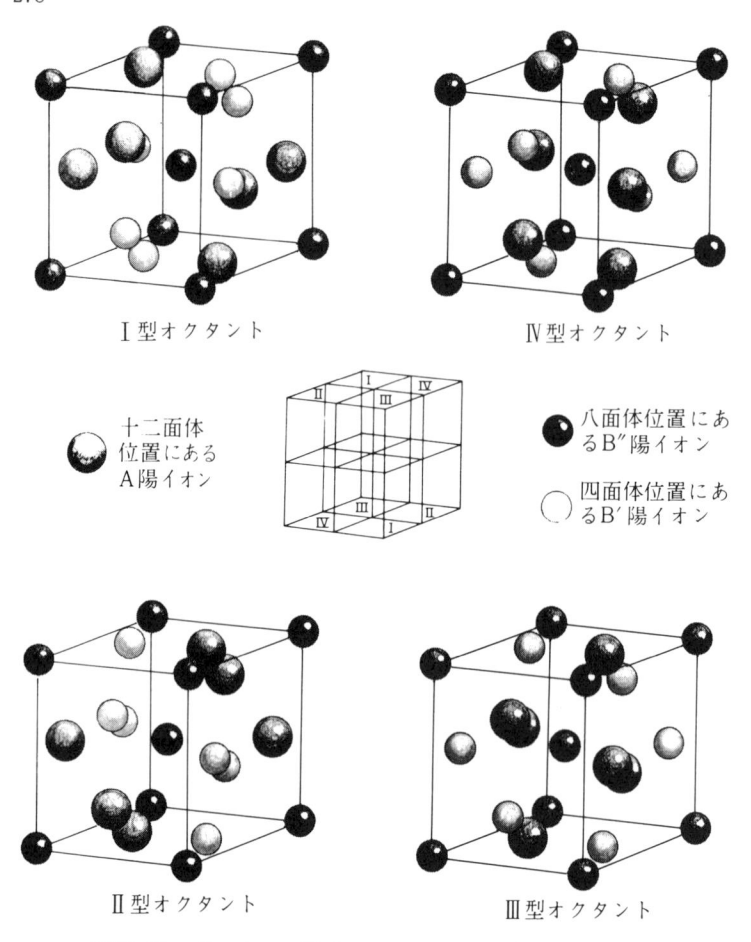

十二面体位置にあるA陽イオン

八面体位置にあるB″陽イオン

四面体位置にあるB′陽イオン

Ⅱ型オクタント Ⅲ型オクタント

図10.2b ガーネット構造におけるオクタントの並び方

A-B′ダンベルは隣り合わせの面で互いに垂直になるように置かれている。図10.2 aは，オクタントの隅にある酸素イオンの八面体と，酸素イオンの十二面体とが酸素イオンの四面体にどのように結び付いているかを示している。オクタントには4種類があり，図10.2 bはこれらのオクタントの単位格子内における配置を示している。単位格子の中における金属イオンの層の順序を図10.2 cに示す。

第10章 β-タングステンタイプと関連の構造　　279

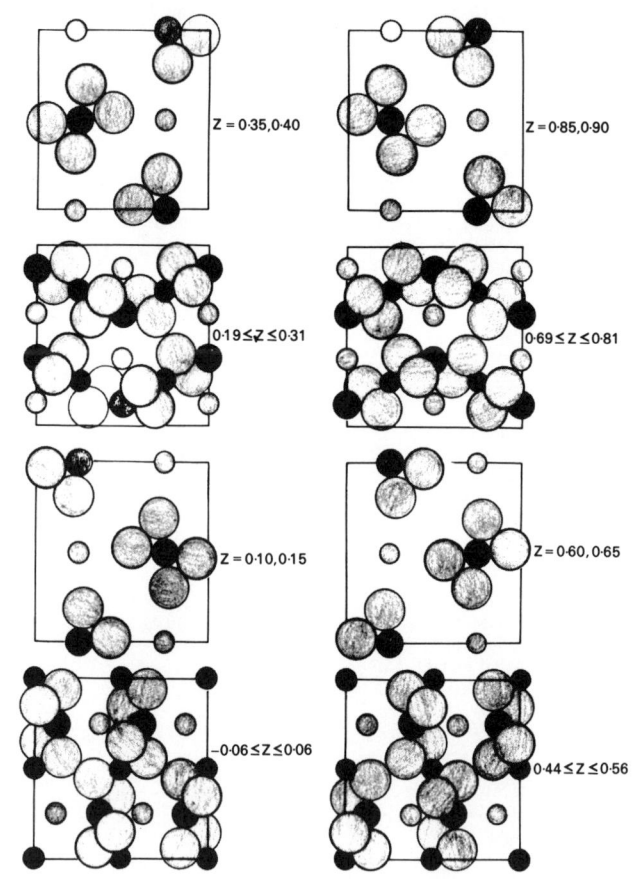

図10.2c ガーネット構造における層の順序

性質

　鉱物の $Fe_3Al_2Si_3O_{12}$, $Ca_3(Fe, Ti)_2Si_3O_{12}$, $Ca_3Al_2Si_3O_{12}$, $Mg_3Al_2Si_3O_{12}$, $Mn_3Al_2Si_3O_{12}$ そして $Ca_3Cr_2Si_3O_{12}$ などはガーネット構造をもつ。この構造をとる化合物でもっともよく知られているのは $Y_3Fe_5O_{12}$ と $Y_3Al_5O_{12}$ で，YIGおよびYAGと呼ばれている。磁気的な性質から，YIGはマイクロウエーブに関する多くの用途が見出されている。狭い帯域幅と小さな異方性の場は低周波へ

表10.2a ガーネット構造をとる化合物

化合物	a_0 (Å)	文献
$Dy_3Al_5O_{12}$	12.042	1
$Dy_3Fe_5O_{12}$	12.414	2
$Er_3Al_5O_{12}$	11.981	1
$Er_3Fe_5O_{12}$	12.349	2
$Eu_3Fe_5O_{12}$	12.498	2
$Gd_3Al_5O_{12}$	12.12	3
$Gd_3Fe_5O_{12}$	12.44	3
$Ho_3Al_5O_{12}$	11.981	1
$Ho_3Fe_5O_{12}$	12.380	2
$Lu_3Fe_5O_{12}$	12.277	2
$Nd_3Fe_5O_{12}$	12.60	2
$Sm_3Fe_5O_{12}$	12.530	2
$Sm_3Ga_5O_{12}$	12.432	4
$Tb_3Al_5O_{12}$	12.074	1
$Tb_3Fe_5O_{12}$	12.447	2
$Tm_3Al_5O_{12}$	11.957	1
$Tm_3Fe_5O_{12}$	12.325	2
$Y_3Al_5O_{12}$	12.01	4
$Ca_3Al_2Ge_3O_{12}$	12.1117	5
$Ca_3Cr_2Ge_3O_{12}$	12.262	5
$Ca_3Fe_2Ge_3O_{12}$	12.320	6
$Ca_3Fe_3GeVO_{12}$	12.418	7
$Ca_3Fe_2Sn_3O_{12}$	12.728	8
$Ca_3Fe_2Si_3O_{12}$	12.048	9
$Ca_3TiCoGe_3O_{12}$	12.356	5
$Ca_3TiMgGe_3O_{12}$	12.35	5
$Ca_3TiNiGe_3O_{12}$	12.341	5
$Ca_3SnCoGe_3O_{12}$	12.47	6
$Ca_3V_2Ge_3O_{12}$	12.32	10
$Ca_3V_2Si_3O_{12}$	12.070	11
$Ca_3ZrCoGe_3O_{12}$	12.54	6
$Ca_3ZrMgGe_3O_{12}$	12.51	6
$Ca_3ZrNiGe_3O_{12}$	12.50	6
$Cd_3Al_2Ge_3O_{12}$	12.08	12
$Cd_3Al_2Si_3O_{12}$	11.82	10
$Cd_3Cr_2Ge_3O_{12}$	12.70	12
$Cd_3Fe_2Ge_3O_{12}$	12.26	12
$Cd_3Ga_2Ge_3O_{12}$	12.19	12
$CdGd_2Mn_2Ge_3O_{12}$	12.473	6
$CoGd_2Co_2Ge_3O_{12}$	12.402	6
$CoGd_2Mn_2Ge_3O_{12}$	12.473	6
$CoY_2Co_2Ge_3O_{12}$	12.300	6
$CuGd_2Mn_2Ge_3O_{12}$	12.475	6
$Gd_2CaFe_2Si_3O_{12}$	12.366	13
$GdCa_2Fe_2FeSi_2O_{12}$	12.222	13
$GdCa_2Fe_3Ge_2O_{12}$	12.389	13
$Gd_3Co_2GaGe_2O_{12}$	12.45	6
$Gd_3Fe_2Al_3O_{12}$	12.267	14
$Gd_3Fe_4AlO_{12}$	12.408	13
$Gd_3Fe_3Al_2O_{12}$	12.338	13
$Gd_3Fe_2Al_3O_{12}$	12.265	13
$Gd_3MgFeFe_2SiO_{12}$	12.385	13
$Gd_3Mg_2GaGe_2O_{12}$	12.425	6

第10章 β-タングステンタイプと関連の構造

表10.2a （続き）

化合物	a_0 (Å)	文献
$Gd_3Mn_2GaGe_2O_{12}$	12.550	6
$Gd_3Ni_2GaGe_2O_{12}$	12.401	6
$Gd_3Zn_2GaGe_2O_{12}$	12.464	6
$MgGd_2Mn_2Ge_3O_{12}$	12.31	6
$Mn_3Al_2Ge_3O_{12}$	11.902	13
$Mn_3Al_2Si_3O_{12}$	11.64	15
$Mn_3Cr_2Ge_3O_{12}$	12.027	12
$Mn_3Fe_2Ge_3O_{12}$	12.087	12
$Mn_3Ga_2Ge_3O_{12}$	12.00	12
$MnGd_2Mn_2Ge_3O_{12}$	12.555	6
$Mn_3NbZnFeGe_2O_{12}$	12.49	6
$MnY_2Mn_2Ge_3O_{12}$	12.392	6
$NaCa_2Co_2V_3O_{12}$	12.431	5
$NaCa_2Cu_2V_3O_{12}$	12.423	5
$NaCa_2Mg_2V_3O_{12}$	12.446	5
$NaCa_2Ni_2V_3O_{12}$	12.373	5
$NaCa_2Zn_2V_3O_{12}$	12.439	5
$YCa_2Zr_2Fe_3O_{12}$	12.684	15
$Y_3Fe_2Al_3O_{12}$	12.161	15

の応用に特に適しており，強磁性増幅器，共振フィルター，調和振動子などに利用されている。

YIG の Fe^{3+} を Si^{3+}, Cr^{3+}, Al^{3+} や Ga^{3+} で置換し，Y を多くの希土類イオンで置き換えることによって多数のガーネット型化合物がつくられている。YIG の四面体配位のサイトを Al^{3+} や Ga^{3+} で置換すると，キュリー点は 560°K から濃度と共に直線的に低下する。

ガーネット構造をもつ他のフェリ磁性化合物を表 10.2b に示す。

YIG の八面体および四面体のサイトの全部を Al^{3+} で置換することによって

表10.2b ガーネットのフェリ磁性キュリー点

化合物	キュリー点 (°C)	文献
$Eu_3Fe_5O_{12}$	290	1
$Gd_3Fe_5O_{12}$	292	2
$Sm_3Fe_5O_{12}$	292	3
$Y_3Fe_5O_{12}$	280	2

できる $Y_3Al_5O_{12}$ はこれまでに見出されたもっとも興味あるレーザーホスト材料の一つで，Y^{3+} の位置を Nd^{3+} で Al^{3+} の位置を Cr^{3+} でその片方もしくは両方が置換される。両方が置換されたときには二つのイオンのエネルギーレベルの間で交換エネルギーの遷移が観測される。

10.3 考察

構造の関係

β-タングステン構造は片方の元素の原子が体心立方に配置し，他方の元素の原子が各面に2個ずつ配置している。ガーネット構造では，単位格子のそれぞれのオクタントの中でカチオンが β-タングステンの場合と同じ配置をとり，これらのカチオンには酸素イオンが4配位，6配位もしくは8配位している。

金属間化合物

これらの構造をもつ化合物は極めて興味ある物性を持っている。β-タングステン構造をとる金属間化合物のいくつかは最高の超伝導臨界温度をもち，他のどの材料よりも臨界磁場が大きい。それらは多量の空いた空間をもつ"オープンな"構造をもち，単位格子の各面にある二つの原子を結ぶことによって形成される原子の鎖を含み，またこの構造をとる化合物のいくつかは理想的な最外殻電子/原子比をもっている（～5）からである（図10.1a）。これらの因子は経験的な規則ではあるが新しい超伝導化合物を探している研究者に対する指針となる。これらの化合物は固溶体をつくるが，固溶体の超伝導臨界温度は両端成分の中間の値をとる。ただし，組成と臨界温度との間には正確な直線関係はない。

規則配列した Cu_3Au 構造の化合物もまた元素の同じ原子比をもっていることに注意を要する。Nb_3Sn と Nb_3Ge は β-タングステン構造を有するが，Nb_3Si は Cu_3Au 構造をとる。これは Sn と Ge 原子が Si 原子に比べて大きい原子半径をもっているためである。

第10章 β-タングステンタイプと関連の構造

酸化物

ガーネット構造の化合物もまた興味ある物性をもっている。$Y_3Al_5O_{12}$ などの相は希土類や Cr^{3+} イオンに対するレーザーホスト材料として優れている。8個の酸素で囲まれた大きな穴は希土類イオンに対して理想的であり，八面体配位の穴は Cr^{3+} イオンに対して適当な大きさである。

常磁性イオン（これらは不対電子をもつ）が Al^{3+} イオンのサイトに入ると酸素イオンを通しての超交換作用によって強磁性体の挙動をあらわす。$Y_3Fe_5O_{12}$ はもっともよく研究されているその例である。この構造は多数の異なるイオンによって置換され，スピネルの場合と同様に種々の特性を変化させることが可能である。

表10.1a 文献

1. B. T. Matthias, T. H. Geballe and V. B. Compton, *Revs. Mod. Phys.* **35**, 1 (1963).
2. P. S. Swartz, *Phys. Letters* **9**, 448 (1962).
3. K. Bachmayer and H. Nowotny, *Mh. Chem.* **86**, 741 (1955).
4. E. A. Wood and B. T. Matthias, *Acta Cryst.* **9**, 534 (1956).
5. P. Duwez and C. B. Gordon, *Acta Cryst.* **5**, 213 (1952).
6. D. H. Kilpatrick, *J. Phys. Chem. Solids* **25**, 1213 (1964).
7. P. Duwez, *Trans. AIME* **191**, 564 (1951).
8. H. J. Wallbaum, *Naturwiss.* **32**, 76 (1944).
9. B. T. Matthias, T. H. Geballe, V. B. Compton, E. Corenzwit and G. W. Hull, Jr., *Phys. Rev.* **128**, 588 (1962).
10. P. Greenfield and P. A. Beck, *J. Metals.* **8**, 265 (1956).
11. R. M. Waterstrat and J. S. Kasper, *Trans. AIME* **209**, 872 (1957).
12. H. J. Goldschmidt and J. A. Brand, *J. Less-Common Metals* **3**, 34 (1961).
13. E. A. Wood, V. B. Compton, B. T. Matthias and E. Corenzwit, *Acta Cryst.* **11**, 604 (1958).
14. A. W. Searcy, R. J. Peavler and H. J. Yearian, *J. Am. Chem. Soc.* **74**, 566 (1952).
15. M. V. Nevitt, *Trans. AIME* **212**, 350 (1958).
16. P. Pietrokowsky, *J. Metals* **6**, 219 (1954).
17. E. Raub, *Z. Metallk.* **45**, 23 (1954).
18. A. G. Knapton, *J. Inst. Metals* **87**, 28 (1958–59).
19. B. T. Matthias, V. B. Compton and E. Corenzwit, *Phys. Chem. Solids* **19**, 130 (1961).
20. D. H. Killpatrick, *J. Phys. Chem. Solids* **25**, 1499 (1964).
21. S. Geller, B. T. Matthias and R. Goldstein, *J. Am. Chem. Soc.* **77**, 1502 (1955).
22. H. Kimura and A. Ito, *Nippon Kinzoku Gakkaishi* **25**, 88 (1961).
23. W. Rostoker, *J. Inst. Metals* **80**, 698 (1961).
24. H. Nishimura and T. Hiramatsu, *Nippon Kinzoku Gakkaishi* **21**, 469 (1957).
25. A. Kjekshus, *10th Inter-Scand. Chem. Conf., Stokholm* (1959).
26. H. J. Wallbaum, *Z. Metallk.* **31**, 362 (1939).
27. G. D. Cody, J. J. Hanak, G. T. McConville and F. D. Rosi, *Proc. Intern. Conf. Low Temp. Phys., 7th, Toronto. Ont.,* p. 382 (1960).

284

表10.1b 文献

1. B. T. MATTHIAS, T. H. GEBALLE and V. B. COMPTON, *Rev. Mod. Phys.* **35**, 1 (1963).
2. P. S. SWARTZ, *Phys. Rev. Letters* **9**, 448 (1962).
3. E. A. WOOD and B. T. MATTHIAS, *Acta Cryst.* **9**, 534 (1956).
4. D. H. KILLPATRICK, *J. Phys. Chem. Solids* **25**, 1213 (1964).
5. B. T. MATTHIAS, T. H. GEBALLE, V. B. COMPTON, E. CORENTZWIT and G. W. HULL, JR., *Phys. Rev.* **128**, 588 (1962).
6. E. A. WOOD, V. B. COMPTON, B. T. MATTHIAS and E. CORENZWIT, *Acta Cryst.* **11**, 604 (1958).
7. J. H. WERNICK, F. J. MORIN, S. L. HSU, D. DORSI, J. P. MAITA and J. E. KUNZLER, *J. Appl. Phys.* **32**, 325 (1961).
8. B. T. MATTHIAS, T. H. GEBALLE, R. H. WILLENS, E. CORENZWIT and G. W. HULL, JR., *Phys. Rev.* **139**, A1501 (1965).
9. G. F. HURDY and J. K. HULM, *Phys. Rev.* **89**, 884 (1953).
10. B. T. MATTHIAS, *Phys. Rev.* **97**, 741 (1955).
11. B. T. MATTHIAS, V. B. COMPTON and E. CORENZWIT, *J. Phys. Chem. Solids* **19**, 130 (1961).
    G. D. CODY, J. J. HANAK, G. T. MCCONVILLE and F. D. ROSI, *RCA Rev.* **25**, 338 (1964).

表10.2a 文献

1. C. B. RUBENSTEIN and R. L. BARNS, *Am. Mineralogist* **49**, 1499 (1964).
2. G. P. ESPINOSA, *J. Chem. Phys.* **37**, 2344 (1962).
3. A. L. GENTILE and R. ROY, *Am. Mineralogist* **45**, 701 (1960).
4. M. L. KEITH and R. ROY, *Am. Mineralogist* **39**, 1 (1954).
5. A. DURIF, *Sol. State Phys. Electron Telecommun. Proc. Intern. Conf., Brussels, 1958*, p. 500 (1960).
6. S. GELLER, C. E. MILLER and R. G. TREUTING, *Acta Cryst.* **13**, 179 (1960).
7. S. GELLER, G. P. ESPINOSA, R. C. SHERWOOD and H. J. WILLIAMS, *J. Appl. Phys.* **36**, 321 (1965).
8. S. GELLER, R. M. BOZORTH, M. GILLEO and C. E. MILLER, *Phys. Chem. Solids* **12**, 111 (1960).
9. B. J. SKINNER, *Am. Min.* **41**, 428 (1956).
10. H. STRUNZ and P. JACOB, *Neues Jahrb. Mineral. Montash.* **1960**, 78 (1960).
11. R. G. J. STRENS, *Am. Mineralogist* **50**, 260 (1964).
12. H. STRUNZ, H. FREIGANY and B. CONTAY, *Neues Jahrb. Mineral. Montash,* **1960**, 47 (1960).
13. S. GELLER, H. J. WILLIAMS, R. C. SHERWOOD and G. P. ESPINOZA, JR., *Appl. Phys.* **36**, 88 (1965).
14. C. E. MILLER, *Phys. Chem. Solids* **17**, 229 (1961).
15. S. GELLER, R. M. BOZORTH, C. E. MILLER and D. D. DAVIS, *Phys. Chem. Solids* **13**, 28 (1960).

表10.2 文献

1. G. VILLERS, J. LORIERS and C. CLERC, *C.R. Acad. Sci.* **255**, 1196 (1962).
2. G. VILLERS, J. LORIERS and C. CLAUDEL, *C.R. Acad. Sci.* **247**, 710 (1958).
3. J. LORIERS and G. VILLERS, *C.R. Acad. Sci.* **252**, 1590 (1961).

第11章　グラファイトと関連の構造

グラファイト構造は六員環でできた原子層から成り層間が拡がっている。関連の $CuAl_2$ 構造では Cu と Al の層が交互に重なっている。この関係を表11.0 に示す。

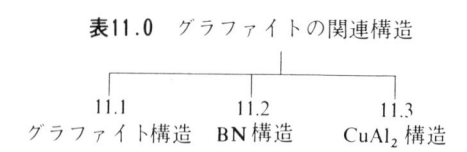

表11.0　グラファイトの関連構造

```
              │
    ┌─────────┼─────────┐
   11.1      11.2      11.3
 グラファイト構造  BN構造  CuAl₂構造
```

11.1　グラファイト構造； $C6mc$, 六方

結晶性のよい黒鉛(graphite)では，六員環の層が一層おきに原子が互い違いになるように重なり，第3層の原子の配置は第1層のそれと同じであるが，第2層では六員環の原子のうち三つの原子だけが第1層のそれと重なるように配置している（図11.1）(訳注11.1)。

グラファイトの単位格子は六方で，$a_0 = 2.456$ Å，$c_0 = 6.696$ Å の格子定数をもつ。菱面体型のグラファイトもあり，これは六方型グラファイトを基礎として c 軸がこれよりも50％長い擬格子（pseud-cell）をもっている（$a'_0 = 2.456$ Å，$c'_0 = 10.044$ Å）。六方型グラファイトの c 軸の実際の長さは6.7Åから6.88Å と変化でき，結晶度や層の配向の乱れに依存している。加熱した基板の上でメタンのような気体を熱分解して得られたグラファイトでは結晶度は製造温度に依存する。非常に低温では無定形の煤が生成する。それより高い温度では層内

訳注 11.1　グラファイト構造は，炭素原子から成る二つの六方最密格子を，原点を $\frac{1}{3}, \frac{2}{3}, \frac{1}{2}$ だけずらせて重ね合わせてできる構造であると考えることもできる。4個の炭素原子は $(0,0,0; \frac{1}{3}, \frac{2}{3}, \frac{1}{2}) + (0,0,0; \frac{2}{3}, \frac{1}{3}, \frac{1}{2})$ を占める。

グラファイトの単位格子

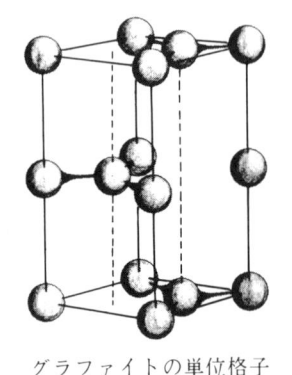

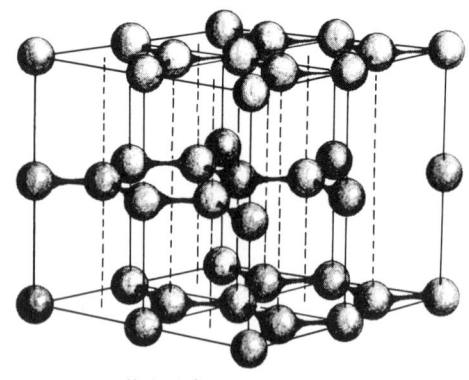

共有結合している層を示す
四つの単位格子

図11.1　グラファイト構造

に結晶性を生ずるが，それぞれの層は互に回転していることが認められる。2200℃以上の温度で分解させると2次元の結晶性をもつ"パイログラファイト"(pyrolytic graphite)が生成するが，これを2400℃以上に加熱するとc軸方向に結晶させることができる。この材料はパイログラファイトよりも重要で，基板の表面に対してc軸が垂直に強く配向しており，単結晶に近い性質をもっている。

グラファイトを熔融したカリウムで処理したり，酸化したり，酸で処理したり，フッ素中で加熱したりすると多数の複雑な構造を生ずる。$C_{16}K$，C_3K，$C_{11}H_4O_5$，$[C_{24}]^+(HSO_4)^-\cdot 2H_2SO_4$，$(CF)_m$ 等の化合物は層間にそれらの原子やイオンを含んでいると推定される。グラファイトは膨潤して層間が拡大することが認められる。

性質

グラファイトの層間におけるC-C結合の長さは1.42Åで，層間のそれは3.35Åである。この長い結合距離がグラファイトに潤滑性を与える。それに加えて，グラファイトは異方性の強い性質をもっている。グラファイトの性質は層内では金属のそれに類似しているが，層に垂直な方向の性質は半導体のそれ

に近い．したがって，単結晶や配向性の高いグラファイトでは，層面方向の電気および熱の伝導度は層に垂直な方向のそれに比べ著しく大きい．

11.2 BN 構造； $P6_3/mmc$, 六方

六方晶の窒化ホウ素の結晶構造は，一つの層の各原子が次の層の各原子に乗っていることと，六員環が交互に並んだ B と N とから成り立っていることを除けばグラファイトの構造に非常によく似ている．各層の原子は，N 原子のすぐ上には B 原子が，B 原子のすぐ上には N 原子が位置するように並んでいる（図 11.2）^(訳注 11.2)。

性質

窒化ホウ素の焼結体は機械加工が容易で，潤滑性があるなどグラファイトに似ている点もあるが，白色で非常に優れた絶縁体である点は著しく違っている．高温でも化学的に不活性で，溶融したホウ素の容器として使える数少ない材料の一つである．

グラファイトの場合のように，加熱した基板上で BCl_3 と NH_3 などの気体を熱分解することによって非常に配向性の高い窒化ホウ素をつくることができる．この材料は高温工学における多くの用途が見出されている．

55 kbar，1500°C の高温高圧下で生成する立方ダイヤモンド構造の BN はダイヤモンドに次ぐ硬度をもち，ボラゾン（borazon）と呼ばれる重要な研削材料である．

訳注 11.2 BN 構造は，B 原子から成る六方最密格子に，N 原子から成る六方最密格子を $0, 0, \frac{1}{2}$ だけずらせて重ね合わせてできる構造であると考えることもできる．2個の B 原子が $\frac{1}{3}, \frac{2}{3}, \frac{1}{4}; \frac{2}{3}, \frac{1}{3}, \frac{3}{4}$ を，2個の N 原子が $\frac{2}{3}, \frac{1}{3}, \frac{1}{4}; \frac{1}{3}, \frac{2}{3}, \frac{3}{4}$ を占める．BN 構造は MoS_2 構造（6.4 参照）と大変良く似ており，MoS_2 の S-S ユニットの代りに B 原子が，Mo 原子の代りに N 原子が入った構造である．

単位格子

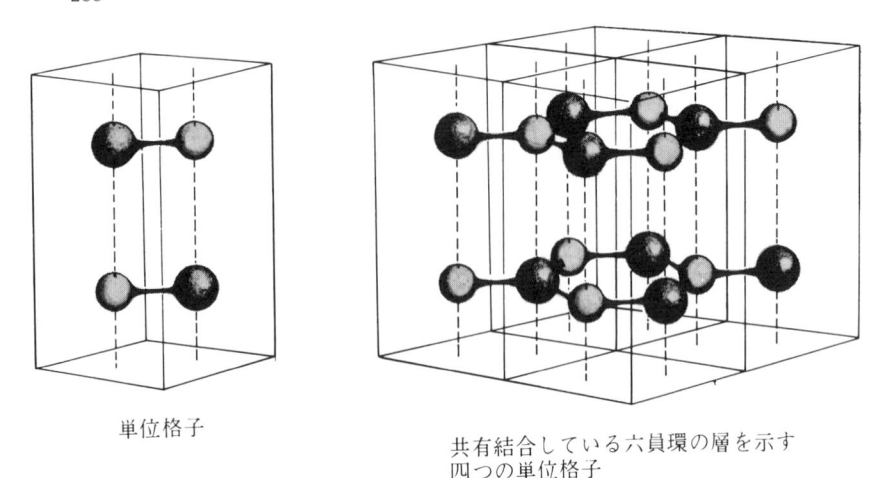

共有結合している六員環の層を示す
四つの単位格子

● B　　◯ N

図11.2　BN 構造

11.3　CuAl₂ 構造；　C16, $I4/mcm$, 正方

　CuAl₂ の単位格子は，正方格子の c 軸上と $\frac{1}{2},\frac{1}{2},z$ 線上に位置した Cu-Cu ユニットと，底面および高さが $\frac{1}{2}$ でこれに平行な面内にある四角形に並んだ Al 原子（それらは互に中心に対して 90°回転している）から成る．Cu-Cu ユニットは格子の底面に垂直で，Al 原子の四角形は底面に平行である．したがって，Cu 原子の層と Al 原子の層は図 11.3 に示すように c 軸に垂直に並んでいる(訳注 11.3)．

　Cu 原子は　　$0,0,\frac{1}{4}$; $0,0,\frac{3}{4}$; $\frac{1}{2},\frac{1}{2},\frac{3}{4}$; $\frac{1}{2},\frac{1}{2},\frac{1}{4}$　を，

訳注 11.3　この構造では Cu 原子の層と Al 原子の層が c 軸に垂直に交互に並んではいるが構造の異方性は小さい．

第11章　グラファイトと関連の構造

Al原子は　$x, \frac{1}{2}+x, 0 ; \bar{x}, \frac{1}{2}-x, 0 ; \frac{1}{2}+x, \bar{x}, 0 ; \frac{1}{2}-x, x, 0 ; \frac{1}{2}+x, x, \frac{1}{2} ;$
$\frac{1}{2}-x, \bar{x}, \frac{1}{2} ; x, \frac{1}{2}-x, \frac{1}{2} ; \bar{x}, \frac{1}{2}+x, \frac{1}{2} ; x \approx \frac{1}{6}$　を占める。

この構造をとる化合物を表 11.3 に挙げる。

表11.3　$CuAl_2$ 構造をとる化合物

化合物	格子定数 (Å)		文献
	a_0	c_0	
金属間化合物			
ϕ-$AgIn_2$	6.883	5.615	1
$AgTh_2$	7.56	5.84	2
θ-Al_2Cu	6.066	4.874	3
$AlTh_2$	7.616	5.861	4
$AuNa_2$	7.417	5.522	5
$AuPb_2$	7.325	5.655	6
$AuTh_2$	7.42	5.95	2
$BeTa_2$	5.99	4.85	7
$CoSc_2$	6.375	5.616	8
$CoSn_2$	6.361	5.452	9
$CuTh_2$	7.28	5.75	10
$FeGe_2$	5.911	4.951	6
$FeSn_2$	6.539	5.311	11
$MnSn_2$	6.660	5.445	12
Pb_2Pd	6.849	5.833	6
Pb_2Rh	6.664	5.865	6
$PdTh_2$	7.33	5.93	8
Sb_2Ti	6.666	5.817	13
Sb_2V	6.555	5.635	14
$SiTa_2$	6.157	5.039	15
$SiZr_2$	6.6120	5.2943	16
Th_2Zn	7.60	5.64	17
ホウ化物			
Co_2B	5.016	4.220	18
Cr_2B	5.180	4.316	19
Fe_2B	5.109	4.249	20
Mn_2B	5.148	4.208	21
Mo_2B	5.543	4.735	22
Ni_2B	4.990	4.245	18
β-Ta_2B	5.778	4.864	23
W_2B	5.564	4.740	22

図11.3　CuAl₂ 構造

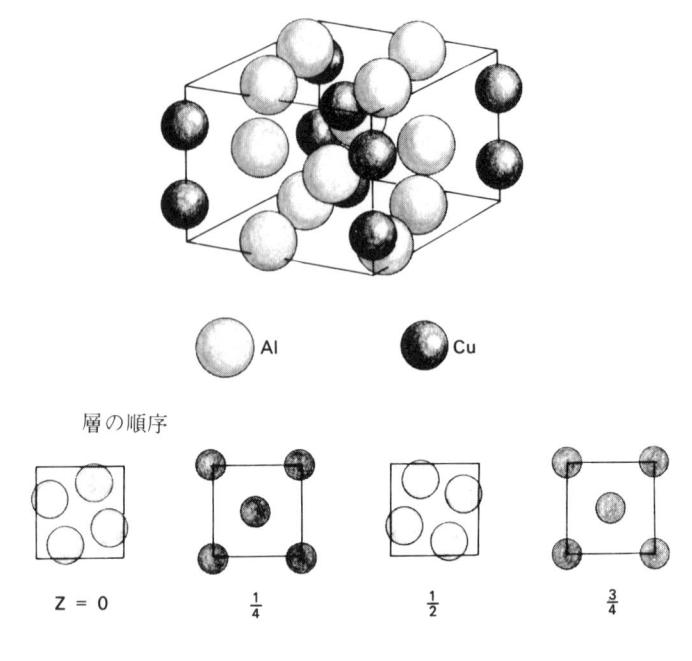

性質

　Fe₂B と Co₂B, Ta₂Si, Zr₂Si および Ni₂B の融点はそれぞれ 1400°, 2460°, 2220° および 1100°Cで, Cr₂B は 1890° および 1839°Cで分解する.

11.4　考察

　グラファイト, 窒化ホウ素および Al₂Cu 構造は層状構造である. グラファイトおよび窒化ホウ素構造における層間距離が大きいので, それらの構造は二次元的である.

　したがって, これらの材料の性質は層に垂直な方向とそれに平行な方向とで異なっている(表 11.4). 熱伝導度, 電気伝導度および引張り強度は二つの方向で非常に差がある. グラファイトでは, 層内における電気伝導度は金属的で,

第11章 グラファイトと関連の構造

表11.4 パイログラファイトとBNの性質

性質	パイログラファイト	BN
熱伝導率 (W/cm-°C)	∥c: 0.03 ⊥c: 1.6–3.9	
熱膨張係数 (/°C)	0.66×10^{-6}	黒鉛と同じ
比抵抗 (ohm-cm)	∥c: 0.25 ⊥c: 2×10^{-4}	1000°C　　1500°C ∥c: 10^{10}　　10^5 ⊥c: 10^8　　10^3
引張強度 (psi)	15,000–20,000	

層に垂直な方向では半導体的である。他方、窒化ホウ素は絶縁体で、c軸方向の絶縁性がこれに垂直な方向のそれよりも大きい。CとBそしてNの電子配置の差が、グラファイトをBNに比べて非常に良い導体にしているが、それらの構造が二つの材料に異方性を与えている。

表11.3 文献

1. M. F. GENDRON and R. E. JONES, *J. Phys. Chem. Solids* **23**, 405 (1962).
2. J. R. MURRAY, *J. Inst. Met.* **84**, 91 (1955).
3. A. J. BRADLEY, J. H. GOLDSCHMIDT and H. LIPSON, *J. Inst. Metals* **63**, 149 (1938).
4. H. N. VANNUCHT, *Philips Res. Repts.* **16**, 1 (1961).
5. W. HAUCKE, *Z. Electrochem.* **43**, 712 (1937).
6. H. J. WALLBAUM, *Z. Metallk.* **35**, 218 (1943).
7. E. GANGLBERGER, E. LAUBE and H. NOWOTNY, *Monatsh. Chem.* **96**, 242 (1965).
8. T. H. GEBALLE, B. T. MATTHIAS, V. B. COMPTON, E. CORENZWIT, G. W. HULL and L. D. LONGINOTTI, *Phys. Rev.* **137**, A119 (1965).
9. O. NIAL, *Z. Anorg. Chem.* **238**, 287 (1938).
10. B. T. MATTHIAS, V. B. COMPTON and E. CORENZWIT, *Phys. Chem. Solids* **19**, 130 (1961).
11. F. LIHL and H. KIRNBAUER, *Monatsh. Chem.* **86**, 1031 (1955).
12. H. NOWOTNY and K. SCHUBERT, *Z. Metallk.* **37**, 17 (1946).
13. H. NOWOTNY and J. PESL, *Monatsh. Chem.* **82**, 336 (1951).
14. H. NOWOTNY, R. FUNK and J. PESL, *Monatsh. Chem.* **82**, 519 (1951).
15. H. NOWOTNY, H. SCHACHNER, R. KIEFFER and F. BENESOVSKY, *Monatsh. Chem.* **84**, 1 (1953).
16. P. PIETROKOWSKY, *Acta Cryst.* **7**, 435 (1954).
17. W. C. BAENZIGER, R. E. RUNDLE and A. I. SNOW, *Acta Cryst.* **9**, 93 (1956).
18. T. BJURSTRÖM, *Arkiv. Kemi. Min. Geol.* **11A**, 1 (1933).
19. F. BERTAUT and P. BLUM, *Compt. Rend.* **236**, 1055 (1953).

20. T. BJURSTRÖM and H. ARNFELT, *Z. Phys. Chem.* **B4**, 469 (1929).
21. R. KIESSLING, *Acta Chem. Scand.* **4**, 146 (1950).
22. R. KIESSLING, *Acta Chem. Scand.* **1**, 893 (1947).
23. R. KIESSLING, *Acta Chem. Scand.* **3**, 603 (1949).

第 12 章　化合物の構造の総括

ここでは種々のタイプの化合物の構造を簡潔に整理する。詳細についてはそれぞれの章を参照されたい。

12.1　金属間化合物，硫化物，セレン化物およびテルル化物

金属間化合物は種類が非常に多いので，本書ではそれらの一般的な特徴についてはいくらか考察した程度である(第 2 章)。固溶体は A_1A_1，A_2A_2，B_1B_1 そして B_2B_2 合金に分類できる。ここで A_1，A_2，B_1 そして B_2 は周期律表における異なる範囲の元素を示している。

CsCl 構造と NaTl 構造をもつ A_1B_1 型の相は恐らく最もイオン的である。B_1 原子が格子の骨格を形成し，A_1 原子がイオン性の金属間化合物の構造の穴を占めているとき，この金属間化合物を Zintl 相と呼ぶ。

金属間化合物の最大のグループの一つに $MgZn_2$ 構造と $MgCu_2$ 構造をとる相とがある。このタイプの金属間化合物で，その生成が幾何学的要因（金属半径の比）に大きく依存しているものをラーベス相と呼とぶ。

金属間化合物の別の大きなグループにヒュームとロザリーによって記述されている相がある。それらは A 元素に B 元素を加えて，電子と原子の比が 3/2，21/13 および 7/4 となるような組成としたときに現れる相である。この本で説明したその一つは β 相で，電子と原子の比が 3/2 で規則化すると CsCl 構造となる。この型のよく知られている化合物は β-CuZn である。

最も重要な A_2B_2 相の若干は NiAs 構造をとる。磁性材料の MnBi と MnSb がその例である。

閃亜鉛鉱構造をもつ BB タイプの化合物はこのグループで恐らく最も興味あ

表12.2 ホウ化物の構造

[1] NaCl 構造　　[5] NiAs 構造
[2] ZnS 構造　　 [6] CaB_6 構造
[3] CaF_2 構造　[7] $CuAl_2$ 構造
[4] AlB_2 構造　[8] W_2B_5 構造

$Be_2B^{[3]}$
Mg_3B_2
$MgB_2^{[4]}$

$CaB_6^{[6]}$　$ScB_2^{[4]}$　TiB　VB　$Cr_2B^{[7]}$　$Mn_2B^{[7]}$　$Co_2B^{[7]}$　$Ni_2B^{[7]}$
　　　　　　　　　　　$TiB_2^{[4]}$　$VB_2^{[4]}$　CrB　MnB　$Fe_2B^{[7]}$　CoB　Ni_3B_2
　　　　　　　　　　　$Ti_2B_8^{[8]}$　　　　$CrB_2^{[4]}$　$MnB_2^{[4]}$　FeB　CoB_2　NiB
　　　　　　　　　　　$ZrB^{[1]}$
　　　　　　　　　　　ZrB_2　　$NbB_2^{[4]}$　Cr_3B_2　　　　　$MoB_2^{[4]}$　$RuB_2^{[4]}$　$PdB^{[5]}$　$AgB_2^{[4]}$　$Cu_2B_2\ldots AsB^{[2]}$
　　　　　　　　　　　　　　　　　　　　　　　　　　　　　　Mo_3B_4　$Ru_2B_5^{[8]}$　　　　　　　　　　　　　　　$PB^{[2]}$
　　　　　　　　　　　　　　　　　　　　　　　　　　　　　　$Mo_2B^{[7]}$
$SrB_6^{[6]}$　$YB_6^{[6]}$　HfB　$Ta_2B_4^{[7]}$　WB　　　　　$OsB_2^{[4]}$　Pt_2B　$AuB_2^{[4]}$
$BaB_6^{[6]}$　$LaB_6^{[6]}$　$HfB_2^{[4]}$　TaB_2　$WB_2^{[8]}$　$Os_2B_5^{[8]}$
　　　　　　　　　　　　　　　　　　　　　　　$W_2B_5^{[8]}$
　　　　　　　　　　　　　　　　　　　　　　　WB_4
　　　　　　　　　　　　　　　　　　　　　　　$W_2B^{[7]}$

　　　　　$PrB_6^{[6]}$　$NdB_6^{[6]}$　$SmB_6^{[6]}$　$GdB_6^{[6]}$　$TbB_6^{[6]}$　$ErB_6^{[6]}$　$TmB_6^{[6]}$　$YbB_6^{[6]}$　$LuB_6^{[6]}$
CeB_4
$CeB_6^{[6]}$
ThB_2　　　　$UB_2^{[4]}$　$PuB_2^{[4]}$
$ThB_6^{[6]}$　　UB_4
　　　　　　　UB_{12}

る相である。それらはⅢ-V族およびⅡ-Ⅵ族の半導体化合物で近年非常に広く研究が行われている。

MnS などの A_1B_2 金属間化合物の多数は NaCl 構造をとり，それらの原子は八面体配位している。他の多くのものが CaF_2 構造をとり，そのとき Ca イオンの配位数は 8 である。Mg_2Ge および Mg_2Pb などの化合物は逆ホタル石構造をもつ。Mg_3P_2 や Mg_3Bi_2 などの逆 C-希土構造および逆 A-希土構造の金属間化合物もある。

実用的に重要なものとしては，熱電材料として応用されているセレン化物とテルル化物，超伝導体として用いられている β-タングステンタイプの金属間化合物，そして半導体として用いられているⅢ-V族およびⅡ-Ⅵ族化合物がある。

12.2 ホウ化物

ホウ化物は高い融点と高い伝導度をもつ硬い材料で，Mg_3B_2 以外は水と酸に安定である。それらの構造を表 12.2 に挙げる。

ホウ化ベリリウムはホタル石構造をもち，A_2B 型の他の多くのホウ化物は $CuAl_2$ 構造をもち B 原子の層を含む。

FeB, CrB そして MoB 構造では B 原子のジグザグな鎖を含む。AlB_2 構造をとる AB_2 ホウ化物は B 原子の層をもち，その層の間に A 原子の層を含んでいる。UB_4 構造と CaB_6 構造は B 原子の格子のネットワークを含み，前者では B_4 のユニット，後者では B_6 のユニットをもつ。また UB_{12} 構造では B_{12} ユニットが格子のネットワークを形成している。

12.3 炭化物

炭化物は，表 12.3 a に挙げたイオン性の炭化物，表 12.3 b に挙げた金属性の炭化物および共有性のものがある。Ⅰ，ⅡそしてⅢ族元素はイオン性の炭化物をつくる。それらの化合物は透明で，絶縁性で，水または酸によって加水分解して炭化水素を生ずる。

Be_2C と Al_4C_3 は加水分解によってメタンを生じ，Mg_2C_3 ではアセチレンを，

表12.3a　イオン性炭化物

	Be₂C									
Li₂C₂										
	Mg₂C₃									
	MgC₂								Al₄C₃	
Na₂C₂	Mg₂C₂								Al₂C₆	
K₂C₂	CaC₂			Cu₂C₂	ZnC₂					
Rb₂C₂	SrC₂	YC₂			CdC₂					
Cs₂C₂	BaC₂	LaC₂		Au₂C₂						
CeC₂										
Ce₂C₆	PrC₂	NdC₂	SmC₂	GdC₂	TbC₂	DyC₂	HoC₂	ErC₂	TmC₂	YbC₂	LuC₂
		UC₂								

表12.3b　金属性炭化物

	V₂C					
TiC	VC	Cr₃C₂	Mn₃C	Fe₃C	Co₃C	Ni₃C
		Mo₂C				
ZrC	NbC	MoC				
		W₂C				
HfC	TaC	WC				
ThC	UC	NpC	PuC			

のこりの炭化物は ThC₂ などと同様に反応して全部もしくはほとんどアセチレンから成る気体を発生する。Be₂C はホタル石構造をもち, AC₂ 炭化物は NaCl 構造の Cl イオンを C₂ ユニットで置換した構造をとる。

　金属性の炭化物で AC 型の炭化物は MoC と WC を除いて NaCl 構造をとり, A₂C 型の炭化物は六方最密構造をつくる。それらは硬く, 良導体で, 高い融点をもち, 化学的に不活性である。A₃C₂ あるいは A₃C 型の別の炭化物は水または酸と反応して炭化水素を発生する。W₂C は CdI₂ 構造をもつ。

　共有性の炭化物である SiC と B₄C は化学的に不活性で硬度が大きい。SiC の最も一般的な構造は閃亜鉛鉱構造である。炭化ホウ素構造方ホウ素構造に関連のある構造をとる。

12.4　ハロゲン化物

　ハロゲン化物の構造をまとめたものを表12.4に示す。アルカリと銀のハロゲ

表 12.4　ハロゲン化物の構造

[1] NaCl 構造　　　　　[5] CaF$_2$ 構造　　　　[9] BeF$_2$ 構造
[2] CsCl 構造　　　　　[6] PbCl$_2$ 構造　　　　[10] ReO$_3$ 構造
[3] ルチル構造　　　　 [7] CdI$_2$ 構造　　　　 [11] Y(OH)$_3$ 構造
[4] 歪んだルチル構造　 [8] SrBr$_2$ 構造　　　　[12] Tysonite 構造

LiF[1]											
LiCl[1]									BeF$_2$		
LiBr[1]											
LiI[1]											
NaF[1]											
NaCl[1]									MgF$_2^{[3]}$		
NaBr[1]											
NaI[1]											
KF[1]	CaF$_2^{[5]}$										
KCl[1]	CaCl$_2^{[4]}$										
KBr[1]	CaBr$_2^{[4]}$										
KI[1]	CaI$_2^{[7]}$										
RbF[1]	SrF$_2^{[5]}$										
RbCl[1]	SrCl$_2^{[5]}$										
RbBr[1]	SrBr$_2^{[8]}$										
RbI[1]											
CsF[1]	BaF$_2^{[5]}$										
CsCl[2]	BaCl$_2^{[6]}$										
CsBr[2]	BaBr$_2^{[6]}$		LaCl$_3^{[11]}$								
CsI[2]	BaI$_2^{[6]}$										
			CeF$_3^{[12]}$								
			CeCl$_3^{[11]}$	PrF$_3^{[12]}$							
				PrCl$_3^{[11]}$	NdF$_3^{[12]}$						
					NdCl$_3^{[11]}$						
						PmCl$_3^{[11]}$	SmF$_3^{[12]}$				
							SmCl$_3^{[11]}$	EuF$_3^{[12]}$			
							SmCl$_2^{[6]}$	EuCl$_3^{[11]}$			
							SmBr$_2^{[8]}$	EuF$_2^{[5]}$	GdCl$_3^{[11]}$	CeBr$_3^{[11]}$	PrBr$_3^{[11]}$
								EuCl$_2^{[6]}$			
								EuBr$_2^{[8]}$			
											MnF$_2^{[3]}$ FeF$_2^{[3]}$ CoF$_2^{[3]}$ NiF$_2^{[3]}$
											CuF$_2^{[4]}$ ZnF$_2^{[3]}$
											CuCl
											CuBr
											CuI
									NbF$_3^{[10]}$		AgF[1] CdF$_2^{[5]}$
											AgCl[1]
											AgBr[1]
											AgI CdI$_2^{[7]}$
									MoF$_3^{[10]}$		HgF$_2^{[5]}$
									TaF$_3^{[10]}$		TlCl[2]
											TlBr[2]
											TlI
											PbF$_2^{[5,6]}$
											PbCl$_2^{[6]}$
											PbBr$_2^{[6]}$
											PbI$_2^{[7]}$
							AmF$_3^{[12]}$				
							AmCl$_3^{[11]}$				
						PuF$_3^{[12]}$					
						PuCl$_3^{[11]}$					
					NpF$_3^{[12]}$						
					NpCl$_3^{[11]}$						
					NpBr$_3^{[11]}$						
				UF$_3^{[12]}$							
				UCl$_3^{[11]}$							
				UBr$_3^{[11]}$							
AcF$_3^{[12]}$											
AcCl$_3^{[11]}$											
AcBr$_3^{[11]}$											

ン化物は，AgI, CsCl, CsBr および CsI 以外はすべて NaCl 構造をとる。Cs の ハロゲン化物と TlCl および TlBr は CsCl 構造をとる。一般に，$R_A/R_B > 0.73$ の AX ハロゲン化物は CsCl 構造をつくり，他の殆んどは NaCl 構造をとる。TlI と AgI は他の構造をもつ。

AX_2 の一般式をもつ小さなカチオンのフッ化物は A の配位数が 6 のルチル構造をつくり，大きな A の場合には 8 配位のホタル石構造をとり易い。$CaCl_2$, $CaBr_2$ および CuF_2 など他のハロゲン化物は歪んだルチル構造をとる。$BaCl_2$, $BaBr_2$, BaI_2, $PbCl_2$, $PbBr_2$, $SmCl_2$, $EuCl_2$ そして時として PbI_2 は $PbCl_2$ 構造をとり，Pb 原子は 9 個のハロゲン原子に囲まれている。$SrBr_2$, $SmBr_2$ そして EuB_2 は $PbCl_2$ に関連した構造をもつ。CdI_2, CaI_2 そして PbI_2 は CdI_2 構造をもつ。非常に小さいベリリウム原子は F 原子と結合して 4 配位の β-クリストバライト構造をとり易い。

三フッ化物の中で，小さい金属の Mo, Ta および Nb は配位数が 6 の ReO_3 構造をとる。大きな金属はチソン石 (tysonite) 構造をつくり，カチオンは 5 個の最近接原子と 6 個の近接原子とで囲まれている。

これらと同じ元素の多くは $Y(OH)_3$ 構造の三塩化物と三臭化物をつくる。$Y(OH)_3$ 構造では Y 原子の配位数は 9 である。

ハロゲン化物はまた，K_2PtCl_6，ペロブスカイトおよび規則型ペロブスカイト構造などの複雑な構造をつくる。

12.5 水素化物

水素化物の分類表（表 12.5）で，アルカリおよびアルカリ土類の水素化物は塩に近いと考えることができる。それらは融点および沸点が高く，溶融状態で伝導性がある。アルカリ金属の水素化物は NaCl 構造をもち，MgH_2 はルチル構造をとる。遷移金属，ランタノイドおよびアクチノイド金属は金属性の水素化物をつくる。塩に似ていないそれらの水素化物は母体である金属よりも密度が小さい。電気的により陽性なランタノイドおよびアクチノイド元素のあるものは塩に似た性質と金属的な性質を併せ持つような水素化物をつくる。これらの

第12章　化合物の構造の総括

表12.5　水素化物の構造

[1] NaCl構造
[2] ルチル構造
[3] CaF₂構造
[4] ZnO構造
[5] BiF₃構造

1	2	3	4	5	6	7	8	9	10	11	12	13	14	15	16	17
$LiH^{[1]}$	BeH_2											B_2H_6	CH_4	NH_3	H_2O	HF
$NaH^{[1]}$	MgH_2											$(AlH_3)_x$	SiH_4	PH_3	H_2S	HCl
$KH^{[1]}$	$CaH_2^{[2]}$		TiH_2	VH, VH_3	CrH_3		FeH, FeH_2	CoH, CoH_2	NiH, NiH_2	$CuH^{[4]}$	ZnH_2	Ga_2H_6	GeH_4	AsH_3	H_2Se	HBr
$RbH^{[1]}$	SrH_2		ZrH_2	$NbH_2^{[3]}$	MoH_x				Pd_2H, $PdH_{0.6}$	AgH			SnH_4	SbH_3	H_2Te	HI
$CsH^{[1]}$	BaH_2	$LaH_3^{[5]}$, $LaH_2^{[3]}$	HfH_2	TaH_x	WH_x								PbH_4	BiH_3		
		$CeH_2^{[3]}$							$TbH_2^{[3]}$	$DyH_2^{[3]}$			$HoH_2^{[3]}$	$ErH_2^{[3]}$	$TmH_2^{[3]}$	$LuH_2^{[3]}$
		$PrH_2^{[3]}$, $NdH_2^{[3]}$														
		$AcH_2^{[3]}$														

二水素化物の多くは NbH_2 と同様に CaF_2 構造をとる。それらの水素化物は金属と水素の直接反応によってつくることができる。遷移元素の多くは種々の量の水素を取り込んで不定比化合物をつくり，加熱によってそれを放出する。

周期表の B_2 元素は分子状の水素化物をつくる。それらは揮発性で熱分解し易い。

12.6 窒化物

窒化物もイオン性，金属性および共有性の窒化物に分類できる。表 12.6 に挙げたイオン性の窒化物 Li_3N および A_3N_2 は高い融点をもち，水によって加水分解して水酸化物とアンモニアを生ずる。

表12.6 窒化物

Li_3N	Be_3N_2								BN
	Mg_3N_2								AlN
	$\underline{Ca_3N_2}$	ScN	TiN	VN	CrN	Mn_4N	Fe_4N	Cu_3N	$\underline{Zn_3N_2}$	GaN
	$\underline{Sr_3N_2}$	YN	ZrN	NbN	Mo_2N				$\underline{Cd_3N_2}$	InN
	Ba_3N_2	LaN	HfN	TaN	W_2N					
		ThN	$\frac{U_2N_3}{UN_2}$							

表 12.6 で，アンダーラインした窒化物は C-希土構造をつくる。NaCl 構造をもつ窒化物は硬く，不活性で，良導体である。それらは金属間化合物的な窒化物である。Cu_3N は ReO_3 構造をもち，Mn_4N と Fe_4N はペロブスカイト構造に関連した構造をもつ。

共有性窒化物の BN はグラファイト類似の構造をもち，AlN, GaN そして InN はウルツ鉱構造をもっている。

12.7 酸化物

二元系酸化物の構造をまとめたものを表 12.7 に示す。

Cu_2O, Ag_2O および Pb_2O は亜酸化銅構造をもつ。この構造では陽イオンは 4 個の酸素イオンに囲まれており，PdO および PtO の構造では同一面上にあ

表12.7 酸化物の構造

[1] Cu₂O 構造
[2] NaCl 構造
[2*] 欠陥または歪のある NaCl 構造
[3] α-Al₂O₃ 構造
[4] C-希土構造
[5] A-希土構造
[6] ルチル構造
[6*] 歪んだルチル構造
[7] ホタル石または逆ホタル石構造
[7*] 高温でホタル石構造

1族	2族	3族	4族	5族	6族	7族	8族	9族	10族	11族	12族	13族	14族/16族
$Li_2O^{[7]}$	BeO											$Al_2O_3^{[3]}$	SiO_2
$Na_2O^{[7]}$	$MgO^{[2]}$												
$K_2O^{[7]}$	$CaO^{[2]}$	$Sc_2O_3^{[4]}$	$TiO^{[2*]}$ $Ti_2O_3^{[3]}$ $TiO_2^{[6]}$	$VO^{[2*]}$ $V_2O_3^{[3]}$ $VO_2^{[6*]}$ V_2O_5	$Cr_2O_3^{[3]}$ $CrO_2^{[6]}$	$MnO^{[2*]}$ $Mn_2O_3^{[4]}$ $MnO_2^{[6]}$ Mn_3O_4	$FeO^{[2*]}$ $Fe_2O_3^{[3]}$ Fe_3O_4	$CoO^{[2*]}$ Co_2O_3 Co_3O_4	$NiO^{[2*]}$	$Cu_2O^{[1]}$ CuO	ZnO	$Ga_2O_3^{[3]}$	$GeO_2^{[6]}$
$Rb_2O^{[7]}$	$SrO^{[2]}$	$Y_2O_3^{[4]}$	$ZrO^{[2]}$ $ZrO_2^{[7*]}$	$NbO^{[2]}$ Nb_2O_5 $TaO^{[2]}$	$MoO_2^{[6*]}$ MoO_3	$TcO_2^{[6*]}$	$RuO_2^{[6]}$	$Rh_2O_3^{[3]}$	PdO	$Ag_2O^{[1]}$ AgO	$CdO^{[2]}$	$In_2O_3^{[4]}$	$SnO^{[6]}$ $SnO_2^{[6]}$
	$BaO^{[2]}$	$La_2O_3^{[4]}$	$HfO^{[7]}$	$TaO_2^{[6]}$ Ta_2O_5 $Pr_2O_3^{[5]}$ $PrO_2^{[7*]}$	$WO_2^{[6*]}$ WO_3 $Nd_2O_5^{[5]}$	$ReO_2^{[6*]}$ ReO_3	$OsO_2^{[6]}$	$IrO_2^{[6]}$ $Sm_2O_3^{[4]}$ $SmO^{[2]}$ $EuO^{[4]}$	PtO		HgO $YbO^{[2]}$ $CmO_2^{[7]}$	$Tl_2O_3^{[4]}$	$TeO_2^{[6]}$ PbO $Pb_2O_3^{[1]}$ $PbO_2^{[2]}$ Pb_3O_4 $PoO_2^{[7]}$
		$Ce_2O_3^{[5]}$ $CeO_2^{[7]}$ $ThO_2^{[7]}$ $PaO_2^{[?]}$ $UO_3^{[7]}$ $UO_2^{[2]}$ $NpO_3^{[7]}$ $NpO_2^{[2]}$ $PuO_3^{[7]}$ $PuO_2^{[2]}$ $AmO_3^{[7]}$ $AmO_2^{[2]}$											

第12章 化合物の構造の総括

る4個の酸素イオンで，BeO（ウルツ鉱構造と閃亜鉛鉱構造）およびZnO（ウルツ鉱構造）では4個の酸素イオンによって囲まれている。しかしながらAO型酸化物の多くはNaCl構造をもち，A原子が小さい酸化物のあるものは歪んでいるか欠けているこの構造をとる。

遷移金属の多くとAlおよびGaはコランダム構造の二三酸化物をつくる。これらの金属原子は酸素原子によって八面体型に配位されている。より大きな3価の金属原子のSc^{3+}, Y^{3+}そして希土類金属イオンのうちの小さいものはC-希土構造をつくる。この構造は金属原子の配位数は6であるが配位数が8のCaF_2構造から導かれる。より大きな3価のイオンはA-希土構造をつくり，7個の酸素原子によって囲まれている。

AO_2型酸化物では，比較的小さいA原子はルチル構造の酸化物をつくり，大きなA原子は8配位のCaF_2構造をとり易い。IV族金属の酸化物では，TiO_2はルチル構造を，ZrO_2は高温ではCaF_2構造をとる。HfO_2は歪んでいないCaF_2構造をとるがこれは周期表の一つの族の中では原子番号が増えるほどイオン半径が大きくなることから予想されることである。

ReO_3はRe原子を八面体に囲んでいる酸素原子から成っており，WO_3も関連の構造をもっている。

他の化合物では，PbOは層状構造をつくりPb_3O_4はPb^{2+}によって結びついた$Pb^{4+}O_6$の八面体をもつ構造である。

複酸化物では若干の構造がNaCl構造に関連している。三重ルチル構造は$ZnSb_2O_6$のように2種類の異なる金属元素を含み，ルチル構造とほぼ同じ大きさの単位格子を積み重ねて規則化した構造である。イルメナイト構造も2種類の小さな原子に対応する位置をもっている。それらの原子はAl_2O_3構造のAlの位置で規則化しており，酸素原子の間の八面体配位の穴の2/3がカチオンで満されている。

スピネル構造では，小さなAイオンが酸素イオンの間の四面体配位の1/8を占め，小さなBイオンが同じく八面体配位の穴の1/2を占めている。フェリ磁性に及ぼすAイオンとBイオンとの間の相互作用の重要性についてはすでに

指摘した．スピネル構造に関連した $BaF_{12}O_{19}$ 構造では BaO_3 の層を含んでいる．

パイロクロア構造およびシーライト構造は CaF_2 構造から築かれるので，これらの構造における陽イオンは8配位が適しているようにみえるが，$A_2B_2O_7$ 型化合物では CaF_2 型の単位格子から酸素原子が一つ欠けており，$CaWO_4$ では酸素原子が W 原子の方に寄っている．これらの構造では A 原子だけは大きくなければならない．

ガーネット構造では，8配位，6配位そして4配位の位置がある．それらの位置に Y^{3+} のような大きな原子と，Fe^{2+} や Fe^{3+} のような小さな原子が入って $Y_3Fe_5O_{12}$ ができる．それらの材料は強磁性材料としても重要である．

ペロブスカイト構造は12配位した A 陽イオンをもち，したがって A イオンは大きく B イオンは小さくて八面体型に配位されている．ペロブスカイトの強誘電性は BO_6 八面体の歪に起因している．K_2NiF_4, $Sr_3Ti_2O_7$, $Bi_4Ti_3O_{12}$ タングステンブロンズそして層状構造などのペロブスカイト関連の構造は何れも八面体に配位した B イオンをもち，A イオンの配位が変化している．

12.8 炭化物，窒化物および酸化物の生成自由エネルギー

多数の炭化物，窒化物および酸化物の生成自由エネルギーを表12.8に示す．これらは25°Cにおける値で，kcal/mol で与えられており，それぞれの化合物の安定性を比較することができる．

表12.8 文献
1. C. E. WICKS and F. E. BLOCK, Bulletin 605, Bureau of Mines (1963).

表12.8 炭化物, 窒化物および酸化物の自由エネルギー (kcal/mol)

	I	II	III	IV	V	VI	VII	VIII			I	II	III	IV
	Li_3N −37 Li_2O −134	Be_3N_2 −121 BeO −136											B_4C −13 BN −56 B_2O_3 −286	
		Mg_3C_2 −18 Mg_3N_2 −96 MgO −136											Al_4C_3 −38 AlN −56 Al_2O_3 −378	SiC −12 SiO_2 −197
		CaC_2 −15		TiC −43	VC −28	Cr_3C_2 −21 Cr_2C_3 −44 Cr_4C −17	Mn_3C −4	Fe_3C 5	Co_3C 9	Ni_3C 9				
		Ca_3N_2 −98	ScN −61	TiN −74	VN −35	CrN −24	Mn_3N_2 −35 Mn_5N_2 −37 Mn_4N −30	Fe_3N 3 Fe_4N 1				Zn_3N_2 −5		
	K_2O −76 KO_2 −57	CaO −144	Sc_2O_3 −389	TiO_2 −212 Ti_2O_3 −344 TiO −117	V_2O_5 −341 V_2O_4 −316 V_2O_3 −277 VO −91	CrO_3 −121 CrO_2 −130 Cr_2O_3 −253	MnO_2 −111 Mn_3O_4 −308 Mn_2O_3 −211 MnO −87	Fe_3O_4 −244 Fe_2O_3 −177 FeO −59	Co_3O_4 −182 CoO −52	NiO −51		ZnO −76		

第12章　化合物の構造の総括

						SnO_2 −124	PbO_2 −52
						SnO −	Pb_3O_4 −148
							PbO −45

Ag_2O_2 7	CdO −54	Hg_2O −13	
Ag_2O −3		HgO −14	

			Mo_2C −2	ReO_3 −128	
			Mo_2N −12	Re_2O_7 −252	
			MoO_3 −162		
			MoO_2 −118		
			WC −9		
			W_2N −11		
			WO_3 −182		
			WO_2 −125		
		ZrC −43	NbC −38		PrO_2 −218
		ZrN −87	NbN −51		Pr_2O_3 −421
		ZrO_2 −248	Nb_2O_5 −423		
			NbO_2 −177		
			TaC −38		Nd_2O_3 −413
			TaN −54		
			Ta_2O_5 −457		
	Y_2O_3 −453		HfN 81		CeO_2 −245
			HfO_2 −253		Ce_2O_3 −411
		LaN −65			UC_2 −38
		La_2O_3 −403			U_2C_3 −78
					UC −44
					U_2N_3 −194
					UN −75
					ThC_2 −50
					Th_3N_4 −282
					ThO_2 −279
Sr_3N_2 −77		Ba_3N_2 −73			
SrO −134		BaO −126			

補章1　窒化珪素の構造と結晶模型

　岩塩などの簡単な構造は二次元に描かれた図で誰でも理解することができるが，複雑な構造を完全に理解することは結晶化学を専攻する学生にとってもなかなか困難である。この場合，三次元の結晶構造模型を利用することができれば初心者でも複雑な構造を理解することが可能であり，研究者にとっても構造に関連する諸問題を検討する上で非常に有効である。分子模型や結晶模型は各種のものが市販されていて，簡単な構造については市販の組立キットなどを利用することができるが，複雑な構造の結晶模型を入手するのは容易ではない。

　訳者は二十数年前に，球体に任意の立体角で穴を穿けるための機械を設計・試作し，それ以来本書で取り上げられている殆んどの構造を含めて多数の結晶模型を製作して研究と教育に利用している。

　単位格子の模型は結晶構造を理解するのに非常に有用であるが隣り合う単位格子に含まれる原子との相互の位置関係を知るには不十分で，それには単位格子の数倍以上ある大きな結晶模型について良く検討することが有利である。

　この章では，原著では取り上げられていない窒化珪素の構造を，訳者の研究室で製作した結晶模型の写真を使って説明する。

図13.1　球体穿孔機

窒化珪素の構造には α 型と β 型とがある。Si_3N_4 の単位格子の模型を図 13.2 と図 13.3 に示す。

両者の構造は比較的良く似ているが c 軸方向の積重ねの様式が違っており，α 型の c 軸の長さは β 型の約 2 倍で，α 型の a 軸の長さは β 型のそれよりも少し長い。何れの構造でも，N 原子は Si 原子によってほぼ平面状に 3 配位されており，Si 原子は 4 個の N 原子によって囲まれていて，SiN_4 の四面体が頂点を共有して三次元の骨格構造を形成している。窒化珪素は酸素などの不純物が介入し易く高純度で大きな単結晶が得られないので，格子定数の値も研究者によってかなり違う値が報告されている。窒化珪素は天然には産出しない。

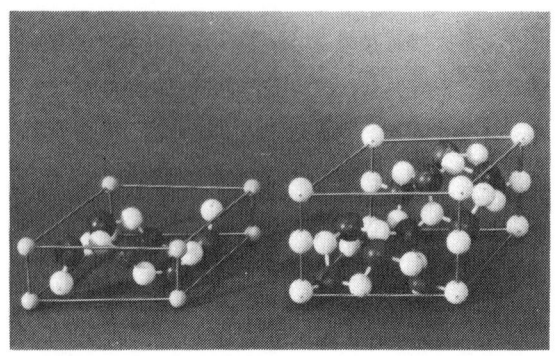

図 13.2　窒化珪素の単位格子，左が β 型，右が α 型

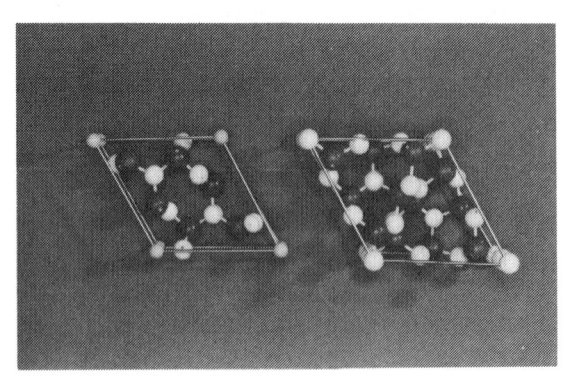

図 13.3　c 軸方向からみた窒化珪素の単位格子，左が β 型，右が α 型

β-Si_3N_4 構造；$P6_3$，六方

β-Si_3N_4 の空間群は以前は対称中心のある $P6_3/m$ であると考えられていたが，単結晶による X 線構造解析が行われて対称中心をもたない $P6_3$ が適当であるとされた[1]。その後収束電子線回折法による研究で対称中心があると報告されたが，最近になって同じ方法による研究の結果やはり対称中心のない構造であることがわかった。c 軸方向からみた β-Si_3N_4 の模型を図 13.4 に示す。

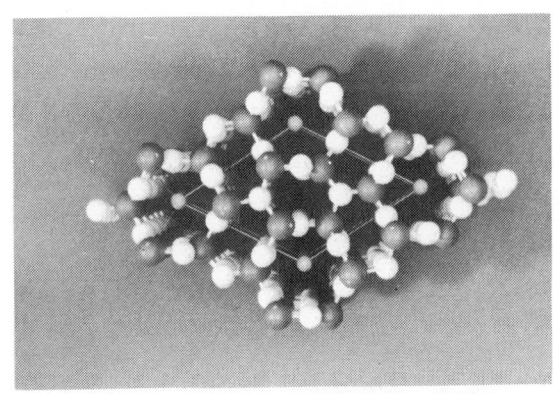

図 13.4 c 軸方向からみた β-Si_3N_4 の構造

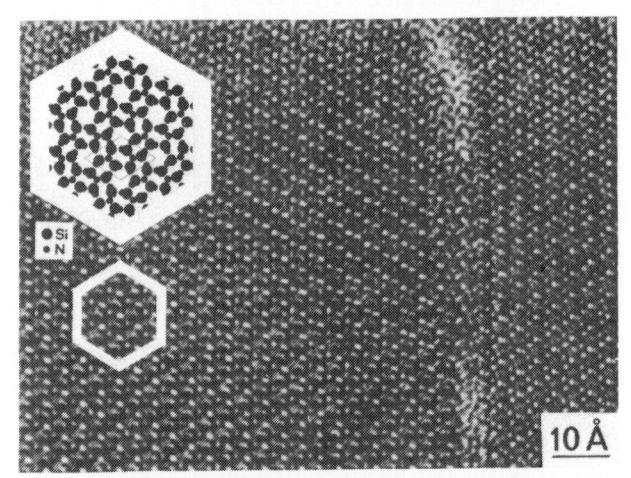

図 13.5 高分解能電子顕微鏡で c 軸方向からみた β-Si_3N_4 の構造，写真の右側に構造の乱れが認められる（日立製作所提供）

$\beta\text{-Si}_3\text{N}_4$ では，SiN_4 四面体が c 軸方向に鎖状に連なっており，四面体の一辺は c 軸にほぼ平行で，大きい六角形のトンネルと歪んだ小さい六角形のトンネルが c 軸に沿って存在する。

β 型の単位格子は Si_3N_4 のユニットを 2 個含んでおり，$P6_3$ の同価点を使って原子の座標を示すことができる。

$(2b)$ $\frac{1}{3}, \frac{2}{3}, z$; $\frac{2}{3}, \frac{1}{3}, \frac{1}{2}+z$.

$(6c)$ x, y, z ; $\bar{y}, x-y, z$; $y-x, \bar{x}, z$;

  $\bar{x}, \bar{y}, \frac{1}{2}+z$; $y, y-x, \frac{1}{2}+z$,; $x-y, x, \frac{1}{2}+z$.

$\beta\text{-Si}_3\text{N}_4$ では 2 個の N 原子が $(2b)$; $z=0.739$ を，6 個の N 原子が $(6c)$; $x=0.030$, $y=0.329$, $z=0.263$ を占め，6 個の Si 原子が $(6c)$; $x=0.769$, $y=0.174$, $z=0.250$ を占めている。

格子定数は $a_o=7.595\text{Å}$ $c_o=2.902\text{Å}$ である。

図 13.5 は $\beta\text{-Si}_3\text{N}_4$ の高分解能電子顕微鏡写真で，図 13.4 の模型とよく対応している。

$\beta\text{-Si}_3\text{N}_4$ はフェナサイト (Phenacite) Be_2SiO_4 とよく似た構造をもち，フェナサイトの Be と Si の位置に Si が入り，O の位置を N で置換した構造である。$\beta\text{-Si}_3\text{N}_4$ は Be_2SiO_4 と固溶体をつくる。

$\alpha\text{-Si}_3\text{N}_4$ 構造； $P31c$, 三方

$\alpha\text{-Si}_3\text{N}_4$ は酸素を固溶した化合物ではないかといわれたこともあったが，最近の研究で純相であることがわかった。c 軸方向からみた $\alpha\text{-Si}_3\text{N}_4$ の模型を図 13.6 に示す。

$\alpha\text{-Si}_3\text{N}_4$ は β 型の構造をとる層（これを A 層とする）と (100) 面を鏡面として A 層を写し取った層（これを B 層とする）とが，c 軸方向に交互に積み重なって (-ABAB-) できている構造である。

$\alpha\text{-Si}_3\text{N}_4$ では，SiN_4 四面体の c 軸方向の鎖が 2 種類あり，$\beta\text{-Si}_3\text{N}_4$ におけるトンネルの代りに c 軸の長さとほぼ等しい直径をもつ籠状の穴が存在する。

α 型の単位格子には Si_3N_4 のユニットを 4 個含んでおり，$P31c$ の同価点を

図13.6 c 軸方向からみた $\alpha\text{-}Si_3N_4$ の構造

使って原子座標を示すことができる。

$(2a)$　$0, 0, z,\ ;\ 0, 0, z+\frac{1}{2}.$

$(2b)$　$\frac{1}{3}, \frac{2}{3}, z\ ;\ \frac{2}{3}, \frac{1}{3}, \frac{1}{2}+z.$

$(6c)$　$x, y, z,\ ;\ \bar{y}, x-y, z\ ;\ y-x, \bar{x}, z\ ;$

　　　$y, x, \frac{1}{2}+z\ ;\ \bar{x}, y-x, \frac{1}{2}+z\ ;\ x-y, \bar{y}, \frac{1}{2}+z.$

　$\alpha\text{-}Si_3N_4$ では、2個のN原子が $(2a)\ ;\ z=0.450$ を、2個のN原子が $(2b)\ ;\ z=0.593$ を、6個のN原子が $(6c)\ ;\ x=0.656, y=0.608, z=0.432$ を、さらに6個のN原子が $(6c)\ ;\ x=0.315, y=0.319, z=0.696$ を占めている。そして6個のSi原子が $(6c)\ ;\ x=0.083, y=0.514, z=0.656$ を、さらに6個のSi原子が $(6c)\ ;\ x=0.256, y=0.168, z=0.451$ を占めている[2]。

　格子定数は $a_o=7.813\text{Å}, c_o=5.591\text{Å}$ である。

性質

窒化珪素は共有結合性の強い化合物で、比重が小さく、硬度が大きく、耐熱性、耐酸化性、耐スポーリング性に優れ、高強度で熱膨張係数が小さいなどの特長をもち、高温機械材料として期待されている化合物である。

　窒化珪素は①粉末珪素と窒素との反応、②窒素雰囲気で炭素を用いるシリカの還元・窒化反応、③SiH_4 と NH_3 などを用いる気相反応等の工程をへて合成されるが、いずれの方法でも α 型と β 型との混在した状態で得られる。

図 13.7 製作中の結晶模型

α 型の粉末を 1400°C 以上に保持すると β 型に変化することなどから β 型が高温安定型と考えられているが，α 型の単結晶を 1800°C に加熱しても変化しないことも報告されている。

β-Si_3N_4 は，Si を Al で，N を O で置換することが可能で，この Si_3N_4-AlN-Al_2O_3 系固溶体はサイアロン (Sialon) と呼ばれて工業的に期待されている材料の一つである。

文献

1) R. Grün, *Acta Cryst.*, **B35**, 800 (1979).
2) K. Kato, Z. Inoue, K. Kijima, I. Kawada & H. Tanaka, *J. Am. Ceram. Soc.*, **58**, 90 (1975).

補章 2 Ba-Y-Cu-O 系超伝導体の構造

　従来から知られている無機超伝導物質については，本書の **1.1, 2.6, 4.1, 8.1, 10.1** に解説がある。これらの化合物はすべて液体ヘリウム温度で超伝導性[注]を示すもので，臨界温度 Tc の最高値は β-タングステン構造をもつ Nb_3Ge の 23 K であった。Nb-Ti 系合金（Tc≒4.2 K）は加工性が良好で銅との複合伸線加工が容易であることから，実用化されている超伝導材料としては独占的な地位を占めている。

　昨年以来話題となっている高温超伝導体は層状ペロブスカイト構造の複酸化物である。はじめに登場したのは $(La_{1-x}Ba_x)_2CuO_{4-y}$ で K_2NiF_4 構造（7.5 参照）をとる化合物あった。引き続いて，液体窒素温度で超伝導性を示す Ba-Y-Cu-O 系超伝導体が発見されるに及んで，核分裂物質の発見に匹敵する材料革命であると世界中の科学者を興奮させている。

　$Ba_2YCu_3O_{7-x}$ は $BaCO_3$，Y_2O_3 および CuO を定比に混合し，空気中で 900-950°C に加熱して反応させたのち，徐冷して得られる。この化合物には超伝導体にならない正方晶（$a_0=3.87$ Å，$b_0=11.58$ Å）の高温相があり，共存できる化合物としては絶縁体の BaY_2CuO_5，$BaCuO_2$ および CuO がある。$Ba_2YCu_3O_{7-x}$ は酸素に関して著しく大きい固溶領域をもっていて，双晶をつくり易く，湿気に弱いなどの問題があり，超伝導特性が安定しないので実用化には大きな障壁を抱えている。

注　昨今のマスコミでは超伝導の代りに超電導が用いられており，将来はこの方が多く使用されるようになると思われる。

$Ba_2YCu_3O_{7-x}$ の構造；*Pmmm*, 斜方

科学技術庁無機材質研究所の泉らの結晶構造解析[1]によると，$Ba_2YCu_3O_{7-x}$ ($x=0.11$) は空間群 *Pmmm* の斜方晶系に属する化合物で，格子定数は $a_0=3.880$Å，$b_0=3.8122$Å，$c_0=11.6264$Å である。

各原子は単位格子の以下の位置を占めている。

Ba (2t)	$\frac{1}{2}, \frac{1}{2}, z; \frac{1}{2}, \frac{1}{2}, \bar{z}.$	$z=0.1845$
Y (1h)	$\frac{1}{2}, \frac{1}{2}, \frac{1}{2}.$	
$Cu_{(1)}$ (1a)	$0, 0, 0.$	
$Cu_{(2)}$ (2q)	$0, 0, z; 0, 0, \bar{z}.$	$z=0.3536$
$O_{(1)}$ (1b)	$\frac{1}{2}, 0, 0.$	席占有率：0.84
$O_{(2)}$ (1e)	$0, \frac{1}{2}, 0.$	席占有率：0.05
$O_{(3)}$ (2q)	$0, 0, z; 0, 0, \bar{z}.$	$z=0.1595$
$O_{(4)}$ (2r)	$0, \frac{1}{2}, z; 0, \frac{1}{2}, \bar{z}.$	$z=0.3779$
$O_{(5)}$ (2s)	$\frac{1}{2}, 0, z; \frac{1}{2}, 0, \bar{z}.$	$z=0.3773$

$Ba_2YCu_3O_{7-x}$ の構造を図 14.2 に示す。この構造では，$Cu_{(2)}$ は c 軸上で $z=0.3536$ の位置にあって，5個の酸素原子によってピラミッド型に囲まれている。$Cu_{(1)}$ は単位格子の原点にあって，a 軸，b 軸および c 軸上にそれぞれ2個，合計6個の酸素原子によって八面体型に囲まれている。しかしながら，b 軸上にある点線で示した $O_{(2)}$ は 95%の酸素が欠けており，a 軸上にある点線で示した $O_{(1)}$（ハッチをつけてある）は 16%の酸素が欠けている。したがって，$Cu_{(1)}$ は実質的には ac 面上で4配位をしていると見做すことができる。そして c 軸方向の銅と酸素の結合距離 $Cu_{(1)}$-$O_{(3)}$ が著しく短くなっている。

Ba はペロブスカイト構造における A 位置に相当する位置を占めて 12 個の酸素原子に囲まれているが，そのうちの2個はほとんど欠けているので，実質的には 10 配位である。

Y は8個の酸素原子によって立方体型に囲まれている。

この構造は，BaとCuとOとからなる酸素欠損の多いAタイプのペロブスカイト構造の単位格子の2個を対にしたものが，Yを介してc軸方向に積層していると見做すことができる。

超伝導はc軸に垂直な面上で起こると推定されるが，どのような機構で超伝導が起こるのかについては分かっていない。ただ，超伝導状態と，銅と酸素の立体配置との間には密接な相関関係があり，酸素の欠損に伴う立体配置の微妙な変化によって超伝導性が大きく影響を受けることは明らかである。

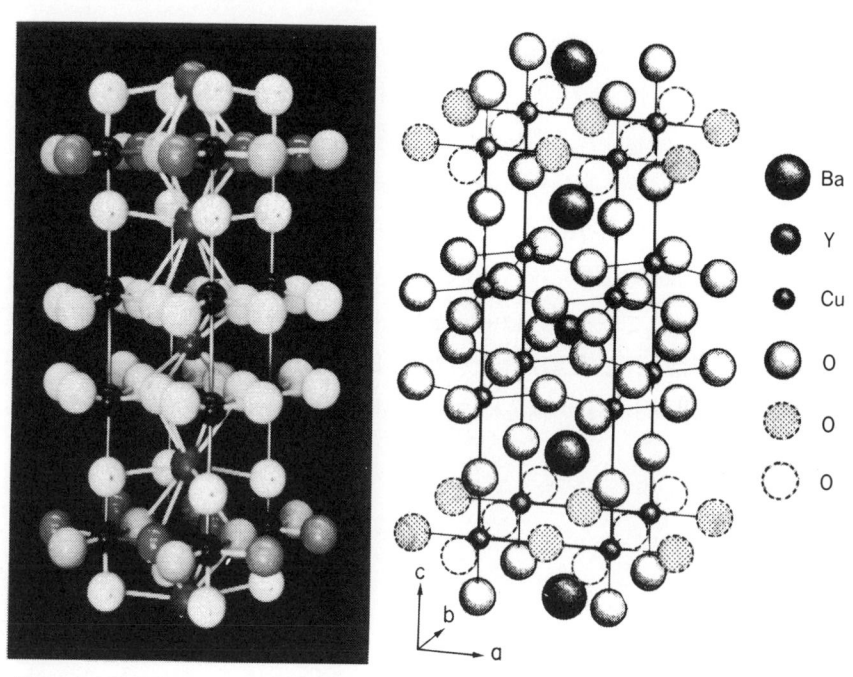

図14.1　$Ba_2YCu_3O_{7-x}$の結晶模型　　図14.2　$Ba_2YCu_3O_{7-x}$の構造

文献

1. F. Izumi, H. Asano, T. Ishigaki, E. Takayama-Muromachi, Y. Uchida and N. Watanabe, *Jpn. J. Appl. Phys.*, **26**, [7] L1193-L1196 (1987).

附　録

(訳注1)
空間群の記号

　それぞれの構造について空間群を記載するのに用いられる Hermann-Mauguin の記号では，まず大文字で格子のタイプ，P(単純)，I(体心)，F(面心)，C または A（底心）を書き，つぎに数字や小文字で対称要素を示す。

　1, 2, 3, 4, 6 は回転軸を，$\bar{1}, \bar{2}, \bar{3}, \bar{4}, \bar{6}$ は回反軸を，$2_1, 3_1, 3_2, 4_1, 4_2, 4_3, 6_1, 6_2, 6_3, 6_4, 6_5$ はらせん軸をそれぞれ意味し，m は鏡映面を，a, b, c は軸映進面を，n は対角映進面を，d はダイヤモンド映進面を表す。

　結晶学では現在は Hermann-Mauguin の記号だけが使われているが，他の分野では Schönflies の記号(訳注2)も使われている。

　本書に併記されている Strukturberichte による記号では[1]~[6]，A は元素を，B は AB 型化合物を，C は AB_2 型化合物を，D は A_mB_n 型化合物を表している。本書で説明したそれぞれの構造についての Strukturberichte の記号の一覧表を次頁に示す。

訳注 1　訳者が追加した。
訳注 2　本書では使われていない。

本書で使われている Strukturberichte の記号

記号	構造	本書の節	記号	構造	本書の節
A 1	面心立方構造	2.2	C 1	CaF_2 構造	5.4
A 2	体心立方構造	2.1	C 1b	$MgAgAs$ 構造	5.5
A 3	六方最密充填構造	2.3	C 2	FeS_2 構造	4.2
A 4	ダイヤモンド構造	5.1	C 3	Cu_2O 構造	3.2
A 5	Sn 構造	2.4	C 4	TiO_2 構造	3.3
A 6	In 構造	2.4	C 6	CdI_2 構造	6.6
A 7	As 構造	2.4	C 7	MoS_2 構造	6.7
A 8	Se 構造	2.4	C 11	CaC_2 構造	4.3
A 10	Hg 構造	2.4	C 14	$MgZn_2$ 構造	6.13
A 11	Ga 構造	2.4	C 15	Cu_2Mg 構造	8.1
A 12	α-Mn 構造	2.4	C 16	$CuAl_2$ 構造	11.3
A 13	β-Mn 構造	2.4	C 37	AlB_2 構造	6.8
A 15	β-タングステン構造	10.1	DO_3	BiF_3 構造	3.5
A 20	α-U 構造	2.4	DO_9	ReO_3 構造	7.3
B 1	NaCl 構造	4.1	DO_{18}	Na_3As 構造	6.5
B 2	CsCl 構造	3.1	$D 2_1$	CaB_6 構造	3.4
B 3	ZnS 構造	5.2	$D 5_1$	Al_2O_3 構造	9.1
B 4	ZnO 構造	6.2	$D 5_2$	La_2O_3 構造	6.9
$B 8_1$	NiAs 構造	6.10	$D 5_3$	Mn_2O_3 構造	5.7
$B 8_2$	Ni_2In 構造	6.11	$D 8_h$	W_2B_5 構造	6.14
B 10	PbO 構造	7.1	$E 2_1$	ペロブスカイト構造	7.4
B 18	CuS 構造	6.12	$H 1_1$	スピネル構造	8.2
B h	WC 構造	6.1	$L 1_2$	Cu_3Au 構造	7.2
B i	MoC 構造	6.15	$L 2_1$	Cu_2AlMn 構造	4.4

文献

1. P. P. Ewald and C. Herman, *Strukturberichte*, I (1931).
2. C. Gottfried and F. Schossbergen, *Strukturberichte*, III (1937).
3. C. Herman and H. Philipp, *Strukturberichte*, II (1937).
4. C. Gottfried, *Strukturberichte*, VI (1938), V (1939).
5. C. Smithells, *Metals Reference Book*, Butterworths, London (1949), 6th ed. (1983).
6. W. B. Pearson, *A Handbook of Lattice Spacings and Structures of Metals and Alloys,* Pergamon Press, (1958).

附　表

表A-1　その他の化合物の性質

化合物	晶系	融点 (°C)	比抵抗 (μohm-cm)	熱膨張係数 (10^{-6}/°C)
ホウ化物				
AlB_{10}	ortho.	d 2100[1]		
AlB_{12}	mono.	d 2150[2]	2×10^{12}[38]	
Be_5B		1160[3]	15×10^3[39]	
BeB_2	hex.	1700[3]	2×10^4[40]	
BeB_4		>2000[3]	18×10^3[39]	
Cr_4B	ortho.	d 1750[4]	176[41]	
Cr_5B_3	tetr.	d 2000[4]		
CrB	ortho.	2050[4]	69[41]	9.5[52]
Cr_3B_4	ortho.			
FeB	ortho.	1540[5]		
LaB_4	tetr.	1800[6]	24[6]	
Mo_2B_5	rhomb.	d 2100[7]	18[42]	
Nb_3B_2	tetr.	d 1950[8]		
NbB	ortho.	2280[8]	65[43]	
Ni_3B	ortho.	1155[9]		
NiB	ortho.	1020[10]		
Ta_3B_2	tetr.	2120[11]		
TaB	tetr.	2430[11]	100[44]	
Ta_3B_4	ortho.	d 2650[11]		
ThB_4	tetr.	2210[12]		
UB_4	tetr.	2495[13]		
UB_{12}	cubic	2235[14]		
VB	ortho.	2250[4]	4[45]	
V_3B_2	tetr.	2070[14]	19[46]	
V_3B_4	ortho.	d 2350[14]		
$\alpha\text{-}WB$	tetr.	2400[15]		
W_2B_5	hex.	2300[5]	43[46]	
YB_2	hex.	2100[16]		
YB_4	tetr.	2800[16]	29[47]	
ZrB_{12}	cubic	2680[17]	60[48]	
炭化物				
Al_4C_3	rhomb.	d 2100[18]		
Co_3C	ortho.	d 2300[18]		
Fe_3C	ortho.	1650[15]		4.6[53]
Mo_2C	ortho.	2410[19]	71[46]	8[54]
Mn_3C	ortho.	1520[5]		7[55]
Nb_2C	ortho.			
Ni_3C	hex.	d 2100[5]		
Ta_2C	ortho.	3400[20]		
V_2C	ortho.	2165[21]		
W_2C	ortho.	2730[22]	76[46]	5.8[54]

表A-1 （続き）

化合物	晶系	融点 (°C)	比抵抗 (μ ohm-cm)	熱膨張係数 (10^{-6}/°C)
窒化物				
Nb_2N	hex.	2420[23]	142[33]	3.3[56]
NbN	hex.	2300[24]	78[39]	10.1[57]
Ta_2N	ortho.	2050[23]	263[49]	5.2[23]
TaN	hex.	3087[25]	128[49]	3.6[23]
V_3N	hex.		123[50]	8.1[43]
酸化物				
B_2O_3		315[26]		
Bi_2O_3		824[26]		
Cs_2O		490[26]		
GeO_2		1115[26]		
MoO_3		820[27]		
Nb_2O_5		1486[26]		
P_2O_5		569[26]		
Re_2O_7		290[26]		
SeO_2		240[26]		
SiO_2		1723[26]		
Ta_2O_5		1872[26]		
V_2O_5		674[26]		
WO_3		1473[26]		
その他（ケイ化物）				
CaSi	ortho.	1245[28]		
Ca_2Si	ortho.	1000[28]		
CrSi	cubic	1545[29]	129[51]	11.3[58]
$CrSi_2$	hex.	1500[29]	914[51]	
Cr_3Si	cubic	1710[30]	35[51]	
Cr_5Si_3	tetr.	d 1600[30]		14.2[58]
$HfSi_2$	rhomb.	1750[31]		
$LaSi_2$	tetr.	1525[32]		
$MoSi_2$	tetr.	2030[33]	22[51]	8.3[58]
Mo_5Si_3	tetr.	2100[34]		6.7[58]
$NbSi_2$	hex.	2150[29]	50[51]	11.7[58]
Nb_4Si	hex.	d 2580[29]		
Nb_5Si_3	hex.	2400[35]		4.6[59]
$SiTa_2$	tetr.	d 2460[30]	124[51]	
Si_2Ta	hex.	2200[30]	46[51]	8.9[59]
Si_3Ta_5	hex.	2120[30]	55[51]	
SiTi	rhomb.	1920[36]	63[51]	
Si_2Ti	rhomb.	1460[35]	27[51]	
Si_2V	hex.	1660[33]	67[51]	11.2[58]
Si_2W	tetr.	2165[37]	13[51]	7.9[58]
SiZr	rhomb.	d 2150[28]		
Si_2Zr	rhomb.	1700[32]		8.6[58]

表 A-1 文献

1. J. COHN, J. KORTZ and A. GIARDINI, *Z. Krist.* **111**, 53 (1948).
2. G. LONG and L. FOSTER, *J. Electrochem. Soc.* **109**, 1176 (1962).
3. G. S. MARKEVICH, Invest. of the Be-B System, Dissertation Abstract, Leningrad (1961).
4. R. KIEFFER and F. BENESOVSKY, *Powder Metallurgy*. **2**, 145 (1958).
5. G. V. SAMSONOV and YA. S. UMASNKII, *Hard Compounds of Refractory Metals*, Metallurgizdat, Moscow (1957).
6. R. JOHNSON and A. DAANE, *J. Phys. Chem.* **65**, 909 (1961).
7. R. STEINITZ, J. BINDER and D. MOSKOWITZ, *J. Metals* **4**, 148 (1952).
8. H. NOWOTNY, F. BENESOVSKY and R. KIEFFER, *Z. Metallk.* **50**, 417 (1959).
9. P. T. KOLOMYTSEV, *Izv. Akad. Nauk SSSR. Ser. Metallurg. i Toplivo*. **3**, 83 (1960).
10. H. GIEBELHAUSEN, *Z. Anorg. Chem.* **91**, 251 (1915).
11. C. AGTE and K. MOERS, *Z. Anorg. Chem.* **198**, 233 (1931).
12. K. MATTERSON, H. JONES and N. MOORE, *Pulvermet in der Atomkerntechnik*. 4, Plansee-seminar Springer-Verlag, 279 (1962).
13. B. HOWLETT, *J. Inst. Metals* **88**, 467 (1959-60).
14. H. NOWOTNY, F. BENESOVSKY and R. KIEFFER, *Z. Metallk.* **50**, 258 (1959).
15. P. SCHWARZKOPF and F. GLASER, *Z. Metallk.* **44**, 353 (1953).
16. C. LUNDIN, *Rare Earth Metal Phase Diagrams*, Chicago (1959).
17. F. GLASER and B. POST, *J. Metals* **5**, 1119 (1953).
18. M. P. SLAVINSKII, *Physico-Chemical Properties of the Elements*. Metallurizdat, Moscow (1952).
19. M. NADLER and C. KEMPTER, *J. Phys. Chem.* **64**, 1471 (1960).
20. F. ELLINGER, *Trans. ASM* **31**, 89 (1943).
21. E. STORMS and R. MCNEAL, *J. Phys. Chem.* **66**, 1401 (1962).
22. R. KIEFFER and P. SCHWARZKOPF, *Hard Alloys*, Metallurgizdat, Moscow (1957).
23. T. S. VERKHOGLYADOVA, Dissertation Abstract, Kiev Polytech. Inst., Kiev (1962).
24. H. GIEBELHAUSEN, *Z. Anorg. Chem.* **91**, 251 (1915).
25. T. VASILOS and W. KINGERY, *J. Am. Ceram. Soc.* **37**, 409 (1954).
26. S. J. SCHNEIDER, NBS Monograph 68 (Oct. 1963).
27. L. M. VITNEY, *Vestn. Mosk. Univ. Ser. II. Khim.* **21**, 60 (1966).
28. G. V. SMIRNOV and B. F. ORMONT, *Doklady Akad. Nauk SSSR* **96**, 557 (1954).
29. G. V. SAMSONOV, *Silicides and their Application in Technology*. Izd. An. Ukr. SSR, Kiev (1959).
30. R. KIEFFER, F. BENESOVSKY, H. NOWOTNY and H. SCHACHER, *Z. Metallk.* **44**, 242 (1953).
31. G. V. SAMSONOV and K. I. PORTNOI, *Alloys of the Basis of Refractory Compounds*. Oborongiz, Moscow (1961).
32. I. BINDER, *J. Am. Ceram. Soc.* **43**, 287 (1960).
33. *Welding Engr.* No. 4 (1958).
34. R. KIEFFER and E. CERIVENKA, *Z. Metallk.* **43**, 101 (1952).
35. R. KIEFFER, F. BENESOVSKY and H. SCHMID, *Monatsh. Chem.* **86**, 413 (1955).
36. M. HANSEN, H. KESSLER and D. MCPHERSON, ASM Reprint No. 4 (1951).
37. R. KIEFFER, F. BENESOVSKY and E. GALISTL, *Z. Metallk.* **43**, 284 (1952).
38. C. DAUBEN, *U.S. Atomic Energy Comm. Publ.*, USRL-**2888**, 30 (1955).
39. G. S. MARKEVICH, YU. D. KONDRASHEV and L. YA. MARKOVSKII, *Zhur. Neorg. Khim.* **5**, 1783 (1960).
40. L. Y. MARKOVSKII and G. S. MARKEVICH, *Zhur. Neorg. Khim.* **33**, 1667 (1960).
41. P. S. KOSLYI, S. N. L'VOV, V. F. NEMCHENKO and G. V. SAMSONOV, *Izv. Akad. Nauk SSSR. Otdel Tekh. Nauk. Ser. Metalluguzai Toplivo*, **6** (1962).
42. H. JURETSCHKE and R. STEINITZ, *Phys. Rev. Solids* **4**, 118 (1958).

43. G. V. SAMSONOV, *Zhur. Tekh. Fiz.* **26**, 716 (1956).
44. F. GLASER, *J. Metals* **4**, 391 (1952).
45. K. MOLERS, *Z. Anorg. Chem.* **198**. 243 (1931).
46. S. N. L'VOV, V. F. NEMCHENKO, G. V. SAMSONOV. *Dokl. Akad. Nauk SSSR* **135**. 577 (1960).
47. R. JOHNSON and A. DAANE, *J. Chem. Phys.* **38**, 425 (1963).
48. B. BOST and F. GLASER, *J. Metals* **4**, 631 (1952).
49. O. KUBASCHEWSKI and E. EVANS. *Metallurgical Thermochemistry*. London (1958).
50. G. V. SAMSONOV and T. S. VERKHOZLYADOVA. *Dokl. Akad. Nauk SSSR.* **142**, 612 (1962).
51. V. S. NESHPOR and G. V. SAMSONOV, *Fiz. Tverd. Tela.* **2**, 2101 (1960).
52. V. S. NESHPOR and P. S. KISLYI, *Ogneupori* **23**, 231 (1959).
53. A. M. BELIKOV and A. A. SAVINSKAYA, *Fiz. Metal i Metalloved* **14**, 299 (1962).
54. A. M. BELIKOV and YA. S. UMANSKII, *Kristallografiya* **4**, 684 (1959).
55. P. ELLIOTT and C. KEMPTER, *J. Phys. Chem.* **62**, 630 (1958).
56. G. V. SAMSONOV and T. S. VERKHOGLYADOVA, *Zhur. Neorg. Khim.* **5**, 1231 (1961).
57. I. GANGLER, *J. Am. Ceram. Soc.* **33**, 367 (1950).
58. V. S. NESHPOR and M. I. REZNICHENKO, *Fiz. Metal i Metalloved* **15**, 631 (1963).
59. H. NOWOTNY and E. LAUBE, *Planseeber Pulvermetal* **9**, 54 (1961).

索 引

それぞれの項目について数字で示した節を参照のこと。A-1 は附表である。

結晶構造

AlB$_2$, 6.8
A-Rare earth, 6.9
α-Rhombohedral, 6.7
BaFe$_{12}$O$_{19}$, 8.3
Ba(Sr$_{0.33}$Ta$_{0.67}$)O$_3$, 7.4
BiF$_3$, 3.5
Bi$_4$Ti$_3$O$_{12}$, 7.7
Body-centered cubic, 2.1
Boron nitride, 11.2
C-Rare earth, 5.7
CaB$_6$, 3.4
CaC$_2$, 4.3
CaF$_2$, 5.4
CdI$_2$, 6.6
Corundum, 9.1
CsCl, 3.1
CuAl$_2$, 11.3
Cu$_2$AlMn, 4.4
Cu$_3$Au, 7.2
Cu$_2$Mg, 8.1

Cuprite, 3.2
CuS, 6.12
Diamond cubic, 5.1
Face-centered cubic, 2.2
FeS$_2$, 4.2
Garnet, 10.2
GdFeO$_3$, 7.4
Graphite, 11.1
Hexagonal close-packed, 2.3
Ilmenite, 9.2
K$_2$NiF$_4$, 7.5
K$_2$PtCl$_6$, 5.6
Layered structures, 7.9
LiFeO$_2$, 4.1
MgAgAs, 5.5
MgZn$_2$, 6.13
γ'-MoC, 6.15
MoS$_2$, 6,7
Na$_3$As, 6.5

NaCl, 4.1
NiAs, 6.10
Ni$_2$In, 6.11
Ordered perovskite, 7.4
PbO, 7.1
Perovskite, 7.4
Pyrochlore, 5.8
ReO$_3$, 7.3
Rutile, trirutile, 3.3
Scheelite, 5.9
SiO$_2$, cristobalite (high form), 5.3
Spinel, 8.2
Sr$_3$Ti$_2$O$_7$, 7.6
Tungsten bronzes, 7.8
β-Tungsten, 10.1
W$_2$B$_5$, 6.14
WC, 6.1
Y(OH)$_3$, 6.3
Zinc blende, 5.2
ZnO, 6.2

性 質
密 度

Ac, 2.2
Ag, 2.2
Al, 2.2
Ar, 2.2
Au, 2.2
B, 6.16
Ba, 2.1
Be, 2.3, 6.16
C, 6.16
Ca, 2.1, 2.2, 2.3
Cd, 2.3
Ce, 2.1, 2.2
Co, 2.2, 2.3
Cr, 2.1, 2.2, 2.3
Cs, 2.1
Cu, 2.2
Dy, 2.3
Er, 2.3
Eu, 2.1
Fe, 2.1, 2.2
Gd, 2.3

He, 2.3
Hf, 2.1, 2.3
Ho, 2.3
Ir, 2.2
K, 2.1
La, 2.1, 2.2
Li, 2.1, 2.2
Lu, 2.3
Mg, 2.3
Mo, 2.1
Na, 2.1, 2.3
Nb, 2.1
Nd, 2.1
Ne, 2.2
Ni, 2.2
Os, 2.3
Pb, 2.2
Pd, 2.2
Pr, 2.1
Pt, 2.2
Rb, 2.1

Re, 2.3
Rh, 2.2
Ru, 2.3
Sc, 2.3
Sm, 2.1
Sr, 2.1, 2.2, 2.3
Ta, 2.1
Tb, 2.3
Th, 2.1, 2.2
Ti, 2.1, 2.3
Tl, 2.1, 2.3
Tm, 2.3
V, 2.1
W, 2.1
Xe, 2.2
Y, 2.3
Yb, 2.1, 2.2
Zn, 2.3
Zr, 2.1, 2.3

323

TiB$_2$, 6.16	B$_4$C, 6.16	Al$_2$O$_3$, 6.16
ZrB$_2$, 6.16	β-SiC, 5.2, 6.16	BeO, 6.16
	WC, 6.16	SiO$_2$, 6.16
	ZrC, 6.16	

誘電的性質

Al$_2$O$_3$, 9.1	Pb$_2$Ta$_2$O$_6$, 7.8	Pb(Mg$_{0.33}$Nb$_{0.67}$)O$_3$, 7.4
TiO$_2$, 3.3	PbTiO$_3$, 7.4	Pb(Mg$_{0.33}$Ta$_{0.67}$)O$_3$, 7.4
BaTiO$_3$, 3.3, 7.4	BaBi$_4$Ti$_4$O$_{15}$, 7.7	Pb(Ni$_{0.33}$Nb$_{0.67}$)O$_3$, 7.4
Bi$_4$Ti$_3$O$_{12}$, 7.7	BaBi$_3$Ti$_2$NbO$_{12}$, 7.7	Pb(Zn$_{0.33}$Nb$_{0.67}$)O$_3$, 7.4
Cd$_2$Nb$_2$O$_7$, 5.8	PbBi$_2$Nb$_2$O$_9$, 7.7	Pb(Cd$_{0.5}$W$_{0.5}$)O$_3$, 7.4
CdTiO$_3$, 7.4	PbBi$_2$Ta$_2$O$_9$, 7.7	Pb(Fe$_{0.5}$Nb$_{0.5}$)O$_3$, 7.4
KNbO$_3$, 7.4	PbBi$_4$Ti$_4$O$_{15}$, 7.7	Pb(Fe$_{0.5}$Ta$_{0.5}$)O$_3$, 7.4
KTaO$_3$, 7.4	PbBi$_3$Ti$_2$NbO$_{12}$, 7.7	Pb(Sc$_{0.5}$Nb$_{0.5}$)O$_3$, 7.4
NaNbO$_3$, 7.4	Pb(Co$_{0.33}$Nb$_{0.67}$)O$_3$, 7.4	Pb(Sc$_{0.5}$Ta$_{0.5}$)O$_3$, 7.4
Pb$_2$Nb$_2$O$_6$, 7.8	Pb(Co$_{0.33}$Ta$_{0.67}$)O$_3$, 7.4	Pb(Fe$_{0.67}$W$_{0.33}$)O$_3$, 7.4

電気伝導度
(エネルギーギャップ, 移動度, 伝導度)

Al, 2.6	Si$_2$V, A-1	YB$_6$, 3.4
Ag, 2.6	Si$_2$W, A-1	YbB$_6$, 3.4
Au, 2.6		ZrB, 4.1
B, 6.7	AlB$_{12}$, A-1	ZrB$_2$, 6.8
C$_{(d)}$, 5.1	BaB$_6$, 3.4	ZrB$_{12}$, A.1
C$_{(g)}$, 11.4	BeB$_2$, A-1	
Cu, 2.6	BeB$_4$, A-1	HfC, 4.1
Ge, 5.1	BeB$_6$, 3.4	Mo$_2$C, A-1
Si, 5.1	Be$_2$B, 5.4	NbC, 4.1
α-Sn, 5.1	Be$_5$B, A-1	TaC, 4.1
	CaB$_6$, 3.4	TiC, 4.1
AlAs, 5.2	CeB$_6$, 3.4	WC, 6.1
AlP, 5.2	CrB, A-1	W$_2$C, A-1
AlSb, 5.2	CrB$_2$, 6.8	ZrC, 4.1
AsGa, 5.2	Cr$_4$B, A-1	
AsIn, 5.2	EuB$_6$, 3.4	AlN, 6.2
BaSi$_2$, 6.8	GdB$_6$, 3.4	BN, 11.4
CrSi, A-1	HfB$_2$, 6.8	NbN, A-1
Cr$_5$Si$_3$, A-1	LaB$_4$, A-1	Nb$_2$N, A-1
DySi$_2$, 6.8	LaB$_6$, 3.4	TaN, A-1
Fe$_3$Si, 3.5	MoB$_2$, 6.8	Ta$_2$N, A-1
GaP, 5.2	Mo$_2$B$_5$, A-1	TiN, 4.1
GaSb, 5.2	NbB, A-1	V$_3$N, A-1
InP, 5.2	NdB$_6$, 3.4	
InSb, 5.2	PrB$_6$, 3.4	Ag$_2$O, 3.2
Mg$_2$Ge, 5.4	ScB$_2$, 6.8	BeO, 6.2
Mg$_2$Si, 5.4	SmB$_6$, 3.4	CrO$_2$, 3.3
Mg$_2$Sn, 5.4	SrB$_6$, 3.4	Cu$_2$O, 3.2
MoP, 6.1	TaB, A-1	MgO, 4.1
MoSi$_2$, A-1	TaB$_2$, 6.8	TiO$_2$, 3.3
Mo$_5$Si$_3$, A-1	TbB$_6$, 3.4	UO$_2$, 5.4
NbSi$_2$, A-1	ThB$_6$, 3.4	
NiSi$_2$, 5.4	TiB$_2$, 6.8	CdS, 5.2
SiTa$_2$, A-1	VB, A-1	CdSe, 5.2
Si$_2$Ta, A-1	VB$_2$, 6.8	CdTe, 5.2
Si$_3$Ta$_5$, A-1	V$_3$B$_2$, A-1	Ga$_2$S$_3$, 5.2
SiTi, A-1	W$_2$B$_5$, A-1	Ga$_2$Se$_3$, 5.2
Si$_2$Ti, A-1	YB$_4$, A-1	Ga$_2$Te$_3$, 5.2

324 索　引

HgS, 5.2
HgTe, 5.2
In_2Te_3, 5.2
LaS, 4.1
LaSe, 4.1

炭化物, 窒化物, 酸化物　12.8
1.1 参照

Co, 2.6
Fe, 2.6
Ni, 2.6

$AlCu_2Mn$, 6.10
$AlFe_3$, 3.5
AlGeMn, 6.10
$Al_{0.89}Mn_{1.11}$, 6.10
AsMn, 6.10
Be_2Fe, 6.13
BiMn, 6.10, 8.4
$CeCo_5$, 8.1
Ce_2Co_{17}, 8.1
$CeFe_7$, 8.1
Co_2Dy, 8.1
Co_5Dy, 8.1
$Co_{17}Dy_2$, 8.1
Co_2Er, 8.1
$Co_{17}Er_2$, 8.1
Co_2Gd, 8.1
Co_5Gd, 8.1
$Co_{17}Gd_2$, 8.1
Co_2Ho, 8.1
Co_5Ho, 8.1
$Co_{17}Ho_2$, 8.1
$Co_{17}Lu_2$, 8.1
Co_2Nd, 8.1
$Co_{17}Nd_2$, 8.1
Co_2Pr, 8.1
$Co_{17}Pr_2$, 8.1
CoPt, 6.10
Co_2Sm, 8.1
Co_5Sm, 8.1
$Co_{17}Sm_2$, 8.1
Co_2Tb, 8.1
$Co_{17}Tb_2$, 8.1
Co_2Tm, 8.1
$Co_{17}Tm_2$, 8.1
Co_2Y, 8.1
Co_5Y, 8.1
$Co_{17}Y_2$, 8.1
Cu_2MnGa, 4.4
Cu_2MnIn, 4.4
Cu_2MnSn, 4.4

LaTe, 4.1
NdSe, 4.1
NdTe, 4.1
PrS, 4.1
PrSe, 4.1

生成の自由エネルギー

イオン半径

磁気的性質

$DyNi_2$, 8.1
$ErRu_2$, 8.1
Fe_3Al, 3.5
$Fe_{1.7}Co_{0.3}P$, 6.10
$Fe_{1.7}Gd_2$, 8.1
$Fe_{1.7}Lu_2$, 8.1
Fe_7Nd, 8.1
$Fe_{1.9}Ni_{0.1}P$, 6.10
FeP, 6.10
Fe_2P, 6.10
Fe_3P, 6.10
Fe_5P_3, 6.10
Fe_7Pr, 8.1
FePt, 6.10
Fe_3Si, 3.5
$GdIr_2$, 8.1
$GdNi_2$, 8.1
$GdOs_2$, 8.1
$GdPt_2$, 8.1
$GdRh_2$, 8.1
$GdRu_2$, 8.1
Ir_2Nd, 8.1
Ir_2Pr, 8.1
MnSb, 6.10
$NdPt_2$, 8.1
$NdRh_2$, 8.1
$NdRu_2$, 8.1
Ni_2Pt, 8.1
Os_2Pr, 8.1
Os_2Sm, 8.1
$PrPt_2$, 8.1
$PrRh_2$, 8.1
$PrRu_2$, 8.1
$PrSi_2$, 8.1

Co_2B, 6.10, 11.3
Fe_2B, 6.10, 11.3
MnB, 6.10

Fe_2C, 6.10
$Fe_{20}C_9$, 6.10
Fe_3C, 6.10

PrTe, 4.1
ZnS, 5.2
ZnSe, 5.2
ZnTe, 5.2

CoF_2, 3.3
FeF_2, 3.3
MnF_2, 3.3
NiF_2, 3.3

DyN, 4.1
ErN, 4.1
Fe_3N, 6.10
Fe_4N, 6.10, 7.4
Fe_3NiN, 7.4
Fe_3PtN, 7.4
HoN, 4.1
Mn_2N, 6.6
Mn_4N, 7.4
TbN, 4.1
U_2N_3, 6.9

CoO, 4.1
CrO_2, 3.3
EuO, 4.1
FeO, 4.1
Fe_2O_3, 9.1
Fe_3O_4, 8.2
MnO, 4.1
MnO_2, 3.3
Ti_2O_3, 9.1
V_2O_3, 9.1
VO_2, 3.3
$BiMnO_3$, 7.4
$CdFe_2O_4$, 8.2
$CoFe_2O_4$, 8.2
$CuFe_2O_4$, 8.2
$Fe_{0.50}Li_{0.50}Cr_2O_4$, 8.2
$FeLi_{0.5}Fe_{1.50}O_4$, 8.2
$MgFe_2O_4$, 8.2
$MnCo_2O_4$, 8.2
$MnCr_2O_4$, 8.2
$MnFe_2O_4$, 8.2
$Mn_{1.5}FeTi_{0.5}O_4$, 8.2
$NiCo_2O_4$, 8.2
$NiFe_2O_4$, 8.2
$Ni_{1.5}FeTi_{0.5}O_4$, 8.2
$NiZn_{0.5}FeTi_{0.5}O_4$, 8.2
$ZnFe_2O_4$, 8.2

325

BaFe$_{12}$O$_{19}$, 6.10, 8.3, 8.4
La(Fe^{2+}Fe$^{3+}_{11}$)O$_{19}$, 8.3
PbFe$_{12}$O$_{19}$, 8.3
SrFe$_{12}$O$_{19}$, 6.10
Ba(CoFe)Fe$_{16}$O$_{27}$, 8.3
BaFe$_2$Fe$_{16}$O$_{27}$, 8.3
BaMn$_2$Fe$_{16}$O$_{27}$, 8.3
Ba(NiFe)Fe$_{16}$O$_{27}$, 8.3
Ba(Ni$_{0.5}$Zn$_{0.5}$Fe)Fe$_{16}$O$_{27}$, 8.3
Ba(ZnFe)Fe$_{16}$O$_{27}$, 8.3
Ba$_2$Co$_2$Fe$_{12}$O$_{22}$, 8.3
Ba$_2$Mg$_2$Fe$_{12}$O$_{22}$, 8.3
Ba$_2$Mn$_2$Fe$_{12}$O$_{22}$, 8.3
Ba$_2$Ni$_2$Fe$_{12}$O$_{22}$, 8.3
Ba$_2$Zn$_2$Fe$_{12}$O$_{22}$, 8.3
Ba$_3$Co$_2$Fe$_{24}$O$_{41}$, 8.3
Ba$_3$Cu$_2$Fe$_{24}$O$_{41}$, 8.3
Ba$_3$Zn$_2$Fe$_{24}$O$_{41}$, 8.3

Eu$_3$Fe$_5$O$_{12}$, 10.2
Gd$_3$Fe$_5$O$_{12}$, 10.2
Sm$_3$Fe$_5$O$_{12}$, 10.2
Y$_3$Fe$_5$O$_{12}$, 10.2

Ba$_2$FeMoO$_6$, 7.4
Ba$_2$FeReO$_6$, 7.4
Ca$_2$CrMoO$_6$, 7.4
Ca$_2$CrReO$_6$, 7.4
Ca$_2$CrWO$_6$, 7.4
Ca$_2$FeMoO$_6$, 7.4
Ca$_2$FeReO$_6$, 7.4
Sr$_2$CrMoO$_6$, 7.4
Sr$_2$CrReO$_6$, 7.4
Sr$_2$CrWO$_6$, 7.4
Sr$_2$FeMoO$_6$, 7.4
Sr$_2$FeReO$_6$, 7.4

CoS, 6.10
CoS$_2$, 4.2
CoTe, 6.10
CrSe, 6.10
CrTe, 6.10
EuS, 4.1
EuSe, 4.1
FeS, 6.10
FeSe, 6.10
FeTe, 6.10
MnS, 4.1
MnSe, 4.1
MnTe, 6.10
NiS, 6.10
VS, 6.10
VSe, 6.10

機械的性質
（硬度，ヤング率，最大引張強度）

B, 6.16
Be, 6.16
C, 6.16, 11.4

BP, 5.2
BaSi$_2$, 6.8
NiSi$_2$, 5.4

BaB$_6$, 3.4
CaB$_6$, 3.4
CeB$_6$, 3.4
CrB$_2$, 6.8
HfB$_2$, 6.8
LaB$_6$, 3.4
MoB$_2$, 6.8
NbB$_2$, 6.8
NdB$_6$, 3.4

ScB$_2$, 6.8
SmB$_6$, 3.4
SrB$_6$, 3.4
TaB$_2$, 6.8
ThB$_6$, 3.4
TiB$_2$, 6.8, 6.16
VB$_2$, 6.8
YB$_6$, 3.4
ZrB$_2$, 6.8, 6.16

B$_4$C, 6.16
HfC, 4.1
MoC, 6.15
NbC, 4.1
β-SiC, 5.2, 6.16
TaC, 4.1
TiC, 4.1

WC, 6.1, 6.16
ZrC, 4.1, 6.16

TiN, 4.1

Al$_2$O$_3$, 6.16, 9.1
BeO, 6.16
CaO, 4.1
MgO, 4.1
SiO$_2$, 6.16
Sm$_2$O$_3$, 5.7
ThO$_2$, 5.4
UO$_2$, 5.4
Y$_2$O$_3$, 5.7
ZrO$_2$, 5.4

融点

Ac, 2.2
Ag, 2.2
Al, 2.2
Ar, 2.2
Au, 2.2
B, 6.16
Ba, 2.1
Be, 2.3, 6.16
Ca, 2.1, 2.2, 2.3
Cd, 2.3
Ce, 2.1, 2.2
Co, 2.2, 2.3
Cr, 2.1, 2.2, 2.3
Cs, 2.1
Cu, 2.2
Dy, 2.3
Er, 2.3

Eu, 2.1
Fe, 2.1, 2.2
Ge, 5.1
Gd, 2.3
He, 2.3
Hf, 2.1, 2.3
Ho, 2.3
Ir, 2.2
K, 2.1
Kr, 2.2
La, 2.1, 2.2
Li, 2.1, 2.3
Lu, 2.3
Mg, 2.3
Mo, 2.1
Na, 2.1, 2.3
Nb, 2.1

Nd, 2.1
Ne, 2.2
Ni, 2.2, 2.3
Os, 2.3
Pb, 2.2
Pd, 2.2
Pr, 2.1
Pt, 2.2
Rb, 2.1
Re, 2.3
Rh, 2.2
Ru, 2.3
Sc, 2.2, 2.3
Si, 5.1
Sm, 2.1
Sr, 2.2, 2.3
Ta, 2.1

索引

Tb, 2.3
Te, 2.3
Th, 2.1, 2.2
Ti, 2.1, 2.3
Tl, 2.1, 2.3
Tm, 2.3
V, 2.1
W, 2.1
Xe, 2.2
Y, 2.1, 2.3
Yb, 2.1, 2.2
Zn, 2.3
Zr, 2.1, 2.3

AlAs, 5.2
AlNi, 3.1
AlSb, 5.2
AsGa, 5.2
AsIn, 5.2
$BaSi_2$, 6.8
Be_2Fe, 6.13
Be_2Mo, 6.13
Be_2V, 6.13
BiK_3, 6.5
$BiNa_3$, 6.5
$BiRb_3$, 6.5
CaSi, A-1
Ca_2Si, A-1
CrSi, A-1
$CrSi_2$, A-1
Cr_3Si, A-1
Cr_5Si_3, A-1
Cr_2Ta, 6.8
$DySi_2$, 6.8
Fe_2Nb, 6.13
Fe_3Si, 3.5
Fe_2Ta, 6.13
Fe_2Ti, 6.13
GaP, 5.2
GaSb, 5.2
$HfSi_2$, A-1
InP, 5.2
InSb, 5.2
K_3Sb, 6.5
$LaSi_2$, A-1
Mn_2Nb, 6.13
Mn_3P_2, 5.7
MoP, 6.1
$MoSi_2$, A-1
Mo_5Si_3, A-1
Na_3Sb, 6.5
$NbSi_2$, A-1
Nb_4Si, A-1
Nb_5Si_3, A-1
$NiSi_2$, 5.4
$SiTa_2$, 11.3,
Si_2Ta, A-1

Si_3Ta_5, A-1
SiTi, A-1
Si_2Ti, A-1
Si_2U, 6.8
Si_2V, A-1
Si_2W, A-1
SiZr, A-1
Si_2Zr, A-1

AlB_{10}, A-1
AlB_{12}, A-1
BaB_6, 3.4
BeB_2, A-1
BeB_4, A-1
BeB_6, 3.4
Be_2B, 5.4
Be_5B, A-1
CaB_6, 3.4
CeB_6, 3.4
Co_2B, 11.3
CrB, A-1
CrB_2, 6.8
Cr_2B, 11.3
Cr_4B, A-1
Cr_5B_3, A-1
FeB, A-1
Fe_2B, 11.3
GdB_6, 3.4
HfB, 4.1
HfB_2, 6.8
LaB_4, A-1
LaB_6, 3.4
MoB_2, 6.8
Mo_2B_5, A-1
NbB, A-1
Nb_3B_2, A-1
NdB_6, 3.4
NiB, A-1
Ni_2B, 11.1
Ni_3B, A-1
SmB_6, 3.4
SrB_6, 3.4
TaB, A-1
TaB_2, 6.8
Ta_3B_2, A-1
Ta_3B_4, A-1
ThB_4, A-1
ThB_6, 3.4
TiB_2, 6.8, 6.16
UB_2, 6.8
UB_4, A-1
UB_{12}, A-1
VB, A-1
VB_2, 6.8
V_3B_2, A-1
V_3B_4, A-1
WB, A-1

W_2B_5, A-1
YB_2, A-1
YB_4, A-1
YbB_6, 3.4
ZrB, 4.1
ZrB_2, 6.16
ZrB_{12}, A-1

Al_4C, A-1
B_4C, 6.16
BaC_2, 4.3
CaC_2, 4.3
CeC_2, 4.3
Co_3C, A-1
Fe_3C, A-1
GdC_2, 4.3
HfC, 4.1
LaC_2, 4.3
MoC, 6.15
Mo_2C, A-1
Mn_3C, A-1
NbC, 4.1
NdC_2, 4.3
Ni_3C, A-1
PrC_2, 4.3
SiC, 6.16
SmC_2, 4.3
SrC_2, 4.3
TaC, 4.1
Ta_2C, A-1
ThC, 4.1
TiC, 4.1
UC, 4.1
UC_2, 4.3
VC, 4.1
V_2C, A-1
WC, 6.1, 6.16
W_2C, 6.6, A-1
YC_2, 4.3
ZrC, 4.1, 6.16

CsBr, 4.5
CsCl, 4.5
CsF, 4.5
CsI, 4.5
KBr, 4.5
KCl, 4.5
KF, 4.5
KI, 4.5
LiBr, 4.5
LiCl, 4.5
LiF, 4.5
LiI, 4.5
NaBr, 4.5
NaCl, 4.5
NaF, 4.5
NaI, 4.5

327

RbBr, 4.5
RbCl, 4.5
RbF, 4.5
RbI, 4.5

AlN, 6.2
Be$_3$N$_2$, 5.7
Ca$_3$N$_2$, 5.7
NbN, A-1
Nb$_2$N, A-1
TaN, A-1
Ta$_2$N, A-1
ThN, 4.1
TiN, 4.1
UN, 4.1
VN, 4.1
ZrN, 4.1

Al$_2$O$_3$, 6.16, 9.1
B$_2$O$_3$, A-1
BaO, 4.1
BeO, 6.2, 6.16
Bi$_2$O$_3$, A-1
CaO, 4.1
CeO$_2$, 5.4
Cr$_2$O$_3$, 9.1
Cs$_2$O, A-1
Dy$_2$O$_3$, 5.7
FeO, 4.1

C$_{(d)}$, 5.2
Ge, 5.2
Si, 5.2

AsGa, 5.2
AsIn, 5.2
GaP, 5.2
GaSb, 5.2
InP, 5.2
InSb, 5.2

AgCl, 5.10
BaF$_2$, 5.4, 5.10
CaF$_2$, 5.4, 5.10
CsBr, 5.10

Al, 2.6
Cd, 2.6
Ga, 2.6
Hf, 2.6
Hg, 2.6
In, 2.6
Ir, 2.6
La, 2.6

Fe$_3$O$_4$, 8.2
GeO$_2$, A-1
HfO$_2$, 5.4
La$_2$O$_3$, 6.9
MgO, 4.1
MnO, 4.1
Mn$_3$O$_4$, 8.2
MoO$_3$, A-1
Nb$_2$O$_5$, A-1
NiO, 4.1
P$_2$O$_5$, A-1
Pr$_2$O$_3$, 5.7
Re$_2$O$_7$, A-1
SeO$_2$, A-1
SiO$_2$, A-1
Sm$_2$O$_3$, 5.7
SnO$_2$, 3.3
SrO, 4.1
Ta$_2$O$_5$, A-1
Tb$_2$O$_3$, 5.7
TeO$_2$, 3.3
ThO$_2$, 5.4
TiO, 4.1
TiO$_2$, 3.3
Ti$_2$O$_3$, 9.1
UO$_2$, 5.4
V$_2$O$_5$, A-1
WO$_3$, A-1
Y$_2$O$_3$, 5.7

光学的性質, レーザー

CsI, 3.1, 5.10
KBr, 5.10
KCl, 5.10
KI, 5.10
LaF$_3$, 6.5
LiF, 5.10
MgF$_2$, 5.10
NaCl, 5.10
NaF, 5.10
SrF$_2$, 5.4
TlBr, 5.7
TlCl, 5.7

Al$_2$O$_3$, 9.1

超伝導性

Mo, 2.6
Nb, 2.6
Os, 2.6
Pa, 2.6
Pb, 2.6
Re, 2.6
Ru, 2.6
Sb, 2.6

Yb$_2$O$_3$, 5.7
ZnO, 6.2
ZrO$_2$, 5.4

CoAl$_2$O$_4$, 8.2
LiZn$_{0.5}$Ge$_{1.5}$O$_4$, 8.2
LiZn$_{0.5}$Ti$_{1.5}$O$_4$, 8.2
MgAl$_2$O$_4$, 8.2
MgCr$_2$O$_4$, 8.2
NiAl$_2$O$_4$, 8.2
ZnAl$_2$O$_4$, 8.2

CdS, 5.2
CdSe, 5.2
CdTe, 5.2
CeS, 4.1
EuS, 4.1
EuSe, 4.1
HgTe, 5.2
MoS$_2$, 6.4
NdS, 4.1
PrS, 4.1
ThS, 4.1
US, 4.1
WS$_2$, 6.4
ZnS, 5.2
ZnSe, 5.2
ZnTe, 5.2
ZrS$_2$, 6.6

Gd$_2$O$_3$, 6.9
La$_2$O$_3$, 6.9
CaMoO$_4$, 5.9
CaWO$_4$, 5.9
PbMoO$_4$, 5.9
SrMoO$_4$, 5.9
SrWO$_4$, 5.9
Y$_3$Al$_5$O$_{12}$, 10.2

CdS, 5.2
CdTe, 5.2
PbS, 4.1
PbSe, 4.1
PbTe, 4.1

Sn, 2.6
Ta, 2.6
Tc, 2.6
Th, 2.6
Ti, 2.6
Tl, 2.6
U, 2.6
V, 2.6

328 索引

W, 2.6
Zn, 2.6
Zr, 2.6
―――
$AlMo_3$, 10.1
$AlNb_3$, 10.1
AlSn, 4.1
Au_2Bi, 8.1
$AuNb_3$, 10.1
AuV_3, 10.1
$AuZr_3$, 10.1
$BaRh_2$, 8.1
Bi_2K, 8.1
$BiNb_3$, 10.1
Bi_2Rb, 8.1
$CaIn_2$, 8.1
$CaRh_2$, 8.1
Cr_3Ir, 10.1
Cr_3Ru, 10.1
$GaMo_3$, 10.1
$GaNb_3$, 10.1
GaV_3, 10.1
$GeNb_3$, 10.1
$GeMo_3$, 10.1

$C_{(g)}$, 11.4
―――
$BaSi_2$, 6.8
Fe_3Si, 3.5
Mg_3Sb_2, 6.9
$NiSi_2$, 5.4
―――
CeB_6, 3.4
CrB_2, 6.8
EuB_6, 3.4
GdB_6, 3.4
LaB_6, 3.4
NdB_6, 3.4
PrB_6, 3.4

B, 6.16
Be, 6.16
$C_{(d)}$, 5.1
$C_{(g)}$, 11.4
Ge, 5.1
Si, 5.1
α-Sn, 5.1
―――
$BaSi_2$, 6.8
CrSi, A-1
Cr_5Si_3, A-1
Fe_3Si, 3.5
$MoSi_2$, A-1
Mo_5Si_3, A-1
$NbSi_2$, A-1

GeV_3, 10.1
$InNb_3$, 10.1
$IrMo_3$, 10.1
$IrNb_3$, 10.1
Ir_2Sc, 8.1
Ir_2Sr, 8.1
Ir_2Th, 8.1
$IrTi_3$, 10.1
Ir_2Y, 8.1
Ir_2Zr, 8.1
$LaOs_2$, 8.1
$LaRu_2$, 8.1
Mo_3Os, 10.1
Mo_3Si, 10.1
Nb_3Os, 10.1
Nb_3Pt, 10.1
Nb_3Rh, 10.1
Nb_3Sn, 10.1
$PbZr_3$, 10.1
$PtTi_3$, 10.1
PtV_3, 10.1
Pt_2Y, 8.1
Rh_2Sr, 8.1
Ru_2Th, 8.1

熱伝導率

PuB_2, 6.8
SmB_6, 3.4
SrB_6, 3.4
TaB_2, 6.8
TiB_2, 6.8
YB_6, 3.4
ZrB_2, 6.8
―――
HfC, 4.1
NbC, 4.1
TaC, 4.1
TiC, 4.1
WC, 6.1
ZrC, 4.1

熱膨張係数

Nb_5Si_3, A-1
Si_2Ta, A-1
Si_2V, A-1
Si_2W, A-1
Si_2Zr, A-1
―――
BaB_6, 3.4
CaB_6, 3.4
CeB_6, 3.4
CrB, A-1
CrB_2, 6.8
EuB_6, 3.4
GdB_6, 3.4
HfB_2, 6.8
LaB_6, 3.4

SbSn, 4.1
$SbTi_3$, 10.1
SiV_3, 10.1
$SnTa_3$, 10.1
SnV_3, 10.1
V_2Zr, 8.1
W_2Zr, 8.1
―――
ZrB, 4.1
―――
MoC, 6.15
NbC, 4.1
TaC, 4.1
TiC, 4.1
WC, 6.1
ZrC, 4.1
VN, 4.1
ZrN, 4.1
―――
PbS, 4.1
PbSe, 4.1
PbTe, 4.1

AlN, 6.2
TiN, 4.1
―――
BeO, 6.2
CaO, 4.1
HfO_2, 5.4
$MgAl_2O_4$, 8.2
MgO, 4.1
NiO, 4.1
ThO_2, 5.4
TiO_2, 3.3
UO_2, 5.4
ZrO_2, 5.4
―――
NdB_6, 3.4
PrB_6, 3.4
SmB_6, 3.4
SrB_6, 3.4
TaB_2, 6.8
TbB_6, 3.4
ThB_6, 3.4
TiB_2, 6.8, 6.16
UB_2, 6.8
VB_2, 6.8
YB_6, 3.4
ZrB_2, 6.8, 6.16
―――
B_4C, 6.16
Fe_3C, A-1

329

HfC, 4.1
Mn$_3$C, A-1
MoC, 6.15
Mo$_2$C, A-1
NbC, 4.1
SiC, 6.16
TaC, 4.1
TiC, 4.1
WC, 6.1, 6.16
W$_2$C, A-1
ZrC, 4.1, 6.16

CsBr, 4.5
CsCl, 4.5
CsF, 4.5
CsI, 4.5
KBr, 4.5
KCl, 4.5
KF, 4.5
KI, 4.5
LiBr, 4.5
LiCl, 4.5
LiF, 4.5
LiI, 4.5
NaBr, 4.5
NaCl, 4.5
NaF, 4.5
NaI, 4.5
RbBr, 4.5

BaSi$_2$, 6.8

BaB$_6$, 3.4
CaB$_6$, 3.4
CeB$_6$, 3.4
CrB$_2$, 6.8
EuB$_6$, 3.4
GdB$_6$, 3.4
NbB$_2$, 6.8

RbCl, 4.5
RbI, 4.5

AlN, 6.2
BN, 11.4
NbN, A-1
Nb$_2$N, A-1
TaN, A-1
Ta$_2$N, A-1
TiN, 4.1
V$_3$N, A-1

Al$_2$O$_3$, 6.16, 9.1
BeO, 6.2, 6.16
CaO, 4.1
CeO$_2$, 5.4
Cr$_2$O$_3$, 9.1
Dy$_2$O$_3$, 5.7
Gd$_2$O$_3$, 5.7
Er$_2$O$_3$, 5.7
Eu$_2$O$_3$, 5.7
Fe$_2$O$_3$, 9.1
HfO$_2$, 5.4
Ho$_2$O$_3$, 5.7
La$_2$O$_3$, 6.9
Lu$_2$O$_3$, 5.7
MgO, 4.1
Sc$_2$O$_3$, 5.7
SiO$_2$, 6.16

熱電的性質

NdB$_6$, 3.4
PrB$_6$, 3.4
ScB$_6$, 3.4
SmB$_6$, 3.4
SrB$_6$, 3.4
TaB$_2$, 6.8
TbB$_6$, 3.4
ThB$_6$, 3.4
TiB$_2$, 6.8

SrO, 4.1
ThO$_2$, 5.4
TiO, 4.1
TiO$_2$, 3.3
Tm$_2$O$_3$, 5.7
UO$_2$, 5.4
Y$_2$O$_3$, 5.7
Yb$_2$O$_3$, 5.7
ZnO, 6.2
ZrO$_2$, 5.4

CoAl$_2$O$_4$, 8.2
FeAl$_2$O$_4$, 8.2
MgAl$_2$O$_4$, 8.2
MgCr$_2$O$_4$, 8.2
MgFe$_2$O$_4$, 8.2
MnAl$_2$O$_4$, 8.2
MnCr$_2$O$_4$, 8.2
NiAl$_2$O$_4$, 8.2
ZnAl$_2$O$_4$, 8.2
ZnCr$_2$O$_4$, 8.2
ZnFe$_2$O$_4$, 8.2

CoS$_2$, 4.2
EuS, 4.1
EuSe, 4.1
FeS$_2$, 4.2

VB$_2$, 6.8
YB$_6$, 3.4
YbB$_6$, 3.4
ZrB$_2$, 6.8

Cu$_2$O, 3.2

PbS, 4.1
PbTe, 4.1

元 素 — **結晶学データ**

Ac, 2.2
Ag, 2.2
Al, 2.2
Am, 2.2
Ar, 2.2
As, 2.4
Au, 2.2
B, 6.7
Ba, 2.1
Be, 2.3
C$_{(d)}$, 5.1
C$_{(g)}$, 11.1
Ca, 2.2
β-Ca, 2.3

γ-Ca, 2.1
Cd, 2.3
Ce, 2.2
δ-Ce, 2.1
Co, 2.2
α-Co, 2.3
α-Cr, 2.1
β-Cr, 2.2
γ-Cr, 2.3
Cs, 2.1
Cu, 2.2
Dy, 2.3
Er, 2.3
Eu, 2.1

α-Fe, 2.1
β-Fe, 2.1
γ-Fe, 2.2
δ-Fe, 2.1
Ga, 2.4
Gd, 2.3
Ge, 5.1
He, 2.3
α-Hf, 2.3
β-Hf, 2.1
Hg, 2.4
Ho, 2.3
Ir, 2.2
In, 2.4

索引

K, 2.1
Kr, 2.2
β-La, 2.2
γ-La, 2.1
Li, 2.1, 2.3
Lu, 2.3
Mg, 2.3
Mn, 2.4
Mo, 2.1
Na, 2.1, 2.3
Nb, 2.1
β-Nd, 2.1
Ne, 2.2
Ni, 2.2, 2.3
α-Np, 2.4
β-Np, 2.4
γ-Np, 2.1
Os, 2.3
Pb, 2.2
Pd, 2.2
β-Pr, 2.1
Pt, 2.2
α-Pu, 2.4
β-Pu, 2.4
γ-Pu, 2.4
δ-Pu, 2.2
ε-Pu, 2.1
Rb, 2.1
Re, 2.3
Rh, 2.2
Ru, 2.3
α-Sc, 2.2
β-Sc, 2.2
Se, 2.4
Si, 5.1
Sm, 2.4
β-Sm, 2.1
Sn, 2.4, 5.1
α-Sr, 2.2
β-Sr, 2.3
γ-Sr, 2.1
Ta, 2.1
Tb, 2.3
Tc, 2.3
Te, 2.3
α-Th, 2.2
β-Th, 2.1
α-Ti, 2.3
β-Ti, 2.1
α-Tl, 2.3
β-Tl, 2.1
Tm, 2.3
α-U, 2.4
γ-U, 2.1
V, 2.1
W, 2.1
Xe, 2.2

α-Y, 2.3
β-Y, 2.1
α-Yb, 2.2
β-Yb, 2.1
Zn, 2.3
α-Zr, 2.3
β-Zr, 2.1

金属間化合物

AgAsMg, 5.5
AgAsZn, 5.5
δ-AgBe$_2$, 8.1
β-AgCd, 3.1
AgCe, 3.1
Ag$_2$Er, 4.3
Ag$_2$Ho, 4.3
φ-AgIn$_2$, 11.3
AgLa, 3.1
β-AgLi, 3.1
β-AgMg, 3.1
AgNd, 3.1
γ-AgPt$_3$, 7.2
γ″-Ag$_3$Pt, 7.2
AgTh$_2$, 11.3
AgY, 3.1
AgYb, 3.1
Ag$_2$Yb, 4.3
β-AgZn, 3.1
AlAs, 5.2
Al$_2$Au, 5.4
AlAu$_2$Mn, 4.4
Al$_2$Ca, 8.1
Al$_2$Ce, 8.1
β-AlCo, 3.1
γ′-AlCo$_3$, 7.2
AlCr$_2$, 4.3
θ-Al$_2$Cu, 11.3
AlCu$_2$Mn, 4.4
Al$_3$Er, 7.2
AlFe, 3.1
AlFe$_3$, 3.5
Al$_3$Ho, 7.2
Al$_2$La, 8.1
AlMo$_3$, 10.1
AlNb$_3$, 10.1
AlNd, 3.1
β-AlNi, 3.1
γ′-AlNi$_3$, 7.2
AlNi$_2$Ti, 4.4
Al$_2$Np, 8.1
Al$_3$Np, 7.2
AlP, 5.2
AlPd, 3.1
Al$_2$Pt, 5.4
Al$_2$Pu, 8.1
AlSb, 5.2
AlSc, 3.1

AlTh$_2$, 11.3
Al$_2$Th, 6.8
Al$_2$U, 8.1
Al$_3$U, 7.2
Al$_2$Y, 8.1
Al$_3$Yb, 7.2
AlZr$_3$, 7.2
Al$_2$Zr, 6.13
AsCe, 4.1
AsDy, 4.1
AsEr, 4.1
AsGa, 5.2
AsGd, 4.1
As$_3$GeLi$_5$, 5.4
AsHo, 4.1
AsIn, 5.2
AsK$_3$, 6.5
AsLa, 4.1
AsLi$_3$, 6.5
AsLiMg, 5.5
As$_3$Li$_5$Si, 5.4
As$_3$Li$_5$Ti, 5.4
AsLiZn, 5.4
As$_2$Mg$_3$, 5.7
AsMn, 6.10
AsNa$_3$, 6.5
AsNaZn, 5.5
AsNd, 4.1
AsNi, 6.10
As$_2$Pd, 4.2
AsPr, 4.1
As$_2$Pt, 4.2
AsPu, 4.1
AsRb$_3$, 6.5
AsSc, 4.1
AsSm, 4.1
AsSn, 4.1
AsTb, 4.1
AsTh, 4.1
α-AsTi, 6.15
β-AsTi, 6.10
AsTm, 4.1
AsU, 4.1
AsV$_3$, 10.1
AsY, 4.1
As$_3$Y$_3$, 8.1
AsYb, 4.1
Au$_2$Bi, 8.1
β-AuCd, 3.1
AuCu$_3$, 7.2
Au$_2$Er, 4.3
AuGa$_2$, 5.4
Au$_2$Ho, 4.3
AuIn$_2$, 5.4
AuMg, 3.1
AuMg$_3$, 6.5
β-AuMn, 3.1

331

AuNa$_2$, 11.3
Au$_2$Na, 8.1
AuNb$_3$, 10.1
AuPb$_2$, 11.3
Au$_2$Pb, 8.1
γ'-Au$_3$Pt, 7.2
AuSb$_2$, 4.2
AuSn, 6.10
AuTh$_2$, 11.3
AuTi$_3$, 10.1
AuV$_3$, 10.1
AuYb, 3.1
Au$_2$Yb, 4.3
β-AuZn, 3.1
AuZr$_3$, 10.1
BaCd, 3.1
BaGa$_2$, 6.8
BaHg, 3.1
BaMg$_2$, 6.13
BaPd$_2$, 8.1
BaPt$_2$, 8.1
BaRh$_2$, 8.1
BeCo, 3.1
Be$_2$Cr, 6.13
BeCu, 3.1
Be$_2$Cu, 8.1
β-Be$_2$Fe, 6.13
ε-Be$_5$Fe, 8.1
Be$_2$K, 8.1
Be$_2$Mn, 6.13
Be$_2$Mo, 6.13
BeNi, 3.1
Be$_3$P$_2$, 5.7
BePd, 3.1
Be$_2$Re, 6.13
BeSiZr, 6.11
BeTa$_2$, 11.3
Be$_2$Ti, 8.1
Be$_2$V, 6.13
Be$_2$W, 6.13
Be$_2$Zr, 6.8
BiCe, 4.1
Bi$_2$Cs, 8.1
BiCuMg, 5.5
BiHo, 4.1
BiIn, 7.1
BiK$_3$, 3.5
α-BiK$_3$, 6.5
BiLa, 4.1
BiLi$_3$, 3.5
BiLiMg, 5.5
α-Bi$_2$Mg$_3$, 6.9
BiMgNi, 5.5
BiMn, 6.10
BiNa$_3$, 6.5
BiNb$_3$, 10.1
BiNd, 4.1

BiNi, 6.10
Bi$_2$Pd, 4.2
β-Bi$_3$Pd$_5$, 6.11
BiPr, 4.1
BiPt, 6.10
Bi$_2$Pt, 4.2
BiPu, 4.1
BiRb$_3$, 6.5
Bi$_2$Rb, 8.1
BiRh, 6.10
BiSm, 4.1
BiTb, 4.1
BiU, 4.1
CaCd$_2$, 6.13
CaGa$_2$, 6.8
CaHg$_2$, 6.8
CaLi$_2$, 6.13
CaMg$_2$, 6.13
CaPb$_3$, 7.2
CaPd$_2$, 8.1
CaPt$_2$, 8.1
CaSn$_3$, 7.2
CaTi, 3.1
CaTl$_3$, 7.2
CdCe, 3.1
Cd$_2$Ce, 6.6
CdCuSb, 5.5
CdEu, 3.1
CdLa, 3.1
Cd$_2$La, 6.6
Cd$_3$Nb, 7.2
CdPr, 3.1
Cd$_2$Pr, 6.6
α'-CdPt$_3$, 7.2
CdSr, 3.1
CeCo$_2$, 8.1
CeFe$_2$, 8.1
CeGa$_2$, 6.8
CeHg, 3.1
CeIn$_3$, 7.2
Ce$_3$In, 7.2
CeIr$_2$, 8.1
CeMg, 3.1
CeMg$_2$, 8.1
CeMg$_3$, 3.5
CeNi$_2$, 8.1
CeOs$_2$, 8.1
CeP, 4.1
CePb$_3$, 7.2
CePt$_2$, 8.1
CePt$_3$, 7.2
CeRh$_2$, 8.1
CeRu$_2$, 8.1
CeSb, 4.1
CeSn$_3$, 7.2
CeZn, 3.1
(Co, Cr)Ta, 6.13

CoCu$_2$Sn, 4.4
Co$_2$Dy, 8.1
Co$_2$Er, 8.1
CoFe, 3.1
CoFeGe, 6.11
CoGeMn, 6.11
Co$_2$Gd, 8.1
Co$_2$Hf, 8.1
Co$_2$Ho, 8.1
Co$_2$Lu, 8.1
CoMnSb, 5.5
Co$_2$MnSn, 4.4
Co$_2$Nb, 8.1
Co$_2$Nd, 8.1
CoNiSb, 6.11
CoNiSn, 6.11
Co$_2$Pr, 8.1
CoPt$_3$, 7.3
Co$_2$Pu, 8.1
CoSc, 3.1
CoSc$_2$, 11.3
Co$_2$Sc, 8.1
CoSi$_2$, 5.4
Co$_2$Sm, 8.1
CoSn$_2$, 11.3
Co$_3$Sn$_2$, 6.11
CoTa, 6.13
β-Co$_2$Ta, 8.1
CoTaTi, 6.13
CoTaV, 6.13
Co$_2$Tb, 8.1
Co$_2$Ti, 8.1
Co$_2$Tm, 8.1
Co$_2$U, 8.1
CoV$_3$, 10.1
Co$_2$Y, 8.1
Co$_2$Yb, 8.1
Co$_2$Zr, 8.1
CrCu$_2$Sn, 4.4
Cr$_3$Ge, 10.1
Cr$_2$Hf, 8.1
α'-CrIr$_3$, 7.2
Cr$_3$Ir, 10.1
Cr$_2$Nb, 8.1
(Cr, Ni)Cu$_2$Sn, 4.4
CrNiTa, 6.13
Cr$_3$Pt, 7.2, 10.1
Cr$_3$Rh, 10.1
Cr$_3$Ru, 10.1
CrSb, 6.10
β-Cr$_3$Si, 10.1
CrTa, 6.13
Cr$_2$Ta, 6.13, 8.1
Cr$_2$Ti, 6.13, 8.1
Cr$_2$Zr, 6.13, 8.1
CuEu, 3.1
Cu$_2$FeSn, 4.4

332　　　索　引

Cu$_2$In, 6.11
Cu$_2$InMn, 4.4
Cu$_2$Mg, 8.1
CuMgSb, 5.5
Cu$_3$Mg$_2$Si, 6.13
CuMgSn, 5.5
CuMnSb, 5.5
Cu$_2$MnSn, 4.4
Cu$_4$MnSn, 8.1
(Cu, Ni)$_3$Sb, 3.5
(Cu, Ni)$_3$Sn, 3.5
Cu$_2$NiSn, 4.4
β-CuPd, 3.1
γ'-Cu$_3$Pd, 7.2
Cu$_3$Pt, 7.2
CuSb, 6.10
CuSn, 6.10
CuTaV, 8.1
CuTh$_2$, 11.3
Cu$_2$Th, 6.8
CuY, 3.1
β'-CuZn, 3.1
DyFe$_2$, 8.1
DyIr$_2$, 8.1
DyMn$_2$, 8.1
DyNi$_2$, 8.1
DyPt$_2$, 8.1
DyRh$_2$, 8.1
DySb, 4.1
ErFe$_2$, 8.1
ErIn$_3$, 7.2
ErIr$_2$, 8.1
ErMn$_2$, 8.1
ErNi$_2$, 8.1
ErPt$_3$, 7.2
ErRh$_2$, 8.1
ErSb, 4.1
ErTl, 3.1
ErTl$_3$, 7.2
EuHg$_2$, 6.8
EuIr$_2$, 8.1
EuZn, 3.1
FeGe$_2$, 11.3
Fe$_{1.7}$Ge, 6.11
FeGeMn, 6.11
FeGeNi, 6.11
Fe$_2$Gd, 8.1
Fe$_2$Ho, 8.1
Fe$_2$Lu, 8.1
Fe$_2$Nb, 6.13
FeNi$_3$, 7.2
FeNiTa, 8.1
FeNiU, 8.1
FePd$_3$, 7.2
Fe$_2$Pu, 8.1
FeSb, 6.10
ε-FeSb, 6.11

Fe$_3$Si, 3.5
Fe$_2$Sm, 8.1
FeSn$_2$, 11.3
Fe$_2$Ta, 6.13
Fe$_2$Tb, 8.1
Fe$_2$Ti, 6.13
Fe$_2$Tm, 8.1
Fe$_2$U, 8.1
Fe$_2$W, 6.13
Fe$_2$Y, 8.1
Fe$_2$Zr, 8.1
Ga$_2$Eu, 6.8
Ga$_2$La, 6.8
GaMo$_3$, 10.1
β-GaNi, 3.1
GaNi$_3$, 7.2
γ-Ga$_2$Ni$_3$, 6.11
GaP, 5.2
Ga$_2$Pr, 6.8
Ga$_2$Pt, 5.4
GaRh, 3.1
GaSb, 5.2
Ga$_2$Sr, 6.8
Ga$_3$U, 7.2
GaV$_3$, 10.1
GdIr$_2$, 8.1
GdMg$_3$, 3.5
GdMn$_2$, 8.1
GdNi$_2$, 8.1
GdPt$_2$, 8.1
GdRh$_2$, 8.1
GdSb, 4.1
GeLi$_5$P$_3$, 5.4
GeMg$_2$, 5.4
GeMnNi, 6.11
GeMo$_3$, 10.1
β-Ge$_2$Mo, 4.3
GeNb$_3$, 10.1
GeNi$_{1.70}$, 6.11
GeNi$_3$, 7.2
Ge$_3$Pu, 7.2
Ge$_3$U, 7.2
GeV$_3$, 10.1
HfMo$_2$, 8.1
HfOs$_2$, 6.13
HfP, 6.15
HfRe$_2$, 6.13
HfV$_2$, 8.1
HfW$_2$, 8.1
Hg$_2$La, 6.8
HgLi, 3.1
HgLi$_3$, 3.5
HgMg, 3.1
HgMg$_3$, 6.5
Hg$_2$Mg, 4.3
HgMn, 3.1
HgNd, 3.1

HgPr, 3.1
HgSr, 3.1
Hg$_2$Sr, 6.8
δ-HgTi, 7.2
γ-HgTi$_3$, 10.1
Hg$_2$V, 6.8
HgZr$_3$, 10.1
Hg$_3$Zr, 7.2
HoIn, 3.1
HoIn$_3$, 7.2
HoIr$_2$, 8.1
HoMn$_2$, 8.1
HoNi$_2$, 8.1
HoP, 4.1
HoPt$_3$, 7.2
HoRh$_2$, 8.1
HoSb, 4.1
HoTl, 3.1
HoTl$_3$, 7.2
InLa, 3.1
InLa$_3$, 7.2
InNb$_3$, 10.1
InNd$_3$, 7.2
β-InNi$_2$, 6.11
InP, 5.2
InPd, 3.1
InPr, 3.1
InPr$_3$, 7.2
In$_3$Pr, 7.2
In$_2$Pt, 5.4
In$_3$Pu, 7.2
InPu$_3$, 7.2
InSb, 5.2
In$_3$Sc, 7.2
In$_3$Tb, 7.2
InTm, 3.1
In$_3$Tm, 7.2
In$_3$U, 7.2
InYb, 3.1
In$_3$Yb, 7.2
Ir$_2$La, 8.1
IrLu, 3.1
γ'-IrMn$_3$, 7.2
IrMo$_3$, 10.1
IrNb$_3$, 10.1
Ir$_2$Nd, 8.1
Ir$_2$P, 5.4
IrPb, 6.10
Ir$_2$Pr, 8.1
IrSb, 6.10
Ir$_2$Sc, 8.1
Ir$_2$Sm, 8.1
IrSn, 6.10
IrSn$_2$, 5.4
Ir$_2$Sr, 8.1
Ir$_2$Tb, 8.1
Ir$_2$Th, 8.1

333

IrTi$_3$, 10.1
Ir$_2$Tm, 8.1
IrV$_3$, 10.1
Ir$_2$V, 8.1
Ir$_2$Y, 8.1
Ir$_2$Yb, 8.1
Ir$_2$Zr, 8.1
KNa$_2$, 6.13
K$_3$P, 6.5
KPb$_2$, 6.13
K$_3$Sb, 6.5
LaMg, 3.1
LaMg$_2$, 8.1
LaMg$_3$, 3.5
LaOs$_2$, 8.1
LaP, 4.1
LaPb$_3$, 7.2
LaPd$_3$, 7.2
LaPt$_2$, 8.1
LaPt$_3$, 7.2
LaRh$_2$, 8.1
LaRu$_2$, 8.1
LaSb, 4.1
LaSn$_3$, 7.2
LaZn, 3.1
LiMgP, 5.4
LiMgSb, 5.5
Li$_3$P, 6.5
LiPZn, 5.5
Li$_5$P$_3$Si, 5.4
Li$_5$P$_3$Ti, 5.4
β-LiPb, 3.1
α-Li$_3$Sb, 6.5
β-Li$_3$Sb, 3.1
LiTi, 3.1
LuNi$_2$, 8.1
LuOs$_2$, 6.13
LuRh, 3.1
LuRh$_2$, 8.1
LuRu$_2$, 6.13
Mg$_3$Nd, 3.5
MgNiSb, 5.5
MgNi$_2$Sb, 4.4
MgNi$_2$Sn, 4.4
MgNiZn, 8.1
Mg$_3$P$_2$, 5.7
Mg$_2$Pb, 5.4
MgPr, 3.1
Mg$_2$Pr, 8.1
Mg$_3$Pr, 3.5
MgPu$_2$, 5.4
α-Mg$_3$Sb$_2$, 6.9
MgSc, 3.1
Mg$_2$Si, 5.4
Mg$_2$Sn, 5.4, 6.11
MgSr, 3.1
Mg$_2$Sr, 6.13

Mg$_3$Tb, 3.5
Mg$_2$Th, 8.1
MgTi, 3.1
MgZn$_2$, 6.13
Mn$_2$Nb, 6.13
MnNiSb, 5.5
MnNi$_2$Sb, 4.4
MnNi$_2$Sn, 4.4
Mn$_3$Os, 10.1
β-MnPd, 3.1
MnPt$_3$, 7.2
γ′-Mn$_3$Pt, 7.2
Mn$_2$Pu, 8.1
β′-MnRh, 3.1
γ′-Mn$_3$Rh, 7.2
MnSb, 6.10
Mn$_2$Sc, 6.13
MnSn$_2$, 11.3
Mn$_2$Sn, 6.11
Mn$_2$Ta, 6.13
Mn$_2$Tb, 8.1
Mn$_2$Th, 6.13
Mn$_2$Ti, 6.13
Mn$_2$U, 8.1
Mn$_2$Y, 8.1
Mn$_2$Zr, 6.13
MoP, 6.1
MoSi$_2$, 4.3
Mo$_3$Sn, 10.1
Mo$_2$Zr, 8.1
Na$_3$P, 6.5
β-NaPb$_3$, 7.2
NaPt$_2$, 8.1
Na$_3$Sb, 6.5
Nb$_3$Os, 10.1
Nb$_3$Pt, 10.1
Nb$_3$Rh, 10.1
NbS$_{<1}$, 6.1
Nb$_3$Sb, 10.1
Nb$_3$Si, 7.2
Nb$_3$Sn, 10.1
NdNi$_2$, 8.1
NdP, 4.1
NdPt$_2$, 8.1
NdPt$_3$, 7.2
NdRh$_2$, 8.1
NdRu$_2$, 8.1
NdSb, 4.1
NdSn$_3$, 7.2
Ni$_2$Lu, 8.1
Ni$_2$Pr, 8.1
Ni$_2$Pu, 8.1
NiSb, 6.10
Ni$_2$Sc, 8.1
NiSi$_2$, 5.4
θ-Ni$_2$Si, 6.11
β-Ni$_3$Si, 7.2

Ni$_2$Sm, 8.1
NiSn, 6.10
Ni$_3$Sn$_2$, 6.11
NiTaV, 6.13
Ni$_2$Tb, 8.1
Ni$_2$Th, 6.8
Ni$_2$Tm, 8.1
NiV$_3$, 10.1
Ni$_2$V, 6.13
Ni$_2$Y, 8.1
Ni$_2$Yb, 8.1
Os$_2$Pr, 8.1
Os$_2$Sc, 6.13
Os$_2$Th, 8.1
OsTi, 3.1
Os$_2$U, 8.1
Os$_2$Y, 6.13
Os$_2$Zr, 6.13
PPr, 4.1
P$_2$Pt, 4.2
PPu, 4.1
PRh$_2$, 5.4
PSc, 4.1
PSm, 4.1
PTb, 4.1
PTh, 4.1
PTi, 6.15
PV, 6.10
PY, 4.1
PZr, 4.1
β-PZr, 6.15
PbPd$_3$, 7.2
Pb$_2$Pd, 11.3
Pb$_2$Pd$_3$, 6.11
Pb$_3$Pr, 7.2
PbPt, 6.10
PbPu$_3$, 7.2
Pb$_2$Rh, 11.3
Pb$_3$U, 7.2
PbV$_3$, 10.1
PdSb, 6.10
PdSb$_2$, 4.2
Pd$_5$Sb$_3$, 6.11
PdSn, 6.10
Pd$_3$Sn, 7.2
Pd$_3$Sn$_2$, 6.11
Pd$_2$Sr, 8.1
PdTh$_2$, 11.3
Pd$_3$Y, 7.2
PrPt$_2$, 8.1
PrPt$_3$, 7.2
PrRh$_2$, 8.1
PrRu$_2$, 8.1
PrSb, 4.1
PrSn$_3$, 7.2
PrZn, 3.1
PtSb, 6.10

PtSb$_2$, 4.2
Pt$_3$Sc, 7.2
Pt$_3$Sm, 7.2
PtSn, 6.10
PtSn$_2$, 5.4
Pt$_3$Sn, 7.2
Pt$_2$Sr, 8.1
Pt$_3$Tb, 7.2
PtTl$_3$, 10.1
Pt$_3$Tl, 7.2
Pt$_3$Tm, 7.2
PtV$_3$, 10.1
Pt$_2$Y, 8.1
Pt$_3$Y, 7.2
Pt$_3$Yb, 7.2
Pt$_3$Zn, 7.2
PuRu$_2$, 8.1
PuSn$_3$, 7.2
PuZn$_2$, 8.1
Rb$_3$Sb, 6.5
ReSi$_2$, 4.3
Re$_2$Zr, 6.13
Rh$_3$Sc, 7.2
RhSn, 6.10
Rh$_3$Sn$_2$, 6.11
Rh$_2$Sr, 8.1
RhV$_3$, 10.1
RhY, 3.1
Rh$_2$Y, 8.1
α-RuSi, 3.1
Ru$_2$Sm, 8.1
RuSn$_2$, 4.2
Ru$_2$Th, 8.1
RuTi, 3.1
Ru$_3$U, 7.2
Ru$_2$Zr, 6.13
SbSc, 4.1
SbSm, 4.1
SbSn, 4.1
SbTb, 4.1
SbTh, 4.1
SbTi, 3.1, 6.10
SbTi$_3$, 10.1
Sb$_2$Ti, 11.3
SbTm, 4.1
SbU, 4.1
SbV$_3$, 10.1
Sb$_2$V, 11.3
SbYb, 4.1
ScRh, 3.1
SiTa$_2$, 11.3
Si$_2$Th, 6.8
Si$_2$U, 6.8
β-Si$_2$U, 6.8
Si$_3$U, 7.2
SiV$_3$, 10.1
Si$_2$W, 4.3

SiZr$_2$, 11.3
SnTi$_2$, 6.11
Sn$_3$U, 7.2
SnV$_3$, 10.1
SrTi, 3.1
TbTl$_3$, 7.2
TeTh, 3.1
Th$_2$Zn, 11.3
TiV$_2$, 6.8
TiZn$_2$, 6.13
TiZn$_3$, 7.2
TlTm, 3.1
Tl$_3$Tm, 7.2
Tl$_3$U, 7.2
TmRb, 3.1
V$_2$Zr, 8.1
W$_2$Zr, 8.1
Zn$_2$Zr, 8.1

ホウ化物
AgB$_2$, 6.8
AsB, 5.2
AuB$_2$, 6.8
BaB$_6$, 3.4
Be$_2$B, 5.4
CaB$_6$, 3.4
CeB$_6$, 3.4
Co$_2$B, 11.3
θ-CrB$_2$, 6.8
Cr$_2$B, 11.3
DyB$_6$, 3.4
ErB$_6$, 3.4
Fe$_2$B, 11.3
GdB$_6$, 3.4
HfB$_2$, 6.8
LaB$_6$, 3.4
LuB$_2$, 6.8
LuB$_6$, 3.4
MgB$_2$, 6.8, 12.2
MnB$_2$, 6.8
Mn$_2$B, 11.3
MoB$_2$, 6.8
Mo$_2$B, 11.3
NbB$_2$, 6.8
NdB$_6$, 3.4
Ni$_2$B, 11.3
OsB$_2$, 6.8
Os$_2$B$_5$, 6.14
PB, 5.2
PrB$_6$, 3.4
PtB, 6.10
PuB, 4.1
PuB$_2$, 6.8
RuB$_2$, 6.8
Ru$_2$B$_5$, 6.14
ScB$_2$, 6.8
SiB$_6$, 3.4

SmB$_6$, 3.4
SrB$_6$, 3.4
TaB$_2$, 6.8
β-Ta$_2$B, 11.3
TbB$_6$, 3.4
ThB$_6$, 3.4
TiB$_2$, 6.8
Ti$_2$B$_5$, 6.14
TmB$_6$, 3.4
UB$_2$, 6.8
VB$_2$, 6.8
α-WB, 6.14
WB$_2$, 6.14
WB$_4$, 6.14
W$_2$B, 6.14, 11.3
W$_2$B$_5$, 6.14
YB$_6$, 3.4
YbB$_6$, 3.4
ZrB, 4.1
ZrB$_2$, 6.8

炭化物
AlFe$_3$C, 7.4
AlMn$_3$C, 7.4
BaC$_2$, 4.3
Be$_2$C, 5.4
CaC$_2$, 4.3
CeC$_2$, 4.3
DyC$_2$, 4.3
ErC$_2$, 4.3
Fe$_3$SnC, 7.4
GaMn$_3$C, 7.4
GdC$_2$, 4.3
HfC, 4.1
HoC$_2$, 4.3
LaC$_2$, 4.3
LuC$_2$, 4.3
MgC$_2$, 4.3
Mn$_3$ZnC, 7.4
γ-MoC, 6.15
NbC, 4.1
NdC$_2$, 4.3
NpC, 4.1
PrC$_2$, 4.3
PuC, 4.1
RuC, 6.1
β-SiC, 5.2
α-SiC, 6.2
SmC$_2$, 4.3
SrC$_2$, 4.3
TaC, 4.1
TbC$_2$, 4.3
ThC, 4.1
TiC, 4.1
TmC$_2$, 4.3
UC, 4.1
UC$_2$, 4.3

335

VC, 4.1
WC, 6.1
W_2C, 6.6
YC_2, 4.3
YbC_2, 4.3
ZrC, 4.1

ハロゲン化物, オキシハロゲン化物

$AcBr_3$, 12.4
$AcCl_3$, 12.4
AcF_3, 12.4
AcOF, 5.4
AgBr, 4.1
AgCl, 4.1
AgF, 4.1
Ag_2F, 6.6
AgI, 5.2, 6.2
$AmCl_3$, 12.4
AmF_3, 12.4
$BaBr_2$, 12.4
$BaCl_2$, 12.4
BaF_2, 5.4
BaI_2, 12.4
$BaSrNb_2O_6F$, 5.8
BeF_2, 5.10
BiTeBr, 6.6
BiTeI, 6.6
$CaBr_2$, 6.16
$CaCl_2$, 6.16
CaF_2, 5.4
CaI_2, 6.6
$Ca_2Nb^{IV}Nb^{V}O_6F$, 5.8
$CaPbBr_3$, 7.4
CdF_2, 5.4
CdI_2, 6.6
$CeBr_3$, 6.3
$CeCl_3$, 6.3
CeF_3, 12.4
CeOF, 5.4
$CfCl_3$, 6.3
$CoBr_2$, 6.6
CoF_2, 3.3
CoI_2, 6.6
CsBr, 3.1
CsCl, 3.1
CsF, 3.1
CsI, 3.1
$CsCaF_3$, 7.4
$CsCdBr_3$, 7.4
$CsCdCl_3$, 7.4
Cs_2CoF_6, 5.6
Cs_2CrCl_4, 7.5
Cs_2CrF_6, 5.6
$CsCrO_3F$, 5.9
$CsFeF_3$, 7.4
$CsGeCl_3$, 7.4
Cs_2GeCl_6, 5.6

$CsHgBr_3$, 7.4
$CsHgCl_3$, 7.4
$CsMgF_3$, 7.4
Cs_2MnCl_6, 5.6
Cs_2PbCl_3, 7.4
Cs_2PdBr_6, 5.6
Cs_2SnCl_6, 5.6
$CsZnF_3$, 7.4
CuBr, 5.2, 6.2
CuCl, 5.2, 6.2
CuF, 5.2
CuF_2, 12.4
CuI, 6.2
α-CuI, 5.2
$EuBr_2$, 12.4
$EuCl_2$, 12.4
$EuCl_3$, 6.3
EuF_2, 5.4
EuF_3, 12.4
$FeBr_2$, 6.6
FeF_2, 3.3
FeF_3, 7.3
FeI_2, 6.6
$GdCl_3$, 6.3
GeI_2, 6.6
HgF_2, 5.4
HoOF, 5.4
KBr, 4.1
KCl, 4.1
KF, 4.1
KI, 4.1
$KCaF_3$, 7.4
$KCdF_3$, 7.4
$KCoF_3$, 7.4
K_2CoF_4, 7.5
$KCrF_3$, 7.4
$KCrO_3F$, 5.9
$KCuF_3$, 7.4
K_2CuF_4, 7.5
$KFeF_3$, 7.4
$KMgF_3$, 7.4
K_2MgF_4, 7.5
K_2MnCl_6, 5.6
$KMnF_3$, 7.4
K_2NbO_3F, 7.5
$KNiF_3$, 7.4
K_2NiF_4, 7.5
K_2PtCl_6, 5.6
K_2SnCl_6, 5.6
$KZnF_3$, 7.4
K_2ZnF_4, 7.5
$K_3Zn_2F_7$, 7.6
$K(Cr_{0.5}Na_{0.5})F_3$, 7.4
$K(Fe_{0.5}Na_{0.5})F_3$, 7.4
$K(Ga_{0.5}Na_{0.5})F_3$, 7.4
$LaBr_3$, 6.3
$LaCl_3$, 6.3

LaF_3, 6.5
LaOF, 5.4
LiBr, 4.1
LiCl, 4.1
LiF, 4.1
LiI, 4.1
$LiDyF_4$, 5.9
$LiErF_4$, 5.9
$LiEuF_4$, 5.9
$LiGdF_4$, 5.9
$LiHoF_4$, 5.9
$LiLuF_4$, 5.9
$LiTbF_4$, 5.9
$LiTmF_4$, 5.9
$LiYF_4$, 5.9
$LiYbF_4$, 5.9
$MgBr_2$, 6.6
MgF_2, 3.3
MgI_2, 6.6
$MnBr_2$, 6.6
MnF_2, 3.3
MnI_2, 6.6
MoF_3, 7.3
NaBr, 4.1
NaCl, 4.1
NaF, 4.1
NaI, 4.1
$NaZnF_3$, 7.4
$NaCaNb_2O_6F$, 5.8
$NaLu_{0.67}Nb_2O_6F$, 5.8
NbF_3, 7.3
NbO_2F, 7.3
$NdCl_3$, 6.3
NdOF, 5.4
NH_4Br, 3.1
NH_4Cl, 3.1
NH_4F, 6.2
NH_4I, 3.1, 4.1
$(NH_4)_2NiF_4$, 7.5
$(NH_4)_2PtCl_6$, 5.6
$(NH_4)_2SbCl_6$, 5.6
NiF_2, 3.3
$NpBr_3$, 12.4
$NpCl_3$, 12.4
NpF_3, 12.4
$PbBr_2$, 12.4
$PbCl_2$, 12.4
β-PbF_2, 5.4
PbI_2, 6.6
PdF_2, 3.3
$PmCl_3$, 12.4
$PrBr_3$, 6.3
$PrCl_3$, 6.3
PrF_3, 12.4
PrOF, 5.4
PuOF, 5.4

RaF$_2$, 5.4
RbBr, 4.1
RbCl, 3.1, 4.1
RbF, 4.1
RbI, 4.1
RbCaF$_3$, 7.4
RbFeF$_3$, 7.4
RbMgF$_3$, 7.4
Rb$_2$MnCl$_6$, 5.6
RbMnF$_3$, 7.4
Rb$_2$NiF$_4$, 7.5
RbZnF$_3$, 7.4
Rb$_2$ZnF$_4$, 7.5
SmBr$_2$, 12.4
SmCl$_2$, 12.4
SmCl$_3$, 6.3
SmF$_3$, 12.4
SmOF, 5.4
SrBr$_2$, 12.4
SrCl$_2$, 5.4, 6.10
SrF$_2$, 5.4
SrFeO$_3$F, 7.5
TaF$_3$, 7.3
TaO$_2$F, 7.3
ThI$_2$, 6.6
TiBr$_2$, 6.6
TiCl$_2$, 6.6
TiI$_2$, 6.6
TiO$_2$F, 7.3
TlBr, 3.1
TlCl, 3.1
TlI, 3.1
Tl$_2$CoF$_4$, 7.5
Tl$_2$CoF$_4$, 7.5
Tl$_2$NiF$_4$, 7.5
TmI$_2$, 6.6
UBr$_3$, 6.3
UCl$_3$, 6.3
UF$_3$, 12.4
VBr$_2$, 6.6
VCl$_2$, 6.6
VI$_2$, 6.6
YbI$_2$, 6.6
β-YOF, 5.4
ZnF$_2$, 3.3
ZnI$_2$, 6.6

水素化物

CeH$_2$, 5.4
CuH, 6.2
DyH$_2$, 5.4
ErH$_2$, 5.4
GdH$_2$, 5.4
HoH$_2$, 5.4
KH, 4.1
LaH$_{3.0}$, 3.5
LiH, 4.1
LiBaH$_3$, 7.4
LiEuH$_3$, 7.4
LiSrH$_3$, 7.4
LuH$_2$, 5.4
Mg(D$_{0.9}$H$_{0.1}$), 3.3
NaH, 4.1
NbH$_2$, 5.4
NdH$_2$, 5.4
PdH, 4.1
PrH$_2$, 5.4
RbH, 4.1
ScH$_2$, 5.4
SmH$_2$, 5.4
TbH$_2$, 5.4
TmH$_2$, 5.4
YH$_2$, 5.4

窒化物

AlN, 6.2
BN, 5.2
Be$_3$N$_2$, 5.7
α-Ca$_3$N$_2$, 5.7
Cd$_3$N$_2$, 5.7
CeN, 4.1
CrN, 4.1
Cu$_3$N, 7.3
DyN, 4.1
ErN, 4.1
EuN, 4.1
Fe$_4$N, 7.4
Fe$_3$NiN, 7.4
Fe$_3$PtN, 7.4
GaN, 6.2
GdN, 4.1
GeLi$_5$N$_3$, 5.4
HoN, 4.1
InN, 6.2
LaN, 4.1
LiMgN, 5.5
Li$_5$SiN$_3$, 5.4
Li$_5$TiN$_3$, 5.4
LiZnN, 5.5
LuN, 4.1
Mg$_3$N$_2$, 5.7
Mn$_2$N, 6.6
Mn$_4$N, 7.4
NbN$_{0.98}$, 4.1
NbN, 6.2
γ-NbN$_{(0.8-0.9)}$, 6.1
δ'-NbN, 6.10
ε-NbN, 6.15
NdN, 4.1
(Ni$_{0.3}$Ti$_{0.7}$)N, 6.1
PrN, 4.1
PuN, 4.1
ScN, 4.1
SmN, 4.1
TaN, 6.2
δ-TaN$_{0.9}$, 6.1
TbN, 4.1
ThN, 4.1
Th$_2$N$_3$, 6.9
Ti$_{0.9}$N, 4.1
TiN, 4.1
Ti$_2$N, 3.3
TmN, 4.1
UN, 4.1
UN$_2$, 5.4
U$_2$N$_3$, 5.7, 6.9
VN, 4.1
YN, 4.1
YbN, 4.1
Zn$_3$N$_2$, 5.7
ZrN, 4.1

酸化物, 複酸化物

Ac$_2$O$_3$, 6.9
AgO, 4.5
Ag$_2$O, 3.2
AgIO$_4$, 5.9
Ag$_2$MoO$_4$, 8.2
AgNbO$_3$, 7.4
AgReO$_4$, 5.9
AgTaO$_3$, 7.4
α-Al$_2$O$_3$, 9.1
AlAsO$_4$, 3.3
AmO, 4.1
AmO$_2$, 5.4
BaO, 4.1
BaO$_2$, 4.3
Ba(Ag$_{0.5}$I$_{0.5}$)O$_3$, 7.4
BaAl$_{12}$O$_{19}$, 8.3
Ba(Al$_{0.67}$W$_{0.33}$)O$_3$, 7.4
Ba(Ba$_{0.5}$Os$_{0.5}$)O$_3$, 7.4
Ba(Ba$_{0.5}$Re$_{0.5}$)O$_3$, 7.4
Ba(Ba$_{0.5}$Ta$_{0.5}$)O$_{2.75}$, 7.4
Ba(Ba$_{0.5}$U$_{0.5}$)O$_3$, 7.4
Ba(Ba$_{0.5}$W$_{0.5}$)O$_3$, 7.4
Ba(Bi$_{0.5}$Nb$_{0.5}$)O$_3$, 7.4
Ba(Bi$_{0.5}$Ta$_{0.5}$)O$_3$, 7.4
BaBi$_4$Ti$_4$O$_{15}$, 7.7
BaBi$_3$Ti$_2$NbO$_{12}$, 7.7
Ba(Ca$_{0.5}$Mo$_{0.5}$)O$_3$, 7.4
Ba(Ca$_{0.33}$Nb$_{0.67}$)O$_3$, 7.4
Ba(Ca$_{0.5}$Os$_{0.5}$)O$_3$, 7.4
Ba(Ca$_{0.5}$Re$_{0.5}$)O$_3$, 7.4
Ba(Ca$_{0.33}$Ta$_{0.67}$)O$_3$, 7.4
Ba(Ca$_{0.5}$Te$_{0.5}$)O$_3$, 7.4
Ba(Ca$_{0.5}$U$_{0.5}$)O$_3$, 7.4
Ba(Ca$_{0.5}$W$_{0.5}$)O$_3$, 7.4
Ba(Cd$_{0.33}$Nb$_{0.67}$)O$_3$, 7.4
Ba(Cd$_{0.5}$Os$_{0.5}$)O$_3$, 7.4
Ba(Cd$_{0.5}$Re$_{0.5}$)O$_3$, 7.4

Ba(Cd$_{0.33}$Ta$_{0.67}$)O$_3$, 7.4
Ba(Cd$_{0.5}$U$_{0.5}$)O$_3$, 7.4
BaCeO$_3$, 7.4
Ba(Ce$_{0.5}$Nb$_{0.5}$)O$_3$, 7.4
Ba(Ce$_{0.5}$Pa$_{0.5}$)O$_3$, 7.4
BaCoO$_3$-x, 7.9
Ba(Co$_{0.5}$Mo$_{0.5}$)O$_3$, 7.4
Ba(Co$_{0.33}$Nb$_{0.67}$)O$_3$, 7.4
Ba(Co$_{0.5}$Nb$_{0.5}$)O$_3$, 7.4
Ba$_2$CoOsO$_6$, 7.9
Ba(Co$_{0.5}$Re$_{0.5}$)O$_3$, 7.4
Ba(Co$_{0.33}$Ta$_{0.67}$)O$_3$, 7.4
Ba$_3$CoTi$_2$O$_9$, 7.9
Ba(Co$_{0.5}$U$_{0.5}$)O$_3$, 7.4
Ba(Co$_{0.5}$W$_{0.5}$)O$_3$, 7.4
BaCr$_6$Fe$_6$O$_{19}$, 8.3
Ba$_3$Cr$_2$MoO$_9$, 7.9
Ba$_2$CrOsO$_6$, 7.9
Ba$_3$Cr$_2$ReO$_9$, 7.9
Ba(Cr,Ti)O$_3$, 7.9
Ba$_2$CrTaO$_6$, 7.9
Ba(Cr$_{0.5}$U$_{0.5}$)O$_3$, 7.4
Ba$_3$Cr$_2$UO$_9$, 7.9
Ba$_3$Cr$_2$WO$_9$, 7.9
Ba(Cu$_{0.33}$Nb$_{0.67}$)O$_3$, 7.4
Ba(Cu$_{0.5}$U$_{0.5}$)O$_3$, 7.4
Ba(Cu$_{0.5}$W$_{0.5}$)O$_3$, 7.4
Ba(Dy$_{0.5}$Nb$_{0.5}$)O$_3$, 7.4
Ba(Dy$_{0.5}$Pa$_{0.5}$)O$_3$, 7.4
Ba(Dy$_{0.5}$Ta$_{0.5}$)O$_3$, 7.4
Ba(Dy$_{0.67}$W$_{0.33}$)O$_3$, 7.4
Ba$_2$ErIrO$_6$, 7.9
Ba(Er$_{0.5}$Nb$_{0.5}$)O$_3$, 7.4
Ba(Er$_{0.5}$Pa$_{0.5}$)O$_3$, 7.4
Ba(Er$_{0.5}$Re$_{0.5}$)O$_3$, 7.4
Ba(Er$_{0.5}$Ta$_{0.5}$)O$_3$, 7.4
Ba(Er$_{0.5}$U$_{0.5}$)O$_3$, 7.4
Ba(Er$_{0.5}$W$_{0.5}$)O$_3$, 7.4
Ba(Eu$_{0.5}$Nb$_{0.5}$)O$_3$, 7.4
Ba(Eu$_{0.5}$Pa$_{0.5}$)O$_3$, 7.4
Ba(Eu$_{0.5}$Ta$_{0.5}$)O$_3$, 7.4
Ba(Eu$_{0.67}$W$_{0.33}$)O$_3$, 7.4
BaFeO$_3$, 7.4
BaFe$_{12}$O$_{19}$, 8.3
Ba(Fe, Ir)O$_3$, 7.9
Ba(Fe$_{0.5}$Mo$_{0.5}$)O$_{2.75}$, 7.4
Ba(Fe$_{0.5}$Mo$_{0.5}$)O$_3$, 7.9
Ba(Fe$_{0.33}$Nb$_{0.67}$)O$_3$, 7.4
Ba(Fe$_{0.5}$Nb$_{0.5}$)O$_3$, 7.4
Ba$_2$FeOsO$_6$, 7.9
Ba(Fe$_{0.5}$Re$_{0.5}$)O$_3$, 7.4
Ba$_3$Fe$_2$ReO$_9$, 7.9
Ba$_2$FeSbO$_6$, 7.9
Ba(Fe$_{0.33}$Ta$_{0.67}$)O$_3$, 7.4
Ba(Fe$_{0.5}$Ta$_{0.5}$)O$_3$, 7.4
Ba$_3$FeTi$_2$O$_9$, 7.9
Ba(Fe$_{0.5}$U$_{0.5}$)O$_3$,

Ba(Fe$_{0.67}$U$_{0.33}$)O$_3$, 7.4
Ba(Fe$_{0.5}$W$_{0.5}$)O$_3$, 7.4
BaGa$_{12}$O$_{19}$, 8.3
Ba(Gd$_{0.5}$Nb$_{0.5}$)O$_3$, 7.4
Ba(Gd$_{0.5}$Pa$_{0.5}$)O$_3$, 7.4
Ba(Gd$_{0.5}$Re$_{0.5}$)O$_3$, 7.4
Ba(Gd$_{0.5}$Sb$_{0.5}$)O$_3$, 7.4
Ba(Gd$_{0.5}$Ta$_{0.5}$)O$_3$, 7.4
Ba(Gd$_{0.67}$W$_{0.33}$)O$_3$, 7.4
Ba(Ho$_{0.5}$Nb$_{0.5}$)O$_3$, 7.4
Ba(Ho$_{0.5}$Pa$_{0.5}$)O$_3$, 7.4
Ba(Ho$_{0.5}$Ta$_{0.5}$)O$_3$, 7.4
BaIn$_2$O$_4$, 8.2
Ba$_2$InIrO$_6$, 7.9
Ba(In$_{0.5}$Nb$_{0.5}$)O$_3$, 7.4
Ba(In$_{0.5}$Os$_{0.5}$)O$_3$, 7.4
Ba(In$_{0.5}$Pa$_{0.5}$)O$_3$, 7.4
Ba(In$_{0.5}$Re$_{0.5}$)O$_3$, 7.4
Ba(In$_{0.5}$Sb$_{0.5}$)O$_3$, 7.4
Ba(In$_{0.5}$Ta$_{0.5}$)O$_3$, 7.4
Ba(In$_{0.5}$U$_{0.5}$)O$_{2.75}$, 7.4
Ba(In$_{0.5}$U$_{0.5}$)O$_3$, 7.4
Ba(In$_{0.67}$U$_{0.33}$)O$_3$, 7.4
Ba(In$_{0.67}$W$_{0.33}$)O$_3$, 7.4
Ba$_3$IrTi$_2$O$_9$, 7.9
Ba(La$_{0.5}$Nb$_{0.5}$)O$_3$, 7.4
Ba(La$_{0.5}$Pa$_{0.5}$)O$_3$, 7.4
Ba(La$_{0.5}$Re$_{0.5}$)O$_3$, 7.4
Ba(La$_{0.5}$Ta$_{0.5}$)O$_3$, 7.4
Ba(La$_{0.67}$W$_{0.33}$)O$_3$, 7.4
Ba(Li$_{0.5}$Os$_{0.5}$)O$_3$, 7.4
Ba(Li$_{0.5}$Re$_{0.5}$)O$_3$, 7.4
Ba(Lu$_{0.5}$Nb$_{0.5}$)O$_3$, 7.4
Ba(Lu$_{0.5}$Pa$_{0.5}$)O$_3$, 7.4
Ba(Lu$_{0.5}$Ta$_{0.5}$)O$_3$, 7.4
Ba(Lu$_{0.67}$W$_{0.33}$)O$_3$, 7.4
Ba(Mg$_{0.33}$Nb$_{0.67}$)O$_3$, 7.4
Ba(Mg$_{0.5}$Os$_{0.5}$)O$_3$, 7.4
Ba(Mg$_{0.5}$Re$_{0.5}$)O$_3$, 7.4
Ba(Mg$_{0.33}$Ta$_{0.67}$)O$_3$, 7.4
Ba(Mg$_{0.5}$Te$_{0.5}$)O$_3$, 7.4
Ba(Mg$_{0.5}$U$_{0.5}$)O$_3$, 7.4
Ba(Mg$_{0.5}$W$_{0.5}$)O$_3$, 7.4
BaMnO$_3$, 7.9
Ba(Mn$_{0.33}$Nb$_{0.67}$)O$_3$, 7.4
Ba(Mn$_{0.5}$Nb$_{0.5}$)O$_3$, 7.4
Ba$_2$MnOsO$_6$, 7.9
Ba(Mn$_{0.5}$Re$_{0.5}$)O$_3$, 7.4
Ba(Mn$_{0.33}$Ta$_{0.67}$)O$_3$, 7.4
Ba$_3$MnTi$_2$O$_9$, 7.9
Ba(Mn$_{0.5}$U$_{0.5}$)O$_3$, 7.4
BaMoO$_3$, 7.4
BaMoO$_4$, 5.9
Ba(Na$_{0.5}$I$_{0.5}$)O$_3$, 7.4
Ba(Na$_{0.5}$Os$_{0.5}$)O$_3$, 7.4
Ba(Na$_{0.5}$Re$_{0.5}$)O$_3$, 7.4
Ba(Na$_{0.25}$Ta$_{0.75}$)O$_3$, 7.4

Ba$_{0.5}$NbO$_3$, 7.8
Ba$_5$Nb$_4$O$_{15}$, 7.9
Ba(Nd$_{0.5}$Nb$_{0.5}$)O$_3$, 7.4
Ba(Nd$_{0.5}$Pa$_{0.5}$)O$_3$, 7.4
Ba(Nd$_{0.5}$Re$_{0.5}$)O$_3$, 7.4
Ba(Nd$_{0.5}$Ta$_{0.5}$)O$_3$, 7.4
Ba(Nd$_{0.67}$W$_{0.33}$)O$_3$, 7.4
BaNiO$_3$, 7.9
Ba(Ni$_{0.5}$Mo$_{0.5}$)O$_3$, 7.4
Ba(Ni$_{0.33}$Nb$_{0.67}$)O$_3$, 7.4
Ba(Ni$_{0.5}$Nb$_{0.5}$)O$_3$, 7.4
Ba$_2$NiOsO$_6$, 7.9
Ba(Ni$_{0.5}$Re$_{0.5}$)O$_3$, 7.4
Ba(Ni$_{0.33}$Ta$_{0.67}$)O$_3$, 7.4
Ba(Ni$_{0.5}$U$_{0.5}$)O$_3$, 7.4
Ba(Ni$_{0.5}$W$_{0.5}$)O$_3$, 7.4
Ba$_3$OsTi$_2$O$_9$, 7.9
BaPbO$_3$, 7.4
Ba$_2$PbO$_4$, 7.5
Ba(Pb$_{0.5}$Mo$_{0.5}$)O$_3$, 7.4
Ba(Pb$_{0.33}$Nb$_{0.67}$)O$_3$, 7.4
Ba(Pb$_{0.33}$Ta$_{0.67}$)O$_3$, 7.4
BaPrO$_3$, 7.4
Ba(Pr$_{0.5}$Nb$_{0.5}$)O$_3$, 7.4
Ba(Pr$_{0.5}$Pa$_{0.5}$)O$_3$, 7.4
Ba(Pr$_{0.5}$Ta$_{0.5}$)O$_3$, 7.4
BaPt$_{0.1}$Ti$_{0.90}$O$_3$, 7.9
BaPuO$_3$, 7.4
Ba(Rh$_{0.5}$Nb$_{0.5}$)O$_3$, 7.4
Ba(Rh, Ti)O$_3$, 7.9
Ba$_2$RhUO$_6$, 7.9
Ba$_3$RuTi$_2$O$_9$, 7.9
Ba$_2$ScIrO$_6$, 7.9
Ba(Sc$_{0.5}$Nb$_{0.5}$)O$_3$, 7.4
Ba(Sc$_{0.5}$Os$_{0.5}$)O$_3$, 7.4
Ba(Sc$_{0.5}$Pa$_{0.5}$)O$_3$, 7.4
Ba(Sc$_{0.5}$Re$_{0.5}$)O$_3$, 7.4
Ba(Sc$_{0.5}$Sb$_{0.5}$)O$_3$, 7.4
Ba(Sc$_{0.5}$Ta$_{0.5}$)O$_3$, 7.4
Ba(Sc$_{0.5}$U$_{0.5}$)O$_3$, 7.4
Ba(Sc$_{0.67}$U$_{0.33}$)O$_3$, 7.4
Ba(Sc$_{0.67}$W$_{0.33}$)O$_3$, 7.4
Ba(Sm$_{0.5}$Nb$_{0.5}$)O$_3$, 7.4
Ba(Sm$_{0.5}$Pa$_{0.5}$)O$_3$, 7.4
Ba(Sm$_{0.5}$Ta$_{0.5}$)O$_3$, 7.4
BaSnO$_3$, 7.4
Ba$_2$SnO$_4$, 7.5
Ba(Sr$_{0.5}$Os$_{0.5}$)O$_3$, 7.4
Ba(Sr$_{0.5}$Re$_{0.5}$)O$_3$, 7.4
Ba(Sr$_{0.33}$Ta$_{0.67}$)O$_3$, 7.4
Ba(Sr$_{0.5}$U$_{0.5}$)O$_3$, 7.4
Ba(Sr$_{0.5}$W$_{0.5}$)O$_3$, 7.4
Ba$_{0.5}$TaO$_3$, 7.8
Ba$_5$Ta$_4$O$_{15}$, 7.9
Ba(Tb$_{0.5}$Nb$_{0.5}$)O$_3$, 7.4
Ba(Tb$_{0.5}$Pa$_{0.5}$)O$_3$, 7.4
BaThO$_3$, 7.4

$BaTiO_3$, 7.4
$Ba(Tl_{0.5}Ta_{0.5})O_3$, 7.4
$Ba(Tm_{0.5}Nb_{0.5})O_3$, 7.4
$Ba(Tm_{0.5}Pa_{0.5})O_3$, 7.4
$Ba(Tm_{0.5}Ta_{0.5})O_3$, 7.4
$BaUO_3$, 7.4
$BaWO_4$, 5.9
$Ba(Y_{0.5}Nb_{0.5})O_3$, 7.4
$Ba(Y_{0.5}Pa_{0.5})O_3$, 7.4
$Ba(Y_{0.5}Re_{0.5})O_3$, 7.4
$Ba(Y_{0.5}Ta_{0.5})O_3$, 7.4
$Ba(Y_{0.5}U_{0.5})O_3$, 7.4
$Ba(Y_{0.67}U_{0.33})O_3$, 7.4
$Ba(Y_{0.67}W_{0.33})O_3$, 7.4
$Ba(Yb_{0.5}Nb_{0.5})O_3$, 7.4
$Ba(Yb_{0.5}Pa_{0.5})O_3$, 7.4
$Ba(Yb_{0.5}Ta_{0.5})O_3$, 7.4
$Ba(Yb_{0.67}W_{0.33})O_3$, 7.4
$Ba(Zn_{0.33}Nb_{0.67})O_3$, 7.4
$Ba(Zn_{0.5}Os_{0.5})O_3$, 7.4
$Ba(Zn_{0.5}Re_{0.5})O_3$, 7.4
$Ba(Zn_{0.33}Ta_{0.67})O_3$, 7.4
$Ba(Zn_{0.5}U_{0.5})O_3$, 7.4
$Ba(Zn_{0.5}W_{0.5})O_3$, 7.4
$BaZrO_3$, 7.4
BeO, 6.2
$BiAlO_3$, 7.4
$BiAsO_4$, 5.9
$BiCrO_3$, 7.4
$BiMnO_3$, 7.4
$Bi_4Ti_3O_{12}$, 7.7

CaO, 4.1
CaO_2, 4.3
$Ca_3Al_2Ge_3O_{12}$, 10.2
$Ca(Al_{0.5}Nb_{0.5})O_3$, 7.4
$CaAl_{12}O_{19}$, 8.3
$Ca(Al_{0.5}Ta_{0.5})O_3$, 7.4
$Ca(Ca_{0.5}Os_{0.5})O_3$, 7.4
$Ca(Ca_{0.5}Re_{0.5})O_3$, 7.4
$Ca(Ca_{0.5}W_{0.5})O_3$, 7.4
$Ca(Cd_{0.5}Re_{0.5})O_3$, 7.4
$CaCeO_3$, 7.4
$Ca(Co_{0.5}Os_{0.5})O_3$, 7.4
$Ca(Co_{0.5}Re_{0.5})O_3$, 7.4
$Ca(Co_{0.5}W_{0.5})O_3$, 7.4
$Ca_3Cr_2Ge_3O_{12}$, 10.2
$Ca(Cr_{0.5}Mo_{0.5})O_3$, 7.4
$Ca(Cr_{0.5}Nb_{0.5})O_3$, 7.4
$Ca(Cr_{0.5}Os_{0.5})O_3$, 7.4
$Ca(Cr_{0.5}Re_{0.5})O_3$, 7.4
$Ca(Cr_{0.5}Ta_{0.5})O_3$, 7.4
$Ca(Cr_{0.5}W_{0.5})O_3$, 7.4
$Ca(Dy_{0.5}Nb_{0.5})O_3$, 7.4
$Ca(Dy_{0.5}Ta_{0.5})O_3$, 7.4
$Ca(Er_{0.5}Nb_{0.5})O_3$, 7.4
$Ca(Er_{0.5}Ta_{0.5})O_3$, 7.4

$Ca_3Fe_2Ge_3O_{12}$, 10.2
$Ca_3Fe_3GeVO_{12}$, 10.2
$Ca(Fe_{0.5}Mo_{0.5})O_3$, 7.4
$Ca(Fe_{0.5}Nb_{0.5})O_3$, 7.4
$Ca(Fe_{0.5}Re_{0.5})O_3$, 7.4
$Ca(Fe_{0.5}Sb_{0.5})O_3$, 7.4
$Ca_3Fe_2Si_3O_{12}$, 10.2
$Ca_3Fe_2Sn_3O_{12}$, 10.2
$Ca(Fe_{0.5}Ta_{0.5})O_3$, 7.4
$Ca(Gd_{0.5}Nb_{0.5})O_3$, 7.4
$Ca(Gd_{0.5}Ta_{0.5})O_3$, 7.4
$CaHfO_3$, 7.4
$Ca(Ho_{0.5}Nb_{0.5})O_3$, 7.4
$Ca(Ho_{0.5}Ta_{0.5})O_3$, 7.4
$CaIn_2O_4$, 8.2
$Ca(In_{0.5}Nb_{0.5})O_3$, 7.4
$Ca(In_{0.5}Ta_{0.5})O_3$, 7.4
$Ca(La_{0.5}Nb_{0.5})O_3$, 7.4
$Ca(La_{0.5}Ta_{0.5})O_3$, 7.4
$Ca(Li_{0.5}Os_{0.5})O_3$, 7.7
$Ca(Li_{0.5}Re_{0.5})O_3$, 7.4
$Ca(Mg_{0.5}Re_{0.5})O_3$, 7.4
$Ca(Mg_{0.5}W_{0.5})O_3$, 7.4
$CaMnO_3$, 7.4
Ca_2MnO_4, 7.5
$Ca(Mn_{0.5}Re_{0.5})O_3$, 7.4
$Ca(Mn_{0.5}Ta_{0.5})O_3$, 7.4
$CaMoO_3$, 7.4
$CaMoO_4$, 5.9
$Ca(Nd_{0.5}Nb_{0.5})O_3$, 7.4
$Ca(Nd_{0.5}Ta_{0.5})O_3$, 7.4
$Ca(Ni_{0.33}Nb_{0.67})O_3$, 7.4
$Ca(Ni_{0.5}Re_{0.5})O_3$, 7.4
$Ca(Ni_{0.33}Ta_{0.67})O_3$, 7.4
$Ca(Ni_{0.5}W_{0.5})O_3$, 7.4
$Ca(Pr_{0.5}Nb_{0.5})O_3$, 7.4
$Ca(Pr_{0.5}Ta_{0.5})O_3$, 7.4
$Ca_2Sb_2O_7$, 5.8
$Ca(Sc_{0.5}Re_{0.5})O_3$, 7.4
$Ca(Sm_{0.5}Nb_{0.5})O_3$, 7.4
$Ca(Sm_{0.5}Ta_{0.5})O_3$, 7.4
$CaSnO_3$, 7.4
$Ca_3SnCoGe_3O_{12}$, 10.2
$Ca(Sr_{0.5}W_{0.5})O_3$, 7.4
$Ca_{0.5}TaO_3$, 7.4
$Ca_2Ta_2O_7$, 5.8
$Ca(Tb_{0.5}Nb_{0.5})O_3$, 7.4
$Ca(Tb_{0.5}Ta_{0.5})O_3$, 7.4
$CaThO_3$, 7.4
$CaTiO_3$, 7.4
$Ca_3TiCoGe_3O_{12}$, 10.2
$Ca_3TiMgGe_3O_{12}$, 10.2
$Ca_3TiNiGe_3O_{12}$, 10.2
$CaUO_3$, 7.4
$CaVO_3$, 7.4
$Ca_3V_2Ge_3O_{12}$, 10.2
$Ca_3V_2Si_3O_{12}$, 10.2

$CaWO_4$, 5.9
$Ca(Y_{0.5}Nb_{0.5})O_3$, 7.4
$Ca(Y_{0.5}Ta_{0.5})O_3$, 7.4
$Ca(Yb_{0.5}Nb_{0.5})O_3$, 7.4
$Ca(Yb_{0.5}Ta_{0.5})O_3$, 7.4
$CaZrO_3$, 7.4
$Ca_3ZrCoGe_3O_{12}$, 10.2
$Ca_3ZrMgGe_3O_{12}$, 10.2
$Ca_3ZrNiGe_3O_{12}$, 10.2
CdO, 4.1
CdO_2, 4.2
$Cd_3Al_2Ge_3O_{12}$, 10.2
$Cd_3Al_2Si_3O_{12}$, 10.2
$CdCeO_3$, 7.4
$CdCr_2O_4$, 8.2
$Cd_3Cr_2Ge_3O_{12}$, 10.2
$CdFe_2O_4$, 8.2
$Cd_3Fe_2Ge_3O_{12}$, 10.2
$CdGa_2O_4$, 8.2
$Cd_3Ga_2Ge_3O_{12}$, 10.2
$CdGd_2Mn_2Ge_3O_{12}$, 10.2
$CdIn_2O_4$, 8.2
$CdMn_2O_4$, 8.2
$CdMoO_4$, 5.9
$Cd_2Nb_2O_7$, 5.8
$CdRh_2O_4$, 8.2
Cd_2SiO_4, 8.2
$Cd_2Sb_2O_7$, 5.8
$CdSnO_3$, 7.4
$Cd_2Ta_2O_7$, 5.8
$CdThO_3$, 7.4
$CdTiO_3$, 7.4
CdV_2O_4, 8.2
$CdZrO_3$, 7.4
CeO_2, 5.4
$CeAlO_3$, 7.4
$CeCrO_3$, 7.4
$CeFeO_3$, 7.4
$CeGaO_3$, 7.4
$CeGeO_4$, 5.9
$Ce_{0.33}NbO_3$, 7.4
$CeScO_3$, 7.4
$Ce_{0.33}TaO_3$, 7.4

$CeVO_3$, 7.4
CmO_2, 5.4
CoO, 4.1
Co_3O_4, 8.2
$CoAl_2O_4$, 8.2
$CoCr_2O_4$, 8.2
$CoFe_2O_4$, 8.2
$CoGa_2O_4$, 8.2
Co_2GeO_4, 8.2
$CoGd_2Co_2Ge_3O_{12}$, 10.2
$CoGd_2Mn_2Ge_3O_{12}$, 10.2
$CoMn_2O_4$, 8.2
Co_2MnO_4, 8.2

339

CoNiF$_3$, 7.9
CoRh$_2$O$_4$, 8.2
CoSb$_2$O$_6$, 3.3
Co$_{2.33}$Sb$_{0.67}$O$_4$, 8.2
Co$_2$SiO$_4$, 8.2
Co$_2$SnO$_4$, 8.2
CoTa$_2$O$_6$, 3.3
Co$_2$TiO$_4$, 8.2
CoV$_2$O$_4$, 8.2
Co$_2$VO$_4$, 8.2
CoY$_2$Co$_2$Ge$_3$O$_{12}$, 10.2
δ-CrO$_2$, 3.3
Cr$_2$O$_3$, 9.1
CrBiO$_3$, 7.4
CrVO$_4$, 3.3
CsO$_2$, 4.3
CsIO$_3$, 7.4
Cs$_{0.3}$(Ta$_{0.3}$W$_{0.7}$)O$_3$, 7.8
Cs$_2$UO$_4$, 7.5
Cs$_{0.3}$WO$_3$, 7.8
CuO, 4.5
Cu$_2$O, 3.2
CuAl$_2$O$_4$, 8.2
CuCo$_2$O$_4$, 8.2
CuCr$_2$O$_4$, 8.2
CuFe$_3$O$_4$, 8.2
Cu$_{0.5}$Fe$_{2.5}$O$_4$, 8.2
CuFe$_2$O$_4$, 8.2
CuGaAlO$_4$, 8.2
CuGaCrO$_4$, 8.2
CuGaMnO$_4$, 8.2
CuGd$_2$Mn$_2$Ge$_3$O$_{12}$, 10.2
CuMn$_2$O$_4$, 8.2
CuRh$_2$O$_4$, 8.2

Dy$_2$O$_3$, 5.7
DyAlO$_3$, 7.4
Dy$_3$Al$_5$O$_{12}$, 10.2
DyFeO$_3$, 7.4
Dy$_3$Fe$_5$O$_{12}$, 10.2
DyMnO$_3$, 7.4
Dy$_3$NbO$_7$, 5.8
Dy$_2$Ru$_2$O$_7$, 5.8
Dy$_2$Sn$_2$O$_7$, 5.8
Dy$_{0.33}$TaO$_3$, 7.4
Dy$_3$TaO$_7$, 5.8
Dy$_2$Tc$_2$O$_7$, 5.8
Dy(Ti$_{0.5}$Mo$_{0.5}$)O$_4$, 5.9
Dy$_2$Ti$_2$O$_7$, 5.8
Dy(Ti$_{0.5}$W$_{0.5}$)O$_4$, 5.9

Er$_2$O$_3$, 5.7
Er$_3$Al$_5$O$_{12}$, 10.2
Er$_3$Fe$_5$O$_{12}$, 10.2
Er$_2$Ru$_2$O$_7$, 5.8
Er$_2$Sn$_2$O$_7$, 5.8
Er$_2$Tc$_2$O$_7$, 5.8
Er$_2$Ti$_2$O$_7$, 5.8

Er(Ti$_{0.5}$Mo$_{0.5}$)O$_4$, 5.9
Er(Ti$_{0.5}$W$_{0.5}$)O$_4$, 5.9
EuO, 4.1
Eu$_2$O$_3$, 5.7
EuAlO$_3$, 7.4
EuCrO$_3$, 7.4
EuFeO$_3$, 7.4
Eu$_3$Fe$_5$O$_{12}$, 10.2
Eu$_2$Ru$_2$O$_7$, 5.8
Eu$_2$Sn$_2$O$_7$, 5.8
EuTiO$_3$, 7.4
Eu(Ti$_{0.5}$Mo$_{0.5}$)O$_4$, 5.9
Eu(Ti$_{0.5}$W$_{0.5}$)O$_4$, 5.9

FeO, 4.1
α-Fe$_2$O$_3$, 9.1
Fe$_3$O$_4$, 8.2
FeAl$_2$O$_4$, 8.2
FeBiO$_3$, 7.4
FeCo$_2$O$_4$, 8.2
FeCr$_2$O$_4$, 8.2
FeGa$_2$O$_4$, 8.2
Fe$_2$GeO$_4$, 8.2
FeMn$_2$O$_4$, 8.2
FeSb$_2$O$_6$, 3.3
Fe$_2$SiO$_4$, 8.2
Fe$_2$TiO$_4$, 8.2
FeV$_2$O$_4$, 8.2
Fe$_2$VO$_4$, 8.2

α-Ga$_2$O$_3$, 9.1
Gd$_2$O$_3$, 5.7, 6.9
GdAlO$_3$, 7.4
Gd$_3$Al$_5$O$_{12}$, 10.2
GdCa$_2$Fe$_2$FeSi$_2$O$_{12}$, 10.2
Gd$_2$CaFe$_2$Fe$_2$SiO$_{12}$, 10.2
GdCa$_2$Fe$_3$Ge$_2$O$_{12}$, 10.2
GdCoO$_3$, 7.4
Gd$_3$Co$_2$GaGe$_2$O$_{12}$, 10.2
GdCrO$_3$, 7.4
Gd$_2$CuO$_4$, 7.5
GdFeO$_3$, 7.4
Gd$_3$Fe$_5$O$_{12}$, 10.2
Gd$_3$Fe$_2$Al$_3$O$_{12}$, 10.2
Gd$_3$Fe$_4$AlO$_{12}$, 10.2
Gd$_3$Fe$_3$Al$_2$O$_{12}$, 10.2
Gd$_3$MgFeFe$_2$SiO$_{12}$, 10.2
Gd$_3$Mg$_2$GaGe$_2$O$_{12}$, 10.2
GdMnO$_3$, 7.4
Gd$_3$Mn$_2$GaGeO$_{12}$, 10.2
Gd$_3$NbO$_7$, 5.8
Gd$_3$Ni$_2$GaGe$_2$O$_{12}$, 10.2
Gd$_2$Ru$_2$O$_7$, 5.8
GdScO$_3$, 7.4
Gd$_2$Sn$_2$O$_7$, 5.8
Gd$_{0.33}$TaO$_3$, 7.4

Gd$_3$TaO$_7$, 5.8
Gd$_2$Ti$_2$O$_7$, 5.8
Gd(Ti$_{0.5}$Mo$_{0.5}$)O$_4$, 5.9
Gd(Ti$_{0.5}$W$_{0.5}$)O$_4$, 5.9
GdVO$_3$, 7.4
Gd$_3$Zn$_2$GaGe$_2$O$_{12}$, 10.2
GeO$_2$, 3.3

HfGeO$_4$, 5.9
Ho$_2$O$_3$, 5.7
Ho$_3$Al$_5$O$_{12}$, 10.2
Ho$_3$Fe$_5$O$_{12}$, 10.2
Ho$_2$Ru$_2$O$_7$, 5.8
Ho$_2$Sn$_2$O$_7$, 5.8
Ho(Ti$_{0.5}$Mo$_{0.5}$)O$_4$, 5.9
Ho(Ti$_{0.5}$W$_{0.5}$)O$_4$, 5.9

In$_2$O$_3$, 5.7
IrO$_2$, 3.3

KO$_2$, 4.3
α-KO$_2$, 4.2
K$_2$O, 5.4
K$_{0.5}$Bi$_{0.5}$MoO$_4$, 5.9
K$_{0.5}$Ce$_{0.5}$WO$_4$, 5.9
KIO$_3$, 7.4
K$_{0.5}$La$_{0.5}$WO$_4$, 5.9
KNbO$_3$, 7.4
K$_4$Nb$_6$O$_{17}$, 7.8
KReO$_4$, 5.9
KRuO$_4$, 5.9
KTaO$_3$, 7.4
K$_{0.3}$(Ta$_{0.3}$W$_{0.7}$)O$_3$, 7.8
K$_{0.5}$(Ta$_{0.5}$W$_{0.5}$)O$_3$, 7.8
K$_2$UO$_4$, 7.5
K$_{0.3}$WO$_3$, 7.8
K$_{0.5}$WO$_3$, 7.8

La$_2$O$_3$, 5.7, 6.9
La$_2$O$_3$:Nd^{3+}, 6.9
LaAlO$_3$, 7.4
LaCoO$_3$, 7.4
La(Co$_{0.5}$Ir$_{0.5}$)O$_3$, 7.4
La(Co$_{0.67}$Nb$_{0.33}$)O$_3$, 7.4
La(Co$_{0.67}$Sb$_{0.33}$)O$_3$, 7.4
LaCrO$_3$, 7.4
La(Cu$_{0.5}$Ir$_{0.5}$)O$_3$, 7.4
LaFeO$_3$, 7.4
LaGaO$_3$, 7.4
La$_2$Hf$_2$O$_7$, 5.8
LaInO$_3$, 7.4
La$_2$(Li$_{0.5}$Co$_{0.5}$)O$_4$, 7.5
La$_2$(Li$_{0.5}$Ni$_{0.5}$)O$_4$, 7.5
La(Mg$_{0.5}$Ge$_{0.5}$)O$_3$, 7.4
La(Mg$_{0.5}$In$_{0.5}$)O$_3$, 7.4
La(Mg$_{0.5}$Nb$_{0.5}$)O$_3$, 7.4
La(Mg$_{0.5}$Ru$_{0.5}$)O$_3$, 7.4

340 索　引

La($Mg_{0.5}Ti_{0.5}$)O_3, 7.4
La($Mn_{0.5}Ir_{0.5}$)O_3, 7.4
La($Mn_{0.5}Ru_{0.5}$)O_3, 7.4
La$_{0.33}$NbO$_3$, 7.4
LaNiO$_3$, 7.4
La$_2$NiO$_4$, 7.5
La($Ni_{0.5}Ir_{0.5}$)O_3, 7.4
La($Ni_{0.5}Ru_{0.5}$)O_3, 7.4
La($Ni_{0.5}Ti_{0.5}$)O_3, 7.4
LaRhO$_3$, 7.4
LaScO$_3$, 7.4
La$_2$Sn$_2$O$_7$, 5.8
La$_{0.33}$TaO$_3$, 7.4
LaTiO$_3$, 7.4
LaVO$_3$, 7.4
LaYO$_3$, 7.4
La($Zn_{0.5}Ru_{0.5}$)O_3, 7.4
La$_2$Zr$_2$O$_7$, 5.8
Li$_2$O, 5.4
Li$_{0.5}$Al$_{2.5}$O$_4$, 8.2
LiAlMnO$_4$, 8.2
LiAlTiO$_4$, 8.2
Li$_{0.5}$Bi$_{0.5}$MoO$_4$, 5.9
LiCd$_{0.5}$Ti$_{1.5}$O$_4$, 8.2
LiCo$_{0.5}$Ge$_{1.5}$O$_4$, 8.2
Li(Co$_{0.5}$Mn$_{0.5}$)O$_2$, 4.1
LiCo$_{0.5}$Mn$_{1.5}$O$_4$, 8.2
LiCoMnO$_4$, 8.2
LiCoSbO$_4$, 8.2
Li(Co$_{0.5}$Ti$_{0.5}$)O$_2$, 4.1
LiCo$_{0.5}$Ti$_{1.5}$O$_4$, 8.2
LiCoVO$_4$, 8.2
LiCrGeO$_4$, 8.2
LiCrMnO$_4$, 8.2
LiCr$_{1.5}$Sb$_{0.5}$O$_4$, 8.2
LiCrTiO$_4$, 8.2
LiCu$_{0.5}$Mn$_{1.5}$O$_4$, 8.2
LiCu$_{0.5}$Ti$_{1.5}$O$_4$, 8.2
Li$_{0.5}$Fe$_{2.5}$O$_4$, 8.2
LiFeO$_2$, 4.1
Li(Fe$_{0.5}$Mn$_{0.5}$)O$_2$, 4.1
LiFeMnO$_4$, 8.2
Li(Fe$_{0.5}$Ti$_{0.5}$)O$_2$, 4.1
LiFeTiO$_4$, 8.2
Li$_{0.5}$Ga$_{2.5}$O$_4$, 8.2
LiGaMnO$_4$, 8.2
LiGaTiO$_4$, 8.2
Li$_{0.5}$La$_{0.5}$MoO$_4$, 5.9
Li$_{0.5}$La$_{0.5}$WO$_4$, 5.9
LiMg$_{0.5}$Mn$_{1.5}$O$_4$, 8.2
LiMg$_{0.5}$Ti$_{1.5}$O$_4$, 8.2
LiMgVO$_4$, 8.2
LiMn$_2$O$_4$, 8.2
Li$_{1.33}$Mn$_{1.67}$O$_4$, 8.2
Li(Mn$_{0.5}$Ti$_{0.5}$)O$_2$, 4.1
LiMn$_{0.5}$Ti$_{1.5}$O$_4$, 8.2
LiMnTiO$_4$, 8.2

Li$_2$MoO$_4$, 8.2
LiNi$_{0.5}$Ge$_{1.5}$O$_4$, 8.2
Li(Ni$_{0.5}$Mn$_{0.5}$)O$_2$, 4.1
LiNi$_{0.5}$Mn$_{1.5}$O$_4$, 8.2
Li(Ni$_{0.5}$Ti$_{0.5}$)O$_2$, 4.1
LiNiVO$_4$, 8.2
LiRhGeO$_4$, 8.2
LiRhMnO$_4$, 8.2
LiRh$_{1.5}$Sb$_{0.5}$O$_4$, 8.2
LiRhTiO$_4$, 8.2
LiTiO$_2$, 4.1
Li$_{1.33}$Ti$_{1.67}$O$_4$, 8.2
Li$_{1.5}$TiSb$_{0.5}$O$_4$, 8.2
γ-LiTlO$_2$, 4.1
LiVTiO$_4$, 8.2
LiV$_2$O$_4$, 8.2
Li$_x$WO$_3$, 7.4
Li$_2$WO$_4$, 8.2
LiZn$_{0.5}$Ge$_{1.5}$O$_4$, 8.2
LiZn$_{0.5}$Mn$_{1.5}$O$_4$, 8.2
LiZnNbO$_4$, 8.2
LiZnSbO$_4$, 8.2
LiZn$_{0.5}$Ti$_{1.5}$O$_4$, 8.2
LiZnVO$_4$, 8.2
Lu$_2$O$_3$, 5.7
Lu$_3$Fe$_5$O$_{12}$, 10.2
Lu$_2$Ru$_2$O$_7$, 5.8
Lu$_2$Sn$_2$O$_7$, 5.8
Lu(Ti$_{0.5}$Mo$_{0.5}$)O$_4$, 5.9

MgO, 4.1
MgAl$_2$O$_4$, 8.2
MgCeO$_3$, 7.4
MgCr$_2$O$_4$, 8.2
MgFe$_2$O$_4$, 8.2
MgGa$_2$O$_4$, 8.2
Mg$_2$GeO$_4$, 8.2
MgGd$_2$Mn$_2$Ge$_3$O$_{12}$, 10.2
MgIn$_2$O$_4$, 8.2
MgMn$_2$O$_4$, 8.2
MgRh$_2$O$_4$, 8.2
MgSb$_2$O$_6$, 3.3
Mg$_2$SnO$_4$, 8.2
MgTa$_2$O$_6$, 3.3
MgTi$_2$O$_4$, 8.2
Mg$_2$TiO$_4$, 8.2
MgV$_2$O$_4$, 8.2
Mg$_2$VO$_4$, 8.2
MnO, 4.1
α-MnO$_2$, 3.3
β-Mn$_2$O$_3$, 5.7
Mn$_3$O$_4$, 8.2
MnAl$_2$O$_4$, 8.2
Mn$_3$Al$_2$Ge$_3$O$_{12}$, 10.2
Mn$_3$Al$_2$Si$_3$O$_{12}$, 10.2
MnCo$_2$O$_4$, 8.2
MnCr$_2$O$_4$, 8.2

Mn$_3$Cr$_2$Ge$_3$O$_{12}$, 10.2
MnFe$_2$O$_4$, 8.2
Mn$_3$Fe$_2$Ge$_3$O$_{12}$, 10.2
MnGa$_2$O$_4$, 8.2
Mn$_3$Ga$_2$Ge$_3$O$_{12}$, 10.2
MnGd$_2$Mn$_2$Ge$_3$O$_{12}$, 10.2
Mn$_3$NbZnFeGe$_2$O$_{12}$, 10.2
MnRh$_2$O$_4$, 8.2
Mn$_2$SnO$_4$, 8.2
MnTi$_2$O$_4$, 8.2
Mn$_2$TiO$_4$, 8.2
MnV$_2$O$_4$, 8.2
Mn$_2$VO$_4$, 8.2
MnY$_2$Mn$_2$Ge$_3$O$_{12}$, 10.2
MoO$_2$, 3.3

β-NaO$_2$, 4.2
Na$_2$O, 5.4
Na$_{0.5}$BiMoO$_4$, 5.9
NaCa$_2$Co$_2$V$_3$O$_{12}$, 10.2
NaCa$_2$Cu$_2$V$_3$O$_{12}$, 10.2
NaCa$_2$Mg$_2$V$_3$O$_{12}$, 10.2
NaCa$_2$Ni$_2$V$_3$O$_{12}$, 10.2
NaCa$_2$Zn$_2$V$_3$O$_{12}$, 10.2
Na$_{0.5}$Ce$_{0.5}$WO$_4$, 5.9
NaIO$_4$, 5.9
Na$_{0.5}$La$_{0.5}$MoO$_4$, 5.9
Na$_{0.5}$La$_{0.5}$WO$_4$, 5.9
Na$_2$MoO$_4$, 8.2
NaNbO$_3$, 7.4
NaReO$_4$, 5.9
NaTaO$_3$, 7.4
NaTcO$_4$, 5.9
Na$_x$WO$_3$, 7.4
Na$_2$WO$_4$, 8.2
NbO, 4.1
NbO$_2$, 3.3
Nb$_2$W$_3$O$_{14}$, 7.8
Nd$_2$O$_3$, 5.7, 6.9
NdAlO$_3$, 7.4
NdCoO$_3$, 7.4
NdCrO$_3$, 7.4
Nd$_2$CuO$_4$, 7.5
NdFeO$_3$, 7.4
Nd$_3$Fe$_5$O$_{12}$, 10.2
NdGaO$_3$, 7.4
Nd$_2$Hf$_2$O$_7$, 5.8
NdInO$_3$, 7.4
Nd(Mg$_{0.5}$Ti$_{0.5}$)O$_3$, 7.4
NdMnO$_3$, 7.4
Nd$_{0.33}$NbO$_3$, 7.4
Nd$_2$NiO$_4$, 7.5
Nd$_2$Ru$_2$O$_7$, 5.8
NdScO$_3$, 7.4
Nd$_2$Sn$_2$O$_7$, 5.8
Nd$_{0.33}$TaO$_3$, 7.4

Nd(Ti$_{0.5}$Mo$_{0.5}$)O$_4$, 5.9
Nd(Ti$_{0.5}$W$_{0.5}$)O$_4$, 5.9
NdVO$_3$, 7.4
Nd$_2$Zr$_2$O$_7$, 5.8
NH$_4$IO$_4$, 5.9
NH$_4$ReO$_4$, 5.9
NiO, 4.1
NiAl$_2$O$_4$, 8.2
NiCo$_2$O$_4$, 8.2
NiCr$_2$O$_4$, 8.2
NiFe$_2$O$_4$, 8.2
NiGa$_2$O$_4$, 8.2
Ni$_2$GeO$_4$, 8.2
NiMn$_2$O$_4$, 8.2
NiRh$_2$O$_4$, 8.2
NiSb$_2$O$_6$, 3.3
Ni$_2$SiO$_4$, 8.2
NiTa$_2$O$_6$, 3.3
NpO, 4.1
NpO$_2$, 5.4

OsO$_2$, 3.3

PaO, 4.1
PaO$_2$, 5.4
PbO, 7.1
PbO$_2$, 3.3
Pb$_2$O, 3.2
PbBi$_2$Nb$_2$O$_9$, 7.7
PbBi$_2$Ta$_2$O$_9$, 7.7
PbBi$_3$Ti$_2$NbO$_{12}$, 7.7
PbBi$_4$Ti$_4$O$_{15}$, 7.7
Pb(Ca$_{0.5}$W$_{0.5}$)O$_3$, 7.4
Pb(Cd$_{0.5}$W$_{0.5}$)O$_3$, 7.4
PbCeO$_3$, 7.4
Pb(Co$_{0.33}$Nb$_{0.67}$)O$_3$, 7.4
Pb(Co$_{0.33}$Ta$_{0.67}$)O$_3$, 7.4
Pb(Co$_{0.5}$W$_{0.5}$)O$_3$, 7.4
PbFe$_{12}$O$_{19}$, 8.3
Pb(Fe$_{0.5}$Nb$_{0.5}$)O$_3$, 7.4
Pb(Fe$_{0.5}$Ta$_{0.5}$)O$_3$, 7.4
Pb(Fe$_{0.67}$W$_{0.33}$)O$_3$, 7.4
PbGa$_{12}$O$_{19}$, 8.3
Pb(In$_{0.5}$Nb$_{0.5}$)O$_3$, 7.4
PbHfO$_3$, 7.4
Pb(Ho$_{0.5}$Nb$_{0.5}$)O$_3$, 7.4
Pb(Lu$_{0.5}$Nb$_{0.5}$)O$_3$, 7.4
Pb(Lu$_{0.5}$Ta$_{0.5}$)O$_3$, 7.4
Pb(Mg$_{0.33}$Nb$_{0.67}$)O$_3$, 7.4
Pb(Mg$_{0.33}$Ta$_{0.67}$)O$_3$, 7.4
Pb(Mg$_{0.5}$Te$_{0.5}$)O$_3$, 7.4
Pb(Mg$_{0.5}$W$_{0.5}$)O$_3$, 7.4
Pb(Mn$_{0.33}$Nb$_{0.67}$)O$_3$, 7.4
PbMoO$_4$, 5.9
Pb$_{0.5}$NbO$_3$, 7.8
Pb(Ni$_{0.33}$Nb$_{0.67}$)O$_3$, 7.4
Pb(Ni$_{0.33}$Ta$_{0.67}$)O$_3$, 7.4

Pb(Sc$_{0.5}$Nb$_{0.5}$)O$_3$, 7.4
Pb(Sc$_{0.5}$Ta$_{0.5}$)O$_3$, 7.4
PbSnO$_3$, 7.4
Pb$_{0.5}$TaO$_3$, 7.8
PbTiO$_3$, 7.4
PbWO$_4$, 5.9
Pb(Yb$_{0.5}$Nb$_{0.5}$)O$_3$, 7.4
Pb(Yb$_{0.5}$Ta$_{0.5}$)O$_3$, 7.4
Pb(Zn$_{0.33}$Nb$_{0.67}$)O$_3$, 7.4
PbZrO$_3$, 7.4
PdO, 4.5
PoO$_2$, 5.4
Pr$_2$O$_3$, 5.7, 6.9
PrAlO$_3$, 7.4
PrCoO$_3$, 7.4
PrCrO$_3$, 7.4
PrFeO$_3$, 7.4
PrGaO$_3$, 7.4
PrMnO$_3$, 7.4
Pr$_{0.33}$NbO$_3$, 7.4
Pr$_2$Ru$_2$O$_7$, 5.8
PrScO$_3$, 7.4
Pr$_2$Sn$_2$O$_7$, 5.8
Pr$_{0.33}$TaO$_3$, 7.4
Pr(Ti$_{0.5}$Mo$_{0.5}$)O$_4$, 5.9
PrVO$_3$, 7.4
PtO, 4.5
PuO, 4.1
PuO$_2$, 5.4
PuAlO$_3$, 7.4
PuCrO$_3$, 7.4
PuMnO$_3$, 7.4
PuVO$_3$, 7.4

RbO$_2$, 4.3
Rb$_2$O, 5.4
RbIO$_3$, 7.4
RbIO$_4$, 5.9
RbReO$_4$, 5.9
Rb$_{0.3}$(Ta$_{0.3}$W$_{0.7}$)O$_3$, 7.8
Rb$_2$UO$_4$, 7.5
Rb$_{0.27}$WO$_3$, 7.8
ReO$_3$, 7.3
Rh$_2$O$_3$, 9.1
RuO$_2$, 3.3

Sc$_2$O$_3$, 5.7
Sc$_3$NbO$_7$, 5.8
Sc$_3$TaO$_7$, 5.8
SiO$_2$, 3.3, 5.3
SmO, 4.1
Sm$_2$O$_3$, 5.7
SmAlO$_3$, 7.4
SmCoO$_3$, 7.4
SmCrO$_3$, 7.4
Sm$_2$CuO$_4$, 7.5
SmFeO$_3$, 7.4
Sm$_3$Fe$_5$O$_{12}$, 10.2

Sm$_3$Ga$_5$O$_{12}$, 10.2
SmInO$_3$, 7.4
Sm$_3$NbO$_7$, 5.8
Sm$_2$Ru$_2$O$_7$, 5.8
Sm$_2$Sn$_2$O$_7$, 5.8
Sm$_{0.33}$TaO$_3$, 7.4
Sm$_3$TaO$_7$, 5.8
Sm$_2$Tc$_2$O$_7$, 5.8
Sm(Ti$_{0.5}$Mo$_{0.5}$)O$_4$, 5.9
Sm(Ti$_{0.5}$W$_{0.5}$)O$_4$, 5.9
SmVO$_3$, 7.4
SnO, 7.1
SnO$_2$, 3.3
SnAl$_2$O$_4$, 8.2
Sn$_2$Ti$_2$O$_7$, 5.8
SrO, 4.1
SrO$_2$, 4.3
SrAl$_{12}$O$_{19}$, 8.3
Sr(Ca$_{0.5}$Nb$_{0.5}$)O$_3$, 7.4
Sr(Ca$_{0.33}$Nb$_{0.67}$)O$_3$, 7.4
Sr(Ca$_{0.5}$Os$_{0.5}$)O$_3$, 7.4
Sr(Ca$_{0.5}$Re$_{0.5}$)O$_3$, 7.4
Sr(Ca$_{0.33}$Sb$_{0.67}$)O$_3$, 7.4
Sr(Ca$_{0.33}$Ta$_{0.67}$)O$_3$, 7.4
Sr(Ca$_{0.5}$U$_{0.5}$)O$_3$, 7.4
Sr(Ca$_{0.5}$W$_{0.5}$)O$_3$, 7.4
Sr(Cd$_{0.33}$Nb$_{0.67}$)O$_3$, 7.4
Sr(Cd$_{0.5}$Re$_{0.5}$)O$_3$, 7.4
Sr(Cd$_{0.5}$U$_{0.5}$)O$_3$, 7.4
SrCeO$_3$, 7.4
SrCoO$_3$, 7.4
Sr(Co$_{0.5}$Mo$_{0.5}$)O$_3$, 7.4
Sr(Co$_{0.33}$Nb$_{0.67}$)O$_3$, 7.4
Sr(Co$_{0.5}$Nb$_{0.5}$)O$_3$, 7.4
Sr(Co$_{0.5}$Os$_{0.5}$)O$_3$, 7.4
Sr(Co$_{0.5}$Re$_{0.5}$)O$_3$, 7.4
Sr(Co$_{0.33}$Sb$_{0.67}$)O$_3$, 7.4
Sr(Co$_{0.5}$Sb$_{0.5}$)O$_3$, 7.4
Sr(Co$_{0.33}$Ta$_{0.67}$)O$_3$, 7.4
Sr(Co$_{0.5}$U$_{0.5}$)O$_3$, 7.4
Sr(Co$_{0.5}$W$_{0.5}$)O$_3$, 7.4
Sr(Cr$_{0.5}$Mo$_{0.5}$)O$_3$, 7.4
Sr(Cr$_{0.5}$Nb$_{0.5}$)O$_3$, 7.4
Sr(Cr$_{0.5}$Os$_{0.5}$)O$_3$, 7.4
Sr(Cr$_{0.5}$Re$_{0.5}$)O$_3$, 7.4
Sr(Cr$_{0.67}$Re$_{0.33}$)O$_3$, 7.4
Sr(Cr$_{0.5}$Sb$_{0.5}$)O$_3$, 7.4
Sr(Cr$_{0.5}$Ta$_{0.5}$)O$_3$, 7.4
Sr(Cr$_{0.5}$U$_{0.5}$)O$_3$, 7.4
Sr(Cr$_{0.67}$U$_{0.33}$)O$_3$, 7.4
Sr(Cr$_{0.5}$W$_{0.5}$)O$_3$, 7.4
Sr(Cu$_{0.33}$Sb$_{0.67}$)O$_3$, 7.4
Sr(Cu$_{0.5}$W$_{0.5}$)O$_3$, 7.4
Sr(Dy$_{0.5}$Ta$_{0.5}$)O$_3$, 7.4
Sr(Er$_{0.5}$Ta$_{0.5}$)O$_3$, 7.4
Sr(Eu$_{0.5}$Ta$_{0.5}$)O$_3$, 7.4
SrFeO$_3$, 7.4

$SrFe_{12}O_{19}$, 8.3
$Sr(Fe_{0.5}Mo_{0.5})O_3$, 7.4
$Sr(Fe_{0.33}Nb_{0.67})O_3$, 7.4
$Sr(Fe_{0.5}Nb_{0.5})O_3$, 7.4
$Sr(Fe_{0.5}Os_{0.5})O_3$, 7.4
$Sr(Fe_{0.5}Re_{0.5})O_3$, 7.4
$Sr(Fe_{0.67}Re_{0.33})O_3$, 7.4
$Sr(Fe_{0.5}Sb_{0.5})O_3$, 7.4
$Sr(Fe_{0.5}Ta_{0.5})O_3$, 7.4
$Sr(Fe_{0.5}U_{0.5})O_3$, 7.4
$Sr(Fe_{0.5}W_{0.5})O_3$, 7.4
$Sr(Fe_{0.67}W_{0.33})O_3$, 7.4
$Sr(Ga_{0.5}Nb_{0.5})O_3$, 7.4
$Sr(Ga_{0.5}Os_{0.5})O_3$, 7.4
$Sr(Ga_{0.5}Re_{0.5})O_3$, 7.4
$Sr(Ga_{0.5}Sb_{0.5})O_3$, 7.4
$Sr(Gd_{0.5}Ta_{0.5})O_3$, 7.4
$SrHfO_3$, 7.4
$Sr(Ho_{0.5}Ta_{0.5})O_3$, 7.4
$SrIn_2O_4$, 8.2
$Sr(In_{0.5}Nb_{0.5})O_3$, 7.4
$Sr(In_{0.5}Os_{0.5})O_3$, 7.4
$Sr(In_{0.5}Re_{0.5})O_3$, 7.4
$Sr(In_{0.67}Re_{0.33})O_3$, 7.4
$Sr(In_{0.5}U_{0.5})O_3$, 7.4
Sr_2IrO_4, 7.5
$SrLaAlO_4$, 7.5
$SrLaCoO_4$, 7.5
$SrLaCrO_4$, 7.5
$(Sr_{1.5}La_{0.5})(Co_{0.5}Ti_{0.5})O_4$, 7.5
$SrLaFeO_4$, 7.5
$SrLaGaO_4$, 7.5
$(Sr_{0.5}La_{1.5})(Mg_{0.5}Co_{0.5})O_4$, 7.5
$SrLaMnO_4$, 7.5
$SrLaNiO_4$, 7.5
$SrLaRhO_4$, 7.5
$Sr(La_{0.5}Ta_{0.5})O_3$, 7.4
$Sr(Li_{0.5}Os_{0.5})O_3$, 7.4
$Sr(Li_{0.5}Re_{0.5})O_3$, 7.4
$Sr(Lu_{0.5}Ta_{0.5})O_3$, 7.4
$Sr(Mg_{0.5}Mo_{0.5})O_3$, 7.4
$Sr(Mg_{0.33}Nb_{0.67})O_3$, 7.4
$Sr(Mg_{0.5}Os_{0.5})O_3$, 7.4
$Sr(Mg_{0.5}Re_{0.5})O_3$, 7.4
$Sr(Mg_{0.33}Sb_{0.67})O_3$, 7.4
$Sr(Mg_{0.33}Ta_{0.67})O_3$, 7.4
$Sr(Mg_{0.5}Te_{0.5})O_3$, 7.4
$Sr(Mg_{0.5}U_{0.5})O_3$, 7.4
$Sr(Mg_{0.5}W_{0.5})O_3$, 7.4
$SrMnO_{3-x}$, 7.4
Sr_2MnO_4, 7.5
$Sr(Mn_{0.5}Mo_{0.5})O_3$, 7.4
$Sr(Mn_{0.33}Nb_{0.67})O_3$, 7.4
$Sr(Mn_{0.5}Re_{0.5})O_3$, 7.4
$Sr(Mn_{0.5}Sb_{0.5})O_3$, 7.4

$Sr(Mn_{0.33}Ta_{0.67})O_3$, 7.4
$Sr(Mn_{0.5}U_{0.5})O_3$, 7.4
$Sr(Mn_{0.5}W_{0.5})O_3$, 7.4
$SrMoO_3$, 7.4
$SrMoO_4$, 5.9
Sr_2MoO_4, 7.5
$Sr(Na_{0.5}Os_{0.5})O_3$, 7.4
$Sr(Na_{0.5}Re_{0.5})O_3$, 7.4
$Sr(Na_{0.25}Ta_{0.75})O_3$, 7.4
$Sr_{0.5+x}Nb_{2x}^{4+}Nb_{1-2x}^{5+}O_3$, 7.4
$Sr(Nd_{0.5}Ta_{0.5})O_3$, 7.4
$Sr(Ni_{0.5}Mo_{0.5})O_3$, 7.4
$Sr(Ni_{0.33}Nb_{0.67})O_3$, 7.4
$Sr(Ni_{0.5}Re_{0.5})O_3$, 7.4
$Sr(Ni_{0.5}Sb_{0.5})O_3$, 7.4
$Sr(Ni_{0.33}Ta_{0.67})O_3$, 7.4
$Sr(Ni_{0.5}U_{0.5})O_3$, 7.4
$Sr(Ni_{0.5}W_{0.5})O_3$, 7.4
$SrPbO_3$, 7.4
$Sr(Pb_{0.5}Mo_{0.5})O_3$, 7.4
$Sr(Pb_{0.33}Nb_{0.67})O_3$, 7.4
$Sr(Pb_{0.33}Ta_{0.67})O_3$, 7.4
Sr_2RhO_4, 7.5
$Sr(Rh_{0.5}Sb_{0.5})O_3$, 7.4
$SrRuO_3$, 7.4
Sr_2RuO_4, 7.5
$Sr(Sc_{0.5}Os_{0.5})O_3$, 7.4
$Sr(Sc_{0.5}Re_{0.5})O_3$, 7.4
$Sr(Sm_{0.5}Ta_{0.5})O_3$, 7.4
$SrSnO_3$, 7.4
Sr_2SnO_4, 7.5
$Sr(Sr_{0.5}Os_{0.5})O_3$, 7.4
$Sr(Sr_{0.5}Re_{0.5})O_3$, 7.4
$Sr(Sr_{0.5}Ta_{0.5})O_{2.75}$, 7.4
$Sr(Sr_{0.5}U_{0.5})O_3$, 7.4
$Sr(Sr_{0.5}W_{0.5})O_3$, 7.4
$Sr_{0.5}TaO_3$, 7.8
$Sr_5Ta_4O_{15}$, 7.9
$SrThO_3$, 7.4
$SrTiO_{3-x}$, 7.4
$SrTiO_3$, 7.4
Sr_2TiO_4, 7.5, 7.6
$Sr_3Ti_2O_7$, 7.6
$Sr_4Ti_3O_{10}$, 7.6
$Sr(Tm_{0.5}Ta_{0.5})O_3$, 7.4
$SrUO_3$, 7.4
$SrVO_{3-x}$, 7.4
$SrWO_4$, 5.9
$Sr(Yb_{0.5}Ta_{0.5})O_3$, 7.4
$Sr(Zn_{0.33}Nb_{0.67})O_3$, 7.4
$Sr(Zn_{0.5}Re_{0.5})O_3$, 7.4
$Sr(Zn_{0.33}Ta_{0.67})O_3$, 7.4
$Sr(Zn_{0.5}W_{0.5})O_3$, 7.4
$SrZrO_3$, 7.4

TaO, 4.1

$\delta\text{-}TaO_2$, 3.3
TbO_2, 5.4
Tb_2O_3, 5.7
$Tb_3Al_5O_{12}$, 10.2
$Tb_3Fe_5O_{12}$, 10.2
$Tb_2Ru_2O_7$, 5.8
$Tb_2Sn_2O_7$, 5.8
$Tb(Ti_{0.5}Mo_{0.5})O_4$, 5.9
$Tb(Ti_{0.5}W_{0.5})O_4$, 5.9
TeO_2, 3.3
ThO_2, 5.4
$ThGeO_4$, 5.9
TiO, 4.1
TiO_2, 3.3
Ti_2O_3, 9.1
Tl_2O_3, 5.7
$TlIO_3$, 7.4
$TlReO_4$, 5.9
Tm_2O_3, 5.7
$Tm_3Al_5O_{12}$, 10.2
$Tm_3Fe_5O_{12}$, 10.2
$Tm_2Ru_2O_7$, 5.8
$Tm_2Sn_2O_7$, 5.8
$Tm(Ti_{0.5}Mo_{0.5})O_4$, 5.9

UO, 4.1
UO_2, 5.4
UO_3, 7.3
$UGeO_4$, 5.9

VO, 4.1
V_2O_3, 9.1

WO_2, 3.3

Y_2O_3, 5.7
$Y_2O_3:Nd^{3+}$, 5.7
$YAlO_3$, 7.4
$Y_3Al_5O_{12}$, 10.2
$YCa_2Zr_2Fe_3O_{12}$, 10.2
$YCrO_3$, 7.4
$YFeO_3$, 7.4
$Y_3Fe_2Al_3O_{12}$, 10.2
$YNbO_4$, 5.9
Y_3NbO_7, 5.8
$Y_2Ru_2O_7$, 5.8
$YScO_3$, 7.4
$Y_2Sn_2O_7$, 5.8
$Y_{0.33}TaO_3$, 7.4
Y_3TaO_7, 5.8
$Y_2Ti_2O_7$, 5.8
$Y_2Zr_2O_7$, 5.8
YbO, 4.1
Yb_2O_3, 5.7
$Yb_2Ru_2O_7$, 5.8
$Yb_2Sn_2O_7$, 5.8
$Yb_{0.33}TaO_3$, 7.4

Yb$_2$Ti$_2$O$_7$, 5.8
Yb(Ti$_{0.5}$Mo$_{0.5}$)O$_4$, 5.9

ZnO, 5.2, 6.2
ZnAl$_2$O$_4$, 8.2
ZnCo$_2$O$_4$, 8.2
ZnCr$_2$O$_4$, 8.2
ZnFe$_2$O$_4$, 8.2
ZnGa$_2$O$_4$, 8.2
ZnMn$_2$O$_4$, 8.2
Zn$_{2.33}$Nb$_{0.67}$O$_4$, 8.2
ZnRh$_2$O$_4$, 8.2
ZnSb$_2$O$_6$, 3.3
Zn$_{2.33}$Sb$_{0.67}$O$_4$, 8.2
Zn$_2$SnO$_4$, 8.2
Zn$_2$TiO$_4$, 8.2
ZnV$_2$O$_4$, 8.2
Zn$_2$VO$_4$, 8.2
ZrO, 4.1
ZrO$_2$, 5.4
Zr$_2$Ce$_2$O$_7$, 5.8
ZrGeO$_4$, 5.9

硫化物, セレン化物, テルル化物

Ag$_{0.5}$Al$_{2.5}$S$_4$, 8.2
AgBiS$_2$, 4.1
AgBiTe$_2$, 4.1
Ag$_{0.5}$In$_{2.5}$S$_4$, 8.2
AgInS$_2$, 6.2
AgSbS$_2$, 4.1
AgSbSe$_2$, 4.1
AgSbTe$_2$, 4.1
Al$_2$Se$_3$, 6.2
AsCoS, 4.2
AsNiS, 4.2

BaS, 4.1
BaSe, 4.1
BaTe, 4.1
BeS, 5.2
BeSe, 5.2
BeTe, 5.2
BiSe, 4.1
BiTe, 4.1

CaIn$_2$S$_4$, 8.2

CaS, 4.1
CaSe, 4.1
CaTe, 4.1
CdCr$_2$S$_4$, 8.2
CdCr$_2$Se$_4$, 8.2
CdIn$_2$S$_4$, 8.2
CdS, 4.1, 5.2, 6.2
CdSe, 4.1, 6.2
CdTe, 4.1, 5.2
CeS, 4.1

CeSe, 4.1
CeTe, 4.1
CoS, 6.10
CoS$_2$, 4.2
Co$_3$S$_4$, 8.2
CoSe, 6.10
CoSe$_2$, 4.2
CoTe, 6.10
CoTe$_2$, 6.6
CoCr$_2$S$_4$, 8.2
CoIn$_2$S$_4$, 8.2
CoRh$_2$S$_4$, 8.2
CrS, 6.10
CrSe, 6.10
CrTe, 6.10
CrAl$_2$S$_4$, 8.2
CrGa$_2$S$_4$, 8.2
CrIn$_2$S$_4$, 8.2
CuS, 6.12
CuSe, 6.12
Cu$_{0.5}$Al$_{2.5}$S$_4$, 8.2
CuBiSe$_2$, 4.1
CuCo$_2$S$_4$, 8.2
CuCr$_2$S$_4$, 8.2
CuCr$_2$Se$_4$, 8.2
CuCr$_2$Te$_4$, 8.2
Cu$_{0.5}$In$_{2.5}$S$_4$, 8.2
CuRh$_2$S$_4$, 8.2
CuTi$_2$S$_4$, 8.2
CuV$_2$S$_4$, 8.2

DyTe, 4.1

ErTe, 4.1
EuS, 4.1
EuSe, 4.1
EuTe, 4.1

β-FeS, 6.10
FeS$_2$, 4.2
FeSe, 6.10, 7.1
FeTe, 6.10, 7.1
FeCr$_2$S$_4$, 8.2
FeIn$_2$S$_4$, 8.2

β-Ga$_2$S$_3$, 6.2
γ-Ga$_2$S$_3$, 5.2
Ga$_2$Se$_3$, 5.2
Ga$_2$Te$_3$, 5.2
GdSe, 4.1

HfS$_2$, 6.6
HfSe$_2$, 6.6
HgS, 5.2
HgSe, 5.2
HgTe, 5.2
HgCr$_2$S$_4$, 8.2

HoS, 4.1
HoSe, 4.1
HoTe, 4.1

InTe, 4.1
In$_2$Te$_3$, 5.2
IrTe$_2$, 6.6
IrTe$_{2+x}$, 4.2

K$_2$S, 5.4
K$_2$Se, 5.4
K$_2$Te, 5.4
KBiS$_2$, 4.1
KBiSe$_2$, 4.1

LaS, 4.1
LaSe, 4.1
LaTe, 4.1
Li$_2$S, 5.4
Li$_2$Se, 5.4
Li$_2$Te, 5.4
Li$_{0.5}$Al$_{2.5}$S$_4$, 8.2
LiBiS$_2$, 4.1

MgS, 4.1
MgSe, 4.1
MgTe, 6.2
MgIn$_2$S$_4$, 8.2
MnS, 6.2, 4.1
β-MnS, 5.2
MnS$_2$, 4.2
MnSe, 4.1
β-MnSe, 5.2
γ-MnSe, 6.2
MnSe$_2$, 4.2
MnTe, 6.2, 6.10
MnTe$_2$, 4.2
MnCr$_2$S$_4$, 8.2
MnIn$_2$S$_4$, 8.2
MoS$_2$, 6.4
MoSe$_2$, 6.4
MoTe$_2$, 6.4

Na$_2$S, 5.4
Na$_2$Se, 5.4
Na$_2$Te, 5.4
NaBiS$_2$, 4.1
NaBiSe$_2$, 4.1
NbS, 6.10
NdS, 4.1
NdSe, 4.1
NdTe, 4.1
β-NiS, 6.10
NiS$_2$, 4.2
Ni$_3$S$_4$, 8.2

β-NiSe, 6.10
NiSe$_2$, 4.2
NiTe, 6.10
NiTe$_2$, 6.6
NiCo$_2$S$_4$, 8.2
NiIn$_2$S$_4$, 8.2

OsS$_2$, 4.2
OsSe$_2$, 4.2
OsTe$_2$, 4.2

PbS, 4.1
PbSe, 4.1
PbTe, 4.1, 6.10
PdTe$_2$, 6.6
PrS, 4.1
PrSe, 4.1
PrTe, 4.1
PtS$_2$, 6.6
PtSe$_2$, 6.6
PtTe$_2$, 6.6
PuS, 4.1
PuTe, 4.1

Rb$_2$S, 5.4
RhS$_2$, 4.2
RhSe$_2$, 4.2
RhTe, 6.10
RhTe$_2$, 4.2, 6.6
RuS$_2$, 4.2
RuSe$_2$, 4.2
RuTe$_2$, 4.2

ScTe, 6.10
SiTe$_2$, 6.6
SmS, 4.1
SmSe, 4.1
SmTe, 4.1
SnS$_2$, 6.6
SnSe, 4.1
SnSe$_2$, 6.6
SnTe, 4.1
SrS, 4.1

SrSe, 4.1
SrTe, 4.1

α-TaS$_2$, 6.6
TbS, 4.1
TbSe, 4.1
TbTe, 4.1
ThS, 4.1
ThSe, 4.1
ThTe, 3.1
TiS, 6.10
TiS$_2$, 6.6
TiSe, 6.10
TiSe$_2$, 6.6
Te$_2$, 6.6
TlBiS$_2$, 4.1
TmTe, 4.1

US, 4.1
USe, 4.1
UTe, 4.1

VS, 6.10
VSe, 6.10
VSe$_2$, 6.6
VTe, 6.10

WS$_2$, 6.4
WSe$_2$, 6.4

YTe, 4.1
YbSe, 4.1
YbTe, 4.1

ZnS, 6.2
β-ZnS, 5.2
ZnSe, 5.2, 6.2
ZnTe, 6.2
ZnAl$_2$S$_4$, 8.2
ZnCr$_2$Se$_4$, 8.2
ZrS, 4.1
ZrS$_2$, 6.6
ZrSe$_2$, 6.6

ZrTe, 6.10
ZrTe$_2$, 6.6
ZrCr$_2$S$_4$, 8.2

その他
BaNH, 4.1
CaNH, 4.1
Ca(OH)$_2$, 6.6
CaSn(OH)$_6$, 7.3
Cd(CN)$_2$, 3.2
Cd(OH)$_2$, 6.6
Co(OH)$_2$, 6.6
CoSn(OH)$_6$, 7.3
CsCN, 3.1
CsNH$_2$, 3.1
CsSH, 3.1
CsSeH, 3.1
CuSn(OH)$_6$, 7.3
Fe(OH)$_2$, 6.6
FeSn(OH)$_6$, 7.3
Gd(OH)$_3$, 6.3
KCN, 4.1
La(OH)$_3$, 6.3
LiOH, 7.1
Mg(OH)$_2$, 6.6
MgSn(OH)$_6$, 7.3
Mn(OH)$_2$, 6.6
MnSn(OH)$_6$, 7.3
NaCN, 4.1
Nd(OH)$_3$, 6.3
Ni(OH)$_2$, 6.6
NiSn(OH)$_6$, 7.3
Pr(OH)$_3$, 6.3
RbCN, 4.1
RbNH$_2$, 4.1
Sm(OH)$_3$, 6.3
SrNH, 4.1
Y(OH)$_3$, 6.3
Yb(OH)$_3$, 6.3
Zn(CN)$_2$, 3.2
ZnSn(OH)$_6$, 7.3

日 本 語 索 引
鉱物名・物質名・結晶型

ア 行

アナターゼ　anatase ……………3.3
安定化ジルコニア ………………5.4
イルメナイト　ilmenite …………9.2
ウルツ鉱　wultzite ………………6.2
エンスタタイト　enstatite ………5.3
黄玉　topaz ………………………5.3
オーケルマン石　akermanite ……5.3
黄鉄鉱　pyrite …………………4.2
黄緑石　pyrochlore ………………5.8

カ 行

灰重石　scheelite ………………5.9
カオリナイト　kaolinite …………5.3
角閃石　amphiboles ……………5.3
滑石　talc ………………………5.3
頑火輝石　enstatite ………………5.3
岩塩　rock salt …………………4.1
かんらん石　olivine ……………5.3
輝水鉛鉱　molybdenite …………6.4
輝石　pyroxene …………………5.3
キータイト　keatite ……………5.3
逆スピネル(inverse spinel)型……8.2
逆赤銅鉱　anticuprite ……………3.2
逆ホタル石(antifluorite)型 ………5.4
金紅石　rutile …………………3.3
クルストバル石　cristobalite ……5.3
欠陥ホタル石構造 ………………5.8
紅亜鉛鉱　zincite ………………6.2
鋼玉　corundum …………………9.1
紅玉　ruby ………………………9.1

コーサイト　coesite ……………5.3
黒鉛　graphite …………………11.1

サ 行

サイアロン　sialon ……………補
ざくろ石　garnet …………5.3, 10.2
サーメット　cermet ……………4.1
サファイア　sapphire …………9.1
三重ルチル構造　trirutile structure 3.3
ジントル(Zintl)相 ………………12.1
白雲母　mica ……………………5.3
白錫　β-Sn …………………5.1
錫石　cassiterite ………………3.3
スティショバイト　stishovite …5.3
スピネル　spinel ………………8.2
青玉　sapphire …………………9.1
正スピネル(normal spinel)型 ……8.2
ゼオライト　zeolite ……………5.3
石英　quartz ……………………5.3
赤銅鉱　cuprite …………………3.2
閃亜鉛鉱　zinc blend, sphalerite …5.2
尖晶石　spinel …………………8.2

タ, ナ 行

ダイヤモンド　diamond …………5.1
多型　polytype …………………6.2
チソン石　tysonite ……………6.5
長石　feldspar …………………5.3
鉄マンガン鉱　bixbyite …………5.7
透閃石　tremolite ………………5.3
透輝石　diopside ………………5.3
トパーズ　topaz ………………5.3

銅藍　covellite·················6.12
トリジマイト　tridymite··········5.3
ナトリウム・タングステン・ブロンズ
　　　sodium tungsten bronzes ········7.8

ハ　行

灰色錫　α-Sn···············5.1
灰チタン石　perovskite ·········7.4
パイライト　pyrite ············4.2
パイログラファイト
　　　pyrolytic graphite ·········11.1
パイロクロア　pyrochlore ·······5.8
フェナサイト　phenacite ········補
沸石　zeolite ················5.3
ブルッカイト　brookite ·········3.3
ベニト石　benitoite ············5.3
ペロブスカイト　perovskite ······7.4

ホイスラー合金　Heusler alloy······4.4
ホタル石　fluorite················5.4
ボラゾン　borazon ··········5.2, 11.2
複合スピネル ····················8.2
部分安定化ジルコニア　PSZ ·······5.4

マ，ラ，ヤ行

マグネトプランバイト
　　　magnetoplumbite ············8.3
ラーベス相　Laves phase ·······8.1
ラブロク　LaB$_6$ ················3.4
緑柱石　beryl···················5.3
鱗珪石　tridymite···············5.3
ルチル　rutile··················3.3
ルビー　ruby···················9.1
YAG, YIG ·····················10.2

化学式索引

A$'_{0.5}$A$''_{0.5}$BO$_4$ ……126	AgSbTe$_2$ ……77	Al$_2$O$_3$ 174, 267, 270, 301	As$_2$Mg$_3$ ……117
A(B$'_{0.5}$B$''_{0.5}$)O$_4$ ……127	AgTaO$_3$ ……202	α-Al$_2$O$_3$ ……267, 301	AsMn ……160
	AgTh$_2$ ……289	AlP ……97, 98	AsNa$_3$ ……148
Ac ……34, 42	AgY ……47	AlPd ……47	AsNaZn ……112
AcBr$_3$ ……297	AgYb ……47	Al$_2$Pt ……107	AsNd ……70
AcCl$_3$ ……297	Ag$_2$Yb ……81	Al$_2$Pu ……241	AsNi ……160
AcF$_3$ ……297		AlSb ……97, 98	AsNiS ……79
Ac$_2$O$_3$ ……158	Al ……34, 42	AlSc ……47	As$_2$Pd ……79
AcOF ……107	AlAs ……97, 98	Al$_2$Se$_3$ ……141	AsPr ……70
	AlAsO$_4$ ……53	Al$_2$Th ……155	As$_2$Pt ……79
Ag ……34, 42	Al$_2$Au ……107	AlTh$_2$ ……289	AsPu ……70
Ag$_{0.5}$Al$_{2.5}$S$_4$ ……251	AlAu$_2$Mn ……83	Al$_2$V ……241	AsRb$_3$ ……148
AgAsMg ……112	AlB$_2$ ……154	Al$_3$V ……189	AsSc ……70
AgAsZn ……112	AlB$_{10}$ ……318	Al$_2$Y ……241	AsSm ……70
AgB$_2$ ……155	AlB$_{12}$ ……318	Al$_3$Yb ……189	AsSn ……70
δ-AgBe$_2$ ……241	Al$_2$C$_6$ ……296	Al$_2$Zr ……168	AsTb ……70
AgBiS$_2$ ……77	Al$_4$C$_3$ ……296, 318	AlZr$_3$ ……189	AsTh ……70
AgBiTe$_2$ ……77	Al$_2$Ca ……241		α-AsTi ……172
AgBr ……71	Al$_2$Ce ……241	Am ……34, 42	β-AsTi ……160
β-AgCd ……47	α'-AlCo$_3$ ……189	AmCl$_3$ ……297	AsTm ……70
AgCe ……47	β-AlCo ……47	AmF$_3$ ……297	AsU ……70
AgCl ……71, 131	AlCr$_2$ ……81	AmO ……72	AsV$_3$ ……275
Ag$_2$Er ……81	θ-Al$_2$Cu ……289	AmO$_2$ ……108	AsY ……70
AgF ……71	AlCu$_2$Mn ……83		
Ag$_2$F ……150	Al$_3$Er ……189	Ar ……34, 42	Au ……34, 42
Ag$_2$Ho ……81	AlFe ……47		AuB$_2$ ……155
AgI ……97, 141	AlFe$_3$ ……60	As ……39, 42	Au$_2$Bi ……241
AgIO$_4$ ……126	AlFe$_3$C ……201	AsB ……97	β-AuCd ……47
AgInS$_2$ ……141	AlGeMn ……162	AsCe ……70	AuCu$_3$ ……189
Ag$_{0.5}$In$_{2.5}$S$_4$ ……251	Al$_3$Ho ……189	AsCoS ……79	Au$_2$Er ……81
ϕ-AgIr$_2$ ……289	Al$_2$La ……241	AsDy ……70	AuGa$_2$ ……107
AgLa ……47	Al$_{0.89}$Mn$_{1.11}$ ……162	AsEr ……70	Au$_2$Ho ……81
β-AgLi ……47	AlMn$_3$C ……201	AsGa ……97	AuIn$_2$ ……107
β-AgMg ……47	AlMnGe ……162	AsGd ……70	AuMg ……47
Ag$_2$MoO$_4$ ……249	AlMo$_3$ ……275, 276	As$_3$GeLi$_5$ ……107	AuMg$_3$ ……148
AgNbO$_3$ ……202	AlN ……141, 142, 300	AsHo ……70	β-AuMn ……47
AgNd ……47	AlNb$_3$ ……275, 276	AsIn ……97	Au$_2$Na ……241
AgO ……87	AlNd ……47	AsK$_3$ ……148	AuNa$_2$ ……289
Ag$_2$O ……50	AlNi ……47	AsLa ……70	AuNb$_3$ ……275, 276
α''-Ag$_3$Pt ……189	β-AlNi ……47	AsLi$_3$ ……148	AuPb$_2$ ……289
γ-AgPt$_3$ ……189	γ-AlNi$_3$ ……189	AsLiMg ……112	Au$_2$Pb ……241
AgReO$_4$ ……126	AlNi$_2$Ti ……83	As$_3$Li$_5$Si ……107	α'-Au$_3$Pt ……189
AgSbS$_2$ ……77	Al$_2$Np ……241	As$_3$Li$_5$Ti ……107	AuSb$_2$ ……79
AgSbSe$_2$ ……77	Al$_3$Np ……189	AsLiZn ……107	AuSn ……160

348　　　　　　　　　　　　索　引

AuTh$_2$ ·················289
AuTi$_3$ ·················275
AuV$_3$ ············275, 276
AuYb ··················47
Au$_2$Yb ················81
β−AuZn ···············47
AuZr$_3$ ············275, 276

B ···········42, 152, 174
B$_4$C ·············174, 304
B$_2$H$_6$ ···················299
BN ·········97, 291, 304
B$_2$O$_3$ ····················319
BP ·····················97

Ba ·················31, 42
Ba(Ag$_{0.5}$I$_{0.5}$)O$_3$ ····211
BaAl$_{12}$O$_{19}$ ···············259
Ba(Al$_{0.67}$W$_{0.33}$)O$_3$ ··205
BaB$_6$ ·····················56
Ba(Ba$_{0.5}$Os$_{0.5}$)O$_3$ ···209
Ba(Ba$_{0.5}$Re$_{0.5}$)O$_3$ ···209
Ba(Ba$_{0.5}$Ta$_{0.5}$)O$_{2.75}$ 212
Ba(Ba$_{0.5}$Ta$_{0.5}$)O$_3$ ··209
Ba(Ba$_{0.5}$U$_{0.5}$)O$_3$ ····209
Ba(Ba$_{0.5}$W$_{0.5}$)O$_3$ ····209
Ba(Bi$_{0.5}$Nb$_{0.5}$)O$_3$ ···206
Ba(Bi$_{0.5}$Ta$_{0.5}$)O$_3$ ···206
BaBi$_3$Ti$_2$NbO$_{12}$ ······219
BaBi$_4$Ti$_4$O$_{15}$ ········219
BaBr$_2$ ·················297
BaC$_2$ ···············81, 82
Ba(Ca$_{0.5}$Mo$_{0.5}$)O$_3$ ··209
Ba(Ca$_{0.33}$Nb$_{0.67}$)O$_3$ 205
Ba(Ca$_{0.5}$Os$_{0.5}$)O$_3$ ···209
Ba(Ca$_{0.5}$Re$_{0.5}$)O$_3$ ···209
Ba(Ca$_{0.33}$Ta$_{0.67}$)O$_3$ 205
Ba(Ca$_{0.5}$Te$_{0.5}$)O$_3$ ···209
Ba(Ca$_{0.5}$U$_{0.5}$)O$_3$ ····209
Ba(Ca$_{0.5}$W$_{0.5}$)O$_3$ ····209
BaCd ··················47
Ba(Cd$_{0.33}$Nb$_{0.67}$)O$_3$ 205
Ba(Cd$_{0.5}$Os$_{0.5}$)O$_3$ ···209
Ba(Cd$_{0.5}$Re$_{0.5}$)O$_3$ ···209
Ba(Cd$_{0.33}$Ta$_{0.67}$)O$_3$ 205
Ba(Cd$_{0.5}$U$_{0.5}$)O$_3$ ····209
Ba(Ce$_{0.5}$Nb$_{0.5}$)O$_3$ ···206
BaCeO$_3$ ···············202
Ba(Ce$_{0.5}$Pa$_{0.5}$)O$_3$ ···206

BaCl$_2$ ·················297
Ba(CoFe)Fe$_{16}$O$_{27}$ ·259
Ba$_2$Co$_2$Fe$_{12}$O$_{22}$ ·····259
Ba$_3$Co$_2$Fe$_{24}$O$_{41}$ ···259
Ba(Co$_{0.5}$Mo$_{0.5}$)O$_3$ ··209
Ba(Co$_{0.33}$Nb$_{0.67}$)O$_3$ 205
Ba(Co$_{0.5}$Nb$_{0.5}$)O$_3$ ··206
BaCoO$_{3-x}$ ··············228
Ba$_2$CoOsO$_6$ ··········228
Ba(Co$_{0.5}$Re$_{0.5}$)O$_3$
　　　　　········206, 209
Ba(Co$_{0.33}$Ta$_{0.67}$)O$_3$ 205
Ba$_3$CoTi$_2$O$_9$ ··········228
Ba(Co$_{0.5}$U$_{0.5}$)O$_3$ ····210
Ba(Co$_{0.5}$W$_{0.5}$)O$_3$ ····210
BaCr$_6$Fe$_6$O$_{19}$ ·········259
Ba$_3$Cr$_2$MoO$_9$ ········228
Ba$_2$CrOsO$_6$ ··········228
Ba$_3$Cr$_2$ReO$_9$ ·········228
Ba$_2$CrTaO$_6$ ··········228
Ba(Cr,Ti)O$_3$ ·········228
Ba(Cr$_{0.5}$U$_{0.5}$)O$_3$ 206,210
Ba$_3$Cr$_2$UO$_9$ ···········228
Ba$_3$Cr$_2$WO$_9$ ··········228
Ba$_3$Cu$_2$Fe$_{24}$O$_{41}$ ···259
Ba(Cu$_{0.33}$Nb$_{0.67}$)O$_3$ 205
Ba(Cu$_{0.5}$U$_{0.5}$)O$_3$ ····210
Ba(Cu$_{0.5}$W$_{0.5}$)O$_3$ ···206
Ba(Dy$_{0.5}$Nb$_{0.5}$)O$_3$ ···206
Ba(Dy$_{0.5}$Pa$_{0.5}$)O$_3$ ···206
Ba(Dy$_{0.5}$Ta$_{0.5}$)O$_3$ ···206
Ba(Dy$_{0.67}$W$_{0.33}$)O$_3$ ·205
Ba$_2$ErIrO$_6$ ···········228
Ba(Er$_{0.5}$Nb$_{0.5}$)O$_3$ ···206
Ba(Er$_{0.5}$Pa$_{0.5}$)O$_3$ ···206
Ba(Er$_{0.5}$Re$_{0.5}$)O$_3$ ···206
Ba(Er$_{0.5}$Ta$_{0.5}$)O$_3$ ···206
Ba(Er$_{0.5}$U$_{0.5}$)O$_3$ ····206
Ba(Er$_{0.67}$W$_{0.33}$)O$_3$ ·205
Ba(Eu$_{0.5}$Nb$_{0.5}$)O$_3$ ···206
Ba(Eu$_{0.5}$Pa$_{0.5}$)O$_3$ ···207
Ba(Eu$_{0.5}$Ta$_{0.5}$)O$_3$ ···207
Ba(Eu$_{0.67}$W$_{0.33}$)O$_3$ ·205
BaF$_{21}$O$_7$ ·109, 130, 297
BaFe$_2$Fe$_{16}$O$_{27}$ ······259
Ba(Fe,Ir)O$_3$ ··········228
Ba(Fe$_{0.5}$Mo$_{0.5}$)O$_{2.75}$ 212
Ba(Fe$_{0.5}$Mo$_{0.5}$)O$_3$ ··207
Ba$_2$FeMoO$_6$ ··········199

Ba(Fe$_{0.33}$Nb$_{0.67}$)O$_3$ 205
Ba(Fe$_{0.5}$Nb$_{0.5}$)O$_3$ ···207
BaFe$_{12}$O$_{19}$ ····162,255,
　　256,257,258,259,260
BaFeO$_3$ ···············202
Ba$_2$FeOsO$_6$ ··········228
Ba(Fe$_{0.5}$Re$_{0.5}$)O$_3$ ···207
Ba$_2$FeReO$_6$ ···········199
Ba$_3$Fe$_2$ReO$_9$ ·········228
Ba$_2$FeSbO$_6$ ··········228
Ba(Fe$_{0.33}$Ta$_{0.67}$)O$_3$ 205
Ba(Fe$_{0.5}$Ta$_{0.5}$)O$_3$ ···207
Ba$_3$FeTi$_2$O$_9$ ··········228
Ba(Fe$_{0.5}$U$_{0.5}$)O$_3$ ····210
Ba(Fe$_{0.67}$U$_{0.33}$)O$_3$ ·205
Ba(Fe$_{0.5}$W$_{0.5}$)O$_3$ ····210
BaGa$_2$ ················155
BaGa$_{12}$O$_{19}$ ···········259
Ba(Gd$_{0.5}$Nb$_{0.5}$)O$_3$ ···207
Ba(Gd$_{0.5}$Pa$_{0.5}$)O$_3$ ···207
Ba(Gd$_{0.5}$Re$_{0.5}$)O$_3$ ···207
Ba(Gd$_{0.5}$Sb$_{0.5}$)O$_3$ ···207
Ba(Gd$_{0.5}$Ta$_{0.5}$)O$_3$ ···207
Ba(Gd$_{0.67}$W$_{0.33}$)O$_3$ ·205
BaH$_2$ ··················299
BaHg ··················47
Ba(Ho$_{0.5}$Nb$_{0.5}$)O$_3$ ···207
Ba(Ho$_{0.5}$Pa$_{0.5}$)O$_3$ ···207
Ba(Ho$_{0.5}$Ta$_{0.5}$)O$_3$ ···207
BaI$_2$ ··················297
Ba$_2$InIrO$_6$ ···········228
Ba(In$_{0.5}$Nb$_{0.5}$)O$_3$ ···207
BaIn$_2$O$_4$ ··············249
Ba(In$_{0.5}$Os$_{0.5}$)O$_3$ ···207
Ba(In$_{0.5}$Pa$_{0.5}$)O$_3$ ···207
Ba(In$_{0.5}$Re$_{0.5}$)O$_3$ ···207
Ba(In$_{0.5}$Sb$_{0.5}$)O$_3$ ···207
Ba(In$_{0.5}$Ta$_{0.5}$)O$_3$ ···207
Ba(In$_{0.5}$U$_{0.5}$)O$_{2.75}$ ···212
Ba(In$_{0.5}$U$_{0.5}$)O$_3$ ····207
Ba(In$_{0.67}$U$_{0.33}$)O$_3$ ·205
Ba(In$_{0.67}$W$_{0.33}$)O$_3$ ·205
Ba$_3$IrTi$_2$O$_9$ ···········228
Ba(La$_{0.5}$Nb$_{0.5}$)O$_3$ ···207
Ba(La$_{0.5}$Pa$_{0.5}$)O$_3$ ···207
Ba(La$_{0.5}$Re$_{0.5}$)O$_3$ ···207
Ba(La$_{0.5}$Ta$_{0.5}$)O$_3$ ···207
Ba(La$_{0.67}$W$_{0.33}$)O$_3$ ·205
Ba(Li$_{0.5}$Os$_{0.5}$)O$_3$ ···211

Ba(Li$_{0.5}$Re$_{0.5}$)O$_3$ ···211
Ba(Lu$_{0.5}$Nb$_{0.5}$)O$_3$ ···207
Ba(Lu$_{0.5}$Pa$_{0.5}$)O$_3$ ···207
Ba(Lu$_{0.5}$Ta$_{0.5}$)O$_3$ ···207
Ba(Lu$_{0.67}$W$_{0.33}$)O$_3$ ·205
BaMg$_2$ ···············168
Ba$_2$Mg$_2$Fe$_{12}$O$_{22}$ ···259
Ba(Mg$_{0.33}$Nb$_{0.67}$)O$_3$ 205
Ba(Mg$_{0.5}$Os$_{0.5}$)O$_3$ ···210
Ba(Mg$_{0.5}$Re$_{0.5}$)O$_3$ ···210
Ba(Mg$_{0.33}$Ta$_{0.67}$)O$_3$ 205
Ba(Mg$_{0.5}$Te$_{0.5}$)O$_3$ ···210
Ba(Mg$_{0.5}$U$_{0.5}$)O$_3$ ···210
Ba(Mg$_{0.5}$W$_{0.5}$)O$_3$ ···210
BaMn$_2$Fe$_{16}$O$_{27}$ ····259
Ba$_2$Mn$_2$Fe$_{12}$O$_{22}$ ···259
Ba(Mn$_{0.33}$Nb$_{0.67}$)O$_3$ 205
Ba(Mn$_{0.5}$Nb$_{0.5}$)O$_3$ ···207
BaMnO$_3$ ··············228
Ba$_2$MnOsO$_6$ ··········228
Ba(Mn$_{0.5}$Re$_{0.5}$)O$_3$
　　　　　········207, 210
Ba(Mn$_{0.33}$Ta$_{0.67}$)O$_3$ 205
Ba(Mn$_{0.5}$Ta$_{0.5}$)O$_3$ ···207
Ba$_3$MnTi$_2$O$_9$ ··········228
Ba(Mn$_{0.5}$U$_{0.5}$)O$_3$ ···210
BaMoO$_3$ ···············202
BaMoO$_4$ ···············126
Ba$_3$N$_2$ ················305
BaNH ··················74
Ba(Na$_{0.5}$I$_{0.5}$)O$_3$ ····211
Ba(Na$_{0.5}$Os$_{0.5}$)O$_3$ ···211
Ba(Na$_{0.5}$Re$_{0.5}$)O$_3$ ···211
Ba(Na$_{0.25}$Ta$_{0.75}$)O$_3$ 212
Ba$_{0.5}$NbO$_3$ ············223
Ba$_5$Nb$_4$O$_{15}$ ···········228
Ba(Nd$_{0.5}$Nb$_{0.5}$)O$_3$ ··207
Ba(Nd$_{0.5}$Pa$_{0.5}$)O$_3$ ··207
Ba(Nd$_{0.5}$Re$_{0.5}$)O$_3$ ··207
Ba(Nd$_{0.5}$Ta$_{0.5}$)O$_3$ ··207
Ba(Nd$_{0.67}$W$_{0.33}$)O$_3$ ·205
Ba(NiFe)Fe$_{16}$O$_{27}$ ·259
Ba$_2$Ni$_2$Fe$_{12}$O$_{22}$ ·····259
Ba(Ni$_{0.5}$Mo$_{0.5}$)O$_3$ ··210
Ba(Ni$_{0.33}$Nb$_{0.67}$)O$_3$ 205
Ba(Ni$_{0.5}$Nb$_{0.5}$)O$_3$ ···207
BaNiO$_3$ ···············228
Ba$_2$NiOsO$_6$ ··········228
Ba(Ni$_{0.5}$Re$_{0.5}$)O$_3$ ···210

349

$Ba(Ni_{0.33}Ta_{0.67})O_3$ ·205	$Ba(Sr_{0.5}U_{0.5})O_3$ ·····210	$\beta-Be_2Fe$ ············168	$\beta-Bi_3Pd_5$ ············164
$Ba(Ni_{0.5}U_{0.5})O_3$ ····210	$Ba(Sr_{0.5}W_{0.5})O_3$ ·····210	$\varepsilon-Be_2Fe$ ············241	BiPr ···················70
$Ba(Ni_{0.5}W_{0.5})O_3$ ····210	$Ba_{0.5}TaO_3$ ·············223	BeH_2 ··················299	BiPt ···················160
$Ba(Ni_{0.5}Zn_{0.5}Fe)Fe_{16}O_{27}$	$Ba_5Ta_4O_{15}$ ············228	Be_2K ···················241	Bi_2Pt ··················79
·····················259	$Ba(Tb_{0.5}Nb_{0.5})O_3$ ··207	Be_2Mn ················168	BiPu ···················70
BaO ···72, 76, 301, 305	$Ba(Tb_{0.5}Pa_{0.5})O_3$ ··207	Be_2Mo ················168	Bi_2Rb ·················241
BaO_2 ···················81	BaTe ·················73	Be_3N_2 ············117, 304	$BiRb_3$ ·················148
$Ba_3OsTi_2O_9$ ·········228	$BaThO_3$ ··············202	BeNi ··················47	BiRh ···················160
$Ba(Pb_{0.5}Mo_{0.5})O_3$ ··210	$BaTiO_3$ ········196, 202	BeO 141, 142, 174, 301	$BiSe$ ···················73
$Ba(Pb_{0.33}Nb_{0.67})O_3$ 205	$Ba(Tl_{0.5}Ta_{0.5})O_3$ ···207	Be_2O_3 ·················304	BiSm ··················70
$BaPbO_3$ ···············202	$Ba(Tm_{0.5}Nb_{0.5})O_3$ ·207	Be_3P_2 ·················117	BiTb ···················70
Ba_2PbO_4 ··············214	$Ba(Tm_{0.5}Pa_{0.5})O_3$ ··207	BePd ···················47	BiTe ···················73
$Ba(Pb_{0.33}Ta_{0.67})O_3$ 205	$Ba(Tm_{0.5}Ta_{0.5})O_3$ ·208	Be_2Re ·················168	BiTeBr ···············150
$BaPd_2$ ··················241	$BaUO_3$ ···············202	BeS ····················97	BiTeI ··················150
$Ba(Pr_{0.5}Nb_{0.5})O_3$ ···207	$BaWO_4$ ··············126	BeSe ··················97	$Bi_4Ti_3O_{12}$ ······216, 219
$BaPrO_3$ ···············202	$Ba(Y_{0.5}Nb_{0.5})O_3$ ····208	BeSiZr ················164	BiU ····················70
$Ba(Pr_{0.5}Pa_{0.5})O_3$ ···207	$Ba(Y_{0.5}Pa_{0.5})O_3$ ····208	$BeTa_2$ ·················289	
$Ba(Pr_{0.5}Ta_{0.5})O_3$ ···207	$Ba(Y_{0.5}Re_{0.5})O_3$ ····208	BeTe ···················97	C ············42, 174, 291
$BaPt_2$ ··················241	$Ba(Y_{0.5}Ta_{0.5})O_3$ ····208	Be_2Ti ··················241	C(d) ············95, 100
$BaPt_{0.1}Ti_{0.9}O_3$ ······228	$Ba(Y_{0.5}U_{0.5})O_3$ ·····208	Be_2V ··················168	C(g) ·········286, 291
$BaPuO_3$ ···············202	$Ba(Y_{0.67}U_{0.33})O_3$ ···205	Be_2W ·················168	
$BaRh_2$ ·················241	$Ba(Y_{0.67}W_{0.33})O_3$ ··205	Be_2Zr ·················155	Ca ········31, 34, 37, 42
$Ba(Rh,Ti)O_3$ ········228	$Ba(Yb_{0.5}Nb_{0.5})O_3$ ·209		$\beta-Ca$ ·················37
$Ba(Rh_{0.5}U_{0.5})O_3$ ····207	$Ba(Yb_{0.5}Pa_{0.5})O_3$ ·209	Bi ·····················42	$\gamma-Ca$ ·················31
Ba_2RhUO_6 ···········228	$Ba(Yb_{0.5}Ta_{0.5})O_3$ ·209	$BiAlO_3$ ···············203	$Ca_3Al_2Ge_3O_{12}$ ········280
$Ba(Rh_{0.5}Nb_{0.5})O_3$ ··207	$Ba(Yb_{0.67}W_{0.33})O_3$ ·205	$BiAsO_4$ ··············126	$Ca(Al_{0.5}Nb_{0.5})O_3$ ··208
$Ba_3RuTi_2O_9$ ·········228	$Ba(ZnFe)Fe_{16}O_{27}$ ·259	BiCe ···················70	$CaAl_{12}O_{19}$ ············259
BaS ·····················73	$Ba_2Zn_2Fe_{12}O_{22}$ ······259	$BiCrO_3$ ···············203	$Ca(Al_{0.5}Ta_{0.5})O_3$ ··208
Ba_2ScIrO_6 ············228	$Ba_3Zn_2Fe_{24}O_{41}$ ······259	Bi_2Cs ·················241	CaB_6 ···················56
$Ba(Sc_{0.5}Nb_{0.5})O_3$ ···207	$Ba(Zn_{0.33}Nb_{0.67})O_3$ 205	BiCuMg ··············112	$CaBr_2$ ·················173
$Ba(Sc_{0.5}Os_{0.5})O_3$ ···207	$Ba(Zn_{0.5}Os_{0.5})O_3$ ···210	BiF_3 ··············58, 59	CaC_2 ···············81, 82
$Ba(Sc_{0.5}Pa_{0.5})O_3$ ···207	$Ba(Zn_{0.5}Re_{0.5})O_3$ ···210	BiH_3 ··················299	$Ca(Ca_{0.5}Os_{0.5})O_3$ ··210
$Ba(Sc_{0.5}Re_{0.5})O_3$ ···207	$Ba(Zn_{0.33}Ta_{0.67})O_3$ 205	BiHo ···················70	$Ca(Ca_{0.5}Re_{0.5})O_3$ ··210
$Ba(Sc_{0.5}Sb_{0.5})O_3$ ···207	$Ba(Zn_{0.5}U_{0.5})O_3$ ····210	BiIn ····················187	$Ca(Ca_{0.5}W_{0.5})O_3$ ··210
$Ba(Sc_{0.5}Ta_{0.5})O_3$ ···207	$Ba(Zn_{0.5}W_{0.5})O_3$ ···210	BiK_3 ···················60	$CaCd_2$ ················168
$Ba(Sc_{0.5}U_{0.5})O_3$ ·····207	$BaZrO_3$ ···············202	$\alpha-BiK_3$ ··············148	$Ca(Cd_{0.5}Re_{0.5})O_3$ ·210
$Ba(Sc_{0.67}U_{0.33})O_3$ ···205		BiLa ···················70	$CaCeO_3$ ··············202
$Ba(Sc_{0.67}W_{0.33})O_3$ ·205	Be ·········37, 42, 174	$BiLi_3$ ···················60	$CaCl_2$ ·················173
BaSe ···················73	BeB_2 ··················318	BiLiMg ···············112	$Ca(Co_{0.5}Os_{0.5})O_3$ ··210
$BaSi_2$ ··················156	BeB_4 ··················318	$\alpha-Bi_2Mg_3$ ············158	$Ca(Co_{0.5}Re_{0.5})O_3$ ··210
$Ba(Sm_{0.5}Nb_{0.5})O_3$ ·207	BeB_6 ···················56	BiMgNi ···············112	$Ca(Co_{0.5}W_{0.5})O_3$ ··208
$Ba(Sm_{0.5}Pa_{0.5})O_3$ ··207	Be_2B ············107, 109	BiMn ···················160	$Ca_3Cr_2Ge_3O_{12}$ ······280
$Ba(Sm_{0.5}Ta_{0.5})O_3$ ··207	Be_5B ··················318	$BiMnO_3$ ·········199, 203	$Ca(Cr_{0.5}Mo_{0.5})O_3$ ·208
$BaSnO_3$ ···············202	Be_2C ··················107	$BiNa_3$ ·················148	Ca_2CrMoO_6 ·········199
Ba_2SnO_4 ··············214	BeCo ···················47	$BiNb_3$ ·········275, 276	$Ca(Cr_{0.5}Nb_{0.5})O_3$ ··208
$BaSrNb_2O_6F$ ·······123	Be_2Cr ·················168	BiNd ···················70	$Ca(Cr_{0.5}Os_{0.5})O_3$ ··208
$Ba(Sr_{0.5}Os_{0.5})O_3$ ···210	BeCu ···················47	BiNi ····················160	$Ca(Cr_{0.5}Re_{0.5})O_3$ ···208
$Ba(Sr_{0.5}Re_{0.5})O_3$ ···210	Be_2Cu ·················241	Bi_2O_3 ·················319	Ca_2CrReO_6 ·········199
$Ba(Sr_{0.33}Ta_{0.67})O_3$ ·205	BeF_2 ··················130	Bi_2Pd ··················79	$Ca(Cr_{0.5}Ta_{0.5})O_3$ ···208

索 引

$Ca(Cr_{0.5}W_{0.5})O_3$ ···· 208
Ca_2CrWO_6 ········ 199
$Ca(Dy_{0.5}Nb_{0.5})O_3$ ·· 208
$Ca(Dy_{0.5}Ta_{0.5})O_3$ ·· 208
$Ca(Er_{0.5}Nb_{0.5})O_3$ ·· 208
$Ca(Er_{0.5}Ta_{0.5})O_3$ ·· 208
CaF_2 ····· 107, 109, 130
$Ca_3Fe_2Ge_3O_{12}$ ······ 280
$Ca_3Fe_3GeVO_{12}$ ······ 280
$Ca(Fe_{0.5}Mo_{0.5})O_3$ ·· 208
Ca_2FeMoO_6 ········ 199
$Ca(Fe_{0.5}Nb_{0.5})O_3$ ·· 208
$Ca(Fe_{0.5}Re_{0.5})O_3$ ··· 210
Ca_2FeReO_6 ········ 199
$Ca(Fe_{0.5}Sb_{0.5})O_3$ ·· 208
$Ca_3Fe_2Si_3O_{12}$ ······· 280
$Ca_3Fe_2Sn_3O_{12}$ ······ 280
$Ca(Fe_{0.5}Ta_{0.5})O_3$ ··· 208
$CaGa_2$ ················ 155
$Ca(Gd_{0.5}Nb_{0.5})O_3$ ·· 208
$Ca(Gd_{0.5}Ta_{0.5})O_3$ ·· 208
$CaHfO_3$ ··············· 202
$CaHg_2$ ················ 155
$Ca(Ho_{0.5}Nb_{0.5})O_3$ ·· 208
$Ca(Ho_{0.5}Ta_{0.5})O_3$ ·· 208
CaI_2 ··················· 150
$Ca(In_{0.5}Nb_{0.5})O_3$ ·· 208
$CaIn_2O_4$ ·············· 249
$CaIn_2S_4$ ········ 249, 251
$Ca(In_{0.5}Ta_{0.5})O_3$ ··· 208
$Ca(La_{0.5}Nb_{0.5})O_3$ ·· 208
$Ca(La_{0.5}Ta_{0.5})O_3$ ·· 208
$CaLi_2$ ·················· 168
$Ca(Li_{0.5}Os_{0.5})O_3$ ··· 211
$Ca(Li_{0.5}Re_{0.5})O_3$ ··· 211
$CaMg_2$ ················ 168
$Ca(Mg_{0.5}Re_{0.5})O_3$ ·· 210
$Ca(Mg_{0.5}W_{0.5})O_3$ ·· 210
$CaMnO_3$ ·············· 202
$CaMnO_{3-x}$ ··········· 204
Ca_2MnO_4 ············· 214
$Ca(Mn_{0.5}Re_{0.5})O_3$ ·· 210
$Ca(Mn_{0.5}Ta_{0.5})O_3$ · 208
$CaMoO_3$ ·············· 202
$CaMoO_4$ ······ 126, 127
$\alpha-Ca_3N_2$ ············· 117
$Ca_2Nb^{IV}Nb^VO_6F$ ··· 123
$Ca(Nd_{0.5}Nb_{0.5})O_3$ ·· 208
$Ca(Nd_{0.5}Ta_{0.5})O_3$ ·· 208

$CaNH$ ················74
$Ca(Ni_{0.33}Nb_{0.67})O_3$ 205
$Ca(Ni_{0.5}Re_{0.5})O_3$ ··· 210
$Ca(Ni_{0.33}Ta_{0.67})O_3$ 205
$Ca(Ni_{0.5}W_{0.5})O_3$ ··· 208
CaO ··············72, 76
CaO_2 ··················81
$Ca(OH)_2$ ·············· 151
$CaPb_3$ ················· 189
$CaPd_2$ ················· 241
$Ca(Pr_{0.5}Nb_{0.5})O_3$ ··· 208
$Ca(Pr_{0.5}Ta_{0.5})O_3$ ··· 208
$CaPt_2$ ·················· 241
CaS ·····················73
$Ca_2Sb_2O_7$ ············· 123
$Ca(Sc_{0.5}Re_{0.5})O_3$ ··· 208
$CaSe$ ····················73
$CaSi$ ···················· 319
Ca_2Si ··················· 319
$Ca(Sm_{0.5}Nb_{0.5})O_3$ 208
$Ca(Sm_{0.5}Ta_{0.5})O_3$ 208
$CaSn_3$ ·················· 189
$Ca_3SnCoGe_3O_{12}$ ···· 280
$CaSnO_3$ ··············· 202
$CaSn(OH)_6$ ·········· 192
$Ca(Sr_{0.5}W_{0.5})O_3$ ··· 210
$Ca_{0.5}TaO_3$ ············· 204
$Ca_2Ta_2O_7$ ············· 123
$Ca(Tb_{0.5}Nb_{0.5})O_3$ ·· 208
$Ca(Tb_{0.5}Ta_{0.5})O_3$ ·· 208
$CaTe$ ····················73
$CaThO_3$ ··············· 202
$CaTi$ ·····················47
$Ca_3TiCoGe_3O_{12}$ ····· 280
$Ca_3TiMgGe_3O_{12}$ ···· 280
$Ca_3TiNiGe_3O_{12}$ ····· 280
$CaTiO_3$ ················ 202
$CaTl_3$ ·················· 189
$CaUO_3$ ················ 202
$Ca_3V_2Ge_3O_{12}$ ········ 280
$CaVO_3$ ················ 202
$Ca_3V_2Si_3O_{12}$ ········ 280
$CaWO_4$ ········ 126, 127
$Ca(Y_{0.5}Nb_{0.5})O_3$ ··· 208
$Ca(Y_{0.5}Ta_{0.5})O_3$ ··· 208
$Ca(Yb_{0.5}Nb_{0.5})O_3$ ·· 208
$Ca(Yb_{0.5}Ta_{0.5})O_3$ ·· 208
$Ca_3ZrCoGe_3O_{12}$ ···· 280
$Ca_3ZrMgGe_3O_{12}$ ··· 280

$Ca_3ZrNiGe_3O_{12}$ ···· 280
$CaZrO_3$ ················ 202

Cd ················· 37, 42
$Cd_3Al_2Ge_3O_{12}$ ······ 280
$Cd_3Al_2Si_3O_{12}$ ······· 280
$CdCe$ ···················47
Cd_2Ce ················· 150
$CdCeO_3$ ··············· 202
$Cd(CN)_2$ ···············50
$Cd_3Cr_2Ge_3O_{12}$ ······ 280
$CdCr_2O_4$ ·············· 249
$CdCr_2S_4$ ··············· 251
$CdCr_2Se_4$ ·············· 251
$CdCuSb$ ················ 112
$CdEu$ ····················47
CdF_2 ··················· 107
$Cd_3Fe_2Ge_3O_{12}$ ······ 280
$CdFe_2O_4$ ········ 249, 254
$Cd_3Ga_2Ge_3O_{12}$ ····· 280
$CdGa_2O_4$ ·············· 249
$CdGd_2Mn_2Ge_3O_{12}$ 280
CdI_2 ···················· 150
$CdIn_2O_4$ ··············· 249
$CdIn_2S_4$ ················ 251
$CdLa$ ·····················47
Cd_2La ·················· 150
$CdMn_2O_4$ ············· 249
$CdMoO_4$ ··············· 126
Cd_3N_2 ·················· 117
Cd_3Nb ················· 189
$Cd_2Nb_2O_7$ ············· 123
CdO ····················· 72
CdO_2 ····················79
$Cd(OH)_2$ ·············· 151
Cd_2Pr ·················· 150
$CdPr$ ·····················47
$\alpha'-CdPt_3$ ··············· 189
$CdRh_2O_4$ ·············· 249
CdS ····· 73, 97, 98, 141
$Cd_2Sb_2O_7$ ············· 123
$CdSe$ ············· 73, 141
Cd_2SiO_4 ··············· 251
$CdSnO_3$ ··············· 202
$CdSr$ ·····················47
$Cd_2Ta_2O_7$ ············· 123
$CdTe$ ············ 73, 97, 98
$CdThO_3$ ··············· 202
$CdTiO_3$ ·········· 196,202

CdV_2O_4 ··············· 249
$CdZrO_3$ ················ 202

Ce ··········· 31, 34, 42
$\delta-Ce$ ···················· 31
$CeAlO_3$ ················ 203
CeB_6 ····················56
$CeBr_3$ ·················· 144
CeC_2 ················ 81, 82
$CeCl_3$ ·················· 144
$CeCo_2$ ·················· 241
$CeCo_5$ ·················· 245
Ce_2Co_{17} ················ 245
$CeCrO_3$ ················ 203
CeF_3 ··················· 297
$CeFe_2$ ·················· 241
$CeFe_7$ ·················· 245
$CeFeO_3$ ················ 203
$CeGa_2$ ·················· 155
$CeGaO_3$ ················ 203
$CeGeO_4$ ················ 126
CeH_2 ··················· 108
$CeHg$ ····················47
Ce_3In ··················· 189
$CeIn_3$ ··················· 189
$CeIr_2$ ··················· 241
$CeMg$ ····················47
$CeMg_2$ ················· 241
$CeMg_3$ ··················60
CeN ·····················72
$Ce_{0.33}NbO_3$ ············ 204
$CeNi_2$ ·················· 241
CeO_2 ············· 108, 109
$CeOF$ ·················· 107
$CeOs_2$ ·················· 241
CeP ·····················70
$CePb_3$ ·················· 189
$CePt_2$ ··················· 241
$CePt_3$ ··················· 189
$CeRh_2$ ·················· 241
$CeRu_2$ ·················· 241
CeS ················· 73, 76
$CeSb$ ····················70
$CeScO_3$ ················ 203
$CeSe$ ····················73
$CeSn_3$ ·················· 189
$Ce_{0.33}TaO_3$ ············ 204
$CeTe$ ····················73
$Ce(Ti_{0.5}Mo_{0.5})O_4$ ·· 127

$CeVO_3$ ……203	Co_2Nd ……241, 245	Co_2VO_4 ……251	$CrVO_4$ ……53
$CeZn$ ……47	$Co_{17}Nd_2$ ……245	$Co_{17}Y_2$ ……245	Cr_2Zr ……168, 242
	$CoNiSb$ ……164	Co_2Y ……241, 245	
Cf ……42	$CoNiSn$ ……164	Co_5Y ……245	Cs ……31, 42
$CfCl_3$ ……144	CoO ……72	$CoY_2Co_2Ge_3O_{12}$ ……280	$CsBr$ ……48, 86, 131
	Co_3O_4 ……251	Co_2Yb ……241	$CsCaF_3$ ……201
Cm ……42	$Co(OH)_2$ ……151	Co_2Zr ……241	$CsCdBr_3$ ……201
CmO_2 ……108	Co_2Pr ……241, 245		$CsCdCl_3$ ……201
	$Co_{17}Pr_2$ ……245	Cr ……31, 34, 37, 42	$CsCl$ ……48, 86
Co ……34, 37, 42	$CoPt$ ……162	$\alpha-Cr$ ……31	$CsCN$ ……48
$\alpha-Co$ ……37	$CoPt_3$ ……189	$\beta-Cr$ ……34	Cs_2CoF_6 ……115
$CoAl_2O_4$ ……249, 254,	Co_2Pu ……241	$\gamma-Cr$ ……37	Cs_2CrCl_4 ……214
Co_2B ……162, 289	$CoRh_2O_4$ ……249	$CrAl_2S_4$ ……252	Cs_2CrF_6 ……115
$CoBr_2$ ……150	$CoRh_2S_4$ ……252	CrB ……318	$CsCrO_3F$ ……123
Co_3C ……318	CoS ……161	CrB_2 ……155, 156	CsF ……71, 86
$CoCr_2O_4$ ……249	CoS_2 ……79	Cr_2B ……289	$CsFeF_3$ ……201
$CoCr_2S_4$ ……252	Co_3S_4 ……249	Cr_3B_4 ……318	$CsGeCl_3$ ……201
$(Co,Cr)Ta$ ……168	$Co_{2.33}Sb_{0.67}O_4$ ……251	Cr_4B ……318	Cs_2GeCl_6 ……115
$CoCu_2Sn$ ……83	$CoSb_2O_6$ ……55	Cr_5B_3 ……318	$CsHgBr_3$ ……201
$Co_{17}Dy_2$ ……245	$CoSc$ ……47	$\theta-CrB_2$ ……155	$CsHgCl_3$ ……201
Co_2Dy ……241, 245	$CoSc_2$ ……289	$CrBiO_3$ ……203	CsI ……48, 86, 131
Co_5Dy ……245	Co_2Sc ……241	$CrCu_2Sn$ ……83	$CsIO_3$ ……202
$Co_{17}Er_2$ ……245	$CoSe$ ……161	$CrGa_2S_4$ ……252	$CsMgF_3$ ……201
Co_2Er ……241, 245	$CoSe_2$ ……79	Cr_3Ge ……275	Cs_2MnCl_6 ……115
CoF_2 ……53	$CoSi_2$ ……107	Cr_2Hf ……241	$CsNH_2$ ……48
$CoFe$ ……47	Co_2SiO_4 ……251	$CrIn_2S_4$ ……252	$CsNiF_3$ ……228
$CoFeGe$ ……164	$Co_{17}Sm_2$ ……245	Cr_3Ir ……275, 276	CsO_2 ……81
$CoFe_2O_4$ ……249, 254	Co_2Sm ……241, 245	$\alpha'-CrIr_3$ ……189	Cs_2O ……319
$CoGa_2O_4$ ……249	Co_5Sm ……245	CrN ……72	$CsPbBr_3$ ……201
Co_2Gd ……241, 245	$CoSn_2$ ……289	Cr_2Nb ……242	$CsPbCl_3$ ……201
Co_5Gd ……245	Co_3Sn_2 ……164	$(Cr,Ni)Cu_2Sn$ ……83	Cs_2PdBr_6 ……115
$Co_{17}Gd_2$ ……245	Co_2SnO_4 ……251	$CrNiTa$ ……168	$CsSH$ ……48
$CoGd_2Co_2Ge_3O_{12}$ ……280	$CoSn(OH)_6$ ……192	CrO_2 ……53	$CsSeH$ ……48
$CoGd_2Mn_2Ge_3O_{12}$ ……280	$CoTa$ ……168	$\delta-CrO_2$ ……53	Cs_2SnCl_6 ……115
$CoGeMn$ ……164	$\beta-Co_2Ta$ ……241	Cr_2O_3 ……267, 270	$Cs_{0.3}(Ta_{0.3}W_{0.7})O_3$ ……223
Co_2GeO_4 ……251	$CoTa_2O_6$ ……55	Cr_3Pt ……189, 275	Cs_2UO_4 ……214
Co_2Hf ……241	$CoTaTi$ ……168	Cr_3Rh ……275	$Cs_{0.3}WO_3$ ……223
$Co_{17}Ho_2$ ……245	$CoTaV$ ……168	Cr_3Ru ……275, 276	$CsZnF_3$ ……201
Co_2Ho ……241, 245	Co_2Tb ……241, 245	CrS ……161	
Co_5Ho ……245	$Co_{17}Tb_2$ ……245	$CrSb$ ……160	Cu ……34, 42
CoI_2 ……150	$CoTe$ ……159	$CrSe$ ……161	$CuAl_2$ ……289
$CoIn_2S_4$ ……252	$CoTe_2$ ……150	$CrSi$ ……319	Cu_2AlMn ……83
$Co_{17}Lu_2$ ……245	Co_2Ti ……241	$CrSi_2$ ……319	$CuAl_2O_4$ ……249
Co_2Lu ……241	Co_2TiO_4 ……251	Cr_3Si ……319	$Cu_{0.5}Al_{2.5}S_4$ ……251
Co_2MnO_4 ……251	Co_2Tm ……241, 245	Cr_5Si_3 ……319	Cu_3Au ……189
$CoMn_2O_4$ ……249	$Co_{17}Tm_2$ ……245	$\beta-Cr_3Si$ ……275	$CuBiSe_2$ ……77
$CoMnSb$ ……112	Co_2U ……241	Cr_2Ta ……166, 168, 242	$CuBr$ ……97, 141
Co_2MnSn ……83	CoV_3 ……275	$CrTe$ ……161, 162	$CuCl$ ……97, 141
Co_2Nb ……241	CoV_2O_4 ……249	Cr_2Ti ……168, 242	$CuCo_2O_4$ ……249

351

352　索　引

$CuCo_2S_4$ ……252	$CuTh_2$ ……289	Er_2O_3 ……117	$FeAl_2O_4$ ……250, 254
$CuCr_2O_4$ ……249	Cu_2Th ……155	$ErPt_3$ ……189	FeB ……318
$CuCr_2S_4$ ……252	$CuTi_2S_4$ ……252	$ErRh_2$ ……242	Fe_2B ……162, 289
$CuCr_2Se_4$ ……251	CuV_2S_4 ……252	$ErRu_2$ ……245	$FeBiO_3$ ……203
$CuCr_2Te_4$ ……252	CuY ……47	$Er_2Ru_2O_7$ ……123	$FeBr_2$ ……150
$CuEu$ ……47	$\beta-CuZn$ ……47	$ErSb$ ……70	Fe_2C ……162
CuF ……97		$Er_2Sn_2O_7$ ……123	Fe_3C ……162, 318
CuF_2 ……297	Dy ……11, 37, 42	$Er_2Tc_2O_7$ ……123	$Fe_{20}C_9$ ……162
$CuFe_2O_4$ ……250, 254	$DyAlO_3$ ……203	$ErTe$ ……73	$FeCo_2O_4$ ……250, 254
$Cu_{0.5}Fe_{2.5}O_4$ ……249	$Dy_3Al_5O_{12}$ ……280	$Er(Ti_{0.5}Mo_{0.5})O_4$ ……127	$Fe_{1.7}Co_{0.3}P$ ……162
Cu_2FeSn ……83	DyB_6 ……56	$Er_2Ti_2O_7$ ……123	$FeCr_2O_4$ ……250
$CuGaAlO_4$ ……253	DyC_2 ……81	$Er(Ti_{0.5}W_{0.5})O_4$ ……127	$FeCr_2S_4$ ……252
$CuGaCrO_4$ ……253	$Dy(Ti_{0.5}Mo_{0.5})O_4$ ……127	$ErTl$ ……47	FeF_2 ……53
$CuGaMnO_4$ ……253	$DyFe_2$ ……242	$ErTl_3$ ……189	FeF_3 ……192
$CuGa_2O_4$ ……250	$DyFeO_3$ ……203		$FeGa_2O_4$ ……250
$CuGd_2Mn_2Ge_3O_{12}$ ……280	$Dy_3Fe_5O_{12}$ ……280	Eu ……11, 31, 42	$Fe_{17}Gd_2$ ……245
CuH ……141	DyH_2 ……108	$EuAlO_3$ ……203	Fe_2Gd ……242
CuI ……141	$DyIr_2$ ……242	EuB_6 ……56	$FeGe_2$ ……289
$\alpha-CuI$ ……97	$DyMn_2$ ……242	$EuBr_2$ ……297	$Fe_{1.7}Ge$ ……164
Cu_2In ……164	$DyMnO_3$ ……203	$EuCl_2$ ……297	$FeGeMn$ ……164
Cu_2InMn ……83	DyN ……72	$EuCl_3$ ……144	$FeGeNi$ ……164
$Cu_{0.5}In_{2.5}S_4$ ……251	Dy_3NbO_7 ……123	$EuCrO_3$ ……203	Fe_2GeO_4 ……251
Cu_2Mg ……242	$DyNi_2$ ……242, 245	EuF_2 ……107	Fe_2Ho ……242
$CuMgSb$ ……112	Dy_2O_3 ……117	EuF_3 ……297	FeI_2 ……150
Cu_3Mg_2Si ……168	$DyPt_2$ ……242	$EuFeO_3$ ……203	$FeIn_2S_4$ ……252
$CuMgSn$ ……112	$DyRh_2$ ……242	$Eu_3Fe_5O_{12}$ ……280	$Fe_{0.50}Li_{0.50}Cr_2O_4$ ……254
Cu_2MnGa ……83	$Dy_2Ru_2O_7$ ……123	$EuHg_2$ ……155	$Fe[Li_{0.5}Fe_{1.50}]O_4$ ……254
Cu_2MnIn ……83	$DySb$ ……70	$EuIr_2$ ……242	$FeLi_{0.5}Fe_{1.50}O_4$ ……254
$CuMn_2O_4$ ……250	$DySi_2$ ……156	EuN ……72	Fe_2Lu ……242
$CuMnSb$ ……112	$Dy_2Sn_2O_7$ ……123	EuO ……72	$Fe_{17}Lu_2$ ……245
Cu_2MnSn ……83	$Dy_{0.33}TaO_3$ ……204	Eu_2O_3 ……117	$FeMn_2O_4$ ……250
Cu_4MnSn ……242	Dy_3TaO_7 ……123	$Eu_2Ru_2O_7$ ……123	Fe_3N ……162
Cu_3N ……192	$Dy_2Tc_2O_7$ ……123	EuS ……73, 76	Fe_4N ……162, 199, 201
$(Cu,Ni)_3Sb$ ……60	$DyTe$ ……73	$EuSe$ ……73, 76	Fe_2Nb ……168
$(Cu,Ni)_3Sn$ ……60	$Dy_2Ti_2O_7$ ……123	$Eu_2Sn_2O_7$ ……123	Fe_7Nd ……245
Cu_2NiSn ……83	$Dy(Ti_{0.5}W_{0.5})O_4$ ……127	$EuTe$ ……73	$FeNi_3$ ……189
CuO ……87		$Eu(Ti_{0.5}Mo_{0.5})O_4$ ……127	Fe_3NiN ……199, 201
Cu_2O ……50	Er ……11, 37, 42	$EuTiO_3$ ……202	$Fe_{1.9}Ni_{0.1}P$ ……162
$\alpha'-Cu_3Pd$ ……189	$Er_3Al_5O_{12}$ ……280	$Eu(Ti_{0.5}W_{0.5})O_4$ ……127	$FeNiTa$ ……242
$\beta-CuPd$ ……47	ErB_6 ……56	$EuZn$ ……47	$FeNiU$ ……242
Cu_3Pt ……189	ErC_2 ……81		FeO ……72, 76
$CuRh_2O_4$ ……250	$ErFe_2$ ……242	F ……11, 42	Fe_2O_3 ……267, 270
$CuRh_2S_4$ ……252	$Er_3Fe_5O_{12}$ ……280		$\alpha-Fe_2O_3$ ……267
CuS ……165	ErH_2 ……108	Fe ……11, 31, 34, 42	Fe_3O_4 ……250, 254
$CuSb$ ……160	$ErIn_3$ ……189	$\alpha-Fe$ ……31	$Fe(OH)_2$ ……151
$CuSe$ ……165	$ErIr_2$ ……242	$\beta-Fe$ ……31	FeP ……162
$CuSn$ ……160	$ErMn_2$ ……242	$\gamma-Fe$ ……34	Fe_2P ……162
$CuSn(OH)_6$ ……192	ErN ……72	$\delta-Fe$ ……31	Fe_3P ……162
$CuTaV$ ……242	$ErNi_2$ ……242	Fe_3Al ……58	Fe_5P_3 ……162

FePd$_3$ ·····189	Ga$_2$S$_3$ ·····97	GdSe ·····73	HgCr$_2$S$_4$ ·····252
FePd ·····162	β-Ga$_2$S$_3$ ·····141	Gd$_2$Sn$_2$O$_7$ ·····123	HgF$_2$ ·····107
Fe$_7$Pr ·····245	γ-Ga$_2$S$_3$ ·····97	Gd$_{0.33}$TaO$_3$ ·····204	HgIn$_2$S$_4$ ·····252
FePt ·····162	GaSb ·····97, 98	Gd$_3$TaO$_7$ ·····123	Hg$_2$La ·····155
Fe$_3$PtN ·····199, 201	Ga$_2$Se$_3$ ·····97	Gd(Ti$_{0.5}$Mo$_{0.5}$)O$_4$ ·····127	HgLi ·····47
Fe$_2$Pu ·····242	Ga$_2$Sr ·····155	Gd$_2$Ti$_2$O$_7$ ·····123	HgLi$_3$ ·····60
FeS ·····161	Ga$_2$Te$_3$ ·····97	Gd(Ti$_{0.5}$W$_{0.5}$)O$_4$ ·····127	HgMg ·····47
β-FeS ·····161	Ga$_3$U ·····189	GdVO$_3$ ·····203	HgMg$_3$ ·····148
FeS$_2$ ·····77, 79	GaV$_3$ ·····276	Gd$_3$Zn$_2$GaGe$_2$O$_{12}$ 281	Hg$_2$Mg ·····81
FeSb ·····160			HgMn ·····47
ε-FeSb ·····164	Gd ·····11, 37, 42	Ge ·····11, 42, 95	HgNd ·····47
FeSb$_2$O$_6$ ·····55	GdAlO$_3$ ·····203	GeI$_2$ ·····150	HgPr ·····47
FeSe ·····161, 187	Gd$_3$Al$_5$O$_{12}$ ·····280	GeLi$_5$N$_3$ ·····108	HgS ·····97, 98
Fe$_3$Si ·····60	GdB$_6$ ·····56	GeLi$_5$P$_3$ ·····107	HgSe ·····97
Fe$_2$SiO$_4$ ·····251	GdC$_2$ ·····81, 82	GeMg$_2$ ·····107	HgSr ·····48
Fe$_2$Sm ·····242	GdCa$_2$Fe$_2$FeSi$_2$O$_{12}$ 280	GeMnNi ·····164	Hg$_2$Sr ·····155
FeSn$_2$ ·····289	GdCa$_2$Fe$_3$Ge$_2$O$_{12}$ ·····280	GeMo$_3$ ·····275, 276	HgTe ·····97, 98
Fe$_3$SnC ·····201	Gd$_2$CaFe$_2$Si$_3$O$_{12}$ ·····280	β-Ge$_2$Mo ·····81	γ-HgTi$_3$ ·····275
FeSn(OH)$_6$ ·····192	GdCl$_3$ ·····144	GeNb$_3$ ·····275, 276	δ-HgTi$_3$ ·····189
Fe$_2$Ta ·····168	Gd$_3$Co$_2$GaGe$_2$O$_{12}$ ·····280	GeNi$_{1.70}$ ·····164	Hg$_2$V ·····155
Fe$_2$Tb ·····242	GdCoO$_3$ ·····203	GeNi$_3$ ·····189	HgZr$_3$ ·····275
FeTe ·····161, 187	GdCrO$_3$ ·····203	GeO$_2$ ·····53, 319	Hg$_3$Zr ·····189
Fe$_2$Ti ·····168	Gd$_2$CuO$_4$ ·····214	Ge$_3$Pu ·····189	
Fe$_2$TiO$_4$ ·····251	Gd$_3$Fe$_2$Al$_3$O$_{12}$ ·····280	Ge$_3$U ·····189	Ho ·····11, 37, 42
Fe$_2$Tm ·····242	Gd$_3$Fe$_3$Al$_2$O$_{12}$ ·····280	GeV$_3$ ·····275, 276	Ho$_3$Al$_5$O$_{12}$ ·····280
Fe$_2$U ·····242	Gd$_3$Fe$_4$AlO$_{12}$ ·····280		HoC$_2$ ·····81
FeV$_2$O$_4$ ·····250	Gd$_3$Fe$_5$O$_{12}$ ·····280, 281	H ·····11, 42	Ho$_3$Fe$_5$O$_{12}$ ·····280
Fe$_2$VO$_4$ ·····251	GdFeO$_3$ ·····203		HoH$_2$ ·····108
Fe$_2$W ·····168	GdH$_2$ ·····108	He ·····37, 42	HoIn ·····48
Fe$_2$Y ·····242	GdIr$_2$ ·····242, 245	Hf ·····11, 42	HoIn$_3$ ·····189
Fe$_2$Zr ·····242	GdMg$_3$ ·····60	α-Hf ·····37	HoIr$_2$ ·····242
	Gd$_3$MgFeFe$_2$SiO$_{12}$ 280	β-Hf ·····31	HoMn$_2$ ·····242
Fr ·····11, 42	Gd$_3$Mg$_2$GaGe$_2$O$_{12}$ ·····280	HfB ·····76	HoN ·····72
	GdMn$_2$ ·····242	HfB$_2$ ·····155, 156	HoNi$_2$ ·····242
Ga ·····11, 39, 42	Gd$_3$Mn$_2$GaGeO$_{12}$ ·····281	HfC ·····71, 76	Ho$_2$O$_3$ ·····117
GaAs ·····98	GdMnO$_3$ ·····203	HfGeO$_4$ ·····126	HoOF ·····107
Ga$_2$Eu ·····155	GdN ·····72	HfMo$_2$ ·····242	HoP ·····70
Ga$_2$La ·····155	Gd$_3$NbO$_7$ ·····123	HfO$_2$ ·····109	HoPt$_3$ ·····189
GaMn$_3$C ·····201	GdNi$_2$ ·····242, 245	HfOs$_2$ ·····168	HoRh$_2$ ·····242
GaMo$_3$ ·····276	Gd$_3$Ni$_2$GaGe$_2$O$_{12}$ 281	HfP ·····172	Ho$_2$Ru$_2$O$_7$ ·····123
GaN ·····141	Gd$_2$O$_3$ ·····117, 158	HfRe$_2$ ·····168	HoS ·····73
GaNb$_3$ ·····276	Gd(OH)$_3$ ·····144	HfS$_2$ ·····150	HoSb ·····70
β-GaNi ·····47	GdOs$_2$ ·····245	HfSe$_2$ ·····150	HoSe ·····73
γ-Ga$_2$Ni$_3$ ·····164	GdPt$_2$ ·····242, 245	HfSi$_2$ ·····319	Ho$_2$Sn$_2$O$_7$ ·····123
α-Ga$_2$O$_3$ ·····267	GdRh$_2$ ·····242, 245	HfV$_2$ ·····242	HoTe ·····73
GaP ·····97, 98	GdRu$_2$ ·····245	HfW$_2$ ·····242	Ho(Ti$_{0.5}$Mo$_{0.5}$)O$_4$ ·····127
Ga$_2$Pr ·····155	Gd$_2$Ru$_2$O$_7$ ·····123		Ho(Ti$_{0.5}$W$_{0.5}$)O$_4$ ·····127
Ga$_2$Pt ·····107	GdSb ·····70		HoTl ·····48
GaRh ·····47	GdScO$_3$ ·····203	Hg ·····11, 39, 42	HoTl$_3$ ·····189

索 引

I ·····11, 42	$IrTe_{2+x}$ ·····79	KPb_2 ·····168
In ·····11, 39, 42	Ir_2Th ·····242	K_2PtCl_6 ·····115
InAs ·····98	$IrTi_3$ ·····275, 276	$KReO_4$ ·····126
InLa ·····48	Ir_2Tm ·····242	$KRuO_4$ ·····126
$InLa_3$ ·····190	IrV_3 ·····275	K_2S ·····108
InN ·····141	Ir_2V ·····243	K_3Sb ·····148
$InNb_3$ ·····275, 276	Ir_2Y ·····243	K_2Se ·····108
$InNd_3$ ·····190	Ir_2Yb ·····243	K_2SnCl_6 ·····115
$\beta-InNi_2$ ·····164	Ir_2Zr ·····243	$KTaO_3$ ·····196, 202
In_2O_3 ·····117	K ·····11, 31, 42	$K_{0.3}(Ta_{0.3}W_{0.7})O_3$ ··223
InP ·····97, 98	$K_{0.5}Bi_{0.5}MoO_4$ ·····126	$K_{0.5}(Ta_{0.5}W_{0.5})O_3$ ··223
InPd ·····48	$KBiS_2$ ·····77	K_2Te ·····108
InPr ·····48	$KBiSe_2$ ·····77	K_2UO_4 ·····214
$InPr_3$ ·····190	KBr ··71, 86, 131, 132	$K_{0.3}WO_3$ ·····223
In_3Pr ·····190	KCN ·····74	$K_{0.5}WO_3$ ·····223
In_2Pt ·····107	$KCaF_3$ ·····201	$KZnF_3$ ·····201
$InPu_3$ ·····190	$KCdF_3$ ·····201	K_2ZnF_4 ·····214
In_3Pu ·····190	$K_{0.5}Ce_{0.5}WO_4$ ·····126	$K_3Zn_2F_7$ ·····216
InSb ·····97, 98	KCl ·····71, 86, 131	
In_3Sc ·····190	$KCoF_3$ ·····201	Kr ·····34, 42
In_3Tb ·····190	K_2CoF_4 ·····214	
InTe ·····73	$KCrF_3$ ·····201	La ·····11, 31, 34, 42
In_2Te ·····397	$K(Cr_{0.5}Na_{0.5})F_3$ ····201	$\beta-La$ ·····34
InTm ·····48	$KCrO_3F$ ·····126	$\gamma-La$ ·····31
In_3Tm ·····190	$KCuF_3$ ·····201	$LaAlO_3$ ·····203
In_3U ·····190	K_2CuF_4 ·····214	LaB_4 ·····318
InYb ·····48	KF ·····71, 86	LaB_6 ·····56
In_3Yb ·····190	$KFeF_3$ ·····201	$LaBr_3$ ·····144
	$K(Fe_{0.5}Na_{0.5})F_3$ ·····201	LaC_2 ·····81,82
Ir ·····11, 34, 42	$K(Ga_{0.5}Na_{0.5})F_3$ ····201	$LaCl_3$ ·····144
Ir_2La ·····242	KH ·····71	$La(Co_{0.5}Ir_{0.5})O_3$ ····211
IrLu ·····48	KI ··71, 86, 131, 132	$La(Co_{0.67}Nb_{0.33})O_3$ 205
$\gamma'-IrMn_3$ ·····190	KIO_3 ·····202	$LaCoO_3$ ·····203
$IrMo_3$ ·····275, 276	$K_{0.5}La_{0.5}WO_4$ ·····126	$La(Co_{0.67}Sb_{0.33})O_3$ 205
$IrNb_3$ ·····275, 276	$KMgF_3$ ·····201	$LaCrO_3$ ·····203
Ir_2Nd ·····242, 245	K_2MgF_4 ·····214	$La(Cu_{0.5}Ir_{0.5})O_3$ ····211
IrO ·····253	K_2MnCl_6 ·····115	LaF_3 ·····148
Ir_2P ·····107	$KMnF_3$ ·····201	$La(Fe^{2+}Fe^{3+}_{11})O_{19}$ ··259
IrPb ·····161	KNa_2 ·····168	$LaFeO_3$ ·····203
Ir_2Pr ·····242, 245	$KNbO_3$ ·····196, 202	$LaGaO_3$ ·····203
IrSb ·····161	$K_4Nb_6O_7$ ·····223	$LaH_{3.0}$ ·····60
Ir_2Sc ·····242	K_2NbO_3F ·····214	$La_2Hf_2O_7$ ·····123
Ir_2Sm ·····242	$KNiF_3$ ·····201	$LaInO_3$ ·····203
IrSn ·····161	K_2NiF_4 ·····214	$La_2(Li_{0.5}Co_{0.5})O_4$ ··214
$IrSn_2$ ·····107	KO_2 ·····81	$La_2(Li_{0.5}Ni_{0.5})O_4$ ··214
Ir_2Sr ·····242	$\alpha-KO_2$ ·····79	LaMg ·····48
Ir_2Tb ·····242	K_2O ·····108	$LaMg_2$ ·····243
$IrTe_2$ ·····150	K_3P ·····148	$LaMg_3$ ·····60
		$La(Mg_{0.5}Ge_{0.5})O_3$ ··211

$La(Mg_{0.5}Ir_{0.5})O_3$ ···211
$La(Mg_{0.5}Nb_{0.5})O_3$ ···211
$La(Mg_{0.5}Ru_{0.5})O_3$ ···211
$La(Mg_{0.5}Ti_{0.5})O_3$ ··211
$La(Mn_{0.5}Ir_{0.5})O_3$ ···211
$La(Mn_{0.5}Ru_{0.5})O_3$ ·211
LaN ·····72
$La_{0.33}NbO_3$ ·····204
$La(Ni_{0.5}Ir_{0.5})O_3$ ····211
$LaNiO_3$ ·····203
La_2NiO_4 ·····214
$La(Ni_{0.5}Ru_{0.5})O_3$ ···211
$La(Ni_{0.5}Ti_{0.5})O_3$ ···211
La_2O_3 ·····117, 158
$La_2O_3:Nd^{3+}$ ·····158
LaOF ·····107
$La(OH)_3$ ·····144
$LaOs_2$ ·····243
LaP ·····70
$LaPb_3$ ·····190
$LaPt_2$ ·····243
$LaPt_3$ ·····190
$LaRh_2$ ·····243
$LaRhO_3$ ·····203
$LaRu_2$ ·····243
LaS ·····73, 76
LaSb ·····70
$LaScO_3$ ·····203
LaSe ·····73, 76
$LaSi_2$ ·····319
$LaSn_3$ ·····190
$La_2Sn_2O_7$ ·····123
$La_{0.33}TaO_3$ ·····204
LaTe ·····73, 76
$LaTiO_3$ ·····203
$LaRu_2$ ·····243
$LaVO_3$ ·····203
$LaYO_3$ ·····203
LaZn ·····48
$La(Zn_{0.5}Ru_{0.5})O_3$ ··211
$La_2Zr_2O_7$ ·····123
Li ·····11, 31, 37, 42
$LiAlMnO_4$ ·····252
$Li_{0.5}Al_{2.5}O_4$ ·····249
$Li_{0.5}Al_{2.5}S_4$ ·····251
$LiAlTiO_4$ ·····253
$LiBaF_3$ ·····201
$LiBaH_3$ ·····201

$Li_{0.5}Bi_{0.5}MoO_4$ ······126	$Li(Mn_{0.5}Ti_{0.5})O_2$ ·····77	LuB_2 ················155	$MgRh_2O_4$ ············250
$LiBiS_2$ ················77	$LiMn_{0.5}Ti_{1.5}O_4$ ·····253	LuB_6 ·················56	MgS ·················73
$LiBr$ ············71, 86	Li_2MoO_4 ············249	LuC_2 ················81	Mg_3Sb_2 ·············158
$LiCd_{0.5}Ti_{1.5}O_4$ ·····253	$LiNi_{0.5}Ge_{1.5}O_4$ ····253	Lu_2Fe_{17} ···········245	$\alpha-Mg_3Sb_2$ ·········158
$LiCl$ ············71, 86	$Li(Ni_{0.5}Mn_{0.5})O_2$ ···77	$Lu_3Fe_5O_{12}$ ·········280	$MgSb_2O_6$ ············55
$LiCo_{0.5}Ge_{1.5}O_4$ ·····253	$LiNi_{0.5}Mn_{1.5}O_4$ ····253	LuH_2 ···············108	$MgSc$ ················48
$Li(Co_{0.5}Mn_{0.5})O_2$ ···77	$Li(Ni_{0.5}Ti_{0.5})O_2$ ····77	LuN ·················72	$MgSe$ ················73
$LiCo_{0.5}Mn_{1.5}O_4$ ·····253	$LiNiVO_4$ ·············252	$LuNi_2$ ··············243	Mg_2Si ········106, 107
$LiCoMnO_4$ ············252	Li_2O ··················108	Lu_2O_3 ··············117	Mg_2Sn ···············107
$LiCoSbO_4$ ············252	$LiOH$ ················187	$LuOs_2$ ···············168	Mg_2SnO_4 ············251
$Li(Co_{0.5}Ti_{0.5})O_2$ ·····77	Li_3P ··················148	$LuRh$ ·················48	$MgSn(OH)_6$ ·········192
$LiCo_{0.5}Ti_{1.5}O_4$ ·····253	Li_5P_3Si ···············107	$LuRh_2$ ···············243	$MgSr$ ·················48
$LiCoVO_4$ ·············252	Li_5P_3Ti ···············107	$LuRu_2$ ···············168	Mg_2Sr ···············168
$LiCrGeO_4$ ············252	$LiPZn$ ················112	$Lu_2Ru_2O_7$ ··········123	$MgTa_2O_6$ ············55
$LiCrMnO_4$ ············252	$\beta-LiPb$ ···············48	$Lu_2Sn_2O_7$ ··········123	Mg_3Tb ················60
$LiCr_{1.5}Sb_{0.5}O_4$ ·····253	$LiRhGeO_4$ ············252	$Lu(Ti_{0.5}Mo_{0.5})O_4$ ··127	$MgTe$ ················141
$LiCrTiO_4$ ·············253	$LiRhMnO_4$ ············253		Mg_2Th ···············243
$LiCu_{0.5}Mn_{1.5}O_4$ ·····253	$LiRh_{1.5}Sb_{0.5}O_4$ ····253	Mg ···········11, 37, 42	$MgTi$ ·················48
$LiCu_{0.5}Ti_{1.5}O_4$ ·····253	$LiRhTiO_4$ ·············253	$MgAgAs$ ·············112	$MgTi_2O_4$ ············250
$LiDyF_4$ ··············126	Li_2S ·················108	$MgAl_2O_4$ ······250, 254	Mg_2TiO_4 ············251
$LiErF_4$ ··············126	$\alpha-Li_3Sb$ ···············148	MgB_2 ··········155, 294	MgV_2O_4 ············250
$LiEuF_4$ ··············126	$\beta-Li_3Sb$ ···············60	$MgBr_2$ ···············150	Mg_2VO_4 ············251
$LiEuH_3$ ··············201	Li_2Se ·················108	MgC_2 ·················81	$MgZn_2$ ········166, 168
LiF ··········71, 86, 130	Li_5SiN_3 ··············108	$MgCeO_3$ ············202	
$LiFeMnO_4$ ············252	$LiSrH_3$ ···············201	$MgCr_2O_4$ ······250, 254	Mn ··················42
$Li(Fe_{0.5}Mn_{0.5})O_2$ ····77	$LiTbF_4$ ···············126	$Mg(D_{0.9}H_{0.1})$ ·······53	$Mn_3Al_2Ge_3O_{12}$ ····281
$LiFeO_2$ ················77	Li_2Te ·················108	MgF_2 ·······53, 130, 192	$MnAl_2O_4$ ······250, 254
$Li_{0.5}Fe_{2.5}O_4$ ·······249	$LiTi$ ···················48	$MgFe_2O_4$ ······250, 254	$Mn_3Al_2Si_3O_{12}$ ······281
$LiFeTiO_4$ ·············253	Li_5TiN_3 ··············108	$MgGa_2O_4$ ············250	MnB ················162
$Li(Fe_{0.5}Ti_{0.5})O_2$ ·····77	$LiTiO_2$ ················77	$MgGd_2Mn_2Ge_3O_{12}$ 281	MnB_2 ···············155
$LiGaMnO_4$ ············252	$\gamma-LiTiO_2$ ············77	Mg_2Ge ···············106	Mn_2B ···············289
$Li_{0.5}Ga_{2.5}O_4$ ·······249	$Li_{1.33}Ti_{1.67}O_4$ ·······249	Mg_2GeO_4 ············251	$MnBi$ ···············162
$LiGaTiO_4$ ·············253	$Li_{1.5}TiSb_{0.5}O_4$ ·····253	MgI_2 ················150	$MnBr_2$ ···············150
$LiGdF_4$ ··············126	$LiTmF_4$ ··············126	$MgIn_2O_4$ ············250	Mn_3C ···············318
LiH ··················71	LiV_2O_4 ···············253	$MgIn_2S_4$ ············252	$MnCo_2O_4$ ·····250, 254
$LiHoF_4$ ··············126	$LiVTiO_4$ ··············253	$MgMn_2O_4$ ············250	$Mn_3Cr_2Ge_3O_{12}$ ····281
LiI ············71, 86	Li_2WO_4 ···············249	Mg_3N_2 ··············117	$MnCr_2O_4$ ······250, 254
$Li_{0.5}La_{0.5}MoO_4$ ·····126	Li_xWO_3 ···············204	Mg_3Nd ···············60	$MnCr_2S_4$ ···········252
$Li_{0.5}La_{0.5}WO_4$ ·····127	$LiYF_4$ ···············126	$MgNiSb$ ··············112	MnF_2 ················53
$LiLuF_4$ ··············126	$LiYbF_4$ ···············126	$MgNi_2Sb$ ···············83	$Mn_3Fe_2Ge_3O_{12}$ ····281
$LiMg_{0.5}Mn_{1.5}O_4$ ····253	$LiZn_{0.5}Ge_{1.5}O_4$ 253, 254	$MgNi_2Sn$ ···············83	$MnFe_2O_4$ ······250, 254
$LiMgN$ ···············112	$LiZn_{0.5}Mn_{1.5}O_4$ ····253	$MgNiZn$ ··············243	$Mn_{1.5}FeTi_{0.5}O_4$ ·····254
$LiMgP$ ················107	$LiZnN$ ················112	MgO ···············72, 76	$Mn_3Ga_2Ge_3O_{12}$ ····281
$LiMgSb$ ···············112	$LiZnNbO_4$ ············252	Mg_3P_2 ··············117	$MnGa_2O_4$ ············250
$LiMg_{0.5}Ti_{1.5}O_4$ ·····253	$LiZnSbO_4$ ············252	Mg_2Pb ···············107	$MnGd_2Mn_2Ge_3O_{12}$ 281
$LiMgVO_4$ ············252	$LiZn_{0.5}Ti_{1.5}O_4$ 253, 254	$MgPr$ ·················48	MnI_2 ················150
$LiMn_2O_4$ ············252	$LiZnVO_4$ ···············252	Mg_2Pr ···············243	$MnIn_2S_4$ ············252
$Li_{1.33}Mn_{1.67}O_4$ ·····249		Mg_3Pr ···············60	Mn_2N ···············150
$LiMnTiO_4$ ············253	Lu ············11, 37, 42	$MgPu_2$ ···············107	Mn_4N ·········199, 201

355

356　　　　　　　索　引

Mn_2Nb ……166, 168	MoB_2 ……155, 156	NaI ……71, 86	Nb_4Si ……319
$Mn_3NbZnFeGe_2O_{12}$ 281	Mo_2B ……289	$NaIO_4$ ……126	Nb_5Si_3 ……319
MnNiSb ……112	Mo_2B_5 ……318	$Na_{0.5}La_{0.5}MoO_4$ ……127	Nb_3Sn ……275, 276
$MnNi_2Sb$ ……83	MoC ……172	$NaLa_{0.67}Nb_2O_6F$ ……123	$Nb_2W_3O_{14}$ ……223
$MnNi_2Sn$ ……83	γ –MoC ……172	$Na_{0.5}La_{0.5}WO_4$ ……127	
MnO ……72, 76	γ' –MoC ……172	Na_2MoO_4 ……249	Nd ……12, 31, 42
MnO_2 ……53	Mo_2C ……318	$NaNbO_3$ ……196, 202	β –Nd ……31
α –MnO_2 ……53	MoF_3 ……192	Na_2O ……108	$NdAlO_3$ ……203
β –Mn_2O_3 ……117	MoO_3 ……319	β –NaO_2 ……79	NdB_6 ……56
Mn_3O_4 ……250, 254	$Mg(OH)_2$ ……151	Na_3P ……148	NdC_2 ……81, 82
$Mn(OH)_2$ ……151	Mo_3Os ……275, 276	β –$NaPb_3$ ……190	$NdCl_3$ ……144
Mn_3Os ……275	MoP ……139	$NaPt_2$ ……243	$NdCoO_3$ ……203
Mn_3P_2 ……117	MoS_2 ……146	$NaReO_4$ ……126	$NdCrO_3$ ……203
β –MnPd ……48	$MoSe_2$ ……146	Na_2S ……108	Nd_2CuO_4 ……214
$MnPt_3$ ……190	$MoSi_2$ ……81, 319	Na_3Sb ……148	$NdFeO_3$ ……203
γ' –Mn_3Pt ……190	Mo_3Si ……276	Na_2Se ……108	$Nd_3Fe_5O_{12}$ ……280
Mn_2Pu ……243	Mo_5Si_3 ……319	$NaTaO_3$ ……202	$NdGaO_3$ ……204
β –MnRh ……48	Mo_3Sn ……275	$NaTcO_4$ ……126	NdH_2 ……108
γ' –Mn_3Rh ……190	$MoTe_2$ ……146	Na_2Te ……108	$Nd_2Hf_2O_7$ ……123
$MnRh_2O_4$ ……250	Mo_2Zr ……243	Na_2WO_4 ……249	$NdInO_3$ ……204
MnS ……73, 141		Na_xWO_3 ……204	$Nd(Mg_{0.5}Ti_{0.5})O_3$ ……211
β –MnS ……97	N ……11, 42	$NaZnF_3$ ……201	$NdMnO_3$ ……204
MnS_2 ……79	NH_4Br ……48		NdN ……72
MnSb ……161	NH_4Cl ……48	Nb ……12, 31, 42	$Nd_{0.33}NbO_3$ ……204
Mn_2Sc ……168	NH_4F ……141	NbB ……318	$NdNi_2$ ……243
MnSe ……73	NH_4I ……48, 71	NbB_2 ……155, 156	Nd_2NiO_4 ……214
β –MnSe ……97	NH_4IO_4 ……126	Nb_3B_2 ……318	Nd_2O_3 ……117, 158
γ –MnSe ……141	$(NH_4)_2NiF_4$ ……214	NbC ……71, 76	NdOF ……107
$MnSe_2$ ……79	$(NH_4)_2PtCl_6$ ……115	NbC–43M%HfC ……76	$Nd(OH)_3$ ……144
$MnSn_2$ ……289	NH_4ReO_4 ……126	NbF_3 ……192	NdP ……70
Mn_2Sn ……164	$(NH_4)_2SbCl_6$ ……115	NbH_2 ……108	$NdPt_2$ ……243, 245
Mn_2SnO_4 ……251	Na ……12, 31, 37, 42	NbN ……141, 319	$NdPt_5$ ……190
Mn_2Ta ……168	Na_3As ……148	δ' –NbN ……141	$NdRh_2$ ……243, 245
Mn_2Tb ……243	$Na_{0.5}Bi_{0.5}MoO_4$ ……127	ε –NbN ……172	$NdRu_2$ ……243, 245
MnTe ……141, 161	$NaBiS_2$ ……77	$NbN_{0.98}$ ……72	$Nd_2Ru_2O_7$ ……123
$MnTe_2$ ……79	NaBiSe ……277	γ –$NbN_{(0.8-0.9)}$ ……139	NdS ……73, 76
Mn_2Th ……168	NaBr ……71, 86	Nb_2N ……319	NdSb ……70
Mn_2Ti ……168	$NaCa_2Co_2V_3O_{12}$ ……281	NbO ……72	$NdScO_3$ ……204
$MnTi_2O_4$ ……250	$NaCa_2Cu_2V_3O_{12}$ ……281	NbO_2 ……53	NdSe ……73, 76
$MnTiO_4$ ……251	$NaCa_2Mg_2V_3O_{12}$ ……281	Nb_2O_5 ……319	$NdSn_3$ ……190
Mn_2U ……243	$NaCaNb_2O_6F$ ……123	$NbOF_2$ ……192	$Nd_2Sn_2O_7$ ……123
MnV_2O_4 ……250	$NaCa_2Ni_2V_3O_{12}$ ……281	Nb_3Os ……275, 276	$Nd_{0.33}TaO_3$ ……204
Mn_2VO_4 ……251	$NaCa_2Zn_2V_3O_{12}$ ……281	Nb_3Pt ……275, 276	NdTe ……73, 76
Mn_2Y ……243	$Na_{0.5}Ce_{0.5}WO_4$ ……127	Nb_3Rh ……275, 276	$Nd(Ti_{0.5}Mo_{0.5})O_4$ ……127
$MnY_2Mn_2Ge_3O_{12}$ ……281	NaCl ……67, 86, 130	NbS ……161	$Nd(Ti_{0.5}W_{0.5})O_4$ ……127
Mn_3ZnC ……201	NaCN ……74	$NbS_{<1}$ ……139	$NdVO_3$ ……204
Mn_2Zr ……168	NaF ……71, 86, 130	$NbSi_2$ ……319	$Nd_2Zr_2O_7$ ……123
	NaH ……71	Nb_3Sb ……275	
Mo ……11, 31, 42		Nb_3Si ……190	Ne ……12, 34, 42

Ni ········· 12, 34, 37, 42	Ni$_2$Tm ················ 243	PY ························ 70	PbNb$_2$O$_6$ ············· 223
NiAl$_2$O$_3$ ······· 250, 254	NiV$_3$ ····················· 275	PZr ························ 70	Pb(Ni$_{0.33}$Nb$_{0.67}$)O$_3$
NiAl$_2$O$_4$ ······· 250, 254	Ni$_2$V ····················· 168	β–PZr ················· 172	················ 196, 206
NiAs ························ 160	Ni$_2$Y ····················· 243	Pa ····················· 12, 42	Pb(Ni$_{0.33}$Ta$_{0.67}$)O$_3$
NiB ·························· 318	Ni$_2$Yb ···················· 243	PaO ························ 72	················ 196, 206
Ni$_2$B ······················ 289	NiZn$_{0.5}$FeTi$_{0.5}$O$_4$ ··254	PaO$_2$ ····················· 108	PbO ························ 187
Ni$_3$B ················ 289, 318			PbO$_2$ ······················ 53
Ni$_3$C ····················· 318	Np ····················· 12, 42		Pb$_2$O ······················ 50
NiCo$_2$O$_4$ ········ 250, 254	α–Np ····················· 40	Pb ··············· 12, 34, 42	PbPd$_3$ ···················· 190
NiCo$_2$S$_4$ ················ 252	β–Np ················· 31, 40	PbAl$_{12}$O$_{19}$ ············· 259	Pb$_2$Pd ····················· 289
NiCr$_2$O$_4$ ··············· 250	γ–Np ······················ 31	PbBi$_2$Nb$_2$O$_9$ ·········· 219	Pb$_2$Pd$_3$ ···················· 164
NiF$_2$ ······················· 53	NpBr$_3$ ···················· 297	PbBi$_2$Ta$_2$O$_9$ ·········· 219	Pb$_3$Pr ····················· 190
NiFe$_2$O$_4$ ········ 250, 254	NpC ························ 71	PbBi$_3$Ti$_2$NbO$_{12}$ ···· 219	PbPt ························ 161
Ni$_{1.5}$FeTi$_{0.5}$O$_4$ ······· 254	NpCl$_3$ ···················· 297	PbBi$_4$Ti$_4$O$_{15}$ ·········· 219	PbPu$_3$ ···················· 190
NiGa$_2$O$_4$ ··············· 250	NpF$_3$ ····················· 297	PbBr$_2$ ····················· 297	Pb$_2$Rh ···················· 289
Ni$_2$GeO$_4$ ··············· 251	NpO ························ 72	Pb(Ca$_{0.5}$W$_{0.5}$)O$_3$ ····210	PbS ························· 73
Ni$_2$In ····················· 164	NpO$_2$ ····················· 108	Pb(Cd$_{0.5}$W$_{0.5}$)O$_3$	Pb(Sc$_{0.5}$Nb$_{0.5}$)O$_3$
NiIn$_2$S$_4$ ················· 252		·················196, 210	················ 196, 208
Ni$_2$Lu ···················· 243	O ······················ 12, 42	PbCeO$_3$ ················ 202	Pb(Sc$_{0.5}$Ta$_{0.5}$)O$_3$
NiMn$_2$O$_4$ ·············· 250		PbCl$_2$ ···················· 297	················ 196, 209
NiO ····················· 72, 76	Os ················· 12, 37, 42	Pb(Co$_{0.33}$Nb$_{0.67}$)O$_3$	PbSe ···················· 73, 76
Ni(OH)$_2$ ················· 151	OsB$_2$ ····················· 155	················ 196, 206	PbSnO$_3$ ·················· 202
Ni$_2$Pr ····················· 243	Os$_2$B$_5$ ···················· 170	Pb(Co$_{0.33}$Ta$_{0.67}$)O$_3$	PbTa$_2$O$_6$ ················ 223
Ni$_2$Pu ···················· 243	OsO$_2$ ······················ 53	················ 196, 206	Pb$_{0.5}$TaO$_3$ ·············· 223
NiRh$_2$O$_4$ ··············· 250	Os$_2$Pr ················ 243, 245	Pb(Co$_{0.5}$W$_{0.5}$)O$_3$ ···210	PbTe ···················· 73, 76
NiS ························ 161	OsS$_2$ ······················ 79	β–PbF$_2$ ·················· 107	PbTiO$_3$ ··········· 196, 202
β–NiS ····················· 161	Os$_2$Sc ····················· 168	Pb(Fe$_{0.5}$Nb$_{0.5}$)O$_3$ ··· 196	Pb3U ······················· 190
NiS$_2$ ······················· 79	OsSe$_2$ ····················· 79	PbFe$_{12}$O$_{19}$ ·············· 259	PbV$_3$ ···················· 275
Ni$_3$S$_4$ ···················· 252	Os$_2$Sm ···················· 245	Pb(Fe$_{0.5}$Ta$_{0.5}$)O$_3$	PbWO$_4$ ·················· 126
NiSb ························ 161	OsTe ······················ 279	················ 196, 208	Pb(Yb$_{0.5}$Nb$_{0.5}$)O$_3$ 209
NiSb$_2$O$_6$ ················· 55	Os$_2$Th ···················· 243	Pb(Fe$_{0.67}$W$_{0.33}$)O$_3$	Pb(Yb$_{0.5}$Ta$_{0.5}$)O$_3$ 196
Ni$_2$Sc ····················· 243	OsTi ························ 48	················ 196, 208	Pb(Zn$_{0.33}$Nb$_{0.67}$)O$_3$
β–NiSe ···················· 161	Os$_2$U ····················· 243	PbGa$_{12}$O$_{19}$ ············· 259	················ 196, 206
NiSe$_2$ ······················ 79	Os$_2$Y ····················· 168	PbHfO$_3$ ················· 202	PbZr$_3$ ···················· 276
NiSi$_2$ ·············· 107, 109	Os$_2$Zr ···················· 168	Pb(Ho$_{0.5}$Nb$_{0.5}$)O$_3$ ··208	PbZrO$_3$ ·················· 202
β–Ni$_3$Si ···················· 190		PbI$_2$ ······················ 150	
θ–Ni$_2$Si ···················· 164	P ······················ 12, 42	Pb(In$_{0.5}$Nb$_{0.5}$)O$_3$ ···208	Pd ··················· 12, 34, 42
Ni$_2$SiO$_4$ ················· 251	PB ·························· 97	Pb(Lu$_{0.5}$Nb$_{0.5}$)O$_3$ 208	PdF$_2$ ······················ 53
Ni$_2$Sm ···················· 243	P$_2$O$_5$ ······················ 319	Pb(Lu$_{0.5}$Ta$_{0.5}$)O$_3$ 208	PdH ························· 71
NiSn ························ 161	P$_2$Pt ······················ 79	Pb(Mg$_{0.33}$Nb$_{0.67}$)O$_3$ 206	PdO ························ 87
Ni$_3$Sn$_2$ ···················· 164	PPr ························ 70	Pb(Mg$_{0.33}$Ta$_{0.67}$)O$_3$	PdSb ················ 161, 279
NiSn(OH)$_6$ ············· 192	PPu ························ 70	················ 196, 206	Pd$_5$Sb$_3$ ···················· 164
NiTa$_2$O$_6$ ·················· 55	PRh$_2$ ····················· 107	Pb(Mg$_{0.5}$Te$_{0.5}$)O$_3$ ··210	PdSn ······················ 161
NiTaV ····················· 168	PSc ························ 70	Pb(Mg$_{0.5}$W$_{0.5}$)O$_3$ ···210	Pd$_3$Sn ····················· 190
Ni$_2$Tb ···················· 243	PSm ······················· 70	Pb(Mn$_{0.33}$Nb$_{0.67}$)O$_3$ 206	Pd$_3$Sn$_2$ ···················· 164
NiTe ······················ 161	PTb ························ 70	Pb(Mg$_{0.33}$Nb$_{0.67}$)O$_3$	Pd$_2$Sr ····················· 243
NiTe$_2$ ···················· 150	PTh ························ 70	················ 196, 206	PdTe ······················ 161
Ni$_2$Th ···················· 155	PTi ························ 172	PbMoO$_4$ ········· 126, 127	PdTe$_2$ ···················· 150
(Ni$_{0.3}$Ti$_{0.7}$)N ········ 139	PV ························ 161	Pb$_{0.5}$NbO$_3$ ·············· 223	PdTh$_2$ ···················· 289

358 索引

Pd_3Y ……190
Pm ……12, 42
$PmCl_3$ ……297
Po ……12, 42
PoO_2 ……108
Pr ……12, 31, 42
$\beta-Pr$ ……31
$PrAlO_3$ ……204
PrB_6 ……56
$PrBr_3$ ……144
PrC_2 ……81, 82
$PrCl_3$ ……144
$PrCoO_3$ ……204
$PrCrO_3$ ……204
PrF_3 ……297
$PrFeO_3$ ……204
$PrGaO_3$ ……204
PrH_2 ……108
$PrMnO_3$ ……204
PrN ……72
$Pr_{0.33}NbO_3$ ……204
$PrNi_2$ ……245
Pr_2O_3 ……117, 158
$PrOF$ ……107
$Pr(OH)_3$ ……144
$PrPt_2$ ……243, 245
$PrPt_3$ ……190
$PrRh_2$ ……243, 245
$PrRu_2$ ……243, 245
$Pr_2Ru_2O_7$ ……123
PrS ……73, 76
$PrSb$ ……70, 161
$PrScO_3$ ……204
$PrSe$ ……73
$PrSi_2$ ……245
$PrSn_3$ ……190
$Pr_2Sn_2O_7$ ……123
$Pr_{0.33}TaO_3$ ……204
$PrTe$ ……73
$Pr(Ti_{0.5}Mo_{0.5})$ ……127
$PrVO_3$ ……204
$PrZn$ ……48
Pt ……12, 34, 42
PtB ……161
PtO ……87

PtS_2 ……150
$PtSb_2$ ……79
Pt_3Sc ……190
$PtSe_2$ ……150
Pt_3Sm ……190
$PtSn$ ……161
$PtSn_2$ ……107
Pt_3Sn ……190
Pt_2Sr ……243
Pt_3Tb ……190
$PtTe_2$ ……150
$PtTi_3$ ……275, 276
Pt_3Ti ……190
Pt_3Tm ……190
PtV_3 ……275, 276
Pt_2Y ……243
Pt_3Y ……190
Pt_3Yb ……190
Pt_3Zn ……190
Pu ……12, 31, 34, 42
$\alpha-Pu$ ……40
$\beta-Pu$ ……40
$\gamma-Pu$ ……40
$\delta-Pu$ ……34
$\varepsilon-Pu$ ……31
$PuAlO_3$ ……208
PuB ……71
PuB_2 ……155, 156
PuC ……71
$PuCrO_3$ ……204
$PuMnO_3$ ……204
PuN ……72
PuO ……72
PuO_2 ……108
$PuOF$ ……107
$PuRu_2$ ……243
PuS ……73
$PuSn_3$ ……190
$PuTe$ ……73
$PuVO_3$ ……204
$PuZn_2$ ……243
Ra ……12, 42
RaF_2 ……107
Rb ……12, 30, 42
$RbBr$ ……48, 71, 297
$RbCaF_3$ ……201

$RbCl$ ……48, 71, 297
$RbCN$ ……74
$RbCoF_3$ ……201
RbF ……71, 297
$RbFeF_3$ ……201
RbH ……71
RbI ……71, 86, 297
$RbIO_3$ ……202
$RbIO_4$ ……126
$RbMgF_3$ ……201
Rb_2MnCl_6 ……115
$RbMnF_3$ ……201
$RbNH_2$ ……74
$RbNiF_4$ ……215
RbO_2 ……81
Rb_2O ……108
$RbReO_4$ ……126
Rb_2S ……108
Rb_3Sb ……148
$Rb_{0.3}(Ta_{0.3}W_{0.7})O_3$ ……223
Rb_2UO_4 ……214
$Rb_{0.27}WO_3$ ……223
$RbZnF_3$ ……201
Rb_2ZnF_4 ……215
Re ……12, 37, 42
ReO_3 ……192
Re_2O_7 ……319
$ReSi_2$ ……81
Re_2Zr ……168
Rh ……12, 34, 42
Rh_2O_3 ……267
RhS_2 ……79
Rh_3Sc ……190
$RhSe_2$ ……79
$RhSn$ ……161
Rh_3Sn_2 ……164
Rh_2Sr ……243
$RhTe$ ……161
$RhTe_2$ ……79, 150
RhV_3 ……275
RhY ……48
Rh_2Y ……243
Rn ……12, 42
Ru ……12, 27, 37, 42
RuB_2 ……155, 294

Ru_2B_5 ……170, 294
RuC ……139
RuO_2 ……53
RuS_2 ……79
$RuSe_2$ ……79
$\alpha-RuSi$ ……48
Ru_2Sm ……243
$RuSn_2$ ……79
$RuTe_2$ ……79
Ru_2Th ……243
$RuTi$ ……48
Ru_3U ……190
Ru_2Zr ……168
S ……12, 42
Sb ……13, 42
$SbSc$ ……70
$SbSm$ ……70
$SbSn$ ……70
$SbTh$ ……71
Sb_2Ti ……289
$SbTi$ ……48, 161
$SbTi_3$ ……275, 276
$SbTm$ ……71
SbU ……71
Sb_2V ……289
SbV_3 ……289
$SbYb$ ……71
Sc ……13, 34, 37, 42
$\alpha-Sc$ ……13, 37
$\beta-Sc$ ……34
ScB_2 ……155, 156
ScB_6 ……56
ScH_2 ……108
ScN ……72
Sc_3NbO_7 ……123
Sc_2O_3 ……117
$ScRh$ ……48
Sc_3TaO_7 ……123
$ScTe$ ……161
Se ……13, 39, 42
SeO_2 ……319
Si ……13, 42, 95, 100
SiB_6 ……56

SiC 173, 174
α-SiC 141
β-SiC 97, 174
SiO_2 53, 102, 174, 319
SiO_2, cristobalite(high form) 100
$SiTa_2$ 289, 319
Si_2Ta 319
Si_3Ta_5 319
$SiTe_2$ 150
Si_2Th 155
$SiTi$ 319
Si_2Ti 319
Si_2U 155
Si_3U 190
β-Si_2U 155
SiV_3 .... 275, 276
Si_2V 319
Si_2W 81, 319
$SiZr$ 319
$SiZr_2$ 289
Si_2Zr 319

Sm 13, 31, 42
β-Sm 31
$SmAlO_3$ 204
SmB_6 56
$SmBr_2$ 297
SmC_2 .... 81, 82
$SmCl_2$ 297
$SmCl_3$ 144
$SmCoO_3$ 204
$SmCrO_3$ 204
Sm_2CuO_4 214
SmF_3 297
$SmFeO_3$ 204
$Sm_3Fe_5O_{12}$ 280, 281
$Sm_3Ga_5O_{12}$ 280
SmH_2 108
$SmInO_3$ 204
SmN 72
Sm_3NbO_7 123
SmO 72
Sm_2O_3 117
$SmOF$ 107
$Sm(OH)_3$ 144
$Sm_2Ru_2O_7$ 123
SmS 73
$SmSe$ 73

$Sm_2Sn_2O_7$ 123
$Sm_{0.33}TaO_3$ 204
Sm_3TaO_7 123
$Sm_2Tc_2O_7$ 123
$SmTe$ 73
$Sm(Ti_{0.5}Mo_{0.5})O_4$ 127
$Sm(Ti_{0.5}W_{0.5})O_4$ 127
$SmVO_3$ 204

Sn 13, 42, 95
α-Sn 95
$SnAl_2O_4$ 250
SnO 187
SnO_2 53
SnS_2 150
$SnSe$ 73
$SnSe_2$ 150
$SnTa_3$ 276
$SnTe$ 73
$SnTi_2$ 164
$Sn_2Ti_2O_7$ 123
Sn_3U 190
SnV_3 .... 275, 276

Sr 13, 31, 34, 37, 42
α-Sr 34
β-Sr 37
γ-Sr 31
$SrAl_{12}O_{19}$ 259
SrB_6 56
$SrBr_2$ 297
SrC_2 .... 81, 82
$Sr(Ca_{0.5}Mo_{0.5})O_3$ 210
$Sr(Ca_{0.33}Nb_{0.67})O_3$ 206
$Sr(Ca_{0.5}Os_{0.5})O_3$ 210
$Sr(Ca_{0.5}Re_{0.5})O_3$ 210
$Sr(Ca_{0.33}Sb_{0.67})O_3$ 206
$Sr(Ca_{0.33}Ta_{0.67})O_3$ 206
$Sr(Ca_{0.5}U_{0.5})O_3$ 210
$Sr(Ca_{0.5}W_{0.5})O_3$ 210
$Sr(Cd_{0.33}Nb_{0.67})O_3$ 206
$Sr(Cd_{0.5}Re_{0.5})O_3$ 210
$Sr(Cd_{0.5}U_{0.5})O_3$ 210
$SrCeO_3$ 202
$SrCl_2$ 107
$Sr(Co_{0.5}Mo_{0.5})O_3$ 210
$Sr(Co_{0.33}Nb_{0.67})O_3$ 206
$Sr(Co_{0.5}Nb_{0.5})O_3$ 209
$SrCoO_3$ 202

$SrCoO_{3-x}$ 204
$Sr(Co_{0.5}Os_{0.5})O_3$ 210
$Sr(Co_{0.5}Re_{0.5})O_3$ 210
$Sr(Co_{0.33}Sb_{0.67})O_3$ 206
$Sr(Co_{0.5}Sb_{0.5})O_3$ 209
$Sr(Co_{0.33}Ta_{0.67})O_3$ 206
$Sr(Co_{0.5}U_{0.5})O_3$ 210
$Sr(Co_{0.5}W_{0.5})O_3$ 210
$Sr(Cr_{0.5}Mo_{0.5})O_3$ 209
Sr_2CrMoO_6 199
$Sr(Cr_{0.5}Nb_{0.5})O_3$ 209
$Sr(Cr_{0.5}Os_{0.5})O_3$ 209
$Sr(Cr_{0.5}Re_{0.5})O_3$ 209
$Sr(Cr_{0.67}Re_{0.33})O_3$ 205
Sr_2CrReO_6 199
$Sr(Cr_{0.5}Sb_{0.5})O_3$ 209
$Sr(Cr_{0.5}Ta_{0.5})O_3$ 209
$Sr(Cr_{0.5}U_{0.5})O_3$ 206, 211
$Sr(Cr_{0.67}U_{0.33})O_3$ 205
$Sr(Cr_{0.5}W_{0.5})O_3$ 209
Sr_2CrWO_6 199
$Sr(Cu_{0.33}Sb_{0.67})O_3$ 206
$Sr(Cu_{0.5}W_{0.5})O_3$ 211
$Sr(Dy_{0.5}Ta_{0.5})O_3$ 209
$Sr(Er_{0.5}Ta_{0.5})O_3$ 209
$Sr(Eu_{0.5}Ta_{0.5})O_3$ 209
SrF_2 .... 107, 109
$Sr(Fe_{0.5}Mo_{0.5})O_3$ 209
Sr_2FeMoO_6 199
$Sr(Fe_{0.33}Nb_{0.67})O_3$ 206
$Sr(Fe_{0.5}Nb_{0.5})O_3$ 209
$SrFeO_3$ 202
$SrFeO_{3-x}$ 204
$SrFe_{12}O_{19}$ 162, 259
$SrFeO_3F$ 214
Sr_2FeO_3F 214
$Sr(Fe_{0.5}Os_{0.5})O_3$ 211
$Sr(Fe_{0.5}Re_{0.5})O_3$ 209
$Sr(Fe_{0.67}Re_{0.33})O_3$ 205
Sr_2FeReO_6 199
$Sr(Fe_{0.5}Sb_{0.5})O_3$ 209
$Sr(Fe_{0.67}Ta_{0.5})O_3$ 209
$Sr(Fe_{0.5}U_{0.5})O_3$ 211
$Sr(Fe_{0.5}W_{0.5})O_3$ 211
$Sr(Fe_{0.67}W_{0.33})O_3$ 205
$Sr(Ga_{0.5}Re_{0.5})O_3$ 211
$Sr(Ga_{0.5}Nb_{0.5})O_3$ 209
$Sr(Ga_{0.5}Os_{0.5})O_3$ 209
$Sr(Ga_{0.5}Sb_{0.5})O_3$ 209

$Sr(Gd_{0.5}Ta_{0.5})O_3$ 209
$SrHfO_3$ 202
$Sr(In_{0.5}Nb_{0.5})O_3$ 209
$SrIn_2O_4$ 250
$Sr(In_{0.5}Os_{0.5})O_3$ 209
$Sr(In_{0.5}Re_{0.5})O_3$ 209
$Sr(In_{0.67}Re_{0.33})O_3$ 205
$Sr(In_{0.5}U_{0.5})O_3$ 209
Sr_2IrO_4 214
$SrLaAlO_4$ 214
$SrLaCoO_4$ 214
$(Sr_{1.5}La_{0.5})(Co_{0.5}Ti_{0.5})O_4$ 214
$SrLaCrO_4$ 214
$SrLaFeO_4$ 214
$SrLaGaO_4$ 214
$(Sr_{0.5}La_{1.5})(Mg_{0.5}Co_{0.5})O_4$ 214
$SrLaMnO_4$ 214
$SrLaNiO_4$ 214
$SrLaRhO_4$ 214
$Sr(La_{0.5}Ta_{0.5})O_3$ 209
$Sr(Li_{0.5}Os_{0.5})O_3$ 211
$Sr(Li_{0.5}Re_{0.5})O_3$ 211
$Sr(Lu_{0.5}Ta_{0.5})O_3$ 209
$Sr(Mg_{0.5}Mo_{0.5})O_3$ 211
$Sr(Mg_{0.33}Nb_{0.67})O_3$ 206
$Sr(Mg_{0.5}Os_{0.5})O_3$ 211
$Sr(Mg_{0.5}Re_{0.5})O_3$ 211
$Sr(Mg_{0.33}Sb_{0.67})O_3$ 206
$Sr(Mg_{0.33}Ta_{0.67})O_3$ 206
$Sr(Mg_{0.5}Te_{0.5})O_3$ 211
$Sr(Mg_{0.5}U_{0.5})O_3$ 211
$Sr(Mg_{0.5}W_{0.5})O_3$ 211
$Sr(Mn_{0.5}Mo_{0.5})O_3$ 209
$Sr(Mn_{0.33}Nb_{0.67})O_3$ 206
Sr_2MnO_4 214
$Sr(Mn_{0.5}Re_{0.5})O_3$ 209
$Sr(Mn_{0.5}Sb_{0.5})O_3$ 209
$Sr(Mn_{0.33}Ta_{0.67})O_3$ 206
$Sr(Mn_{0.5}U_{0.5})O_3$ 211
$Sr(Mn_{0.5}W_{0.5})O_3$ 211
$SrMoO_3$ 202
$SrMoO_4$ 126, 127
Sr_2MoO_4 214
$Sr(Na_{0.5}Os_{0.5})O_3$ 211
$Sr(Na_{0.5}Re_{0.5})O_3$ 211
$Sr(Na_{0.25}Ta_{0.75})O_3$ 212
$Sr_{0.5+x}Nb_{2x}^{4+}Nb_{1-2x}^{5+}O_3$ 204

360　　　　　　　　　　　　　　　　索　　引

$Sr(Nd_{0.5}Ta_{0.5})O_3$ ··209	$Sr(Zn_{0.33}Nb_{0.67})O_3$ 206	$\alpha-Th$ ············34
SrNH ············74	$Sr(Zn_{0.5}Re_{0.5})O_3$ ···211	$\beta-Th$ ············31
$Sr(Ni_{0.5}Mo_{0.5})O_3$ ···211	$Sr(Zn_{0.33}Ta_{0.67})O_3$ 206	ThB_4 ············318
$Sr(Ni_{0.33}Nb_{0.67})O_3$ 206	$Sr(Zn_{0.5}W_{0.5})O_3$ ····211	ThB_6 ············56
$Sr(Ni_{0.5}Re_{0.5})O_3$ ····211	$SrZrO_3$ ············203	ThC ············71, 76
$Sr(Ni_{0.5}Sb_{0.5})O_3$ ····209		$ThGeO_4$ ············126
$Sr(Ni_{0.33}Ta_{0.67})O_3$ ··206	Ta ············13, 31, 42	ThI_2 ············150
$Sr(Ni_{0.5}U_{0.5})O_3$ ·····211	TaB ············318	ThN ············72, 76
$Sr(Ni_{0.5}W_{0.5})O_3$ ····211	TaB_2 ············155, 156	Th_2N_3 ············158
SrO ············72, 76	$\beta-Ta_2B$ ············289	ThO_2 ············108, 109
SrO_2 ············81	Ta_3B_2 ············318	ThS ············74, 76
$Sr(Ho_{0.5}Ta_{0.5})O_3$ ···209	Ta_3B_4 ············318	ThSe ············74
$Sr(Pb_{0.5}Mo_{0.5})O_3$ ··211	TaC ············71, 76	Th_2Zn ············289
$Sr(Pb_{0.33}Nb_{0.67})O_3$ 206	TaC-11M%HfC ·····76	
$SrPbO_3$ ············203	Ta_2C ············318	Ti ············13, 31, 37, 42
$Sr(Pb_{0.33}Ta_{0.67})O_3$ 206	TaF_3 ············192	$\alpha-Ti$ ············37
Sr_2RhO_4 ············214	Ta_2N ············319	$\beta-Ti$ ············31
$Sr(Rh_{0.5}Sb_{0.5})O_3$ ···209	$\delta-TaN_{0.9}$ ············139	TiB_2 ············155, 156, 174
$SrRuO_3$ ············203	TaO ············72	Ti_2B_5 ············170
Sr_2RuO_4 ············214	$\delta-TaO_2$ ············53	$TiBr_2$ ············150
SrS ············73	Ta_2O_5 ············319	TiC ············71, 76
$Sr(Sc_{0.5}Os_{0.5})O_3$ ····214	TaO_2F ············192	TiC-40M%HfC ·····76
$Sr(Sc_{0.5}Re_{0.5})O_3$ ····209	$\alpha-TaS_2$ ············151	TiCN ············48
SrSe ············73		$TiCl_2$ ············150
$Sr(Sm_{0.5}Ta_{0.5})O_3$ ··209	Tb ············13, 37, 42	TiI_2 ············150
$SrSnO_3$ ············203	$Tb_3Al_5O_{12}$ ············280	TiN ············72, 76
Sr_2SnO_4 ············214	TbB_6 ············56	$Ti_{0.9}N$ ············72, 76
$Sr(Sr_{0.5}Os_{0.5})O_3$ ····211	TbC_2 ············81	Ti_2N ············53
$Sr(Sr_{0.5}Re_{0.5})O_3$ ····211	$Tb_3Fe_5O_{12}$ ············280	TiO ············72, 76
$Sr(Sr_{0.67}Re_{0.33})O_3$ 211	TbH_2 ············108	TiO_2 ············53
$Sr(Sr_{0.5}Ta_{0.5})O_{2.75}$ 212	TbN ············72	Ti_2O_3 ············267
$Sr(Sr_{0.5}U_{0.5})O_3$ ·····211	TbO_2 ············108	TiO_2F ············192
$Sr(Sr_{0.5}W_{0.5})O_3$ ····211	Tb_2O_3 ············117	TiS ············161
$SrTa_2$ ············289	$Tb_2Ru_2O_7$ ············123	TiS_2 ············161
$Sr_{0.5}Ta_3$ ············223	TbS ············74	TiSe ············151
$Sr_5Ta_4O_{15}$ ············228	TbSe ············74	$TiSe_2$ ············151
SrTe ············73	$Tb_2Sn_2O_7$ ············124	$TiTe_2$ ············151
$SrThO_3$ ············203	TbTe ············74	TiV_2 ············155
SrTi ············48	$Tb(Ti_{0.5}Mo_{0.5})O_4$ ···127	$TiZn_2$ ············168
$Sr_3Ti_2O_7$ ············216	$Tb(Ti_{0.5}W_{0.5})O_4$ ····127	$TiZn_3$ ············190
$Sr_4Ti_3O_{10}$ ············216	$TbTl_3$ ············190	
$SrTiO_3$ ············203		Tl ············13, 31, 37, 42
$SrTiO_{3-x}$ ············204	Tc ············12, 37, 42	$\alpha-Tl$ ············37
$SrTiO_4$ ······214, 216		$\beta-Tl$ ············31
$Sr(Tm_{0.5}Ta_{0.5})O_3$ ··209	Te ············13, 37, 42	$TlBiS_2$ ············77
$SrUO_3$ ············203	TeO_2 ············53	TlBr ············48
$SrVO_{3-x}$ ············204	TeTh ············48	TlCl ············48
$SrWO_4$ ············126		Tl_2CoF_4 ············214
$Sr(Yb_{0.5}Ta_{0.5})O_3$ ··209	Th ············13, 31, 34, 42	TlI ············48
		$TlIO_3$ ············202
		Tl_2NiF_4 ············214
		Tl_2O_3 ············117
		$TlReO_4$ ············126
		TlTm ············48
		Tl_3Tm ············190
		Tl_3U ············190
		Tm ············13, 37, 42
		$Tm_3Al_5O_{12}$ ············280
		TmB_6 ············56
		TmC_2 ············81
		$Tm_2Fe_5O_{12}$ ············280
		TmH_2 ············108
		TmI_2 ············150
		TmN ············72
		Tm_2O_3 ············117
		TmRh ············48
		$Tm_2Ru_2O_7$ ············124
		$Tm_2Sn_2O_7$ ············124
		TmTe ············74
		$Tm(Ti_{0.5}Mo_{0.5})O_4$ 127
		U ············13, 42
		$\alpha-U$ ············40
		$\gamma-U$ ············31
		UB_2 ············155, 156
		UB_4 ············318
		UB_{12} ············318
		UBr_3 ············144, 297
		UC ············71, 76
		UC_2 ············81, 82
		UCl_3 ············144, 297
		UF_3 ············297
		$UGeO_4$ ············126
		UN ············72, 76
		UN_2 ············108
		U_2N_3 ············117, 158
		UO ············72
		UO_2 ············108, 109
		UO_3 ············192
		US ············74
		USe ············74
		USi_2 ············156
		UTe ············74
		V ············13, 31, 42
		VB ············318
		VB_2 ············155, 156

361

V_3B_2	318	Xe	13, 34, 42	α-Yb	34	$ZnRh_2O_6$	251
V_3B_4	318			β-Yb	31	ZnS	97, 98, 141
VBr_2	150	Y	13, 31, 37, 42	YbB_6	56	β-ZnS	97
VC	71, 76	α-Y	37	YbC_2	81	ZnS_2	151
V_2C	318	β-Y	31	YbI_2	150	$ZnSb_2O_6$	55
VCl_2	150	$YAlO_3$	204	YbN	72	$Zn_{2.33}Sb_{0.67}O_4$	251
VI_2	150	$Y_3Al_5O_{12}$	280, 281, 282	YbO	72	ZnSe	97, 98, 141
VN	72	YB_2	318	Yb_2O_3	117	Zn_2SnO_4	251
V_3N	319	YB_4	318	$Yb(OH)_3$	144	$ZnSn(OH)_6$	192
VO	72	YB_6	56	$Yb_2Ru_2O_7$	124	ZnTe	98, 141
VO_2	52	YC_2	81, 82	YbSe	74	Zn_2TiO_4	251
V_2O_3	267	$YCa_2Zr_2Fe_3O_{12}$	282	$Yb_2Sn_2O_7$	124	ZnV_2O_4	250
V_2O_5	319	$YCrO_3$	204	$Yb_{0.33}TaO_3$	204	Zn_2VO_4	251
VS	161	$Y_3Fe_2Al_3O_{12}$	281	YbTe	74	Zn_2Zr	243
VSe	161	$YFeO_3$	204	$Yb(Ti_{0.5}Mo_{0.5})O_4$	127		
VSe_2	151	YH_2	108	Yb_2TiO_7	124	Zr	13, 31, 37, 42
VTe	161	YN	72			α-Zr	37
V_2Zr	243	$YNbO_4$	126	Zn	13, 37, 42	β-Zr	31
		Y_3NbO_7	124	$ZnAl_2O_4$	250, 254	ZrB	71, 76
W	13, 31, 42	Y_2O_3	117	$ZnAl_2S_4$	252	ZrB_2	155, 156, 174
WB	170, 318	β-YOF	107	ZnB_2	155, 156, 174	ZrB_{12}	318
α-WB	170, 318	$Y(OH)_3$	144	$Zn(CN)_2$	50	ZrC	71, 76, 174
WB_2	170	$Y_2O_3Nd^{3+}$	117	$ZnCo_2O_4$	250	$ZrCr_2S_4$	252
WB_4	170	$Y_2Ru_2O_7$	124	$ZnCr_2O_4$	250, 254	$ZrGeO_4$	126
W_2B	170, 289	$YScO_3$	204	$ZnCr_2Se_4$	251	$Zr_2Ge_2O_7$	124
W_2B_5	170, 318	$Y_2Sn_2O_7$	124	ZnF_2	53	ZrN	72, 76
WC	139, 174	$Y_{0.33}TaO_3$	204	$ZnFe_2O_4$	250, 254	ZrO	72
W_2C	150, 318	Y_3TaO_7	124	$ZnGa_2O_4$	250	ZrO_2	108, 109
WO_2	53	YTe	74	ZnI_2	150	ZrS	74
WO_3	319	$Y_2Ti_2O_7$	124	$ZnMn_2O_4$	250	ZrS_2	151
WS_2	146	$Y_2Zr_2O_7$	124	Zn_3N_2	117	$ZrSe_2$	151
WSe_2	146			$Zn_{2.33}Nb_{0.67}O_4$	251	ZrTe	250, 254
W_2Zr	243	Yb	13, 31, 34, 42	ZnO	72, 97, 141, 142	$ZrTe_2$	151

欧 文 索 引

Alnico 8 (Al–Co–Ni)		Cuprite	49, 50	Ilmenite	270	Scheelite	124
	162	Diamond cubic	94, 95	Layered structures		Spinel	246
A–Rare earth	157	Face–centered cubic			224	Steel	174
Body–centered cubic			32	Ordered perovskite		β–Tungsten	273
	30	Garnet	277		198	Tungsten bronzes	220
Boron nitride	287	Graphite	285	Perovskite	192	Zinc blende	96
Corundum	267	Hexagonal close–		Pyrochlore	119		
C–Rare earth	115	packed	35	Rutile, trirutile	52		

p.134　表5. 4a 文献追加

7. M. Zumbusch, *Z. Anorg. Allgem. Chem.* **243**, 322 (1940).
8. O. Nial, *Svensk Kem. Tidskr.* **59**, 172 (1947).
9. J. B. Friauf, *J. Am. Chem. Soc.* **48**, 1906 (1926).
10. E. Zintl and H. Kaiser, *Z. Anorg. Chem.* **211**, 113 (1933).
11. F. W. Schönfield, E. M. Cramer, W. N. Miner, F. H. Ellinger and A. S. Coffinberry in *Progress in Nuclear Energy*, Ser. V, 2, 579, Pergamon Press, N.Y. (1959).
12. G. Busch and U. Winkler, *Helv. Phys. Acta* **26**, 578 (1953).
13. R. F. Blunt, H. P. R. Frederikse and W. R. Hosler, *Phys. Rev.* **100**, 663 (1955).
14. S. Rundqvist and A. Hede, *Acta Chem. Scand.* **14**, 893 (1960).
15. C. J. Raub, W. H. Zachariasen, W. H. Geballe and B. T. Matthias, *J. Phys. Chem. Solids*, **24**, 1093 (1963).
16. K. Schubert and U. Rosler, *Z. Metallk.* **41**, 298 (1950).
17. L. Y. Markovskii, Y. D. Kondrashev and G. V. Kaputovskaya, *J. Gen. Chem. USSR* **25**, 1007 (1955).
18. E. Staritzky, *Anal. Chem.* **28**, 915 (1956).
19. W. H. Zachariasen, *Acta Cryst.* **4**, 231 (1951).
20. B. K. Vainshtein, *Tr. Inst. Krist., Akad. Nauk SSSR* **5**, 113 (1949).
21. A. Smakula and J. Kalmais, *Phys. Rev.* **99**, 1737 (1955).
22. H. M. Haendler and W. J. Bernard, *J. Am. Chem. Soc.* **73**, 5218 (1951).
23. W. Finkelnburg and A. Stein, *J. Chem. Phys.* **18**, 1296 (1950).
24. W. Doll and W. Klemm, *Z. Anorg. Allgem. Chem.* **241**, 239 (1939).
25. F. Ebert and H. Woitnek, *Z. Anorg. Allgem. Chem.* **210**, 269 (1933).
26. A. Zalkin and D. H. Templeton, *J. Am. Chem. Soc.* **75**, 2453 (1953).
27. N. C. Baenziger, J. R. Holden, G. E. Knudson and A. I. Popov, *J. Am. Chem. Soc.* **76**, 4734 (1954).
28. I. I. Yamzin, L. Z. Nozik and N. V. Belov, *Dokl. Akad. Nauk SSSR* **138**, 110 (1961).
29. G. E. R. Schulze, *Z. Phys. Chem.* **32**, 430 (1936).
30. U. Croatto and M. Bruno, *Gazz. Chim. Ital.* **76**, 246 (1946).
31. E. Zintl and A. Udgard, *Z. Anorg. Allgem. Chem.* **240**, 150 (1939).
32. C. Ayphassorho, *Compt. Rend.* **247**, 1597 (1958).
33. A. Pebler and W. E. Wallace, *J. Phys. Chem.* **66**, 148 (1962).
34. D. L. Urich, *J. Chem. Phys.* **44**, 2202 (1966).
35. G. Brauer and H. Müller, *J. Inorg. Nucl. Chem.* **17**, 102 (1961).
36. J. C. McGuire and C. P. Kempter, *J. Chem. Phys.* **33**, 1584 (1960).
37. R. Juza, H. H. Weber and E. Meyer-Simon, *Z. Anorg. Chem.* **273**, 48 (1953).
38. R. E. Rundle, N. C. Baenziger, A. S. Wilson and R. A. McDonald, *J. Am. Chem. Soc.* **70**, 99 (1948).
39. L. B. Asprey, R. H. Ellinger, S. Fried and W. H. Zachariasen, *J. Am. Chem. Soc.* **77**, 1707 (1955).
40. G. Brauer and K. Gingerich, *J. Inorg. Nucl. Chem.* **16**, 87 (1960).
41. E. Zintl, A. Harder and B. Dauth, *Z. Elektrochem.* **40**, 588 (1934).
42. W. H. Zachariasen, *Acta Cryst.* **2**, 388 (1949).
43. A. W. Martin, *J. Phys. Chem.* **58**, 911 (1954).
44. K. W. Bagnall and R. W. M. D'Eye, *J. Chem. Soc.* **1954**, 4295 (1954).
45. A. Helms and W. Klemm, *Z. Anorg. Allgem. Chem.* **242**, 33 (1939).
46. N. C. Baenziger, H. A. Eick, H. S. Schuldt and L. Eyring, *J. Am. Chem. Soc.* **83**, 2219 (1961).
47. E. Slowinski and E. Norman, *Acta Cryst.* **5**, 768 (1952).
48. G. Brauer and H. Gradinger, *Z. Anorg. Allgem. Chem.* **276**, 209 (1954).
49. J. S. Anderson, I. O. Sawyer, H. W. Worner, G. M. Willis and M. J. Bannister, *Nature* **185**, 915 (1960).
50. C. D. West, *Z. Krist.* **88**, 97 (1934).
51. K. May, *Z. Krist.* **94A**, 412 (1936).

訂 正

本文115頁から119頁にかけての図と説明では，C-希土構造の単位胞は三つのオクタントを組み合わせて表すことができるとしていますが，これには問題があります。以下のように訂正してください。（石澤伸夫）

5.7 C-希土構造，Y_2O_3 構造； $D5_3$, $Ia3$, 立方

C-希土構造（C-rare earth structure）の単位胞は陰イオンが欠けた8個のホタル石型構造の単位胞を組み合わせることによって得られる。この構造をとる A_2O_3 型酸化物はすべてのホタル石構造の単位胞から対角線上にある2個の酸素イオンが抜けている。C-希土構造を構成する8個のオクタントはホタル石構造の単位胞の稜の中央を原点に選んでいる。これらのオクタントではA原子がそれぞれの稜の中央と単位胞の中心にあって，6個の酸素原子と2個の酸素空孔をもっている（図5.7a）。

オクタントには四つのタイプがあって，それらは対角線上に並んだ酸素空孔の位置が違っている。I 型オクタントでは前右上およびその対角位置の酸素が欠けている。II 型オクタントでは左下および右上の酸素原子が，III 型オクタントでは右下および左上の酸素原子が抜けている。IV 型オクタントでは前右下およびその対角位置の酸素が抜けている。これら4種類のオクタントからなる C-希土構造の単位胞と，この構造における層の順序を図5.7b に示す。

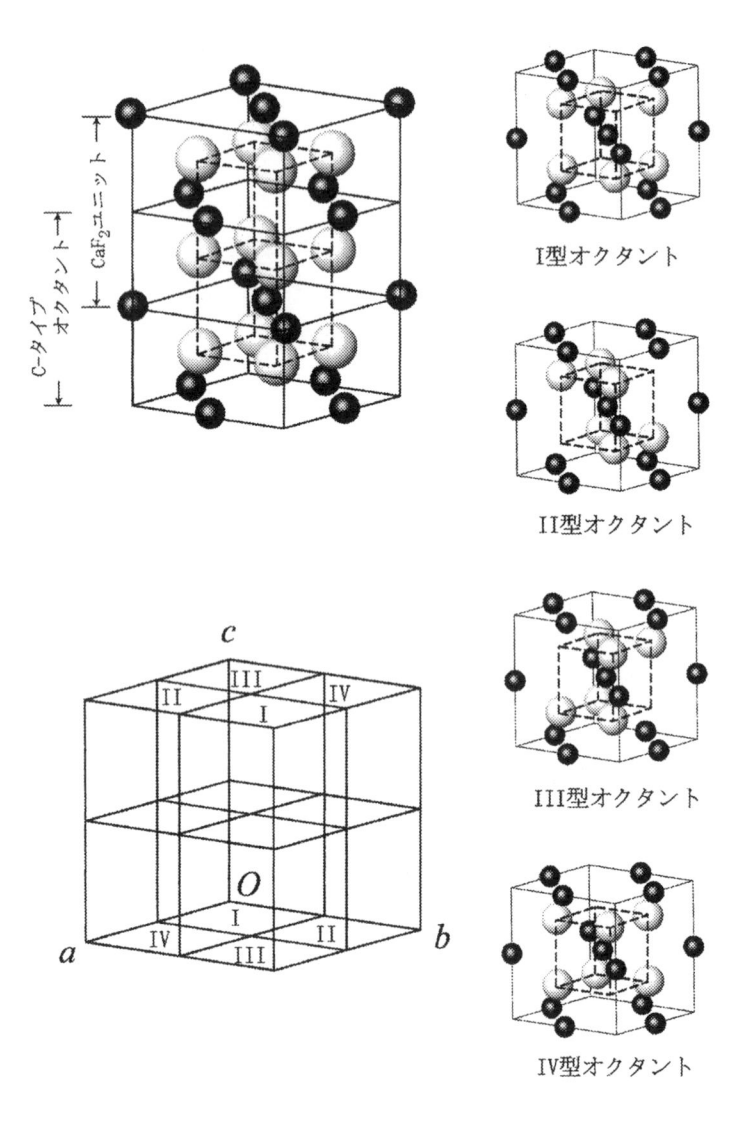

図 5.7a　C-希土構造におけるオクタントの配置
各イオンの位置は CaF₂ 構造の場合とほぼ対応している。

365

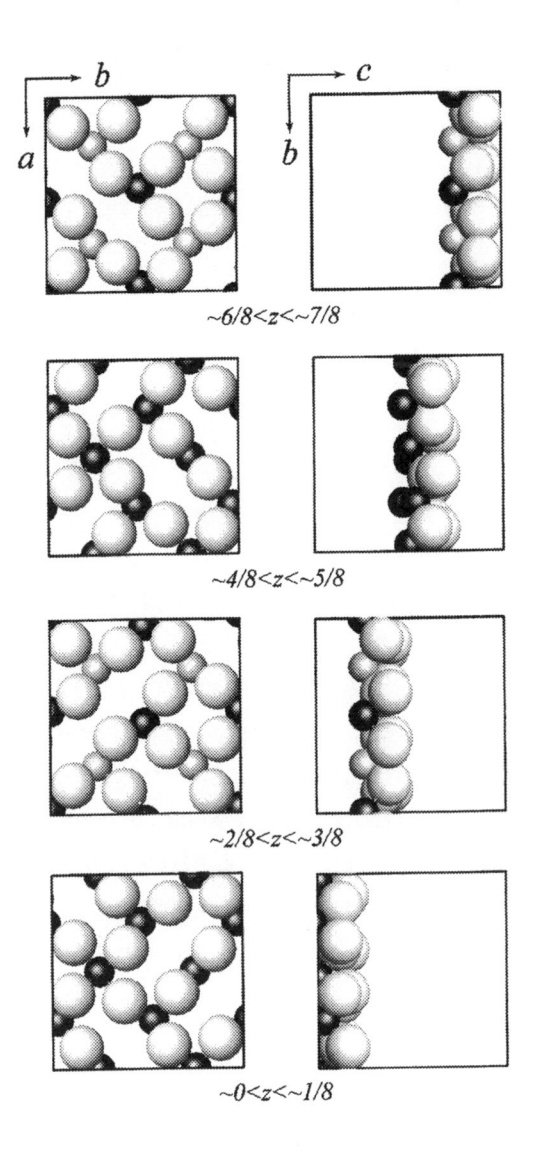

~6/8<z<~7/8

~4/8<z<~5/8

~2/8<z<~3/8

~0<z<~1/8

図 5.7b C-希土構造（軸に垂直な四層に分けて示した。大きな白い球は酸素，黒と灰色の小さな球はA原子である）

$(0, 0, 0 ; \frac{1}{2}, \frac{1}{2}, \frac{1}{2})$
$+ (\frac{1}{4}, \frac{1}{4}, \frac{1}{4} ; \frac{1}{4}, \frac{3}{4}, \frac{3}{4} ; \frac{3}{4}, \frac{1}{4}, \frac{3}{4} ; \frac{3}{4}, \frac{3}{4}, \frac{1}{4})$ を8個のA原子（小さい灰色の球）が，

$\pm (x, 0, \frac{1}{4} ; \frac{1}{4}, x, 0 ; 0, \frac{1}{4}, x ; \overline{x}, \frac{1}{2}, \frac{1}{4} ; \frac{1}{4}, \overline{x}, \frac{1}{2} ; \frac{1}{2}, \frac{1}{4}, \overline{x})$;
 $x = -0.035$ を24個のA原子（小さい黒色の球）が，

$\pm (x, y, z ; x, \overline{y}, \frac{1}{2} - z ; \frac{1}{2} - x, y, \overline{z} ; \overline{x}, \frac{1}{2} - y, z ;$
$z, x, y ; z, \overline{x}, \frac{1}{2} - y ; \frac{1}{2} - z, x, \overline{y} ; \overline{z}, \frac{1}{2} - x, y ;$
$y, z, x ; \frac{1}{2} - y, z, \overline{x} ; \overline{y}, \frac{1}{2} - z, x ; y, \overline{z}, \frac{1}{2} - x)$;
 $x \approx 0.38, y \approx 0.162, z \approx 0.40$ を48個の酸素原子（大きい球）が占める．

小さな希土類イオンがC-希土構造の酸化物をつくる（表5.7）．
ランタンのように大きい希土類イオンはA-希土構造の酸化物をつくる（6.9参照）．鉄マンガン鉱（bixbyite）(Fe, Mn)$_2$O$_3$ もこの構造をとる．

性質

Mg$_3$P$_2$, Be$_3$N$_2$ およびCa$_3$N$_2$の融点はそれぞれ1200℃, 2200℃および1195℃である．希土類酸化物Dy$_2$O$_3$, Pr$_2$O$_3$, Sm$_2$O$_3$, Tb$_2$O$_3$, Y$_2$O$_3$ およびYb$_2$O$_3$の融点はそれぞれ2340℃, 2200℃, 2350℃, 2390℃, 2410℃および2350℃である．Y$_2$O$_3$, Gd$_2$O$_3$, Dy$_2$O$_3$, Ho$_2$O$_3$, Er$_2$O$_3$, Tm$_2$O$_3$, Yb$_2$O$_3$ およびLu$_2$O$_3$の熱膨張係数は室温から660℃までは約8.1×10^{-6}/℃, 660℃から1530℃までは9.4×10^{-6}/℃程度である．Eu$_2$O$_3$およびSc$_2$O$_3$ではその値は若干大きく，室温から428℃までは8.5×10^{-6}/℃, 428℃から1200℃までは9.7×10^{-6}/℃である．Sm$_2$O$_3$とY$_2$O$_3$のヤング率は1.9×10^5および1.2×10^5kg/cm^2 である．

表 5.7 C-希土構造をとる化合物

化合物	格子定数 a_0(Å)	原子パラメータ	文献
金属間化合物			
As_2Mg_3	12.35	$As : x = 0.97$; $Mg : x = 0.385$, $y = 0.145, z = 0.380$	1
Be_3P_2	10.17	$Be : x = 0.385, y = 0.145$, $z = 0.380$; $P : x \cong 0$	1
Mg_3P_2	12.03	$Mg : x = 0.385, y = 0.145$, $z = 0.380$; $P : x = 0.875$	2
窒化物			
Be_3N_2	8.150		1
$\alpha\text{-}Ca_3N_2$	11.42		3
Cd_3N_2	10.79		4
Mg_3N_2	9.97		1
U_2N_3	10.670	$U : x = 0.982$; $N : x \cong 0.385$, $y \cong 0.145, z \cong -0.380$	5
Zn_3N_2	9.743		4
酸化物			
Dy_2O_3	10.665	$Dy : x \cong 0.97$; $x \cong 0.385$, $y \cong 0.145, z \cong 0.380$	6, 7
Er_2O_3	10.517	As in Dy_2O_3	6
Eu_2O_3	10.860	As in Dy_2O_3	6
Gd_2O_3†	10.812	As in Dy_2O_3	6
Ho_2O_3	10.606	As in Dy_2O_3	6
In_2O_3	10.117	As in Dy_2O_3	8
La_2O_3†	11.40	As in Dy_2O_3	9
Lu_2O_3	10.391	As in Dy_2O_3	6
$\beta\text{-}Mn_2O_3$	9.411	$Mn : x = 0.970$; $O : x = 0.385$, $y = 0.145, z = 0.380$	10
Nd_2O_3	11.076	As in Dy_2O_3	11
Pr_2O_3	11.04		12
Sc_2O_3	9.845	As in Dy_2O_3	13
Sm_2O_3	10.934	As in Dy_2O_3	6
Tb_2O_3	10.729		6
Tl_2O_3	10.543	As in Dy_2O_3	14
Tm_2O_3	10.487	As in Dy_2O_3	6, 7
Y_2O_3	10.602	As in Dy_2O_3	6
Yb_2O_3	10.433	As in Dy_2O_3	6
$Y_2O_3:Nd^{3+}$			15

† 安定型ではない

訳 者

加藤 誠軌（かとう まさのり）
　1952年東京工業大学工業物理化学コース卒業，特別研究生，助手，助教授を経て1974年工学部教授，1989年定年退官．東京工業大学名誉教授．元岡山理科大学教授．専攻：無機材料工学，工学博士

植松 敬三（うえまつ けいぞう）
　1969年東京工業大学工学部応用化学科卒業，マサチューセッツ工科大学大学院材料科学科博士課程修了．東京工業大学工学部助手を経て1985年長岡技術科学大学工学部助教授，1991年教授．2012年定年退職，同大学名誉教授．専攻：無機材料工学，Ph.D.

F.S. ガラッソー
図解 ファインセラミックスの結晶化学

1984年 5月31日	初　版第1刷発行
1987年 8月31日	第2版第1刷発行
1998年10月20日	第2版第6刷発行
2002年 5月25日	第3版第1刷発行
2013年10月31日	第3版第5刷発行

著　者　Francis S. Galasso
訳　者　加藤　誠軌
　　　　植松　敬三
発行者　青木　豊松
発行所　株式会社 アグネ技術センター
　　　　〒107-0062　東京都港区南青山5-1-25　北村ビル
　　　　電話　03-3409-5329／FAX　03-3409-8237
　　　　振替　00180-8-41975
印刷・製本　三美印刷株式会社

落丁本・乱丁本はお取り替えいたします．
定価の表示は表紙カバーにしてあります．

©Printed in Japan, 1984, 1987, 2002
ISBN 978-4-900041-01-1　C3043